侯迺慧著

詩情與幽境

——唐代文人的園林生活

羅宗濤敬題

再版序

中國古典園林的研究，在三十年前一直是園藝系與建築系所關注的課題之一，其研究重點不外從建築、園藝、設計美學、營造手法、文化意義等面向來探討古典園林的特色、成就及其發展歷史；亦即主要從園林硬體出發，偏重研究園林本身所蘊含的美學與文化意義。直到一九九〇年，中文學界開始注意古典園林與古代文士在生活、文學及文化之間密切的交涉關係，發掘人與園互相詮釋、互相豐富、互相深化、互相光大，終而相互安頓等精微深刻的意義，遂使古典園林的研究進入新的里程。

這一波從文學進路來探掘古典園林更深廣的文化、哲理、藝術等意義的研究，直接契入文人的園林居遊經驗與生命變化，確實揭開了只從園林實體切入研究者所不易發現的意趣與境界，開拓了寬廣的研究路徑。而本書即是首開此研究進路的第一本著作，而且選擇以文人園林開始興起的唐代為對象，為往下研究宋明鼎盛的園林立下基礎。此後，中文學界陸續有生力軍加入此行列，尤其在明代文人園林的深刻意蘊以及清代園林志的集大成方面，均有豐碩成果。作為開創此研究路向的啟航者，得以看到本書的奠基作用與影響，備感欣慰與鼓舞。

「居移氣，養移體」。生活環境對心境的涵泳、對氣質的怡養十分深潛。是以古代文人在充滿詩情的園林幽境中，不斷地潤澤著、療癒著他們在艱難政治場域中受到擠壓、磨刮、扭曲而枯槁傷怨的心靈，從而找到安頓身命的歸宿，甚至創作出流傳千古的佳作。而海島臺灣，土地十分有限珍貴，私人擁有園林誠為極其稀有難得的奇事；即或是像故宮至善園這樣古樸幽趣、板橋林家花園這樣迴環曲深的公共園林亦為珍稀。所以能夠透過古代文人吟詠的詩文，在文字園林中神遊迴翔，去品味體驗詩情幽境帶來的寧靜寬坦、逍遙恬和，也是一種怡養涵泳性情心靈的善巧方便。此外，若能從古人的盆山、盆池、立單石為山等造景的鑑賞審美趣味中，學習咫尺千里、拳石峻嶺的神遊無垠；或從園林借景、掩映等手法為居家環境創造通透又幽深的空間巧思，與引人入勝的情味，也是我們在這有限土地上可以轉出的契機。凡此種種，唐代文人為我們做了豐富的示範與展演，在本書中，我們可以慢慢品賞並仿效，感受心靈超越時空的自由與相契。

如今初版書本售罄，即將再版，期待在學術界、文化界乃至一般閱眾的日常生活中，能繼續沐潤我們對美好生活環境的創造與想像，能引領我們立足任何一方土地上均得以安頓身心，與天地共榮共樂。

侯迺慧

二〇二二年十一月立冬

詩情與幽境

目次

一、研究動機

唐代，是中國詩歌史上一個豐碩圓熟、光華四射的輝煌時代。這個璀璨的花果期，是長久詩歌創作發展後的成就，這是先天條件的優資，是既定的形勢；此外諸多外緣的輻輳聚合，則是成全此花果的客觀環境，屬後天的培養。客觀環境是複雜多方的，其中唐代科考的以詩取士、帝王的喜好獎掖等政治因素，致使詩歌創作能普遍且頻繁地落實於文人的生活之中，這是大環境對詩歌的正面促進作用，一般研究唐詩者論之已多；但是詩歌創作環境中，更貼合於個人構思等歷程的，該是與文人生活息息相關的居止遊處的小環境，因為生活是情思觸動的直接因子。這個文人個人身處的小環境，到目前為止是有待於進一步探討的。基於對唐代詩歌興盛原因中的文人小環境的好奇與理解願望，在初步翻索資料時發現，唐代文人的生活與自然山水頻繁接觸，造成唐詩中山水自然的意象及題材大量出現，這麼豐富的自然意象與文人的日常習見應有密切關係。另一方面，中國園林的發展，在唐代正是一個臻於興盛的時代，文人普遍擁有私家園林，生活於其中，應即是詩文創作的小環境。因而本論文擬探討唐代文人園林生活的情形、形態、境界，以了解其對詩歌吟創所發生的影響。此其一。

中國文人的生活常是姿采豐煥且深富情韻的。在文人心目中，生活，不獨是持續存在(Being)所必須的活動，還該在精神上有豐厚脩美的內涵，藉以滋潤美化生活，務期生活本身即是藝術。藝術，在中國，除形式美感及動人的情意之外，尤其要求出神入化地冥合至道的境界。因此，文人生活，一方面在形式上是美的，另方面在精神上是契道的，呈現出藝術化的特質。無論是何種藝術門類，只要是追求道與藝的至上境界的，又多特重人文與自然的和諧合一。音樂、繪畫、文學、建築等藝術，並非最初即走上注重自然山水的道路，然而竟都在六朝開始先後陸續地同歸於崇尚自然、再現自然的路向去。至唐代，眾藝同凝聚在山水自然的題材上，這些歸趨是否與當時文人的生活形態相結合？唐代文人的園林生活是其實踐超世高潔情調的場地，故探討其園林生活的內容與形態，應可幫助了解當時各門山水藝術的特色及發展傾向，以及文人的生活藝術與境界。此其二。

中國文士在出處方向的選擇上，一直面臨著兼善與獨善的兩難。這個連孔、孟都不能兩全的難題，卻在東晉開始的「大隱」聲中造成兩難論與折衷論的爭辯。但是一進入唐代，上下卻同聲一氣地歌讚著「大隱」、「吏隱」、「中隱」，不少人因找到仕與隱兩全的生活方式而深感圓滿自得。這種仕隱兩兼的圓滿，通常藉由園林生活來加以實現。究竟園林生活具備什麼特色與方便，唐代文人們用什麼理念去追求什麼樣的園林生活品質與境界，以致為宦者、避世者皆視其為理想的樂土，這是耐人尋味的問題。此其三。

中國園林與文人生活的關係一直都很密切，因此研究整個園林發展的情況，亦有助於對中國文人生活不同階段特色的了解。雖然中國園林的典型及精華在宋明兩代，但是做為宋代這個高峰的前一期的唐代，正是為宋園造好基礎的醞釀將熟的重要時期。研究唐代文人在造園上的成就與其提拈出來的造園理念，將可以掌握中國園林發展中轉型的脈絡與重要樞紐。此其四。

學術研究的最終目的和關懷，應也要落實生活、助益人群吧！二十世紀末，正是個飛馳的時代；生活在要求便利、迅速的前提下，狂飆起來。一蹴可幾的投機頻頻出現，目的與結果是唯一，一切的過程在飄然中飛快滑失。我們忘記腳踏實地的感受和泥土的氣息，我們無著力點故不能控制地被驅迫著不斷往前追逐，成了風塵僕僕的趕路浪人。二十世紀末是絢麗的時代；物質的充裕及重重包裝，生活遂放縱在慾望享受的橫流中，浮沉陷溺。五彩繽紛的光色前滯留久了，樸質的古樂及水墨就變得單調枯索，在眾多濃重調味料及色彩的添加混合的華麗世界中，我們迷失了事物的本質和真實。那麼，回到大自然吧！旅遊休閒風氣日漸流行的今日，大家還是希望能偷閒踏青的；然而，機械人為的聲音、烤肉的煙火、難以化解的塑膠垃圾，是我們今日的林野！原來，我們竟也失去與自然共處的能力與氣度。或許，我們可以回頭看看古代文人雅士如何安排其休憩或隱逸生活，如何運用閒暇時間在看似清淡樸素中度其深富情趣興味而又涵泳情性的生活。雖然時代的步調已相去甚遠，但在生活的精神上卻有其值得學習之處。做一個心靈寬綽有餘裕的雍容之人，應也是現代中國人該努力修養的吧！此其五。

二、研究方法

生活，是具體的，是錯綜複雜的多元多層次體，自非用一條邏輯推理可籠罩含攝。生活，又是抽象的，在時空交織下的人文活動，會隨著時間之流而消逝如煙。因而，研究唐代文人的園林生活，可能會遭遇幾點困難：唐人已逝，其生活實已無法親睹耳聞；生活的複雜多元，欲系統釐清，殊非易事，縱或可能，又恐流於空泛；園林，今於中國大陸可見而著名者，多為明清之作品，唐代已無遺跡可實徵。因此，文字資料就成為本論文最主要的探析尋索的對象，也是了解唐代文人生活狀況的重要資源。

在眾多文字資料中，歷史典籍可資窺曉唐代整個大環境，藉知文人選擇生活形態的可能因素，亦可略得文人的生平、思想、性情、習尚及特殊品味嗜好等。而摭異搜奇等筆記野史，雖不免傳說之誇張聳聽，卻更接近當時生活之細部實況，可資更深微、切要地顯現唐人生活之種種。地志等地方性地理空間的文字與圖片資料，可了解著名文人的園林所在及其周遭自然環境與上下人文環境，甚至是園林裡的造設與景觀；尤其像《長安志》及《兩京城坊考》、《洛陽名園記》之類載籍，詳細且系統地記述唐代兩京各坊中名人擁園宅情形，是十分珍貴且值得參證的資料。然而史地的資料終究是比較概略而僵硬的記載，且多半出自旁人、後人之筆；若得園居者親身的描繪敘述，當可進一步領會唐代文人的園林生活實況，尤其是精神境界層次。

唐代文人親身描述其園林生活的文字便是詩文。詩文往往是文人們生活當下有所感，故而抒其情、敘其事、寫其景，我們因而可以經由詩文進入文人所在的場景、所歷的事況、所興的情意，進而領受其所契的境界。因此本論文擬以全唐詩文為最核心的資料，盼由文人躬自的筆墨中了解他們在園林中生活的內容、形態、境界與理想，以及其造園成就。進而了解園林生活對唐代詩文創作的各種影響，其對後世造園理念、山水繪畫的啟示，是往後中國文人文化的一個重要定型期。尤其詩文出自文人的親筆，可以從中拈出具有自覺性、有意識的藝術理念。

然而，詩文，作為一種抒情表意的藝術形式，誠摯真實的情感自是可信的。但當詩文已普遍鼎盛成為社會上廣行的應制酬酢工具時，在人情、聲譽及利害的顧全下，難免有流於矯情歌頌、浮誇不衷者，此為引用詩文之危險。但由其形式化、僵硬化的歌頌內容，適足以彰顯當時文人世界的風尚和心態。因此引用詩文若能善加觀察辨析並推繹，應是了解唐代文人園林生活理念、形態、境界的直接且重要的資料。

在臺灣島上沒有宋元明清等時代的北方與江南園林可資參證，但是尚有如板橋林家花園之類的嶺南園林可親臨。嶺南園林雖較窄小精緻，但諸多布局手法及原則均與江南、北方的園林相通，置身其中依然可以感受親近山水、自成一個宇宙天地的小自然的氣氛及與自然交流的喜悅。此外，如溪頭、太平山之類的山林勝境，寄宿於林間木屋，休憩於山腰亭臺，也可以略領山居丘園的悠遊之樂，並會心於深林裡光影交錯灑落的幽邃祕靜及光影悠悠漫漫移轉的出世時間感。又遊走南橫，在埡口山莊長坐石上靜聽流泉松濤、默看青山浮雲，在利稻山莊俯視山谷平臺上的世外桃源般的小村莊。興至太魯閣溪谷，蹲踞石灘上，仰看上流的泉水咽咽滾過白灘，翻騰為雪浪皚皚……這些山林經驗也都有助於對文人吟詠詩文的情境深切細緻的了解和領略。

本論文即以唐代的詩文為主要依據，透過詩文的整理與解析，證以其他史籍地志、筆記小說的記述，加以親身的山居園遊體驗，來探討唐代文人園林的概況、造園理念與成就，探討其園林生活的內容、形態、境界及其影響。

對於詩文的處理，首先是翻檢尋索《全唐詩》及《全唐文》中，與文人們的園林生活相關的詩文（至於如何辨識其是否為有關園林之詩文，則於下面「研究範圍」的部分細論），將之引錄出來。其次是仔細反覆地研讀這些相關的詩文，大抵上比較地說，可由詩文中的寫景句子及靜態意象的呈現，析論出文人的造園理念；由敘事句子及動態意象的呈現，析論文人的園林生活及形態；由其意境的呈現析論文人所追求的園林境質及境界；由抒情寫意的句子，析論唐文人的園林美感、園林觀及對文學、藝術等的影響。

此外，還訪問、請教於國內研究園林、農業及中國文化的大師程兆熊先生，隨其登山、賞竹、仰觀泉瀑；又造訪程先生於深坑之書齋，觀林俊寛先生植樹，談竹；亦數訪王鎮華先生，遊其將園林意境置於現代建築內的作品，感受到遊、息、觀、居的園林之境；親覩黃宅由模型至完成過程中，王先生思量人性（主人性情與生活所需）與自然之融合等等問題的用心，領受造園家的人文涵養與生命境界對造園的重大且全面的影響。凡此，就教之歷歷，皆可助於文人園林生活之體會，在智性的分析之外，再輔以親身感受之經驗與心得，證諸學者先生們的見解與實踐。

至於本論文之結構，第一章乃是時代大環境的呈現，是最基本的底色與背景；第二章以幾個重要文人園林為例，呈現唐代文人園林的概況，是往下各章的資源；而第三章才在前二章的基礎上見出唐文人的山水美感及造園理念；造園成就與造園理念乃是為生活之需要，故第四章在園林各要素特色已了解的方便下，才進一步論其生活內容與形態；進而由此在第五章析論其園林生活的境界與追求；第六章乃綜合各章，總結地論其影響。故各章之間仍有其一貫脈絡，在前一章的基礎之上立論。

三、研究範圍——釋「園林」

本論文題為「唐代文人的園林生活」，其研究的範圍之一「唐代」，乃以《全唐詩》及《全唐文》的內容與範圍為標準，是「文學上」的唐代而非「政治上」的，故而也含括一部分進入五代的文人的作品。總之，全唐詩文是本論文研究的第一步範圍。

範圍之二是「園林」。「園林」一詞須先做一說明。今日學界通常使用「庭園」與「園林」二詞。兩者本有其定義上的差別❶，然因今日使用者已將兩者的範圍混同，有以「庭園」一詞指涉「園林」者❷，亦有以「園林」一詞涵蓋「庭園」者❸，因而兩詞的分別已不甚嚴明。本論文之所以採用「園林」一詞，乃是因為在唐代詩文及相關載籍中，並無「庭園」一詞出現，而「園」「林」二字連用者則甚為普遍。首先是「園林」一詞已是確指山、水、花木與建築的組合範圍，義同今日之「園林」，如：

> 我愛陶家趣，園林無俗情。（孟浩然〈李氏園林臥疾〉《全唐詩》卷一六〇）（以下引《全唐詩》者僅注明卷數，引《全唐文》者則以「文」字表之，再注卷數）
>
> 獻歲春猶淺，園林未盡開。（暢諸〈早春〉卷二八七）

❶ 例如樂嘉藻《中國建築史》以庭園為城內之別院，園林在城外。參頁一〇陽面—一三陽面。黃長美《中國庭園與文人思想》以庭園為小型園林。參頁五一。又不著撰人《中國建築史論文選輯．漫談嶺南庭園》以為庭園是以適應生活起居要求為主，所以建築空間是主而山池樹石等則從屬於建築。反之，園林規模較宏大，是為了遊憩觀賞，則山池樹石是主。參頁四八九。

❷ 一般說來，現今大陸上學者多採「園林」一詞，日本則均用「庭園」，臺灣雖兩者皆用，但「庭園」更普見。使用「園林」者如大陸學者馮鍾平《中國園林建築研究》，安懷起《中國園林藝術》等，其內容包含了稱「庭園」者。

❸ 使用「庭園」一詞者，如程兆熊《論中國之庭園》，黃文王《從假山論中國庭園藝術》等，其所論內容亦同於「園林」者。

天供閒日月，人借好園林。（白居易〈尋春題諸家園林〉卷四五六）
京洛園林歸未得，天涯相顧一含情。（韓偓〈李太舍池上玩紅薇醉題〉卷六八一）
一壺濁酒百家詩，住此園林守選期。（黃滔〈宿李少府園林〉卷七○五）

此外尚有很多詩例，皆是以「園林」二字為名。再徵諸中國園林最早的系統理論書《園冶》，書中也是用「園林」而無「庭園」之詞。大抵，「園林」一詞較諸「庭園」更屬於中國園史的傳統用法，因此，在尊重唐代當時習慣用語，並衡量現今常用稱呼的雙重考慮下，本論文遂採用「園林」一詞。

其次，唐代詩文中也頗多使用「林園」一詞，如：

幽寂曠日遙，林園轉清密。（陳子昂〈秋園臥病呈暉上人〉卷八三）
林園雖少事，幽獨自多違。（孟浩然〈閒園懷蘇子〉卷一六○）
門巷掃殘雪，林園驚早梅。（劉禹錫〈元日樂天見過因舉酒為賀〉卷三五八）
林園傲逸真成貴，衣食單疏不是貧。（白居易〈閒行〉卷四四八）
東風出海門，處處動林園。（李頻〈江夏春感舊〉卷五八八）

「林園」與「園林」的義涵是相同的，例如白居易吟詠其洛陽履道園，有時稱「閒步繞園林」（〈林下閒步寄皇甫庶子〉卷四三一），有時則稱「幸是林園主」（〈憶洛中所居〉卷四四八），可知兩詞同所指。因今日「林園」一詞已甚少使用❹，且觀察唐代使用「林園」者多在中唐之前，故捨「林園」而取「園林」。

至此，研究的範圍似應界限在全唐詩文中述及「園林」與「林園」者。但在唐人使用的名詞中尚有很

❹ 如程兆熊〈論中國庭園設計〉頁八三：「在我國庭園設計上，特重林園……」，即使用「林園」一詞。刊《華岡農科學報》第三期。

多同指園林的，也應是研究園林可以取用也應該取用的範圍。雖然「園」字最初的意義如《說文解字・六下口部》是「所以樹果也」，一般人也多以為有藩曰園，是必須要有具體隔畫的種植果樹的空間範圍；雖然如樂嘉藻先生將庭園分為庭、庭園、園、園林、別業和別莊六類，各有分別❺，但彭一剛先生說：「歷史上曾經用來表述園的詞彙之多是相當驚人的，即使撇開庭院和苑、囿不談，單就園來講就有園、園林、園庭、園亭、園囤、園池、林泉、山池、別業、山莊、草堂……等十餘種。這些不同的名稱雖然可以反映出造園手段上的某些差異，例如有的以花木構成主要景觀；有的以山景為主；有的以水景為主，但在多數情況下都不外綜合運用建築、花木、水、山石等四大要素來組景造景，所以用一個『園』字便可以概括其餘。」❻唐代對上述諸名詞已使用甚多，而且還互相混用，義與園林等似，以下分別舉例說明之。

別業，是另一個唐人稱呼園林的名詞。若嚴格地區界，則日人加藤繁說：「就別業的字面的原意來說，與其說以花木亭榭為它的主體，不如說每年有收益的土地反而是它的主體。」❼「業」字最能顯出其田地收益的經濟意義，但是其中還是設有花木亭榭以供休憩娛樂。對文人而言，經濟雖是一個非常實際的問題，

❺ 參❶，其分別有表如下：

園林	城內	庭	院內
		庭園	別院
		園	附於家宅
	城外	員林	獨立
		別頁	塋地所在
		別莊	農莊所在

❻ 見彭一剛《中國古典園林分析》，頁二〇—二一。

❼ 見加藤繁《中國經濟史考證》，頁一八五。

但栽植耕織之事比較少進入他們優雅的生活關切中，倒是花木亭榭才是文人吟詠樂道的主要部分。所以從文人的立場來看，別業的意義多也是指園林。《唐語林．卷七補遺》載：「時桂林大夫即常侍兄，同營別業於金陵，甲第之盛冠於邑下，人皆號為土牆李家宅。」提及「別業」時即把注意的焦點放在「甲第之盛」。而文人也往往在一首詩中同時稱其吟詠的對象為「別業」和「園林」：

霽日園林好，清明煙火新。（祖詠〈清明宴司勳劉郎中別業〉卷一三一）

不過林園久，多因寵遇偏。（劉長卿〈和中丞出使恩命過終南別業〉卷一五一）

數畝園林好，人賢知相家。（錢起〈題樊川杜相公別業〉卷二三七）

春來欲問林園主，桃李無言鳥自啼。（竇庠〈段都尉別業〉卷二七一）

門徑掩芳草，園林落異花。（孟貫〈送人歸別業〉卷七五八）

文人眼中的別業多取其遊息的園林部分，就詩文吟詠而言也多取其優美景色以為意象，那麼，全唐詩文中提及別業者，也都是本論文掌握的資料和研究的範圍。由於別業是田地耕植為主的城外園，因此又常以「莊」稱之。如韋嗣立的驪山別業（卷九一）在諸多應制中也題為「山莊」（卷七六－八九）；王維終南別業也稱輞川莊（卷一二八）。日人加藤繁曾判別道：「別莊大別為在城內的和在城外的兩種。而別業、山居、山林等則專指城外的別莊而言。」❽因此，莊也和別業一樣，在文人詩歌中多取其園林之義：

田家無四鄰，獨坐一園春。（盧照鄰〈春晚山莊率題二首之二〉卷四二）

樞掖調梅暇，林園藝槿初。（宋之問〈奉和韋嗣立山莊侍宴應制〉卷五三）

妻子寄他食，園林非昔遊。（杜甫〈過故斛斯校書莊二首之一〉卷二二八）

---

❽ 同❼，頁一八〇，又可參頁二〇一。

可惜亭臺閒度日，欲偷風景暫遊春。（白居易〈令公南莊花柳正盛欲偷一賞先寄二篇之二〉卷四五六）

誰氏園林一簇煙，路人遙指盡長歎。（韋莊〈官莊〉卷六九七）

在文人的雅興裡，莊，儘也是亭臺花木等遊春勝地。因此，以莊或山莊為題或表述者，也是本論文研究的範圍。

別墅，是唐人表述園林的另一個名詞，如：

忽念故園日，復憶驪山居。（韋應物〈登蒲塘驛沿路見泉谷村墅忽想京師舊居追懷昔年〉卷一九一）

村園門巷多相似，處處春風枳殼花。（雍陶〈城西訪友人別墅〉卷五一八）

故山歸夢喜，先入讀書堂。（李商隱〈歸墅〉卷五三九）

此地可求息，開門足野情。（李山甫〈別墅〉卷六四三）

韋杜八九月，亭臺高下風。（鄭谷〈遊貴侯城南林墅〉卷六七四）

這些皆是以城外別園為墅。從故園、村園、讀書堂、可求息、亭臺等語，可知在文人心目中仍注重其居息遊憩的園林特性。據程兆熊先生所論❾，墅之義較近於別業，也是以田地耕植為主。但其亭臺花木的景觀更接近文人的生活，因此詩文中述及墅者，也是本論文研究的範圍。

因為園林、別業、山莊往往選擇山林之地，因此「山居」實際也是園林的另一種表述：

不言沁園好，獨隱武陵花。（儲光羲〈玉真公主山居〉卷一三九）

坐窮今古掩書堂，二頃湖田一半荒。（許渾〈題崔處士山居〉卷五三五）

❾ 見程兆熊《中國庭園建築》，頁七六、八一。

茅堂入谷遠，林暗絕其鄰。（劉得仁〈題王處士山居〉卷五四四）

帶郭茅亭詩興饒，回看一曲倚危橋。（馬戴〈題章野人山居〉卷五五六）

無多別業供王稅，大半生涯在釣船。（李咸用〈題王處士山居〉卷六四六）

大抵山居者隨山勢而築亭臺、建堂屋以為居住之用，也是山、水、花木、建築及布局具備的園林；不過其多為處士、山人等全隱者所有，故更為樸素自然，且強調僻遠的地理特性。程兆熊先生曾說：「在我國庭園設計上，園地最好是山林地，此則因山林地最合我國庭園之理想和情趣。我國以前之山居，或山中草堂，乃即以山林為園林，真所謂天然庭園。」❿與此類似者如「谿居」、「舊林」、「山中」多是園林之實，因各倚其重而異其名，也都是本論文研究的範圍。

以部分代全體，是中國用語的習慣，因而園林裏的某些部分也被用來指稱園林。常見於唐代的有「草堂」，陳瑞源先生曾說：「宮禁苑囿之表徵壯麗富貴，山居草堂要求幽僻簡素，形成了中國造園的兩大主流。」⓫程兆熊先生也說：「這（白居易廬山）草堂不過是一山居之堂，把山居也視同池沼，視同園林，視同苑囿，並視同宮殿，都作為是造園的事。」⓬那麼，草堂，也與山居一樣，同樣都指自然山水園。由第二章以及往下各章將可證明杜甫的浣花「草堂」，白居易的廬山「草堂」，或盧鴻一的嵩山「草堂」均是十足的園林。因此，以草堂為稱的詩文也是本論文的研究對象和範圍。

其他以部分代全體的用詞，如「林亭」、「池亭」、「園亭」、「山亭」、「水亭」、「新亭」、「南亭」、「山齋」、「溪齋」、「書齋」、「東齋」、「山池」、「竹閣」、「釣閣」……等所指涉者多與園林同內涵，此處不，一

---

❿ 同❾，頁七九。

⓫ 見陳瑞源《中國造園與中國山水畫相關之研究》，頁一。

⓬ 見程兆熊《論中國之庭園》，頁五二。

舉例，可參第三章第四節論及亭的意涵部分。這些也都是本論文的研究範圍。

尚有以「宅」、「居」為名的籠統稱呼，而其實質內容卻是園林者，如：

> 隱樹重簷肅，開園一逕斜。（李嘉祐〈奉和杜相公長興新宅即事呈元相公〉卷二〇七）
>
> 林沼葱蘢多貴氣，樓臺掩映接天居。（錢起〈宴曹王宅〉卷二三九）
>
> 誰知洛北朱門裏，便到江南綠水遊。（徐凝〈侍郎宅泛池〉卷四七四）
>
> 門前巷陌三條近，牆內池亭萬境閒。（劉禹錫〈題王郎中宣義里新居〉卷三五九）
>
> 閒居少鄰並，草徑入荒園。（賈島〈題李凝幽居〉卷五七二）
>
> 園裏水流澆竹響，窗中人靜下棋聲。（皮日休〈李處士郊居〉卷六一三）

大約，在城內或城郊，且重點在於日常居住的屋舍者多稱為宅或居。園林，如劉敦楨先生所說：「是一種既有居住功能，又有多種藝術的綜合體。」⑬而居住的屋宅與遊賞的園之間組合類型大別有二，如李允鉌先生所分：「有總體是園，局部是屋；有總體是屋，局部是園。」⑭或者也可說是「附屬於園林的建築」與「附屬於建築群的園」⑮。稱宅或居，是總體地把重點放在居住功能上，仍然含有園林的內容，因而這一類詩文也是本論文研究的範圍。

此外，有只言地名而實際描述園林者，如李賀〈春歸昌谷〉（卷三九二），司空圖〈王官二首〉（卷六三三），姚合〈武功縣中作〉（卷四九八），劉禹錫〈海陽十詠〉（卷三五五）等。或者吟詠園林中的活動，如閒行、遊春等，考其內容也是繪誦園林景物及生活者。凡此皆不勝細舉瑣列，此不一一。總之，寫述山、

⑬ 見劉敦楨〈蘇州古典園林的自然意趣〉，刊《山水與美學》，頁三〇二。

⑭ 見李允鉌《華夏意匠——中國古典建築設計原理分析》，頁三二四。

⑮ 參⑭，頁三〇六。

水、花木、建築、布局等園林要素及生活實況、心境者，皆為與園林有關之詩文，同為本論文研究之範圍。

必須特別注意的是，唐代文人心目中的「園林」，與經過宋、元、明、清發展至今的園林概念有所不同。現今一般的概念裏，園林當有一個最外圍的牆垣或區劃固定領域的界線，以分別園林之內外。然而在唐人的詩文中，園林卻不必然如此，若以前舉諸例來看，「山居」可以等同為園林，似乎在他們心目中，園林可以就是大自然。其實即或今日的學者，也有相似看法的，例如王鎮華先生就認肯園林可以是一片自然山水⑯。而「山居」的內容也有很多變化，不過，從「居」字至少可確知是有人工建築物的存在，也就很可能有建築與自然山水之間空間布局的考量、選擇或設計，便是充分含括山、水、花木、建築、布局等五大要素的園林了。然而五大要素與牆垣範圍的園林概念在唐代尚未形成，因而以現今的園林定義來看待本論文的園林詩例，並不切當。在本論文所舉詩例中的園林狀況，有的看似範圍甚小，其原因有二：一是本論文每一個討論問題所舉詩例，多在五個左右，以期盡量充分呈現所討論問題在唐代的狀況。為節省篇幅及凸顯詩意，每個詩例並不列出全首詩，而多以兩句或一句為主。是以有時從一兩句詩中所見到的可能只是一座建築或一條花徑……等而已，看似範圍甚小，不足成為園林；實則，在同首詩剩餘的未引列部分，尚有其他有關園林的描寫，足以構成園林，而不是列引之詩的園林範圍忽大忽小。另一是在文人的創作當下，許多時候只是僅就眼前可見的景物來援用描繪為意象，對於他所置身的園林並不需要全面或流程式地一一刻畫。因此，詩文中所見的可能只是園林局部或單一景物，此類看似範圍甚小的詩文，未必即非園林。是以讀詩文例句時，應放下現今的園林概念，以貼合唐代，且莫以片段的詩句衡斷全詩是否為園林描述。這是對本論文所引詩例的說明。

至於「文人」一詞，在唐代並未普遍被使用為專有名詞，並非特指某些階層的人物或集團。它只是當時一些能夠作詩寫文的讀書人的總稱，還不是像明末特指的非仕宦的庶民讀書人——「布衣身分的文人」、

⑯ 約於民國七十七年底拜訪王鎮華先生位於永和的家，請益中，王先生對園林之定義有此看法。

「已逐漸形成為社會的一個階層」⓱——那般地明確。其內容可以是入仕的官吏，也可以是未入仕的庶民；可以是隱逸清介的佚名文人，也可以是遊走奔競的達官貴人……只要他們達到某種知識水平，擁有文學創作的能力與成績、有其生活品味與追求，便是文人。而本論文既然以全唐詩文的呈現為主，那麼，所謂「文人」，自是指全唐詩文的作者。雖然詩文中所寫的未必即是這位文人自家的園林，但是透過文人的詩文構思及藝術轉化後，由詩文中呈現出來的園林狀況，已是文人的再創造。文人的再創造一方面呈現其內心中的園林觀，造園理念與理想；另方面也發揮了指導的作用，提供造園者諸多園林意境的創造。因此，本論文中「文人」一詞是指全唐詩文的作者，亦即是具有詩文等文學創作成績，達到某種知識水平，具有獨特生活品味與追求的人。

⓱ 見陳萬益〈晚明小品與明季文人生活〉，刊同名書，頁五六。

第一章

唐代園林興盛的背景

唐代是中國園林發展史上的一個重要時期，不僅在數量上與普及性上大大提高，而且是由六朝以前雄偉豪靡、富麗雕縟走向宋代文人園自然寫意、高度藝術化的一個重要轉型及過渡。當中，文人的生活，尤其是詩歌的吟詠創作在意境上帶給文人園的成熟頗多啟示。

唐代園林的興盛，長安、洛陽兩京及其城郊一帶最是典型，下列五條資料可見其一二：

> 開元元年勅諸文武三品以上帶職者，欲向田莊，不出四面關者不須辭見。（《唐會要・卷二五輟朝》）
>
> 韋曲冠蓋里，鮮原鬱青蔥。公臺睦中外，墅舍鄰西東。（權德輿〈奉和韋曲莊言懷貽東曲外族諸弟〉卷三二一）
>
> 韋杜八九月，亭臺高下風。（鄭谷〈游貴侯城南林墅〉卷六七四）
>
> 韋曲樊川雨半晴，竹莊花院徧題名。（鄭谷〈郊墅〉卷六七六）
>
> 村園門巷多相似，處處春風枳殼花。（雍陶〈城西訪友人別墅〉卷五一八）

京都乃繁華要地，普通百姓實不易購得園林大宅，通常都是達官貴侯的家園。《唐會要》的記載顯示出文武諸官皆有私屬田莊，三品以上才得恩准不須辭見即可向關中田莊。關中之地，又屬長安城南韋曲、杜曲一帶是侯官們最喜愛的園居佳地，因而此處園林如前引詩歌所述毗連櫛比，成為遊春盛地。另外，韋莊有一首〈官莊〉詩云：「誰氏園林一簇煙，路人遙指盡長歎。桑田稻澤今無主，新犯香醪沒入官」（卷六七九）。自注道：「江南富民悉以犯酒沒家產，因以詩諷之。新帥遂改酒法不入財產。」由此可見江南地區園林也頗興盛，富民是主要的推動者。至於不屬貴侯達官或富民的人——尤其是讀書人，也普遍擁有園林，山居、郊居是詩文中常見的類型。對文人而言，不論窮達，園林已是習常的居住環境：落魄如盧照鄰、賈島、杜牧，貧困似杜甫者，都是園林主人。唐代園林在文人間的興盛，由此可見一斑。

唐代園林的興盛，是由各方面因素的聚合而促成的。縱的方面，園林自身的長期發展，提供了歷史積累的經驗。隨著時間的推衍，園林建造技術不斷進步，園林遊賞活動逐漸普遍，生命成長的自然需求及歷史累積是唐代園林興盛的內在之因。橫的方面，唐代政治、經濟、思想等交織配合下的社會狀態，尤其是這些背景下文人對詩文創作的渴求，提供了園林發展的有利環境，使內在的因子能順勢利導地伸展，這是唐代園林興盛的外在之緣。

本章謹試著呈現這些內因外緣。其中第一節有一部分是一般造園史或園林史已提及的，但是另有來自神話、詩賦等文學作品的部分，則比較少被仔細討論過，其中往往有頗為珍貴的消息，而且對唐代文人的園林生活觀念及境界具有深遠影響，值得特別提出。

第一節 歷史背景——唐以前園林的發展

一、「玄圃」與神話樂園

推溯唐以前園林的發展，有一段頗為漫長的歷史。最初大抵是由皇家苑囿開展而來的，目前可見的文字記載中，最早的園林大致是神話中黃帝的玄圃❶。神話的參考價值於下文再論，茲先將有關玄圃的資料條列於下：

1. 又西三百二十里，曰槐江之山……實惟帝之平圃，神英招司之……爰有淫水，其濤洛洛。（《山海經・西次三經》）

2. 西南四百里，曰昆侖之丘，是實惟帝之下都，神陸吾司之。其神狀虎身而九尾，人面而虎爪，是神也，司天之九部及帝之囿時。（《山海經・西次三經》）

3. 海內昆侖之虛，在西北，帝之下都。昆侖之虛，方八百里，高萬仞。上有木禾，長五尋，大五圍。面有九井，以玉為檻。面有九門，門有開明獸守之，百神之所在，在八隅之巖，赤水之際，非仁羿莫能上岡之巖……開明北有視肉、珠樹、文玉樹、玕琪樹、不死樹。鳳皇、鸞鳥皆戴瞂。又有離朱、木禾、柏樹、甘水、聖木曼兌，一曰挺木牙交。（《山海經・海內西經》）

❶ 玄圃，又有名為「懸圃」、「平圃」的。以玄圃為中國園林之濫觴的，如程兆熊《論中國之庭園》，黃文王《從假山論中國庭園藝術》，林俊寬《竹在中國造園上運用之研究》等。

4. 西有王母之山、壑山、海山，有沃之國，沃民是處。沃之野，鳳鳥之卵是食，甘露是飲。凡其所欲，其味盡存。爰有甘華、甘柤、白柳、視肉、三騅、琁瑰、瑤碧、白木、琅玕、白丹、青丹，多銀鐵。鸞鳳自歌，鳳鳥自舞，爰有百獸，相群是處，是謂沃之野。（《山海經・大荒西經》）

5. 崑崙之丘，或上倍之，是謂涼風之山，登之而不死。或上倍之，是謂懸圃，登之乃靈，能使風雨。或上倍之，乃維上天，登之乃神，是謂太帝之居。（《淮南子・墬形訓》）

6. 崑崙虛中，有五城十二樓。（《淮南子・墬形訓高誘註》）

可以推知，比這些文字記載更早的時候，人們口中已傳說著這些神話，其內容在口頭流布中或有變易，但其大致的輪廓應是確定的。神話中玄圃座落在崑崙山之上，似乎是附屬於崑崙山的一片蔬圃❷，而整個崑崙山是更廣大的一座宮城園囿，為黃帝的下都。或者仍可以玄圃之名指稱這座含有宮城、寶樹、山、水及蔬圃的大園林。根據上列資料，這座神話園林有幾點值得注意：其一，這座黃帝的行宮別館❸，建築物頗為雄偉密集，但這組建築群並不過分顯露，因其四周各生長了不同的樹木❹，可算是林木掩映的園林。其二，這是一座依大自然既有地勢為主的園林，但是卻又充滿了燦爛耀目的珍木寶樹及雕飾華美的建築，顯得富麗堂皇，還不算純粹的自然山水園，屬於自然山水園的雛形。其三，這是一座神仙樂園，由地面往上升，須先經過不死的層階，才能至此靈仙之地，而上與天帝神所相鄰。在此可食鳳卵、飲甘露，凡其所欲，其味盡存，一片歌舞和樂。因而，玄圃也就每每成為後世文人嚮往的園林典範。其四，這裡有一條清泠明澈、纖塵不染的淫水流過，又有許多玉檻之井，不僅水源充沛，也顯示園林中的水流以潔淨清澈者為上。

❷《淮南子・墬形訓》又說：「懸圃、涼風、樊桐在崑崙之中，是其蔬圃。」，而資料2又說神陸吾司帝之「囿」時，可知玄圃應就是附屬於崑崙之宮的蔬圃。此宮擁有相當大的園林，統以玄圃稱之。

❸《莊子・天地篇》也說：「黃帝遊於赤水之北，登乎崑崙之邱。」故這是黃帝出遊之時休憩之所。

❹《山海經・西山經》對崑崙四面的樹木有詳細的記載，都是各種各樣的珍奇寶樹，遠望之，應對玄圃宮城具有掩映效果。

其五，玄圃之下有涼風之山，這座四季不斷吹拂著涼風的山嶺，對其上的玄圃應也發生清涼的作用❺。這些清澈、潔淨、涼爽的環境條件，一直是後代園林的重要品質。

雖然玄圃是以神話的姿態出現在載籍中，其可信度令人懷疑。然而這些神話想像的背後，可能暗示著某種想望與嚮往。程兆熊先生即說過：「即在不實之傳說中，亦有其『不實』背後之一種理由或理想。於此玄圃之為玄圃，雖仍不脫其一種傳說之性質，但即此已胚孕出我國此後造園之特有境界。」❻所謂理想，應該是初民們的生活願望。前引4資料中的「視肉」❼，據郭璞的注，說是「聚肉，形如牛肝，有兩目也；食之無盡，尋復更生如故。」❽有了這種肉，就可以坐吃不盡，不必擔憂飢餓之困。而《山海經》中，凡是名山勝水或帝王陵墓之地附近，多有「視肉」這類奇食❾，使這些名山勝水及帝王陵墓成了無憂無慮的樂土。

幻想或編織神話樂園的人，可能在生活中充滿著缺乏及憂患：尤其是飽受洪水之患及野處猛獸攻擊的初民們。因此在《山海經》中頗有一些鸞鳳及神仙的樂土❿。羅師宗濤有洞見曰，《山海經》所述多半是樂園嚮往，所欲皆從、豐饒、和諧及健康長壽等現象非常普遍。而這些樂園多在古代聖王所葬之處，可見樂園的成就不是天生自然的，須有英雄奮鬥的餘蔭。因而樂園該是人與自然結合的產物⓫。觀諸《山海經》

❺《穆天子傳》中說縣圃「溫和無風」，但其下既然有經年不斷的涼風吹拂，玄圃雖然不必有風，應也是充滿了清涼之氣。

❻見程兆熊《論中國之庭園》，頁一。

❼〈海內西經〉載「開明北有視肉」、「開明南有……視肉」。開明是守候這玄圃四周大門的負責者。

❽郭璞的注在《山海經・海外南經》，因視肉在書中凡十三見。

❾參袁珂《中國古代神話》第三章第一部分，頁八六。

❿《山海經》中有許多「鸞鳥自歌，鳳鳥自舞」等「不績不經」、「不稼不穡」卻衣足食飽的樂園。可參《山海經校注》的索引。

⓫羅師宗濤的《山海經》多為樂園嚮往說，乃七十八年十二月三十一日親得自羅師之教示。

所載諸山，實多有令人欣羡不已的珍奇之物，如：

（招搖之山）有草焉，其狀如韭而青華，其名曰祝餘，食之不飢。有木焉，其狀如穀而黑理，其華四照，其名曰迷穀，佩之不迷。有獸焉，其狀如禺而白耳，伏行人走，其名曰狌狌，食之善走。麗麐之水出焉，而西流注于海，其中多育沛，佩之無瘕疾。（〈南山經〉）

其他如食之不勞，食之使人不惑，食之已心痛，可以禦水、禦火……等，幾乎所有人間的疾病窘困、憂難禍害之苦，都能因山中特產而消弭，甚至獲得超越的能力，因而那些山群也似乎就是圓滿快樂的所在。山，於是成了神祕靈奇的所在。《說文解字・八上人部》釋「仙」字：「人在山上皃。从人山。」可看出山與仙有著密切關係⓬，而昆侖山尤其是中國的神仙之說最早的淵藪，其下涼風之山登之可不死，玄圃登之乃靈，其附近又有不死樹，使得昆侖成為後世神仙說的要地。李師豐楙曾對昆侖山仙說做一系統整理，而後總結地說：「《山海經》言巫所從上下，《淮南子・墬形訓》言眾帝所自上下，至於緯書言仙人棲集；此後道教初期經典即予道教化：《太平經》以真人昇天時，常集崑崙之墟；而五斗米道系則云太上老君所治。」⓭昆侖山遂成為地仙所聚集的仙鄉了⓮。杜而未先生也在引述西王母昆侖山居所的描繪文字後說：「這的確就是神仙樂園（這樂園是崑崙懸圃）。」⓯總之，昆侖山系神話一再顯示出昆侖山是圓滿具足的樂園，而玄圃這個黃帝的行宮囿園正是其中一個形制宏偉的具體典型，也是昆侖樂園的代表。這個樂園之夢，一直為人們所惦念，不但漢賦以玄圃譬喻帝王苑囿（如揚雄〈甘泉賦〉的「配帝君之懸圃兮」《文選卷七》），唐代

⓬ 參見李師豐楙《魏晉南北朝文士與道教之關係》，頁四〇六。

⓭ 見⓬，頁四一七。

⓮ 參⓬，頁四一六。

⓯ 見杜而未《崑崙文化與不死觀念》，頁一八。

文人也屢以其為園林之喻（詳第六章第二節），更具體的是《南齊書・卷二一文惠太子傳》的記載：

> 太子與竟陵王子良俱好釋氏，立六疾館以養窮民……開拓玄圃園與臺城北塹等，其中樓觀塔宇，多聚奇石，妙極山水。

直接以「玄圃」命名其園林，表示對傳說中的神話園林存著仿效學習或再現的心情。可見玄圃這個不實的神話，對後來中國園林的發展是發生了真實且深遠的啟示與影響。

二、先秦園林與神仙思想的加入

除了神話傳說，中國歷史上最早可確定的園林，通常被認為是周文王的靈囿[16]。雖然苑囿的出現還可再上溯至商代，但只能從甲骨文中看到貞卜田獵的卜辭，田獵除了祭祀目的之外，尚有遊樂性質；但是這些田獵遊戲的記載卻沒有述及具體園囿的。因而，靈囿成了中國第一座可考的園林。《詩經・大雅・文王之什・靈臺》中的一、二、三章及《孟子・梁惠王篇》中有如下的記載：

> 經始靈臺，經之營之。庶民攻之，不日成之。經始勿亟，庶民子來。王在靈囿，麀鹿攸伏。麀鹿濯濯，白鳥鬻鬻。王在靈沼，於牣魚躍。文王之囿，方七十里，芻蕘者往焉，雉兔者往焉。

據此可知文王靈囿的情形大致是：其一，囿內有臺有沼。四方而高的臺可以遠望觀眺，也可再造建築物[17]，

---

[16] 李允鉌先生甚至說：「中國最早最大的園就是三千年前周文王的位於長安以西四十二里，方圓七十里的『靈臺・靈沼』。」見《華夏意匠——中國古典建築設計原理分析》，頁三一〇。

[17] 陳奐的《詩毛氏傳疏》提到：「天子有靈臺以觀天文，有時臺以觀四時施化，有囿臺觀鳥獸魚鼈……然則詩之臺為囿臺矣。」那麼這個靈臺至少是具有觀賞動物的功能的。

是一座高低錯落的園囿。其二，囿中有麀鹿、白鳥和魚，充滿了跳動活躍的生氣，似乎動物的存在較諸林木更引人注意，這大約與其田獵功能有關。李允鉌先生說：「園中有鹿有魚，顯然是同具觀賞與生產的雙重目的。」❽其三，既說芻蕘者往焉，應該是前去砍柴刈草的。那麼這座園囿大致仍以自然山林為基礎，林木深茂，是座有山、有水、有植物、有動物也有人工建築的園林。其四，芻蕘者可來，雉兔者也可來，又有一定的範圍（方七十里）。如孟子所說「與民同之」，卻又是文王所有。因此，這可算是私人所屬的公園。

與周天子一樣，各國諸侯也擁有自己的園囿。梁惠王嫌他的園僅方四十里，而「靈臺」毛注云：「囿所以域養禽獸也。天子百里，諸侯四十里。」姑不論這個制度後來是否被破壞，可信諸侯們也都有園囿。《詩經》與《左傳》裡尚有一些園林資料，略舉數例於下，以資參考討論：

1. 新臺有泚，河水瀰瀰。燕婉之求，籧篨不鮮。新臺有洒，河水浼浼。燕婉之求，籧篨不殄。魚網之設，鴻則離之。婉燕乞求，得此戚施。（〈邶風・新臺〉）
2. 遊于北園，四馬既閑。輶車鸞鑣，載獫歇驕。（〈秦風・駟鐵〉第三章）
3. 公祭鐘巫，齊于社圃，館于寫氏。（《左傳・隱公十一年》杜預注：「社圃，園名。」）
4. 齊侯與蔡姬乘舟於囿。蕩公，公懼變色，禁之，不可。公怒歸之。（《左傳・僖公三年》）
5. 經：築鹿囿。（《左傳・成公十八年》）
6. 公享晉六卿于蒲圃。（《左傳・襄公十九年》）
7. 經：夏，築蛇淵囿。（《左傳・定公十三年》）

第1條在小序中說衛宣公「作新臺于河上」，在水上建造高臺，證明當時建築技術已達一定的水準。臺既高峻又鮮明，水則潔淨綿長，因此，水與臺的結合，應該含有遊賞觀覽的娛樂及審美目的。當然，魚網之設，

❽ 同❻，頁三二一。

仍表示生產效益的重要。第2條的小序說：「美襄公也。始命，有田狩之事，園囿之樂焉。」前兩章正是描述田狩的情形，而此第三章則是遊於園中的娛賞活動，大約是狩獵之後的餘興。第3條杜注社圃是園名，在僖公三十三年也有例證，鄭國皇武子說「鄭之有原圃，猶秦之有具囿也」，杜注「原圃、具囿皆囿名」，可知圃與囿在當時已通用。隱公在此園中齋戒並館待于寫氏，顯示囿中有住宿的館舍等建築，在田獵、娛遊的功能之外，還有居息的作用。第4條顯示囿裡已進行水上遊賞活動。池水的面積與深度應該相當可觀，否則搖蕩船隻是不致於引起那般驚懼變色的。這裏我們也看到園囿中可有較純粹的娛樂性活動，未必是狩獵之餘了。第5、7條建鹿囿與蛇淵囿，是以某種動物為主而特為築設的園子，這在日後的園林景區設計中一直被採用。第6條魯襄公宴享晉六卿於蒲圃，可知園圃也開始了宴飲活動，其交際的功能也被開發了。

根據上述，可以得知周代園囿的發展情形大致是這樣的：其一，最初以蓄養動物、提供狩獵的實質經濟效益與祭祀之名為基本功能，甚至還有專為某種動物而造設的園囿了。其二，狩獵之餘，王侯們也利用園囿作為遊賞觀覽的場所。這些娛樂性活動有的在田狩後進行，有的則獨立進行。其三，園囿中也用來款待賓客、設置宴席，甚至提供住宿。可以想見，建築的比例因漸受重用而在增加之中，而娛樂與居息的功能也日漸加重。其四，在自然的山林地裏，水的重要性除飲用灌溉或洗滌等實益外，也因娛樂及美感而被肯定。建築與水結合，證明建築技術的成就，也顯示水景美感的受重視。其五，雖然囿與圃的名稱已相通用，但由上列資料不難看出，囿仍以田獵為主，蓄養動物的工作非常重要；圃則比較被利用為遊宴休憩與交際的場所，林木的栽植與建築物應是比較重要的。因為順著《周禮・地官司徒第二》「囿人掌囿游之獸禁、牧百獸」、「場人掌國之場圃而樹之果蓏珍異之物，以時斂而藏之」的制度，也可以證明這一點。其六，園林的發展至此還是帝王諸侯階層的特殊產物，一般百姓不能擁有，但住家堂前的庭地大約也有一點花木，尚不足構成園[19]，但也可能在逐漸擴展中。由庭而院而園的發展也許是園林在私人平民間的開展路線[20]。

[19] 庭的意涵及發展參見彭一剛《中國古典園林分析》，頁一八；樂嘉藻《中國建築史》，頁九。

秦統一天下，秦始皇一方面希望這個屬於自己的天下能傳至萬代，一方面極力興造可以象徵他無上尊貴又能充分享受他特殊權力的場所。始皇三十五（西元前二一二）年建造在長安西南的上林苑便是一個顯著的代表㉑。阿房宮是上林苑中一組龐大的建築群，我們從有關阿房宮的資料可以見到上林苑的一些情形：

（三十五年）乃營作朝宮渭南上林苑中。先作前殿阿房，東西五百步，南北五十丈，上可以坐萬人，下可以建五丈旗。周馳為閣道，自殿下直抵南山。表南山之顛以闕。為複道，自阿房渡渭，屬之河陽……發北山石椁，乃寫蜀荊地材，皆至。關中計宮三百，關外四百餘……（《史記・卷六秦始皇本紀》）

六王畢，四海一；蜀山兀，阿房出。覆壓三百餘里，隔離天日。驪山北構而西折，直走咸陽。二川溶溶，流入宮牆。五步一樓，十步一閣，廊腰縵迴，簷牙高啄，各抱地勢，鉤心鬬角。盤盤焉，困困焉，蜂房水渦，矗不知其幾千萬落。長橋臥波，未雲何龍？複道行空，不霽何虹？高低冥迷，不知西東。歌臺暖響，春光融融；舞殿冷袖，風雨淒淒。一日之內，一宮之間，而氣候不齊。（杜牧〈阿房宮賦〉文卷七四八）

秦始皇作長池，引渭水，東西二百里，南北二十里，築土為蓬萊山。刻石為鯨魚，長二百丈。（《三秦記》）

《史記》說「先作前殿阿房」，則阿房宮只是上林苑中的一部分而已。又其可以容納萬人，可見宮殿本身頗為寬敞雄偉。賦中說五步一樓，十步一閣，則不是單一的建築體，而是許多樓閣結聚成的建築群，像蜂房般密集，因而荊蜀一帶的山林為之禿兀。除建築物龐多之外，其布局也富有曲折盤宛的趣味，「廊腰縵迴」、

⑳ 程兆熊〈論中國庭園設計〉，頁六四云：「庭園在我國最單純之形態，為堂前之庭。」《華岡農科學報》第三期。

㉑ 《資治通鑑・卷七・秦紀二》始皇二十六年注二十五：「上林，苑名，在長安西南。」

「盤盤焉」的動線安排可增加空間感。至於建築的精緻雕麗，可由「簷牙高啄」及「鉤心鬬角」見出一二，極其飛躍細巧。「長橋臥波」表示在建築群之間有水穿流，水源雖是天然的河川（二川溶溶）㉒，但由《三秦記》看來是人工挖引渭水與潏水而成的㉓。引水除繞流建築群，也聚匯成長池。池中築土山以為蓬萊仙島一事，在《史記》中也載著齊人徐市等上書始皇，說東海中有三座僊人居住的神山：蓬萊、方丈、瀛洲。始皇聽信，便派遣徐市率童男女數千人入海求僊藥。可知秦始皇對海上仙山懷有欣羨之情，並發為具體的追求行動，那麼在苑中擬造一座仙山是可以理解的。

整座上林苑應是天然的山林地，但苑中的林木動物記載甚少，大概述者（無論歷史或文學）都在彰顯始皇的好大喜功，耗費人力，故焦點放在人工建築的富麗之上。譬如「歌臺」與「舞殿」在暗示始皇個人窮極奢豪的享樂，但我們卻也由此得知當時已有為某項娛樂活動而設的專屬建築。基本上，阿房宮仍只是苑囿中的一部分而已。

根據上述可歸納出秦時的園林發展情形約略如下：其一，建築物的比例大大地提高。在大自然環境中，依順原有地勢加入龐大密集且曲巧縟麗的建築組群。由商周至此，人為文飾的成分迅速地增加。其二，大量以迴廊來連結建築，顯示營建修繕技術的進步，而且在遊賞動線的安排上已注意到紆婉靈活的空間布局，在豐富的變化中增加空間感。其三，開始了人工挖池引水，並在池中築造假山，是可見資料中的第一座假山，屬人工堆製的土山。其四，模擬假想的蓬萊仙島，秦始皇已將園林視為生活享樂的仙境，神仙思想於此具體地實踐在造園上，與神話樂園的園林源頭一脈相繫。其五，園林功能的重心已由田獵漸轉至娛樂宴遊和居息等方面。

㉒ 二川應指渭水與潏水。據《長安志・卷上城南名勝古跡圖》看來，阿房故基距此二水最近。

㉓ 黃文王在《從假山論中國庭園藝術》中認為《三秦記》的記載「因其範圍過大，故不予採信」。其不信的是刻石為二百丈的長鯨？抑或作長池之事？以建造長城之阿房宮的技術看來，作長池之事似為可能。

三、漢代園林與私人園林的出現

園林在漢代有了顯著的大發展，除帝王的苑囿外，公卿列侯皇親近臣開始擁有個人私屬的園林，連庶民百姓亦起而仿效。由於數量頗多，不便一一盡述，僅分帝王、貴族卿臣及平民三方面簡要論之。

在帝王苑囿方面，自秦代遺留下來的上林苑有了諸多改變，另外也增建了大型宮苑及水池。例如：

1. 漢高帝七年，蕭相國營未央宮，因龍首山製前殿，建北闕。未央宮周迴二十三里九十五步五尺，街道周迴七十里。臺殿四十三，其三十二在外，其十一在後宮。池十三，山六，池一山一亦在後宮。門闕凡九十五。（《西京雜記卷一》，另《漢書・卷一下高帝紀下》記載較略）
2. 初修上林苑，群臣遠方各獻名果異樹，亦有製為美名，以標奇麗。梨十……余就上林令虞淵得朝臣所上草木名二千餘種。（《西京雜記卷一》）㉔
3. 漢上林有池十五所，承露池、昆靈池池中有倒披蓮連錢荇……天泉池上有連樓閣道，中有紫宮……（《三秦記》）
4. （元封六年）夏，京師民觀角抵于上林平樂館。（《漢書・卷六武帝紀》）㉕
5. （元狩三年）發謫吏穿昆明池。（同上）
6. 武帝作昆明池，欲伐昆吾夷，教習水戰。因而於上游戲養魚，魚給諸陵廟祭祀，餘付長安市賣之。池周迴四十里。（《西京雜記卷一》）

㉔《三輔黃圖卷四》有類似記載，但草木名作三千餘種。

㉕又元封三年「春，作角抵戲，三百里內皆觀」。三百里內皆來觀，顯示參與者多，見知苑囿景觀者必不少。而這樣的開放庶民參觀的園林娛樂活動，當不止一次。

7.〈甘泉園〉聚土為山，十里九坂。種奇樹，育麋鹿麑麂，鳥獸百種。激上阿水，銅龍吐珠，銅仙人銜杯受水下注。天子乘輦，游獵園中。（《漢官典職儀式選用》）

8.太液池，在長安故城西……中起三山，以象瀛洲、蓬萊、方丈，刻金石為魚龍奇禽異獸之屬。（《三輔黃圖卷四》）

由1知道未央宮是因順著整座龍首山的地勢而建的，臺殿四十三處，而且更有六座山峰及十三個水池，山和水的比例大量增加。園囿本設於自然山林中，在此之前並不太重視或強調山水在園囿中的重要性，這與苑囿功能的漸次轉移有關，應該是遊樂及觀賞目的所致。至於六山是人造或天成的，並未明說。不過，既地處龍首山上，再有六座天然山峰是令人費解的，可能是人造堆山。

秦代的上林苑到了漢武帝建元三（西元前一三八）年加以重建。除了「離宮別館，彌山跨谷」（《文選・司馬相如・上林賦》），依舊建築櫛比外，重建的重點有許多部分是放在草木栽植上（2）。有二千餘種名果異樹萃集此地，可以想見在「深木」、「巨木」（〈上林賦〉）掩映下的幽森氣氛，以及目不暇給的珍奇花木，這似乎就是一座大植物園㉖。由圃囿發展到苑，名稱的轉變其實也是內容重點的一種呈示。在那些蓊鬱茂密的林木之間，開鑿了十五個水池，池中種了各種花草，池上建造宮樓，這種水上建築的形態一直是後代造園的重要景點。4的記載顯示，這座皇家苑囿偶而也開放給平民百姓觀賞舞戲，可謂「與民同之」。可信那些大開眼界的平民百姓，見到了苑中的樓觀山池與林植，在羨慕之餘，心中也留下了模仿的種子。

昆明池（5、6）可以開船教習水戰，面積應當十分遼闊，這仍是皇家園林的一貫作風。不料，武帝在這軍事水池上竟開始遊戲、養魚的娛樂休閒，意外地為朝廷開設了一條賺取外快的門徑。但由此卻可看到，御苑中的活動，娛樂和休閒已在普遍性上大大地超越了狩獵一事。

㉖ 程兆熊先生說：「這使上林苑成為全世界有史以來一個最古也最大的植物園。」同❶，頁一二三。

7、8值得注意的首先是「聚土為山，十里九坂」，這樣大量而密集地堆聚土山，可知人工力量的集中點已由建築群擴展到大自然的山水上，等於是大規模地改造自然。目前為止，資料顯示的秦漢人工堆山都是土山。至於銅龍吐水、仙人受水的設計，則被譽為「世界公園中最早有噴水處」㉗。這同時顯示神仙思想從秦始皇開始實踐在園林裡之後，便支持著園林的建造和進步，太液池中起三山以象蓬萊、方丈、瀛洲，便是另一個例證。從玄圃開始，園林一直成為園主對理想生活嚮往的一種慰解與某種程度的實現，以至更後代的園主仍視自己的園林為桃花源；這是中國園林在思想上的傳統。只不過，秦漢追求的是長生不死的成仙願望，而後代比較是視園林為心靈逍遙的仙境。

在王侯卿臣方面，開始出現私人園林，如：

1. 梁孝王好營宮室苑囿之樂，作曜華之宮，築兔園。園中有百靈山，山有膚寸石、落猿巖、棲龍岫。又有雁池，池間有鶴州、鳧渚。其諸宮觀相連，延亙數十里。奇果異樹、瑰禽怪獸畢備。王日與宮人賓客弋釣其中。（《西京雜記卷二》）
2. 相舍後園近吏舍，吏舍日飲歌呼，從吏患之，無如何，乃請參遊後園。（《漢書・卷三九曹參傳》）
3. 由是滋驕，治宅第田園極膏腴。（《漢書・卷五二田蚡傳》）
4. （成帝詔曰）公卿列侯親屬近臣，四方所則，未聞修身遵禮，同心憂國者也；或乃奢侈逸豫，務廣第宅，治園池，多蓄奴婢，被服綺縠，設鐘鼓，備女樂……（《漢書・卷十成紀》）
5. 哀帝為董賢起大第於北闕下，重五殿，洞六門，柱壁皆畫雲氣花蘤……樓閣臺榭，轉相連注，山池玩好，窮盡雕麗。（《西京雜記卷四》）

梁孝王兔園是歷史上著名的文客聚集的場所，從「王日與宮人賓客弋釣其中」，或如枚乘〈梁王兔園賦〉所

㉗ 見林俊寬《竹在中國造園上運用之研究》，頁五。

說「邯鄲襄國易涿之麗人，及燕汾之遊子，相與雜遝而往款焉」（《全漢文卷二十》），可以知道這座梁苑是半開放性質的園子。賓客們的活動是弋釣、遊觀、宴飲，甚至鬪雞走馬㉘，娛樂與交際是最主要的功能。園中的百靈山為天然或人工並不清楚，但是既有膚寸石、落猿巖及棲龍岫，是經過人為設計與加工的。而所謂雁池、鶴州或鳧渚是有計畫飼養而開闢成的專有景觀，這在周代已有鹿囿及蛇淵囿等濫觴，不過此處只是園中的一個景區而已，這是往後園林所採的方式，王維的輞川即是。至於建築仍是宮觀相連的巨型組群。奇果異樹、瑰禽怪獸畢備，使兔園仍然具有動植物園的成分，而且直逼帝王苑囿。值得注意的是「修竹檀欒，夾池水旋」（《梁王兔園賦》），首次見到園林中有大量脩竹沿著水池岸邊栽植，「旋」字最能說明隨水岸曲隈而生的「因」順之美㉙，這使得池水在叢竹掩映之下，變得深綠且幽邃；這是中國園林追求的幽趣。

2、3記載了丞相曹參、田蚡各自有園，園內的情形並未詳述。它們一方面可能是對帝王御苑具體而微地仿效，另方面可能是住宅小院的擴展。《詩經・鄭風・將仲子》第三章云：「將仲子兮，無踰我園，無折我樹檀。」這「園」應是《說文解字》所說的樹果種桑之空間，是經濟生產所需的。而漢代可能由於模仿帝囿而將住宅小院或桑果園加以擴充，朝向奢靡的個人享受發展，因此成帝下詔命卿侯近臣省改（4）。由成帝詔令不難看出，當時卿侯近臣們廣置園池的風氣是過於奢侈逸豫，以致引起成帝的關切；那麼，園池應還是權寵達貴的特有。所以5記載哀帝為寵臣董賢起大第宅，其內容是一座極大的園林，樓閣臺榭及山池玩好都窮盡雕麗之能事，並崇尚龐大宏壯。這不異是帝王也承認卿臣們造設私園，並無形地鼓勵其豪奢靡麗。總之，漢代的貴族大臣們擁有個人私園的事，是在漸開風氣之中，這使得富裕的平民百姓也躍躍欲試，袁廣漢是第一個開先例的人。

關於袁廣漢園的情形，《西京雜記卷三》有頗詳細的記述：

㉘ 參見枚乘的〈梁王兔園賦〉。

㉙ 《詩經・衛風・淇奧》中雖然猗猗的綠竹也是生於水岸，但那大致是野外自然景觀，尚見不到意匠所在。

茂陵富人袁廣漢，藏鏹巨萬，家僮八九百人。於北邙山下築園，東西四里，南北五里。激流水注其內。構石為山，高十餘丈，連延數里。養白鸚鵡、紫鴛鴦、犛牛、青兕，奇獸怪禽，委積其間。積沙為洲嶼，激水為波潮，其中致江鷗海鶴，孕雛產鷇，延漫林地。奇樹異草，靡不具植。屋皆徘徊連屬，重閣脩廊，行之移晷不能徧也。廣漢後有罪，誅，沒入為官園。鳥獸草木皆移植上林苑中。

建築物的廣大、動物的珍奇與帝王侯臣的追求是相似的。比較特別的是「構石為山，高十餘丈，連延數里」，這座人工堆造的假山不但高大，還是首見的人工石山。人工石山能夠堆造得如此高峻龐大，必然花費一番巧思和工夫，也顯示人造假山還是處在模仿自然的階段。其次，激流水注成湖池，再積沙為洲嶼，激水為波潮，也是以十分的意匠，用人力去製創自然景色，波潮的設造尤其令人讚歎，也顯示對於水景具有高度的美感創造力及鑑賞力。人工造景的成分於此大大地提高，但仍然是大自然景物的再現而已。總之，這第一座平民私人園林雖在面積上和體量上不能超乎帝王貴侯們尚大崇麗的格局，卻在巧思意匠及人工創造自然的成就上超越頗多。尤其是假山歷史上具有重要的躍進㉚。

總結漢代園林的發展，約有以下幾點值得注意：其一，園林的建造不再只是帝王特有的，貴族大臣們已群起仿效，連庶民都開始建造私人園林。其二，帝王的御苑偶而開放給百姓觀賞舞戲表演，以示與民同樂。貴族們的園林也廣泛地對文士麗人開放，至於平民園林，應該更有一般百姓的往來。可以說整個漢代的園林活動正朝向平民參與的方向發展。其三，無論哪個階層的園林，都極事雕麗瑰奇之能事，以為權勢或財富的象徵，因此，園林風格比較奢華雕飾。其四，園林活動已明顯地以遊賞娛宴為主。神仙思想於此更進一步地應用在帝王園景中，不僅有海上仙島，還有仙人塑像，因而創造了中國園林史上第一個噴水池

㉚ 袁廣漢後來因罪被誅，所犯何罪不可確知，是否與他大手筆造園，超越貴達及觸犯規定有關？但不論如何，袁廣漢的行為確實是園林史上的一大步。

景。其五，造園的重點也擴展林植與山水。假山的堆造普受重視，土山和石山都有，但以土山較為普遍，石山較為新奇。挖鑿大池以養魚、植花、築島、積洲的情況也頗為普見。其六，開始見到追求幽隱趣味的品質考慮。其七，由於園林活動的重點及參與者的改變，人們的注意力由早先的動物、建築漸轉向花草樹木及山水。在園林名稱上也有相應的轉變，由圃囿而苑而園。

四、六朝園林與文人雅集的漸興

六朝繼承漢代的園林成就，加速發展。由於政治社會的動亂不安，造成思想與生活形態上的大變化（詳第四節與第五章第五節），園林也隨之流行。本期的皇家園林基本上承襲漢代，沒有太多改變；私家園林則迅速地發展普及；寺廟園林也在此期興盛起來。由於文字資料頗為豐富，已有許多討論研究，因此這一部分不再仔細地一一分析載籍上的資料，在皇園與寺園方面比較多參考已有的研究結果。茲分皇園、私園和寺園三方面論述之。

皇家園林方面，曹魏時在舊都鄴城（今河南安陽附近）建造了銅雀園、元武苑及芳林園。銅雀園有銅雀臺、金虎臺和魚池等㉛。元武苑有魚梁、釣臺、竹園等㉜。曹魏遷都洛陽後，據東漢宮苑舊址改建擴充成華（芳）林園㉝，其情形為：

> （明）帝愈增崇宮殿，雕飾觀閣。鑿太行之石英。采穀城之文石，起景陽山於芳林之園。建昭陽殿於太極之北，鑄作黃龍鳳皇奇偉之獸，飾金墉、陵雲臺、凌霄闕。百役繁興，作者數萬，公卿以下

㉛ 尚有倉庫以儲存水、鹽、糧食、軍械等物資，是一座兼有軍事城堡性質的園林。詳參周維權〈魏晉南北朝園林概述〉，《傳統建築論文集》，頁八七。

㉜ 參㉛，頁八七。

㉝ 原名芳林園，因避齊王芳之諱，改為華林園。見《三國志・卷二魏書・文帝紀》黃初四年裴松之注。

> 至于學生，莫不展力，帝乃躬自掘土以率之。（《三國志・卷二五魏書・高堂隆傳》）
>
> 又於芳林園中起陂池，楫櫂越歌……通引穀水過九龍殿前，為玉井綺欄，蟾蜍含受，神龍吐出。使博士馬均作司南車，水轉百戲。（《三國志・卷三魏書・明帝紀》青龍三年注引《魏略》）

到達皇帝親自掘土、百官參與建造行列的地步，可見華林園的工程浩大與倍受重視。當中以各色文石及石英堆構成的景陽山，是一座彩麗的大型人工石山。石頭的運用開始受到重視。另又引穀水製造噴水效果，是漢代造園中水景技術的承續。水中可以行舟遊賞、歌唱、玩水戲。水上活動的熱絡致使設計出各種遊戲享樂的機關來。人文造作成為園林生成的最主要因素。

西晉主要的苑囿仍是華林園，大致因襲魏舊。東晉遷都建康，也有一座自東吳遺下的華林園，園內引玄武湖水流繞各建築，並聚集為天淵池㉞。《世說新語・言語篇》載簡文帝入華林園後，對左右的人說：「會心處不必在遠，翳然林木，便自有濠濮間想也。覺鳥獸禽魚，自來親人。」他對園林的欣賞感動在於園景的幽隱之趣，與其所引起的玄思神想，及由此而達到的和諧渾融的境界；已不是以往對雄偉壯麗的滿足了。然而這樣的審美品味，在當時及以後的皇家園林並沒有明顯的影響㉟。

往後，南朝宋對華林園又大加擴建，不僅仿北方的華林園造景陽山㊱，且據《宋書・卷六六何尚之傳》記載，元嘉二十三（西元四四六）年又造玄武湖，文帝想在湖中立方丈、蓬萊、瀛洲三神山，何尚之諫止。雖然打消了湖中建仙島的計畫，但可知將仙說納入園林，以為某種程度的仙境呈現的想法，仍存在於帝王

㉞ 參㉛，頁九〇。

㉟ 村上嘉實在《六朝思想史研究》中說，此時的華林園規模縮小，是因東晉國小以及草創多事，缺乏餘裕：「東晉になると国も小さく、従って華林園の規模も縮少されたようであるが、それだけに卻って、庭園の鑑賞的な面が進んでいったように思われる。但し東晉草創の際は、萬事につけて余裕がなかったので……」，見頁三六九。

㊱ 《宋書・卷五文帝紀》元嘉二十三年：「是歲大有年，築北堤，立玄武湖，築景陽山於華林園。」

心中。此期在華林園裏主要的活動是寢息、宴賞、遊戲、買賣活動㊲，以及講學論道㊳和聽訟㊴；帝王的生活大大地向園林中轉移，使園林活動更豐富多樣。

在苑園中設置買賣市集，是帝王們的遊戲消遣，南齊東昏侯也加仿效，而且於「閱武堂起芳樂苑，山石皆塗以五采。跨池水立紫閣諸樓觀，壁上畫男女私褻之像」（《南齊書・卷七東昏侯本紀》）。御苑變得粗俗，以人工替山石塗上五采，又較天然彩石堆築的石山，格調更低。南梁的苑仍以華林園為主，並沒有大變化。倒是南朝陳，華林園急速衰廢，陳後主改在後宮建造華麗的園林，雕麗瑰奇，充滿珠光寶氣㊵。就其在後宮造園一事，日人村上嘉實先生說，這使園林建築成為和日常生活結合的純鑑賞用之物㊶，和以往在城外建造的苑囿不同，而且可以推知帝囿面積的縮小是必須的。

北朝方面，魏與西晉的華林園仍存在，只是經戰亂而荒廢甚多。後經整修，到北齊再度擴建改名為仙都苑。據《北齊書・卷三七魏收傳》記載，當中引漳河水入園為大池，池中築五島以象五岳，四個水域象徵四海，匯入四海的水道象徵四瀆。這幾乎要把天下都包籠到園林裡，可能是出自帝王的雄心，雖然仍是模寫自然山水，卻也開始了象徵、縮移的手法。

㊲《宋書・卷四三徐羨之傳》說廢帝榮陽王在華林園中「列肆親自酤賣。又開瀆聚土，以像破岡，率左右唱呼，引船為樂。是夕寢於龍舟，在天淵池。」

㊳《宋書・卷八明帝紀》泰豫元年，上崩。論明帝「於華林園芳堂講《周易》，常自臨聽」。

㊴《宋書・卷三武帝紀下》永初二年，「車駕於華林園聽訟」。

㊵《陳書・卷七皇后列傳》的跋語：「至德二年，乃於光照殿前，起臨春、結綺、望心三閣，閣高數丈，並數十間。其窗牖壁帶懸楣欄檻之類，並以沉檀香木為之，又飾以金玉，間以珠翠，外施珠簾，內有寶床寶帳……其下積石為山，引水為池，植以奇樹，雜以花藥……」

㊶同㉟，頁三八三：「それでみると、従来の、城外にあった苑囿や庭園と異なり、建築に即し、日常生活と結びついた純鑑賞用のものになっている。」

私家園林不論貴族仕宦或庶民，在這一期頗多向著自然山水園迅速發展。他們選擇風景優美的自然山林來建造，成就了含山帶水、並附耕地的廣大莊園。西晉石崇著名的金谷園（河陽別業），是石崇居官時斂聚大量財富所造，晚年辭官後退居之地。金谷園臨河，園中有人工開鑿的池沼和由園外導引進來的金谷澗水，穿流於建築物之間，水與建築應有高度的結合。園中林木繁盛，以柏樹為主要植物。建築物頗多，為園主提供居住、觀賞、飲宴、絲竹女樂等活動，已相當地生活化。其生活的奢靡豪侈，則《世說新語・汰侈篇》有詳細的記載㊷。其他的私園如：

1. 遂命駕山墅……又於土山營墅，樓館林竹甚盛。每攜中外子侄，往來游集。（《晉書・卷七九謝安傳》）
2. 〈弟靈符〉又於永興立墅，周迴三十二里，水陸地二百六十五頃，含帶二山。又有果園九處，為有司所糾，詔原之。（《宋書・卷五四孔季恭傳》）
3. 靈運父祖並葬始寧縣，並有故宅及墅，遂移籍會稽，修營別業，傍山帶江，盡幽居之美。（《宋書・卷六七謝靈運傳》；〈山居賦〉云：「敞南戶以對遠嶺，闢東窗以矚近田」、「羅曾崖於戶裏，列鏡瀾於窗前」、「夾渠二田，周嶺三苑，九泉別澗，五谷異巘」。見其本傳）
4. 室宇園池，貴遊莫及。伎樂之妙，冠絕一時……廣陵城舊有高樓，湛之更加修整，南望鍾山。城北有陂澤，水物豐盛，湛之更起風亭、月觀、吹臺、琴室。果竹繁茂，花藥成行。招集文士，盡遊玩之適，一時之盛也。（《宋書・卷七一徐湛之傳》）
5. 貴勢之流，貨室之族，車服伎樂，爭相奢麗。亭池第宅，競趣高華，至于山澤之人，不敢採飲其水草。（《南齊書・卷五四高逸傳・顧歡》）

㊷ 此段文字的資料主要取自㉛，頁八〇。

6.（朱）異及諸子，自潮溝列宅至青溪，其中有臺池玩好，每暇日與賓客遊焉。《梁書・卷三八朱異傳》

這些自然山水園，大多不必在堆山引水方面下工夫，因此，其治園的重點，每每放在花藥林竹的栽植及樓館的建造方面。其中對於竹的養植與喜愛，已明顯地增加㊸，這固然與竹林七賢、王子猷以來，名士對竹的推崇有關，但可能也與竹的神仙傳說㊹不無關係；中國園林重竹的傳統在此期確立。由謝靈運的〈山居賦〉看來，文人已注意到「借景」的空間運用及其美感的品賞。在名稱上「墅」及「別業」的出現，代表著田地與園宅相結合，經濟生產與娛樂遊息的功能同具的中國園林傳統，而成為莊園別業式的園林。這些廣大田地山林的擁有，主要是土地兼併的結果，如《通典卷一》記載著：「宋孝武帝大明初，羊希為尚書左丞。時揚州刺史西陽王子尚上言：山湖之禁，雖有舊科，人俗相因，替而不奉，熂山封水，保為家利。自頃以來，頹弛日甚，富強者兼嶺而占，貧弱者薪蘇無托。至漁採之地，亦又如茲。」這種土地佔領之風，使得貴宦豪強之家，有擁十數處園業者。如《晉書・卷六九刁逵傳》的「固吝山澤，為京口之蠹」，《宋書・卷五八謝弘微傳》的「園宅十餘」。這可說是土地多被開發之後，所採用的另一種兼併土地的方式㊺。

自然山水園的興起也與江南風物有關。日人杉村勇造先生以為江南之地有豐富的自然景色，不須要花費太多人力，便能輕易地借用大自然的樹林、湖沼等景物而造園㊻。但是值得注意的是，這些自然山水園

㊸ 如4中徐湛之「果竹繁茂，花藥成行」；《南史・卷七七恩倖傳・茹法亮》：「竹林花藥之美」；《梁書・卷二五徐勉傳》：「桐竹成陰」；《南史・卷七五隱逸傳上・沈道虔》：「惜此筍，欲令成行」。

㊹ 參山崎みど〈李賀と竹のイメージー「昌谷北園新筍四首」考〉，《中國詩文論叢》第六集。

㊺ 參見陶希聖、武仙卿《南北朝經濟史》頁三四。

㊻ 杉村勇造《中国の庭》頁二六：「江南の地は江北とちがって、平原の遠望はなくても、山水の景は豊かであるから、人力の労は費やさくても樹林、湖沼の自然の景を借りれば庭園を造ることは容易なことである。」

有些仍以豪奢為貴、雕縟為上（如5），有的則趨向於耕種糧食百果，蓄養魚鳥以自給自足的樸實自然風格（莊園式）。這種崇尚自然樸素的園林，所以漸成風尚，與當時隱逸思想與玄風的流行有關。當時的名士、隱者多選擇幽靜山林為避居之所，偶被迎居城內也不忘築造自然樸實的園林以度其高雅超逸的生活。如《宋書・卷九三隱逸傳・戴顒》載其因養疾而由隱處出居吳下，吳下士人共為聚石引水，植林開澗，「有若自然」。所以講究自然樸素風格的園林要求，在此期較諸豪奢雕縟者更普遍地在文士之間擴展。而遁隱山林所造的園林，在當時便以「丘園」二字稱之㊼。

北方的私家園林則因地理環境的關係，以城市型為主，其中又以洛陽最盛。如：

1.（昭德）里內有……司農張倫等五宅……倫造景陽山，有若自然。其中重巖複嶺，嶔崟相屬；深蹊洞壑，邐遞連接。高林巨樹，足使日月蔽虧；懸葛垂蘿，能令風煙出入。崎嶇石路，似壅而通；崢嶸澗道，盤紆復直。是以山情野興之士，遊以忘歸。天水人姜質……遂造〈亭山賦〉㊽行傳於世。其辭曰：………下天津之高霧，納滄海之遠煙。纖列之狀一如古，崩剎之勢似千年。（《洛陽伽藍記・卷二城東》）

2.（太傅清河王懌宅）土山釣臺，冠於當世。斜峰入牖，曲沼環堂。樹響飛嚶，堦叢花藥。懌愛賓客，重文藻，海內才子，莫不輻輳。（《洛陽伽藍記・卷四城西》）

3.（壽丘里）於是帝族王侯、外戚公主，擅山海之富，居川林之饒，爭修園宅，互相誇競。崇門豐室，洞戶連房，飛館生風，重樓起霧。高臺芳樹（榭），家家而築；花林曲池，園園而有。（《洛陽

㊼ 如《宋書・卷九三隱逸傳》太祖元年詔曰：「（戴顒、宗炳）並志託丘園，自然衡蓽」，又說：「（王弘之）恬漠丘園，放心居逸……宜加旌聘，賁于丘園。」又如《洛陽伽藍記・卷一城內》：「（盧白頭）性愛恬靜，丘園放敖。」

㊽ 原書校注云：「元河南志亭作庭。」

伽藍記・卷四城西》）

這裡顯示出北方私園的兩個面向，在建築方面，是極盡豪華豐崇，爭誇其壯麗高拔；在山、水及花木的布造方面，卻又崇尚自然山林的野趣深僻；而兩者皆朝向追求宏大的氣象。然而因其位處城市之中，空間的限制畢竟較大，所以即使在貴戚的園宅中顯得樓館密集，但是卻又不得不以盤曲的手法來增加空間感。所謂「崎嶇石路，似壅而通，崢嶸澗道，盤紆復直」，不但遊園動線富於迴環紆曲之趣，還製造似無還有的驚喜效果，層層轉出的景致增加景深，引人遐思。又所謂「斜峰入牖，曲沼環堂」，也是借景入戶的手法；只是南方自然山水園所借者為天成之山嶺，此處則借人工堆造之假山。一為遠借，一為近借。姜質在〈亭山賦〉中說：「庭起半山半壑，聽以目達心想」，「纖列之狀一如古，崩剝之勢似千年」，則堆山鑿壑也因城內空間的限制而有縮小的傾向，並在鑒賞時加「目達心想」的神遊成分，這是山、水造景由寫實走向寫意的一個重要轉進。

無論是南方或北方，私家園林都頻頻進行文士遊集的活動。謝安每攜中外子侄往來游集；徐湛之招集文士，盡遊玩之適，一時之盛；朱异每暇日與賓客遊臺池；張倫的園宅提供山情野興之士，遊以忘歸；王懌因愛賓客、重文藻，故海內才子莫不輻輳於其園。可知園林發展至此已有廣大文士參與其內的活動，並在遊賞宴樂之中進行文學創作。文學創作已成為園林活動的重要內容。

在寺院園林方面，隨著佛教的傳入與漸興，以及道教的發展，寺院、道觀的興建日益繁多。道教修煉以仙為目的，仙者如前所述與山有不可分的關係，道教的修行多選擇山林之地，自是易於理解的。佛教在印度的發展，由北方轉移至南方時，由於南印度氣候炙熱，令人昏寐，故僧侶多聚集山林水洞，以清淨之心修行講經。山林建寺，不僅便於修行，且符合出離人世煩惱的要求，但觀佛典內諸佛悟道及滅度、講經亦多在園林之地（詳參第六章第二節），便知寺院園林漸興於六朝，有其必然性。這類園林仍以自然山水園為多，如：

> 康僧淵在豫章，去郭數十里，立精舍。旁連嶺，帶長川，芳林列於軒庭，清流激於堂宇。《世說新語・棲逸篇》

> （慧）遠創造精舍，洞盡山美。卻負香爐之峰，傍帶瀑布之壑。仍石疊基，即松栽構。清泉環階，白雲滿室。復於寺內置禪林……《高僧傳・慧遠》

> 隱于東陽谷，鑿崖穴居，弟子數百人，亦穴處……棄其徒，潛于終南山，結菴而止。《王氏神仙傳・王嘉》

高僧於山林修造寺院精舍者，《高僧傳》及《續高僧傳》等書記載甚多，且以性好山水之僧為高，而大加歎讚。道士及學道者建道觀於山林或雲遊名山名觀之事則可參諸史書隱逸傳或神仙傳之類。這些建於自然山林的寺觀，有天然生成的松雲泉石，有潔淨明秀之氣，使人心神清靈，是修行的佳地。造園時，重點放在建築物的營造及建築與山林關係位置的設計考量，在山、水與花木方面僅加以因勢的利導即可。但是城市中的寺院則須人力的大建設，才能創造出清幽寂靜的園林環境。《洛陽伽藍記》對於洛陽城中寺院有詳細記述，全書六十六所佛寺中，大都述及其園林。園內山石曲池，松竹蘭蘂都經過精心設計，如城南景明寺「房簷之外，皆是山池，竹松蘭芷，垂列堦墀，含風團露，流香吐馥」。其中有些寺院是私家園林捐捨而成的，一切景觀皆不亞於私園㊾。又城西寶光寺內有一海號「咸池」，葭菼菱荷被覆水岸，松竹羅生。「京邑士子，至於良辰美日，休沐告歸，徵友命朋，來遊此寺。雷車接軫，羽蓋成陰。或置酒林泉，題詩花圃，折藕浮瓜，以為興適」。可見寺院園林也往往成為文人士子們聚集宴遊、行酒賦詩的雅集場所。這類文學雅集的活動在私家園林與寺院園林之間日益普及，同時也促使像蘭亭、廬山一類山水名勝的公共園林興起。

㊾ 此乃羅師宗濤之教示。

綜觀六朝園林的發展，可約略歸納要點如下：其一，依園林所屬，可分為皇家、私人與寺觀園林三類；依園林所在，則可分為自然山水園與城市園林兩類；以營造風格來看，則有宏麗雕飾（皇家及部分私人）與自然樸素（文士及寺院）之別。其二，皇家園林大抵承襲漢代，但園中遊賞玩樂的活動愈加新奇，甚至是粗俗褻玩的遊戲，人工石山更常見，卻塗以彩色，呈現絢麗繁縟的風格。神仙嚮往的思想仍然濃厚。總之，進步不多。其三，自然山水園中發展出耕種經濟型的莊墅、別業，又有與隱居生活相結合的丘園，其風格較樸素自然。其四，城市園林由於地理空間的限制，發展出小中見大的集中化典型化手法，表現紆曲盤迴之趣，及借景入戶的空間深化。這是文人園的開端之一。城市園林因與居住的日常生活相結合，故多以園宅稱之。其五，自然美的呈現與鑑賞漸受重視，簡樸是文士們追求的園林品質。開始注意遊賞者觀想神遊的精神性審美活動，可以創造人與山水精神相應的會心境界，園林意境遂也呈現，這是文人園開端的又一。其六，花木栽植方面，已顯出對脩竹清松的特別喜愛，花藥的栽培也漸普遍。其七，因大量文人的參遊，文學性雅集在園林活動漸成重點，使園林生活與文學創作產生互相刺激推進的正面關係。其八，寺院園林的興盛，以及文人雅集的經常參與，公共園林就此形成，一般平民的園林遊賞活動必也隨之普及。

總結唐代以前園林的發展，可以看出由先秦到六朝發生了許多變化與累積：

其一，皇家園林由玄圃、靈囿到陳後主後宮的御苑，規模在逐漸縮小之中㊿。其活動重點也由狩獵生產轉移為觀賞、娛樂和休憩。私家的自然山水園則因與耕植生產結合，仍然保存頗大的空間範圍；而城市園林則比較小，卻對園林美感經驗的觸發、覺醒都有正面的啟示，為日後園林生活的精神境界之提昇做好準備。

其二，園林已由特權產物轉為娛遊、交際的場所，甚至已是生活精神的象徵。園林風格也由雕琢華麗

㊿ 張家驥《中國造園史》說：「帝王的苑囿，規模是逐漸的縮小的，這種現象是否只在於秦漢苑囿是將宮殿造在自然山林之中，而後世的苑多在城市之傍呢？」，頁二九。

走向簡樸自然，前者在帝王園中一直存在，後者則正由文人們廣大地推展著。

其三，神仙思想表現在造園設計中，一直是皇家園林的特色。一般文人則因隱遁自潔或修行的自求，也視園林為超俗潔淨的世外逍遙地（陶淵明的郊園成為日後文人們的典範）。兩者具有異曲同工之妙。

其四，從真山實水的大苑囿發展到城市中的園宅，人工堆山與引水挖池的造園設計日漸普遍。堆山技術以土山為先，石山晚出且漸成主流。引水技術開展很早，水中築洲島、水上建屋等傳統是以後水與建築種種新奇結合設計的穩固基礎。

其五，園植由最早的自然生成或經濟性栽種，發展為權勢象徵的珍花奇木，到六朝大批文人參與後，卻轉而對竹松等清雅花木有較深的喜愛，這才形成了中國園林一直保持的傳統。

其六，園林活動由帝王貴戚推展向權臣寵宦，而後豪富大族與文人名士，竟而連無資財造園的人都可以參與園林宴遊。所以園林逐漸與廣大民眾的生活連結起來。進入唐代，園林生活更普遍地融入文人的世界，不必是佳節良辰才特有活動，而是日常生活。

其七，園林的空間布局由開闊廣遠的大山大水，漸趨向幽隱曲折，造園的藝術性不斷提高，文人園林已得到很好的發展基礎。

第二節 政治背景

唐代園林的興盛深受當時政治力量的影響，其中比較明顯的是獎勵隱逸與科舉考試制度等政策下，交織衍生的種種風氣，促使園林廣泛地進入文人生活中。

一、獎勵隱逸與終南捷徑

唐皇朝對於隱士高人十分尊禮，在《唐大詔令集》裡可以看到許多徵召、表揚與授官草澤遺民的記載。之所以如此，一方面是因為「唐室建立之初，頗得到一些隱士高人的傾力相助，如王珪、魏徵都成為輔國的重臣」[51]。在君權專制的時代，欲推翻一個既有政權，其所依靠的力量很難是當權者利益所及的官宦，而多來自草野民力。因此，高祖的求賢搜隱，加以禮敬，應有其最初實質的需要及立功後加以獎賞的必然。所以高祖曾頒〈授逸民道士等官教〉（文卷一）。太宗為秦王時，也是「徵求草莽，置驛招聘」（《冊府元龜·卷九帝王部·禮賢》），這或許仍有其增加勢力、布置權線的實質需求。但是他在即天子位之後，仍然保持這個做法，主張「山藪幽隱，尤須徵召」。在貞觀十五年下了一道〈求訪賢良限來年二月集泰山詔〉，其中說：

> 尚恐山林藪澤，藏荊隋之寶；卜築屠釣，韞蕭張之奇。是以躬撫黎庶，親觀風俗，臨河渭而佇英傑，眺箕潁而懷隱淪。（《唐大詔令集·卷一〇二政事類·舉薦上》）

---

[51] 見劉翔飛《唐人隱逸風氣及其影響》，頁五。

這道詔令的內容所表示的招隱理由，是出於惜才，深恐有懷才的奇寶仍藏韞在山藪卜釣之中，因而時常抱著一種懷想渴念的心情。其中不無表現自己為聖主明君的用心。往下的唐帝王也大都有這種政策，如：

1. 比年雖嘗進舉，遂無英俊。猶恐棲巖穴以韜奇，樂丘園而晦影，宜令河南、河北、江淮以南州縣……可明加采訪，務盡才傑。（高宗顯慶元年〈河南河北江淮采訪才傑詔〉同上）
2. 有嘉遁幽棲、養高不仕者，州牧各以名聞。（玄宗開元五年詔《冊府元龜・卷六八帝王部・求賢二》）
3. 猶慮巖穴之內尚有沉淪，宜令所在州縣更加搜擇。其懷才抱器，隱遁丘園，並以禮徵送；如或不赴，具以名聞。（肅宗乾元元年詔・同上）
4. 有懷才抱器，安真守節，素在丘園不仕，為眾所知，所在長官具名聞薦。（代宗廣德元年詔・同上）
5. 如有隱於山谷，退在丘園，行義素高，名節可尚……具名薦聞。（穆宗元和十五年制・同上）

唐朝建國既久，實已不須再藉重江湖林野的隱民力量，然而對隱逸之士仍不斷予以表揚、徵送，其用心已轉入另一方面，即藉此以顯政治清平、君恩遍澤。《論語・堯曰篇》說「舉逸民，天下之民歸心焉」。因為連藏身掩跡在野地的人，都能得到徵詢禮遇，表示皇帝愛民親民，禮賢下士之不遺餘力。所以表揚徵召高人隱士，其象徵意義實超越實質的需求。

雖然像玄宗在放盧鴻一[52]還山時說：「是乃飛書巖穴，備禮徵詢，方佇獻替，式宏政理；而矯然不群，確乎難拔，靜己以鎮其操，洗心以激其流，固辭榮寵，將厚風俗。」（〈賜隱士盧鴻一還山制〉文卷二一）帝王也希望禮聘入朝的隱士們能對政事給予實際上的批評和建議；或是「冀聞上皇之訓」（〈徵隱士盧鴻一詔〉文卷二七），用以指導政治，而臻於上古淳化的境地。但是一些矯然不群、不降其志的高潔之士仍然不

[52] 盧鴻一，或以為其姓名當為盧鴻，無一字。今依《全唐詩》之稱。

願改變其抗跡幽遠的節操，而固辭之。最後，皇帝們也只好以厚禮放他們歸山，希望他們明瞭朝廷的尊禮之意。所以，雖然徵聘隱士有詢問請教的作用，但實際上發揮得並不多；倒是一些隱遁學道者被召入朝後，為帝王們解答了許多長生不死的仙術及鍊丹術，為帝王配製仙藥。

此外，獎掖隱士也有教化之名，藉徵聘隱士而「提倡個人之靜退與社會之淳厚」53，如玄宗〈處分高蹈不仕舉人敕〉云：

古之賢君貴重真隱者，將以勵激浮躁，敦厚風俗。傳不云乎「舉逸人，天下之人歸心焉」，蓋謂此者。朕緬稽古訓，思宏致理，以為道之為體，先崇於靜退；政之所急，實仗於賢才。是用求諸巖藪，假以軺傳。虛佇之懷，亦云久矣。（《唐大詔令集‧卷一〇六政事‧貢舉》）

所謂「勵激浮躁，敦厚風俗」，是希望藉著徵召及表名的政策，對社會風氣發生典範的作用，使一般百姓在傾慕之餘，同時也能敦勵自己修養清淨高潔、恬淡平和的性情，以期整個社會達到淳厚明夷的地步。所以在表揚及徵召時，帝王每每強調隱者的品格高卓，足為表率，例如玄宗召盧鴻一時就說：「嘗恨玄風久替，淳化未昇……以卿黃中通理，鉤深詣微，窮太一之道，踐中庸之德，確乎高尚，足侔古人。」稱許他在義理上有洞澈的理解，在行止上又合乎中庸之德，希望藉此使「玄風久替，淳化未昇」的社會受到鼓勵與濡染，漸漸地瀰漫淳樸古實的風氣，以收教化之功。

既然隱逸也可被薦舉授官，也是一條入仕的路途，因而唐代百姓對於帝王的鼓勵，反應異常熱烈，只是隱遁的動機已脫離隱的純粹本質，而心向著另一個截然相反的目的——入仕。著名的「終南捷徑」就是一個諷刺性笑話：

53 見施逢雨〈唐代道教徒式隱士的崛起——論李白隱逸求仙活動的政治社會背景〉，《唐詩論文選集》頁二一九、二二〇。

（盧藏用）始隱山中時，有意當世，人目為「隨駕隱士」。晚乃循權利，務為驕縱，素節盡矣。司馬承禎嘗召至闕下，將還山。藏用指終南曰：「此中大有嘉處。」承禎徐曰：「以僕視之，仕宦之捷徑耳。」藏用慚。（《新唐書．卷一二三盧藏用傳》）

既然「有意當世」，何必又隱於山中？這「隨駕隱士」與「山中宰相」同具有弔詭諷刺的特性，自魏晉以來已漸成風潮（詳第五章第五節），在唐代帝王們一貫地提倡並加薦舉下，隱遁反而成為進入仕途的一個簡捷方法。因此，終南山雖為盧藏用隱逸之地，卻反被譏為仕宦捷徑。大抵終南山離京城甚近，隱棲其中，其聲名易傳至帝王耳中，而受到薦舉。那麼終南山只是入朝的跳板，隱逸也是入仕的手段而已。皮日休曾依隱遁的動機，將隱士分為道隱、名隱與性隱三類，其中名隱便是「上則邀天子再三之命，下則取諸侯殷勤之禮，甚有百世之風，次有當時之譽」（〈移元徵君書〉文卷七九六）。這裡說到隱居的目的是為了招引帝王再三的詔命，或是諸侯殷勤的禮遇。則隱遁不再是出於全道或全身的不得已，反而是「顯」的前奏曲。皮日休更在他〈鹿門隱書六十篇〉中直捷地說：「古之隱也，志在其中；今之隱也，爵在其中。」（文卷七九八）非常切要地指出當時一般隱者是以爵祿顯達為目的。又王昌齡在其干謁信中，也說「昌齡豈不解置身青山，俯飲白水，飽於道義，然後謁王公大人以希大遇哉」（〈上李侍郎書〉文卷三三一）。可知在當時，先隱而後仕是十分流行且廣為王公大人所接受的風尚。仕前的隱居是為了修身養德，飽於道義，然後帶著修養的證明——隱——去干謁王公。似乎上山修道是為了下山行道，隱逸成為修養成就的一種形式與保證，先隱後仕遂成了當時文人們心中非常自然的歷程。

然而唐代這種隱逸風氣是與隱的原意相違的。隱，在《易．坤卦．文言》說「天地閉，賢人隱」，《論語．衛靈公篇》說「邦無道則可捲而懷之」，都是因應亂世的全道之法。就客觀形勢言，有其不得已的無奈；就守道潔身言，有其選擇的積極性意義。吳璧雍先生說「隱完全是針對『仕』的挫折而興起的一種暫時性的生活態度」[54]，這是指孔子「待時」之隱而言的。莊子也有類似的觀點：

> 古之所謂隱士者，非伏其身而弗見也，非閉其言而不出也，非藏其智而不發也；時命大謬也。當時命而大行乎天下，則反一無跡；不當時命而大窮乎天下，則深根寧極而待。此存身之道也。（《莊子・繕性篇》）

「時命大謬」與「深根寧極而待」，點出隱居是客觀形勢限制下的存身之道，對於未來的時局形勢仍懷抱著一分期待，故其隱是暫時的。但是像長沮、桀溺一類的隱者則又不同，他們是出於對人世的紛擾拘絆的拒絕，比較接近道家主張，如：

> 就藪澤，處閒曠，釣魚閒處，為無而已矣；此江海之士，避世之人，閒暇者之所好也。（《莊子・刻意篇》）

「閒暇者之所好」表示這是個人性情上的選擇，與世之治亂、君之賢昏無關，所以是避世之人，而非待時者也。所以比較起來，隱逸就有避人（時）與避世之別，或者如劉紀曜先生所說的「道隱」與「身隱」[55]。

細言之，即使所處非亂世，但對於以仕宦為主要目的的士人而言，政治結構的限制並非每個人都能進入，加上君王個人權慾的膨脹，使政治的遇合具有偶然性，士人們的政治挫折便從此而生。在政治競爭中落敗的人，為自己尋求到的存身之道之一便是隱退，希望在山水鄉野間以幽靜恬和的景氣來療養陶冶出潔淨無疥的胸次。這種德不勝位、道不勝勢的現象[56]，是中國士人長久以來共有的困境。

[54] 見吳璧雍〈人與社會——文人生命的二重奏：仕與隱〉，《中國文化新論・文學篇：抒情的境界》頁一八九。
[55] 見劉紀曜〈仕與隱——傳統中國政治文化的兩極〉，《中國文化新論・思想篇一：理想與現實》頁二九二。
[56] 同[55]，頁二九九。

不論是避亂世的待時之隱，或是得不到君主賞識任用的不遇之隱，都是先嘗試入仕之後的失敗退路，與唐代的先隱以入仕的情形是不相同的。而長沮、桀溺一類的身隱根本是追求個人的自在逍遙，超越政治的仕與隱之上，也與唐代這種含有政治目的的隱風不同（當然，唐代還是有真隱者，如王績）。然而唐代這種看起來荒謬、不純粹的隱逸風潮，也不是突如其來的。魏晉南北朝時，因政治黑暗，社會混亂，致使名士們因不滿現狀而隱。加以玄學大熾，將隱遁推許為高遠超卓的逍遙境界。王瑤先生說：「到隱士的行為普遍以後，道家的思想盛行以後，已經無所謂『避』的問題，而是為隱逸而隱逸，隱逸本身就有他的價值與道理……這套理論盛行以後，隱士地位的崇高，就得到了社會的普遍承認。而且不論社會情形是否令人滿意，隱士始終是懷道的、高尚的。」❺❼視隱逸為崇高的觀念一旦普遍被承認後，為隱逸而隱逸的情形就逐漸增加。這些不是出於不滿、反抗政治的隱士，君王們是歡迎的，為了表現其盛德，更出以徵聘禮遇的恩澤。不論隱者願不願意應徵，這些隱者都變成了「昇平的點綴品」，而朝廷也就可以「與唐虞盛德媲美」❺❽了。大隱、小隱之說在六朝流行之後，也為唐代崇隱提供了歷史基礎。

但是在唐代，隱逸淪為入仕的捷徑，它就變成一種姿態，流於形式，以致成為崇真之士誹議的對象。《舊唐書・卷六五高士廉傳》說「近代以來，多輕隱逸」，可知從六朝末期到唐初，的確已有很多直潔之士十分輕蔑那些不純的隱行。尤其是應詔入朝而又無所作為時，就更為人所詬病。《舊唐書・卷一八五良吏傳蔣儼》記載隱士田遊巖被徵為太子洗馬，在宮中竟無匡輔，蔣儼乃以書信譴責他，「遊巖竟不能答」。尸位素餐的現象只有更加為這些不能持善以恆的隱士招來恥辱和諷笑。在一些敦煌曲中，還可以看到更露骨的嘻罵：

❺❼ 見王瑤〈論希企隱逸之風〉，《中古文學史論》頁八〇。
❺❽ 同❺❼，頁八一。

> 長伏氣，住在蓬萊山裡。綠竹桃花碧溪水，洞中常晚起。　聞道君王詔旨，服裹琴書歡喜，得謁金門朝帝陛，不辭千萬里。（〈謁金門〉）
>
> 數年學劍攻書苦，也曾鑿壁偷光露。塹雪聚飛螢，多年事不成。　每恨無謀識，路遠關山隔。權隱在江河，龍門終一過。（〈菩薩蠻〉）

在民間歌曲中傳唱這些諷刺性內容，可見這種別有目的的隱逸在當時是多麼流行，以致連民間百姓都注意到，並加以嘲笑[59]。

隱逸風氣盛行遂造成自然山水園大量增加，那些隱者不論是純粹真隱或別有目的，選擇一塊山泉林地闢建住屋，每日與山水煙霞為伍。當中不乏大型的莊園別業，但一般則不必太多人工建築和雕飾，不必然劃界一個固定的範圍，只須要幾間茅舍草堂，幾畦圃田，茂林天成，禽鹿時來，這樣一個有山、有水、有林木、有建築，甚至建築前經過選地布局等考慮的山居丘園，便是自然山水園林。隱逸，不必是促成建造園林的充分條件或必要條件，但是此前六朝時期造設自然山水園的風氣已開，這些來到山林藪澤的隱者很自然為居住而造屋結舍。財富充裕者可以購買大批田地山澤，成為莊園墅業；貧困者可以選擇簡單小型的茅舍，收納附近的山水景色成為日常生活的一部分，也是簡單的山居丘園。我們由劉翔飛先生的「唐代士人隱逸事蹟表」[60]可以看到，大部分的隱者都有居於別墅、別業、林園等記載，至於簡單山居或實有別墅而不見載於文字者必然更多。《全唐詩》中描述隱者園林的詩頗多，茲舉例於下：

> 中年廢丘壑，上國旅風塵……歸來當炎夏，耕稼不及春。扇枕北窗下，采芝南澗濱。因聲謝同列，

[59] 引見[51]，頁四六。

[60] [51]曾附錄「唐代士人隱逸事蹟表」，錄有一九二名隱士。這些都還是史書上有蹟可考者，至於無蹟或未留名史傳者，更難逐一細數。

吾慕潁陽真。（孟浩然〈仲夏歸漢南園寄京邑耆舊〉卷一五九）

尋君石門隱，山近漸無青。鹿迹入柴戶，樹身穿草亭。（顧非熊〈題馬儒乂石門山居〉卷五〇九）

無媒歸別業，所向自乖心。（許棠〈冬杪歸陵陽別業五首之一〉卷六〇三）

松逕竹隈到靜堂，杏花臨澗水流香。身從亂後全家隱，日校人間一倍長。（陸龜蒙〈王先輩草堂〉卷六二六）

空山卜隱初，生計亦無餘。三畝水邊竹，一牀琴畔書。（張喬〈題友人草堂〉卷六三九）

從松逕竹隈、柴戶草亭、空山水竹等描寫，都顯示隱者所居為自然山水園。孟浩然與許棠的詩更說明先隱而後出山欲仕，不得志遂又歸隱回園業裡。所以，園林便是隱者最佳的安頓。

隱逸風氣也深深影響了官宦大夫階層，公卿貴臣們為了表示自己也具有隱者的清虛高潔，或是真心地嚮往悠遊閒逸的生活，也競相造園，享受類似隱者的生活：

萬騎千官擁帝車，八龍三馬訪仙家。鳳皇原上開青壁，鸚鵡杯中弄紫霞。（李嶠〈奉和聖製幸韋嗣立山莊應制〉卷六一）

借地結茅棟，橫竹挂朝衣。秋園雨中綠，幽居塵事違。（韋應物〈題鄭拾遺草堂〉卷一九二）

隱几日無事，風交松桂枝。園廬含曉霽，草木發華姿。跡似南山隱，官從小宰移。（權德輿〈南亭曉坐因以示璩〉卷三二〇）

每日在南亭，南亭似僧院……行簪隱士冠，臥讀先賢傳。（韓偓〈南亭〉卷六八一）

小舫行乘月，高齋臥看山。退公聊自足，爭敢望長閒。（徐鉉〈自題山亭三首之二〉卷七五五）

這些政務纏身的官貴藉著園林來滿足其好山水的隱心，並表現其恬淡高超的淨懷。通常他們都選擇退朝或休沐的時候享受園居之樂。劉禹錫「雨後退朝貪種樹，申時出省趁看山」（〈題王郎中宣義里新居〉卷三五九）的「貪」、「趁」二字最能點出為宦者對園林生活的珍惜。為了配合入朝廷公堂辦事，他們的園林多置於城市之內或近郊。然而若因政事繁重或遷謫等等原因，就無法時常回到園林，留下滿園春光空無人賞，這對主人而言並無太大妨礙，因為他崇尚自然、清虛自守的節操象徵仍然存在。另外，由李嶠詩也可看出帝王在尊禮隱士之餘，對寵臣官員的園林生活是非常鼓勵的。太宗在其〈帝京篇十首〉的序文中說：「故溝洫可悅，何必江海之濱乎？麟閣可玩，何必兩陵之間乎？忠良可接，何必海上神仙乎？豐鎬可遊，何必瑤池之上乎？」（卷一）這等於是倡導在京城中遊玩，遊玩的所在，自是如海如陵的園林。這也為官宦們造園提供了強力的理由。

總之，在帝王獎勵隱逸的政策下，無論是以入仕為目的或是已得政位的人，都以隱行為尚，而藉園林來實踐其超逸潔淨的修養。園林遂在仕者、欲仕者及隱遁者之間快速成長。

二、科舉考試與讀書山林

唐代的科舉考試是平民百姓另一條入宦的路徑。漢末六朝的政治大都為世族大家所掌握，如今有這麼一個廣為讀書人開設的機會，文士們為爭取入仕便須汲汲苦讀，十年寒窗但求一朝考取錄用。那些世族自有家學承襲的教育傳統，而普通的讀書人除自學之外，另有的就學途徑就是到山林向隱士或高僧請教。嚴耕望先生在其〈唐人習業山林寺院之風尚〉一文中說，從南朝開始「當時第一流學者多屬僧徒，且兼通經史；貴族平民皆尊仰之。吾人想像當時教育中心固在世家大族，然亦必有不少士子就學於山林巨剎者。」[61] 六朝開始，在山林立寺院精舍的事逐漸增加，高僧隱士往往就寺院或隱居處所而聚徒講經授業，從學者不少，為貧寒士子提供了求學的好環境。進入唐朝，由於科舉考試，使更多熱衷功名的學子投入這讀書習業

[61] 見嚴耕望〈唐人習業山林寺院之風尚〉，《唐史研究叢稿》頁三六八。

的行列。到山林讀書的人，貧寒者多寄宿於寺院，以便聽取寺僧講學，並加請教；或者利用寺院收藏的豐富圖書；或者借其幽靜的環境以助專心讀書。如：

1. 王播少孤貧，嘗客揚州惠昭寺木蘭院，隨僧齋飡。諸僧厭怠，播至，已飯矣。後二紀，播自重位出鎮是邦，因訪舊遊，向之題已皆碧紗幕其上。（《唐摭言・卷七起自苦寒條》）
2. 徐商相公常〔嘗〕於中條山萬固寺泉入院讀書。家廟碑云：隨僧洗鉢。（同上）
3. 予未任時，讀書講學恆在福山；邑之寺有類福山者，無有無予蹟也。（顏真卿〈汎愛寺重修記〉文卷三三七）

由2知道，徐商在寺院中讀書借宿，也須要為寺院做一些洗鉢之類的工作，不是白白食住。因此1中王播的長期寄住搭食，引起了僧人們的厭怠。由題詩寺壁可知，王播的寄宿大約是個人的讀書習文。3顯示寺院中講學者除高僧或隱士外，也有一般的學者。如嚴耕望先生所說：「顏公不信佛法，亦居佛寺肄業講學……則讀書寺院不但已成風尚，且必寺院中有其優良條件。」[62]並引日人那波利貞先生所作《唐鈔本雜鈔考》臚列法國國立圖書館所收藏敦煌文書有關敦煌寺學者很多，足以證明敦煌諸寺多有寺塾。而寺塾所收都是俗家子弟，所寫都是外典，則寺塾所教所學屬於普通教育。這應不是敦煌一地僅有的現象，而是大唐天下各州共有的[63]。

貧寒者寄宿寺院習業，而比較有資財者則在山林中自結屋宇書齋，如：

1. （父從）與仲兄能同隱山林，苦心力學……飲水棲衡，而講誦不輟，怡然終日，不出山巖，如是

---

[62] 同[61]，頁三七三、三七四。
[63] 同[61]，頁三七四、三七五。

者十年。貞元初，進士登第。（《舊唐書·卷一七七崔慎由傳》）

2.樂天云：廬山自陶謝後，正元初有符載、楊衡輩隱焉。今讀書屬文，結茅崗谷者猶一二十人。（《唐詩紀事·四六劉軻條》）

3.元和初，方結廬於廬山之陽……或農圃餘隙，積書窗下，日與古人磨礱前心。（劉軻〈上座主書〉文卷七四二）

由1可知結宇山林讀書有採家族親戚相勉互磋方式，這類型比較不致孤獨枯索又得砥礪之助，故而能十年始終怡然。2則可知廬山乃讀書佳地，一二十人為樂天所知之數，其不知者大約還有很多。而3則顯示結宇山林者也從事耕種工作，以供經濟之需，並得休閒或吟詠之資。這些苦心力學的文士，一方面可能考慮到清幽寂靜的山居比較適於讀書，而林泉景致又是觸動文思的最佳物色，宜於習作詩文，對參加進士科考而言，實是理想的準備環境。因此，即使不是寒士，也喜選擇山林別業做為讀書之地[64]。另方面，這也與唐帝鼓勵隱逸有關，先隱逸修身養名，並充實學識文才，再出而投考或受薦舉，兩者可並行不悖。但是，一些結伴群集的讀書山林形態，恐怕隱遁的意味就比較淡得多，如：

1.唐吏部員外李華，幼時與流輩五六人，在濟源山莊讀書。（《太平廣記·卷三七二李華條》）

2.唐安太守盧元裕子翰言，太守少時，嘗結交詩友，讀書終南山。（《太平廣記·卷四二二盧翰條》引自《紀聞》）

3.童齓時，兄弟同學於濟源別墅。休經年不出墅門，晝講經籍，夜課詩賦。（《舊唐書·卷一七七裴休傳》）

---

64 如《雲笈七籤·一一七道教靈驗記·文銖臺條》記載：「文銖者，長安人也。父母令於別業讀書，為莊前堆阜之上置書堂焉。」

4.（貞觀初）退隱白鹿山，諸方來受業至千人。（《新唐書・卷一九八儒學傳・馬嘉運》）

像這樣結伴同讀，經年不出墅門的形態，並非以養名為主而等待薦舉，赴考才是他們的主要目的。而且，大至千人同學，已儼然是中型以上的學校了，其對吟詠做對或習經論義的切磋甚大，而對清虛高潔的德性修行可能就降低很多。值得注意的是晝講經籍，夜課詩賦的生活安排，與文人園林生活的夜吟有關（詳第六章第一節）。

唐科考在高宗咸亨以後，進士科遠比明經科受文人重視，而進士科又重試詩賦㊅，因而詩賦習作遂成為入仕的重要工夫。《通典・卷十五選舉三・歷代制下》載武后時「始以文章選士」，導致「公卿百辟無不以文章達，因循日久，寖以成風」，甚至於連「五尺童子恥不言文章焉」。從物色起興的角度來看，那些讀書山林的士子，正好利用眼前豐富的景物以為創作的佳材，故而唐詩中頗可見到山中苦吟的描述，如：

作詩二十載，闕下名不聞。（曹鄴〈城南野居寄知己〉卷五九三）

見處雲山好，吟中歲月長。（李咸用〈題陳正字山居〉卷六四五）

苦吟方見景，多恨不同君。（杜荀鶴〈秋宿棲賢寺懷友人〉卷六九一）

世間何事好，最好莫過詩……始擬歸山去，林泉道在茲。（杜荀鶴〈苦吟〉卷六九一）

客傳為郡日，僧說讀書年。恐有吟魂在，深山古木邊。（曹松〈弔建州李員外〉卷七一七）

曹鄴的詩很能說明野居作詩是為求得朝廷知名，竟至二十年而無聞，心中不免怨忿，因為以功名為目的之吟詠不比隨興遣興之作那麼自在怡悅，乃是煞費心神的苦吟。這種長年苦吟的生活，甚或令人懷疑在死後依然不能停止。杜荀鶴指出林泉正是苦吟佳處。這一點是許多親身置居園林裡的文人們所共同承認的，譬

㊅ 參李樹桐〈唐代的科舉制度與士風〉，《唐史新論》頁一一一一二。

如李咸用另有〈題陳正字林亭〉云：「滿亭山色借吟詩」（卷六四六），韓偓〈曲江夜思〉云：「大抵世間幽獨景，最關詩思與離魂」（卷六八二），王勃〈越州秋日宴山亭序〉云：「東山可望，林泉生謝客之文；南國多才，江山助屈平之氣。」（文卷一八一）而權德輿〈暮春陪諸公游龍沙熊氏清風亭詩序〉中說其附近景色「詩人得之為佳句」（文卷四九〇）。他們一致認為林亭風光可以資助文人作詩吟詠，這對準備赴考進士者更是切合不過。可以想見，園林生活對追求功名的文士是多麼重要。

寒窗苦讀或閉墅講誦之後，便投赴科考。不論是每一次都順利地通過層層關口抑或屢經挫敗，一旦在最後的考試中榜上題名，一旦有機會得到官職的頒授，便開始在宦海中奔走，比較少有時間能悠閒自在地遊山玩水。但他們對於自己所從來的山居林園、鄉野湖澤每每懷念不已。如張家驥先生所說，由科舉出身的士大夫們「為了功名利祿集中到塵世囂煩的都邑城市，田園山居就成了他們榮華富貴生活中的一種心理上的補充和感情上的嚮往。」66可是田園山居畢竟不是為官者長期的生活方式，於是他們便紛紛地在城市中或近郊購置園林田產。城市中設造園林自是北朝洛陽即已興起的，不過那些園林大致是已掌有勢力的世家大族所有，而今朝代皇權更替，許多由平民入仕加進來的新權力中心，也會使城市園林更加興盛。宋李薦的《洛陽名園記》載道：「方唐貞觀開元之間，公卿貴戚開館列第於東都，號千有餘邸。」這數量是十分驚人的。另如宋宋敏求的《長安志》及清徐松的《唐兩京城坊考》也都可以看到當時長安城中園林興盛的情形。他們把山水林木搬移凝縮到城中，囂鬧裡取得一片幽靜之地，也算是一種思慕山居的補償；只要他們願意神遊觀想，仍有置身巖壑之感。

然而，城裡土地終究有限，近郊置園反而有更大的空間可靈活運用。宋張舜民的《畫墁錄・卷一》就記載著：

66 見50，頁八九。

唐京省入伏假三日一開印，公卿近郭皆有園池。以至樊杜數十里間，泉石占勝，布滿川陸。

這些城郊園林布滿長安城南，以方便官員們休假時娛樂休閒、怡情養性之用。由「公卿近郭皆有園池」及「泉石占勝，布滿川陸」，可以想見園林已成為達官之間普遍流行的風尚。其中城內、城郊同時擁園數座的情形也是有的（如裴度）。至於流宦外地的地方官，除了自家私第外，連州舍公堂也加以置園，甚至還喜歡在山水名勝建造亭閣臺塔，修整林木，促成公共園林的興盛，柳宗元便是著名的例子。

由於士大夫們以別墅園林來滿足山水之思，園林便成為他們生活中的林泉山澤。平常處身廊廟，處理政務；公退之暇則盡情享受林野情趣，彷若隱士。因而能兼得仕之職位與隱之棲遊。當時有一些極具弔詭意味的詞語很能呈現這種現象，如「吏隱」、「中隱」、「權隱」（詳第五章第五節）、「仕隱」㊼，或「高人出於華族，冠冕處乎山林」（梁肅〈送韋拾遺歸嵩陽舊居序〉文卷五一八）等，極度具有調和兩端的作用，都藉園林來實踐。這當然還是與當時崇隱的風尚有關。

並非科考及第者都可以得到官職。李樹桐先生在〈唐代的科舉與士風〉一文中指出，開元初年到開元末年，進士登第的人數大減（不到原來的一半），證明唐玄宗已經明白補官甚難，才有計畫地減少進士及第的人數。因此「雖然減少進士及第的人數，而及第的進士還不能人人都得官，得官確是非常難的。」㊽及第卻無官，仍然是不遇的，可知仕途的狹窄與易失意；至於落第者則更不勝枚舉，沒齒不登科者大有人在。那麼每年大批的失意人何去何從？大部分回到他們習業的山林，或再備考或隱居；也有本非山中人，卻也因挫折而託庇於林澤。及第卻無官而失意隱歸的，如盧藏用「初舉進士選，不調，乃著〈芳草賦〉以見意，

㊼《實賓錄》中有這樣的記載：「楊初為江西王仲舒從事，終日長吟，不親公牘。府公致言，拂衣而去，乃採山飲泉，朝客聞之，以為『仕隱』。」

㊽見㊺，頁四七。

尋隱居終南山」(《舊唐書・卷九四盧藏用傳》)；或如尹元凱「坐事免官，乃棲遲山林」(《舊唐書・卷一九〇文苑傳中》)。至於落第者像丘為「初，累舉不第，歸山讀書數年」(《唐才子傳卷二》)；或張彪「應舉不第，適逢喪亂，奉老母避地隱居嵩山」(同上)。如此一來，山中除了待詔、準備應試的習業者，還有很多失意挫敗的人。山居，成了文人最後的屏障。另外，唐代科舉制度在定期的明經、進士等科目之外，還有一些試無定期的名目，其中包括專舉隱士之科[69]。如此一來，在科舉考試制度與帝王鼓勵隱逸的雙重政策交織之下，更見山林中丘園養素者之多了。

三、賞賜之風與權勢象徵

在唐代歷史中，可以看到帝王對於功臣寵將有所賞賜時，每每以田地、園池、宅第為禮物，以示榮寵；似乎那是臣將們所喜好的流行物。史書中記載的有直書賜園者，如：

[69] 參鄧嗣禹《中國考試制度史》附唐制舉科目表：

高宗顯慶四年——養志邱園嘉遁之風載
麟德元年——銷聲幽藪科
前封六年——幽素科
中宗神龍三年——草澤遺才科
景龍二年——藏器晦迹科
玄宗開元二年——哲人其試隱倫屠釣科
開元十五年——高才草澤沉淪自舉
天寶四年——高蹈不仕科

代宗大歷二年——樂道安貧科
德宗建中元年——高蹈邱園科
貞元十一年——隱居邱園不求聞達科
穆宗長慶二年——山人科
文宗太元二年——草澤應制科

又《因話錄卷四》載：「昔歲德宗搜訪懷才抱器不求聞達者。有人於昭應縣逢一書生，奔馳入京，問求何事？答云：將應不求聞達科。此科亦豈可應耶？號欺聾俗，皆此類也。」

1.前後賜良田美器、名園甲館、聲色珍玩，堆積羨溢，不可勝紀。（《舊唐書・卷一二〇郭子儀傳》）

2.賜永崇里第及涇陽上田，延平門之林園，女樂八人。（《舊唐書・卷一三三李晟傳》）

3.（程懷直宅）德宗賜務本里宅，又賜安業里別宅，有池榭林木之勝。（《唐兩京城坊考・卷九唐京城三・安業坊》）

以上是文字上明言賜「園」或寫出園之實質內容的，也有不以園為名而稱莊、第或宅，如：

1.忠臣夜以五百人斫其（史思明）營，突圍歸……賜良馬、莊宅、銀器、綵物等。（《舊唐書・卷一四五李忠臣傳》）

2.凡閱大小戰數百，未嘗負。賜寶玉、甲第、良田，等列莫與比。（《新唐書・卷一一〇論弓仁傳》）

3.武德中，擢員外散騎侍郎，賜宅一區。（《新唐書・卷一九八儒學傳上。張後胤》）

4.德宗復京師，賜勳臣第宅、妓樂，李令為首，渾寺中次之。（《唐語林・卷六補遺》）

莊宅、甲第實際上很可能包括園林（詳緒論的研究範圍）。可以想見，皇帝所賜之住屋應有其氣派，除起居的堂室之外，總少不了休閒活動的園地。賜物有妓樂、珍器、綵物等賞玩裝飾的東西。可知皇帝在表彰功動的同時，也加以享樂休閒的慰勞之意。《舊唐書・卷一三四馬燧傳》載：「貞元末，中尉楊志廉諷（馮）暢，令獻田園第宅，順宗復賜暢……今奉誠園亭館即暢舊第也。」奉誠園以「木妖」聞名，可見其林木之盛、館閣之繁；而它就是馬燧的「第宅」。因而，由上引諸例可知，當時天子賜園給功臣的風氣很普遍。其中又有即興地賜贈嘉樹美木的事，如《舊唐書・卷五九姜謩傳》：「玄宗又嘗與（姜）皎在殿庭翫一嘉樹，皎稱其美，玄宗遽令徙於其家，其寵遇如此。」

皇帝賜園宅所及的對象十分廣泛，除了武將文官，連寵宦也常常得到這種賞賜。《舊唐書・卷一八四宦官傳》說：「甲第名園之賜，莫匪伶官」，《新唐書・卷一三二宦者傳上》也說：「（開元、天寶中），甲舍、名園、上腴之田，為中人所名者半京畿矣。」可見天子賞賜園宅，已不是件特殊的事。然而，無論如何，將園宅莊田當作賜品以示恩寵，或者是隨興地贈予一花一木，可能顯示在當時的文武百官或伶宦之間，本已樂於購置園林莊田。如今一旦又作為一種獎賞，便又成為榮寵或權勢的象徵，令人更加欣羨嚮往進而要努力追求了。如此也會加速園林的營造，使其更普遍化。以園林為權勢的象徵者，有一段故實記載可見一二：

唐崔群為相，清名甚重……夫人李氏因暇日常勸其樹莊田以為子孫之計。笑答曰：余有三十所美莊良田遍天下，夫人復何憂。夫人曰：不聞君有此業。群曰：吾前歲放春榜三十人，豈非良田耶？（《獨異志・卷下》）

以莊園的興廢比譬門戶的窮達，並以莊園數目的多少暗示權勢的大小。又如《唐語林・卷七補遺》也有另一段故實：

李吉甫安邑宅，及牛僧孺新昌宅，泓師號李宅為玉杯，牛宅為金杯。玉一破無復全，金或傷尚可再製。牛宅本將作大匠康𧶽宅，𧶽自辨岡阜形勢，謂其宅當出宰相。每命相有案，𧶽必延首望之。宅竟為牛相所得。

由「自辨岡阜形勢」可知，這裡所謂宅仍是指含有園林的園宅。把園中山水形勢看作出宰相的徵兆，這是把政途窮通與園林風水結合並論了，也是把園林視作政治地位象徵的另一種表現。又皇帝在遊賞御園別宮之餘，也會幸駕寵臣或皇戚的園林（如韋嗣驪山別業及諸公主山莊），那也是權勢寵幸的結果。而達官顯要之間，也常藉著園林聚宴來連絡情誼，打通關節，而後風雅地吟詠歌頌一番，以達交際酬酢之目的，如：

門向宜春近，郊連御宿長。德星常有會，相望在文昌。（孫逖〈和韋兄春日南亭宴兄弟〉卷一一八）

中朝駙馬何平叔，南國詞人陸士龍。落日泛舟同醉處，回潭百丈映千峰。（韓翃〈宴楊駙馬山池〉卷二四五）❼⓪

頗同詞賦客，得興謝家深。（盧綸〈題李沆林園〉卷二七八）

選居幽近御街東，易得詩人聚會同。（朱慶餘〈題崔駙馬林亭〉卷五一四）

幕客開新第，詞人遍有詩。（黃滔〈陳侍御新居〉卷七〇四）

幾乎權勢愈大者，其園林宴遊的規模也愈大，不僅其下官來歌頌，一些投謁等待提拔的文士也趁此展其詞才，就在舞文弄墨、歌舞談讌及遊賞歡笑的熱鬧氣氛中，把主人的聲望地位也烘熱了。在醺醺然的讚頌聲中，園林就是主人的榮耀。尤其在唐代，門閥士族與新興進士兩類權力爭軋的局面中❼①，園林宴集活動也未嘗不是一種造勢的方法。總之，在政治權力傾軋爭競的複雜關係中，園林的興構建造是群臣樂而不疲的，那是自己在宦海奔走的成果顯示，如何能不致力！園林，就在這些微妙的政治地位和成就的象徵中，日益興繁❼②。

綜合本節的論述，政治對園林興盛的影響，大致可歸納要點如下：

其一，由於帝王對隱士的獎勵與尊禮，造成隱逸風尚。隱遁者在山水間選擇適意的地點結茅宇、闢田圃，造成自然山水園的大量增加，唐詩裡頗可看到這類描寫隱士園林的作品。

其二，崇尚隱逸的風氣也使公卿達官們嚮往逍遙清高的生活境界，他們藉園林來達成這個向度的願望，

---

❼⓪ 一作陳羽詩，又作朱灣詩。

❼① 參李澤厚《美的歷程》，頁一二六；王國瓔《中國山水詩研究》，頁一〇四；卓遵宏《唐代進士與政治》，頁八三－一四二；❻⑤頁四八－五〇。

❼② 賜園賜地之事並非起於唐代，在歷代史書中皆有載，大約是功將封邑之遺風。然而其頻疏實不相同。

並因而兼得仕與隱的兩全，這遂造成城市及城郊園林的興盛。

其三，由於科舉考試，欲赴試的文士多喜選擇山林之地，或寄宿寺院或自營墅業以讀書習文，山居的情形遂大為增加，促成自然山水園的繁興。

其四，大批赴考落敗或及第無官者，又回到早初習業的山中或新覓隱處，以山水來託庇慰解，求得心靈的安頓。這也是促成山水園的因素。

其五，科考及第而獲得官職者，在繁忙的仕途中，每每懷念山林田園，便在城市內的宅第廣造園池，或在郊外添置山莊別墅，作為休沐公退時怡養情性的天地，以補償其山水之思。

其六，由於天子以園林莊宅賜賞功臣寵宦，致使園林為權勢與恩榮的象徵，為官者乃競相用力於造園。

其七，園林是宴集群遊的佳地，在應制酬酢中相互稱頌推舉，權臣常藉園林活動來造勢集權。在政治權力的鬥競中，園林活動的效利也間接促使園林興盛。

第三節 經濟背景

經濟是社會生活的基本條件，為園林的建造提供物質的方便。因此，經濟繁萎及土地政策也是園林興衰的要素，以下分三方面來論述。

一、田制破壞與土地兼併

園林的建造須要大量土地，尤其莊園更是含有廣大田地。因此，園林的擁有和興盛便與整個土地政策有關。唐代開國以後的田地政策承自隋代的均田制，而隋代又「全係抄襲北齊的辦法」[73]。唐得天下以後，就在武德二（西元六一九）年頒定均田制，其內容大致是這樣的：

> 授田之制，丁及男年十八以上者，人一頃。其八十畝為口分，二十畝為永業。老及篤疾廢疾者，人四十畝。寡妻妾三十畝；當戶者增二十畝。皆以二十畝為永業，其餘為口分。永業之田樹以榆棗桑及所宜之木，皆有數。（《新唐書‧卷五一食貨志一》）[74]

武德七年田令則這麼說：

> 凡天下丁男給田一頃，篤疾廢疾給四十畝，寡妻妾三十畝，若為戶者加二十畝。所授之田，十分之

---

[73] 見周金聲《中國經濟史》，頁五八九。

[74] 唐制五尺為步，二四〇步為畝，百畝為頃。參見《大唐六典‧卷三戶部尚書》。

二為世業，餘以為口分。世業之田，身死則承戶者授之；口分則收入官，更以給人。（《唐會要・卷八三租稅上》）

丁男每人可有八十畝的口分田，作為耕種糧食的經濟生產地，去世後必須收入官，可見它是維持生計的。而永業田在死後仍留於當戶中，作為永久財產。依規定永業田必須種植榆棗桑及適宜的樹木，並且有一定的數目規定，開元二十五（西元七三七）年有詳細的數目規定：「每畝課種桑五十根以上，榆棗各十根以上，三年種畢。鄉土不宜者，任以所宜樹充。」（《冊府元龜・卷四九五邦計部・田制》）桑榆棗仍然有其經濟上的效益，不過這裏顯示出永業田可能是「需要種樹的宅田」而「需要造作屋宅」[75]。自古桑榆便是環植於家屋四周的，像《孟子・梁惠王篇》所說「五畝之宅，樹之以桑」，便是先王之制。而唐代一個丁男給予二十畝永業田，則大部分戶口幾乎都可以有二十畝以上植樹的宅田，這已經可以是一個簡單的園宅了；只不過它的經濟意義超越遊樂意義甚多。此外，開元初年的一次田令另有規定：

凡天下百姓給園宅地者，良口三人以上（《冊府元龜》作「下」）給一畝，三口加一畝；賤口五人給一畝，五口加一畝。其口分永業不與焉。（《唐六典・卷三》）

則口分、永業田之外，對於居住的園宅用地仍然有所分配。雖然它只不過幾畝之大，但是若和永業的宅田結合[76]，應該還可以算得上是小型的園宅。那麼，一般人家大約都可以有小型園宅，但看各家如何經營它，是經濟生產以納稅的地方抑或可以加入美的組合以資欣賞遊憩，這是構成園林與否的大別。總之，在均田

75 見陳登原〈唐均田制為閑手耕棄地說〉，《歷史研究》第三期，頁二五。

76 《唐律疏義・卷一二戶婚上門賣口分田條》：「口分田謂計口受之，非永業及居住園宅輒賣者。」可見園宅之地與永業田是可以賣買的，因此永業田與園宅的結合可能性很高。

制的政策下，普通百姓家應該都有足夠的土地和自由去經營一座小宅園。

以上是一般百姓受田的情形及其造園的可能性。至於官吏貴族則以官階為受田標準：

> 凡官人受永業田，親王一百頃，職事官正一品六十頃，郡王及職事官從一品五十頃。國公若職事官二品四十頃，郡公若職事官從二品三十五頃……雲騎尉、武騎尉各六十畝，其散官五品以上，同職事給。《唐六典・卷三》

官人所受的都是永業田，並不須要繳回，可以傳留給子孫。而且所受的田地相當龐大，最低層的官是平民永業田的三倍，最高層則為五百倍。擁有這麼廣大的田地，又無口分營生納稅的負擔，所以很可以自由地運用。這種土地擁有的充裕以及尚隱的風氣、園林象徵權勢地位的觀念相結合，更能促進園林的發展。

實行均田制，按說一般百姓的田地擁有量不會相差太多；但是實際情形卻又不然。遠在東漢末年，大亂連連，土地兼併之風已起。加以九品中正法，使得世族大家所佔廣田十分鞏固，不能取回重分。而且處身亂世，「豪族著姓為了保護他的生命財產，就不得不築碉堡塢壁，聚集流人，建立強大部曲……於是原來屬於政府的那些大量的公田，也逐漸又回到豪門大族的手裡了。」[77]於是豪門世族儘是擁有龐大的莊園，第一節裡論及六朝園林時，可以看到連山帶澤的情形，便與此有關。王瑤先生也說到，在世族大家之外，「達官高位，聚斂積實，使他們有了大量的財富，富有之後便是大規模地兼併土地，庇蔭佃客……到了東晉，兼併之風更盛了。」[78]進入唐初，均田制對於由前代傳下的土地所有權（私田）是承認的，國家所能支配的土地才做均田制的分授，因此，均田制的實行並不徹底[79]。吳章銓先生在《唐代農民問題研究》一

---

[77] 見王瑤〈政治社會情況與文士地位〉，《中古文學史論》，頁一九、二〇。

[78] 同[77]，頁二二三。

[79] 詳者請參閱胡如雷〈唐代均田制研究〉，《歷史研究》及[75]。

書中引敦煌殘簡里正手籍帳證明，當時均田制的實行中，各戶永業田大多數完整分配到，而口分田則嚴重不足[80]。又如狄仁傑在〈乞免民租疏〉裡提到：「竊見彭澤地狹，山峻無田，百姓所營之田，一戶不過十畝五畝。」（文卷一六九）而開元二十九（西元七四一）年勅云：「京畿地狹，人口殷繁，計丁給田，尚猶不足」（《唐會要・卷九二內外官職田》）。田地不足的原因來自於人口增加及官田的逐年減少；而官田減少的主要原因則是口分永業田的買賣使土地落入豪家手中，無法再收回。蓋口分田的買賣雖然不合法（須收回），如天寶十一（西元七五二）年勅「不得違法賣買口分永業田」（《冊府元龜・卷四九五邦計部・田制》），但是由於法令的弛壞及漏洞，造成了買賣的進行，如：

1. 大唐開元二十五年令……諸庶人有身死家貧，無以供葬者，聽賣永業田。即流移者亦如之。樂遷就寬鄉者，並聽賣口分……其官人永業田及賜田欲賣及貼賃者，皆不在禁限。（《通典・卷二食貨典二・田制》）
2. （蜀汶江）至今地居水側者，頃值千金，富強之家，多相侵奪。（《舊唐書・卷六五高士廉傳》）
3. 李公遍問舊時別墅及家童有技者，圖書有名者，悉云賣卻。（《因話錄・卷四》）
4. （太和初）貨城南一莊，得錢一千貫。（《太平廣記・卷一五七李敏求》引《河東記》）

既然有第1則的規定，准許一些特別情形下的買賣活動，則無異是為法令網開一面，使許多人可以鑽越這個缺口，因而會有2、3、4的情形發生。而《通典・卷二食貨典二・田制》也才會說，開元天寶以來法令弛壞，「兼併之弊，有踰於漢成哀之間」，這說明了兼併土地的現象十分嚴重。唐代買賣土地的情形是相當普遍的，《全唐詩》中頻頻可見，如：

---

[80] 參吳章銓《唐代農民問題研究》，頁四－八。

買斷竹溪無別主，散分泉水與新鄰。（王建〈題金家竹溪〉卷三〇〇）

買地不惜錢，為多芳桂叢。所期在清涼，坐起聞香風。（施肩吾〈買地詞〉卷四九四）

買山兼種竹，對客更彈琴。（許渾〈秋日〉卷五三二）

亦擬村南買煙舍，子孫相約事耕耘。（李商隱〈子初郊墅〉卷五四〇）

陶公歸隱白雲溪，買得春泉溉藥畦。（蘇廣文〈春日過田明府遇焦山人〉卷七八三）

買斷春泉竹溪、山地煙舍的事在詩人筆下似乎是極自然的事。雖然居住地與田地有別，但從「事耕耘」、「溉藥畦」及「種竹」諸語可知還是含有廣大耕地的。詩人說來毫不隱晦且自得，可見買賣土地以造園的情形已是公開流行的事，均田制的破壞似是無可挽回的事實。園林遂隨著此機而迅速滋衍。

土地兼併的現象尤其盛行於官吏之間。唐代官吏本來已有職官田的授受，職官田又分為永業田（見上引）、職分田、公廨田三種[81]。這已使得唐代官吏所擁有的田地十分可觀，因此林天蔚先生說「官吏多為富農」[82]，而吳章銓先生也說「全國官員都成了或大或小的地主」[83]。若是再加上皇帝賜田賜園，以及種種藉權位之方便而大量購地置園等因素，更使一部分官吏的土地可以累積到很大的數目。例如盧從愿占田百餘頃，雖被仇家告發，只被批評為不廉，完全不影響官運，還有人提他做宰相（《舊唐書‧卷一〇〇盧從愿傳》）；又如中人們占有京師良田美產的十之五六（《新唐書‧卷二〇七宦者傳上》）；而李憕則被稱為「有地癖」（《舊唐書‧卷一八七忠義傳下》）。此外在詩文中，也可看一點痕跡，如：

有稅田疇薄，無官弟姪貧。田園何用問，強半屬他人。（白居易〈埇橋舊業〉卷四四六）

---

81 見林天蔚〈唐代莊園制問題〉，《書目季刊》十一卷三期，頁七。

82 同81。

83 同80，頁二一四。

破卻千家作一池，不栽桃李種薔薇。（賈島〈題興化園亭〉卷五七四）

將軍來此住，十里無荒田。（曹鄴〈甲第〉卷五九二）

這些略帶諷刺性的詩句，也十分含蓄婉轉地道出強勢者佔地廣大，迫害百姓的現象。從而又可證明當時的達貴的確是以園林之大小多寡做為權勢象徵，樂此不疲。土地兼併的結果，使天下良田多歸官吏所有，平民百姓所分得的則大多為荒瘠之地。棄地荒田的耕種非常吃力而收成又微薄，在租庸之稅的課徵之下，人民無法負擔生活。那些僅得的瘠田於是成為納稅的重擔，如胡如雷先生所說的「受田的好處已經不足抵償賦稅剝削」84。如此一來，造成了大量的逃戶。無力納稅的農民相率逃亡，官吏徵不到賦稅就轉責比鄰之戶，造成不逃者更大的負荷，引起更多的逃戶。尤其經過安史之亂，逃戶在兵荒馬亂之中更形增加。我們可以在《新唐書・卷一一八李渤傳》中看到這種情形的嚴重：渭南長源鄉戶四百，今纔四十；閿鄉戶三千，而今千。它州縣大抵類此。而開元九年監察御史宇文融曾上奏檢括逃戶及籍外賸田，結果得到逃戶及籍外田各八十餘萬。（《通典・卷七食貨七・歷代盛衰戶口》）這種逃戶情形從太宗時的「自殘支體，扶老攜幼」，高宗時的「流人未返，白骨縱橫」（《舊唐書・卷一九〇文苑傳中・陳子昂》），一直延續到安史大亂後。那麼多的逃戶究竟如何維生？他們本為農民，適逢大地主們需要耕作的人手，於是在兩相助益的情況下，逃戶多入為地主的佃農。這些由佃農耕種而設莊集中管理的經營方式，就形成了莊園。莊園通常並不是只有田地與農舍，那些貴族和地主常常在田地附近選擇佳山佳水、林木扶疏的勝地作為休假閒憩的墅園，以便改換生活。因此，吳梓先生說：「中國的庭園自唐代中期以後發展，最主要的原因是莊園的產生。」85也就是由於土地的大量集中，形成了莊園制度的經濟形態，而莊園經濟又促成了園林的興盛。

84 同79，頁九八。

85 見吳梓《從輞川園論唐代之造園》，頁二一七。

此外，寺院園林往往是私家園林的先導，對私家園林有啟示帶領的作用；唐代的寺院在種種方便中也是快速發展的。寺觀的財產，在唐代特別受到保護，僧道享有免徵課的特權。於是一般百姓為了逃避役稅，常常隱庇於僧道，剃度為僧道，以求保有田產而又可以免稅。這種情形引起了皇帝的關切，在武德九年的詔書中就曾敘述道：「乃有猥賤之侶，規自尊高；浮惰之人，苟避傜役。妄為剃度，託號出家。」（《舊唐書・卷一高祖本紀》）剃度託庇引起朝廷注意，下詔戒之，可以想見其情形之嚴重。另一方面，又有大規模的貴族官吏們以自己的莊園布施給寺院，或創立為寺院。這種現象六朝已多，唐代仍持續，在《長安志》及《唐兩京城坊考》中有很多記載。但是有些施主卻依舊認定寺產歸於自己所有，加以支配或種種需索，陶希聖先生便說：「施主們奏設寺院與施捨莊田，一面有逃稅的意義，一面還有重要的意義，即在寺院財產的特權之下，實行土地兼併。」❽❻如此一來，出家與布施就變成逃稅或投資的工具，但也因此造成寺觀莊園的日益繁盛。例如代宗時「京畿之豐田美利，多歸於寺觀，吏不能制」（《舊唐書・卷一一八王縉傳》）；又武宗毀佛，據稱得到膏腴田地數千萬頃（《舊唐書・卷一八上武宗本紀》）；而這些又只是寺地的一部分而已。這些寺院所屬的田地，一方面耕種經濟作物，另方面則形成了大園林，如：

> 章敬寺：內侍魚朝恩請以通化門外莊，為章敬皇后寺……是莊連城帶郭，林沼臺榭，形勢第一。（《長安志十》）
>
> 清禪寺：九級浮空，重廊遠攝，堂殿院宇，眾事圓成。所以竹樹森繁，園圃周遶，水陸莊田，倉廩碾磑，庫藏盈滿，莫匪由焉。京師殷有，無過此寺。（《續高僧傳・卷二九釋慧冑》）

寺院園林通常都是比較大型的，其中又以山林裡者更為壯闊。這對於寄讀的文士應產生薰化，也對遊寺的廣大群眾產生啟示，故而間接地影響及私園的造設與興盛。

---

❽❻ 見陶希聖《唐代寺院經濟》，頁四。

二、殷富豪奢與遊宴風尚

唐代的經濟十分繁榮，其間除開國之初、安史之亂、末年藩鎮割據等事件的大變化，造成地方性物資短缺之外，很長時期都是物資充裕而物價低廉。根據全漢昇先生的研究，唐開國到貞觀初年，由於連年征戰而物價昂貴，但從貞觀三、四年便開始急遽下降，一直到高宗麟德三年。此後高宗晚年經中宗到玄宗開、天之間，物品供應充裕，物價一直低廉。顯現出「河清海晏，物殷俗阜」[87]的太平富裕景象。安史亂後，物價持續了三十多年的昂貴，到德宗貞元初年才停止。從貞元年間到宣宗大中年間的七十年左右又下落得非常低廉。此後一直到懿宗咸通年間才又有上漲的變動。總的說來，唐代除安史亂後的三十年與初末的變亂外，大部分時期都是富足的，甚至在憲宗元和年間有一斗米只值二錢的情形[88]。

由於社會的殷富繁榮，造成了生活上的享樂奢靡；其中又以長安為最[89]。這當然還是因為京城所在，皇帝公卿的宴饗遊樂易為有財力者效仿，風氣一開，在經濟無礙的狀況下，便群起成風。吳梓先生曾指出王公貴卿們承國勢富強之蔭，遊園、賞花、鬥雞、做樂，過著「宴賞窮日夜」的生活[90]。宋肅懿先生也對

[87] 見黃敏枝〈從開元天寶社會的積富看長安生活的奢華〉，《歷史學報》第二號（成大）頁二〇五。

[88] 以上參全漢昇〈唐代物價的變動〉，《中央研究院歷史語言所集刊》第十一本。今引錄唐代米價的情況如下：（單位為米一斗）

貞觀初年	值絹一批	開元十三年	值一三~二〇錢
貞觀四年	值三錢	至德二年	值四〇〇〇〇~五〇〇〇〇錢
麟德三年	值五錢	大歷四年	值八〇〇~一〇〇〇錢
永淳元年	值二三〇~四〇〇錢	貞元三年	值七〇~一五〇錢
景龍三年	值一〇〇錢	元和年間	值二~五〇錢

[89] 參宋肅懿《唐代長安之研究》頁一三四－一三六。

長安市民的生活享受與品味有進一步論述，如流行胡食、普遍好酒、衣服薰香、廣蓄妓妾等[91]，特別是權貴豪門對宅第的競奢更為激烈，這就促成園林迅速地繁衍。而一般老百姓隨之跟進，無財富者便遊於公共園林。長安城東南有一座曲江（樂遊原或樂遊園），是民眾可自由前往的公園，皇帝又不定時地在此宴遊，引起了遊春的熱潮。史籍的記載如：

1. 長安春時，盛於遊賞，園林樹木無閑地。（《開元天寶遺事・遊蓋飄青雲》，又《唐語林・卷二文學》亦有類似記載。）
2. 曲江遊賞，雖云自神龍以來，然盛於開元之末。（《唐摭言・卷三慈恩寺題名遊賞賦詠雜記》）
3. 長安風俗，自貞元侈于遊宴。（《唐國史補・卷下》，又《唐語林・卷六補遺》也有相似記載。）

而詩文中的描繪如：

長生木瓢示真率，更調鞍馬狂歡賞。青春波浪芙蓉園，白日雷霆夾城仗。（杜甫〈樂遊園歌〉卷二一六）

曲江綠柳變煙條，寒谷冰隨暖氣銷。纔見春光生綺陌，已聞清樂動雲韶。（王涯〈遊春詞二首之一〉卷三四六）

長堤十里轉香車，兩岸煙花錦不如。（趙璜〈曲江上巳〉卷五四二）

滿國賞芳辰，飛蹄復走輪。好花皆折盡，明日恐無春。（許棠〈曲江三月三日〉卷六〇三）

曲江初碧草初青，萬轂千蹄匝岸行。傾國妖姬雲鬢重，薄徒公子雪衫輕。（林寬〈曲江〉卷六〇六）

---

[90] 參[85]，頁三一。

[91] 參[89]，頁一三四—一三六。

熱鬧的場面幾近乎沸騰瘋狂，飛蹄走輪，好花折盡，音樂妖姬，長安春園直是一派豪富囂肆的氣氛。到了「園林樹木無閑地」的境況，就可想知，園林在喜愛遊春的長安人生活中，居於什麼樣的重要地位。而園林的需求必也隨著「無閑地」的現象而大幅提高。當公共園林如曲江、寺院太過擁擠時，私家園墅的建造應也隨之增加。白居易一首〈尋春題諸家園林〉詩云：「聞健朝朝出，乘春處處尋。天供閒日月，人借好園林」（卷四五六），頗能點出園林與尋春、遊春的不可分的關係。可以說，遊春風尚與園林興盛是互為因果的92。

春天遊園最主要的目的之一在於賞花，唐人對於花朵的喜愛是令人驚歎的：

1. 洛陽之俗，大抵好花。春時城中，無貴賤皆插花，雖負擔者亦然。花開時，士庶競為遊遨……至花落乃罷。（《洛陽牡丹記・風俗記第三》）

2. 長安三月十五日，兩街看牡丹，奔走車馬。（《南部新書・丁》）

3. 京城貴遊尚牡丹三十餘年矣。每春暮車馬若狂，以不耽玩為恥。執金吾鋪官圍外寺觀種以求利，一本有值數萬者。（《唐國史補・卷中》）

4. 鶴林寺杜鵑高丈餘，每春末花爛熳……節使賓僚官屬，繼日賞翫。其後一城士女，四方之人，無不載酒樂遊，連春入夏，自旦及昏。閭里之間，殆于廢業。（《幻戲志・殷七七》）

為了賞花而車馬奔走若狂，連日不斷，真是壯盛，令人歎為觀止。而且以不耽玩名花為恥，連荷擔挑夫也都跟隨流行而插花，可以看出遊園賞花在長安人心中是春天一件重要活動，上自帝王，下至販夫走卒。牡丹花有一株值萬錢的，這是社會富裕的結果。在《開元天寶遺事・鬭花條》載有：「長安士女，春時鬭花，戴插以奇花，多者為勝。皆用千金市名花，植於庭苑中，以備春時之鬭也。」以插戴奇花多者為榮，並且

92 長安以外地區，地方官也多有率遊公共園林的習慣，《全唐文》屢見。

早早為來年春天鬥花而用心栽植名花於庭苑中，實際上對於園林花木的栽種有其正面的影響。從諸多詩中，我們可以看到牡丹花養植的精細工夫，以及為新奇而試驗培育出不同顏色品種（詳第三章第三節），使得唐代園林更加熱鬧。因此，吳梓先生說：「長安人士之遊春、賞花興致如此之濃，當時擴建名園之風氣必然很盛。王公貴族既要遊玩，必得修築名園，植花藝草，以供人們欣賞娛樂。」[93]隨著大唐豪放疏狂的氣象，富裕繁華的經濟，園林也如遊春的車馬一般飛奔急進[94]。

三、河渠疏鑿與宵禁制度

隋代曾大規模開鑿運河，貫通華中華北，成為運輸的大通道。其中以文帝開的廣通（漕）渠，與煬帝的通濟渠、邗溝、永濟渠、江南河為主[95]。當中廣通渠流經長安，而通濟渠流經洛陽，在兩城裏都引有許多支流。到了唐代，在隋的基礎上也挖引了許多水流，使兩城的水流分布頗廣，形成伸展的水網系統。今依《長安志》與《唐兩京城坊考》二書所載，可以知悉唐代長安和洛陽的水渠所流經的坊里之廣：

長安城：

龍首渠：永嘉坊、興慶宮、勝業坊、崇仁坊、景龍觀、皇城。

永安渠：大安坊、大通坊、信義坊、永安坊、延福坊、崇賢坊、延康坊、西市、布政坊、芳林園。

清明渠：大安坊、安樂坊、昌明坊、豐安坊、安義坊、懷真坊、崇德坊、興化坊、通義坊、大平坊、布政坊、皇城。

漕渠：西市、苑。

---

[93] 同[85]，頁一九。

[94] [89]，頁一三一云：「這種風氣直到北宋纔被遏止」。

[95] 詳參葉大松《中國建築史・下冊隋唐建築》及《冊府元龜・卷四九六邦計部・河渠》。

洛陽城：

雒渠：積善坊、尚善坊、旌善坊、魏五池、惠訓坊、安眾坊、慈惠坊、詢善坊、嘉猷坊、延慶坊。

伊水支：歸德坊、正俗坊、永豐坊、修善坊、嘉善坊、興教坊、宣教坊、集賢坊、履道坊、永通坊、利仁坊、歸仁坊、懷仁坊。

運渠：仁風坊、從善坊、臨闤坊、延福坊、富教坊、詢善坊。

瀍渠：修義坊、進德坊、履順坊、思恭坊、歸義坊。

洩城渠、寫口渠：立德坊。

漕渠：立德坊、歸義坊、景行坊、時邕坊、毓財坊、積德坊。

這麼密集的水道，可以運輸貨品，如《舊唐書・卷一〇五韋堅傳》載韋堅為水陸轉運使：「於長安城東九里長樂坡下，滻水之上架苑牆，東面有望春樓，樓下穿廣運潭以通舟楫，二年而成。堅預於東京、汴、宋取小斛底船三二百隻，置於潭側，其船皆署牌表之。若廣陵郡船，即於栿背上堆積廣陵所出錦、鏡、銅器、海味；丹陽郡船，即京口綾衫段……」各地特產都集中於此，自然造成生活的舒華。而且這些水道流經許多坊里，對於各坊中的宅園提供了挖池引水的方便資源。例如清明渠在長安城南的朱坡東南分為沈水，穿為杜牧園的九曲池，再西流經過牛頭寺，穿為韓符莊（《遊城南記》張注）。洛陽城裡上千座名園及長安密集的園宅，正因為水源的充足而得以維持。譬如白居易的履道園有伊水支流通過，白居易將其引來聚水為池，又〈亭西牆下伊渠水中置石、激流，潺湲成韻，頗有幽趣……〉（卷四五九）；而裴度也在其集賢里內引伊渠為平津池，這些都是因充沛的水渠網路而成就了園林。水，在園林中居著十分重要的地位，不僅可造水景，還能灌溉花木，是造園五大要素之一。園林本是自然山水的縮移和改造，沒有水，就使園林減少一大部分的風采和靈氣。就實質而言，園林的花木與生活起居都需要水分的供給。因此，水對建造園林實不可缺。唐代兩京及其外圍附近的水路發達、水網密布，對於園林的興造帶來了很大的便利。

此外，長安城因實行夜禁，對於園林活動也有所影響。夜禁的規定可見諸史籍、小說及詩文，如：

> 城門郎掌京城、皇城、宮殿諸門啟閉之節，奉出納管鑰。開則先外而後內，闔則先內而後外，所以重中禁，尊皇居也。候其晨昏擊鼓之節而啟閉之……京城閭門之鑰，後申而出，先子而入；開門之鑰，後子而出，先卯而入。（《舊唐書‧卷四三職官志二‧城門郎》，又《大唐六典‧卷八城門郎》有相近之記載。）
>
> 左右金吾衛大將軍，將軍之職，掌宮中及京城晝夜巡警之法，之執禦非違。（《大唐六典‧卷二五左右金吾衛》）
>
> 左右街使，掌分察六街徼巡。凡城門坊角，有武候鋪。衛士彍騎分守……日暮，鼓八百聲而門閉……五更二點，鼓自內發，諸街鼓承振，坊市門皆啟。鼓三千撾，辨色而止。（《新唐書‧卷四九上百官志》）
>
> 久之，日暮，鼓聲四動。姥訪其居遠近，生紿之曰：在延平門外數里。冀其遠而見留也。姥曰：鼓已發矣，當速歸，無犯禁。（白行簡〈李娃傳〉）
>
> 火樹銀花合，星橋鐵鎖開。暗塵隨馬去，明月逐人來。遊伎皆穠李，行歌盡落梅。金吾不禁夜，玉漏莫相催。（蘇味道〈正月十五夜〉卷六五）

大抵每日長安城從下午申時以後到翌晨卯時之前，城門、坊門都鎖閉，街上不准有人行走。開閉城門皆有鼓聲為記。這段禁止行走出入的時間，有左右金吾衛在街上巡警，是為夜禁。每天日暮聽見八百聲淨街鼓，便須儘速回到住處，此所以〈李娃傳〉中老姥急催生離去，每年僅正月十四、十五、十六三天開放，可以在城中通宵達旦地行遊，蘇味道所以說「金吾不禁夜」[96]。這樣的規定，造成許多長安及其郊近的居者夜間不得自由行動。通常白天是大家各在工作岡位上忙碌的時候，傍晚休息或公退以後，正是訪友、休閒遊樂的輕鬆時光。如今日暮之後即無法自由行走，於是大家遂往往聚集在某個風景優美的園林，宴遊玩樂，徹夜秉燭。既可以不出坊里之門，又能夠結集群伴遊走山水林木之間。倦憊之時，亭榭樓館亦得歇憩眠息。因而，詩文中頗可見到夜宴某園之作，著名者如李白〈春夜宴從弟桃花園序〉（文卷三四九），杜甫〈夜宴左氏莊〉（卷二二四）等。唐代園林夜間活動之盛，固然與詩歌創作有密切關係（如「夜吟」，參第六章第一節），而夜禁制度也是一個重要的客觀因素。日落後即須枯坐面壁，未免是索槁無味的生活；在此情況下，如何在住家所在中創造一個景物豐富、空間通透深幽的環境，是一個實際的需求。因此，夜禁制度可說也間接促進園林的興盛。

綜觀本節所論，唐代經濟狀況對園林的影響可歸納要點如下：

其一，因均田制度破壞，土地兼併之風熾盛，造成官吏與富豪擁攏大量土地；而生活艱困的逃戶投靠到大戶門下為佃農，形成莊園經濟的繁興，園墅益形增加。

其二，雖然均田制不能貫徹，但每戶的永業田都如制發給，這些植樹的土地加上發配的園宅地，故百姓家只要有心經營設造，也都可以擁有小型園林。

其三，由於捨宅園為寺觀的風氣，以及僧道免徵稅的制度，造成諸多寺觀擁有龐大土地及資產，並附有大型園林。這些寺觀園林提供貧寒文士的寄讀與信徒遊客的玩賞，對於當時園林建造的風氣具有領導示範的作用。

其四，由於唐人遊春、賞花的熱潮，使得園林之地每在春夏顯得擁擠、不足。加以植花、鬥花的流行，促成公共園林與私家園林需求量的提昇，因而園林興造也大為增加。

其五，由於水網的密布，使得各地資貨特產能順暢交易，並提供豐富水源，便於引水挖池，設造水景，

---

96 參栗斯《唐詩的世界（二）——唐代長安和政局》，頁一一二。

使得兩京關中一帶園林蜂集。

其六，夜禁制度促使住家附設遊賞玩樂空間的需求大增，也間接促進園林的興盛。

第四節 思想背景

思想觀念通常主導著人的態度與行為。因此，要了解某種社會現象的形成，探討其思想觀念是十分重要的基礎。關於唐代園林興盛的思想背景，可分由自然觀、宗教思想與文藝觀等方面論述。

一、自然觀與美感的進步

中國人對大自然的態度和與自然的關係，有著一段漫長的歷史進程。早在初民時代，人類的生存倍受威脅，洪水與猛獸是他們生活中危難的重要來源。能夠不受這些災禍的危害與威脅大概是他們心中的大願望。因此，在較原始的神話中，可看到初民心目中具有超能力的神往往是人獸合體的變形。其中又以能在空中自在飛翔的鳥類，與能在水中敏捷游動的龍蛇較為常見。這是他們在洪水猛獸的侵害下所生出的欣羨嚮往的想像[97]。另外，根據高本漢先生與郭沫若先生的研究，商周時代美術品上裝飾用的人與動物關係有三期發展：古典式、中周式、淮式[98]。第一期美術品上動物最多，且具有令人生畏的感覺。而人形罕見，偶而出現亦僅為隸屬性或被動性。這些都說明了初民對大自然是充滿畏懼驚怖以及崇拜之情。這種情緒是人力被自然、動物征服下的反應。這種心情和反應與宗教信仰相結合，使得自然山川與動植物帶有濃厚的權威性與神祕性，人對大自然所產生的怖畏與崇拜更形強烈與堅固。這是人類奮鬥歷史中，一段黑暗艱辛的路程。

[97] 參拙著〈從山海經中的神狀蠡測鳥和蛇的象徵及其轉化的關係〉，《中外文學》十五卷九期。

[98] 參張光直〈商周神話與美術中所見人與動物關係之演變〉，《中央研究院民族學研究所集刊》第十六集，頁一六一—一六六。

但是，隨著時間流轉，人類生活經驗不斷累積增加，形成知識與智慧，種種困難也一點一滴地克服解決，人的力量漸漸地發揮了一部分自我主宰的可能性。尤其當精神逐漸擺脫生存威脅之後，開始發用其倫理道德的自我要求，而由大自然及宗教的籠罩威壓下挺立出來。周朝初年，人文精神確立，人對自然的看法及人與自然的關係也有巨大的轉變。人開始以人的立場與需要去看待自然。像《詩經》中的山川草木鳥獸，往往被用於「比」、「興」，成為人類感情或某種理義所貫注的對象，造成了自然的人格化。又如孔子的「智者樂水，仁者樂山」（《論語・雍也篇》），就是客觀地觀察了山水的特性及運動規律之後，比照於人，把人的性情品德移注於山水之中。主要的目的是要彰顯「智者動，仁者靜。智者樂，仁者壽」的不同的生命特質。在這種情形下，人對山水的觀察，注意到其特質，並對照其與人生命特性的關連；人與自然山川的關係是親切和諧的，自然常成為人世間情意與道理的比附說明的資源。這是「孔子的自然美的『比德』說」[99]。在這種比德的關係中「人的主體性佔有很明顯的地位；所以也只賦與自然以人格化，很少將自己加以自然化。在這裡，人很少主動地去追尋自然，更不會要求在自然中求得人生的安頓。」[100]此期像《易傳》裡的「天行健，君子以自強不息」（〈乾卦・象辭〉），「廣大配天地，變通配四時，陰陽之義配日月」（〈繫辭上〉）等，也都是充分展現人文精神，而以自然為資喻。

這時期另一路向的老莊思想，則因厭棄人世的紛擾與人為造作的弊害，而主張歸復自然。一方面以心靈的超越得到自由，另方面又以居於山水自然中的至人、真人、神人來表示逍遙境界。因此，自然山水成為生命安頓的所在，自然是人生的嚮往。但是，在罷黜百家，獨尊儒術的漢代，這種嚮往自然逍遙的思想似乎沒有得到發展，天人合一的學說主要還是人文思想的顯現。一直到東漢末年及魏晉的動亂，人與自然的關係才又發生重大的改變。

[99] 參[50]，頁一一。

[100] 見徐復觀〈魏晉玄學與山水畫的興起〉，《中國藝術精神》，頁二三一。

魏晉以前，山水自然與人的親切和諧的關係，是出於人化力量，人佔有主體性，人化的山水只為彰顯人的情思理念，還未獨立成為美的欣賞對象，也尚未成為心靈安頓的實踐。到了魏晉，由於玄學興盛，在超越世俗羈絆、達於自由的要求之下，人們開始大量且實際地嚮往山水的自然生活。另方面，由於政治鬪爭，社會動亂，生命失去保障，瀰漫著及時行樂、隱逸、求仙的思想，飲酒、服藥與寄情山水是這類思想的行動實踐。服藥是長生成仙的方法之一，服藥後必須行散，以發抒身上的熱氣。行散通常到郊外林野，這不但增加了與大自然接近的機會，同時也感受到自己儼然就是長生不死的仙人。又為了追求遊仙生活的體驗，而遠離人世到山林中，遊山玩水，飲酒長嘯，終年累月與山水為伍。即使不是隱遁者，也盛行著遊山玩水的風氣。王國瓔先生說：「而遊山玩水的風氣經過王、謝一輩世家大族的倡導而大盛于文人名士之間……他們欣賞山水，以遊覽為樂，最基本的動機還是『藉山水以化鬱結』。」[101]總之，他們有充分的時間接觸自然，又有理論思想上的支持。在逍遙自在中有悠閑的心情去欣賞自然，山水自然的美，便進入人的心靈中，人開始把自然山水之美當作獨立完整的欣賞對象。

《世說新語・言語第二》有一則記載：

> 顧長康從會稽還，人問山川之美。顧云：千巖競秀，萬壑爭流，草木蒙籠其上，若雲興霞蔚。

會發出「山川之美」的詢問，可見其時對自然已由山水特質的客觀觀察，進而視山川為具有獨立美感的鑒賞對象。「山巖競秀，萬壑爭流」，是欣賞山川之美時，感受到自然生命中所含蘊的激越、生動的活力氣象。「競」與「爭」二字看得出，是移情作用，在這美的觀照中，人與自然有某種程度的相融。「若」雲興霞蔚，則是主體情意產生了想像的神思活動。又如王羲之的〈蘭亭詩序〉，提到暮春之初群聚蘭亭修禊的情景：

---

[101] 見王國瓔《中國山水詩研究》，頁一三七。

> 是日也，天朗氣清，惠風和暢，仰觀宇宙之大，俯察品類之盛，所以游目騁懷，足以極視聽之娛，信可樂也……當其欣於所遇，暫得於己，快然自足，不知老之將至。及其所之既倦，情隨事遷，感慨係之矣。向之所欣，俛仰之間，已為陳跡，猶不能不以之興懷。況修短隨化，終期於盡。古人云，死生亦大矣，豈不痛哉……（《全晉文・卷二六》）

「游目」適足以「騁懷」，目所游的是宇宙天地，由於天氣清朗和暢，大自然中視聽所及的是生命品類的欣欣然榮盛，知覺也隨之自由流動，游觀無礙。進而深入遊觀對象之內，與之冥合，因而感覺到胸臆懷抱也隨之馳騁遨遊，而獲得適意和暢的快樂滿足。此時，平日心中的塊壘都已忘卻，達到超感性的渾化之境。這是美的觀照。可是等到王羲之從那美的觀照中跳出，回到客觀理智的現實世界，許多知識性分析與利害關係便都紛紛回到心上，而興起「修短隨化，終期於盡」的時間生死之感，而要悵然嗟悼不已。無論如何，在遊山玩水的過程中，王羲之確實是享受到心靈與自然相遇時的和諧悠遊的快然自足，而山嶺、林竹與湍流都是美的觀照的對象。

《世說新語・文學第四》另有一則記載：

> 郭景純詩云：林無靜樹，川無停流。阮孚云：泓崢蕭瑟，實不可言。每讀此文，輒覺神超形越。

郭詩呈現出自然景物在潛默之中無時不透著生生不息的生命靈動之美。阮孚讀此詩時，不僅感受到當中泓閎淨穆的氣氛，還能進一步鬆脫舒擴其精神，使整個心靈達到通透無礙的狀態，超越形體的限制，而臻於兩忘的自由境界。因此，自然美對於人不只是審美對象的提供，同時還是人生命境界的創造力量。再如吳興印渚能使「人情開滌」（《世說新語・言語第二》），也是自然對人的塵染具有清洗的作用，使人於無形中得到薰陶移化。下面這則記載尤其說得明白：

王武子、孫子荊各言其土地人物之美。王云：其地坦而平，其水淡而清，其人廉且貞。孫云：其山嶵巍以嵯峨，其水泙渫而揚波，其人磊砢而英多。（《世說新語‧言語第二》）

不同地理環境，孕育出來的人物也具有與其土地相應的性情特質。當時的人已認為自然山水對人具有性靈涵泳的作用，承認自然山水可以進入人的精神之中，成為生命特質之一。因此，人倫品鑒中，每每可以看見論及某人便即令人想起某自然景物，或見到某自然景物而思及某人的例子，如：

嵇康身長七尺八寸，風姿特秀。見者嘆曰：蕭蕭肅肅，爽朗清舉。或云：肅肅如松下風，高而徐引。山公曰：嵇叔夜之為人也，巖巖若孤松之獨立；其醉也，傀俄若玉山之將崩。（《世說新語‧容止第十四》）

王公目太尉：巖巖清峙，壁立千仞。（《世說新語‧賞譽第八》）

劉尹云：清風朗月，輒思玄度。（《世說新語‧言語第二》）

像這樣，人的精神、風度與大自然景致之間彼此互相引起聯想，說明了人和自然的相契相通。也顯示由於人對大自然作美的欣賞，久而久之，自然美對人產生了潛移默化的影響，使人也具有此美，因而更又加強了人接近大自然的意願，肯定自然對人所具的真、美、善的正面價值。這對於玄學熾盛的魏晉人而言是易理解的。老莊之學本即倡導「道法自然」（《道德經‧二十五章》）、「入山林，觀天性」（《莊子‧達生篇》），大自然本身豐富飽滿、變動流轉的內容正處處是道。因此，南宋畫家宗炳在〈畫山水序〉中會說：「山水以形媚道，而仁者樂焉。」如此一來，山水自然對人不僅是美的對象，而且是悟道的啟發資源。

所謂山水悟道，與山水比德是不同的。山水比德是客觀地觀察山水自然的特質與規律，將之歸納並擷取人所需要的部分，以與人類的性情品德相比喻、相聯想。此時人與自然是清楚分離的主客對立，所喻之德是人類賦予山水的，不是山水本有。而山水悟道則是放下主觀自我，投入山水自然中與之神遊，而體會領悟到大自然中生命的豐富與自由，感受到人與自然相通，而契悟到生命本身的自由性、無限性、感通性。這不是人賦予自然什麼，而是自然觸動、啟迪了人。而且比德說是掌握到自然某一角度的片面；而悟道則比較是全面整體的觀照。

進入唐代，自然觀大致是承繼以前的發展。值得注意的是，自然觀的發展雖然隨著時間而演變，有所進展，但演變本身並非以後者否定前者。也就是說，自然觀的發展在進步中還有累積。因此，唐代所承繼的不只是把自然當作美的對象、體道的資源、化性的力量，而且還保有更早時候的比德觀。因此，唐人在思想上，對於人與自然的關係給予很高的肯定，他們相信人與自然接近可以「坐觀萬象化」（陳子昂〈南山家園林木交映盛夏五月幽然清涼獨坐思遠率成十韻〉卷八四），可以「日與道相親」（裴迪〈竹里館〉卷一二九）。因此，在居處環境上十分重視與自然的接近，賈至在〈沔州秋興亭記〉中便說：「君子慎居處，謹視聽」，故在秋興亭中遊息、讀書、彈琴，感到與山水居處能夠「性得情通，耳虛目開」，因而要讚此亭「仁智居之」（文卷三六八）。在這樣的自然觀的主導下，把山水自然納為居家環境，便是君子的追求，園林是最適宜不過的了。王勃在〈春日孫學士宅宴序〉中說：

> 若夫懷放曠寥廓之心，非江山不能宣其氣；負鬱怏不平之思，非琴酒不能洩其情。則林泉為進退之場，樽罍是言談之地。（文卷一八一）

柳宗元在〈永州韋使君新堂記〉中也說：

> 乃作棟宇以為觀游。凡其物類，無不合形輔勢，效伎於堂廡之下。外之連山高原，林麓之崖，間廁隱顯。邇延野綠，遠混天碧，咸會於譙門之外……見公之作，知公之志。公之因土而得勝，豈不欲

因俗以成化。（文卷五八〇）

王勃以「林泉之地」來稱讚孫學士的居宅，這個居宅應有園林之地，故同時具有江山宣氣的山水景色與樽罍洩情的聚宴方便。這是君子文人抒解情緒以化性的好環境。而永州韋使君的新堂是山林綠野等美景所會聚的最佳觀景點，這個精心觀察地理形勢而選擇、設計出的園林勝地，可以化俗，使人「清寧平夷，恆若有餘，然後理達而事成」（柳宗元〈零陵三亭記〉文卷五八一）。因此說，見其居可以知其志。

就在這自然觀與君子合道的自我要求相結合的情形下，文人對園林生活的需求便相對提高。所以，唐代文人在自然觀上對山水美感、悟道、化性、比德等價值予以高度肯定，遂促使文人普遍地追求園林生活，而造成了唐代園林的興盛。

二、道釋興盛與三教調和

唐代對道教的尊崇是特別的。首先是李唐與道教之祖老子同姓，這層關係使得唐代諸帝特別保護、扶倡道教。就如太宗在〈道士女冠在僧尼之上詔〉中所說：「況朕之本系，起自柱下，鼎祚克昌，既憑上德之慶；天下大定，亦賴無為之功。」（《唐大詔令集・卷一一三政事・道釋》）在這個先天條件上，使道教在唐朝得天獨厚地倍受保護。高祖曾親謁老子祠；太宗則如上引，提高道冠地位在僧尼之上；高宗時更明令王公百官均習老子《道德經》，並在明經、進士的考試中加考《道德經》，這使得道家思想成為士人所熟悉能詳；玄宗不但親自注釋《道德經》，詔令天下每戶人家都要藏備一本，而且還加重《道德經》在考試中的分量。在考試的諸科目中新設「道舉」一科，專考《老子》、《莊子》、《文子》、《列子》等籍。又開元二十五（西元七三七）年下詔，將道士女冠改隸崇正寺，與皇族並列。大大提高了道教的地位[102]。

[102] 參[51]，頁一一二。

道教就在這樣特殊的尊崇下得到發展。據施逢雨先生的歸納，其發展情形大致有下列幾方面：1.道士與道觀的增加。2.《老子》、《莊子》等道書在士大夫階層的普及。3.朝廷對著名道士的尊崇。4.公主之人道與王公大人之捨宅為觀[103]。由於道士與道觀的增加，道書的普及，促進了文士與道教接觸的機會。其中道家追求逍遙自由、齊物忘我的境界，與道教求仙長生的願望，都在文士的心靈裡造成深遠的影響。

道教在唐代的興盛，除了與李姓有重要關係之外，還與時人幻想、追求長生不死有關。唐代皇帝中，太宗、憲宗、穆宗、敬宗、武宗和宣宗都是吃食丹藥而死。其他皇帝則雖不死於服丹，卻也有過服食的事實或念頭，如武則天、高宗與玄宗。李師豐楙便說：「唐宋時期對於神仙不死的探求，乃是透過丹藥的伏煉，希望利用神奇的仙藥延生，甚而長生，這是一段充滿著狂熱求仙風尚的時代，唐代諸帝有多位服食丹藥，貴族社會中也瀰漫著對仙藥的熱望與迷惘，為神仙思想掀起另一高潮。」[104]又說：「不死的探求是每一民族都有的願望，神仙與永生世界更是一個夢境，在神仙之夢中，人類獲得絕對的自由、逍遙。中國人也曾擁有這樣的夢，長壽永生的生命與和諧安樂的樂園，道教正是滿足這種夢境的一種宗教形式。」[105]因為道教能滿足這種願望，所以就在追求長生的唐代皇帝中受到重視。而貴族文士們對道教的熟習，一方面是科舉考試的需求，另方面則是嚮往逍遙自由的生活境界。若說服食丹藥本身是愚昧迷信的行為，自是不錯。然而只要它還存在著一絲長生的「可能性」——以前服丹中毒是人為疏失？是調製失誤？對追求長生這個渺遠難及的夢想的人而言，那一絲毫的可能性，仍然值得去嘗試探發。因此，文士們服藥之事仍多。更何況不必一定為求長生不死，服藥後面容的紅潤，行散的山林經驗，都讓人感到健康延年與神仙逍遙之近而可得。所以文人們服藥的心理似乎仍是可以理解的。

[103] 見[53]，頁一九六。
[104] 見李師豐楙〈不死的探求——道教信仰的介紹與分析〉，《中國文化新論・宗教禮俗篇：敬天與親人》，頁一九二。
[105] 同[104]，頁二三六。

總之，道教在唐代不僅是倍受尊崇，而且在生活內容與心靈境界上對文人們也具有廣泛的影響。首先，是文人們與道士的交遊往來；其次是「勉事壺公術，仙期待赤龍」（錢起〈藥堂秋暮〉卷二三八）；而且起造園林別業以象徵蓬萊仙地，在「皇家貴主好神仙，別業初開雲漢邊」（沈佺期〈侍宴安樂公主新宅應制〉卷九六）及「此中即是神仙地，引手何妨一釣鼇」（李咸用〈陳正字山居〉卷六四六）等詩句中可以看出，為了追求神仙樂境，把園林裝點、遐想為仙境，便是一種自我完成。然後在園林中「散髮對農書，齋心看道記」（權德輿〈郊居歲暮因書所懷〉卷三二〇），儼然就是逍遙自得的仙人了。（詳第六章第二節）因此，道教的興盛與尊崇，也促使園林得到蓬勃發展。

在佛教方面，唐王朝除武宗滅佛之外，其他皇帝大抵都是崇佛的。高祖在武德二年的詔令中禁止每年正月、五月、九月中屠宰，並對釋道大加讚頌[106]。雖然在武德九年曾下了道〈沙汰僧道詔〉，可是他的目的「並不是要廢除宗教，而是要『整頓』、『純潔』宗教」，「是為了『護法』，而不是『滅法』」[107]。可是這詔令下了三個多月就因「事竟不成」（《舊唐書・卷一高祖本紀》），又另下了一道「其僧尼、道士女冠宜依舊定」的敕文（《唐會要・卷四七議釋教上》九年）。太宗即位不久，就在貞觀三年舍通義宮為寺，還發願為「菩薩戒弟子」，「惟以丹誠，歸依三寶」（〈宏福寺施齋願文〉文卷十），並且在戰地修建佛寺以超度戰死者。當時玄奘大師赴印度取經回，太宗對他十分禮遇和稱揚，為他寫了〈大唐三藏聖教序〉（文卷十）。高宗為太子時，即修建大慈恩寺，度僧三百人以為母親文德皇后薦福。中宗「造寺不止，枉費財者數百億；度人不休，免租庸者數十萬」（《舊唐書・卷一〇一辛替否傳》）。至於武后則更利用佛教經典撰譯的附會連結，來加強自己為帝的天意。玄宗對佛教比較採取限制檢禁的政策，但是他本人卻又是受「灌頂法」的菩

[106] 《唐大詔令集・卷一一三政事・道釋》有〈禁正月、五月、九月屠宰詔〉云：「釋典微妙，淨業始於慈悲；道教沖虛，至德去其殘殺。」

[107] 見郭朋《隋唐佛教》，頁二八〇。本段以下關於唐帝與佛教的資料，多參考此書。

薩戒弟子，還把自己《御注金剛般若經》頒行天下[108]。肅宗即位便敕令「天下寺觀，各度七人」（〈即位人赦文〉文卷四四），又特准僧尼朝會，不須稱臣。代宗經常請一百位和尚在宮裏內道場念經，皇帝親臨行香禮敬，讓文武百官到寺院中行香設齋。至於憲宗，則有著名的迎佛骨之事。敬宗甚至令考試男女童子背誦經文，而且親至興福寺聽文溆和尚俗講[109]。

總之，唐代「諸帝對佛都採取尊重或獎掖的態度……而佛教的一些法式如講經、斷屠、齋僧等，也被官方援引為用以消災的經常性宗教活動，更可見佛教活動與唐人生活關係的密切」[110]。大抵在上者的喜好與提倡，對於在下者的鼓勵及影響，真的是如風吹草偃一般自然的事。所以唐代佛教由這層關係與承前代發展之勢，也廣泛盛行於民間。據《大唐六典卷四》的統計，玄宗時「凡天下寺總五千三百五十八所」。而在武宗滅佛前，曾檢括天下佛寺僧尼的數目，結果全國拆掉大、中寺院四千六百餘，小的招提蘭若四萬餘，還俗二十六萬五十人（《唐大詔令集・卷一一三政事・道釋》）。由此可證明佛教的興盛與普及。其中，十大夫們也是非常熱衷的，《癸辛雜識・前集唐重浮屠條》就說：「唐世士大夫重浮屠，見之碑銘，多自稱弟子。」當中又以禪宗與文士們的關係最為密切。禪宗思想具有辨證的幽玄妙機，很能顯智慧，特別受到中國文士的喜愛。盛唐以後，文人們與知名禪師的交往十分密切，即使是以儒家道統為己任而極力反佛闢佛的韓愈，也同禪師大顛交為好友。至於王維、白居易等人更是虔誠佛徒，他們的宗教思想大量地貫注於生活上，並呈現在詩文作品之中。

在道釋盛行的唐代，文人與道僧的接觸交遊便非常頻繁。在《文苑英華》中，文人題贈道僧及題遊宮觀寺院的詩共有一千餘首，當中絕大部分為唐詩[111]。在《全唐詩》中，此類作品的比例也是頗高的，可見

---

108 參107，頁三三六－三四一。
109 參107，頁三四二－三六九。
110 見51，頁一一。

文人們出入道觀寺院的機會相當多。不管是道觀或佛寺，為了修煉、參禪，通常都選擇山林水畔等清淨幽寂的場所，形成了風景優美、地勢奇偉、清寂涼爽、幽隱深渺的寺觀園林。這些寺觀園林在文人筆下被讚頌歌詠，儼然是人人嚮往的桃源仙境，如：

> 靈峰標勝境，神府枕通川……別有青門外，空懷玄圃仙。（駱賓王〈遊靈公觀〉卷七八）
>
> 山盡五色石，水無一色泉。仙酒不醉人，仙芝皆延年。（孟郊〈遊華山雲臺觀〉卷三七五）
>
> 回廊架險高且曲，新徑穿林明復昏。恨無黃金千萬餅，布地買取為丘園。（劉禹錫〈唐侍御寄遊道林嶽麓二寺詩并沈中丞姚員外所和見徵繼作〉卷三五六）
>
> 但恐出山去，人間種不生。（白居易〈東林寺白蓮〉卷四二四）
>
> 師在西巖最高處，路尋之字見禪關。（方干〈題應天寺上方兼呈謙上人〉卷六五二）

在那些崇山峻嶺之上建寺觀，著實高渺如仙居，似非人間所能，故被喻為玄圃仙境。這當中或許有文人誇飾筆法，及題贈上人情的應酬，但是仍有某種程度的真實性。這些寺觀園林對文人必然造成諸多啟示。首先在技術方面，由於寺觀選擇地勢奇險僻遠的山林之地來建造，有許多高難度的技術都一一克服了，回廊架險、新徑穿林等等都可為文人園林的先導。像「之字」之路，就是後來園林動線採取的原則。其次在經驗方面，遊過寺觀之後，感受到其中的情味樂趣及境界，因而對園林生活的喜愛與嚮往將更形增強，居園、造園的意念必也益加明顯。周維權先生就說：「蓮社成員以他們較高的文化修養、藝術趣味和鑒賞自然美的能力，對於當時私家造園藝術水準的提高，肯定會有影響。他們所經營的園林，也可以視為後世文人山水園的濫觴了。」[112]這分影響是早由六朝就開始的。而在思想方面，隨著道釋教義的影響，文人也要求自

[111] 參[51]，頁二一五。

[112] 見[31]，頁八四、八五。

己臻於清淨、覺悟與逍遙忘化的境界。這就須要自我修行，修行時一個幫助他們思慮潔淨滌濾，幫助胸臆開闊自由的環境是必須的。就在文人的這種自我要求下，園林是切合的居住環境，文人於其中行禪坐忘（詳第五章第四節），度其修行的生活。因此，從思想及信仰、經驗各方面論之，佛道的興盛對園林確實是起著正面的影響。

在思想上，唐朝尚有一個特色，那就是思想的綜合融攝。這種特質早在漢代已開其端，董仲舒以陰陽五行學說附會儒家經義，「儒生和神仙方士已經開始合流了」[113]。葛洪《抱朴子》一書也主張「外儒內道」的儒道雙修，出處兩得來調和儒道關係[114]。待佛教傳入，為了推廣其教義，常常採用以儒道學說來解釋佛典的「格義」之法，造成了三者的互相比附合流。六朝的道教人士如陸修靜、陶弘景等也吸收儒釋思想，陶弘景還主張儒道釋三教合流[115]。而佛教方面，牟融在《理惑論》中也主張調和儒道釋[116]。連身為帝王之尊的梁武帝蕭衍都提倡三教同源同流[117]，其貫徹到一般社會上的情形，是可以想見一二的。

到了唐代，繼承了這種三教調和的思想，更加發展。楊惠南居士在談到隋唐佛教時，以天臺、華嚴兩宗派十分注重判教與玄理，「具有融攝中國文化的傾向」[118]。這種融攝的精神基本上「那是要求『吾道一以貫之』的絕對一元論，也正是中國人傳統思想模式的展現」[119]。至於惠能所創的禪宗（以前在中國的五祖，

[113] 見卿希泰《中國道教思想史綱・漢魏兩晉南北朝時期》，頁一一。
[114] 參[113]，頁一五六。
[115] 參[113]，頁二二五—二三〇。
[116] 參[113]，頁二四〇。
[117] 參[113]，頁二四四。
[118] 見楊惠南〈一葦渡江・白蓮東來——佛教的輸入與本土化〉，《中國文化新論・宗教禮俗篇・敬天與親人》，頁三七。
[119] 見[118]，頁三五。

屬於禪學而非禪宗），在好簡約、好直捷、好自由等方面，正表現出道家化的特色。而淨土宗的修行法門（念佛法門）也注重簡約易行，仍是道家本色[120]。總之，佛教在唐代發生中國化、本土化，是三教融合的結果。

在前面論及唐代諸帝對道釋非常尊崇，他們也致力於三教合流。高祖、太宗、高宗、玄宗、德宗、憲宗、文宗、宣宗和懿宗朝都舉行過三教講論，集合儒道釋的名流在一起，講述論難，講述的內容往往以三教調和或會三歸一為主旨[121]。因此，吳怡先生說：「事實上，在唐宋間的中國思想界根本是一個大熔爐。這時期，無論那一家、那一派的學說，都是兼有儒道佛三家的思想。」[122]而劉翔飛先生也說：「這種三教並行的特色，可以說是唐朝文化精神的表徵。」[123]

像這樣地，一個人同時擁有儒道釋三家思想，他必須在當中尋得一個平衡點。在儒家思想方面，三綱五常的倫理觀念及內聖外王的修治之道，使處身在封建社會的士人們，把理想放在政治體系的參與上，希望藉仕宦之位以行其成人成物的事業。可是道釋卻要求不染塵汙的清淨與絕對逍遙自由的生活；這似乎與仕途生涯相違。然而思想上既然將三家做了調和同歸，在行為與實際上便也可以設法調和之。那就是在政事公務上實踐其外王的儒家理想，而公退餘暇則又可以完全充分地進行其悠遊蕭散、參禪靜坐的道釋生活。因此，對士大夫而言，公退之餘的家居生活，必須提供一個清幽寂靜、有若自然的環境；園林，就在這樣的思想背景之下，扮演起實際生活調和三教的角色來。像「鼎臣休澣隙，方外結遙心」（徐彥伯〈侍宴韋嗣立山莊應制〉卷七六）、「好閒知在家，退跡何必深。不出人境外，蕭條江海心」（蔡希寂〈同家兄題渭南王

---

[120] 見[118]，頁四〇。

[121] 參羅香林〈唐代三教講論考〉，《唐代文化史》，頁一五九－一七六。

[122] 見吳怡《禪與老莊》，頁一二八。

[123] 見[121]。

公別業〉卷一一四）等詩句，很能把園林這種兼攝不同形態生活的特色點化出來，這類詩意在唐詩中屢見不鮮。

三、山水藝術的啟示

中國的山水文學興盛於六朝。在此之前，山水景物的描寫，雖然已出現於《詩經》之中，如：

節彼南山，維石巖巖。（〈小雅・節南山〉第一章）

淇水悠悠，檜楫松舟。（〈衛風・竹竿〉第四章）

蒹葭蒼蒼，白露為霜。（〈秦風・蒹葭〉第一章）

桃之夭夭，灼灼其花。（〈周南・桃夭〉第一章）

葛之覃兮，施于中谷，維葉萋萋。黃鳥于飛，集于灌木，其鳴喈喈。（〈周南・葛覃〉第一章）

巖巖、悠悠、蒼蒼、夭夭、灼灼、覃兮、萋萋、喈喈等都是描繪之詞，將山、水、花木的情態姿貌很切要地摹寫出來。不過，這些描寫並非被視為詩歌中美的獨立對象及主題而加以讚頌歌嘆；它們有的是用為比喻人的威德盛勢，有的作為起興主題的觸媒，或者藉以暗示時間季節，或者以其經營氣氛以抒發人之情感。因此，王國瓔先生說：「〔詩經〕裡的生活感情，與自然山水景物的結合，並不是偶然的，山水景物在詩中出現，每每有其不同的目的和功能。」[124]總之，《詩經》裡的山水景物描寫只是一種工具，藉以進入另一個人文的主題，因而，尚未被賦予獨立的生命。

到了《楚辭》裡的山水景物，其描繪摹寫的成分已大大地提高；當然，像《詩經》那樣的比興象徵作用還是有的：

[124] 見[101]，頁二二一。

扈江離與辟芷兮，紉秋蘭以為佩。（〈離騷〉）

長瀨湍流泝江潭兮，狂顧南行聊以娛心兮；軫石崴嵬蹇吾願兮，超回志度行隱進兮。（〈九章・哀郢〉）

悲哉！秋之為氣也，蕭瑟兮草木搖落而變衰；憭慄兮若在遠行，登山臨水兮送將歸；泬寥兮天高而氣清，寂寥兮收潦而水清。（〈九辯〉）

秋蘭兮麋蕪，羅生兮堂下；綠葉兮素枝，芳菲菲兮襲予。（〈九歌・少司命〉）

深林杳以冥冥兮，猿穴之所居。山峻高而蔽日兮，下幽晦以多雨；霰雪紛其無垠兮，雲霏霏而承宇。（〈九章・涉江〉）

第一則仍是以香草香花為喻，以象徵其芳潔之志操。第二則對長瀨軫石的描寫，也是為了表其偃蹇多困之情，及隱退之意。其他三則顯示出對山水景物的描繪已增加很多鋪敘的賦法，其中雖然充滿了詩人主觀情意的投射渲染，而富於或悲晦或神祕的浪漫色彩，可是詩人對於山水自然景物的關注卻是可以肯定的。也就是說，在《楚辭》當中，一切的描寫雖然最終究的作用仍在抒情表志，山水寫景還不能獨立為主要的目的，可是其美感價值卻大大地提高了。

漢賦的山水景物依舊是具有服務性質的媒介。賦家大費筆墨、百般鋪張地渲寫山川景物，最後只為了歌功頌德或諷諫規勸的政治目的。不過其專注地刻畫誇飾山水的工夫，使自然景物在通篇中居於主要位置，並因其描摹而使自然山水本身的壯美發生愉悅於人的作用，則是不可否認的事實。因為賦長，不擬舉例，司馬相如的〈上林賦〉或可窺知大略。總之，漢賦雖然因身負規諫之責，使山水寫景不得獨立其生命，可是賦家費心描寫下，其壯闊雄偉的美感確是通篇鑒賞的主角了。尤其是後來一些失意困頓者的抒情賦，更脫離政治籠罩，其模山範水的自然景物受到憐賞的成分便更多了，也更接近於山水詩。

山水詩正式出現於魏晉時代，而昌盛於南朝[125]。在玄風充斥，一片隱逸、求仙的風潮下，文人遊覽山水的情形異常普遍，發於筆端的遂為歌詠讚頌山川自然之美的聲音。像山水詩人的典型代表謝靈運，對於山水的描寫是極細緻且色彩鮮明的，他常以一趟旅遊為題材，將出發、途中、歸程的整個經歷作完整的敘述，其中所見的景物又能以山與水的對比加以描摹，充分顯露自然山水本身的美感，終而抒發由景所興起之情或所悟得之理[126]。其中，山水景物自身就是文人出遊及描寫的主要目的，山水美感是文人吟詠的焦點，也是文人愉悅的根源。誠如皇甫修文先生所說，此時詩歌中的自然山川「成為美學的主要對象，佔據詩人的整個意識活動。」[127]

南朝山水詩的昌盛，為盛唐王孟自然詩提供了水到渠成之勢，而最主要的是，為唐代意境理論的形成提供了創作的實際經驗和基礎[128]。同時，六朝才發展起來的山水畫，在山水美的規律及精神上，由畫家提出了許多精采的理論，如南宋宗炳〈畫山水序〉的「應目會心」、「神暢而已」及陳姚最〈續畫品〉的「立萬象於胸懷」等，都對唐代的山水審美提供了高境界的理想目標。

無論是山水詩或山水畫，到唐代逐漸形成的意境理論，對於唐代文人追求自然山水生活的實踐，確是造成了無形而深遠的影響。譬如，唐人造園時所講究的借景手法，在謝靈運的〈山居賦〉中已經藉由描寫而提點出來（參第一節）；又如韓愈提出的造園景趣須遠（參第三章第五節），也是與皎然《詩式》的「至近而意遠」、司空圖《二十四詩品》的「超以象外」的意境相合；其他如園徑的曲折幽深等造園手法也都在藝術理論中可得到同樣的主張。可知，在長期山水藝術的萌芽、發展和累積之後，唐人深得山水之美的精神，故而貫注在山水藝術之一的園林上面，也表現出其深雋的品味。可以說，唐代以前的山水藝術，不

[125] 本段資料多參考[101]。
[126] 參林文月〈中國山水詩的特質〉，《山水與古典》。
[127] 見皇甫修文〈古代田園詩文的美學價值〉，《山水與美學》，頁三六五。
[128] 參[127]，頁三七五—三八二。

論在創作及理論上，都提高了唐人山水美的鑑賞能力和賞愛程度，一方面激發其山林生活的追求意志，另方面則啟發其造園藝術手法的運用。這對唐代園林的興盛肯定是具有正面影響的。

綜觀本節所論，在思想背景上影響唐代園林興盛的要點可歸納如下：

其一，繼承前代山水觀的發展，唐代文人在思想上對人與自然的關係給予很高的肯定。既比德自然，又以自然能冥道悟道，是君子適其性情的所在。故而努力地營構含納自然的居住環境，園林是最適切的產物。

其二，唐代由於道教與佛教興盛，文人與道僧廣泛交遊，寺觀園林的種種奇勢宏境大為文人所題詠歌頌。這對文人經營宅第，不無示範引導的作用。

其三，信奉道教的結果，長生不死或成仙的願望普遍被追求探索。對於仙境的理想與嚮往，文人在自覺其不易實現的情形下，改而追求人世的仙境的具體呈現，園林就是文人心目中的逍遙仙境，對其營造不遺餘力。

其四，道釋信仰使文人注重自身的修行生活，他們選擇清淨幽僻的環境來參禪靜坐，以實踐其逍遙自由、離苦坐忘的道釋境界。園林遂因應此需求而大增。

其五，三教思想的調和是唐代文人的特色，他們兼融儒道釋的思想於一身，而貫徹在生活之中，既要扮演治國外王的政吏，又要度其悠閒飄逸的出世歲月。於是以園林為其平衡折衷的空間，白日處理政務，日暮退居園林以享其隱遁式的生活。故園林在士大夫之間成為重要的居處環境，也促進其興盛。

其六，山水藝術的發展，使山水審美經驗與山水意境理論在唐代逐漸形成，這不但增加文人的山水鑑賞能力和喜愛程度，也促使其在創造山水居住環境時，具有意境經營的理念，提高了園林藝術。

第二章

唐代重要文人園林

由第一章可以知道，唐代園林的興盛與文人有著密切關係；不僅因著園林自身的發展是由帝王而貴族公卿大夫而庶民，也因促成唐園興盛的政治因素及思想因素都大多圍繞在文士階層。在一些載籍與詩文資料中，關於園林的記載也大部分是文人的。今研究唐代文人的園林生活，理當先拈出具代表性的文人園林，而一般文人的園林則以表列方式略加呈示。本章謹以王維、杜甫、白居易、裴度、李德裕、牛僧孺、韋嗣立等人的私園及曲江這個文士廣遊的公園為例，餘則不擬一一。

第一節 與世隔絕的天然山水園——輞川別業

提及唐代的園林，尤其是文人園林，一般會自然地想到王維的輞川別業。因此，可以讀到一些談論、研究輞川園的文章，以及專以輞川園為主要研究對象的論文❶。今日研究輞川園的資料，主要來自有關輞川的詩文、縣志記載及輞川圖所見。其中詩文部分，由於王維自身所寫的詩，較多是抒情寫意、呈顯世外清寂超絕境界的五絕短詩；較少如杜甫、白居易等人那般質實地描繪園中景物與親自參與造園工作的情形。所以想要由詩文了解輞川別墅，還須要參考其他詩人作品及圖志資料。而輞川圖，現存的有三十件❷。雖然這些圖卷與原本輞川圖之間究竟有無關係，仍存在著爭論❸，但因古畫臨摹時，山石樹木的畫法及細部技巧即或容易受到時代風尚的影響而改易，而整體畫面的構圖卻是不易更動的。因此，現存的輞川圖在輞川整體狀況上，如輞水流布與各景區關係等，仍具有相當的參考價值。現在先依縣志所載來了解輞川在地形環境上的概略情形。

一、形勝險要的天然地勢

輞川位於陝西省藍田縣境內，因輞水流過而得名。據《長安志・藍田縣志》的記載：

❶ 如臺大園藝研究所、成大建築研究所、文大實業計畫研究所等有關中國庭園的論文。其中，吳梓先生的《從輞川園論唐代之造園》，即是以輞川園為主要研究對象的博士論文。

❷ 見鈴木敬著，魏美月譯《中國繪畫史》，頁八四引用了古原宏伸氏在《文人畫粹編・王維》中所錄之數字。

❸ 參❷，頁八四－九一。

終南山在縣南七十里。

輞谷在縣南二十里。

輞谷水出南山輞谷，北流入霸水。

清源寺在縣南輞谷內，唐王維母奉佛山居，營草堂精舍，維表乞施為寺焉。《長安志・卷十六縣・藍田》

（霸水又西），至縣治正南，輞水自南來入之。謹按：輞川源出縣南七十里秦嶺，有東西二源：東源出梨園溝，西北流二十餘里，至兩河口；此輞川之正源也。西源出龍王廟南，亦北流二十餘里，至兩河口與東一水合；此輞川之別源也。二水合流北逕王維之輞川莊，至三里砭出谷口，西北流十餘里，至縣城南入霸。《藍田縣志・卷六土地志・山川》

大致上，藍田縣位於終南山北方七十里之處，長安城就在其西北方。正屬於山川峻美、地勢險要、文教薈萃的關中地帶。「大抵環山而居，民氣質直，用儉易給，不貴難得之貨，故安其樸誠而率於教訓。士負耒以橫經農，力耕兼織。」（《藍田縣志・卷六土地志》）這個純樸務農而自給自足的山村，可以想見其農田闢布，且與外界如繁華京城等不甚往來，故得以保持質直簡樸的民風，此乃因其地勢險要之故。因為輞水正由東南向西北流經這個山村，其中兩河口到三里砭一段是輞谷所在，也是最屈曲險要的地段。清顧祖禹《讀史方輿紀要・卷五三陝西》描述此段地形說：「輞谷水在縣南八里，谷乃驪山藍田山相接處，山峽險隘，鑿石為塗，約三里許。商嶺水自藍橋伏流至此，有千聖洞、細水洞、錫水洞諸水會焉，如車輞環輳，自南而北，圜轉二千里。過此，則豁然開朗，林野相望。其水又西北注于霸水，亦謂之輞川」。又明王邦才〈輞川圖賦〉也述道：「兩山相鬬，水自南出，深崖陰谷，無路可通，就山鑿石，棧棧岪岪，寬不過尺，必須振衣怯步，走出三里，而後大川即焉。」（《藍田縣志・輞川志卷五雜記》）可知輞谷是輞川最奇險的一段，而輞川別業就在輞谷之中，可謂得其精華。像這麼樣奇絕的山水，自是愛好佳山水的人所神往的勝境。自古至唐即有許多名人宅墅建於此地。譬如魏其侯別墅、李將軍宅、漢上林苑、唐萬全宮、柳氏莊、崔氏莊、玉溪館、員莊等（《藍田縣志・卷六土地志・古蹟》）。輞川別墅是其中較負盛名的一座。

王維的輞川園原本屬於宋之問所有：「王維好釋氏，故字摩詰。立性高致，得宋之問輞川別業，山水勝絕，今清源寺也。」（《唐國史補卷上》）因此，可以由宋之問的〈藍田山莊詩〉中略見其一二：

> 宦遊非吏隱，心事好幽偏。考室先依地，為農且用天。輞川朝伐木，藍水暮澆田。獨與秦山老，相歡春酒前。（〈藍田山莊〉卷五一）

> 鶺鴒有舊曲，調苦不成歌。自歎兄弟少，常嗟離別多。爾尋北京路，予臥南山阿。泉晚更幽咽，雲秋尚嵯峨。藥欄聽蟬噪，書幌見禽過。愁至願甘寢，其如夢鄉何。（〈別之望後獨宿藍田山莊〉卷五一）

「考室先依地」說明藍田山莊的建築，是依順地勢而構築的。「考」字顯示建造之前，先仔細地觀察考究過附近地形，才決定建築物的位置、方向或造型，是相當用心的「相地」工夫。可以想見其中的每一座建築都在最適宜的地點，擁有良好的觀景點。「輞川朝伐木，藍水暮澆田」表示，建構館閣亭臺時是就地取材，若然，則更能促使建築與自然景物的相融，成為統一和諧的整體。而農植之田地本是山莊中的重要生產，這是以農業經濟為主的莊園。至於第二首詩，因感慨抒懷的成分為多，寫景的成分少，從中可得知的景物大約是泉流幽咽，並栽培花藥。較詳細的狀況必須從王維與裴迪的輞川詩，假以輞川圖加以尋索。

從《長安志》及《藍田縣志》的記述可知，輞川別業基本上是一座天然山水園。它有自然生成的勝絕山水，而且林木茂密，比較不須要疊山挖池等大型的人工造景工程，就這一點而言，它不同於白居易的履道園，也與杜甫平野遼闊、地勢較平坦的浣花草堂有別，而較近似於白居易的廬山遺愛草堂。但是遺愛草堂居於山峰之上，輞川園則位在山谷之中；而遺愛草堂雖有山泉瀑布，卻沒有輞川園那樣蜿蜒曲折、奇險多變的川流。因此，在先天條件上，輞川園已是一個風景靈秀精采的勝地，在造景上的重點便落在如何利用已然資源，及自然景物與人工點化之間的配置設計，所形成的種種各具特色的景區。

二、輞川二十景的特色

王維在《輞川集》的序文中介紹他的輞川別業遊止共有二十個景區：孟城坳、華子岡、文杏館、斤竹嶺、鹿柴、木蘭柴、茱萸沜、宮槐陌、臨湖亭、南垞、欹湖、柳浪、欒家瀨、金屑泉、白石灘、北垞、竹里館、辛夷塢、漆園和椒園。是一座經過整體設計、規劃的大型園，可謂園中有園。其中孟城坳：

新家孟城口，古木餘衰柳。來者復為誰，空悲昔人有。（王維）

結盧古城下，時登古城上。古城非疇昔，今人自來往。（裴迪）

從裴迪詩知道孟城坳是一座古城，雖然已窪陷荒廢，在當時卻還可以臨眺登望。從「新家」孟城口及「結廬」古城下兩句詩推測，大約王維在古城口建構了新屋，從今存「王摩詰輞川圖」❹看來，在孟城坳左旁出口有一組「輞口莊」建築組群，這群輞口莊在輞川二十景中並未被列為一景；而圖上的孟城坳只是一個城牆圍成的空地，並無建築。可是王維和裴迪兩人詩中明明說在城口建造新家，那麼孟城坳一景應或包含一個古城圍牆及其旁邊新造構的一群輞口莊建築。此外，尚有古木及柳樹，古木引人發思古之幽情，柳樹則是古人離別的象徵，那些在離聚悲喜中穿梭的古人，最後都逃不出時間之流的沖汰，而消失無蹤，只留下古木衰柳供後人憑弔。這是輞川園入口處的一個古蹟兼新居比鄰相映的景區，一進入此地，引發詩人無限的感慨，警歎人生之無常。王維在這個尚與外界塵世相臨靠甚近的輞口，安排了一個古與今、舊與新對比的懷古景區，讓人在遊園之初，感受到尚有人間凡世難離生死聚散、難超時流變易的苦惱。

❹ 本論文所根據者乃宋郭忠恕臨王維輞川圖，見故宮出版之《園林名畫特展圖錄》，頁三八、三九。

其次是華子岡：

飛鳥去不窮，連山復秋色。上下華子岡，惆悵情何極。（王維）
落日松風起，還家草露晞。雲光侵履跡，山翠拂人衣。（裴迪）

這是一座山岡，從詩文中看不出什麼人工建構，大體就是自然的山林，種有松樹。因地勢較高，可以遠眺，望見連綿的山脈以及向遠空飛去的鳥群。從輞川圖看來，華子岡的山腳下有一群建築，而且位於孟城坳之前，即是輞川園入口的第一景，與〈輞川集〉的次序有出入。不過，由輞口莊之名可略知孟城坳的位置確在輞川園之入口處不遠；然而圖畫的位置似又較詩文的前後次序不易被錯舛誤置，輞川圖二十景沿川水順現，密接得很自然，不像倒置。這詩與圖的差異頗令人費解❺。然而依然可信的是，華子岡不管是第一景或第二景，都是輞川園入口處較早的一個景區，離園外的人世尚不遠，所以當王維登上華子岡，望見連山的秋色與漸沒入遠天的飛鳥時，心中仍不免生起惆悵之情。因為連山的「秋」色，正還是季節遷流中的一個變相，飛鳥沒去也是生滅有無的一種變化，詩人觸目所見的，仍是人世變化的無常。基本上，他的情緒與孟城坳是相連的，只不過由「悲」轉為「惆悵」。一方面可能登高望遠，人的心境較能超拔些；另方面，古城究竟是人造遺蹟，較諸自然山川季候，更含有人為之物易於毀滅變幻的色彩與悲感。這是由孟城坳進到華子岡的一點變化。

其三是文杏館：

文杏裁為梁，香茅結為宇。不知棟裡雲，去作人間雨。（王維）
迢迢文杏館，躋攀日已屢。南嶺與北湖，前看復迴顧。（裴迪）

❺ 由《藍田縣志》的輞川圖看來，則二景是並列的，孟城坳靠川水較近，而華子岡離川水較遠，難分孰為第一景，孰為第二景。

從裴迪的詩知道，文杏館座落在迢遙高遠的山上，必須攀躋才能登臨。因此，所謂文杏館，不應只是建築本身，它是與整片山林連結為一體的。北望攲湖❻，南顧終南山，是良好的觀景點，自身也是一個景觀，形成了對景的趣味。文杏館的築造也考量了附近的景質，以文杏為梁，香茅為宇，是就地取材的做法，這同時可兼顧到經濟效益以及整體景區的和諧統一❼。因為處於高山之上，所以館中縈繞的雲朵，在飄浮移動後，往往因天候因素而灑落為人間的雨露。「去」作人間雨，顯示出這個必須攀躋且迢迢的文杏館，已經遠離人間。但是尚有雲朵作為這裡與人間的連繫，這個連繫雖然飄渺不定、變化多端，畢竟是個客觀事實。然而「不知」，則是這個飄忽的連繫並不存在於王維的主觀心靈中，詩人已離人世很遠很遠了。只是詩人會說「不知」，表示是跳出這個景境的觀照。總之，文杏館是就地取材、人工與大自然融合為一的一個典型❽。它更進一步遠離了人間，偶而尚有一絲飄忽不定的人間連繫。此處我們也看到輞川二十景之間已注意到對景的空間對應交流之趣。

其四是斤竹嶺：

檀欒映空曲，青翠漾漣漪。暗入商山路，樵人不可知。（王維）

明流紆且直，綠篠密復深。一徑通山路，行歌望舊岑。（裴迪）

兩首詩的前半部分都顯示，既密又深的竹林是沿著川流或紆或直而展布的。沿岸的竹子倒映在清澈空明的水面上，把水流也浸染成一片翠綠。遠望去，是竹抑或是水（水中竹）已分辨不清，混融為一了。而一些低曲的竹子輕拂水面，漾開了一圈圈的漣漪，增益了動態的迷離美與曲勁的力美。竹林中有一條小徑通向

❻ 輞川圖雖為東西向開展，但輞川為東南、西北流向。二十景既依川而置，攲湖當在文杏館之北。

❼ 吳梓先生依輞川圖肯定，文杏館附近「完全種植杏樹，獨特成景，手法上乘。最為可貴」。見❶，頁一〇八。

❽ 參❼。

深山，連熟悉山林的樵夫也不知曉，可知這條竹徑的隱密，也表示它通向一個幽祕深寂的地方，那已是與世完全隔絕的世界。深密的竹林是隔絕的一個過渡❾。至此，詩人已無悲悵的情緒，只是平靜。

其五是鹿柴：

空山不見人，但聞人語響。反景入深林，復照青苔上。（王維）

日夕見寒山，便為獨往客。不知深林事，但有麏麚跡。（裴迪）

基本上這是蓄養鹿群的木柵欄圈，富有經濟生產的效益，也是一個特殊的景觀區。可是王維詩中卻強調這個景區的空寂深幽，沒有人跡，卻有人語，人似乎在有無之間隱退著。青苔，暗示此地確實難有人跡到訪，唯有反照斜映的光線穿過密林，透出深不可測的神祕。對虔信佛教而又接觸道教修煉的王維而言，在二十個景區中唯一的動物景觀選擇鹿群，或有其因由。鹿，在佛教中是佛的前生，且靜聆經義、親沐佛法；在道教中則是仙人的交通工具。把牠們安置在這個罕無人跡的深林空山中，大抵，這是幽邃而又近道的聖地吧！一束光照，在宗教信仰中，也應有其神聖的象徵意義❿。

❾ 竹在道教成仙的傳說中，也是一項幸運的標幟，詳第三章第三節。又❼裡，也以文杏為王維嚮往道仙之表示。

❿ 輞川圖裡，鹿柴在宮槐陌之後，屬第九景。

宋郭忠恕臨王維輞川圖　臺北國立故宮博物院藏

其六是木蘭柴：

秋山斂餘照，飛鳥逐前侶。彩翠時分明，夕嵐無處所。（王維）

蒼蒼落日時，鳥聲亂谿水。緣谿路轉深，幽興何時已。（裴迪）

由名稱可以想見這是個以木蘭樹為主的林區，周圍環繞木柵。據說木蘭是經濟性作物，可當建材，花饒脂粉，並具有桂花般的香氣。而其樹形優美，也可觀賞❶❶。兩人的詩都在起首處提到落日餘照，但卻以飛鳥的追逐嬉戲與啼聲等意象來展現輕悅的靈動，而無華子岡的惆悵。也許兩人同時在黃昏時登臨此地，也許這裡是賞落日的最佳觀景點。另外，一說「緣谿路轉深，幽興何時已」，一說「夕嵐無處所」，都同時展現出一點線索，導引著遊人的視線與意願朝向一個更深更迷離的地方去，因而幽興不已。這個彩翠時分明時撲朔的夕照景觀，把人的注意力帶領向西（北）面的方向轉進。

其七是茱萸沜：

結實紅且綠，復如花更開。山中儻留客，置此芙蓉杯。（王維）

飄香亂椒桂，布葉間檀欒。雲日雖迴照，森沉猶自寒。（裴迪）

茱萸的果實紅綠相間，從水涯映入水中，是一派豔麗的景象。這兒和木蘭柴一樣都是以植物為主要觀賞對象的景區，而且都具有香味；只是一在山上，一在水沜。這一帶滿溢著香氣，王維還將之釀成酒，則其香氣還可飲之入喉，遍布身軀，可謂無所不在。這使人想起西方極樂世界的泉池岸邊「無數栴檀香樹，吉祥果樹，華果恆芳，光明照耀。修條密葉，交覆於池，出種種香，世無能喻。隨風散馥，沿水流芬。」❶❷篤

---

❶❶ 參❶，頁一〇九、一一〇。

❶❷ 見《無量壽莊嚴清淨平等覺經・泉池功德第十七》，《淨土五經讀本》，頁一七。

信佛教的王維是否存念仿此淨土，實不可知，然而這景區的確是一個遠離俗世、極其幽隱靜寂而又到處飄散著芬馥的世外桃源。

其八是宮槐陌：

仄逕蔭宮槐，幽陰多綠苔。應門但迎掃，畏有山僧來。（王維）
門前宮槐陌，是向欹湖道。秋來山雨多，落葉無人掃。（裴迪）

雖名為宮槐「陌」，但本區卻有建築物可居息，門前有一條曲折小徑被宮槐所遮蔽，掩掩映映地通向欹湖。這是自文杏館那個與人世縹緲偶繫的人工建築之後，經過一串茂林的掩蔽遮斷之後，再度出現的建築。這個建築似乎是為迎接僧人而設的。槐樹自古即是三公之木，是高官的象徵；此處用「蔭」字也是有趣。在宮槐的覆蔭下，小路因幽陰而長滿綠苔，顯得不太有人相往來，唯僧是恭敬迎奉的對象。這裡是否暗示著以宮槐為表，以幽徑為裡的生活狀態呢？無論如何，可以確信的是，在這樣一個幽隱、美麗而芳香、光照、清涼的世外之境，唯一往來的人，正是那些方外之人。小徑正通向輞川二十景的核心：欹湖，又是一條什麼樣的行道呢？

其九是臨湖亭：

輕舸迎上客，悠悠湖上來。當軒對尊酒，四面芙蓉開。（王維）
當軒彌滉漾，孤月正裴回。谷口猿聲發，風傳入戶來。（裴迪）

臨湖亭，顧名思義，是臨靠湖岸而建的亭子。欹湖是由輞水曲流積匯而成的。輞川圖上是先南垞、欹湖，而後在湖的對岸水面上有臨湖亭。上客當是指其在宮槐陌所欲迎掃的僧人，以舟楫乘載上客悠悠地駛過湖面，才來到亭中，因而圖與詩的次序當是相符的。當軒對酒，湖水盪漾，四面開滿了荷花，不僅美景怡人，也因沿途景緻的記憶種種，令人聯想起那七寶池中滿布蓮花的淨土景象。置身荷花池中，面對山中比丘，王維對這個水景的布置應是賦予深意，且相當滿意珍愛。

其十是南垞⓭：

輕舟南垞去，北垞淼難即。隔浦望人家，遙遙不相識。（王維）
孤舟信一泊，南垞湖水岸。落日下崦嵫，清波殊淼漫。（裴迪）

此處，兩人對南垞均無具體描繪。由輞川圖看來，這是一群建築組，臨於攲湖南岸，與宮槐陌相接。若順著輞水而遊，由宮槐陌至此是不必乘舟的。可能兩人遊園的次序因先到對岸的臨湖亭，故而回頭乘舟到柳浪時經此。此地可能是佃農們居住的農莊，無甚可賞玩之處，故詩意多描寫湖上風光。王維尤其將重點放在與北垞的淼遠相隔，客觀上似是寫攲湖的遼闊夐遠，實則更顯王維主觀心境的超離，置身於此浩波之上，彷彿一切的分別、一切有為法都被湖水截斷，都被淼淼微波泯化了。可以說第十景的重點是流連在攲湖之上的。

其十一是攲湖：

吹簫凌極浦，日暮送夫君。湖上一回首，青山卷白雲。（王維）
空闊湖水廣，青熒天色同。艤舟一長嘯，四面來清風。（裴迪）

輞水流至此處正好轉彎，本由南往北，此地則轉而向西北流，在彎折處匯集水流成為攲湖。其範圍十分遼遠空闊，涼風四面吹來，必也漾起無限漣波。湖水清澈而透現出青熒，湖天一色，泯為一片，視野極其曠暢。因而泛舟其中，吹簫長嘯，可抒其胸懷。此地送走上客，當詩人回首向來之處，所有來時路的悲喜，

⓭「垞」字《說文解字》無，一般辭典解為「丘名」或「古城名」。吳梓先生認為南垞是「佃農居住的莊宅」，見❶，頁一一四。

都已被青山白雲迷斷了。在這輞川園的最中心處，也是詩人著墨最多、關注最多的泠泠湖中，已與外面世界隔得很遠，是個幽邃僻寂的天地，故而在詩人筆下，儼然是《楚辭》中的神仙世界，浪漫而潔淨芳香。

其十二是柳浪：

分行接綺樹，倒影入清漪。不學御溝上，春風傷別離。（王維）

映池同一色，逐吹散如絲。結陰既得地，何謝陶家時。（裴迪）

這個栽柳的水岸也正臨輞水轉彎處，彎處的外側曲集成攲湖，內側的岸邊則種植柳樹成林。與南垞、臨湖亭對望成三角形。湖口吹拂而來的清風，掠在柳條上，飄揚的絲綠大片起伏如浪。而倒映在水面的柳影與翠綠也在波浪中起伏，形成律動之美。一般，柳樹是別離的象徵，帶給遊子或送行者無限的傷懷。可是，在這個超離凡俗的世外仙境，是不受這種空間分隔的苦惱所罣礙了。這是個以柳樹單一景物為主題的景區，分行而植，是經過規劃設計的栽種經營。面對著湖口的風陣，以製造柳浪，是經過相地的工夫而造設出來的人工與自然合作的景觀，見其意匠。值得注意的是，經過了攲湖這個中心區，這個詩人最用心營設的重點景觀之後，輞水一個轉彎，遊者是否也應該在心境上做一個轉折呢？

其十三是欒家瀨：

颯颯秋雨中，淺淺石溜瀉。跳波自相濺，白鷺驚復下。（王維）

瀨聲喧極浦，沿涉向南津。汎汎鷗鳧渡，時時欲近人。（裴迪）

這是流過石堆的淺湍，由於石頭形狀各異，高低不平，引起水流不定而形成急湍。因為水波跳動，水聲潺湲，景象非常躍動，聲音也十分喧鬧。但是漫天充塞著瀨聲，也正足以表示此地之靜寂，所以白鷺會被濺揚的跳波所驚嚇；知道那跳波的常態之後，便又飛下棲上，不復受到擾動，入於定靜之境。一切皆是自心所顯，頗富禪機。此地似乎是許多飛禽聚息之處，除白鷺以外，尚有鷗與鳧。但因主景在於湍瀨，所以還不算是設計成的專有的水鳥保護區，可能是水禽自然地飛集而成。在此之前，王維詩文強調的是輞川各景的幽僻，遠隔人間凡俗，不易為人所尋覓，連熟悉山林的樵夫都不能發覺那深藏在茂竹下的祕密曲徑。欹湖是其極致。自此之外，詩人轉折的心境隨輞水轉彎換為強調靜定之境。

其十四是金屑泉：

> 日飲金屑泉，少當千餘歲。翠鳳翊文螭，羽節朝玉帝。（王維）
>
> 縈渟澹不流，金碧如可拾。迎晨含素華，獨往事朝汲。（裴迪）

泉水自山上垂流而下，或因陽光照射，或因水中特殊顏色的砂石，使得泉水看來金碧輝煌，故名金屑泉。王維想像每日飲啜此水，可以延年長壽，而駕著仙車飛上天宮去朝見玉帝。這是道教成仙思想的反映。但是，我們也可由此想起西方淨土：「極樂國土，有七寶池，八功德水充滿其中。池底，純以金沙布地。」（《佛說阿彌陀經》）當然，這個景區也許只是個天然流泉，不見得有什麼人工造設。因而它所顯現的道教長生或成仙思想可能是詩人遊園時的幻想附加上去的。然而由其命名也可略知這座輞川園是詩人生命想望的某種程度的反映。

其十五是白石灘：

> 清淺白石灘，綠蒲向堪把。家住水東西，浣紗明月下。（王維）
>
> 跂石復臨水，弄波情未極。日下川上寒，浮雲澹無色。（裴迪）

這也是白石遍布的淺灘，水岸有綠色蒲草，綠與白相映得非常清美。平時有農家（大約是住在臨旁北垞的農家）在此浣紗。王維與裴迪遊賞至此則可以踏上白石，享受弄玩水波的情趣，看著水流從足下流泛而過，十分樸真的野趣洋溢其中。值得注意的是水中所鋪者為白石，在唐代也可看到在庭院中鋪設白石的造景手法（詳第六章第三節），似乎日本庭園枯山水式的造景以白石象徵海水，於此可以看到一些道理。

其十六是北垞：

北垞湖水北，雜樹映朱闌。逶迤南川水，明滅青林端。（王維）
南山北垞下，結宇臨欹湖。每欲採樵去，扁舟出孤蒲。（裴迪）

北垞位於欹湖北面，是農樵的居所。四周種有各種各類的樹木，房舍應也掩映在叢樹中，只見紅色欄杆和綠色的樹木相互輝映。湖岸長滿蒲草。站在北垞向輞川水望去，只見從南方逶迤而來的川水，在青林端隱約掩沒，那是輞川園沿途遊賞進來的來時路，已隱約迷離了。不過，在渡過欹湖之後，白石灘與北垞都呈顯出恬靜平素的農織漁樵生活，月光下浣紗的空明玲瓏，雜樹掩映朱欄的寧謐悠遠，一派平和的氣氛瀰漫著。

其十七為竹里館：

獨坐幽篁裏，彈琴復長嘯。深林人不知，明月來相照。（王維）
來過竹里館，日與道相親。出入唯山鳥，幽深無世人。（裴迪）

竹里館，顧名思義是座落在竹林之中的館閣。竹林本身很深密，因此這座建築也就異常幽隱，一般住附近的農樵即便來到篁叢之旁，也不會發現它。主人獨自坐在幽篁之中，彈琴長嘯，面對極度清虛寂靜的境況，擺落萬緣，一面陶醉於音樂的和美世界裡，一面鍊養身體。這該是詩人修行導養的道場，故而特別隱密，而裴迪也才會說其日與道相親。至於所修何道，並不能狹隘地限定它。「出入唯山鳥」，則只有那山鳥可以超越重重深林的阻隔，是進入這隱祕虛靜的道場的另一種生命，牠以雙翅所帶來的自由，越度過層層世人的限制與困難，自在地來去這個美妙深奧的世界。

其十八是辛夷塢：

木末芙蓉花，山中發紅萼。澗戶寂無人，紛紛開且落。（王維）

綠堤春草合，王孫自留玩。況有辛夷花，色與芙蓉亂。（裴迪）

本區以辛夷花為主景，辛夷花外形與芙蓉相似，故又名木芙蓉。辛夷有香味，在《楚辭・九歌・湘君》中有「辛夷媚兮藥房」句，王逸注云「辛夷，香草」⑭。故而此區紅萼與綠堤相映，加上芬芳散溢，自是十分怡人的美景。在這深幽的山塢澗壑裡，渺無人跡，雖沒有人能欣賞讚歎，辛夷花仍舊紛紛然地自開自落，完成它成住壞空的生命歷程。詩人來到此處，見到的是宇宙自然中的生生循環，是寂靜平和中的如如。深富禪趣的情境。在園木的栽植中，王維似乎對於竹與芙蓉有著特別的喜愛，竹景有二，芙蓉凡三見。

其十九是漆園：

⑭ 在洪興祖的補注中，雖然以王逸之注為非，但觀《楚辭》中取作衣飾舟楫、房堂棟宇或食物的草木，多為香草香花。可信辛夷花是有香氣的。

古人非傲吏，自闕經世務。偶寄一微官，婆娑數株樹。（王維）

好閒早成性，果此諧宿諾。今日漆園游，還同莊叟樂。（裴迪）

依輞川圖所見，輞水至辛夷塢與竹里館之間便轉而向東流去。此後的漆園與椒園完全是陸景。漆樹是經濟作物，也可觀賞⑮。但是王維種漆樹應該也有效法莊子之意。強調的是自己不諳世務，只偶然寄身一個低微的官職，就在婆娑的樹姿與影相之間來去。他是真正願意如同莊子一般，不為官職所羈絆束縛，而這輞川正是他逍遙遊的樂園。至此，我們彷彿也隨著輞水之曲流，即將湍瀉出這狹急險勝的谷口，通過一連串幽美的景觀，從最深祕的敧湖走經修行試煉的道場後，已經可以開展出一個不著於相、和光同塵的氣象，故而又將隨輞水流出谷口。

其二十為椒園：

桂尊迎帝子，杜若贈佳人。椒漿奠瑤席，欲下雲中君。（王維）

丹刺罥人衣，芳香留過客。幸堪調鼎用，願君垂采摘。（裴迪）

椒樹也是經濟性作物，具有芳香。桂與杜若也是《楚辭》世界裡的香草，是芳潔的象徵。王維在這滿是椒香的園中，準備芳潔之物來迎接神人，使這輞川園的最後一景也充佈著神祕氣氛。也許在造園之初，這兒只是個以經濟生產為主要目的的莊園，而無任何寓意，只是詩人吟詠起詩文時，援引楚辭以創造情境。然而它也顯示王維於能散發香氣的植物有特別的偏愛，並以與神交往做為輞川最終的結束。那麼，這個幽邃的世外桃源，當也是神人棲止遊歷的特別世界。在經過一連串的修煉和進境之後，王維心目中理想的境界於此終於呈現。

⑮ 參❶，頁一一二。

三、與世隔絕的樂園象徵

總觀輞川園，是沿輞水兩旁而設的，因此二十個景區也蜿蜒成一條天然的遊賞路線。又因輞水在這個狹谷內盤曲轉折，形成了以攲湖為中心的愈走愈曲深的險勝奇景，一路走來，該有陶淵明桃花源的親切感。雖然大多以水景為串連，而輞水又是天然河川，但是人工的設計營造仍然不露痕跡地成就著。如白石灘的白石鋪置，又如《輞川志・卷五雜記》引《冊府元龜》云：「引輞水激流於草堂之下，漲深潭於竹中」，引、激、漲都是人工製造的，也由此可知輞川別業中還有很多景緻是《輞川集》未言及的。大體說來，經營較多的是植栽花木，配合山勢水況而種培了不同的花木，使其與山水相映相得。其中尤以竹林與芙蓉及芳馥的香木最為多見，所以整體來說，這雖然是個相當大型的天然山水園，但是，由《輞川集》可看出，王維在遊園中賦予輞川極其濃厚的人文色彩，以及隱約含帶了深刻的象徵意味。

日人入谷仙介在其《王維研究》一書中認為，《輞川集》的特色和王維其他歌詠輞川諸作完全不同，其他輞川諸作對於農民和農業生產有詳細的觀察與描寫，是田園的；而《輞川集》則完全未出現農業勞動與農民，像浣紗、採樵等只是空想的而已，不具現實性格。又其他輞川諸作的特色是沒有河流水岸的風景出現；而《輞川集》則以廣大的攲湖為中心。因此，他以為輞川諸作是歌詠包含輞川莊在內的全體輞川景色，而《輞川集》所詠則限定在輞川莊的境內⓰。並且認為王維在理想化輞川莊時，淨土思想扮演著重要的角色。他引了《西方阿彌陀變贊》的一段文字：「寶樹成行，金砂自映。迦陵欲語，曼陁未落。墜此中年，登乎上品，池蓮寶座。」與輞川莊相較，感覺《輞川集》賦予輞川莊全體以淨土的氛圍⓱。

⓰ 參見入谷仙介《王維研究》，頁六一四：「輞川諸詠が輞川莊を含んだ全体的な輞川風景を歌うのに対して、『輞川集』は全く輞川莊の境內にのみ限定されている。」

⓱ 同⓰，頁六二三：「もちろんこれらの句は極楽の景境を直接表現しているというようなものでなく、それぞれの詩において

其實佛典的描述中，也不止西方極樂淨土是寶樹成行、金砂映池、諸香伎樂的樂園，凡是諸佛所在之佛國皆是曼妙的園林，一部《妙法蓮華經》便處處可見這般的淨土樂園。〈輞川集〉的詩作，一路讀來確實有許多地方，無論景物的安排或王維的心領神會，都呈現出一種與世隔絕、潔淨芳香（恰有七種）、幽寂靜謐、超離悲喜的境地；正是具有淨土的氛圍。然而當中對於長生、成仙的道教追求與《楚辭》式幻想也是相當明顯的，如〈金屑泉〉、〈竹里館〉、〈漆園〉與〈椒園〉中所述。似乎在攲湖及其前的景致比較具淨土氛圍，而金屑泉之後則道教仙思較多。總之，王維自己對輞川園的看待並不單純，但是無論如何，他對輞川始終有一貫的認定，那就是桃花源的所在，是他隱遁悠遊的最佳天地。因此，在他提及輞川別業時，總要強調它是在「白雲外」的：

唯有白雲外，疏鐘聞夜猿。（〈酬虞部蘇員外過藍田別業不見留之作〉卷一二六）

悠然遠山暮，獨向白雲歸。（〈歸輞川作〉卷一二六）

寂寞柴門人不到，空林獨與白雲期。（〈早秋山中作〉卷一二八）

君問終南山，心知白雲外。（〈答裴迪輞口遇雨憶終南山之作〉卷一二八）

在白雲之外或被白雲縈繞，表示那是在一個緲緲不可及的飄遙世界裡，似有似無。若非特殊之人，是沒有辦法溯溪而行，穿過那「才通人」的谷口，進到裡面那美好的世界的。只有主人「興來每獨往，勝事空自知」（〈終南別業〉卷一二六），唯獨他深切地了然輞川園每一景的造意，充分地體味其中的情趣與勝絕的境界。客觀地衡量輞川園的天然地形，就處在輞水最奇絕險峻的輞谷之內，要進入這段谷境，確實是艱困難行的，因而輞川園本就是一個隱密封閉的獨立天地。所以，也住在藍田的錢起[18]在〈藍田溪雜詠二十二首〉中有

はそれぞれの現実的な景物を表現しているのであるが、淨土経中の極楽のイメージを想起させることにより、輞川荘に全体として淨土的な氛囲気を与えることになるのである。」

〈洞仙謠〉云「秦人入雲去，知向桃源裏」，〈石上苔〉云「誰知古石上，不染世人跡」，〈窗裏山〉云「坐來石上雲，乍謂壺中起」（卷二三九），顯示這一帶的地形確實給人世外桃源的切感。王維依輞水之紆曲彎折而布設的輞川二十景更是一個與外隔絕的壺中天地，王維在〈田園樂七首之三〉（又作〈輞川六言〉）中便明說這兒是「桃花源裏人家」（卷一二八）。

總觀王維的輞川別業，有幾項特色值得注意：

其一，輞川是一座大型的天然山水園。由於先天地形景觀的勝絕，使得沿輞水而建的各個景區各具特色，而且各景之間已具連貫性，在連貫中又富曲折變化，因此，比較不須要人工的空間設計。就空間的意匠而言，不像白居易那麼明顯。

其二，由於範圍遼闊，不須要再向園外借景，所以是一座非常獨立完整而封閉的園林。也因此，使它更具有遺世超凡的世外淨土的特色。

其三，由於天然的形勝，不須要再疊山挖池，但是仍然鋪設白石以成灘，引水漲竹潭，這些人工營造都配合真山實水，融於自然之中而不露人為痕跡。

其四，在花木的栽植方面尤其用心規劃。不僅具有經濟生產效益，也能發揮觀賞的作用，而且與山水相配合，以產生統一和諧、融合為一體的效果。這些花木往往兼具視覺、聽覺與嗅覺上的美。

其五，建築物能就地取材，與四周環境相融為一，而且均以林木的掩映遮蔽來泯化人工的稜角雕痕，使人工與自然能調和，呈現一派和諧之美。

其六，王維在遊賞的過程中，對每一景區的造設都能注入人文精神，使整座輞川園充滿了情意、理趣、道境，成了活潑的生命體，與人相應。這是在天然山水園中加入了人文精神，這兒已不止是一片自然山水而已。

⑱ 錢起有詩〈晚歸藍田酬王維給事贈別〉卷二三七。

其七，不論王維是否有意將輞川園比擬為佛國淨土或是神仙樂園，輞川園諸景的確是朝向清淨、幽僻、與世隔絕等方向造設的。至少，王維視此為修行的道場，並強調其與世隔絕的桃源特質。

第二節
簡樸親切的生活園林——浣花草堂

杜甫在中國歷史上被尊為「詩聖」、「詩史」，以寫實筆法反映社會現實、民生疾苦，流露他愛國忠君、悲天憫人的懷抱。因而提及杜詩時，我們習慣於想到他的長安十年的〈自京赴奉先縣詠懷五百字〉、〈麗人行〉，或是安史亂後的「三吏」、「三別」等代表作品。然而，杜甫詩內容與風格的豐富性是超乎這些典型的。陳昌渠先生說：「我們常常強調杜甫作為一個政治詩人、一個『詩聖』、一個『詩史』的歷史地位，卻忽略他作為一個抒情詩人的重要意義；我們常常囿於傳統觀念，把杜甫看作『醇儒』，卻無視他的狂狷之態。」[19]這自然是有感於杜詩另有某些向度的天地被忽略而說的。其實，後人並非不知，只是比較少集中地討論而已。早在唐代的時候，元稹就說過杜甫「盡得古今之體勢，而兼昔人之所獨專矣」（見〈唐故工部員外郎杜君墓係銘〉文卷六五四）。今人黃國彬先生也說，屈原、李白和杜甫這三大詩人中「又以杜甫的堂廡最大」，「杜甫不但能眾人所能，而且還能眾人所不能。許多大詩人所專，杜甫也能兼善」[20]。足見杜甫另方面的特色已為前人所注意，今人也漸漸致力這方面的研究[21]。

[19] 見陳昌渠〈自笑狂夫老更狂——杜甫草堂風情的一點思考〉，《草堂》一九八七年第一期，頁四三。

[20] 見黃國彬《中國三大詩人新論》，頁二一四、二一五。

[21] 例如方瑜先生便著有《杜甫夔州詩研究》及〈浣花溪畔草堂閒——論杜甫草堂時期的詩〉，《古典文學》第二集。而中國四川更有「成都杜甫研究學會」出版《草堂》半年刊。

杜甫詩中，與他平日寫實、忠愛的典型最明顯不同的，是他入蜀之後的作品，尤其是在成都浣花草堂與夔州瀼西草堂時期，在作品的量與風格上都值得注意。這個時期的詩風轉變，實和他的生活有相當密切的關係，因為草堂為他提供了另一形態的生活內容與不同的生活感動；這就是他的園林生活經驗。杜甫的草堂能否稱得上園林？這可由詩作中一窺大較。杜甫在肅宗乾元二（西元七五九）年歲末入蜀，上元元（西元七六〇）年到達成都，上元二（西元七六一）年春天座落於成都西郊浣花溪畔草堂寺附近的草堂完成㉒。一直到代宗永泰元（西元七六五）年離開，留蜀時間前後約有五年。當中因嚴武還朝及西川徐知道之亂而流徙於梓州、閬州等地之外，大部分時間都以草堂為生活中心㉓。

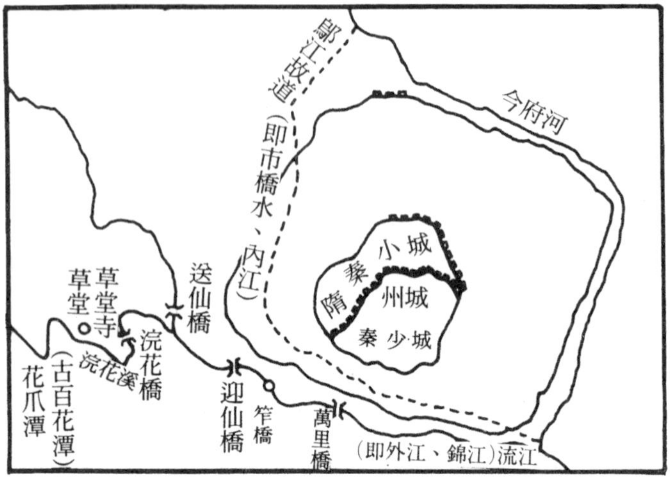

仿繪自〈成都草堂遺址考〉的浣花草堂所在圖

一、自然景觀與觀景設計

三年多（前後長達五年）的居住時間裡，杜甫不斷在經營這座草堂園林。首先先了解草堂四周的自然景觀：

㉒ 參郭世欣〈成都草堂遺址考〉，《草堂》一九八一年第一期創刊號，頁七九有草堂所在位置圖。

㉓ 參方瑜〈浣花溪畔草堂閒——論杜甫草堂時期的詩〉，頁一五三以為杜甫在草堂前後住了三年多。而李誼注釋的《杜甫草堂詩注》則說杜甫在草堂住了將近四年，參頁一。兩者的意思應是相近的。

浣花溪水水西頭，主人為卜林塘幽。已知出郭少塵事，更有澄江銷客愁。（〈卜居〉卷二二六）

萬里橋西一草堂，百花潭水即滄浪。風含翠篠娟娟淨，雨裛紅蕖冉冉香。（〈狂夫〉卷二二六）

背郭堂成蔭白茅，緣江路熟俯青郊。榿林礙日吟風葉，籠竹和煙滴露梢。（〈堂成〉卷二二六）

窗含西嶺千秋雪，門泊東吳萬里船。（〈絕句四首之三〉卷二二八）

草堂位於成都城西郊浣花溪的西岸。浣花溪上有萬里橋，傳為諸葛亮送費禕之東吳的古蹟，即在草堂的東面。百花潭是浣花溪水匯聚成的深淵，在草堂南方㉔。而草堂本身與溪水的關係位置如何呢？由「門泊東吳萬里船」可知，草堂是正對著溪水而建的，並且在近西方（草堂右手邊）開了一扇窗，如此一來，坐臥草堂之內，便可觀覽門前溪流與船行以及窗外西山與山上終年不消的積雪㉕。再由「背郭堂成蔭白茅，緣江路熟俯青郊」可知，草堂大約是朝西南方向座落，背後有成都城，門前正是西北、東南向流過的浣花溪㉖。而溪水對岸的一片郊原可能地勢較低，用「俯」字顯示草堂之所以背郭面溪，一方面是景觀的選擇，另方面則是地勢的因順。所以杜甫在〈寄題江外草堂〉詩中說：「敢謀土木麗，自覺面勢堅。臺亭隨高下，敞豁當清川。」（卷二二〇）他經營草堂的重點不在建築的華麗，而是能順著地勢開設，因此獲得開闊空曠的視野，這才是長久耐居的好住所。因此，其他的建築如臺亭，也都是隨順著地形的高下而造設，以期能取得最佳的觀景點。

在地勢上，杜甫既選擇了觀景最佳的地點和角度，卻也因此而必須面對實際生活中特殊狀況的不方便，例如溪水高漲時，就是一個令人頭疼的情形：

㉔ 參㉒。

㉕ 杜甫在〈絕句四首之三〉中原注有「西山白雪，四時不消」。

㉖ 草堂附近的浣花溪正彎曲成一個袋形，草堂的東、南、西面都有溪水流過。又「東南飄風動地來，江翻石走流雲氣」（〈柟樹為風雨所拔嘆〉卷二一九）可能也暗示草堂門前的水是東南、西北走向。

江漲柴門外，兒童報急流。下床高數尺，倚杖沒中洲。（〈江漲〉卷二二六）

一夜水高二尺強，數日不可更禁當。南市津頭有船賣，無錢即買繫籬旁。（〈春水生二絕之二〉卷二二六）

當時浣花橋，溪水才尺餘。白石明可把，水中有行車。秋夏忽泛溢，豈惟入吾廬。蛟龍亦狼狽，況是鼈與魚。茲晨已半落，歸路跬步疏。（〈溪漲〉卷二一九）

依照〈水檻〉一詩所述：「蒼江多風飆，雲雨晝夜飛」（卷二二〇），錦江（即蒼江）[27]在成都城南，東西流向，西與浣花溪相匯。因錦江時常有暴風強雨，水勢漲落疾速，使得與它相連的浣花溪也隨之時時高漲泛濫。尤其夏秋時節，一夜之間可以漲高數尺，甚至於浸入草堂內，使得杜甫為了防範草堂被淹沒，而想要買船以備不時之需。因此，堂前這條溪水雖然為草堂增添許多景致情趣，卻也帶來恐懼不安的水患。為此，杜甫平日就必須「帖石防隤岸」（〈早起〉卷二二六），也煩惱著「常苦沙崩損藥欄」（〈將赴成都草堂途中有作先寄嚴鄭公五首之四〉卷二二八），這使杜甫的草堂生活增加了許多修造的工作：補堤岸、護藥欄、修水檻……然而，在景觀、造園功能與生活樂趣上，這條溪水又為詩人提供了諸多便利：

三月桃花浪，江流復舊痕。朝來沒沙尾，碧色動柴門。接縷垂芳餌，連筒灌小園，已添無數鳥，爭浴故相喧。（〈春水〉卷二二六）

當春天來臨，溪水漸豐，水位又恢復昔日高度。碧波搖晃時，似乎也撼動草堂，使草堂為之浮晃起來；若再有陽光映水反射，印在屋壁上，就更顯虛渺飄搖了。再者，溪畔可享垂釣之樂，溪水可用竹筒接引著灌溉園中的植物，杜甫對草堂周圍的花木十分用心栽植，並養得幾畦蔬圃，應是浣花溪的功勞。

[27] 見李誼《杜甫草堂詩注》，頁二〇一。

總之，浣花草堂背山面水，右方有終年積雪的西山，必是高峻的峰嶺連綿；左後方則是成都城，把城內的繁華喧鬧揮別在溪那頭，背轉過身來，俯瞰一片平原，茅草皚皚，田疇交風；浣花溪從左後方流來，在左前方轉彎，潺湲過門前，彎處留下一個匯聚的百花潭水。這是杜甫草堂大抵的自然地勢環境。

二、簡樸的花木與建築

草堂的四周有很多花木，從詩中可窺得一二。例如杜甫初到草堂不久，即四處尋覓樹栽以移植於草堂：

> 奉乞桃栽一百根，春前為送浣花村。（〈蕭八明府實處覓桃栽〉卷二二六）

> 華軒藹藹他年到，綿竹亭亭出縣高。江上舍前無此物，幸分蒼翠拂波濤。（〈從韋二明府續處覓綿竹〉卷二二六）

> 草堂塹西無樹木，非子誰復見幽心。飽聞榿木三年大，與致西邊十畝陰。（〈憑何十一少府邕覓榿木栽〉卷二二六）

其他尚有〈憑韋少府班覓松樹子栽〉、〈詣徐卿覓果栽〉等作品。一百棵桃樹、十畝榿木，加上「有竹一頃餘，喬木上參天」（〈杜鵑〉卷二二一），還有梅（〈絕句四首之一〉卷二二八）、松（〈四松〉卷二二〇）、柟（〈高柟〉卷二二六）、椶櫚（〈枯椶〉卷二一九）、橘（〈病橘〉卷二一九）、柏（〈病柏〉卷二一九）、荷（〈狂夫〉卷二二六）、柳、桑（〈絕句漫興九首之七、八〉卷二二七）、梨（〈獨酌〉卷二二六）等。草堂周圍真是林木蓊鬱，種類繁多，可謂是內容豐富的園林。其中杜甫最喜愛的莫過於竹，草堂時期詩作共二百七十一首，提到竹的，就達四十三首之多㉘。杜甫在〈奉酬嚴公寄題野亭之作〉中，把自己想要隱逸以疏懶度日的幽棲之所稱為「水竹居」（卷二二七），這詩既是草堂時期作品，且下文也說「幽棲真釣錦江魚」，

㉘ 參賈蘭〈談杜甫草堂詩中的竹〉，《草堂》一九八七年第一期，頁五二。

可知「水竹居」即是草堂的表徵。則一頃餘的竹林是草堂中重要的景區。

竹林的位置就沿著草堂門外一直伸布到溪邊，因為堂外的東、南、西面都有溪水圍繞，故而竹林分布的地區也相當廣。他說「堂西長筍別開門」（〈絕句四首之一〉卷二二八），「舍下筍穿壁」（〈絕句六首之五〉卷二二八），新生的筍竟然穿過屋壁而冒生，可見竹子確是沿埃著草堂而長的，杜甫遂為此另闢一門以進出，怕踏壞了新竹。竹林一直分布到溪邊：「苔徑臨江竹」（〈春歸〉卷二二八）、「幸分蒼翠拂波濤」（前引），臨江而生的竹子，有些會彎曲身姿拂掠水浪，映得水面更加翠綠（碧水）。一頃餘的竹所造成的蒼翠是驚人的，和一百棵桃花相映，整座園林的豐富性就被突顯出來：「種竹交加翠，栽桃爛熳紅」（〈春日江村五首之三〉卷二二八），色彩的鮮豔對比，是杜甫栽植的得意成就。這些森茂的竹林，使草堂的所在變得隱密，所以他和鄰居往來行走，便不易為人所見：「相近竹參差，相過人不知」（〈過南鄰朱山人水亭〉卷二二六）。如此一來，杜甫對草堂的安排，既使得建築物在因順地勢方面，取得最佳觀景點與開闊視野；又在林樹的栽植方面，取得幽隱掩映的姿態，這是開闔兩兼的布局設計。

杜甫對於竹雖然非常喜愛，如他所說：「平生憩息地，必種數竿竹」（〈客堂〉卷二二一），「嗜酒愛風竹，卜居必林泉」（〈寄題江外草堂〉卷二二〇）。可是，有時為了整個園林大局的需要，他還是能絕然捨去深愛的竹：

> 我有陰江竹，能令朱夏寒。陰通積水內，高入浮雲端。甚疑鬼物憑，不顧翦伐殘。東偏若面勢，戶牖永可安。愛惜已六載，茲晨去千竿。蕭蕭見白日，洶洶開奔湍。（〈營屋〉卷二二〇）
>
> 新松恨不高千尺，惡竹應須斬萬竿。（〈將赴成都草堂途中有作先寄嚴鄭公五首之四〉卷二二八）

當竹子長得過於森密，遮住了陽光，阻擋了江景，並帶來吵鬧的風聲，猶如陰怖的鬼魅附著時，即使覺得翦除愛竹是一件殘忍的事，杜甫仍舊果決地在一個早晨之間，砍伐去千竿之多。使得草堂東面突然豁亮起來，又可順勢遠眺堂後南北流向的溪湍。幽黯之氣一除，杜甫因而也覺得疾病稍寬。這是基於園林整體空間通透的要求所做的修整工作。翦竹的另一個原因是茂竹妨礙了新松的生長，應該斬去以給予小松充分伸展的空間與日光。所以，杜甫是相當注重園林整體布局而不斷調整、疏理花木的造園者。

在建築物方面，如前引〈寄題江外草堂〉所述，有隨地勢高下而建造的臺、亭。在〈徐九少尹見過〉詩中提到「賞靜憐雲竹，忘歸步月臺」（卷二二六）的月臺，大概是用以賞月眺景的高臺，登臨其上則堂前的郊原與堂右的西山盡收眼底。至於亭子，草堂詩中曾有多處提及，如：

藥條藥甲潤青青，色過棕亭入草亭。（〈絕句四首之四〉卷二二八）

坦腹江亭暖，長吟野望時。（〈江亭〉卷二二六）

枏樹色冥冥，江邊一蓋青。近根開藥圃，接葉製茅亭。（〈高枏〉卷二二六）

元戎小隊出郊坰，問柳尋花到野亭。（〈嚴中丞枉駕見過〉卷二二七）

應愁江樹遠，怯見野亭荒。（〈寄邛州崔錄事〉卷二二八）

由「色過棕亭入草亭」一句可知，草堂園中的亭子不止一個，至少有棕亭與草亭兩種由棕櫚葉及茅草為頂所蓋成的不同風格的亭子，草亭可能即利用枏葉製成的茅亭，至於江亭及野亭是指其中的一二或另有所指，則不得而知。宋陸游《老學庵筆記・卷八》中有一段與草堂相關的記載：「四月十九日，成都謂之浣花遨頭，宴於杜子美草堂滄浪亭。傾城皆出，錦繡夾道」，滄浪亭應該就是杜甫坦腹、垂釣的江亭。總之，杜甫在臨水的溪岸構築了江亭是可以確定的，且其造亭均為就地取材，以當地的樹材來蓋製，亭子的形貌應該十分簡單樸素，且藏融在同質的樹群中，相當和諧。亭臺之外，水上還建有水檻：

新添水檻供垂釣，故著浮槎替入舟。（〈江上值水如海勢聊短述〉卷二二六）

蒼江多風飆，雲雨晝夜飛。茅軒駕巨浪，焉得不低垂……既殊大廈傾，可以一木支。臨川視萬里，何必闌檻為？人生感故物，慷慨有餘悲。（〈水檻〉卷二二〇）

去郭軒楹敞，無村眺望賒。（〈水檻遣心二首之一〉卷二二七）

蜀天常夜雨，江檻已朝晴。（〈水檻遣心二首之二〉卷二二七）

這個水檻只須在水中立一支木柱就可以撐得住，大概是個非常簡單的、稍微突出岸沿而高於水面的平臺，平臺臨水的一邊豎著許多欄杆。這個木構建築平時可以用來垂釣江魚，眺望遠處空曠的景色，是十分簡樸的水上建築。正因製作簡單，所以暴風雨來時，就被沖斷支柱而傾斜低垂；可是一旦風雨平息了，這兒又是陽光早臨的所在。於是這麼一座簡樸的水檻，就又成為反應晴雨的指標了。

總之，浣花草堂是個林木茂密、花樹種類頗多，而建築簡樸散蔽在林木之間的極其自然素樸的園林。

三、和樂活潑的動物園

除了花木、建築、溪水與雪山之外，草堂也是動物居息出沒的勝地。在草堂詩中，動物出現相當頻繁：「無數蜻蜓齊上下，一雙鸂鶒對沉浮」（〈卜居〉）[29]；「暫止飛鳥將數子，頻來語燕定新巢」（〈堂成〉）；「鸂鶒西日照，曬翅滿魚梁」（〈田舍〉卷二二六）；「細動迎風燕，輕搖逐浪鷗」（〈江漲〉）；「便教鶯語太丁寧」（〈絕句漫興九首之二〉）；「沙上鳧雛傍母眠」（〈絕句漫興九首之七〉）；「囀枝黃鳥近，泛渚白鷗輕」（〈遣意二首之一〉卷二二六）；「宿鷺聚圓沙」（〈遣意二首之二〉）；「啅雀爭枝墜，飛蟲滿院游」（〈落日〉卷二二六）；「仰蜂黏落絮，行蟻上枯梨」（〈獨酌〉）；「風鴛藏近渚，雨燕集深條」（〈朝雨〉卷二二六）；「留連戲蝶時時舞，自在嬌鶯恰恰啼」（〈江畔獨步尋花七絕句之六〉卷二二七）；「寒魚依

---

[29] 本節所已引過之詩、不復贅書其卷數。

密藻，宿鷺起圓沙」（〈草堂即事〉卷二二六）；「江鸛巧當幽徑浴，鄰雞還過短牆來」（〈王十七侍御掄許攜酒至草堂奉寄此詩便請邀高三十五使君同到〉卷二二六）；「花鴨無泥滓，階前每緩行」（〈江頭四詠・花鴨〉卷二二七）；「簾戶每宜通乳燕，兒童莫信打慈鴉」（〈題桃樹〉卷二二六）；「泥融飛燕子，沙暖睡鴛鴦」（〈絕句二首之一〉卷二二八）；「竹高鳴翡翠，沙僻舞鵾雞」（〈絕句六首之一〉）；「隔巢黃鳥並，翻藻白魚跳」（〈絕句六首之四〉）；「兩箇黃鸝鳴翠柳，一行白鷺上青天」（〈絕句四首之三〉）……其他詩中尚有許多重覆出現的動物，其中尤以鳥禽與飛蟲最多。似乎杜甫這草堂已成為鳥園，各種類的飛禽或水中魚龜，不斷受到詩人的注目，展現出色彩對比鮮明的活力。詩人說他自己「仰面貪看鳥，回頭錯應人」（〈漫成二首之二〉卷二二六），對於鳥的姿采和活動十分眷愛，看得入神了，以致錯應了別人。這是多麼趣味的畫面，多麼情致的生活。

詩人這樣頻頻詠鳥，貪賞其神采，究竟是怎樣的一種情懷？細看詩中的鳥禽，都是輕靈、悠閒、舒懶、喜樂、啼聲悅耳，甚至調皮到爭枝而墜跌，牠們的日子似乎永遠都是快樂自在的，永遠都圓滿具足。詩人不但喜愛牠們的生活情調，還非常欣羨，他說：「仰羨黃昏鳥，投林羽翮輕」（〈獨坐〉卷二二二），群鳥白日自由翱翔，黃昏又可回到林中窩巢安眠，這對客居蜀地的詩人而言，自然是非常可欣羨的事。

草堂詩中出現的鳥禽大約有二十餘種，加上其他飛蟲如蜂蝶蜻蜓等，使得這座簡樸的園林熱鬧異常，在幽靜之中增添了動態的生命活力。而當牠們朝向天空飛去時，園林的空間也隨之伸展開去，向廣闊無垠的天際不斷延擴。像這樣地，充滿著自由悠閒、色彩鮮富、飛動交錯的禽鳥，是杜甫這座草堂的特色，牠輕靈躍動的生氣與主人簡素平凡生活交融為和樂的一片，恐怕也是其他園林所難企及的。總之，浣花草堂在杜甫的經營下，成為一座自然簡樸、富於人情與生命力的園林。當中有不同的景區，如竹林、桃林、藥圃、荷池、月臺、江亭、水檻與浣花溪，還有群鳥穿梭飛布其間，十分喜氣。在詩人的用心開墾中，「誅茅初一畝，廣地方連延」（〈寄題江外草堂〉），面積不斷擴展，規模也益趨宏大，稱之為園林應不為過。但看稍後盧求在〈成都記〉中記載道：「杜員外別業在百花潭，臺猶存」㉚，稱杜甫浣花草堂為別業，也就不難理解了。這座園林尤為可貴的是，詩人在其中展現了親切自然、疏狂放逸的生活面貌，園林的生命遂也隨之鮮活永存。

歸納浣花草堂，大約有下列幾點值得注意：

其一，草堂十分簡樸自然，山水部分以成都附近天然的山川為主，沒有人工堆山挖池的大工程。堂前俯瞰一大片郊野。基本上屬於天然田園、遠山近溪式的園林。

其二，草堂、亭、臺與水檻等建築物都是在觀察地形之後，因順著地勢高下，選擇景觀最佳的觀景點而築構的。原則上都是就地取材，故而建築本身相當樸素，且能與周圍的林木緊密結合，成為和諧融合的一體。

其三，由於臨靠浣花溪，詩人特別用心栽植各種樹木花藥，種類頗多。其中尤以一頃餘的竹林最為詩人稱愛，蒼翠之色映染著溪水與屋堂，與桃花的豔紅相映成趣。

其四，詩人勤於日常生活中種樹修築，雖然對樹木有所偏好，卻能顧及園林整體空間的需求而加以疏斫。使草堂擁有開闊的視野以及幽隱祕邃的姿態，達到開闔兩兼的布局效果。

其五，詩人蓄養了種類繁多的鳥禽，並有許多野生群聚而來的飛蟲，使得浣花草堂成為一座天然的鳥園。充滿了雀躍、飛動、熱鬧的生氣，洋溢著輕靈、悠閒、舒緩的和樂喜悅。這分生氣與喜氣，以及動態與豐富，是這座自然簡樸的園林最大的特色。

其六，由於園林裡的種種布設，皆是詩人在日常生活中，親手一點一滴建造出來的，它可謂是詩人樸素生活的結晶。不是先設計營造完成之後才加入生活，而是生活密切結合後的展現。這是一座真正的生活園林。

㉚ 參㉒，說盧求所見當在八五五年前後。八五五年為唐大中九年，距杜甫死亡不到百年。

第三節 造園祖師白居易與其園林

一、文人的山水病癖與造園

文人親自參與造園的，並不始於白居易，著名如陶淵明、謝靈運者，皆曾於詩歌中述及造園工作。但是陶淵明只在〈歸園田居五首之一〉提到他因歸隱而為自己建草屋、植榆柳桃李，安頓之後，並無為遊賞與造景而致力之事。謝靈運則有四首詩提起造園之事，先列於下：

> 葺宇臨迴江，築觀基曾巔。揮手告鄉曲，三載期歸旋。且為樹枌檟，無令孤願言。（〈過始寧墅詩〉《先秦漢魏晉南北朝詩・宋詩卷二》）
>
> 躋險築幽居，披雲臥石門。苔滑誰能步，葛弱豈可捫……（〈石門新營所住四面高山迴溪石瀨茂林脩竹詩〉右書同卷）
>
> 浮陽鶩嘉月，藝桑迨閒隙。疏欄發近郛，長行達廣埸。曠流始毖泉，湎塗猶跬跡。俾此將長成，慰我海外役。（〈種桑詩〉同右）
>
> 卜室倚北阜，啟扉面南江。激澗代汲井，插槿當列墉。群木既羅戶，眾山亦當窗。靡迤趨下田，迢遞瞰高峰。（〈田南樹園激流植援詩〉右書卷三）

一二首詩言及葺宇營居，卻未細述其內容，只以抒懷為主。第三首比較仔細描述種桑的經過，卻止於植樹一事。第四首詩提及激澗水與列槿為墉，而且已有因依地勢之自然與借景（同第一章第一節所引〈山居賦〉）的理念，甚為可喜。然而由其自述造園工程之參與和造園理念之闡論的詩作之數量來看，似乎過於單薄；由其造園內容來看，多止於植樹、激流和卜室之事，皆非開創性的造園工程；由其言及園林的詩句來看，具體而詳細描述造園工程和造園經過者，也很少。因此，謝靈運在文人造園的歷史上，實是非常重要的人物；但若以文人造園祖師之名來稱他，似乎不夠充分。

日人村杉勇造在談到中國庭園時，曾認為白居易才真正是中國造園的祖師㉛，他之所以如此說，是因為「歌詠新居的詩作別人也有，但是像他對造園那樣地持有興趣，還從遠方運回親自挑選的珍奇石頭當作庭石，親手把它們配置在庭園中，這樣的風雅人物，在他之前是沒有的」㉜。杉村勇造在十一個扉頁的篇幅中介紹唐代庭園，立論十分精簡扼要㉝，點出了白居易在中國造園史上的重要地位，可惜對他的造園內容及重要成就，並未詳細探討。本節擬由他的廬山草堂、洛陽履道坊園居與其他地方的討論，以呈現他在造園上的用心。其中尤以他自述的造園理念和原則最是珍貴的資料。

首先，值得注意的一點是，白居易對造園的用心與他對園林的喜愛程度有關；他對園林的喜愛極深，令人驚歎。凡是他所到居止之地，都要為那個居住的環境建造山水景物，他在廬山〈草堂記〉及東都洛陽〈春葺新居〉二詩文中有過這樣的自述：

㉛ 見村杉勇造《中国の庭》，頁四四：「白氏こそはまことに中国造園の祖師といえよう。」此書臺北三豪書局曾翻譯出版，名為《中國的傳統建築》。此句其譯為「我們可說白樂天是真正開闢中國庭園的祖師」。

㉜ 同㉛，頁四四：「新居の詠懐の詩はまだ他にもあるが、庭園を造ることにこれほど興味をもち、しかも庭石とすべき奇らしい石を自ら選んで遠方より運び、これを自分の手で庭園に配置するというような風雅な人物は、これより以前にはない。」三豪書局譯為「在他之前沒有一位詩人像他一樣，對開闢庭園有如此高的興趣。他還從遠方運回親自挑選的奇岩怪石，且親自設計庭園，真可謂前所未有的風雅人物」。

㉝ 其在十一頁中引用詩文的部分佔了七頁之多，則立論部分總共為三頁多，以此來討論唐代庭園，確是十分精簡扼要。

矧予自思，從幼迨老，若白屋，若朱門，凡所止雖一日、二日，輒覆簣土為臺，聚拳石為山，環斗水為池，其喜山水病癖如此。（文卷六七六）

江州司馬日，忠州刺史時，栽松滿後院，種柳蔭前墀。彼皆非吾土，栽種尚忘疲。況茲是我宅，葺藝固其宜。（卷四三一）

因為從年少開始就有喜愛山水的病癖，因此，不論所居住的是朱門廣廈或是茅舍柴扉，不論居住時間的長短，他都要設法築臺、聚山、環池、栽松、種柳。有山、有水、有建築及植物，再加以配置組合，園林的條件已具足。可以說，白居易該是造園數目頗多的文人，而且是在自覺、主動的情況下造園頻繁的文人。其中或因空間的限制，使得所造的山水只能是拳石斗水，但僅此也就足以治療他的山水病癖。正因為在那樣的空間限制下，白居易必須學習充分應用空間使其轉圜有餘，藉著拳石斗水以展現林泉山澤的情趣，因此激發他以小見大的寫意手法，小園林遂在他的不斷歌詠強調下逐漸發展起來；這是他執著於山水病癖所帶來的契機與啟發。

無論朱門大戶或茅舍小家，白居易都樂於為它們造園，這顯示出他對園林人工方面的設計與建造的用心，也顯示他重視造園的過程和樂趣，而不只是坐享已完成的園林。此又不同於杜甫，杜甫是在日常生活中去栽植、修築草堂的一點一滴，好似平日的灑掃工作那般地自然生活著，那是他生活瑣事之一二；白居易卻是把一切的修造工作當作是造園，他明顯地知道自己在造園，為一個理念或美感而造園。因此，說白居易是中國造園的祖師，原因之一大約是，他自覺而主動地屢屢造園，是個造園經驗頗豐富的人。原因的另一是，他在詩文中頗多提出造園的原理與美學。原因的又一是，他重視造園工作的過程，不僅親自參與設計、建造的工作，而且在詩文中不斷地強調這分工作的樂趣與成就。

二、「相地」工夫與造園樂趣的享受——廬山草堂

白居易於元和十（西元八一五）年出貶為江州司馬，到江州的第二年，即在廬山修建了草堂。關於草堂的情況，下列詩文可窺見大略：

> 匡廬奇秀甲天下山，山北峰曰香爐，峰北寺曰遺愛寺。介峰寺間，其境勝絕，又甲廬山。元和十一年秋，太原人白樂天見而愛之，若遠行客過故鄉，戀戀不能去，因面峰腋寺，作為草堂。明年春，草堂成。三間兩柱，二室四牖，廣袤豐殺，一稱心力……是居也，前有平地，輪廣十丈；中有平臺，半平地；臺南有方池，倍平臺。環池多山竹野卉，池中生白蓮白魚。又南抵石澗，夾澗有古松老杉，大僅十人圍，高不知幾百尺，修柯戛雲，低枝拂潭……堂北五步，據層崖積石，嵌空垤堄，雜木異草，蓋覆其上……堂東有瀑布，水懸三尺，瀉階隅，落石渠，昏曉如練色，夜中如環珮琴筑聲。堂西倚北崖右趾，以剖竹架空，引崖上泉，脈分線懸，自簷注砌，纍纍如貫珠，霏微如雨露，滴瀝飄灑，隨風遠去。（〈草堂記〉）

> 僕去年秋，始遊廬山，到東西二林間、香爐峰下，見雲水泉石，勝絕第一，愛不能捨，因置草堂。前有喬松十餘株，脩竹千餘竿，青蘿為墻垣，白石為橋道，流水周於舍下，飛泉落於簷間；紅榴白蓮，羅生池砌，大抵若是，不能殫記。（〈與元微之書〉文卷六七四）

雖然名為草堂，但由引文的敘述可以得知這是一座頗大的天然園林。作者不厭其煩地說明園中各景及其相關位置，使園景可依稀呈現眼前。其中山水林木已是自然生成的勝絕佳景，但是白居易仍然用心地做了一些人為的修造。首先，他仔細勘察地形，選擇了廬山北峰香爐峰與峰北遺愛寺之間最勝絕的風景地帶作為草堂的建址，這是「相地」㉞的工夫。選擇風景最佳的地點之後，他又配合地形決定了草堂的座落方向「面

峰腋寺」。這固然是坐北朝南「彷徂暑」、「虞祁寒」的氣候考慮，另方面也是因北面有層崖積石可為枕（也擋住視線），而南面有平地、方池、松竹、石澗等景觀可以臨眺。何況，既然選地在北峰的北端，則廬山的大部分都落在草堂的南面，向南則可以將整座廬山山系的主要部分都盡收眼底。如文人說的「遺愛寺鐘欹枕聽，香爐峰雪撥簾看」（〈香爐峰下新卜山居草堂初成偶題東壁重題之三〉卷四三九），這顯示在觀景點的選擇上，白居易確是下過一翻精細的「相地」工夫與心思。這正是造園工作中最基礎的也相當重要的步驟。

其次，在建築物方面，白居易利用草堂西邊的北崖延伸部分，以剖開的竹筒架設連接，將崖上的泉水引到屋頂上，泉水再順著屋簷懸注灑落到階砌上，使草堂終年不斷地飄飛著雨露，既涼爽又富情趣，成了一座自雨草堂了。如此一來，草堂向南，視野開闊，可以仰眺廬山風光；向北，則有崟崎危壯的嵌空垤垸，還可俯瞰崖谷的深絕壯偉；向東，可靜觀瀑布飛瀉，並聆賞環珮琴筑般的音樂；向西，則能細品微雨滴瀝的飄逸淒迷之美。這樣一座景觀豐富，既清涼又新奇的建築，正顯示出白居易的詩情與巧思：他尊重大自然原有的天工妙造，又在順其既有形勢的原則下，加以人工的安排來豐富景致，增添了奇妙的情趣。此外，「流水周於舍下」，使這座草堂與四周的土地分離，成為獨立的、隔絕的小空間單位。因此，在空間上，草堂可以是開放系統，又可以是隱閉系統：坐在草堂中，四面的景致藉著戶牖窗口吸納到草堂裏，空間的開放使得草堂能夠向無限遠的地方伸展；而流水周繞，泉珠垂落，則又是一個充分獨立隱密的小天地。我們看到這座園林的吞吐變化不僅是布局上的，還是同一個空間本身的收放自如的靈活變化。這條周繞舍下的流水，一方面承自屋簷下落的泉水，同時也是白居易用人工方法開引成的，所以他說「砌水親開決，池荷手自栽」（〈題別遺愛草堂兼呈李十使君〉卷四四三）。既然是親手挖決，白居易便動用巧思，使流水的自身就富有情趣與美感。在〈香爐峰下新卜山居草堂初成偶題東壁重題之二〉中描述這條水道：「最愛一泉新引得，清泠屈曲繞階流」，周流於屋舍之下的水路是屈曲有致的，產生婉轉紆折之美與深長雋永的情味。堂

㉞ 參明計成《園冶・園說・一相地》。

前方池的四周有山竹野卉加以掩映，使池水也增添了幽隱之趣。而草堂的窗牖旁也植有竹叢，產生「拂窗斜竹不成行」（〈香爐峰下新卜山居草堂初成偶題東壁〉）的拂掩搓摩的忽隱忽現的樂趣。因而自外看草堂，草堂是幽隱飄渺的，深富掩映之美。

除了草堂之外，建築物尚有藥臺：「曾住爐峰下，書堂對藥臺」（〈題別遺愛草堂兼呈李十使君〉），這裡點出對景的空間關係。同詩還提出「來春更葺東廂屋」的計畫，但是實行與否則不可知。在花木方面，古松老杉以及其他天然生成的林木之外，白居易仍有人工栽植：藥材是其一，如「藥圃茶園為產業」（〈……偶題東壁重題之二〉），這與藥臺之曬藥是一系列的設計；茶則是其二，「斲壑開茶園」（〈香爐峰下新置草堂即事詠懷題於石上〉卷四三〇）說明茶園是經過一番工程闢成的。兩者同是他的經濟資源，也是他生活日常之所需（服藥、喝茶）。至於池中種蓮養魚，可作為觀景之用，也帶有經濟效益。對於堂前那一方池塘，白居易實是倍加愛護，種蓮以美化池景，養魚以靈活池態，並且散植浮萍以鋪蓋池面，栽種蒲草來模糊池界。尤其可愛的是「繞水欲成徑，護堤方插籬」（〈草堂前新開一池養魚種荷日有幽趣〉卷四三〇），為了在池畔闢出一條小徑，他不用鋤斫等簡便快速的方法，而是時常繞著水池行走，以期用雙腳踏出一條自然而富於人情且含帶自己生命歲月的小路。這裏透露出白居易對於水景的鍾愛，也表示他在造園方法上對自然天成的追求，同時也看出他是一位充分享受造園工作的過程與樂趣的造園藝術家，他重視親自參與造園的成就。

三、精巧的水景與石頭設計——履道園

白居易於長慶二（西元八二二）年任杭州刺史，到長慶四（西元八二四）年回東都洛陽，改任太子左庶子，分司東都。於是在洛陽履道坊買下「故散騎常侍楊憑宅，竹木池館，有林泉之致」（《舊唐書・卷一六六白居易傳》）。雖然其中曾有兩年出任蘇州刺史，及兩年在長安任秘書監、刑部侍郎，但是在大和三（西

元八二九）年又以太子賓客分司東都，回到洛陽。此後一直到會昌六（西元八四六）年去世為止，終能長住履道里的園宅㉟。一如往昔，他也為這座園宅花費一番心思設計，善加經營。這可以由以下的詩文窺得一二：

> 東都風土水木之勝在東南偏，東南之勝在履道里，里之勝在西北隅，西閈北垣第一第，即白氏叟樂天退老之地。地方十七畝，屋室三之一，水五之一，竹九之一，而島樹橋道間之。初，樂天既為主，喜且曰：雖有池臺，無粟不能守也。乃作池東粟廩；又曰：雖有子弟，無書不能訓也。乃作池北書庫；又曰：雖有賓朋，無琴酒不能娛也。乃作池西琴亭，加石樽焉。
>
> 樂天罷杭州刺史，得天竺石一、華亭鶴二以歸，始作西平橋，開環池路。罷蘇州刺史時，得太湖石五，白蓮、折腰菱、青板舫以歸，又作中高橋，通三島徑……命為池上篇云：十畝之宅，五畝之園，有水一池，有竹千竿。勿謂土狹，勿謂地偏，足以容膝，足以息肩……（〈池上篇〉并序．卷四六一）
>
> 宦遊三十載，將老，退居洛下，所居有池五六畝，竹數千竿，喬木數十株。臺榭舟橋，具體而微，先生安焉。（〈醉吟先生傳〉文卷六八〇）

這個履道里的宅第，如他自己所言稱的「微雨灑園林，新晴好一尋」（〈履道春居〉卷四四八），也是一座園林。但這座園林在文人看來，似乎是土地狹窄的小園而已。他自述共有十七畝，但佔五分之一的水卻又在另一文中說是五六畝，那麼整體該有二十五畝以上。不論如何，這只是文人的概略之詞。為了園小，白居易屢屢安慰自己、說服自己：他的園林雖小，並不比其他的大園差。如〈履道居之一〉便說：「莫嫌地窄林亭小，莫厭貧家活計微。大有高門鎖寬宅，主人到老不曾歸。」（卷四五一）他認為在空間的量方面雖然比不上別人家，但是較諸高門大宅卻無主人生活影跡的，白居易感到自己充分享受了園林生活便是一件最

㉟ 這一段主要參考楊宗瑩《白居易研究》第二章生平事蹟部分。

圓滿之事。又如「新結一茅茨，規模儉且卑」（〈自題小草亭〉卷四五六），及「小水低亭自可親，大池高館不關身」（〈重戲答〉卷四五五）等詩句也反映出他對這座履道園林的空間範圍，其實是耿耿於懷的，也可略知當時一些王公貴侯的園宅確實相當宏大。但也就因為在這自感偪促的空間裡，更容易從主人的處理手法中，看出他對園林所存的理念。由園地的分配比例：屋室三之一，水五之一，竹九之一；以及「所居有池五六畝」；又說「十畮閒居半是池」（〈池上竹下作〉卷四四六），那麼，水所佔的面積在白居易的自述中是介乎五分之一到一半的比例（大約是將屋宅列入計算與否的差別吧，白居易有時以園宅為總面積來計算，就是五之一；有時只單以園地為總面積，就可能約占半分左右）。不論如何，白居易對於水景的重視一如他在廬山草堂的作為一樣，是值得注意的。

首先，我們看到他描述園景時，最先強調的往往是這一池水，而且許多建築物都圍著這個池的四周而設。在他為園中添景時，先是「作西平橋，開環池路」，而後得到太湖石、白蓮、折腰菱、青板舫等珍物也大多是水中的景觀及水上遊賞用具，而後又「作中高橋，通三島徑」，可知白居易在經營這座園林時，是以池水為重心樞紐來考慮的。似乎在水池附近有多條曲折相通的橋徑，在穿梭舛錯中可以見到水景不同角度的不同風貌姿采。而且有小徑通往池中三島，有青板舫遊盪池上，池上的風光就變得豐富多致。因此，也許是因為文人太在意園林的窄小，以至於他確實下過一番思量來加大空間感，來豐富景觀，來增益景深，才使得這池水變得深曲有致。原來，限制阻礙可能就是超越突破的契機。稱園如其人，道園有生命，實非子虛烏有、空泛不實之說。

在白居易居住履道里園時，所吟詠創作的詩篇，也每每以池水作主題，如：

> 平旦領僕使，乘春親指揮。移花夾暖室，徙竹覆寒池。池水變綠色，池芳動清輝。尋芳弄水坐，盡日心熙熙。（〈春葺新居〉）

結構池西廊，疏理池東樹。此意人不知，欲為待月處。
持刀剸密竹，竹少風來多。此意人不會，欲令池有波。（〈池畔二首〉卷四三一）
雨添山氣色，風借水精神。（〈閒園獨賞〉卷四五五）
西溪風生竹森森，南潭萍開水沈沈。叢翠萬竿湘岸色，空碧一泊松江心。浦派縈迴誤遠近，橋島向背迷窺臨。澄瀾方丈若萬頃，倒影咫尺如千尋。（〈池上作西溪南潭皆池中勝地也〉卷四五三）
水能性淡為吾友，竹解心虛即我師。（〈池上竹下作〉）

「水能性淡為吾友」道出白居易對水的喜愛，是出於性情上的契合，因而對水懷有深厚的感情。所以他在設計水景時，用心之細與鑒賞之妙，實在令人讚歎。在水畔，他栽植了竹子，掩蓋水與岸的邊界線，打破空間上絕然硬性的分截，使兩個空間單位交融互通。而竹的蒼翠倒映在池面，使池水也染成了綠色，不僅竹與水融成一片，也增加了水的深邃沉靜之感。水的西岸建有廊道，可以靜坐以待水池那邊的月升，隔著水面，有如映鏡一般，天上水中都有月亮的升現移動，產生了幽祕的趣味和氣氛。為了讓月亮能適時地出現，白居易疏理了池東的樹木，同時也把過密的竹叢削砍得稀疏一些，好使風能吹過水面，這一點用意很細緻而巧妙。風一拂掠過水面，水池上便能產生波紋，水波使整個平靜的水面靈動了起來，顯得格外有神。所以他說「風借水精神」，似乎是風把精神帶來暫時借予水，等到風的活潑調皮止息了，水面也又將恢復平靜的境照。另一方面，水波盪漾，向遠方不斷推送而去，在晃動的視線中，會產生水向無限遠的地方流逝的錯覺，所以說「澄瀾方丈若萬頃」，這使得水的空間向遠處伸展，變得遼遠無盡了。而「倒影咫尺如千尋」，也是水的映照特性所產生的空間深化效果，是倒借的手法。另外，文人在水中又造設有勝地，那就是〈池上作〉的題目下所自注的「西溪」和「南潭」，大概與三島的劃分有關吧！在西溪上種了森茂的竹林，以增加水面蒼翠之色及風的吹拂。南潭則鋪種浮萍，增加水的沉穩度。這些植物同時也使島與橋隱密不顯，似乎是迷失在綠林之中。島嶼的輪廓大約是多曲折的不規則形，使島陸與水流之間互相穿繞迴轉，因而增加了水路與陸路的路程，遊者一時遂分不清水與陸的路向關係，而誤計了路程的遠近。這種曲折路程的安排，也可以使水景的遊賞空間擴大。

總之，白居易在他自認為狹小的園林裡，挪出那麼大的面積比例來造水池，花了那麼多心思來布置水景，原來不僅止是出於喜愛的情意，也是因為他知道水的特性，知曉水與樹與風的微妙關係。因此，在造景時能充分利用這些特性與關係，以使園林的空間在平面的遼遠與高度的深遠上，都能得到無窮的推擴延伸，增加了園林的遊賞空間與景深。

除了水中與水畔景觀的設造之外，白居易還在園中其他地方利用水流與石頭以製造景觀，如：

> 嵌巉嵩石峭，皎潔伊流清。立為遠峰勢，激作寒玉聲。夾岸羅密樹，面灘開小亭。忽疑嚴子瀨，流入洛陽城。是時群動息，風靜微月明。高枕夜悄悄，滿耳秋泠泠。（〈亭西牆下伊渠水中置石激流潺湲成韻頗有幽趣以詩記之〉卷四五九）

> 東都所居履道里，疏沼種樹，構石樓香山，鑿八節灘，自號醉吟先生，為之傳。（《新唐書・卷一一九白居易傳》）

> 石淺沙平流水寒，水邊斜插一漁竿。江南客見生鄉思，道似嚴陵七里灘。（〈新小灘〉卷四五九）

伊渠水流過他的園牆腳下，他便用石頭堆疊砌阻水的流動，一方面某些疊石的形勢巉峭，看來像是屹立中流的遠峰；另方面也因阻擋了伊水的流動而激觸起翻白的水浪，在原本清澈皎潔的水面上，產生翻滾急流的花白險灘。同時水與石的碰擦聲音及水自身翻滾的聲音，聽來像似寒玉敲碰所發出的清脆樂音，頓覺秋涼肅潔，心也隨之清爽明淨。這兒透露白居易在造山的工程上也費了一番心思，不僅挖牆引入伊渠的水流，疏通其流動的路徑，有時匯聚成沼，有時則故意在水中堆造巉峭的石山，成為險峻如峽的山水。總是，我們看到白居易在一段平凡的流水中，加以巧思，使平靜的流水變成湍急激越，因而富有視覺上的變化和豐富，聽覺上的洗滌和怡悅。而文人又在整體造景上刻意模仿江南景物，這是唐園的造景特色與進階。

　這項工程的主要材料是石頭，白居易對石頭相當喜愛，他從杭州帶回的天竺石一，蘇州運回的太湖石五，都安置在履道園裡。至於如何擺設呢？

> 蒼然兩片石，厥狀怪且醜……一可支吾琴，一可貯吾酒。峭絕高數尺，坳泓容一斗。五弦倚其左，一杯置其右。（〈雙石〉卷四四四）
>
> 一片瑟瑟石，數竿青青竹。向我如有情，依然看不足。（〈北窗竹石〉卷四五九）
>
> 殷勤傍石遶泉行，不說何人知我情。漸恐耳聾兼眼闇，聽泉看石不分明。（〈題石泉〉卷四五九）

兩片石頭除了支琴貯酒，它高達數尺、怪奇而醜蒼的形貌，應該仍具有觀賞作用。正如他自己所說的「依然看不足」，所以會殷勤地傍石繞泉，甚至於向人借石頭來暫置庭中（〈楊六尚書留太湖石在洛下借置庭中因對舉杯寄贈絕句〉卷四五九），這都顯示他對石頭極深的摯愛。究竟石頭有什麼好？文人自己的品賞是「煙翠三秋色，波濤萬古痕」（〈太湖石〉卷四四八），「則三山五岳，百洞千壑，覼縷簇縮，盡在其中。百仞一拳，千里一瞬，坐而得之」（〈太湖石記〉文卷六七六）。從一塊石頭可看到宇宙山川的精華，令人目不暇給呢。所以他又說「三峰具體小，應是華山孫」（〈太湖石〉）。因此，他把石頭置於窗前（〈北窗竹石〉云「況臨北窗下」）或泉邊，在造形上具有山峰的特色，可以與泉水相映，可以與翠竹相偎，使得位於城內的履道園能夠山水兼備。而欣賞石頭時，可從其蟠怪的形狀中窺見宇宙大自然的種種物象及生命的成滅變幻，感受到歲月，極具豐富的想像、情感及啟導作用。這遂使整座園林可以向另一度空間推展開去。

　白居易不喜歡自己的園林與眾相同，變得平凡，於是「厭綠栽黃竹，嫌紅種白蓮」（〈憶洛中所居〉卷四四八），在顏色上追求與眾不同，顯其脫俗清新。這座園林在其精心設計下，是他十分自以為得意的作品。文人曾經非常自信地對來自江南的客人這樣問道：「洛下林園好自知，江南景物闇相隨……停杯一問蘇州客，何似吳松江上時？」（〈池上小宴問程秀才〉卷四五一）敢拿自己模仿江南的園林一景和江南秀麗的風光相比，這種略帶挑戰的態度其實是一種「好自知」的珍愛、喜悅、自得的心情。我們可以感受到履道園是白居易的榮耀與心愛。

在《洛陽名園記・大字寺園》中記載著：「大字寺園，唐白樂天園也……今張氏得其半為會隱園，水竹尚甲洛陽。」得其園之半，尚能稱水竹甲洛陽，足見洛陽履道園的造園成就，不僅是白居易主觀的自得，還是一個客觀公認的事實。

綜觀本節所論，白居易的造園內容與成就，可歸納要點如下[36]：

其一，白居易是一位熱愛園林創作的文人，他不但用心地經營造設他所居住的園林，而且也是第一位在詩文中詳細而不殫其煩地說明其造園手法及理念的文人，並充分享受造園的每一個過程，自覺地稱肯自己造園的成就。因而被推許為中國的造園祖師。

其二，廬山草堂方面，在相地與觀景點的選擇上，確實是經過仔細觀察與深思熟慮後的決定。因此在草堂的位置及空間關係上，能顯現出慧眼與巧思。

其三，於自然天成的景色中，也以人工方法加以點化加工（如自雨式的草堂），在尊重自然與善用自然的原則下，使草堂的景致更添式樣變化，景觀更加豐富。

其四，利用戶牖與四面八方景物的交通應答，以及房屋四周圍繞的流水，使建築物與園景之間產生空間開闔的靈活變化。從建築內可盡收室外的美景，從室外卻又只能隱約地看到掩映在竹叢和垂泉之下的草堂。是收放自如、吞吐兩兼的巧妙設計。

其五，在草堂附近的園地中，栽植了藥草、茶葉、蓮花、浮萍、蒲草、石榴、脩竹，並蓄養了池魚。

[36] 白居易在西都長安尚有新昌坊的園宅，但因居住期間不長，詩作亦較少，茲不列入討論。

這些都是可資觀賞的景物，也是生產資源，具有造景與經濟的雙重效益。

其六，在造園過程中，白居易盡力採用自然的方法，以使園景富於天成的自然美（如池畔小徑以雙足繞行來形成）。使造園工作及園景充滿人性與情意。

其七，在履道園方面，在這座自感空間侷促狹小的園裡，仍然盡量造設得豐富，有山峰、水池、泉湍、橋島、各式建築及色彩清新的花木。由空間分配可看出白居易特愛水與竹。

其八，因為十分重視水景，並善於利用水的特性，使小池也能波濤萬頃、倒影千尋、遠近迷誤，因而在視覺誤差上使園林的空間能向遼敻、幽深的遠方無限推廣。

其九，在水池中分設洲島，各植以不同的植物，形成各有特色的景區。並利用島陸輪廓與水岸的曲折穿嵌，使陸路與水路的距離在迴轉盤紆中增加路程長度，因而也增加了遊園的空間感和景深。

其十，善於應用石頭造景。既以疊石來製造急湍，又堆砌石塊以成巉峭的山峰，使山水相互輝映。同時，以石頭的醜怪形狀來誘引出神遊山水宇宙的想像，對園林意境的提昇具有很深的啟示。

白居易的確是一位優秀傑出的造園家。

第四節 其他文人的園林

唐代文人擁園者相當多，不能逐一細論，本節僅討論幾座比較著名的園林，餘者則以表列方式見其大略。

一、裴度的綠野堂與集賢園

唐代另一著名的園林，是裴度的綠野堂。其實，裴度的園林不只一座，據史籍記載，可略知他擁有園林的大致情況：

> ……不復以出處為意。東都立第於集賢里，築山穿池，竹林叢萃，有風亭水榭，梯橋架閣，島嶼迴環，極都城之勝概。又於午橋創別墅，花木萬株，中起涼臺暑館，名曰綠野堂。引甘水貫其中，釃引脈分，映帶左右。度視事之隙，與詩人白居易、劉禹錫酣宴終日，高歌放言，以詩酒琴書自樂，當時名士皆從之遊。每有人士自都還京，文宗必先問之曰：卿見裴度否？（《舊唐書‧卷一七〇裴度傳》）
>
> 循原而東，詣蓮花洞，經裴相舊居。注：自洞東行三四里，為唐裴相國郊居，林泉之勝，亦樊川之亞。（《遊城南記》）
>
> （李龜年）于東都通遠坊大起第宅，僭侈踰于公侯。中堂制度，甲于天下。其後裴晉公度購得之，移于定鼎門別廬，號綠野堂。（《唐兩京城坊考‧卷五》注引《明皇雜錄》）

由此看來，裴度擁有的園林至少有三處。一處是座落在東都外城郭定鼎門南面，也就是洛陽城南郊的綠野堂。這是歷史上較為人所常提及的一座著名園林㊲；一處是座落在東都洛陽東南的集賢坊裡的園宅；另一處則是長安城南郊樊川一帶蓮花洞東面的郊園，這座園林缺乏文獻資料，無法進一步了解其中詳情。但由《遊城南記》所載可知，其地正在長安南郊風光優美、形勢奇勝的樊川地區，該是在天然上已富於山光水色的自然山水園。所以說「林泉之勝，亦樊川之亞」。至於綠野堂與集賢里第，則稍有詩文可窺其一二。

綠野堂位於洛陽城南定鼎門南方一個叫午橋的地方，是裴度休沐的「別廬」。據《舊唐書》本傳知，綠野堂之名主要得自其中的涼堂暑館，這座建築群該是園林中的主景之一，原先屬於樂工李龜年在東都的第宅，裴度購得之，把它們從東北城角的通遠坊，穿越整座洛陽城，運移到南郊的午橋來。像這樣地將大群的屋宅移置另一地，其拆、遷、復的技術，著實令人驚佩。根據《聞見後錄・卷二五》所載，似乎還可略見湖園前身綠野堂建築群的大致：

> 園中有湖，中有洲曰百花。湖北有堂曰四并；其四達而旁東西之蹊者桂堂也；截然出于湖之右者迎暉亭也；過橫池、披林莽、循曲徑而後得者梅臺知止菴也；自竹徑望之超然，登之脩然者環翠亭也；渺渺重邃，尤擅花卉之盛，而前據池亭之勝者翠樾軒也。其大略如此。若夫百花酣而白晝暝，青蘋動而林陰合，水靜而跳魚鳴，木落而群峰出，雖四時不同而景物皆好，則不可殫記者也。

這裡我們看到六棟建築，各有不同特色。四并堂是顯著開敞的正式堂屋，具開放性；桂堂居於交通要道之旁，可以通往四方，具樞紐性；迎暉亭截然挺立在右偏的湖面上，迎接早晨的曦光，具有時間性；梅臺知止菴隱蔽在林莽曲徑之後，具窈窕性；環翠亭聳立在竹叢之上，可以登高瞰遠，具瞻眺性；翠樾軒花卉繁盛，據於池亭勝多之地，具有錦妍性。這些建築本身各具的景觀特色，使綠野堂顯得豐富變化，內蘊飽滿。

至於綠野堂的環境大概，劉禹錫和裴度的詩這樣描寫：

㊲ 據《唐兩京城坊考・卷五東都》的外郭城圖，定鼎門位於西南面；而其文字記載則說「南面三門，正南曰定鼎門」。

> 藹藹鼎門外，澄澄洛水灣。堂皇臨綠野，坐臥看青山……禁苑凌晨出，園花及露攀。池塘魚拔剌，竹逕鳥綿蠻。（〈奉和裴令公新成綠野堂即書〉卷三六二）

> 門徑俯清溪，茅簷古木齊。紅塵飄不到，時有水禽啼。（〈溪居〉卷三三五）

背後是洛陽城的定鼎門，前方則臨對洛水。一越過洛水灣，盡是滿眼的綠野，綠野盡處及其左右都是青黛的山嶺。這是大環境，帶給綠野堂開闊的視野及綿亙的山脈與青天。向前，是綠水青山、平疇碧空；回首，是繁華都城。園中有蒼老古樹、「花木萬株」，是蓊密森茂的林園，清涼消暑，紅塵不到。除了天然溪流，他還「引甘水貫其中（指綠野堂），釃引脈分，映帶左右」，這些人工的泉流及湖水，使綠野堂建築群之間充滿潤澤之氣，原本堅篤穩重的建築群變得柔和靈動與清亮。姚合記述其引水的工程是「斸石通泉脈」（〈和裴令公遊南莊憶白二十七韋七二賓客〉卷五〇一），這就使泉水流過石縫岩隙，富於山壑巖泉的自然野趣。匯聚在綠野堂之中的湖水（綠野堂建築群是沿湖四周散落的），種了紅蓮養了魚，看來又非常鮮豔活潑。姚合又說：「池滿紅蓮濕，雲收綠野寬。花開半山曉，竹動數村寒。」「移松出藥欄」。萬株花木，使得滿山變得光亮照人，而竹叢隨風搖動，寒涼就吹襲過整座綠野；足見花與竹的繁茂，而其繁茂又不能雜遝，故而時時的修剪移植工作一直在維持著其神采。

總之，綠野堂是個色彩鮮麗耀目卻又陰涼森邃的園林，同時它有開闊的視野卻又被流泉花木遮掩隔離為神祕世界，紅塵不到。因此《洛陽名園記‧湖園》有「兼六」的讚美：

> 洛人云園圃之勝，不能相兼者六：務宏大者少幽邃，人力勝者少蒼古，多水泉者艱眺望。兼此六者惟湖園而已。予嘗游之，信然。在唐為裴晉公宅園。

裴度的綠野堂在宏大、幽邃、人力勝、蒼古、水泉、眺望六方面能夠兼顧同有，這是高度的統攝調和，把三組相對兩難的風格涵融為一體。程兆熊先生便曾經稱讚道：「裴晉公（度）的宅園，到了宋，成了湖園，又遠及於日本，在其影響下，成了日本的兼六園，這是又豐富又煥發的一例……於此（唐末），還能收藏一些光芒的，在人方面說，是裴度；在園方面說，是晉公園。」㊳然而這樣一座豐富又煥發的園林，竟在後來落入這般景況：

張齊賢形體魁肥，飲食兼數人……其後齊賢罷相歸洛陽，買得午橋裴晉公綠野堂為別墅。一日，（王）濟自洛至京師，公卿間有問及齊賢午橋別墅者，濟忿然曰：昔為綠野堂，今作屠兒墓園矣。聞者皆笑。（《古今圖書集成・考工典・園林部》引《試筆》）

足見同樣的園地，同樣的山水，同樣的花木、建築，卻會因為不同的主人而顯現出各異的精神。園林的主人，是使園林生命發皇或枯萎的關鍵；園林與人終究是要相得才能益彰。

至於集賢里的宅園，因為居於城郭之中，缺乏自然山水與天然林木，所以人工造園的工夫成為園林的重要成因。白居易有一首〈裴侍中晉公以集賢林亭即事詩三十六韻見贈、猥蒙徵和才拙詞繁、輒廣為五百言以伸酬獻〉詩，一如白居易不殫其煩的其他詩作，也頗為詳細地描述集賢林亭的概況：

三江路千里，五湖天一涯。何如集賢第，中有平津池。池勝主見覺，景新人未知。竹森翠琅玕，水深洞琉璃。水竹以為質，質立而文隨。文之者何人，公來親指麾……因下張沼沚，依高築階基。嵩峰見數片，伊水分一支。南溪修且直，長波碧逶迤。北館壯復麗，倒影紅參差。東島號晨光，杲曜迎朝曦。西嶺名夕陽，杳曖留落暉。前有水心亭，動蕩架漣漪。後有開闔堂，寒溫變天時。幽泉鏡泓澄，怪石山敧危。以上八所各具本名春葩雪漠漠，謂杏花島夏果珠離離，謂櫻桃島。主人命方舟……（卷四五二）

㊳ 見程兆熊《論中國之庭園》，頁六八。

城中園林雖沒有大山名川，但有森翠竹叢與深澈水流，以及主人的設計。「因」「依」二字最能顯現其相地的造園理念與工夫，「何如」集賢第，說明唐人已肯定園林的典型、集中、提煉特性。具體的造園工作是築山挖池，山是由形狀怪奇的石塊堆立起來的，所以山勢攲危。從伊水分得的水，有的流為幽泉，有的聚為平津池。池中有水心亭，被漣漪波浪動盪得有些飄渺。池邊有北館，紅色身影染得池面一片參差搖動的紅霞。池中有東島、杏花島與櫻桃島，東島地勢較高，往往收到每日的第一道晨曦，是看日出的地點。杏花島則春時一片雪白，漠漠皚皚。櫻桃島在夏日垂著豐繁果實，一片殷紅，纍纍離離。這一白一紅與長年的翠竹相映，加以對景設計，使集賢里園的色彩變化，景致豐富。

為了更生動其園林，裴度曾向白居易請求被留置履道園的兩隻白鶴㊴，他確實是嚮往閒雲野鶴的逍遙，在〈涼風亭睡覺〉說：「飽食緩行新睡覺，一甌新茗侍兒煎。脫巾斜倚繩牀坐，風送水聲來耳邊。」（卷三三五）一派慵懶悠閒的自在情調。一位貴臣大將在事功之外，兼擁逍遙雅致生活的兩全，在裴度身上是真實實現了。

二、李德裕平泉莊

唐代文人的園林之中，另一個著名的例子是李德裕的平泉莊。李德裕對於這座園林的喜愛與感情之深，在其他文人身上是不容易見得到的。他在一篇〈平泉山居誡子孫記〉中，告誡子孫說：「留此林居，貽厥後代。鬻吾平泉者，非吾子孫也；以平泉一樹一石與人者，非佳子弟也。吾百年後為權勢所奪，則以先人所命，泣而告之，此吾志也。」（文卷七〇八）平泉莊一樹一石的存與失，已經足以左右為人子孫者之賢或不肖，可見李德裕對他的園林一草一木的疼惜之至。他將它們視為是李家生命、榮譽能否延續的象徵，如

㊴ 裴度有〈白二十二侍郎有雙鶴留在洛下、予西園多野水長松，可以棲息，遂以詩請之〉說：「聞君有雙鶴，羈旅洛城東。未放歸仙去，何如乞老翁。且將臨野水，莫閉在樊籠。」卷三三五。

程兆熊先生所說：「他把那平泉莊，當作他的生命的秉承。他又把那平泉莊，當作他的生命的延續。」[40]李德裕的生命仍有所承、有所出，所以一座平泉莊，實是他們整個家族命脈興衰、聲望隆替的表徵。何況當初他之所以決定興建平泉莊，也是為了成全其父的遺志：「經始平泉，追先志也，……先公每維舟清眺，意有所感，必淒然遐想，屬目伊川，嘗賦詩曰……吾心感是詩，有退居伊洛之志……吾乃翦荊棘，驅狐狸，始立班生之宅，漸成應叟之地。」（同上）所以平泉莊的經營是繼承其父對山水喜愛的心志，算是祖先志趣的完成與發揚，已不止是李德裕個人的生命了。其實，在唐代，園林還是權勢的象徵（參第一章第二節），因此，他說在他死後，平泉莊若為權勢所奪，正表示李家所建立的權勢已漸漸衰沒，為他人所取代，園宅才會保不住。所以李德裕會為了一座園林而對自己的子孫發出這樣看似嚴苛的告誡，在此，園林的一草一石已然肩負了許多人類生命的意志、榮辱、權勢等責任。無論如何，李德裕對園林的珍視、愛惜的確是深厚而執著的。

李德裕對平泉莊的感情，還可以從其詩作中見出。在《全唐詩》裡，他的詩共有一百三十九首，其中七十九首是關於平泉莊的，超過所有作品的一半。平泉山居的生活感受及印象，成為他詩歌創作的重要根源與內容。而七十九首關於平泉莊的詩作中，又有六十九首是因居處在他地，而「思」、「懷」、「憶」平泉莊的種種，幾乎有十分之九的平泉詩作是印象中的、回憶中的園林情景。可知平泉莊的樹石泉榭，是李德裕心中時常惦掛思念的所在，也是他情感的寄託與精神的支柱。在《舊唐書・卷一七四李德裕傳》中記載著：「初未仕時，講學其中（指平泉別墅）。及從官藩服，出將入相，三十年不復重遊，而題寄歌詩，皆銘之於石。」三十年不再重遊，這莊園似乎是註定被深鎖而乏人賞遊，可是它仍被照顧養護得很好，因為它代表著主人家的功業名位，不能荒敗。李德裕也像許多達官一樣，擁有偌大園林卻難得長住，但是對於平泉莊的眷戀和思念，似乎是別人不及的。由其詩作的比例與其居住平泉莊的時間比例相對照，暗示著園林

[40] 同[38]，頁六〇。

對於詩歌創作的正面影響，也顯示園林在唐代輝煌詩歌成就中的重要地位。

李德裕對園林的喜愛當是出於本心。《舊唐書》本傳的另一段記載可以參考：「在長安私第，別構起草院。院有精思亭，每朝廷用兵，詔令制置，而獨處亭中，凝然握管，左右侍者無能預焉。」連處理朝政大事、用兵要務，都要在園亭中獨處凝慮，應該是他深體在園林山水之中，人能滌淨雜思妄念，清醒專注，而把重要事務前後思量得周到無罅吧！或也因此，更增加他對園林的喜愛；或也由此看出他對園林的倚重。

依據李德裕的詩作看來，平泉莊的特色在於花木的栽種與奇石的擺設。在〈平泉山居誡子孫記〉中，敘述他經營園林的簡要情形時便說：「又得江南珍木奇石，列於庭際。平生素懷，於此足矣。」故而才說以一樹一石與人者非佳子弟。他在詩歌中回憶及平泉山莊時，也每每不忘園中各種花木，或以某種樹木為主題，加以歌詠，如：

> 我有愛山心，如飢復如渴。出谷一年餘，常疑十年別。春思巖花爛，夏憶寒泉洌，秋憶泛蘭巵，冬思玩松雪。晨思小山桂，暝憶深潭月。醉憶剖紅梨，飯思食紫蕨。坐思藤蘿密，步憶莓苔滑。晝夜百刻中，愁腸幾回絕。（〈懷山居邀松陽子同作〉卷四七五）
>
> 嗟予有林壑，茲夕念原衍。綠篠連嶺多，青莎近溪淺。淵明菊猶在，仲蔚蒿莫翦。喬木粲凌苕，陰崖積幽蘚。遙思伊川水，北渡龍門峴……（〈早秋龍興寺江亭閒眺憶龍門山居寄崔張舊從事〉卷四七五）[41]

在懷念回憶之中，李德裕思念所及者有很多花木及與花木相關者：巖花、蘭巵、松雪、山桂、紅梨、紫蕨、藤蘿、莓苔、綠篠、青莎、菊、蒿、喬木、幽蘚等。在主人心目中，園林裡最令他珍愛而念念不忘的，往往是那些花草樹木以及相關的雅事，以至於一年不見遂日日愁思不已，猶如睽違十年。似乎在李德

---

41 李詩均見於卷四七五，故以下舉詩皆不復書卷數。

裕心目中這些花木正是平泉莊的精采與代表。《舊唐書》本傳說他三十年不復重遊平泉別墅，而把題寄的詩歌都銘刻在石上：「今有花木記、歌詩篇錄二石存焉。」另《賈氏譚錄》裡也載有相關資料：「李德裕平泉莊，臺榭百餘所，天下奇花異草、珍松怪石，靡不畢具。自製平泉花木記，今悉以絕矣。」兩則同時提到他著有《平泉花木記》，是他整理園中所有珍異花木種類而加以記錄的作品，今已不可見。但是在《全唐文卷七〇八》尚有他的〈平泉山居草木記〉一文，他說：

> 余嘗覽想石泉公家藏書目有園庭草木疏，則知先哲所尚，必有意焉。余二十年間三守吳門，一涖淮服，嘉樹芳草，性之所耽，或致自同人，或得於樵客。始則盈尺，今已豐尋。因感學詩者，多識草木之名；為騷者，必盡蓀荃之美。乃記所出山澤，庶資博聞。

嘉樹芳草是他性之所耽嗜，自然會各方收集珍木，尤其是江南所產。這似乎是遠從秦漢時代的苑囿即已開始的傳統，然而從六朝著重自然開始，這個傳統就不太被重視，故而平泉莊之收集珍木奇花，自是其特色之所在，可謂是一座特殊植物園。這裡也提到，這麼多嘉木芳草，對於中國文人騷客在多識草木及盡蓀荃之美的詩辭傳統的繼承與發揚方面，具有正面的助益。這也等於肯定園林物色對文學創作具有起興、比喻等貢獻。故而園林生活與文人創作的關係也是值得注意的。在平泉莊的諸種花木中，李德裕對竹、松、桂、藤、苔的關注與描寫較多。竹，在中國園林裏幾乎是不會少的一種植物，因而在平泉莊中並不顯得突出。反而是桂樹較特別地受到主人的賞愛吟詠：

> 人依紅桂靜，鳥傍碧潭閒。（〈早春至言禪公法堂憶平泉別業〉）
>
> 澗底松成蓋，簷前桂長枝。（〈思山居一十首・憶種苽時〉）
>
> 散滿蘿垂帶，扶疏桂長輪。（〈首夏清景想望山居〉）

菌桂秀層嶺，芳蓀媚幽渚。（〈晚夏有懷平泉林居〉）

另有〈春暮思平泉雜詠二十首〉中的〈紅桂樹〉、〈月桂〉、〈山桂〉三首完全以桂為對象，加以題詠。桂樹的形態花姿並非特別優美嬌媚，但是它的香氣十分清雅，且香中略帶甜感，芬芳而不濃膩。所以文人常用以比喻芳潔之操，李德裕便吟道：「芳意託幽深」（〈紅桂樹〉）、「香凝月樹前」（〈山桂〉）。他對桂樹的喜愛不僅表現在「晨思小山桂」（前引）的懷念之情，而且還四處設法尋覓紅桂栽，有詩題為〈比聞龍門敬善寺有紅桂樹獨秀伊川嘗於江南諸山訪之莫致陳侍御知予所好因訪剡溪樵客偶得數株移植郊園眾芳色沮乃知敬善所有是蜀道茵草徒得嘉名因賦是詩兼贈陳侍御〉，充分說明他搜訪紅桂之心，其詩云「平生愛此樹」，「長疑翠嵐色」，「芬芳世所絕」，加上題目所述「眾芳色沮」，可知在其心目中，桂之姿態、色澤、香氣都是群芳之冠。何況桂樹又有《楚辭》的傳統，代表高潔，成為奠迎神靈、渡護君子的芳草，他說「桂舟蘭作枻」（〈泛池舟〉）即含帶著《楚辭》之影跡。因此，李德裕在平泉別墅中栽種各類桂樹，是有其文學傳統及君子忠道的寓意在內。桂，成了平泉莊的一大特色。

此外，藤蘿也是李德裕注重的園植，如：

遙憶紫藤垂，繁英照潭黛。（〈春暮思平泉雜詠二十首・潭上紫藤〉）

映池方樹密，傍澗古藤繁。（〈近於伊川卜居將命者畫圖而至欣然有感、聊賦此詩兼寄上浙東元相公大夫使求青田胎化鶴〉）

松蓋低春雪，藤輪倚暮山。（〈早春至言禪公法堂憶平泉別業〉）

回塘碧潭映，高樹綠蘿懸。（〈思在山居日偶成此詠邀松陽子同作〉）

遙聞碧潭上，春晚紫藤開。水似晨霞照，林疑綵鳳來。（〈憶平泉雜詠・憶新藤〉）

幽翠生松柏，輕煙起薜蘿。（〈憶平泉雜詠・憶初暖〉）

大抵藤與蘿作帶狀生長，若有高木可依，便攀附樹幹而盤爬；至無所依附時，便垂掛如長帶，富有婀娜綽約、輕盈飄逸之美。當它垂掛在潭澗之上，與水相襯形成兩種柔約輕盈，一清澈流動，一纏綿飄飛。其中，薜蘿色綠，可與碧潭相融；紫藤之色，則會把潭水映染成一片紫霞水天，十分鮮麗。而它本身翻飛之姿，又像林間綵鳳，色彩醒目，姿態撩人。李德裕對藤蘿的喜愛，薜蘿部分似還有《楚辭》傳統，而藤木則可能是純就其本身的形狀、顏色、姿態上的美感而加以賞詠的，是超出了一般文士對樹木花草欣賞喜愛的習慣之外；於植物之美，他有自己衷心的、不拘格套的賞鑒。至於時常提及的苔蘚或莓苔㊷，一方面暗示園林的陰涼潮溼，另方面呈顯其幽靜窈僻、少人行走，因而主人踏觸起來也特別感其祕邃，並在苔滑的危虞慎行之中得到另一樂趣。其他花木普見園林者，此不細論，置諸第三章。

平泉莊經營的又一特色便是石頭的擺置與賞玩。李德裕把石頭列布在園林之中，使它們成為美的獨立欣賞對象。詩中詠石的詩作有〈漏潭石〉、〈泰山石〉、〈巫山石〉、〈似鹿石〉、〈海上石筍〉、〈疊石〉、〈釣石〉、〈題寄商山石〉及〈臨海太守惠予赤城石報以是詩〉等。這些石頭的布置，有的與水相配合，如赤城石與疊石：

聞君採奇石，剪斷赤城霞。潭上倒虹影，波中搖日華。仙巖接絳氣，谿路雜桃花。若值客星去，便應隨海槎。

潺湲桂水湍，漱石多奇狀。鱗次冠煙霞，蟬聯疊波浪。今來碧梧下，迴出秋潭上。歲晚苔蘚滋，懷賢益惆悵。

㊷ 如「松莖長新苔」(〈春暮思平泉雜詠二十首・望伊川〉)、「凝陰長碧苔」(〈思平泉樹石雜詠一十首・釣臺〉)、「斑細紫苔生」(同上〈似鹿石〉)、「香侵泛水苔」(〈憶平泉雜詠・憶寒梅〉)、「繁豔映莓苔」(同上〈憶新藤〉)、「步憶莓苔滑」(〈懷山居邀松陽子同作〉)、「紅蘚閟千春」(〈思山居一十首・題寄商山石〉)、「陰崖積幽蘚」(〈早秋龍興寺江亭閒眺憶龍門山居寄崔張舊從事〉)。

赤城石帶著赤紅的色澤，擺在巖崖潭岸之上，倒映水面，好似日影光華，又像霞彩一片，與碧潭的蒼綠相襯，非常絢麗鮮豔。而由嵐煙繚繞的巖崖碧潭看去，只覺絳氣昇騰，如臨仙幻之境；至於晴朗的日子裡，遠望之際又似陳列一片桃花林，也是仙祕奇美。總之，赤城石特殊的顏色光澤，在山水陰晴等自然環境變化之下，也引人生起各種遐想。另外，在溪湍之中疊聚的諸多石頭，激阻得溪水濺起波浪急湍，哽咽潺湲。同時流水也將石頭沖刷漱洗成許多怪狀，這些醜趣的石頭被搬移到碧梧樹下或立於潭中，供人欣賞觀想其漏透之神。這樣的石塊，既是經過長期的水雕氣塑，是大自然的傑作；又是人的意匠巧思所成就的藝術精品。

還有一些石頭，可以當作峰巒加以神想，如巫山石：

> 十二峰前月，三聲猿夜愁。此中多怪石，日夕漱寒流。必是歸星渚，先求歷斗牛。還疑煙雨霽，髣髴是嵩丘。

從巫山取回的石頭，原先也是經過峽水的沖刷洗漱，所以形狀怪奇。加以巫山峽水終年清冽寒涼，石頭應也冷潤清透。把它擺置園庭之中，正像陡峭峻聳的嵩山，可以神遊其中，並幻想巫山之種種。又如海上石筍，移置此園，它「亭亭孤且直」的俊姿，也是山的聯想資源。有的石頭擺倚松下，使兩者各具的蒼勁，互相輝映（如泰山石）。有的拿來凭倚身軀、支架琴具（如商山石）。有的則欣賞它像某景某物的趣味形狀（如似鹿石）。我們可以想見，平泉別墅之中，奇石頗多，而且主人也善加運用其特色，使其在園林裡能廣泛地發揮形態美，並引發人無限的聯想神思。

把巉峭的石頭當作嵩山或其他高峰來欣賞，是以小觀大的藝術想像。在李德裕的一組〈重憶山居六首〉詩中，有五首各是〈泰山石〉、〈巫山石〉、〈羅浮山〉、〈漏潭石〉和〈釣石〉。有四首明述石頭的形狀、作用以及吸收天地靈氣的精神，可以從小中見其大的生命根源。比較特殊的是〈羅浮山〉，題下原有自注：「番禺連帥所遺」，詩則為：

> 龍伯釣鼇時，蓬萊一峰坼。飛來碧海畔，遂與三山隔。其下多長溪，潺湲淙亂石。知君分如此，贈逾荊山璧。

詩中所詠的羅浮山若真是一座山，把它拿來贈與，那就太驚人了，如何將它移置安頓在園林之中？而詩裡對此山的來源則都以神話來敘述，其真實性是微渺的。他在〈平泉山居草木記〉一文中說：「復有日觀、震澤、巫嶺、羅浮、桂水、巖湍、廬阜、漏澤之石在焉。」可知不止羅浮，還有許多石頭，李德裕都把它看作是山水來擺設、欣賞。也由此可知，他在寫此詩時，是以豐富濃厚的浪漫想像去附加給這個對象。大約，番禺連帥贈送給他的是一塊體積頗大的巨石，而且又來自海島，於是主人聯想那神話中因龍伯釣鼇而自蓬萊裂坼出的羅浮山，這巨石因而就是主人心中不折不扣的羅浮山了，被珍奇地置於平泉莊中。這似乎仍是石頭在形貌上像具體而微的山峰，安設於花木水澤之間，自然容易興發山的想像，提供文人們神遊遐思的佳地。

此外，李德裕還喜愛平泉莊裡寒冽冷涼的泉水。前面論及他懷念園景時，夏日最令他難忘的是「寒泉冽」，泉水冰寒，所謂「巖泉冷似秋」（〈初夏有懷山居〉），可以帶給園林清涼。有時因為其水質甘美，而「更酌寒泉飲」（〈思山居一十首・思鄉園老人〉）。為了充分發揮泉水寒涼的特性，加以運用於建築，遂造了一座「瀑泉亭」。〈瀑泉亭〉一詩是抒懷之作，沒有亭子的具體描繪。不過，顧名思義，瀑泉亭當是引泉水使其如瀑布般沿著亭簷奔注而下，亭子便四時長雨不斷。不但創造了納涼的場所，也創造了特殊的建築景觀，人工的建築與自然的泉水相結合的理念及技術都是造園上的重要進階。另有「流杯亭」，大約是曲水流觴之所。〈流杯亭〉起首四句詩說：「激水自山椒，折波分淺瀨。回環疑古篆，詰曲如縈帶。」原來平泉莊裡的水流有許多還是人工設造出來的，讓分引的水流依著己意而行，遂在亭中的臺面上營造出回環詰曲的流觴水路來，新奇而優美，饒富情趣。今日北京紫禁城御花園內有「禊賞亭」，亭中的流杯渠設計與此應相似㊸。其實，李德裕對於水景的經營不僅止於此，在《劇談錄．卷下李相國宅》中有一段記載：

平泉莊去洛城三十里，卉木臺榭，若造仙府。有虛檻，前引泉水，縈迴穿鑿，像巴峽洞庭十二峰，九派迄於海門，皆隱隱見雲霞龍鳳草樹之形。

原來，李德裕對泉水的應用設計下了十分繁複的心思，他仿照真實的名山大峽，也創造出地形錯綜迴繞、險象環生的奇景，這顯示其造園意匠之精妙與當時技術之高，再現自然山水的理念仍是當時的造園流行。置身在此園中，可以感到猶如遊涉另一個空間，這是藉由造形之模擬縮移以喚起心靈精神的飛躍，由客觀現實的空間伸展向更遼遠的空間。

由李德裕的詩文，可以看到他對平泉莊所費的心思，及對園中一樹一石投注情意的深濃執著；的確，他的用心使平泉莊成為一座花木、石與泉方面具有特殊勝景的園林。只是，如他自己的感慨：「巖泉終古在，風月幾年遊」（〈春暮思平泉雜詠二十首．瀑泉亭〉），他辛苦經營成的園林，卻只能是他宦涯中心靈滋潤的一點甘泉。除此，也只能是他家勢、生命的一種象徵。因此，即或不能真正充分享受園林生活的樂趣，他仍然要子孫謹守住園中的每一樹每一石，除非「惟岸為谷，谷為陵」。然而岸尚且會移作谷，谷尚且會升為陵，更何況是樹石莊園。在他死後，據《賈氏譚錄》和《聞見後錄卷二七》所載，平泉莊已變為：

李德裕平泉莊怪石名品甚眾，各為洛陽城有力者取去。惟禮星石及獅子石，為陶學士徙置梨園別墅。牛僧孺、李德裕相讎不同國也，其所好則每同。今洛陽公卿園圃中，石刻奇草者，僧孺故物；刻平泉者，德裕故物。相半也。如李邦直歸仁園，乃僧孺故宅，埋石數塚，尚未發；平泉在鑿龍之右，

㊸ 參謝敏聰《宮殿之海紫禁城》圖錄。

> 其地僅可辨。求德裕所記花木，則易以禾黍矣。

這樣的結果，早可想見。山水摯愛如李德裕者並非不知，他只是希望子孫們盡全力維護這座象徵家族生命精神及權勢的園林。萬一真守不住了，只希望他們能泣而告之，可見他是有所備了。只是，一個真正懂得喜愛山水的人，一顆真正了解山水的心靈，一個真正與山水相融的生命，會有所契悟，是可以隨時放下的，是可以喜捨的。就這一點而言，李德裕的「山水癖」（〈憶平泉山居贈沈吏部一首〉）是不夠透徹[44]。

三、牛僧孺歸仁園[45]

唐代歷史上的牛李黨爭是著名的史事。作為李黨的首要人物的李德裕，擁有聞名的平泉莊，以為家族生命及權勢延續的象徵；身為牛黨領導者的牛僧孺，自然不能於此毫無成就。他的園林大約也不只一處，史料記載的是洛陽東南歸仁里的歸仁園。《洛陽名園記．歸仁園》記著：

> 歸仁，其坊名也。園盡此一坊，廣輪皆里餘。北有牡丹、芍藥千株，中有竹百畝，南有桃李彌望。唐丞相牛僧孺園，七里檜其故木也。今屬中書李侍郎，方剏亭其中。河南城方五十餘里，多大園池，而此為冠。

一座園林占地達一個坊里之廣，相當於一般官家園宅的四、五倍以上，可見其面積之大，也暗示其地位權勢之高。上文所載，重點都放在花木。園林的北部有牡丹、芍藥千株，牡丹是富貴的象徵，也是唐人遊春

---

[44] [38]頁六一：「求生命的秉承於園林池沼中，結果會是一個虛空。求生命的延續於園林池沼中，結果會是一個悲劇。」

[45] 牛李的園林，因考量其詩文的豐富性李超越牛頗多，故本節討論之次序先李後牛；而韋嗣立園多得之應制詩，數量既少，且多遊宴印象和酬酢，故殿後與曲江相臨。

的迷狂所在。牛僧孺在園中栽植千株牡丹、芍藥（花形相近），也使得他的園宅閃耀著富貴的光芒，充溢著榮華之氣。中央部分有百畝的竹林，那已是園林中常見的植物，有實質的蔭涼生風的功用，也能展現搖曳蕭散之姿及青翠色澤。南部則是大片的桃李樹林，春日有彌望的紅白映豔與果實收益的經濟效能；而桃的長生象徵及世外桃源的寓想，也給園林增益不少想像空間。

此外，歸仁園仍有其築山挖池的造園工程。白居易有一首〈題牛相公歸仁里宅新成小灘〉，描述了當中的情景：

> ……伊流決一帶，洛石砌千拳。與君三伏月，滿耳作潺湲。深處碧磷磷，淺處清濺濺。碕岸束鳴咽，沙汀散淪漣。翻浪雪不盡，澄波空共鮮。兩岸灩澦口，一泊瀟湘天。曾作天南客，漂流六七年。何山不倚杖，何水不停船。巴峽聲心裏，松江色眼前。今朝小灘上，能不思悠然。（卷四五九）

似乎白居易特別耐煩於記述造園的過程、理念與欣賞時的審美經驗。在裴度集賢園的詠詩中他發表了「水竹以為質」的園林定義，是彌足珍貴的理論；此詩則又提供了園林美感經驗，以啟示園林意境之創造。伊水由洛陽城南面流入城中，向東行，在利仁坊曲折而北，流過歸仁坊東邊。牛僧孺園中的水灘就是挖掘伊水，引成溪流，而後在流水中堆砌上千個石頭，激阻水流，使翻滾飛濺、盤渦迴旋，發出潺湲哽咽的湍聲。在聽覺上有音韻之美；在視覺上則流動、激阻交加成躍動的千堆雪，經年不消溶；在觸覺上又能給伏暑酷熱的氣候帶來清涼。這樣白浪滔急的險灘，有似長江三峽灩澦堆，引發詩人想憶起走過的名山大川，因而眼前的小灘，儼然就是那灩澦堆，儼然就是那瀟湘、巴峽、松江，詩人遂也感受到自己親身遊歷其中的種種。這是園林造景小中見大的特色。

和李德裕一樣，牛僧孺也愛石頭。不過，他不像李德裕那樣留下許多詩篇來，告訴後人他是如何布置石頭，如何欣賞品玩的。現在可看到的是一首劉禹錫的〈和牛相公題姑蘇所寄太湖石兼寄李蘇州〉詩（卷三六三），其中寫的大概都是劉禹錫品賞石頭的所感，由所和之事只知道牛僧孺當也收集各種石頭在園中，但進一步較詳細的情況則無由得悉㊻。

洛陽城外，牛僧孺也有一處園林：

別墅洛城外，月明村野通。光輝滿地上，絲管發舟中。堤豔菊花露，島涼松葉風。高情限清禁，寒漏滴深宮。（劉禹錫〈牛相公留守見示城外新墅有溪竹秋月、親情多往宿遊、恨不得去因成四韻兼簡洛中親故之什兼命同作〉卷三五八）

城外園林初夏天，就中野趣在西偏。薔薇亂發多臨水，鸂鶒雙遊不避船。水底遠山雲似雪，橋邊平岸草如煙。白家唯有杯觴興，欲把頭盤打少年。（劉禹錫〈和牛相公遊南莊醉後寓言戲贈樂天兼見示〉卷三六〇）

飛雨過池閣，浮光生草樹。新竹開粉奩，初蓮爇香注。野花無時節，水鳥自來去。若問知境人，人間第一處。（劉禹錫〈牛相公林亭雨後偶成〉卷三五八）

這座別墅位於洛城南郊偏西之地。園中有池水，池中築造島嶼，島上植有松樹。通達島與岸之間架設了橋道。乘舟池面，可和鸂鶒相嬉戲，可以俯見倒映水中的山色與如雪白雲。有時照射到水面的陽光被反射後，又投映在草樹身上，草樹於浮動閃爍的反光中，彷彿也游離飄移起來，富於夢幻迷離的氣氛。園中花木有竹、松、蓮、薔薇及菊等，露水可以使它們更鮮麗，明豔的花色具有高亮度，可以把附近的景物也渲染映照得鮮亮耀目。在劉禹錫筆下，牛僧孺的郊園是個色彩亮麗的開朗地方。只可惜牛僧孺自身的詩作留下太少，無法了解得更詳細。

㊻ 牛李愛石見前文引《聞見後錄卷二七》。楊宗瑩〈奇石——集寵愛、罪過、詩情、靈性於一身〉曾批評道：「愛奇石也算是一種癖好，不能學牛李的迷惑。」

四、韋嗣立山莊

在《全唐詩》中有近二十首唱和韋嗣立山莊的應制之作。韋嗣立山莊在《新唐書卷一一六》本傳中記載著：「嗣立與韋后屬疏，帝特詔附屬籍，顧待甚渥。營別第驪山鸚鵡谷，帝臨幸，命從官賦詩，制序冠篇，賜況優備，因封嗣立逍遙公，名所居曰清虛原幽棲谷。嗣立獻木栢、藤盤數十物。」其山莊因中宗之臨幸，命制，故而聞名一時。山莊因位於驪山下，故又稱為「驪山別業」[47]。驪山在灞水之東，其與藍田山相接處乃是輞谷，有輞水流過[48]，谿谷眾多，是地形險要、山水秀奇，極具自然之美的地帶。可知，韋嗣立山莊已在天然形勢上得到勝境。

驪山因位於長安城東南方，因而詩中提及此園時便說：「幽谷杜陵邊」（韋嗣立〈偶遊龍門北溪、忽懷驪山別業、因以言志、示弟淑、奉呈諸大僚〉卷九一）、「鑾輿矚在灞城東」（趙彥昭〈奉和聖製幸韋嗣立山莊應制〉卷一〇三）、「東郊別業好池塘」（張說・同上卷八九）、「地隱東巖室」（宋之問〈奉和幸韋嗣立山莊侍宴應制〉卷五三）、「門向宜春近」（孫逖〈和韋兄春日南亭宴兄弟〉卷一一八），宜春苑乃曲江南面之漢稱，因而稱座落東南郊的山莊是門向宜春。這些詩句共同顯示出韋嗣立山莊的地理位置之形勝。

因為擁有天然形勝之地理位置，有穿錯的峽谷川壑及峻秀的山嶺，所謂「別業對青峰」（沈佺期〈陪幸韋嗣立山莊〉卷九七），毋須再疊山疏水，便已山明水秀，基本上是座自然山水園。張說在〈扈從幸韋嗣立山莊應制〉並序中描繪其中的景物說：

> 嵐氣入野，榛煙出谷。魚潭竹岸，松齋藥畹。虹泉電射，雲木虛吟。恍惚疑夢，間關忘術。茲所謂

---

[47] 韋嗣立自己有〈偶遊龍門北溪、忽懷驪山別業、因以言志、示弟淑、奉呈諸大僚〉卷九一。

[48] 參第一節引《讀史方輿紀要・卷五三陝西》者。

丘壑夔龍，衣冠巢許也。（卷八八）

因為大體上的景觀已定，所以人為的修營便是加強已有景勢特質，點化成為各具特色的景區。故有漁潭、竹岸、松齋、藥畹等，皆是較小型的造設。漁潭的情形是「孤潭碧樹林」（徐彥伯〈侍宴韋嗣立山莊應制〉卷七六），「岸轉綠潭寬」（劉憲〈奉和幸韋嗣立山莊侍宴應制〉卷七一）。漁潭，自然是養了很多游魚，潭的四周是碧綠的樹林，潭的所在就變得幽深了，也把潭水染得一片蒼翠。潭的形廓不規則，面積廣大，所以沿著岸堤行走時，往往覺得已走到狹窄的盡頭時，卻又忽然隨岸轉折，眼前竟呈現一片浩茫宏肆的水面。這種開闔情趣大約緣於潭本身與山巖相互綰接的自然形勢。

山莊中其他的水景很多，有池塘（如武平一與李嶠的詩作）、有溪流（如宋之問與蘇頲的詩作），其中尤其以懸泉之景，最為文人們所津津樂道：

雲卷千峰色，泉和萬籟吟。（崔湜〈奉和幸韋嗣立山莊侍宴應制〉卷五四）

喬木千齡外，懸泉百丈餘。（李嶠・同上・卷六一）

崖懸飛溜直，岸轉綠潭寬。（劉憲・同上・卷七一）

懸泉珠貫下，列帳錦屏舒。（張說〈扈從幸韋嗣立山莊應制〉卷八八）

泉流百尺向空飛（蘇頲〈奉和聖製幸韋嗣立山莊應制〉卷七四）

泉與溪河不同，水量較小，流徑大多是山巖石崖，故而流動所發出的聲音，透過山谷迴響，便異常醒耳。泉聲與林籟合鳴，成為山中悅耳的音律，也更烘托出山林的靜寂。山莊裡的流泉從巖崖上向下奔注，離地竟有百尺之高，泉水滴灑散落有如一面珠簾，給園林帶來清涼與動感。由「飛泉噴下溢池流」（李乂〈奉和幸韋嗣立山莊侍宴應制〉卷九二）及「泉迸水光浮」（蘇頲・同前引）兩句看來，飛泉下面承接落珠正好匯集成一窪水池，在陽光投射下反照出一些浮晃的水光，形成了奇幻的迷離之象。為了觀泉聽瀑之需求，韋嗣立在泉水流過的山澗崖巖之間，興建了各種休憩、臨眺的建築：

曲榭迴廊遶澗幽（李乂・上引）

虹橋澗底盤（劉憲・上引）

築巖思感夢（武平一〈奉和幸韋嗣立山莊侍宴應制〉卷一〇二）

水堂開禹膳，山閣獻堯鐘。（沈佺期〈陪幸韋嗣立山莊〉卷九七）

建築在巖澗之中的廊榭閣堂，自然是要順地勢而造，突崢凹坎的地形，必須相當高的建造技術，才能構築出山澗裡曲迴盤繞的姿態，而與谿巖相融和諧。登臨這些建築物也須一番躋爬的工夫，因此，園中鋪有登山的石階，如「石磴平黃陸」（李嶠）、「門旗塹複磴」（張說），以及各種山道小徑，如「小徑入松深」（崔湜）、「石徑喧朝履」（蘇頲）等。這些石徑是遊園的重要通道路線，猶如人體之血脈，由文人的一再強調磴、徑，表示山莊的遊園路線因地勢的關係而有相當大的起伏轉折，大約是個詰屈聱牙的園林。

總的說來，韋嗣立山莊在天然形勝上較接近王維的輞川，有奇峻的山壑谿谷，但是在景區的設計上不似輞川園沿著河川的流布伸展而一路排布下去那般脈絡鮮明，這大約也因寫下應制詩的文人們對於驪山別業山水的描寫其實是很單薄而片面的。他們往往把主旨放在應制酬對的規則禮儀上，給予園林較抽象的讚揚，對園主更是大加稱頌。至於園景的描寫則把重點放在強調其「大」：「喬木千齡外，懸泉百丈餘。崖深經鍊藥，穴古舊藏書」（前引），「逕直千官擁，溪長萬騎容」（沈佺期），「川狹旌門抵，巖高蔽帳臨」（崔湜）。像這樣，在高度、深度、時間、數量、氣勢上強調其大，固然也是基於這個自然山水園的真實狀況，但是其中一些曲致深微的美景或境界，便也因而較不易見知。

至於唐代一般文人擁有園林的情況，以下擬依《全唐詩》、《全唐文》及其他載籍所呈現者，列表於下，以見其大較，共有五表：

(一)《全唐詩》中歌詠自家園林的文人及詩作
(二)《全唐文》中記述自家園林的文人及文章
(三)史料中擁有園林的唐人
(四)《全唐詩》中被提及的園林
(五)《全唐文》中被提及的園林

(一)《全唐詩》中歌詠自家園林的文人及詩作：

文人	詩作[49]	備註
楊師道	〈還山宅〉卷三四。	岑文本等人有〈安德山池宴集〉唱和之作。
王績	〈春日〉「雲被南軒梅，風催北庭柳」卷三七。	
朱仲晦	〈答王無功問故園〉卷三八。	
盧照鄰	〈春晚山莊率題〉卷四二；〈山莊休沐〉卷四二。	《新唐書》本傳：「具茨山下，買園數十畝，疏潁水周舍……」
張九齡	〈始興南山下有林泉嘗卜居焉、荊州臥病有懷此地〉卷四	

[49] 此表所錄詩題以一人二首為限，若由詩題可看出其有兩所以上園林者，則不在此限。

	七；	
宋之問	〈與弟遊家園〉卷四九。〈寒食還陸渾別業〉卷五一；〈藍田山莊〉卷五二。	
王勃	〈對酒春園作〉卷五六；〈春莊〉卷五六。	
李嶠	〈田假限疾、不獲還莊、載想田園、兼思親友、率成短韻、用寫長懷贈杜幽素〉卷六一；〈王屋山第之側雜構小亭、暇日與群公同遊〉卷六一。	
高正臣	〈晦日置酒林亭〉卷七二。	崔知賢等人有〈晦日宴高氏林亭〉唱和之作。
蘇頲	〈閒園即事寄韋侍〉卷七四；〈小園納涼即事〉卷七三。	《唐兩京城坊考・卷五東京》：「禮部尚書蘇頲竹園。」
駱賓王	〈宿山莊〉卷七九。	
劉希夷	〈故園置酒〉卷八二。	
陳子昂	〈秋園臥病呈暉上人〉卷八三；	

韋嗣立	〈南山家園林木交映、盛夏五月、幽然清涼、獨坐思遠〉卷八四。〈偶遊龍門北溪、忽懷驪山別業、因以言志、示弟淑、奉呈諸大僚〉卷九一。	參上文。
沈佺期	〈從驩州廨宅移住山間水亭贈蘇使君〉卷九七。	
韋述	〈春日山莊〉卷一〇八。	
楊浚	〈題武陵草堂〉卷一二〇。	
盧鴻一	〈嵩山十志〉卷一二三。	
王維	〈林園即事寄舍弟紞〉卷一二五；〈輞川集〉卷一二八。	參第一節。
崔興宗	〈酬王維盧象見過林亭〉卷一二九。	
祖詠	〈歸汝墳山莊留別盧象〉卷一三一；〈陸渾水亭〉卷一三一。	
李頎	〈晚歸東園〉卷一三二；〈不調、歸東川別業〉卷一三二。	

儲光羲	〈仲夏入園中東陂〉卷一三六； 〈安宜園林獻高使君〉卷一三七。	
王昌齡	〈灞上閒居〉卷一四一； 〈題灞池〉卷一四三。	常建有〈宿王昌齡隱居〉「東園刈春韮」句。
常建	〈閒齋臥病行藥至山館、稍次湖亭〉卷一四四； 〈燕居〉卷一四四。	
李嶷	〈林園秋夜作〉卷一四五。	
劉長卿	〈南園〉卷一四七； 〈碧澗別墅〉卷一四七。	另有〈歸弋陽山居……〉所指未知是否同園。
孟浩然	〈仲夏歸漢南園寄京邑耆舊〉卷一五九； 〈夏日南亭懷辛大〉卷一五九。	
韋應物	〈園林晏起寄昭應韓明府盧主簿〉卷一八八； 〈林園晚霽〉卷一九一。	
張謂	〈春園家宴〉卷一九七； 〈西亭子言懷〉卷一九七。	
岑參	〈過酒泉憶杜陵別業〉卷二〇〇；	《遊城南記》「嘗讀唐人詩集，岑

	〈南溪別業〉卷二〇〇；〈早發焉耆懷終南別業〉卷二〇〇。	嘉州有杜陵別業、終南別業，而石鼇谷、高冠谷皆有其居。」
高適	〈淇上別業〉卷二一四。	
杜甫	〈卜居〉卷二二六；〈堂成〉卷二二六。	參第二節。
錢起	〈小園招隱〉卷二三六；〈谷口新居寄同省朋故〉卷二三六。	
郎士元	〈酬王季友題半日村別業兼呈李明府〉卷二四八。	《遊城南記》：「郎士元有吳村別業。」
薛據	〈出青門往南山下別業〉卷二五三。	
崔惠童	〈宴城東莊〉卷二五八。	
耿湋	〈東郊別業〉卷二六八；〈晚夏即事臨南居〉卷二六九。	
竇鞏	〈新營別墅寄家兄〉卷二七一。	
戴叔倫	〈郊園即事寄蕭侍郎〉卷二七三；〈南軒〉卷二七三。	

于良史	〈閒居寄薛華〉卷二七五。	有「鴉鳴池館晴」句。
盧綸	〈秋晚山中別業〉卷二八〇； 〈落第後歸終南別業〉卷二八〇。	
李益	〈水亭夜坐賦得晚霧〉卷二八三； 〈竹窗聞風寄苗發司空曙〉卷二八三。	
李端	〈題山中別業〉卷二八五； 〈歸山居寄錢起〉卷二八五。	
司空曙	〈閒園書事招暢當〉卷二九二； 〈江園書事寄盧綸〉卷二九三。	
王建	〈原上新居〉卷二九九； 〈林居〉卷二九九。	有「趁犢入新園」句。 有「莊貧客漸稀」句。
于鵠	〈春山居〉卷三一〇； 〈南谿書齋〉卷三一〇。	
李吉甫	〈夏夜北園即事寄門下武相公〉卷三一八； 〈九日小園獨謠贈門下武相公〉卷三一八。	
權德輿	〈早春南亭即事〉卷三二〇；	

羊士諤	〈拜昭陵過咸陽墅〉卷三三〇。 〈永寧小園即事〉卷三三二； 〈池上構小山詠懷〉卷三三二。	
裴度	〈涼風亭睡覺〉卷三三五； 〈白二十二侍郎有雙鶴留在洛下、予西園多野水、長松、可以棲息、遂以詩請之〉卷三三五。	參上文。
韓愈	〈示兒〉卷三四二。	有「松果連南亭，外有瓜芋區」句。《長安志・圖志雜說》：「□韓莊者，在韋曲之東，退之與孟郊賦時又并其子讀書之所也。」
陳羽	〈春園即事〉卷三四八； 〈戲題山居〉卷三四八。	
歐陽詹	〈題別業〉卷三四九。	
柳宗元	〈中夜起望西園值月上〉卷三五二； 〈自衡陽移桂十餘本植零陵所住精舍〉卷三五三。	
劉禹錫	〈晝居池上亭獨吟〉卷三五七； 〈秋夕不寐寄樂天〉卷三五八。	有「螢飛過池影」句。

呂溫	〈夜後把火看花南園招李十一兵曹不至、呈座上諸公〉卷三七一。	
孟郊	〈新卜清羅幽居奉獻陸大夫〉卷二七六；〈生生亭〉卷三七六。	
李賀	〈南園〉卷三九〇、三九四；〈昌谷北園新筍詩〉卷三九一。	
元稹	〈靖安窮居〉卷四一二；〈歸田〉卷四〇九。	有「草滿空階樹滿園」句。有「春種桔槔園」句。《唐兩京城坊考．卷五東京》：「白居易詩注：微之履信新居多水竹。」
白居易	〈新構亭臺示諸弟姪〉卷四二九；〈香鑪峰下新置草堂即事詠懷題於石上〉卷四三〇；〈新昌新居書事四十韻因寄元郎中張博士〉卷四四二；〈履道新居二十韻〉卷四四六；〈埇橋舊業〉卷四四六。	參第三節。
牟融	〈題山莊〉卷四六七。	

劉言史	〈題源分竹亭〉卷四六八。	有「先校諸家一月寒」句。
長孫佐輔	〈山居〉卷四六九。	
張碧	〈山居雨霽即事〉卷四六九。一作長孫佐輔詩。	
李德裕	〈晚夏有懷平泉林居〉卷四七五； 〈憶伊川郊居〉卷四七五。	參上文。
熊孺登	〈新成小亭月夜〉卷四七六； 〈青溪村居〉卷四七六。	有「家占溪南千箇竹」句。
李涉	〈葺夷陵幽居〉卷四七七； 〈山居送僧〉卷四七七。	
李紳	〈滁陽春日懷果園閒宴〉卷四八〇； 〈南庭竹〉卷四八一。	
殷堯藩	〈郊居作〉卷四九二； 〈閒居〉卷四九二。	有「碧樹濃蔭護短垣」句。 有「茂苑閒居木石同」句。
施肩吾	〈秋夜山居〉卷四九四； 〈幽居樂〉卷四九四。	
姚合	〈莊居即事〉卷四九八；	

	〈題家園新池〉卷四九九。	
周賀	〈山居秋思〉卷五〇三；〈春日山居寄友人〉卷五〇三。	
張祐	〈晚夏歸別業〉卷五一〇。	
朱慶餘	〈歸故園〉卷五一四。	有「竹徑有時風為掃」句。
楊發	〈春園醉醒閒臥小齋〉卷五一七；〈小園秋興〉卷五一七。	
杜牧	〈西山草堂〉卷五二六；〈石池〉卷五二六。	
許渾	〈夜歸丁卯橋村舍〉卷五二九；〈下第歸蒲城墅居〉卷五三二。	另有〈南海使院對菊懷丁卯別墅〉。
李商隱	〈歸墅〉卷五三九；〈小園獨酌〉卷五四〇。	
劉得仁	〈夏日樊川別業即事〉卷五四四；〈西園〉卷五四四。	
趙嘏	〈南園〉卷五五〇；	

	〈南亭〉卷五五〇。	
馬戴	〈早發故園〉卷五五五；〈灞上秋居〉卷五五五。	
薛能	〈春居即事〉卷五六〇；〈春日江居寓懷〉卷五六〇。	有「西園獨掩扉」句。
李群玉	〈南莊春晚〉卷五七〇。	
賈島	〈郊居即事〉卷五七三；〈清明日園林寄友人〉卷五七四。	有「住此園林久」句。
溫庭筠	〈早秋山居〉卷五八一；〈鄠郊別墅寄所知〉卷五八二。	
劉滄	〈題書齋〉卷五八六；〈晚歸山居〉卷五八六。	
李頻	〈山居〉卷五八八；〈山中夜坐〉卷五八八。	
李郢	〈園居〉卷五九〇。	
曹鄴	〈題山居〉卷五九二；	

于武陵	〈城南野居寄知己〉卷五九三。 〈早春山居寄城郭知己〉卷五九五。	
高駢	〈池上送春〉卷五九八； 〈平流園席上〉卷五九八。	《舊唐書》：本傳「於府第別建道院，院有迎仙樓、延和閣……」
李昌符	〈遠歸別墅〉卷六〇一。	
許棠	〈冬杪歸陵陽別業〉卷六〇三； 〈憶宛陵舊居〉卷六〇四。	
皮日休	〈秋晚自洞庭湖別業寄穆秀才〉卷六一三。	
陸龜蒙	〈江墅言懷〉卷六二三； 〈別墅懷歸〉卷六二四。	《南部新書‧丁》：「陸龜蒙居震澤之南巨積莊。」
司空圖	〈王官〉卷六三三； 〈題休休亭〉卷六三四。	《南部新書‧辛》「移居中條山王官谷，周迴千餘里，泉石之美冠于一山。」
張喬	〈七松亭〉卷六三九	有「掃石留僧聽遠泉」句。
李山甫	〈早秋山中作〉卷六四五； 〈別墅〉卷六四五。	

李咸用	〈山居〉卷六四五。	
方干	〈鏡中別業〉卷六四八； 〈郭中山居〉卷六五二。	
羅隱	〈南園題〉卷六六五； 〈林處士新居〉卷六六一。	有「小園吾亦有，多病近來抛」句。
鄭谷	〈深居〉卷六七四； 〈郊園〉卷六七四。	有「書滿閒窗下，琴橫野艇中」句。
崔塗	〈讀方干詩因懷別業〉卷六七九； 〈春日閒居憶江南舊業〉卷六七九。	
韓偓	〈李太舍池上玩紅薇醉題〉卷六八一； 〈南亭〉卷六八一。	有「京洛園林歸未得，天涯相顧一含情」句。 有「每日在南亭」句。
吳融	〈玉堂種竹六韻〉卷六八五； 〈閒居有作〉卷六八七。	有「繞竹清流浸骨清，愛弄綠苔魚自躍」句。
陸希聲	〈山居即事〉卷六八九。	
杜荀鶴	〈亂後山居〉卷六九二；	

韋莊	〈山居寄同志〉卷六九二。 〈三堂東湖作〉卷六九五； 〈洛北村居〉卷六九六。	有「巖邊石室低臨水」句。
徐夤	〈北園〉卷七〇八； 〈新葺茆堂〉卷七〇九。	
崔道融	〈郊居友人相訪〉卷七一四。	有「不有小園新竹色，君來那肯暫淹留」句。
曹松	〈夏日東齋〉卷七一七。	有「偶來松檻立」句。
李洞	〈鄠郊山舍題趙處士林亭〉卷七二一。	
楊昭儉	〈題家園〉卷七三七。	
李建勳	〈春日小園晨看兼招同舍〉卷七三九； 〈溪齋〉卷七三九。	
李中	〈思九江舊居〉卷七四七； 〈思溢渚舊居〉卷七五〇。	有「漁臺」、「虛閣」、「竹」……。 有「草堂」、「竹」、「溪上樓」……
徐鉉	〈自題山亭〉卷七五五； 〈從兄龍武將軍沒於邊戍過舊營宅作〉卷七五一。	有「今日園林過寒食」句。

王周	〈小園桃李始花偶以成詠〉卷七六五；〈早春西園〉卷七六五。	
劉兼	〈西齋〉卷七六六。	

(二)《全唐文》中記述自家園林的文人與文章[50]：

文人	文題	備註
朱桃椎	〈茅茨賦〉卷一六一。	有「散誕池臺之上，逍遙之間」句。
杜佑	〈杜城郊居王處士鑿山引泉記〉卷四七七。	《新唐書》本傳載「朱坡、樊川，頗治亭觀林芿，鑿山股泉」。《遊城南記》：「在佑已有瓜洲別業。」權德輿有〈司徒岐公杜城郊居記〉卷四九四。
梁肅	〈過舊園賦〉卷五一七。	
張仲素	〈窗中列遠岫賦〉卷六四四。	有「鑿垣而疊嶂遙列，寓目而幽襟必舒」句。

[50] 凡有園林已出現於前表者之文人，本表均不再錄。

劉巖夫	〈植竹記〉卷七三九。	有「劉氏徙竹凡百餘本，列於室之東西軒，泉之南北隅」句。
楊夔	〈小池記〉卷八六七。	有「宏農子始卜居於前溪，得地數畝，構草堂竹齋，植修篁。竹齋之前有地周三十步，因命僮執鍤，穴為池焉」句。
詹敦仁	〈清隱堂記〉卷九〇〇。	有「有田可耕，有水可居，予卜而築之，傍堂曰清隱」句。

(三)史料中擁有園林的唐人：

人名	**園林大略**	**載籍**
長寧公主	造第東都，使楊務廉營總。第成，府財幾竭……又取西京高士廉弟……作三層樓以馮觀，築山浚池。	《新唐書卷八三》本傳
安樂公主	自鑿定昆池，延袤數里……累石肖華山，隥彴橫邪，回淵九折，以石瀵水。	同右
莊淑公主	開第昌化里，疏龍首池為沼。后家上尚父大通里亭為主別館，貴震當世。	同右

杜鴻漸	私第在長興里，館宇華靡，賓僚宴集。	《舊唐書卷一〇八》本傳 《長安志卷七》注亦載
張嘉貞	其居第亭館之麗，甲於雒城。子孫五代，無所加工，時號三相張家。	《唐兩京城坊考・卷五東京》注
魏徵	魏徵宅山池院，有進士鄭光乂畫山水，為時所重。	同右
王溥	園既古，物皆蒼老……有七葉二樹對峙，高百尺，春夏望之如山然。	《洛陽名園記・苗帥園》
馮盎	盎奴婢萬餘人，所居地方二千里……	《舊唐書卷一〇九》本傳
李日知	既罷，不治田園，唯飾臺池，引賓客與娛樂。	《新唐書卷一一六》本傳
王方翼	乃與庸保，齊力勤作，苦心計，功不虛棄，數年闢田數十頃，修飾館宇，列植竹木，遂為富室。	《舊唐書卷一八五》本傳
郭英乂	恃富而驕，於京城創起甲第，窮極奢靡。	《舊唐書卷一一七》本傳
元載	城中開南北二甲第，室宇宏麗，冠絕當時。又於近郊起亭榭，所至之處，帷帳什器，皆於宿設，儲不改供。城南膏腴別墅……連疆接畛，凡數十所……	《舊唐書卷一一八》本傳
郭子儀	城南有汾陽王別墅，林泉之致，莫之與比。	《舊唐書卷一二〇》本傳

崔寬	家富於財，有別墅在皇城之南，池館臺榭，當時第一。	《舊唐書卷一一九》楊綰傳
李抱真	時天下無事，乃大起臺榭，穿池沼以自娛。	同右卷一三二本傳
楊憑	修第於永寧里，功作併興，又……	同右卷一四六本傳
馬璘	在京師治第舍，尤為宏侈……自後公卿賜宴，多於璘之山池。	同右卷一五二本傳
馬暢	暢亦殖財，家益豐。晚為豪幸牟侵……奉誠園亭觀，即其安邑里舊第云。	《新唐書卷一五五》馬燧傳
盧簡求	都城有園林別墅，歲時行樂，子弟侍側，公卿在席，詩酒賞詠，竟日忘歸，如是者累年。	《舊唐書・卷一六三盧簡辭傳》
王龜	意在人外，倦接朋游，乃於永達里園林深僻處創書齋，吟嘯其間，目為半隱亭。　及從父起在河中，於中條山谷中起草堂，與山人道士遊，朔望一還府第，後人目為「郎君谷」。　於龍門西谷構松齋，棲息往來，放懷事外。	同右卷一六四王播傳 而《南部新書・丁》則作王龜之子
鄭注	起第善和里，通於永巷，長廊複壁，日聚京師輕薄子弟，方鎮將吏，以招權利。	同右卷一六九本傳

蕭俛	避歲時請謁之煩，乃歸濟源別墅，逍遙山野，嘯詠窮年。	同右卷一七二本傳
裴休	休志操堅正，童齔時，兄弟同學于濟源別墅。休經年不出墅門……	同右卷一七七本傳
元德秀	南遊陸渾，見佳山水，杳然有長往之志，乃結廬山阿。	同右卷一九〇本傳
李林甫	薛王別墅勝麗甲京師，以賜林甫，宅邸第、田園、水磑皆便好上腴。	《新唐書・卷二二三》本傳
李逢吉	園林甚盛。	《長安志・卷九》注
裴巽	宅……土地平敞，水木清茂，為京師之最。	同右卷十注
令狐楚	楚宅在開化坊，牡丹最盛。	同右卷七注
王昕	引永安渠為池，彌亘頃畝，竹木環布，荷荇叢秀。	同右卷十注
楊銛	甲第洞開，僭擬宮掖，每造一堂，費逾千萬。	同右卷八注
馮宿	宅南有山亭，院多養鵝鴨及雜禽之類。	《長安志・卷八》注
梁升卿	有安定莊。	《遊城南記》
仇士良	（仇家）莊即唐宦官仇士良別業也。	同右
蘇味道	（宅）有三十六柱亭子，時稱巧絕。	《唐兩京城坊考・卷五》

李勃	宅在水北，經年（木蘭）花紫色。	同右
李仍淑	宅有櫻桃池……	同右
柳當	在履信東街，有樓臺水木之盛。	同右
韋瓘	余洛川弊廬，在崇讓里，有竹千竿，有池一畝……猿一隻，越鳥一雙，疊石數片。	同右
薛貽簡	（園）號薛氏奉親園，園內流杯石，傳自平泉徙致。	同右
韋宙	江陵府東有別業，良田美產，最號膏腴。	《唐語林卷七》
閻立本	（閻立本宅）西亭有立本所畫山水。	《長安志卷十》注
段成式	常於私第鑿池。	《全唐詩話卷四》

(四)《全唐詩》中被提及的園林：

詩題	作者	詩題	作者
〈酬蕭侍中春園聽妓〉卷三九。	陳子良	〈家叔徵君東溪草堂〉卷一一三。	盧象
〈故刑部李尚書荊谷山集會〉卷四八。	張九齡	〈鄭郎中山亭〉卷一一四。	崔翹

張九齡	〈晚憩王少府東閣〉卷四九。
崔湜	〈唐都尉山池〉卷五四。
崔知賢	〈三月三月宴王明府山亭〉卷七二。
蘇頲	〈題壽安王主簿池館〉卷七三。
徐晶	〈蔡起居山亭〉卷七五。
陳子昂	〈群公集畢氏林亭〉卷八四。
陳子昂	〈魏氏園林人賦一物得秋亭萱草〉卷八四；
陳子昂	〈于長史山池三日曲水宴〉卷八四。
張說	〈崔禮部園亭得深字〉卷八七。
沈佺期	〈李舍人山園送龐部〉卷九六。
賀知章	〈題袁氏別業〉卷一一二。
蔡希寂	〈同家兄題渭南王公別業〉卷一一四。
王維	〈晦日遊大理韋卿城南別業四聲依次用各六韻〉卷一二五；
王維	〈同盧拾遺過韋給事東山別業……〉卷一二五；
王維	〈從岐王過楊氏別業應教〉卷一二六
王維	〈登裴秀才迪小臺〉卷一二六；
王維	〈過崔駙馬山池〉卷一二六；
王維	〈皇甫嶽雲溪雜題〉五首；
王維	〈春過賀遂員外藥園〉卷一二七。
祖詠	〈蘇氏別業〉卷一三一；
祖詠	〈題韓少府水亭〉卷一三一；
祖詠	〈清明宴司勳劉郎中別業〉卷一三一。
李頎	〈裴尹東溪別業〉卷一三二；
李頎	〈題綦母校書別業〉卷一三二；

〈潘司馬別業〉卷一一四。	周瑀
〈晚夏馬嵬卿叔池亭即事寄京都一二知己〉卷一一五。	王灣
〈和韋兄春日南亭宴兄弟〉卷一一八。	孫逖
〈題沈東美員外山池〉卷一三五。	綦毋潛
〈京口題崇上人山亭〉卷一三八；	儲光羲
〈同張侍御鼎和京兆蕭兵曹華晚南園〉卷一三九。	儲光羲
〈宿裴氏山莊〉卷一四〇。	王昌齡
〈三日尋李莊〉卷一四四。	常建
〈過李將軍南鄭園林觀妓〉卷一四七；	劉長卿
〈過鸚鵡洲王處士別業〉卷一四八；	劉長卿
〈春過裴虬郊園〉卷一四八；	劉長卿
〈題獨孤使君湖上林亭〉卷一四八；	劉長卿
〈夏宴張兵曹東堂〉卷一三三；	李頎
〈題璿公山池〉卷一三四；	李頎
〈題少府監李丞山池〉卷一三四。	李頎
〈宴陶家亭子〉卷一七九；	李白
〈過崔八丈水亭〉卷一八〇；	李白
〈過汪氏別業〉卷一八二；	李白
〈題元丹丘潁陽山居〉卷一八四；	李白
〈題金陵王處士水亭〉卷一八四。	李白
〈賈常侍林亭集〉卷一八六；	韋應物
〈晦日處士叔園林燕集〉卷一八六；	韋應物
〈題鄭弘憲侍御遺愛草堂〉卷一九二。	韋應物
〈春半與群公同遊元處士別業〉卷一九八；	岑參

〈送鄭十二還廬山別業〉卷一四八；	劉長卿
〈鄖上送韋司士歸上都舊業〉卷一五一；	劉長卿
〈和楊於陵歸宋州別業〉卷一五一；	劉長卿
〈和中丞出使恩命過終南別業〉卷一五一。	劉長卿
〈同盧明府早秋宴張郎中海亭〉卷一六〇；	孟浩然
〈宴榮二山池〉卷一六〇；	孟浩然
〈題張野人園廬〉卷一六〇；	孟浩然
〈李氏園林臥疾〉卷一六〇；	孟浩然
〈冬至後過吳張二子檀溪別業〉卷一六〇。	孟浩然
〈携妓登梁王棲霞山孟氏桃園中〉卷一七九；	李白
〈尋鞏縣南李處士別業〉卷一九八；	岑參
〈東歸留題太常徐卿草堂〉卷一九八；	岑參
〈送鄭堪歸東京汜水別業〉卷二〇〇；	岑參
〈送胡象落第歸王屋別業〉卷二〇〇；	岑參
〈送杜佐下第歸陸渾別業〉卷二〇〇；	岑參
〈送陳子歸陸渾別業〉卷二〇〇；	岑參
〈閿鄉送上官秀才歸關西別業〉卷二〇〇；	岑參
〈宿岐州北部嚴給事別業〉卷二〇〇；	岑參
〈春尋河陽陶處士別業〉卷二〇〇；	岑參
〈漢上題韋氏莊〉卷二〇〇。	岑參

〈宴鄭參卿山池〉卷一七九；	李白
〈遊謝氏山亭〉卷一七九；	李白
〈赴南中留別褚七少府湖上林亭〉卷二〇七。	李嘉祐
〈夜宴左氏莊〉卷二二四；	杜甫
〈陪鄭廣文遊何將軍山林〉卷二二四；	杜甫
〈九日藍田崔氏莊〉卷二二四；	杜甫
〈陪王使君晦日泛江就黃家亭子〉卷二二八；	杜甫
〈過故斛斯校書莊〉卷二二八；	杜甫
〈上巳日徐司錄林園宴集〉卷二三二；	杜甫
〈太子李舍人城東別業〉卷二三六；	錢起
〈過沈氏山居〉卷二三六；	錢起
〈春夜過長孫繹別業〉卷二三七；	錢起
〈題溫處士山居〉卷二三七；	錢起
〈題李將軍山亭〉卷二〇三。	郭良
〈秋日過徐氏園林〉卷二〇五。	包佶
〈奉和元相公家園即事寄王相公〉卷二四四；	韓翃
〈題張逸人園林〉卷二四五；	韓翃
〈送襄垣王君歸南陽別墅〉卷二四五；	韓翃
〈宴楊駙馬山池〉卷二四五；	韓翃
〈送田明府歸終南別業〉卷二四五。	韓翃
〈蕭文學山池宴集〉卷二四七。	獨孤及
〈送元詵還丹陽別業〉卷二四八。	郎士元
〈與張諲宿劉八城東莊〉卷二四九；	皇甫冉
〈楊氏林亭探得古槎〉卷二五〇。	皇甫冉
〈潯陽陶氏別業〉卷二五六。	劉眘虛
〈雪後宿王純池州草堂〉卷二六八；	耿湋

〈過孫員外藍田山居〉卷二三七；	錢起
〈題蘇公林亭〉卷二三七；	錢起
〈宴崔駙馬玉山別業〉卷二三七；	錢起
〈夏日陪史郎中宴杜郎中果園〉卷二三八；	錢起
〈奉和宣城張太守南亭秋夕懷友〉卷二三八；	錢起
〈題秘書王迪城北池亭〉卷二三八；	錢起
〈仲春宴王補闕城東小池〉卷二三九；	錢起
〈題崔逸人山亭〉卷二三九。	錢起
〈張山人草堂會王方士〉卷二四三；	韓翃
〈題蘇許公林亭〉卷二四四；	韓翃
〈題賈山人園林〉卷二七九；	盧綸
〈題苗員外竹間亭〉卷二七九；	盧綸
〈題楊著別業〉卷二六八。	耿湋
〈段都尉別業〉卷二七一。	竇庠
〈和丘員外題湛長史舊居〉卷二七二。	韋夏卿
〈題黃司直園〉卷二七四；	戴叔倫
〈題秦隱君麗句亭〉卷二七四。	戴叔倫
〈送夏侯校書歸華陰別墅〉卷二七六；	盧綸
〈和太常李主簿秋中山下別墅即事〉卷二七七；	盧綸
〈蕭常侍癭柏亭歌〉卷二七七；	盧綸
〈春日題杜叟山下別業〉卷二七八；	盧綸
〈題李沆林園〉卷二七八；	盧綸
〈題邵端公林亭〉卷三二九。	權德輿
〈遊郭駙馬大安山池〉卷三三二。	羊士諤

〈秋夜宴集陳翃郎中圃亭美校書郎張正元歸鄉〉卷二七九；	盧綸
〈冬日宴郭監林亭〉卷二七九；	盧綸
〈同耿湋司空曙二拾遺題韋員外東齋花樹〉卷二七九；	盧綸
〈觀袁修侍郎漲新池〉卷二七九。	盧綸
〈題從叔沆林園〉卷二八五；	李端
〈題崔端公園林〉卷二八五；	李端
〈題鄭少府林園〉卷二八五；	李端
〈酬秘書元丞郊園臥疾〉卷二八五；	李端
〈題元注林園〉卷二八六。	李端
〈題鮮于秋林園〉卷二九三。	司空曙
〈題賈巡官林亭〉卷三三三。	楊巨源
〈題華十二判官汝州宅內亭〉卷三四九。	歐陽詹
〈從崔中丞過盧少尹郊居〉卷三五二。	柳宗元
〈送周使君罷渝州歸郢州別墅〉卷三五九；	劉禹錫
〈劉駙馬水亭避暑〉卷三五九；	劉禹錫
〈和思黯憶南莊見示〉卷三六一。	劉禹錫
〈道州夏日早訪荀參軍林園敬酬見贈〉卷三七〇；	呂溫
〈道州春遊歐陽家林亭〉卷三七一。	呂溫
〈遊城南韓氏莊〉卷三七五；	孟郊
〈陪侍御叔遊城南山墅〉卷三七五；	孟郊
〈喜與長文上人宿李秀才小山池亭〉卷三七五；	孟郊

〈郭家溪亭〉卷三〇〇；	王建
〈逍遙翁溪亭〉卷三〇〇；	王建
〈題裴處士碧虛溪居〉卷三〇〇。	王建
〈題劉偃莊〉卷三〇四。	劉商
〈過張老園林〉卷三一〇。	于鵠
〈春日酬熊執易南亭花發見贈〉卷三一七。	武元衡
〈奉和于司空二十五丈新卜城南郊居接司徒公別墅即事書情奉獻兼呈李裴相公〉卷三二一；	權德輿
〈春日同諸公過兵部王尚書林園〉卷三二六；	權德輿
〈題元十八溪亭〉卷四三〇；	白居易
〈同韓侍郎遊鄭家池吟詩小飲〉卷四三四；	白居易
〈遊韋七洞庭別業〉卷三七五；	孟郊
〈藍溪元居士草堂〉卷三七六；	孟郊
〈答盧虔故園見寄〉卷三七八；	孟郊
〈送豆盧策歸別墅〉卷三七八。	孟郊
〈三原李氏園宴集〉卷三八三；	張籍
〈和李僕射西園〉卷三八四；	張籍
〈題韋郎中新亭〉卷三八五；	張籍
〈和左司元郎中秋居〉卷三八四。	張籍
〈過杜氏江亭〉卷五〇〇；	姚合
〈會將作崔監東園〉卷五〇〇。	姚合

〈題周浩大夫新亭子二十二韻〉卷四三八；	白居易
〈題王侍御池亭〉卷四三八；	白居易
〈崔十八新池〉卷四四五；	白居易
〈楊家南亭〉卷四四九；	白居易
〈過溫尚書舊莊〉卷四五〇；	白居易
〈題平泉薛家雪堆莊〉卷四五一；	白居易
〈題王家莊臨水柳亭〉卷四五四。	白居易
〈題孫君山亭〉卷四六七；	牟融
〈題徐俞山居〉卷四六七；	牟融
〈陳使君山莊〉卷四六七。	牟融
〈侍郎宅泛池〉卷四七四。	徐凝
〈秋日過員太祝林園〉卷四七七。	李涉
〈題獨孤少府園林〉卷四七八。	陸暢
〈題何氏池亭〉卷五〇三；	周賀
〈陳氏園林〉卷五〇四；	鄭巢
〈題崔行先石室別墅〉卷五〇四。	鄭巢
〈題杜賓客新豐里幽居〉卷五〇七。	蔣防
〈題馬儒乂石門山居〉卷五〇九。	顧非熊
〈題曾氏園林〉卷五一〇；	張祜
〈題李瀆山居玉潭〉卷五一〇；	張祜
〈題陸敦禮山居伏牛潭〉卷五一〇。	張祜
〈杭州盧錄事山亭〉卷五一四；	朱慶餘
〈題胡氏溪亭〉卷五一四；	朱慶餘
〈和劉補闕秋園寓興之什〉卷五一四；	朱慶餘
〈送石協律歸吳興別業〉卷五一五；	朱慶餘
〈題錢宇別墅〉卷五一五。	朱慶餘

〈春日宴徐君池亭〉卷四九四。	李紳
〈題薛十二池亭〉卷四九九；	姚合
〈題大理崔少卿駙馬林亭〉卷四九九；	姚合
〈題長安薛員外水閣〉卷四九九；	姚合
〈寄題尉遲少卿郊居〉卷四九九；	姚合
〈過張邯鄲莊〉卷五〇〇；	姚合
〈陪少師李相國崔賓客宴居守狄僕射池亭〉卷五三七。	許渾
〈過招國李家南園〉卷五三九；	李商隱
〈宿駱氏亭寄懷崔雍崔袞〉卷五三九；	李商隱
〈崇讓宅東亭醉後沔然有作〉卷五四〇；	李商隱
〈子初郊墅〉卷五四〇；	李商隱
〈過故府中武威公交城故莊感事〉卷五四一。	李商隱
〈題崔監丞城南別業〉卷五四四；	劉得仁
〈夏日戲題郭別駕東堂〉卷五二八；	許渾
〈題韋隱居西齋〉卷五二八；	許渾
〈送蕭處士歸緱嶺別業〉卷五三三；	許渾
〈遊錢塘青山李隱居西齋〉卷五三三；	許渾
〈出家通門經李氏莊〉卷五三四；	許渾
〈題陸侍御林亭〉卷五三六；	許渾
〈送烏行中還石淙別業〉卷五七二；	賈島
〈題李凝幽居〉卷五七二；	賈島
〈送唐環歸敷水莊〉卷五七二；	賈島
〈王侍御南園莊〉卷五七三。	賈島
〈和道溪君別業〉卷五七八；	溫庭筠
〈題豐安里王相林亭〉卷五八一。	溫庭筠
〈題王校書山齋〉卷五八六；	劉滄

〈宿韋津山居〉卷五四四；	劉得仁
〈題從伯舍人道正里南園〉卷五四五。	劉得仁
〈題昭應王明府溪亭〉卷五四九。	趙嘏
〈宴韋侍御新亭〉卷五五二。	林滋
〈早春題湖上顧氏新居〉卷五五四；	項斯
〈姚氏池亭〉卷五五四；	項斯
〈春日題李中丞樊川別墅〉卷五五四。	項斯
〈宿崔邵池陽別墅〉卷五五五。	馬戴
〈題鹽鐵李尚書滻州別業〉卷五五九；	薛能
〈宋氏林亭〉卷五六一；	薛能
〈題于公花園〉卷五六一。	薛能
〈遊東湖黃處士園林〉卷五六二；	劉威
〈題許子正處士新池〉卷五六二。	劉威
〈題馬太尉華山莊〉卷五八六。	劉滄
〈題張司馬別墅〉卷五八七；	李頻
〈留題姚氏山齋〉卷五八九。	李頻
〈酬劉谷立春日吏隱亭見寄〉卷五九〇；	李郢
〈秦處士移居富春發樟亭懷寄〉卷五九〇；	李郢
〈邵博士溪亭〉卷五九〇。	李郢
〈題李昌符豐樂幽居〉卷六〇四。	許棠
〈褚家林亭〉卷六一四。	皮日休
〈題賈氏林泉〉卷六三六。	聶夷中
〈題鄭侍御藍田別業〉卷六三八。	張喬
〈題陳正字林亭〉卷六四六。	李咸用
〈陸處士別業〉卷六四九；	方干
〈孫氏林亭〉卷六五〇；	方干

〈劉景陽東齋〉卷五七一；	賈島
〈書吳道隱林亭〉卷六五〇；	方干
〈路支使小池〉卷六五一；	方干
〈題越州袁秀才林亭〉卷六五一；	方干
〈于秀才小池〉卷六五一；	方干
〈鹽官王長官新創瑞隱亭〉卷六五一；	方干
〈許員外新陽別業〉卷六五三；	方干
〈李侍御上虞別業〉卷六五三；	方干
〈夜會鄭氏昆季林亭〉卷六五三。	方干
〈題刑部李郎中山亭〉卷六七〇。	秦韜玉
〈宿趙嵘別業〉卷六七一。	唐彥謙
〈訪題表兄王藻渭上別業〉卷六七六。	鄭谷
〈題故李賓客廬山草堂〉卷六七八。	許彬
〈旅次洋州寓居郝氏林亭〉卷六五〇；	方干
〈題姑蘇凌處士莊〉卷六九七；	韋莊
〈題汧陽縣馬跑泉李學士別業〉卷六九八。	韋莊
〈和崔監丞春遊鄭僕射東園〉卷七〇二。	張蠙
〈經故翰林楊左丞池亭〉卷七〇八。	徐夤
〈題耿處士林亭〉卷七一三。	俞坦之
〈秋宿潤州劉處士江亭〉卷七二一。	李洞
〈題薛少府莊〉卷七二二。	李洞
〈題劉相公光德里新構茅亭〉卷七二三。	李洞
〈蘇著作山池〉卷七七六。	賈彥璋
〈過王逸人園林〉卷七五八。	孟貫
〈題徐五教池亭〉卷七五〇；	李中
〈宿韋校書幽居〉卷七四九；	李中

〈李太舍池上玩紅薇醉題〉卷六八一。	韓偓	〈題柴司徒亭假山〉卷七四八；	李中
〈題盧嶽劉處士草堂〉卷六九二；	杜荀鶴	〈徐司徒池亭〉卷七四七。	李中
〈夏日留題張山人林亭〉卷六九二；	杜荀鶴	〈題徐穉湖亭〉卷七四六。	陳陶
〈題汪明府山居〉卷六九二。	杜荀鶴	〈題顏氏亭宇〉卷七四〇。	孟賓于
〈題裴端公郊居〉卷六九五；	韋莊	〈題李少府別業〉卷七二四；	唐求
〈題吉澗盧拾遺莊〉卷六九六；	韋莊	〈題鄭處士隱居〉卷七二四。	唐求

(五)《全唐文》中被提及的園林：

篇名	作者	篇名	作者
〈遊冀州韓家園序〉卷一八〇；	王勃	〈盧郎中潯陽竹亭記〉卷三八九。	獨孤及
〈春日孫學士宅宴序〉卷一八一；	王勃	〈春宴蕭侍郎林亭序〉卷四二六；	于邵
〈夏日宴張二林亭序〉卷一八一；	王勃	〈遊李校書花藥園序〉卷四二六。	于邵
〈宇文德陽宅秋夜山亭宴序〉卷一八一；	王勃	〈暮春陪諸公游龍沙熊氏清風亭詩序〉卷四九〇；	權德輿

〈李舍人山亭詩序〉卷一八二。	王勃
〈薛大夫山亭宴序〉卷二一四。	陳子昂
〈季春下旬詔宴薛王山池序〉卷二二五；	張說
〈南省就竇尚書山亭尋花柳宴序〉卷二二五；	張說
〈鄴公園池餞韋侍郎神都留守序〉卷二二五。	張說
〈奉陪武駙馬宴唐卿山亭序〉卷二四一；	宋之問
〈春遊宴兵部韋員外韋曲莊序〉卷二四一。	宋之問
〈汝州薛家竹亭賦〉卷二九四。	王泠然
〈賀遂員外藥園小山池記〉卷三一六。	李華
〈仲春群公遊田司直城東別業序〉卷三三四。	陶翰
〈許氏吳興溪亭記〉卷四九四。	權德輿
〈晚春崔中丞林亭會集詩序〉卷五一八。	梁肅
〈江西觀察宴度支張侍郎南亭花林序〉卷五二九。	顧況
〈潭州楊中丞作東池戴氏堂記〉卷五八〇；	柳宗元
〈邕州柳中丞作馬退山茅亭記〉卷五八〇；	柳宗元
〈永州韋使君新堂記〉卷五八〇；	柳宗元
〈永州崔中丞萬石亭記〉卷五八〇。	柳宗元
〈襄陽張端公西園記〉卷六八九。	符載
〈游衛氏林亭序〉卷八八二；	徐鉉
〈毗陵郡公南原亭館記〉卷八八三。	徐鉉

第五節　遊春盛地曲江

第一章第三節曾論及唐代長安盛行遊春。無論是定居或暫宿，不管是皇帝貴戚或庶民百姓，每到春天降臨時，便成群結隊往長安東南角的曲江或其他私人園林去遊賞宴飲，以至園林全無隙地。當然，踽踽獨行或獨坐傷懷的人也是有的。總是，曲江是當時一個最著名最熱門的公共園林。

一、長安最高的地方

依《唐兩京城坊考・卷一西京外郭城》的圖繪所示，曲江位於長安城東南角敦化坊之南，青龍坊及曲池坊之東。其詳細情況可由下列記載推知：

1. 西北隅龍華尼寺，寺東侍中李日知宅，寺南曲江。注：寺南有流水屈曲謂之曲江，其深處不見底……《劇談錄》曰：曲江池本秦時隑洲，唐開元中疏鑿為勝障[51]。南即紫雲樓、芙蓉苑，西即杏園、慈恩寺。花卉周環，烟水明媚。都人遊賞盛于中和、上巳節。（《長安志・卷九唐京城三・昇道坊》）

2. 漢神爵中起樂遊苑，在萬年縣南，亦名樂遊原。唐長安中……（杜甫〈樂遊園歌〉原注・卷二一六）

3. 其地則複道東馳，高亭北立，旁吞杏圃以香滿，前噏雲樓而影入。嘉樹環繞，珍禽霧集。（王棨〈曲江池賦〉文卷七七〇）

[51] 《遊城南記》「障」字引作「境」字。

4.茲池者，其天然歟？循原北峙，迴岡旁轉，圓環四匝，中成窞坎，窙窌港洞，生泉噏源。東西三里而遙，南北三里而近……西北有地平坦，彌望五六十里而無窪坳……（歐陽詹〈曲江池記〉文卷五九七）

根據1與2的記述，由於附近有杏園、芙蓉苑，且因自古此地為樂遊苑、樂遊原，故在唐人的稱呼中，曲江、杏園、芙蓉園、樂遊原、樂遊園或樂遊苑等，幾乎是同指這一帶風景遊樂區。曲池長寬約各三里[52]，範圍相當廣闊。原先這兒只是比較低窪的一個彎曲水洲（隑洲），後來在唐玄宗開元年間，因為「覺得當地泉水水量太少，於是開鑿人工水渠，從外面引入河水，使水量大增，匯集成湖泊，這就是曲江池。」[53]曲池的西面是杏花園與慈恩寺，南面有紫雲樓、芙蓉園，北面有亭臺樓閣等建築，東邊則在城牆中闢建夾城御道，以供天子遊園之用[54]。依據4所載，曲池所在的四周是岡巒環匝，可以俯瞰西北平原達五六十里之遙。而且杜甫在〈樂遊園歌〉中說：「公子華筵勢最高，秦川對酒平如掌」；白居易在〈登樂遊園望〉中說：「愛此高處立，忽如遺垢氛……下視十二街，綠樹間紅塵」（卷四二四）；張祜〈登樂遊原〉說：「樂遊原上見長安」（卷五一一）；而劉得仁〈樂遊原春望〉說：「樂遊原上望，望盡帝都春」（卷五四四），都同時說明這一帶是長安城中地勢最高的地方[55]，成了臨眺的佳地，可以看盡整個長安城及近郊景物。就這一點而言，在地形地勢上，曲江之所以能成為長安城內著名的遊春賞景的公共園林，是有其先天優良條件的，也可以看出人們選擇景觀與觀景點時，所顯露對美的喜愛與感受是有其某種程度的自然趨勢的；只是，有自覺與不自覺的差別。

---

[52] 大約東西較長於南北一些。另外，日人植木久行說其「周七里，占地三十頃」，見〈唐都長安樂遊原詩考〉，《中國詩文論叢》第六集，頁一：「廣大な曲江池（周七里，占地三十頃）を中心とする景勝地区を形成していた。」

[53] 見栗斯《唐詩的世界㈠——唐代長安和政局》，頁二四九、二五〇。

[54] [53]頁二三三謂其東面是芙蓉園，建有許多亭臺樓閣。

[55] [52]則直接說這裏是長安城中地勢最高的地方：「長安城內で地勢が最も高い樂遊原は……」，頁一五。

二、曲江各景

從曲江向南望，可以飽覽長安城南郊的終南山及杜曲、韋曲、樊曲等風光著名的郊野。終南山是來到曲江的詩人們常注意的一景，如：

南山樹杪看（崔尚〈奉和聖製同二相已下群官樂遊園宴〉卷一〇八）

南山臨皓雪（胡皓・同右）

南山低對紫雲樓（李山甫〈曲江二首之一〉卷六四三）

終南山色空崔嵬（羅隱〈曲江春感〉卷六五五）

終南山之所以成為曲江的一景，不僅是因靜態地借景給曲江，而且還時時給予動態景緻的支援，如「山煙近借繁」（李君何〈曲江亭望慈恩寺杏園花發〉卷四六六）。終南山的煙嵐飄移至曲江之上，使其地發生許多陰晴、明黯、開闔的變化，像「雲開雙闕麗」（劉得仁〈樂遊原春望〉），像「簫管曲長吹未盡，花南水北雨瀟瀟」（盧綸〈曲江春望〉卷二七九）。這是地理上因與終南山系相連一片，而成陂巒高原地形，遂也帶著山陵氣候，使得這座公共園林因風煙雲雨的搓摩多變，景觀也隨之豐富多貌起來。

終南山景不但可以遠眺，也可以透過曲池的俯借而成為近在咫尺的倒影：

天靜終南高，俯映江水明……群峰懸中流，石壁如瑤瓊。（儲光羲〈同諸公秋霽曲江俯見南山〉卷一三八）

霽景露光明遠岸，晚空山翠墜芳洲。（劉滄〈及第後宴曲江〉卷五八六）

俯睇沖融，得渭北之飛雁；斜窺澹泞，見終南之片石。（歐陽詹〈曲江池記〉）

經過曲池的映照，終南山變成俯拾在即的景色。尤其當無雲的晴朗天氣時，山色特別聳淨，倒映明潔的水中，好似懸空卻又流蕩不定，顯得亦近亦遠，若即若離。這是一池湖水所造成的空間與景象的真幻錯變。水，具有反照及吸納的特性，像鏡子般是普及萬物的：「江色沉天萬草齊」（李山甫〈曲江二首之二〉），「水面陰生日腳殘」（白居易〈曲江亭晚望〉卷四四二），曲池的水面寬闊（三十頃），把天空也映納到水面上與江草齊平一片，有時也泛生幾道落日殘光，似乎天上的景緻都落入地面人間。這就使園林空間擴大並交錯了。

曲池並非只是一面單純的水塘，當中尚有洲島，如此一來，就將一個湖面分為幾個水域：

> 獨立分幽島，同行得靜人。（姚合〈同裴起居厲侍御放朝遊曲江〉卷五〇〇）
>
> 若論來往鄉心切，須是煙波島上人。（張喬〈春日遊曲江〉卷六三九）
>
> 泉聲遍野入芳洲，擁沫吹花草上流。（盧綸〈曲江春望〉）
>
> 翠幄晴相接，芳洲夜暫空。（鄭谷〈曲江〉卷六七四）

曲池本身形似葫蘆，在中段部分水面較窄，因而很自然地形成兩個大水域，也可算是兩個景區。而水中有洲島，或可由舟船（「暗上蓮舟鳥不知」盧綸〈曲江春望〉），或可經橋樑（「流文蕩畫橋」李嶠〈春日侍宴幸芙蓉園應制〉卷五八）以通抵洲島之上。島上又建有亭閣，如曹著說「渚亭臨淨域，憑望一開軒」（〈曲江亭望慈恩寺杏園花發〉），因此可由島上向四面八方眺賞，又增益了三百六十度以上的景緻。同時為了臨湖觀覽之便，還在池的四周鋪築了長堤：

> 長堤十里轉香車，兩岸煙花錦不如。（趙璜〈曲江上巳〉卷五四二）
>
> 疏林自覺長堤在，春水空連古岸平。（韓偓〈重遊曲江〉卷六八二）

日照香塵逐馬蹄，風吹浪濺幾回堤。（章碣〈曲江〉卷六六九）

這道長約十里的岸堤相當寬敞，可供車馬奔走，大概也因湖區太廣了，一趟要盡覽所有景色，必須坐車騎馬，繞堤而行。曲江之所以著名，成為京城人士遊春必至之風景名勝，曲池為中心之水景大約是最重要的景觀，也是遊此地者必到的一區吧！無論如何，在中國園林之中，水，水景是相當重要的內容，如人面貌中的眼目；園林中沒有水就像面容沒有眼睛一般，缺乏靈明之氣。曲江的水景除了曲池之外，還有流泉，所謂「花咽石泉流」（武元衡〈和楊弘微春日曲江南望〉卷一七），「泉聲覺漸多」（張籍〈酬白二十二舍人早春曲江見招〉卷三八四）即是。曲池的水景宏闊浩壯，泉流的景緻則潺細曲折而綿長；前者令人心胸滌暢舒放，後者則饒富情緻。同一個園林中具兩種以上風格的同類景物，可以產生對比的增強效果，這是很好的組成。

曲江一帶，另一個重要的景觀就是花木。〈曲江池記〉說這裡「珍木周庇，奇花中縟」，可知其中花木的茂密蓊鬱。池泉等水景區四時常有，卻仍須花木植物相配合才更顯其幽深，且曲江之所以成為遊春要地，花木的勝景也是一個重要因素，所以花木也是曲江的精采。為何「春來長有探花人」（羊士諤〈亂後曲江〉卷三三二）呢？因為「萬花明曲水」，所以會「車馬動秦川」（司馬扎〈上巳日曲江有感〉卷五九六）；因為「江花江草暖相限」，所以要「也向江邊把酒杯」（羅隱〈春日葉秀才曲江〉卷六五五）。就是為了賞花，所以會車輪飛動，塵埃漫天，驚嚇了啼鳥游魚。賞花之餘，還想擁為己有，或裝飾己身，於是「爭攀柳帶千千手，間插花枝萬萬頭」（李山甫〈曲江二首之一〉）。遊春者爭相攀折花木，遂引起有心人的感慨：「莫怪杏園顦顇去，滿城多少插花人」（杜牧〈杏園〉卷五二二），「好花皆折盡，明日恐無春」（許棠〈曲江三月三日〉卷六〇三）。可見曲江的春花春木確實引起了長安人士的瘋狂奔賞，是曲江最受人矚愛的景色。

曲江的花木景色大約如下：

柳岸霏微裛塵雨，杏園澹蕩開花風。（白居易〈和錢員外答盧員外早春獨遊曲江見寄長句〉卷四三五）

柳絮杏花留不得，隨風處處逐歌聲。（林寬〈曲江〉卷六〇六）

蜂憐杏蕊細香落，鶯墜柳條濃翠低。（李山甫〈曲江二首之二〉）

惆悵引人還到夜，鞭鞘風冷柳煙輕。（韓偓〈重遊曲江〉）

雲開雙闕麗，柳映九衢新。（劉得仁〈樂遊原春望〉）

可憐楊柳陌，愁殺故鄉人。（李端〈晦日同苗員外遊曲江〉卷二八六）

池臺草色遍，宮觀柳條新。（張說〈恩賜樂遊園宴〉卷八八）

梅郊落晚英，柳甸驚初葉。（王勃〈春日宴樂遊園賦韻得接字〉卷五五）

柳翠垂堪結，桃紅卷欲舒。（趙冬曦〈奉和聖製同二相已下群官樂遊園宴〉卷九八）

桃花細逐楊花落，黃鳥時兼白鳥飛。（杜甫〈曲江對酒〉卷二二五）

杏豔桃光奪晚霞，樂遊無廟有年華。（唐彥謙〈曲江春望〉卷六七二）

水禽翻白羽，風荷嫋翠莖。（白居易〈答元八宗簡同遊曲江後明日見贈〉）

梅杏春尚小，芰荷秋已衰。（元稹〈和樂天秋題曲江池〉卷四〇一）

荷芰輕薰幄，魚龍出負舟。（蘇頲〈春日芙蓉園侍宴應制〉卷七三）

池裏紅蓮凝白露，苑中青草伴黃昏。（韓偓〈曲江夜思〉卷六八二）

當然，由杏園與芙蓉園的名稱可以知道，杏花與荷蓮是兩種大量栽植的花木，因而形成了兩大景區。杏是春花，荷則開於夏秋；因此，兩種花景也就成了季節來逝的表徵。春日除杏花之外，在曲江一帶還有梅、桃、槐以及綠柳，其中似乎又以柳條最為文人們所注意。「柳岸」與「楊柳陌」顯示柳樹是沿著池岸栽植的，池岸亦即長堤的邊沿，故柳岸與楊柳陌應同所指。可知柳樹是配合著地形及池岸的曲折而布列，並展現它彎腰拂水或長髮垂地的姿情。它的嫩綠先帶來春天的訊息，令人驚訝；當它濃翠得十分時，就成為一片一片的柳煙，所謂「曲江綠柳變煙條」（王涯〈遊春詞二首之一〉卷三四六），「青門弄柳煙」（李商隱〈樂遊原〉卷五三九）。這就為繁花爭妍、繽紛熱鬧的曲江塗抹上幾分含蓄神祕的色彩，增添幾許幽深的神韻。若再逢陰雨霏霏的日子，就更像煙濛的江南了。到了暮春時節，柳絮四處紛飛，所謂「落絮卻籠他樹白」（章碣〈曲江〉），也會為曲江一帶帶來飄渺迷濛的氣象。另外，曲江在草地的鋪養上該是十分用心的：

曲水池邊青草岸，春風林下落花杯。（薛能〈寒食日曲江〉卷五六一）

池邊草未乾，日照人馬來。（劉駕〈曲江春霽〉卷五八五）

曲江初碧草初青，萬轂千蹄匝岸行。（林寬〈曲江〉卷六〇六）

細草岸西東，酒旗搖水風。（鄭谷〈曲江〉卷六七四）

草地是沿池岸而生長伸延開去的，草色青青予人舒暢爽朗之感，是遊人宴坐遊息的好地方，而且草的參差不齊也正可以吞沒掉水岸的界線，江碧與草青雖然不是不可辨的，但是彼此間的劃界在這些草色中是模糊隱沒了。就草地的鋪養而言，在中國園林中是比較少見的，但在曲江，卻被詩人們歌詠著，大約曲江的草地廣遠青翠，予人舒暖柔軟的美感吧！至於蒲草、菰米、蒹葭、青蘋、蘭、棗、槐、水荇等更是種類繁多，目不暇給。總之，曲江的花木真是「兩岸煙花錦不如」，所以一到暮春時節，便落花紛飛：

落花飛廣座，垂柳拂行觴。（崔湜〈奉和聖製同二相已下群官樂遊園宴〉卷一〇八）

一片花飛減卻春，風飄萬點正愁人。（杜甫〈曲江二首之一〉卷二二五）

唯有落花無俗態，不嫌憔悴滿頭來。（劉禹錫〈陪崔大尚書及諸閣老宴杏園〉卷三六五）

閒身行止屬年華，馬上懷中盡落花。（薛能〈曲江醉題〉卷五六一）

落花不是一瓣兩瓣地落下，而是一大片數萬點地隨風飄飛，春來春去對曲江而言是敏感顯著的飆潮，一陣旋風，也是曲江生命的精華光采。落紅伴著柳絮，整個曲江真是散花世界。從終南山飄遊過來的嵐煙，加上柳絮、落花，再和著霏霏春雨，使這個位處高地的公共園林變得既嫵媚又淒迷，異常富有浪漫氣息。但也因它由一時繁華頓變為枯敗的大起大落，易使人生起興衰無常之感，曲江遂也變成詩人們困頓落魄或寂寞懷鄉等愁緒的表徵。

像杜甫浣花草堂一樣，曲江也是個禽鳥飛蟲聚息的地方。從詩人的記述中，我們可以看到翡翠、蛺蝶、蜻蜓（杜甫〈曲江二首〉）、雀、鵁鶄、鸂鶒（杜甫〈曲江陪鄭八丈南史飲〉卷二二五）、烏、燕（盧綸〈曲江春望〉卷二七九）、黃鸝（武元衡〈和楊弘微春日曲江南望〉卷三一一）、白鷺鷥（元稹〈和樂天秋題曲江〉、伯勞（白居易〈曲江早春〉卷四三七）、鶴（趙嘏〈出試日獨遊曲江〉卷五五〇）、鳧鷖（張喬〈曲江春〉卷六三八）、鴛鴦（張喬〈春日遊曲江〉卷六三九）、蜂、鶯（李山甫〈曲江二首之二〉）、野鷗（韓偓〈重遊曲江〉）。這些飛禽也都是表現出一副悠閒舒緩、自由快樂的模樣，為園林增添活潑生氣；這似乎與中國園林的樂園看待和嚮往不無關係。

在建築方面，西面杏園有慈恩寺和寺塔，南面有紫雲樓，曲池之中有江亭（杜甫〈曲江對雨〉卷二二五）、水殿（蘇頲〈春日芙蓉園侍宴應制〉）、小堂（杜甫〈曲江二首之一〉）[56]。其他建築大抵相當多，由「重樓夭矯以縈映，危榭巉喦以輝燭」（歐陽詹〈曲江池記〉）及「更到無花最深處，玉樓金殿影參差」（盧綸〈曲江春望〉）、「比屋豪華固難數」（杜甫〈曲江三章章五句之一〉卷二一六），可以知道，建築非常富麗雄壯和密集，其中部分是顯露醒目的，部分則潛隱在深幽之處。那麼多的「樓臺」、「青閣」、「宮觀」、「水精春殿」，顯得十分豪華，這些大概是貴族高官們所擁有的私人建築。據《新唐書・卷八諸帝公主傳》所載，太平公主曾在樂遊原建作池觀，罪敗之後，那些建築就轉賜給寧、申、岐、薛四王。又據說唐文宗讀

56 所謂江亭、水殿、小堂也許同所指，但不可考，故暫因名異而並列。

杜甫〈哀江頭〉詩「江頭宮殿鎖千門」，知道早先曲江四周有各種亭臺、行宮或官署，想恢復之，於是令人淘修曲江，准許公卿士大夫在曲江附近建築[57]。擁有亭閣的主人們既是貴族士大夫，則曲江不僅是公共園林，人人可遊；同時還成為貴族高官們私人的別墅。可見曲江之大（占有兩坊之地），也可想見諸多貴人的建築置於同一園林中，其雕麗縟誇之情景。但就其「公共」性而言，已是不夠純粹了。

三、唐朝盛衰的表徵

曲江似乎是隨著唐朝的脈動而生存，在整個開元、天寶最燦爛的大唐盛代裏，遊春風尚也帶起它光華鼎沸的生命，曲江像似得寵美女般嬌媚豔麗且神采飛揚；然而一場安史之亂，卻使它憔悴枯槁。待到貞元之後又頗能恢復其往日之姿色；而唐末欲振乏力時，它也就只剩下荒頹的郊原，如朽鈍老嫗了。可以說，隨著唐代的盛衰，曲江也產生顯著的繁荒變化。早初，曲江顯現的丰采，是：

> 樂遊古園萃森爽，煙綿碧草萋萋長。公子華筵勢最高，秦川對酒平如掌。長生木瓢示真率，更調鞍馬狂歡賞。青春波浪芙蓉園，白日雷霆夾城仗。閶闔晴開昳蕩蕩，曲江翠幕排銀牓。拂水低徊舞袖翻，緣雲清切歌聲上。（杜甫〈樂遊園歌〉）

這兒博得天子的喜愛，帝王群臣宴賞遊樂，應制賜禮，歡聲雷動；這兒引來皇族貴戚、五陵少年及長安麗人的奔競狂飲，恣情嬉玩。真是集所有的光采榮耀於一身，真是富貴華靡的誇現對象，他們盡情揮霍它的青春，賞玩它的美貌。然而安史亂後，曲江遂在憔悴中度其落寞的生活，羊士諤的一首〈亂後曲江〉寫道：「憶昔曾遊曲水濱，春來長有探春人。遊春人靜空地在，直至春深不似春」（卷三三二），春光似乎不再降臨此地，有的只是黯然孤寂罷了。雖然，在漸次的復原中，曲江又出現了「風城煙雨歇，萬象含佳氣。酒

---

[57] 參[53]，頁二五四。

後人倒狂，花時天似醉。三春車馬客，一代繁華地」（卷三五七）狂醉痴迷的景象。然而一切的盛況終究抵擋不住時間的沖擊，唐朝走入捉襟見肘的侷促多困的晚年，曲江遂也「昔為樂遊苑，今為狐兔園。朝見牧豎集，夕聞栖鳥喧」（豆盧回〈登樂遊原懷古〉卷七七七），這樣敗廢的荒地，春色早已不在，其龍鍾之態徒然令文人們感慨，因而李商隱吟出了膾炙人口的「夕陽無限好，只是近黃昏」（〈樂遊原〉卷五三九）。在今與昔、常與變的強烈對比裏，一切人事的無常都顯得渺小無力，再如何富強的大唐，也會有落幕消淅的一天。

日人植木久行曾說，眾人在樂遊原上的野宴，於安史亂後似乎迅速地變成潛默的活動，因而中晚唐時期，懷抱著各種憂慮獨自登此的人們急速地增加了[58]。其實，早在開、天之際獨遊曲江憂感的人也是儘有的，杜甫〈樂遊園歌〉就在最後歎吟「卻憶年年人醉時，只今未醉已先悲。數莖白髮那拋得，百罰深杯亦不辭。聖朝亦知賤士醜，一物自荷皇天慈。此身飲罷無歸處，獨立蒼茫自詠詩」。在鼎盛歡樂的氣候中，也會有悲悽苦切的情緒；因此，一切的悲歌也未必都是感興時局的，還有很多文人在獨遊時，感傷著他們一己的境遇。這些獨遊者究竟傷懷著什麼呢？杜甫之意是很明顯的不遇之苦；劉禹錫則是「遊人莫笑白頭醉，老醉花間有幾人」（〈杏園花下酬樂天見贈〉卷三六五）；白居易是「昔人三十二，秋興已云悲。今我欲四十，秋懷亦可知」（〈曲江感秋〉卷四三二）。原來面對天地自然，曲江是變化無常的；而面對曲江時，人卻詠出「獨有曲江秋，風煙如往日」（白居易〈曲江感秋二首之一〉卷四三四），自感生命的短促無常，慨歎「人壽不如山，年光忽於水」（白居易〈早秋曲江感懷〉卷四三二），轉而要羡慕曲江的長久了。事實上，這仍是人類相對於自然天地時的一種心結困境，是物色所引起的感興。園林，正是提供物色的某個特定時空下的小自然。

[58] 參[52]，頁一五：「多数の人々のつどう楽遊原上の野宴は、安史の乱後、急速に影をひそめたらしい。これにともない、中晚唐期、さまざまな憂いをいだきつつ、ただ一人で車馬を駆って登る人たちが急速に増加したようである。」

綜觀本節所論，曲江的園林特色可歸納要點如59：

其一，曲江基本上是公共園林，任何人皆可至此遊賞宴會，且又地處京城，因而較諸其他一般園林更熱鬧繁華而雜濁。尤其春日，遊人絡繹不絕，狂醉奔馳，高情放恣，故就清幽靜雅的園林品質而言，曲江是欠缺的。

其二，由於地處長安最高處，可以臨眺遠曠，擁有景觀及視點上的優勢，借得豐富的遠景。可以想見，由長安城坊仰觀曲江，卻無法望盡其內的各景，具有隱密深邃的幽美。

其三，曲池是這個園林的重要遊賞中心，雖由人工挖鑿而成，但卻有其天然窅坎的形勢。池形及洲島使水域分隔並增加景度，加以俯映效果，使曲江的水景特別豐富。水景是曲江的特色與重心。

其四，雖然地處關中，但因終南山系的相連，又有翠濃的柳樹及繁花，所以嵐煙多變，柳煙、花煙、柳絮、飛花瀰漫，加以霏霏細雨，使曲江成為煙籠淒迷的浪漫之境，頗富有江南煙雨的氣息。

其五，曲江的建築富麗華美，而且櫛比雄偉，是建築麕集成群的比例頗高的園林。而其中某些建築為私人所有，在園林的公共性上並不純粹。

其六，曲江隨著唐朝的鼎盛或衰落，也呈現出熙攘囂鬧的盛況與荒廢頹敗的落寞，可謂為唐代興衰的表徵。

59 上章討論唐代各重要的文人園林，因為分為不同園林，重點較為分散，故不另歸納要點如其他各節。

第三章

唐代文人的山水美感與造園理念

園林的構成要素，說法不一，有人以為是山、水、樹、石、屋、路等「六法」；有人則認為是花木、水泉、山石、點綴、建築和路徑❶；或者是花木、水泉、石、器具、建築物、山及道路❷；或者是建築、山石、水池、花木的「巧妙地相結合」❸，這似乎與《中國園林建築研究》所主張的，以自然環境中的山、水、植物及人工的建築是構成園林的四個基本的物質要素❹說法較近，然其尚強調「巧妙結合」的布局工夫。在《中國美術辭典・建築・園林》的定義中，以園林為「人工營造或加工的山池林木和建築，以供人們遊憩觀賞之場地……於屋後宅旁模仿自然，疊山理水，結合建築，巧妙布局……」❺也是提出山、池、林木和建築四個要素，並在其後強調「巧妙布局」的重要。事實上，山、水、花木與建築這四項基本的物質要素確須加以組織上的設計，方能成為可「遊」憩觀「賞」的園林。因此，布局也應是園林要素之一，它包含了路徑在內；而石與山有其密切關係，可合為山石一項，或逕以山稱攝之；至於點綴與器具似乎並非必不可缺。所以園林的構成要素，或者可以山、水、花木、建築與布局五者為主。

從唐人的詩文中，可以看出在遊賞園林時，文人們有些什麼樣品味、鑑賞的經驗，那是唐代文人們山水美感的理念和進境；因而也可由之看出，在造園成就或造園理念上，唐代文人們的造詣境界。本章擬依園林構成的五要素來分論其山水美感及造園成就。

❶參李允鉌《華夏意匠——中國古典建築設計原理分析》，頁三二二。

❷參樂嘉藻《中國建築史》，頁一三陰面。

❸參彭一剛《中國古典園林分析》，頁一四。

❹參《中國園林建築研究》，頁二九。

❺見《中國美術辭典》，頁四四〇。

第一節 山的美感與疊山品石

一、山的美感

疊山，對於自然山水園而言，是不必要的。它應是早先在城中或平原地帶的園林，因為無山可賞而設法堆造出來的。因此，追根究底，它還是出於人們愛山之情。唐代文人在有關園林的詩文中，常常寫到他們對山的喜愛，因而以看山為一種享受，百看不厭。如：

晝還草堂臥，但與雙峰對。（岑參〈終南山雙峰草堂作〉卷一九八）

隔花開遠水，廢卷愛晴山。（錢起〈裴僕射東亭〉卷二三八）

望見南峰近，年年懶更移。（于鵠〈春山居〉卷三一〇）

公乎真愛山，看山旦連夕。猶嫌山在眼，不得著腳歷。（韓愈〈和裴僕射相公假山十一韻〉卷三四二）

日窺萬峰首，月見雙泉心。（孟郊〈陪侍御叔遊城南山墅〉卷三七五）

或者終日不倦地臥對青山，或者為了貪看晴翠的山色而廢卷，或是因方便望山而不願遷徙所居，甚至白晝連著暝夕不停地賞覽著，猶以不能親歷遨遊為憾；但是像姚合這樣「白日逍遙過，看山復繞池」（〈閒居遣懷十首之三〉卷四九八）地滿足自適也是儘有的。總之，這些詩句共同表達出文人們愛山的情意，其中或有稍微透露其欣賞所在是山在晴空下展現的清黛翠亮的姿色；或是更愛山在遊歷上帶給深曲豐富的幽趣，這就又含有一層想像空間的美感了。

文人如此愛山，該有其普具的原因吧！除了孔子「比德」於山水的「仁者樂山」之說外，山本身的厚重不移、篤定沉穩，確實帶給人一種安定與慰藉的力量，看山者久而久之也能受到感染，而入於定與靜的境地。在定、靜而後能安、能慮、能得的進境中，於是一切天道人事遂能了然於心。因此，文人詠出了「誰知盡日看山坐，萬古興亡總在心」（李九齡〈山舍偶題〉卷七三〇）的感慨，從山乃至整個大自然與人間事務相對比中，照見了「常」，也照見了「變」，因而跳出變動的流的沖盪，保有一分清明與篤定；如山。有的文人對山的喜愛並不是上述那麼智性而合理的，而只是出於善感敏銳的美感或一種莫名的熟悉及感動。陳羽在他的〈春園即事〉詩中說：「見山如得鄰」（卷三四八），在園中見到的山該是因朝夕相處，而感到像鄰居般親切；然而一句「明年還到此，共看洞庭春」，便知道陳羽並非長住此園，只是偶而來遊賞春色而已。因此，見山如得鄰，是文人對山的熟悉及情意，或竟是宿世的投緣，以致不常相處的鄰人，還是要相互約盟，明年再一起賞看洞庭一帶的春色。這是文人對山感性的情意投射，是一見如故的感情使文人深眷著山。

而大多的時候，該是文人們注意到了山色之美，注意到山的種種變化，而被深深吸引：

陰氣晚出谷，朝光先照山。（長孫佐輔〈山居〉卷四六九）

門前山色能深淺（馬戴〈題章野人山居〉卷五五六）❻

地侵山影掃，葉帶露痕書。（賈島〈送唐環歸敷水莊〉卷五七二）

山影暗隨雲水動，鐘聲潛入遠煙微。（劉滄〈晚歸山居〉卷五八六）

山光晴逗葦花村（翁洮〈和方干題李頻莊〉卷六六七）

文人們觀察到山色的變化所引起的趣味和情境。山的高度，使它能夠先承納太陽照射來的光線，旭日透過

❻ 本論文引詩，若對句中兩句皆與所論有關，則引兩句；否則只引一句。

山嶺參差不齊的峰頂而篩漏下它的光腳，帶來一日的朝氣。而山體本身凹凸不平的表面吸收或反射日光的情況各不一致，也使山色有淺有深，有暗亮之別。偶而一朵雲飄移過山面，也會造成光陰淺深的變化。這些已使愛自然、愛情趣、愛美的文人可以坐看終日了。另外，陽光照籠下的山影，投射在地面或村落時，隨著太陽的移動，山影也一點一點地移轉位置，在它籠照與遷徙下的村莊，也被逗弄得姿態多樣，富於情趣；同時也暗示著時間的悄然流逝。有時倒映水中的山姿又會有不同的神采風貌，令人目不暇給。不僅一天中有山色變化，一年裡也會隨四季的輪轉，而化幻出不同的姿采。所以當秋高氣爽、萬里無雲的時候，山露出全貌，詩人才訝然看清「圭峰秋後疊」（李洞〈鄠郊山舍題趙處士林亭〉卷七二二），原來那山峰背後還有層層更高更遠的嶺脈相疊，竟是一山望一山高，帶領人的精神向悠遠無限的谷壑遐思神遊而去。這些，都是文人在園林中賞玩不厭的豐富內容。他們可以靜坐看山，也可以眾人圍坐園中品鑒論議，所謂「議罷名山竹影移」（黃滔〈宿李少府園林〉卷七〇五）。「竹影移」表示他們議論名山可以數個時辰而不疲，也許是他們一邊欣賞著園林所在的山色，一邊憶想著走過的名山，而不覺忘我了。

總之，不論是智性的沉澱洗滌，或是感性的移情、莫名的感動，還是美感經驗的品味享受，文人們是深深地喜愛著山的。所以，園林的築造經營，總愛選在山林之中，面對群山；如或限於地點形勢，無山可看，也會疊山造崖，依然可以作如是觀，享受看山品山的樂趣。在造園上，即使是自然山水園，也會在各方面設計上盡量配合看山的嗜好，如：

> 別業對青峰（沈佺期〈陪幸韋嗣立山莊〉卷九七）
>
> 直與南山對，非關選地偏。（孟浩然〈冬至後過吳張二子檀溪別業〉卷一六〇）
>
> 結廬對中嶽，青翠常在門。（岑參〈緱山西峰草堂作〉卷一九八）
>
> 遠岫當庭戶（獨孤及〈蕭文學山池宴集〉卷二四七）

在園林選地方面，首先文人們認為庭戶直接與峰嶽相對是好的，只要能夠對望青山，即使沒有特別尋覓選擇，也是幽偏深靜的佳園。亦即，門戶所對的若是純淨明秀的山巒，自然就會有一分幽靜的氣象。文人們歌詠著「幕繞虛簷高岫色」（李咸用〈春日題陳正字林亭〉卷六四六）、「開門放山入」（曹松〈夏日東齋〉卷七一七），正顯示他們對園林格局的看法及對山景的重視，以致坐臥皆有青山為伴。有時開門展手，邀請峰巒入園入屋來，相對坐談品茗，真是不失為知心好友。難怪李嘉祐會說：「當山不掩戶，映日自傾茶」（〈奉和杜相公長興新宅即事呈元相公〉卷二〇七），不必掩戶，任隨青山隨時進出，像家人一般共同生活在這靜謐幽寂的園林之中。那麼山的美感已不僅止是姿色的，還是生命交流契應的愉悅雋永之美。

若因地勢限制或其他種種因素，廬宅的門庭不能面對著山，園主們也會改以開窗挖牖的方式，來延請山景入室。如：

鑿牖對山月（殷遙〈友人山亭〉卷一一四）

燈影山光滿窗入（陳潤〈宿北樂館〉卷二七二）

東窗對華山，三峰碧參差。（白居易〈新構亭臺示諸弟姪〉卷四二九）

當軒雲岫色沉沉（于武陵〈早春日山居寄城郭知己〉卷五九五）

鑿垣而疊嶂遙列，寓目而幽襟必舒。（張仲素〈窗中列遠岫賦〉文卷六四四）

開鑿窗牖也與開門一樣，可以欣賞山色，一樣可以舒騁襟懷。所不同者，窗牖的範圍較小，所框起的山景正是一幅畫，所以張仲素的〈窗中列遠岫賦〉又說：「爰開窗以列岫，若施障而圖山。」山水畫能夠收納千里山勢於一小方畫面，這一窗山景正具備了山水畫的收納功能，所謂「遠岫見如近，千里一窗裏」（錢起〈藍田溪雜詠二十二首之九・窗裏山〉卷二三九）。當窗口加設簾幕時，簾幕可放下可捲起，於是看山時須捲簾：「青山常對卷簾時」（李嘉祐〈赴南中留別褚七少府湖上林亭〉卷二〇七）[7]、「捲簾陰薄漏山色」

（秦韜玉〈題竹〉卷六七〇）。這樣簡單的捲簾動作，卻像是展列卷軸的山水畫，畫面景色一點一點呈現眼前，使時間因素、期待的心理因素都一齊加入這空間藝術中。如此一來，園林中的賞景活動，在精緻巧思的設計下，就成了活生生的賞畫品畫享受了。為了增加畫面的美感及變化，還加上一叢窗竹，透過竹子的形色及姿態，篩露下來的山景更顯幽邃，並且隨著時間、風勢而搖曳山色、變化神貌，這幅卷軸式的山水畫就更加多采。在造園藝術上，唐人已懂得運用空間布局來強化山的美感。

為了看山而進行的造園工作還有其他各種類，如整理樹木。白居易就有一首名為〈截樹〉的詩，開首說：

> 種樹當前軒，樹高柯葉繁。惜哉遠山色，隱此蒙籠間。一朝持斧斤，手自截其端。萬葉落頭上，千峰來面前。（卷四三〇）

種樹原也是為了美化園林，為了種種方便，如今好不容易柯葉繁茂了，卻又遮蒙了山色。在山與樹不能兩全的情況下，白居易感歎著「豈不愛柔條，不如見青山」，選擇青山而割捨柔條，是整體的考量，但也見出文人愛山之情。另外如項斯在〈姚氏池亭〉詩中也稱讚其園「岸樹不遮山」（卷五五四），同樣是文人們以全體的園景為重的造園理念。有時牆籬也會遮擋山色，但是作為園林分隔空間之用、以別內外的牆籬是不可缺少的，於是只好在籬牆上頭挖缺一塊，以見山色，這是白居易「宅東籬缺嵩峰出」（〈題崔少尹上林坊新居〉卷四五八）的發現。王建也為了望山而在自己園林中有所造設：「新開望山處，今朝減病眠。應移千里道，猶自數峰偏。」（〈新開望山處〉卷二九九）「減病眠」是他新開望山處的理由，當中實藏著至深的眷山之情，以致於可為望山而減病眠，而新開一處望山之觀景點。總之，即使是自然的山嶺，唐代文人也會為賞看山色而在園林的建造上花費心思，觀賞品玩真山也成為造園設計上必須思量的重要因素。

轉一個角度來看，也正因園林造設方便於觀賞山色，唐代文人就在園林當中，讀出了山的種種美姿和

❼ 一作劉長卿詩。

神情。除了前述所論的山色淺深及季節變化等美感，他們也注意到雲的搓摩和山色的密不可分，所以說「雲映嵩峰當戶牖」（白居易〈以詩代書寄戶部楊侍郎勸買東鄰王家宅〉卷四五六）、「窗中雲嶺寬」（岑參〈左僕射相國冀公東齋幽居〉卷一九八），將雲與山並提，是文人們已見出山的神采色澤受雲的照籠縈絆至深的影響。雪，是雲的另一種存在型態，杜甫著名的「窗含西嶺千秋雪」（〈絕句四首之三〉卷二二八），便把山嶺的欣賞加入千秋雪的形色之美以及時間流動、積累的生命感在其中，使得一扇窗的山景壓縮了千年的時間及景物變換等種種歷史，具備了無盡的張力。而他的另一首〈春日江村五首之三〉詩則又說「到面雪山風」（卷二二八），這次文人不僅獨立地欣賞山景，還有那雪山吹來的風拂掠過文人的面頰，把文人與山牽繫起來了。而牽繫到文人身上的不只是雪山上的一切，還有一路吹拂過來的漫長時間累積以及廣大空間中被吹掠過的一切人事物都聚集到文人心中了。雨，也是雲的另一種存在型態，它對山的影響是「雨添山氣色」（白居易〈閒園獨賞〉卷四五五），白居易在悠閒的心境下，累積其審美經驗，發現在濛迷的煙雨潤灑中，山色益形羞靦含蓄的韻致，更添了一分令人憐愛的氣色。至於無雲無雪也無雨的日子，文人則欣賞山的清朗，看到「千峰今日清」（姚合〈題河上亭〉卷四九九），看到「秋山清若水」（張喬〈題鄭侍御藍田別業〉卷六三八）。這是擺落所有的附加，直見青山純淨的本貌，沒有汙染，沒有混雜，潔淨得有如清水般澄澈。有時不必一扇窗面來框界，文人也能以其敏銳的審美感受而「面山如對畫」（戴叔倫〈南軒〉卷二七三），而「斷山疑畫障」（王勃〈郊園即事〉卷五六），這是文人的聯想，把一片真山神思為一面畫障。神思之用大矣哉，文人面對長安城南朱坡的高山，也能「高岫乍疑三峽近」（許渾〈朱坡故少保杜公池亭〉卷五三三）地把它當作三峽的險峻山勢來看待。這在文人遊歷真山實水時似乎是少見的，因為當時他們確確實實地認定自己在大自然中遊山玩水。而當他們置身園林時，因園林是大自然山水的一個提煉、一個典型；在一個典型之中往往濃縮了諸多各相，可以舒展為更大更多的內涵，所以文人即使面對真山實水，也容易以其遊園賞園的神思去看待山，山便含攝了更廣遠的時空之外的景致。

二、堆疊假山

在自然山水園中不乏有山可以欣賞。但是在無山地區的園林，對於愛山者而言或對園林的大自然再現、集中的意義而言，便產生了造山的需要。在中國造園史上，堆疊假山是經過一段長時期的發展過程的。有人以為《尚書・旅獒第七》所說「為山九仞，功虧一簣」的比喻，「大約在春秋末戰國初的時候即二千五百年以前我國已有人工造山之事。由於當時造山的目的無從考證，只能說是假山的萌芽和雛形。」❽一般則認為秦始皇在池中築土為蓬萊山，這種帶有神話色彩的仙島土山，算是園林土山之始❾。在漢代築山的工程裡，仍以土山為主❿，而且人工築山已逐漸取代以前築高臺再起觀宇的造園方式。到了六朝，造山活動已是土和石兼用，而且體積龐大，主要是為了模擬山水。當時王公貴族們還喜歡運用色石——天然的文石及色石，或是人工塗繪彩色的石頭，以顯華麗⓫。

到了唐代，有人認為「在城市的私家園林裡，無人工造山的記述，似乎是唐代的普遍情況」，「南北朝時期，『構石為山』或『聚土石為山』已有很大的發展，而且達到相

湖石疊成之假山

❽ 見不著撰人〈假山淺釋〉，刊《中國建築史論文選輯》第二冊，頁五五八。
❾ 同❽。
❿ 參張家驥《中國造園史》，頁五五。
⓫ 參黃文王《從假山論中國庭園藝術》，頁一六，及本論文第一章第一節。

當高的水平，到唐代反而不興了。」⓬這樣的看法與唐代詩文的顯現並不相符，馬千英先生就發現到「到中唐才出現了『假山』這個詞，中、晚唐詩中屢見」⓭，在唐代詩文中的確見得到許多假山之稱，其情形可分為石山和土山兩方面來討論；似乎石山的普遍性高於土山，石山的疊砌，如：

水勢臨階轉，峰形對路開。槎從天上得，石是海邊來。（范朝〈寧王山池〉卷一四五）

洑流何處入，亂石閉門高。（杜甫〈崔駙馬山亭宴集〉卷二二四）

忽向庭中摹峻極，如從洞裏見昭回。小松已負千霄狀，片石皆疑縮地來。（權德輿〈奉和太府韋卿閣老左藏庫中假山之作〉卷三二一）

怪石山攲危（白居易〈裴侍中晉公以集賢林亭即事詩三十六韻見贈猥蒙徵和才拙詞繁輒廣為五百言以伸酬獻〉卷四五二）

更買太湖千片石，疊成雲頂綠嵾峨。（無可〈題崔駙馬林亭〉卷八一四）

「峻極」、「攲危」、「嵾峨」是疊石成山所追求的效果，石頭本身不規則的稜角，正好表現山形的嶙峋崢嶸，富於雄奇之氣勢。「怪石」是疊山的好材料，太湖石便是此中的好典型，其凹凸不平的表面，透瘦穿漏的醜狀，即便只是單獨的一片，就像是含有山脊、削峰或洞壑等豐富內容的巖崖，所以會說「片石皆疑縮地來」。這也說明唐代文人注意到堆疊石山，主要須掌握到奇突峻拔的遒勁氣勢。石山因此也以某些名山勝嶽為模仿的對象，所謂「庭除有砥礪之材，礎礩之璞，立而象之衡巫」（李華〈賀遂員外藥園小山池記〉文卷二一六），不必一定在形相上類似於衡山巫山，而是捕捉其奇偉的氣勢，石山正易於把握這一點。能造出嶔奇的山勢，其形不必大，觀者一見，便能與自己遊山的經驗相聯結，而認可眼前這座假山即某座名山的縮

⓬ 同❿，頁一〇三。

⓭ 見馬千英《中國造園藝術泛論》，頁一三八。

移，而說出「潛移岷山石」（岑參〈過王判官西津所居〉卷一九八）的賞鑒之語。

山形山勢疊得逼真，是一個基礎；擺置何處，也是個學問。「亂石閉門高」還是庭戶對著青山的「開門放山入」及臥對青山的模式；「峰形對路開」則具有山形步步移的可能，沿著彎曲的路徑行走而轉換方向的行人，見到同座山峰的不同面貌與姿態，這種變動流轉的美趣，又與臥看青山、請山入門不同。像賀遂員外藥園的小山「十指攢石而群山倚蹊」，便是倚蹊徑而立，提供給沿路步行的遊人山形步步移的樂趣。至於像太平公主園林中的石山，擺置的方式則是：

> 其為狀也，攢怪石而岑崟；其為異也，含清氣而蕭瑟。列海岸而爭聳，分水亭而對出。其東則峰崖刻劃，洞穴縈迴，乍若風飄雨灑兮移鬱島，亦似波沉浪息兮見蓬萊。圖萬重于積石，匿千嶺于天臺。
> （宋之問〈太平公主山池賦〉文卷二四〇）

這裡也說明選擇怪石，可以攢疊出岑崟峻聳的山勢。把它放置在水岸，更能顯出其突出兀立的高拔氣象。它擺放的位置，一方面恰好可以與水中的亭子相對出，產生抗衡穩定的對景效果；另方面，遠看又似立於水中的蓬山仙島，隨波蕩撼的迷濛搖晃感，及它洞穴縈迴的形貌，也帶有仙山的神祕。因此，擺置水岸便有引人聯想遐思的暗示作用。這座石山似乎體積頗大：「圖萬重于積石，匿千嶺于天臺」，至少是層層疊重而成的；與它同樣是大體積的石山，裴度則選擇對著窗口而設：「當軒乍駢羅，隨勢忽開坼」（韓愈〈和裴僕射相公假山十一韻〉卷三四二）。這還是與自然山水園面對峰巒而挖鑿窗牖是同樣的用意，憑軒看山是一種舒愜，窗中的山景則是一幅畫。下面接著說：「有洞若神剜，有巖若天劃。終朝巖洞間，歌舞燕賓戚。」怪石本身便有洞孔，當然是神剜天劃的；但是這個洞大到可以容納賓客在裡面燕飲歌舞，恐怕就不是石頭原有的孔洞，而是在攢疊怪石的時候留下來的，也可說是人工製成的洞穴。人工造山製洞，達到宛如天剜神劃的地步，不止是技術的造詣，也是造園理念崇尚自然的表現。想來這座假山是巨大的，這類龐然的石山在當時應該不少，崔公信於〈和太原張相公山亭懷古〉詩中描述道：「疊石狀崖巘，翠含城上樓。前移廬霍峰，遠帶沅湘流。瀟灑主人靜，夤緣芳徑幽。清輝在昏旦，豈異東山游。」（卷四八四）亭所在的山，是疊石而成的。石山上可以置亭，可以沿幽徑而遊，可見這山也是龐大的。姚合也是造園的巧匠，他便曾經「壘山高過城」（〈武功縣中作三十首之十六〉卷四九八），壘的該是土山⓮，其高過城，也是巨大如真山。因此，從假山的體製大小來看，唐代一方面承襲漢魏六朝的巨形造山，以近於真山；另方面則又朝向縮小山體，甚至只以片石來象徵山峰。造園者寫意的精神，以及遊園者神思遐想的作用，都在唐代開始有明顯的進境。

石山，嶙峋奇險的山形，有巉刻峭絕的特色，不似渾厚的土山可以植林蒼翠；但是唐人還是以其巧思，在崢嶸峻兀之中，加以蒼翠之色或柔潤之流，稍微緩和其奇突之勢，並使其宛如天造地設之自然：

> 疊石峨峨象翠微，遠山魂夢便應稀。從教蘚長添峰色，好引泉來作瀑飛。螢影夜攢疑燒起，茶煙朝出認雲歸。知君創得茲幽致，公退吟看到落暉。（李中〈題柴司徒亭假山〉卷七四八）

柴司徒大約是先有個「象翠微」的想法，又希望這翠微能巍峨，所以選擇石頭為材。石山難以種樹，可行的辦法是培植苔蘚，以苔蘚的深綠來添增山黛之色，使山的形氣富有溫和之感。同時引來泉水，既可滋潤石頭，助於苔蘚的生長，又可懸垂為飛瀑，給靜穩的山帶來動感；這是園林兩極調和的一個小例。又螢火蟲聚集以製造光亮，可生明暗變化。而山下煮茶生火，裊裊白煙縈繞，正像白雲歸山，嵐氣幻化。這一切都是為了使人工假山能與天然山巖一樣自然、含富天趣。李中雖然盛讚柴司徒的創意匠心，而其意匠都能與自然同一歸趨，相諧為一。這種疊石再引飛瀑的手法，在唐代可能具有某種程度的普遍性，如：

⓮ 土山通常用「堆」、「積」、「累」字為動詞；石山則通常用「攢」、「疊」字。今以「壘」字从土，似指土山。

攢石當軒倚，懸泉度牖飛。（杜審言〈和韋承慶過義陽公主山池五首之四〉卷六二）

沓石懸流平地起（劉憲〈奉和幸安樂公主山莊應制〉卷七一）

聳絕壁之千尋，挂懸流之萬丈。蔽日月而孤峙，吐雲霓而秀上。（許敬宗〈掖庭山賦應詔〉文卷一五一）

石山引泉作為飛瀑，恰與巖崖的自然景觀相似，土山似乎就難以如此造設（沖刷泥沙）。這種自然界物理又與美的呈現相合：石山有雄奇崢嶸的氣勢，趨屬陽剛之美；而流泉的飛動與水的婉柔，適好給予石山一些調和。在堅挺峻拔中又展現躍動飄逸的靈秀，這剛柔並濟的圓美，不是土山加泉所能兼具的。這正說明大自然造物之理，其本身即具有深微的美意。

在土山的堆積方面，唐代還是有的，只是從詩文看來，比石山少得多。茲將所見條列於下：

堆土漸高山意出，終南移入戶庭間。玉峰藍水應惆悵，恐見新山望舊山。（白居易〈和元八侍御升平新居四絕之二．累土山〉卷四三八）⑮

引水遠通澗，壘山高過城。（姚合〈武功縣中作三十首之十六〉卷四九八）

彼山之峻兮，稟氣而成；此山之峻兮，積壤所營……於是資地勢、建土功，區區而日不暇給⑯，矻矻而樂在其中……致峰巒而因人立跡，侔造化而與古爭雄。（周鉞〈積土成山賦〉文卷七五九）

堆累土壤以成山，由於土壤較細，沒有石頭堅硬的固定體積，無法藉由石頭本具的多稜角來製造突敧懸危及漏空的形勢，只能結結實實地一步步往上堆積，使其「漸高」。因此，在形貌上，土山似乎沒有石山那麼

⑮「望」字恐當作「忘」字。
⑯「日」字恐當作「目」字。

富於變化。可是周鈫卻說區區土山就足以令人目不暇給，而樂在其中。大致上，土山堆累後，還是可以在其中加以匠心巧思，豐富其觀賞的景緻或遊玩的內容。至於如何以意匠來加以點化？或是栽植花木，或蓋築亭閣曲廊，或是闢設通幽小徑……此則難以由詩文中見知。只知起碼必須具備的一點是「山意出」，也許形相上不見得能夠準確逼真，但是山的「意」卻是不可缺的。有了山意，雖然是因人立跡，也能等侔於造化。對於「意」的掌握及呈現，是一切藝術品所追求的；不論土山或石山，不論體積多大，總是希冀能夠「拔意千餘丈」（孟郊〈生生亭〉卷三七六）。如果造園者能在造「勢」上得到要領，並與附近景物的大小及距離配合得當，那「意」是真能超越形相的限制；而遊園者也才便於順其勢進入逍遙神遊的宏肆世界，「巫廬衡霍不出於庭間矣」（李翰〈崔公山池後集序〉文卷四三〇）的園林功能才可充分發揮。

從詩文內容看來，唐代園林的造山活動，應該還是頗為盛興流行的⑰。而且石山有漸次取代土山的趨勢，這大抵與唐代文人對山的美感經驗有關，前文論及他們喜愛山色的豐富多變及姿采神色的多情，並欣賞煙嵐的搓摩，石山在姿采神色的變化上較能符合此美感經驗，而石頭生煙生雲的特質更是一個隱微重要的因素（詳下）；而且唐代文人對石的喜愛和品玩，也促成了這種發展。張家驥先生就認為「園林的寫意山林，必須用物質實體的『石』去構成，這種『石』非一般之石，是『醜而雄，醜而秀』的怪石。這種稀有的怪石在唐代已被發現並得到人們的珍賞。」⑱既發現又珍賞怪石，當能體味出石與山的相似處，如黃文王先生所說：『山』與『石』之間就有著這樣一種『量』的關係，故『疊石』一般就叫做『假山』。」⑲因為體量上的差異，造成假山與真山的似而不是，這種形似、神似而微小的假山便得到「咫尺山林」的稱許，也使園林邁入寫意山林的藝術境界。

---

⑰ 如❽，頁五五九便認為「假山興于唐宋」。其所舉例證為新舊《唐書》中李德裕平泉莊及長寧公主東都之第。

⑱ 同❿，頁一〇五。

⑲ 同❶，頁三二五。

三、癖石與造園運用

唐代文人開始賞愛石頭，視它為一種藝術品，具有獨立的欣賞價值。「園中的石並不是被看作是一種建築材料，它被認為是一件『藝術品』……唐代以後，此風更盛，難得之石被視為天下奇珍。」⑳所以在詩文之中，可以看到文人對石頭的愛眷之情：

> 多喜陪幽賞，清吟繞石叢。（鄭巢〈陳氏園林〉卷五〇四）
>
> 美石勞相贈，瓊瑰自不如。（李德裕〈重憶山居六首‧漏潭石〉卷四七五）
>
> 波濤漱古岸，鏗鏘辨奇石。（孟郊〈遊韋七洞庭別業〉卷三七五）
>
> 主人得幽石，日覺公堂清。（楊巨源〈秋日韋少府廳池上詠石〉卷三三三）

在文人心目中，美石的藝術價值勝過瓊瑰寶玉，可以繞著石叢觀覽不已，吟哦詠歎。因為那些奇石長年經過波濤沖漱拍打，蝕成奇特的形狀，而醜奇的形狀之中正含蘊著天地精華與歲月的痕跡。所以李德裕會讚歎：「大哉天地氣，呼吸有盈虛」，吸納了天地精氣的奇石，自然會受到熱愛生命、熱愛宇宙自然的文人所珍愛。石頭把它所含帶的天地精氣播散於所在之地，使其四周也浸染上一片清靈之氣，對於以清為品質要求的園林而言，自是倍受歡迎。

在唐代文人所愛的石頭當中，又以太湖石最受珍寵。在前章提及白居易在洛陽的履道園，就有他遠從杭州運回的太湖石，擺設在園池之上。履道園池是白居易最得意的造園成就之一，而在他的〈池上作〉詩中，就說「華亭雙鶴白矯矯，太湖四石青岑岑」，則太湖石的青碧與挺立，又是履道園池所以賞心悅目的內容之一。他在〈太湖石記〉裡論道：「石有族聚，太湖為甲」（文卷六七六），在唐代文人心目中，太湖石

⑳ 同⑲。

確實是居於所有石類之冠，難怪黃滔要在短短四句稱讚〈陳侍御新居〉的詩中，以一句「石買太湖奇」（卷七〇四）來表示陳侍御園宅的雅致和氣象㉑。太湖石究竟美在何處？文人們歌詠的是：

震澤生奇石，沉潛得地靈……從風夏雲勢，上漢古查形。拂拭魚鱗見，鏗鏘玉韻聆。煙波含宿潤，苔蘚助新青……煩熱近還散，餘酲見便醒……靜稱垂松蓋，鮮宜映鶴翎。忘憂常目擊，素尚與心冥。（劉禹錫〈和牛相公題姑蘇所寄太湖石兼寄李蘇州〉卷三六三）

煙翠三秋色，波濤萬古痕。削成青玉片，截斷碧雲根。風氣通巖穴，苔文護洞門。三峰具體小，應是華山孫。（白居易〈太湖石〉卷四四八）

錯落復崔嵬，蒼然玉一堆……峭頂高危矣，盤根下壯哉。精神欺竹樹，氣色壓亭臺……廉稜露鋒刃，清越扣瓊瑰。岌嶪形將動，巍峩勢欲摧。奇應潛鬼怪，靈合蓄雲雷。黛潤霑新雨，斑明點古苔。未曾棲鳥雀，不肯染塵埃。（白居易〈奉和思黯相公以李蘇州所寄太湖石奇狀絕倫因題二十韻見示兼呈夢得〉卷四五七）

我嘗遊太湖，愛石青嵯峨……置之書房前，曉霧常紛羅。碧光入四鄰，牆壁難蔽遮。客來謂我宅，忽若巖之阿。（姚合〈買太湖石〉卷四九九）

厥狀復若何，鬼工不可圖。或拳若虺蜴，或蹲如虎貙……（皮日休〈太湖石〉卷六一〇）

厥狀非一，有盤坳秀出如靈邱鮮雲者，有端嚴挺立如真官神人者……風烈雨晦之夕，洞穴開皚若欲雲歕雷，嶷嶷然有可望而畏之者。煙霽景麗之旦，巖崿霮䨴，若拂嵐撲黛，靄靄然有可狎而翫之者。昏曉之交，名狀不可。撮要而言，則三山五岳，百洞千壑，覼縷簇縮，盡在其中。百仞一拳，千里

㉑ 黃滔的〈陳侍御新居〉全詩為：「幕客開新第，詞人遍有詩。山憐九仙近，石買太湖奇。樹勢想高日，地形誇得時。自然成避俗，休與白雲期。」可見所詠的新宅是一座園林。前後各二句是稱譽之詞，中間四句才實際描述園景之好。

一瞬，坐而得之。（白居易〈太湖石記〉文卷六七六）

首先在形狀上，太湖石就具有奇絕的豐富性。雖然說「奇形怪狀誰能識」（吳融〈太湖石歌〉卷六八七），但它凹凸不平的形貌，隨著觀者的想像而時有變化。有時看似凶怖的動物，有時又是風雨晴霽多變不定的天候，好似整個宇宙都縮攝在這一塊石頭中。難怪可以耽玩良久，百看不厭。其豐富的內容，其實不止來自於它奇絕的怪狀，還來自形狀背後的時間和空間。鑒賞者能從其每一個稜角每一個孔穴，想見千百年的時間脈動流過它身上，想見它吸納了天地靈秀精氣；那是長期的孕育、沉潛、變化。文人從中看到悠悠歲月，浩瀚宇宙，白居易說它「三山五岳，百洞千壑，覼縷簇縮，盡在其中。百仞一拳，千里一瞬，坐而得之。」便是它小小形體之中含蘊了長遠廣闊的時間和空間，所以使得太湖石本身便富於山水畫的藝術特性。在一個個小小畫面中我們可以看到像杜甫所說的「巴陵洞庭日本東，赤岸水與銀河通」（〈戲題王宰畫山水圖歌〉卷二一九），那種「咫尺應須論萬里」的畫論與此地白居易對石的品味體會是相通的。尤其白居易看到「千里一瞬」的強烈速度感都濃聚在一塊小小的石頭中，其集中性、典型性是其藝術特質之所在。

太湖石巍峨崔崟的形體彼此之間所形成的勢，又有一種欲動的姿態，好似整座山崖都將奔赴飛騰起來，或者有即將摧墜的危急。那麼石頭雖然形體凝固堅實，卻又有變動的態勢，不失飄逸之美。在顏色上，太湖石具青碧色，所以白居易以「青岑岑」來形容它。用它來造假山，不必栽植花木，便已近似青山翠峰；將它立於池邊水上，也能染浸得一片碧波。姚合甚至感到它碧光熠熠，照射及於四鄰，因此太湖石還可能具有光影變化的藝術效果。在氣象精神上，由於它的怪奇及崢嶸兀立，所以能夠特別顯出精神奕奕、神采煥發的英挺俊氣，所謂「精神欺竹樹，氣色壓亭臺」。這樣炯然的精采，與它的清靈有密切關係。它吸收天地靈氣，所以特別清粹、鮮靜、寒涼；連鳥雀都不敢棲息，而灰塵也不得沾染，以致可以「煩熱近還散，餘酲見便醒」。一向以清靈、高潔、定靜自勉的文人們，感受到它洗濾煩塵雜思、滌盪胸臆，終而忘憂的好處，更添珍愛之情。可見太湖石的清靈寒涼之氣，已到警醒心目、沁砭骨腦的透徹了。

石頭不僅形狀、色澤、氣勢、精神足以作為園林的重要景觀，它還能製造一些特殊景象，生起雲氣：

石亂上雲氣，杉清延月華。（杜甫〈柴門〉卷二二一）

置之書房前，曉霧常紛羅。（姚合〈買太湖石〉卷四九九）

片石欲生煙（劉得仁〈初夏題段郎中修竹里南園〉卷五四四）

移石動雲根（賈島〈題李凝幽居〉卷五七二）

孤雲戀石尋常住（方干〈鹽官王長官新創瑞隱亭〉卷六五一）

蒼苔點染雲生靨（鄭損〈星精石〉卷六六七）

鍾阜白雲長自歸（吳融〈太湖石歌〉卷六八七）

《說文解字．九下山部》說及「山」字的義與形：「宣也。謂能宣散气，生萬物也。有石而高，象形。」十一下的「雲」字則說是「山川气也。从雨，云象回轉之形。」雲是山川之氣生成的，山宣散其氣，正是雲的根源。石是具體而微的山，所以也能凝聚水氣，生成雲嵐。所以會說亂石上雲氣、曉霧常紛羅、片石欲生煙，或如劉得仁說的「片雲生石竇」（〈尋陳處士山堂〉卷五四五），因此移動石頭，也就是移動了雲的根柢，才會說移石動雲根。在文人多情的眼中，好似白雲特別依戀著石頭，總愛縈繞陪伴在它左右，或者以石為歸宿，而「長自歸」於此。這些尋常縈繞的雲煙，正好帶給石頭嶺雲峰嵐的視覺，搓摩著山石呈現多變的面貌，使擺在園林中的石頭或假山更像大自然中的高山；這也正符合文人心中山的美感品味。在山水畫論中有所謂「山欲高，盡出之則不高，煙霞鎖其腰則高矣」（郭熙《林泉高致集．山水訓》）。生散雲氣的石頭確使園林的假山宛若天開，合於自然，充滿詩情畫意；而且被遮鎖的部分正是一個神祕的地帶、撩人想像的具無限可能性的空間。

除了當作山峰或藝術品來欣賞，石頭在造園中還能隱退為造景的工具。如灘湍的激阻便需要石頭，像「石疊青稜玉，波翻白片鷗」（白居易〈府西池北新葺水齋即事招賓偶題十六韻〉卷四五一）、「潺湲桂水湍，漱石多奇狀」（李德裕〈思平泉樹石雜詠一十首・疊石〉卷四七五）、「蓋激溜衝攢，傾石叢倚，鳴湍疊濯，噴若雷風」（盧鴻一〈嵩山十志・雲錦淙序〉卷一二三），或如前論王維的白石灘等，都是以千拳疊石與溪泉相配合，所造成的激越效果。有時，石又可充當臥牀，如杜甫〈高柟〉詩中所說的「尋常絕醉困，臥此片石醒」（卷二二六），醒酒乃是石的寒涼所致，同時也表示石頭可以供遊者坐臥，悠然享受幽園的靜謐。文人們還喜愛以石來題記所詠的園林詩作，如上章引了《舊唐書・卷一七四李德裕傳》所載：「顯寄歌詩，皆銘之於石。今有花木記、歌詩篇錄二石存焉。」又如「買來高石雖然貴，入得朱門未免貧。惟有好詩名字出，倍教年少損心神」（王建〈題元郎中新宅〉卷三〇〇），買來的石頭雖非名品，卻可以題記詩文，其所負載的意涵就有另一層豐富，同時也更增添了歷史的價值。

白石的使用，也可在詩文中略見一二，如：

清淺白石灘，綠蒲向堪把。（王維〈輞川集・白石灘〉卷一二八）

白石何鑿鑿，清流亦潺潺。（白居易〈香鑪峰下新置草堂即事詠懷題於石上〉卷四三〇）

有石白磷磷，有水清潺潺。（白居易〈閒題家池寄王屋張道士〉卷四五九）

布石滿山庭，磷磷潔還清。（姚合〈題金州西園九首・石庭〉卷四九九）

下（指石澗）鋪白石為出入道（白居易〈草堂記〉文卷六七六）

前三則顯示白石與水有密切共在的關係，似乎白石是由潺湲清流沖洗而生成的。因白石多存於清流中，所以到了日本庭園枯山水式的造園手法中，會以白石象徵湖海。後兩則顯示唐人也已只用白石鋪設在庭間或道路上，成為單獨存在的景觀，或也已具象徵意義，但詩文中所述並不多。在受唐風影響甚多的日本建築庭園方面，或許唐人這種使用白石並加以歌詠的事實，是對日本枯山水式庭園有所啟發的吧！此外石頭還被用作石燈㉒、石盆、支琴、下棋……它的園林功能如此多樣，所以可以成為唐園林的珍寵。當我們看到牛僧孺「待之如賓友，親之如賢哲，重之如寶玉，愛之如兒孫」（白居易〈太湖石記〉）時，就不致於太驚訝了。是它精粹飽滿的內容與美感，是它長期孕育沉潛的動人生命來源，使得文人賦予滿懷感情，而置之園林中，如親友般朝夕為伍，共同生活。

後世文人對石的欣賞，如宋杜綰《雲林石譜》在序文中說：「天地至精之氣，結而為石。負土而出，狀為奇怪。或巖竇透漏，峰嶺層稜……雖一拳之多，而能蘊千巖之秀。大可列於園館，小或置於几案，如觀嵩少而面龜蒙，坐生清思……聖人嘗曰仁者樂山，好石乃樂山之意。」又如明文震亨《長物志・卷三水石》說「石令人古」，清高兆《觀石錄》說「一枚……兩峰積雪，樹色冥濛，飛鷺明滅。神品！」「一方……遠山如黛，數株春樹，雲氣蒼蒼」，「（壽山石）或雪中疊嶂，或雨後遙岡，或月澹無聲，湘江一色……」。其中對石的看法、品賞，大多是唐代文人早已體會領受了，只是唐人還散記於詩文中，出於興感而發的抒言，尚未有石譜石錄等系統論記及詳細描繪品第。所以樂嘉藻先生說：「大抵癖石之風氣，始於六朝，而盛於唐，直至於今猶然。」㉓在石的品鑒上，唐代文人的確已能掌握到其形狀、色澤、氣勢和精神等各方面的美感了。

綜觀唐代文人對於山石的美感領受與其影響及造園理念和成就者，約可歸納要點如下：

其一，由於唐代文人對山有深刻喜愛，希望能終日坐看、臥看青山，因此在園林選址相地時，能考慮巖嶺與屋廬之間的位置關係；往往以門庭直接面對青山，以便於長看，或邀請青山入門對飲談心。

其二，為了配合看山的嗜好，唐人也以鑿開窗牖的方式延請山景入室，而把它當作一幅畫來欣賞。有

㉒ 同❶，頁三二六。

㉓ 同❷，頁一九陰面。

時窗上加設簾幕，捲簾看山就像展閱卷軸的山水畫。這就使園林的賞景活動與賞畫品畫有異曲同趣之妙，同時也使賞山加上了時間流動的因素在內，富於時空縮現的機趣。

其三，在長期看山的觀覽中，唐代文人對於山峰與陽光、雲嵐、氣候、時間的關係觀察入微，而汴意到山色和光影的變化，在其籠罩下，豐富了園林的景觀與情趣。

其四，在造山方面，石山較土山普遍。他們喜歡攢疊怪石以成假山，欣賞其巍峨崢嶸的雄奇氣勢。還常引泉水作成懸崖飛瀑，帶來流動飄逸之感，使假山能展現剛柔並濟的美。

其五，假山疊放的位置，有的擺置門前，有的則在窗口，與其欣賞真山的處理方式一致。有時則設置於彎曲小徑之旁，給遊者山形步步移的不同面貌和驚喜。也有置於水岸池中，以擬似蓬萊仙島。

其六，假山有由龐大體型轉為片石小山的趨向。大山求其形似，小山則強調求其神似，這是假山史的一個重要轉捩期。

其七，唐代文人喜集名石，把它立為園中的假山，或疊或獨立。石山的盛興與其能生雲的特質有關，石旁常縈繞雲煙正符合文人的山的美感。他們或者將石當作藝術品獨立地賞玩，並賦予生命，視同親友賢哲來對待，與之生活共處。

其八，唐文人欣賞太湖石形狀中所含蘊的豐富形象，及背後孕育沉潛期的悠長歲月和浩瀚宇宙感；在色澤上欣賞它青碧如玉的清潤寒涼，醒沁人心；在氣勢上欣賞它欲動欲摧的飛騰飄逸之美，及無限的想像空間；在精神上欣賞它吸納了天地精氣，靈秀明粹。

其九，作為獨立藝術品，唐代文人看到石頭本身「百仞一拳，千里一瞬」的象徵、集中、典型的特性；這些特性使它富於寫意山水畫的藝術性，這使園林充滿了詩情畫意，園林的寫意傾向也於此萌露一端。

第二節　水的美感與理水賞雲

「山水」是大自然的象徵。有山有水似乎就足以代表大自然景色㉔；其中似乎又以水在園林中更重要。一個園林的存在可以無山，卻不能缺水；因為水不僅作為景觀以美化園林，還在灌溉花木、提供飲水、調節濕度上控制著園林的興茂或衰廢。唐代重要文人兼傑出造園家白居易以水和竹為園林之質，又說其履道園「十畮閒居半是池」；杜甫也稱其浣花草堂為「水竹居」（參前章），在他們心目中，水是園林中必不可缺的要素，它是園林的本質。這樣的園林概念一直為後代所秉承，李允鉌先生便認為：「典型的中國園林建築最主要的自然元素就是『水』。」㉕而唐祥麟先生也說：「中國庭園的精髓，盡聚於此（指水）。」㉖其意實切近。唐文人對於水在園林中的重要性已經深有體認，而且對於水本身及與其相關景物的欣賞也有相當深微的境地。所以唐人的園林中水景的處理十分用心，像溫庭筠所說的「月榭風亭繞曲池」（〈題友人池亭〉卷五七八），這樣以水池作為園景的中心，一些建築或花木都圍繞著水池而展布的情景非常普遍。在《中國美術全集・建築藝術編3・園林建築》一書中，以唐代園林特色之一是盛行開池堆山，小池特別受到寵愛㉗：這正符合詩文的呈現。

㉔伯精等著《論山水畫》，頁一五說：「厚重不遷之山最足以代表靜；周流無滯之水最足以代表動。故畫家根據二元之思想，以山水象徵整個自然。」

㉕同❶，頁三一八。

㉖見唐祥麟《中國庭園之研討》，頁四二。

㉗參該書頁一〇—一一。

唐代這麼重視園中開池，與文人們對水的美感經驗有關，那是支持他們開池引泉的基礎之一。另外，水與雲是同質而不同型態的存在，雲在園景的變化上具有重要的影響，增添了園林的景趣，受到唐代文人的注意、欣賞與歌詠；因此，本節擬分從文人的水的美感、水景的設計與雲景變化等三部分來討論。

一、水的美感

水的美，唐代文人最注意的首先是它的映照特性。一泓平靜的池潭或湖水，正如一面鏡子般澄明，所以會有「止水分巖鏡」（王茂時〈晦日宴高氏林亭〉卷七二）或「水閒明鏡轉」（李白〈與賈至舍人於龍興寺剪落梧桐枝望灉湖〉卷一八〇）這樣的譬喻。如鏡的水面對園林最大的意義不是照人，而是照景：把園林景色收攝到一潭明水之中，再由水面映現出來。如：

回潭百丈映千峰（韓翃〈宴楊駙馬山池〉卷二四五）㉘

澄明山滿池（盧綸〈和太常李主簿秋中山下別墅即事〉卷二七七）

水底遠山雲似雪（劉禹錫〈和牛相公遊南莊醉後寓言戲贈樂天兼見示〉卷三六〇）

晚空山翠墜芳洲（劉滄〈及第後宴曲江〉卷五八六）

徹底千峰影（鄭谷〈興州東池〉卷六七四）

這是倒映山影。一池水也許沒有一座山那麼巨大，可是隨著距離的拉遠，即使是千峰萬嶺也能容納入一池水中。所以水面的倒映特性不僅是收入的形象，而且也把水與真山之間的所有空間都吸納進去。因此，坐於水畔便可以看見千峰影，看見山滿池，看見遼敻的空間被積縮在瞬刹之間。這是遠景的倒影，至於近景的映照，當然也是清晰的：

㉘ 一作陳羽詩。又作朱灣詩。

白水映茅茨〈李頎〈不調歸東川別業〉卷一三二〉

舍影漾江流〈杜甫〈屏跡三首之二〉卷二二七〉

花源一曲映茅堂〈韓翃〈題張逸人園林〉卷二四五〉

北館壯復麗，倒影紅參差。〈白居易〈裴侍中晉公以集賢林亭即事詩三十六韻見贈猥蒙徵和才拙詞繁輒廣為五百言以伸酬獻〉卷四五二〉

樓臺倒影入池塘〈高駢〈山亭夏日〉卷五九八〉

這是水中建築物的倒映，又一次顯示唐代園林有許多以水為中心而以建築環繞的封閉性空間布局。不論是簡單樸素的茅堂茨舍，或是壯麗鮮豔的樓閣亭館，都能成為水景而各具特色。這是如如的映照，水上與水面的形象一致，合而成為對稱平衡的一體；至於像拱橋那樣，水上和水中的影像合而成為一個完整的圓弧的情形，在詩文中則還未被重視。更有趣的情景，則是一片天空、兩三星子映在水面上的時候：

水似晴天天似水，兩重星點碧琉璃。〈李涉〈題水月臺〉卷四七七〉

月光如水水如天〈趙嘏〈江樓感舊〉卷五五〇〉

江色沉天萬草齊〈李山甫〈曲江二首之二〉卷六四三〉

浸天唯入兩三星〈方干〈于秀才小池〉卷六五一〉

空水交映而雲天在下〈李直方〈白蘋亭記〉文卷六一八〉

天空的倒映與山、建築或樹木不同，天空不像它們是立基於土地之上，實物與倒影之間是以地平線或水面作為連界線，可以彼此連接成對稱平衡的完整體，可以感覺形象與倒影之間的貼近。天空本身則是在遙不可及的地方，與它的倒影之間是不相連的，感覺那水中的天空更加虛幻縹緲。而且天空的範圍無限，映在水中，若無他物遮擋，整片水面就是整片天空。自古天空就是令人遐思嚮往的神祕地方，俯映水中的天空更形虛渺，也就更引人幻想了。平時水的顏色本來自天空（若無樹影浸染），所以也會造成一種天空如水的印象。此處文人們驚歎著水似晴天天似水，驚歎著空水交映，而雲天竟然會在人們的腳底之下。本來地上的一切東西該是人們足可踩手可觸的，該是切近而熟悉的；唯有天空的星辰明月及雲朵是不可及的，是逍遙自在的。如今那高不可攀的一切都變在腳下，然而水中的卻又渺遠不實，這對敏感的文人而言，既迷幻又驚奇，整個空間的限制在這裡被打破了。所以在園林中挖鑿一個水池，不僅建造了一些水景，也增展了園林的上下空間。

一個水面，無論是什麼形廓，映著天空、星月，映著遠山綠樹，映著各式建築，這水面就變成了一幅畫——一幅幼童初習繪圖時，沒有固定視點的、以整張圖畫紙（池）的四周邊沿為游動視點的畫，充滿了童趣與莫名的理趣。同時，水性柔和，岸上各種景物透過水的折射，映於水面的形象也就柔和了許多。唐祥麟先生說：「正因為水池的形式可以隨意變換，而各種景色的倒影都能反映在水面使其融和在一起，因此既（按：應作「即」）使在不調和的景緻中，只要有水的介入便能消解衝突，而使各部分很諧和的結合在一起。」㉙所謂水池的形狀可以隨意變換，應該是肇因於水的性柔。倒影的質感來自於水，水柔便能使倒影的質感也柔和，則不調和的景緻映在水中便會變得諧和一些。所以水池還具有柔化景物的功能。

如前所述，水的顏色來自天空的映照，所以水色與天色相彷彿。在這個基礎上，像「逶迤南川水，明滅青林端」（王維〈輞川集・北垞〉卷一二八）這樣流得遠些的水流，可能造成水與天相連的視覺，此時就會出現「秋水共長天一色」（王勃〈秋日登洪府滕王閣餞別序〉文卷一八一）的情景，感覺上水就變得無窮盡了。所以在園林中有一片水，也能增加橫向的空間感：

㉙ 同㉖，頁四六－四七。

水隔群物遠（陳羽〈春園即事〉卷三四八）

縈紆非一曲，意態如千里。（劉禹錫〈海陽十詠之五・裴溪〉卷三五五）

隔水疑神仙（劉禹錫〈和樂天讌李周美中丞宅池上賞櫻桃花〉卷三五五）

浦派縈迴誤遠近，橋島向背迷窺臨。澄瀾方丈若萬頃，倒影咫尺如千尋。（白居易〈池上作〉卷四五三）

只隔門前水，如同萬里餘。（李洞〈鄠郊山舍題趙處士林亭〉卷七二一）

水，在沒有舟楫又不會游泳的時候，是一個大阻隔；儘管是小小的潭池或溪流，也會令人感到對岸是迢遙的。有時候水生波浪，向彼方不斷推動，那一頭就好似無窮盡的海角，所以說澄瀾方丈如同萬頃般遼闊。因此，水一隔就群物遠，有如萬里相隔，而覺那岸是神仙之境，渺不可及。王維在〈輞川集〉裡吟詠〈南垞〉時，會說北垞淼難即，而歎「隔浦望人家，遙遙不相識」，這樣強調他的輞川園之幽深、無塵俗人跡，是有他的實景立據的，因為攲湖的水面即帶有無限遼遠的特質，潺湲去來的輞川水亦然。當白居易又在池上築島造橋而遮斷視線時，當沙洲和水派之間相互穿錯縈繞時，那水面的遠近就因錯覺、就因望不盡而更加遼闊無際了。因而唐祥麟先生又說：「水本身是無始終的，然而若加以界限會使其變為有限。中國庭園中兩岸曲折的池塘，因池中假山、小島遮掩了部分池面，使得水面產生了一種無涯無際的感覺，不再能夠一覽無遺，而使『掩』、『映』的趣味相得益彰。」㉚就是這種無涯無際的感覺，所以使「遠波初似五湖通」（許渾〈朱坡故少保杜公池亭〉卷五三三）或「百花潭水即滄浪」（杜甫〈狂夫〉卷二二六）的想像成為可能。因此，水，在園林中也有助於橫向空間的延伸推擴。

㉚ 見程兆熊《論中國之庭園》，頁四五－四六。

水，既能使園林的上下空間加深，又可使橫向空間推遠，其間的差異在於前者平靜無瀾，如一面明鏡倒映諸景；後者則因波浪的起伏前進，推向遠方。前者如方干所說「一泓春水無多浪」，才能「數尺晴天幾箇星」（〈路支使小池〉卷六五一）；後者如劉禹錫所說「微波笑顏起」，才會「意態如千里」（〈海陽十詠之五・裴溪〉卷三五五）。水波，帶給水面一種動態之美，而且予人撲朔迷離的蒼茫感，文人對這種動態迷茫之美的水景是十分欣賞的：

水文生舊蒲，風色滿新花。（陳嘉言〈晦日宴高氏林亭〉卷七二）
東風動柳水紋斜（李端〈閒園即事贈考功王員外〉卷二八六）
風借水精神（白居易〈閒園獨賞〉卷四五五）
高風耗水痕（杜牧〈石池〉卷五二六）
水面風披瑟瑟羅（殷文圭〈題吳中陸龜蒙山齋〉卷七〇七）

水邊搭橋使水景遠不可測

因風吹拂，使水面產生紋痕；有時是風吹動柳條，柳條撫觸水面而生波浪。在文人眼中看來，像是碧綠而質地輕柔的絲羅，十分舒柔神祕。白居易則認為是風把精神借給了水，而使水神采煥發，奕奕飛揚。因而平靜的水面展現澄明清瑩之晶潤柔和美；波流的水面則洋溢生氣精神與迷離惝怳的靈動美。至於水中倒影隨波搖蕩時，則如：

檀欒映空曲，青翠漾漣漪。（王維〈輞川集・斤竹嶺〉卷一二八）

疊翠蕩浮碧（孟郊〈遊韋七洞庭別業〉卷三七五）

浪搖花影白蓮池（白居易〈池上小宴問呈秀才〉卷四五一）

鸂鶒刷毛花蕩漾（溫庭筠〈題友人池亭〉卷五七八）

山影暗隨雲水動（劉滄〈晚歸山居〉卷五八六）

不論山影或花影、竹影、鸂鶒，它們倒映的形象經過水波的盪漾之後，也變得搖擺不定。而且形象被拉引得有些碎裂，有些拖長，好像也將隨著水波流逝；然而那碎長的影像總也流不走，總是日以繼夜不倦地、執著地、等待什麼似地就是隨波流動，一個完整的形體就這麼地被擺動得迷離蒼茫了，水中遂成為一個似相識又虛渺的夢幻世界。

在波浪盪漾中，受到最明顯影響的是被折射的光線。照射水面的光，經水波一搖晃，散灑為一片碎金，像鑽石閃動著晶瑩剔透又亮麗耀目的光芒。隨著風勢的變化，鑽石便成群地湧向一面，由碎鑽變為大鑽，又復成群地退回去：是一幅璀燦富麗的流動潑金畫。又像神話中仙女揮點仙棒所幻化出來的金花世界，充滿希望與溫馨，盈溢似近還遠的迷離美㉛。有時在陰涼的園林裡，光也帶有寒氣，映在水面的也是一片寒光。如：

㉛ 以上景象乃民國七八年十一月三十日中午於清華大學成功湖畔所見。

川光搖水箭（盧照鄰〈山莊休沐〉卷四二）

晚晴搖水態，遲景蕩山光。（韋述〈春日山莊〉卷一〇八）

池光搖萬象，倏忽滅復起。（儲光羲〈晚霽中園喜赦作〉卷一三七）

光搖一潭碎（岑參〈終南山雙峰草堂作〉卷一九八）

一片寒光動池色（楊巨源〈題賈巡官林亭〉卷三三三）

光線被搖蕩得如千百支銀箭，又似灑落一潭碎金，連原先倒映其中的萬景萬象，也隨著波光的一閃一滅而忽現忽沒，一切事物都閃爍不定了。在光滅的剎那，一切色相都驟然呈現；在光起的剎那，又一切都隱沒不見了。生滅似乎只是瞬間之事，一切都無常。光，本是希望之源，在水波的折弄後，變得奇幻神祕；光，本是一切形色得以呈現的根源，在水波折弄後，形色變得生滅無常。於是園林的景觀也變化得富於情趣了。

折射散碎的水光不僅停留在水面上閃動，它還會投射上來，照在水岸上的建築或花木身上，如：

一片水光飛入戶，千竿竹影亂登牆。（韓翃〈張山人草堂會王方士〉卷二四三）

池光蕩華軒（李白〈題金陵王處士水亭〉卷一八四）

池光忽隱牆（李商隱〈贈子直花下〉卷五四〇）

壁上湖光自動搖（馬戴〈題章野人山居〉卷五五六）㉜

侵簾片白搖翻影（溫庭筠〈題友人池亭〉卷五七八）

折射上來的水光印在草樹或牆壁之上，或是透過竹簾而飛入窗戶之中。被反光映照的牆壁也會在光起的瞬間，被隱沒不見，所以李商隱看到池光忽隱牆，阻隔感會在牆壁隱沒的剎那被消融。映在牆木上的水光與

㉜ 一作秦系詩。

陽光直接照射的光亮不同：直接照射下的牆壁或花木，吸收了某些色光，反射了某些色光，所以它的顏色和光度非常勻稱，光亮深深融於其中；而池光反照的時候卻亮暗不均，而且光亮是浮在壁木的表面，所以帶有虛幻不實的特質。而被這些浮光閃搖不定的建築便像「水邊重閣含飛動」（宗楚客〈奉和幸安樂公主山莊應制〉卷四六）般躍動起來，整座園林似乎在閃爍眨眼。

水光的光源多半來自於太陽，所謂「江日動晴暉」（郎士元〈送元詵還丹陽別業〉卷二四八），所謂「波搖杏梁日」（劉禹錫〈海陽十詠之二・切雲亭〉卷三五五）即是。而文人們對於月光映水卻更喜愛，也常常成為詩文中歌詠的對象：

> 月見雙泉心（孟郊〈陪侍御叔遊城南山墅〉卷三七五）
>
> 時見水底月，動搖池上風。（孟郊〈遊城南韓氏莊〉卷三七五）
>
> 池月夜淒涼（白居易〈葺池上舊亭〉卷四四五）
>
> 月和伊水入池臺（白居易〈以詩代書寄戶部楊侍郎勸買東鄰王家宅〉卷四五六）
>
> 檻底江流偏稱月（李中〈思九江舊居三首之二〉卷七四七）

月亮的高不可及，一經印在潭水之上遂覺近切得多；而其遍在的空間特性，遂使千江只要有水，便能千江有月，所以文人特別注意到雙泉映月這富於禪趣的畫面。有時微風拂過水面，月影也隨著波浪動搖湧擺，流而不逝。月的涼感加上夜的漆寂，有時也使易感的文人油然生起淒涼之意。較諸陽光，月似乎柔和浪漫了很多，與水的特性更近契，於是在文人眼裡遂下了「檻底江流偏稱月」的品鑑評斷，成了文人的美學理論。夜裡，月兒悄悄在天空移動位置，這一切也都映現在水中，從「池月漸東上」（孟浩然〈夏日南亭懷辛大〉卷一五九），到「月向白波沉」（方干〈鏡中別業二首之一〉卷六四八），時間在無形中一點一滴地消逝。月亮本身即含有時間與空間的特質，時常勾起文人感懷常與變、聚和散、限制及自由等人類的悲劇性際遇，加以水中月本虛幻不實，這景象深寓理機、禪機，遂有文人們「清池皓月照禪心」（李頎〈題璿公山池〉卷一三四）、「每夜坐禪觀水月」（白居易〈早服雲母散〉卷四五四）的觀照和禪悟。所以水月在文人的園林生活中，是一個充滿情趣與理趣的景緻。

水的美，又在於其自身所具的澄澈明淨的質感，所以也予人涼冷冰潔的印象：

空水秋彌淨（張九齡〈晚憩王少府東閣〉卷四九）
水氣侵階冷（祖詠〈題韓少府水亭〉卷一三一）
貽爾寒泉滋（柳宗元〈茅簷下始栽竹〉卷三五三）
巖泉冷似秋（李德裕〈初夏有懷山居〉卷四七五）
雲水生寒色（鄭巢〈秋日陪姚郎中登郡中南亭〉卷五〇四）

寒涼清冷與潔淨是水帶給園林的氣色精神，猶如一個挺勁清明之人，與之接處者也油然生起凜凜之肅情，一些不純不淨之雜濁也遁落無餘，所以郎士元會說「能將瀑水清人境」（〈春宴王補闕城東別業〉卷二四八）。有水之處，整個環境都清爽明淨起來，人的六根與精神也受到沐浴洗滌。許敬宗便感受到小池「足以澡瑩心神，澄清耳目」（〈小池賦應詔〉文卷一五一）；杜佑也覺得他的園林鑿山引泉後「若處煙霄，頓覺神王」（〈杜城郊居王處士鑿山引泉記〉文卷四七七）。如此一來，園居就不止是可遊可息、可居可行的場所了，它還是修養身心、澡雪精神的所在。因此，白居易認定「水能性淡為吾友」（〈池上竹下作〉卷四四六），淡泊恬靜的特質，真是有助於提升人格、潔淨心靈的良友。當看到一座山、一片石或一池水，文人們願意視它們為好友親知，願意賦予生命德性，而與之交往對談，所謂「情往似贈，興來如答」（《文心雕龍・物色第四十六》），實是它們的美感之中有深刻的情意與理趣，值得深深品味細嘗及探索思悟；有高潔的質性值得接近及濡染。多情的文人就在這與山與水的贈答交應中，又賦予山水更深一層的美感，使它們的美更雋永綿長，更耐人尋味。

二、疏理池泉

唐代園林已盛行開池引泉，固然它可以只是灌溉花木、供給飲水、調節溼度、消滅火災等用處；可是就在種種水的美感經驗中，加強了園林水景的處理設計的理念與意願。水的存在形式，在園中可見的通常有挖池聚水，如「砌水親看決，池荷手自栽」（王建〈題別遺愛草堂兼呈李十使君〉卷二九九）㉝、「池成不讓飲龍川」（沈佺期〈侍宴安樂公主新宅應制〉卷九六）；有的則引流水成溪，蜿蜒在園地上，如「暗引巴江流」（岑參〈過王判官西津所居〉卷一九八）、「手開清淺溪」（孟郊〈送豆盧策歸別墅〉卷三七八）；有的則像上節所論，先疊山再懸泉作飛瀑，或堆石激阻水流以成灘湍。有一些園地較小的主人，會衡量情形而挖小池，文人遂也強調小池之巧好㉞，像杜甫浣花草堂的南鄰朱山人就是「小水細通池」（〈過南鄰朱山人水亭〉卷二二六）的小水池。有時甚至改以「盆池」的方式來製造水景，如：

鑿破蒼苔地，偷他一片天。白雲生鏡裏，明月落階前。（杜牧〈盆池〉卷五二三）

老翁真個似童兒，汲水埋盆作小池。一夜青蛙鳴到曉，恰如方口釣魚時。

莫道盆池作不成，藕稍初種已齊生。從今有雨君須記，來聽蕭蕭打葉聲。

池光天影共青青，拍岸纔添水數缾。且待夜深明月去，試看涵泳幾多星。（韓愈〈盆池五首之一、二、五〉卷三四三）

移得龍泓潋灩寒，月輪初下白雲端。無人盡日澄心坐，倒影新篁一兩竿。（陸龜蒙〈移石盆〉卷六

㉝ 一作白居易詩。因王建的卷數在白居易之前，故列本詩之作者名為王建。以下皆循此例。

㉞ 參潘谷西編《中國美術全集・建築藝術編3・園林建築》，頁一一。

二八）

圓內陶化功，外絕眾流通。選處離松影，穿時減藥叢。別疑天在地，長對月當空。每使登門客，煙波入夢中。（張蠙〈盆池〉卷七〇二）

瘦竹䠠煙遮板閣，卷荷擎雨出盆池。（秦韜玉〈題刑部李郎中山亭〉卷六七〇）

這盆池也許只是個小小的石盆，可也是文人費了一番巧思細活才創出來的。先是埋盆汲水，汲水的方法可能很多，杜牧採取的是「通竹引泉脈」（〈石池〉卷五二六）。水滿之後，還須不定時添水。體積雖小，可是它依然可以映得一片天空、幾顆星子和浮雲數片、月明一輪，而令文人懷疑另有一個天地人間。它也可以種蓮養魚，引來成群的青蛙，為夏夜平添鳴音。蓮葉可以擎雨蕭蕭，倒映的竹子可以彎腰迎風，為池面吹縐波痕，波浪拍岸又起特別聲響；這真可以是個熱鬧的水池，景致不少，樂音交響。我們還看到了韓愈這位原道闢佛的道貌岸然的大儒者，在庭園的日常生活中，所自然流露的童心野趣。他充分融入一個純真無邪而好奇雀躍的心靈世界裡，這是大自然領人輕鬆放下的珍貴所在。

盆池的出現讓文人領略以小觀大的寫意園林意趣，一個小小的盆池就足以使登門客「煙波入夢」，那是園林藝術走向象徵、寫意、提煉的好開始。盆池的出現，也證明唐代文人對水景的重視，為此而願意用心思去設計並製造出具體而微的盆池以超越空間狹小的限制，帶領園林走向更高的藝術境界。唐代文人對水景的經營在「以小見大」的意匠之外，還用力於視界的無限擴展，以免一望無遺。首先，他們在水畔植樹以覆蓋岸界：

徙竹覆寒池，池水變綠色。（白居易〈春葺新居〉卷四三一）

映池方樹密，傍澗古藤繁。（李德裕〈近於伊川卜山居將命者畫圖而至欣然有感聊賦此詩兼寄上浙東元相公大夫使求青田胎化鶴〉卷四七二）

園裡水流澆竹響〈皮日休〈李處士郊居〉卷六一三〉

村前竹樹半藏溪〈方干〈和于中丞登扶風亭〉卷六五〇〉

此君臨此池，枝低水相近。碧色綠波中，日日流不盡。〈張文姬〈池上竹〉卷七九九〉

最常見的覆水植物是竹。這一方面可供給竹子生長所需的水分，另方面使水藏掩在似密似疏的竹篁中，所謂「水欲遠，盡出之則不遠，掩映斷其派則遠矣」（郭熙《林泉高致集・山水訓》）的畫論，其實早在唐人的園林之中實踐了。如此一來，讓「水流山暗處」（于鵠〈春山居〉卷三一〇），水景就變得幽深。同時映在水中的綠樹也會把水浸染成一片翠碧，終年流不盡那蒼翠，這是水色的造設。而澆竹而過的潺湲，給園林帶來滋潤圓巧的音樂，盈溢著幽靜寧謐的氣氛。覆水的植物其次常見的是花叢：

隔花開遠水〈錢起〈裴僕射東亭〉卷二三八〉

諸花覆水源〈獨孤及〈蕭文學山池宴集〉卷二四七〉

垂欄復照戶，映竹仍臨水。〈李端〈鮮于少府宅看花〉卷二八四〉

臨水杏花繁〈周賀〈春日山居寄友人〉卷五〇三〉

杏花臨澗水流香〈陸龜蒙〈王先輩草堂〉卷六二六〉

諸花覆水與竹相似，既便於吸收水分，也能遮去水岸的臨界，使水的空間與陸的空間截然分隔的現象被打破，致使園林空間能通透交流。另方面花叢也能掩映水的一部分，使其不致一望無遺，而能顯得悠遠。杜甫所謂「暗水流花徑」（〈夜宴左氏莊〉卷二二四）也是類似的情趣。此時倒映水中的則是萬紫千紅的嬌妍，水色被浸染成繁麗多彩，與岸上的竹相輝映，異常熱鬧鮮紅。

在園水的諸多處理方式中，唐人喜愛引水周繞堂舍階砌之下，讓水能夠親近於起居的住所四周，如：

水流經舍下（劉長卿〈送鄭十二還廬山別業〉卷一四八）
泉水侵階乍有聲（武元衡〈南徐別業早春有懷〉卷三一七）
水遶庭臺碧玉環（劉禹錫〈尉遲郎中見示自南遷牽復郤至洛城東舊居之作因以和之〉卷三五九）
一帶山泉遶舍迴（白居易〈別草堂三絕句之三〉卷四四〇）
清泉繞舍下（李德裕〈憶平泉山居贈沈吏部一首〉卷四七五）

錢起甚至誇張地說：「新泉到戶樞」（〈山齋讀書寄時校書杜叟〉卷二三八）。水泉周繞堂舍之下，對於建築物首先有隔離的作用，使其成為完全獨立的另一個生活空間。其次，臥眠之時還能聆賞流水聲發自枕下，近在咫尺。復次，像「冽泉前階注，清池北窗照」（韋應物〈題從姪成緒西林精舍書齋〉卷一九二）、「清泠屈曲繞階流」（白居易〈香鑪峰下新卜山居草堂初成偶題東壁〉卷四三九）這樣，寒冽的泉水正可以為齋舍帶來清涼，坐處屋內依然可提振精神、滌盪胸襟，實是理想的生活居住環境。而對那一彎泉水自身而言，為了周繞砌階，便須屈曲其流徑，在「水勢臨階轉」（范朝〈寧王山池〉卷一四五）的時候，就是水姿宛轉有致的完成了。這使水流自身即是富涵情韻幽趣的美景。

為了使水更顯精神，須要借風吹拂，於是造園文人白居易就實行這樣的造園工作：「持刀剮密竹，竹少風來多。此意人不會，欲令池有波。」（〈池畔二首之二〉卷四三一）竹叢太密迫了，有礙風的流暢，於是文人不惜砍去竹子，以使「風借水精神」，他的池水就能神采奕奕，飛揚煥發。一片又一片泛起的波紋有粗有細，似是彼此追逐嬉戲，又像湮暈變化的潑墨水畫，一路盪漾開去，美極，精神極了。同組詩的第一首又看到白居易的造園作為：「結構池西廊，疏理池東樹。此意人不知，欲為待月處。」池西構廊，是為了等待月升，坐看月色，靜觀月移；池東理樹，則能更清楚地賞玩，月影能較無遮阻地倒映池面，增長水月的賞看時間。對於特別愛池而以水為園林本質的白居易而言，這些理水或配合水景的造園工作，其巧思匠意是十分自然的。

此外，如上節所述，砌石造灘，引泉作瀑，也是唐人慣用的水景，帶給園林飛躍、靈動及飄逸之美。園水有時還能帶來一些自身之外的景觀，那就是禽鳥的親近：

舍南舍北皆春水，但見群鷗日日來。（杜甫〈客至〉卷二二六）

更引海禽至（錢起〈藍田溪雜詠二十二首之十二〉卷二三九）

鴛鴦憐碧水（鮑溶〈山居〉卷四八七）

漸有野禽來試水（劉威〈題許子正處士新池〉卷五六二）

鸂鶒雙雙帶水飛（李群玉〈南莊春晚二首之一〉卷五七〇）

水禽自是喜愛嬉水，見到有水之地，當然會飛來玩耍一番，進而呼朋引伴，使附近時常有群禽聚息，這便給園林帶來雀躍飛動的趣味，增添了活潑生氣。同時水禽飛起飛落的弧曲動線，又是另一種美。飛禽雖非水景，卻是因水而生的別致風格的景致，也算是理水而成就的園林之美。

水，在園林裡不僅是目觀的視覺景，還是耳聆的聽覺景，這聽覺景倍受文人們的喜愛，如：

泉和萬籟吟（崔湜〈奉和幸韋嗣立山莊侍宴應制〉卷五四）

渠水經夏響（朱仲晦〈答王無功問故園〉卷三八）

幽聲聽難盡，入夜睡常遲。（姚合〈題家園新池〉卷四九九）

獨住水聲裏（項斯〈宿胡氏溪亭〉卷五五四）

逼枕溪聲近（李中〈寄廬山莊隱士〉卷七四九）

聆聽泉響變成是一種享受，可以為此而延遲睡眠時間。臥枕而不易入睡，除了怡悅於那美妙的樂音，泉聲該也有清醒頭腦、提振精神的效果吧！崔湜聽到的還有萬籟和著流泉一起鳴吟，那又已是天地間的大合奏，萬籟間的共感共應了。這不是熱鬧或嘈雜，而是極度平和寧靜，愈顯園林的幽寂。為了製造泉聲，通常有兩種處理手法，一種是「水聲鳴石瀨」（戴叔倫〈過友人隱居〉卷二七三）的石泉之聲；另一種則是「山泉落滄江，霹靂猶在耳」（杜甫〈種萵苣〉卷二二一）的落泉之聲。前者通常是「遠移山石作泉聲」（王建〈薛二十池亭〉卷三〇〇）的方法，也就是積疊千萬拳石頭以阻礙水流，摩擦而激生的石泉聲；後者則採「飛泉灑而迴潭響」（宋之問〈奉陪武駙馬宴唐卿山亭序〉文卷二四一）的方式，即引泉水使自巖崖之上飛灑下來，是水與水奔撞的落泉聲。前者有哽咽之趣㉟；後者則有貫雷之勢㊱。然由於後者太過激烈強震，一般文人們還是比較喜歡前者，如白居易稱讚道：「泉石磷磷聲似琴，閒眠靜聽洗塵心。莫輕兩片青苔石，一夜潺湲直萬金」（〈南侍御以石相贈助成水聲因以絕句謝之〉卷四五九），以潺湲綿長而又富於琴韻的聲音為上。至於像「風送水聲來耳邊」（裴度〈涼風亭睡覺〉卷三三五）或「寒雨落池聲」（姚合〈武功縣中作三十首之十六〉卷四九八）那樣，需要風或雨等大自然天候變化的要素配合的情況，恐怕就在人工造園的工作之外了。

景觀，在園林中似乎大部分指自然景物；可是，人，或人文活動也可作為景觀來欣賞。唐代詩文中，可以看到文人們也注意到這些景象，並取以入詩：

> 門泊東吳萬里船（杜甫〈絕句四首之三〉卷二二八）
>
> 南檐當渭水，臥見雲帆飛。（白居易〈新構亭臺示諸弟姪〉卷四二九）
>
> 沿洄十里汎漁舟（白居易〈題崔少尹上林坊新居〉卷四五八）

㉟ 如盧綸〈郊居對雨寄趙涓給事包佶郎中〉詩中說「石泉空自咽」（卷二七八）。

㊱ 如杜甫〈種萵苣〉詩中的「山泉落滄江，霹靂猶在耳」（卷二二一）。

杯裏移檣影（姚合〈題河上亭〉卷四九九）

曉渭度簷帆的的（趙嘏〈題昭應王明府溪亭〉卷五四九）

從簷下門戶之前，泛移而過的船帆，成為一幅框景。然而它並非一幅靜止的畫，而是悠悠的的移動著，它引撩文人想像其走過萬里的旅程，想像它將繼續航向更遙遠的天涯。因而框在門前的那幅水上帆影圖，便含蘊了豐富的空間內容與時間內容，文人從中看到水畔餞別送行的悲傷依依，看到風雨波濤的艱險掙扎，看到水上的萍逢偶遇，也看到漂游如浮雲的寂寞……這些水上的人文景觀都濃縮在一片雲帆檣影之中，化作亭內文人們臥遊的千萬風光景色。若是文人們自己駕舟遊園，就只是「落日泛舟同醉處」（韓翃〈宴楊駙馬山池〉卷二四五）、「船移鴨暫喧」（李郢〈園居〉卷五九〇）或「小舫行乘月」（徐鉉〈自題山亭三首之二〉卷七五五），是充滿快樂情趣的遊賞，而沒有征帆的滄桑歲月。不過，不論是臥看飛帆的的，或是親泛月舟，乃至那富於傳統的流觴曲水，人的活動都可成為園林中富於情思的景緻，是園景中很生動的一部分。

三、賞雲與造園運用

雲，是與水同質而不同型態的存在。它在自然景物之間扮演化妝師的角色，把同一物體變換成各種姿態和景色；在園林中，也頗受文人的歌詠。於某種程度上，它是可把握的造園要素，尤其對於園林景色明暗、隱顯及空間的伸縮，有著重要的影響。

前節曾論及石、山能生雲，所謂「觸興雲生岫」（錢起〈春暮過石龜谷題溫處士林園〉卷二三八）。因為雲由水氣生成，所以有水之處，在天氣條件的配合下，也往往能蒸凝成雲。盧綸在〈宿石甕寺〉詩中觀察到「煙凝積水龍蛇蟄」（卷二七九），李山甫也在〈別墅〉詩中看清楚「碧煙水面生」（卷六四三），這是水面生蒸的煙氣，漸漸積聚濃密了，可以轉為雲[37]。王維在他獨遊〈終南別業〉時，碰到「行到水窮處」

的狀況時，就順勢停下腳步來，「坐看雲起時」。那雲也許由山岫中升起，也可能由水面蒸生；無論如何，王維既然沿水行走，那雲起必然由這水源供給水氣。所以在水窮時，他可以方便地順轉窮困之勢，而自在地觀看那白雲悠悠冉冉地上升。「江雲」[38]一詞正可說明雲與水之間的微妙關係。

通常，雲在天上、高山，所以給人遙遠幽深且飄渺的感覺；白雲之外的事物遂總帶些神祕莫測。因而文人們喜歡以白雲繚繞來表示園林的寂寥，如：

香徑白雲深（戴叔倫〈遊少林寺〉卷二七三）

滿地白雲關不住，石泉流出落花香。（戴叔倫〈題淨居寺〉卷二七四）

雲居避世客（楊衡〈經趙處士居〉卷四六五）

遠就白雲居（蔣防〈題杜賓客新豐里幽居〉卷五〇七）

水曲雲重掩石門（吳融〈山居即事四首之四〉卷六八四）

用「關」字「掩」字都說明，雲的縈繞遍布具有隔離的作用。它雖然不像水的阻隔那麼難以度越，可是在視線上，它卻比水的遮障更重；在它的吞噬下，物體的隱沒消跡是完全的，因此有雲的居所，就呈現「深」、「遠」及「避世」的性質，甚至隱隱然似是仙境所在。這對崇隱的唐代文人，對流行服丹企仙的當時而言，實是很珍貴的園林景物。所以，我們看到以自己輞川園為人世之外的淨土、沒有俗世塵跡的王維，在其輞川別業有關的詩文中每每以「獨向白雲歸」、「唯有白雲外」、「空林獨與白雲期」、「君問終南山，心知白雲外」等描述來暗示輞川的高絕潔淨、不可企及的出世特性。吳融在〈即事〉詩中記述他退老後的園居，先說「抵鵲山前雲掩扉」，點出園址所在的幽寂；又說「雲裏引來泉脈細」（卷六八七），表示那泉水來

---

[37] 參第一節所引《說文解字》部分。

[38] 如白居易〈奉和李大夫題新詩二首各六韻・因嚴亭〉詩中說「江雲貯棟間」（卷四四三）。

自乾淨之源，不受任何汙染；如此一來，遂也暗示他的園林也是潔淨之地，所以會樂於從雲裡引來那細弱的泉脈。由此我們也看到唐代文人志在使自己的園林變為淨土仙境，人世外的樂園。

雲在園林中最主要的影響是空間的幻化。首先，它的拂掠可以造成空間的消失，如：

牆上雲相壓（姚合〈和友人新居園上〉卷五〇一）

雲低收藥徑（顧非熊〈題馬儒乂石門山居〉卷五〇九）

終南雲漸合，咫尺失崔嵬。（劉得仁〈夏日樊川別業即事〉卷五四四）

風惹閒雲半谷陰（段成式〈題谷隱蘭若三首之一〉卷五八四）

亂雲迷遠寺（周賀〈入靜隱寺途中作〉卷五〇三）

雲層的靠近，先是天空一片陰霾，天與地之間似乎相迫近了；又當其壓在牆頭之上，也是一種迫近，均會造成空間的減縮收束。引詩中的「收」字「失」字，正顯示崔嵬的山體被雲遮隱後消失了；消失的不僅是一座山，還是咫尺近雲與崔嵬峻峰之間的所有空間。「迷」字與「陰」字也暗示空間的減縮，因為光亮予人膨脹感，幽暗則顯得收縮了。無論是廣大的空間，抑或一條藥徑、一座寺院，感覺上雖被雲朵吞沒，然而只要雲朵願意歸還，它們依然可以再重現：

丹閣已排雲，皓月更高懸。（韋應物〈善福精舍秋夜遲諸君〉卷一九二）

佇立雲去盡，蒼蒼月開園。（岑參〈緱山西峰草堂作〉卷一九八）

雲收綠野寬（姚合〈和裴令公遊南莊憶白二十七韋七二賓客〉卷五〇一）

雲開山漸多（許渾〈題崇聖寺〉卷五三一）

雲開雙闕麗（劉得仁〈樂遊原春望〉卷五四四）

只要雲層一散去，皓月、青山、綠野、閣闕就一一地又呈露出來，現出它們的形象，好似雲把吞噬掉的景物空間又都吐將出來；綠野寬闊了，雙闕鮮麗了，山嶺層疊了，天空高遠了。尤其當明月高懸時，亮光一點點由雲的背後露現，園景隨之頓然明亮朗現，好似由關閉而開啟；岑參說他看到「月開園」，正是雲的飛離為月牽領了「開」園的契機。因此，雲的合散不僅直接收放了空間，還間接地在光線明暗上對空間大小有所影響，如：

> 遠山雲曉翠光來（許渾〈題陸侍御林亭〉卷五三六）
>
> 山色夏雲映……晴光分渚曲。（馬戴〈題吳發原南居〉卷五五六）
>
> 雲密露晨暉（薛能〈春居即事〉卷五六〇）
>
> 雲雨分時滿路光（劉威〈晚春陪王員外東塘遊宴〉卷五六二）
>
> 點破清光萬里天（鄭準〈雲〉卷六九四）

晴朗無雲時，萬里青空，地面上的景物也朗亮耀目，清晰可辨；因為光，是色相可見的要素。可是雲掩日月時，光線暗淡，物體就比較模糊不清，甚至完全沒有光線時會全然不可見。所以雲在遮蔽光源時（不必一定遮掩某實物），就足以吞隱或縮減空間。當雲朵稀鬆時，陽光透照在山面上，呈映出一片青翠山光；當雲密時，只能有幾根日腳鑽洩下來，又是另一番光影交映的景象；而當浮雲飄掠過山頭時，山面忽亮忽暗，也會造成凹凸不平及祕邃的錯覺。總之，雲層影響了天色的明暗，明暗則關係著物體的脹縮及隱現，對風景的姿采、氣氛及空間寬窄都能加以多重變化。最有趣的情形是，景物只被雲朵遮掩住一部分，處於隱約的含蓄狀態，直覺那景物真切存在，卻又無法探究它的全部，因而它便成為一個無限。像「雲外嵐峰半入天」（韋莊〈洛北村居〉卷六九六），像「山雲浮棟起」（宋之問〈使過襄陽登鳳林寺閣〉卷五三），雲把峰巒或樓棟的一部分遮住，樓棟的底部像似被雲撐托起來，而浮在空中。被遮的部分總是引人遐想，不知其中的內容如何，那被猜測遐想的部分就具有無限可能。正如郭熙所說「山欲高，盡出之則不高；煙霞鎖其腰則高矣」，被煙霞縈鎖住的地方，就是一個充滿各種可能的祕窟，故而覺得它很高。這是雲霞變化帶給景物的隱約神祕，增添景色的神韻。

對於閒居園林或悠遊其中的文人，幽深寂僻的山水林泉可觸興他們淡泊名利的清明心情；因而浮雲的變幻無常、飄泊不定，正可貼切他們淡然的心，也是一種警惕和鼓勵。「閒看富貴白雲飛」（劉商〈題劉偃莊〉卷三〇四），體會到富貴如浮雲，也就能悠遊自在地在園林中閒度日了，所以憂時的杜甫在江亭中賞春時，吟出了「水流心不競，雲在意俱遲」（〈江亭〉卷二二六）的佳句，這使居於園林的文人更加篤定其悠閒舒緩而與世無爭的心。施肩吾在他的〈山居樂〉中寫山居生活的樂趣道：「不指虛空即指雲」（卷四九四），仰觀天空、手指浮雲，空中的種種變化成為品賞談論的對象，有所領悟，有所印證。當水氣很濃、溼度很高時，加上風疾的日子，空中的白雲與烏雲相互滲透渲染，水溶溶的雲層就披作一張巨幅的潑墨山水畫；煙濛而潤澤的山水緩緩地變換它們的姿態神情。這樣的仰借，富於美感又充滿禪趣。

其他像霞（如盧綸〈和太常李主簿秋中山下別墅即事〉的「曠朗霞映竹」卷二七七）、霧（如陸龜蒙〈夏日閒居作四聲詩寄襲美・平去聲〉的「釣榭霧破見」卷六三〇）、煙（如李群玉〈遊玉芝觀〉的「煙開疊嶂明」卷五六九）、氣（如儲光羲〈同諸公秋霽曲江俯見南山〉的「嵐氣浮渚宮」卷一三八）等，也和雲一樣具有類似的造園功能。另一種與雲同質卻不同形態的是雨露，它也會影響園景，如「更堪微雨半遮山」（司空圖〈王官二首之一〉卷六三三）及「雨歇見青山」（韋應物〈林園晚霽〉卷一九一），和雲一樣會吞吐景物並收放空間。又如：

雨洗山林溼（于良史〈閒居寄薛華〉卷二七五）

雨添山氣色（白居易〈閒園獨賞〉卷四五五）

花心露洗猩猩血（殷文圭〈題吳中陸龜蒙山齋〉卷七〇七）
宿露發清香（劉禹錫〈和樂天讌李周美中丞宅池上賞櫻桃花〉卷三五五）
露珠千點映寒雲（周朴〈春日遊北園寄韓侍郎〉卷六七三）

山林經過一場雨水洗涮後，既乾淨又潮溼潤澤。塵汙沖去後顏色更加青翠，潤澤的山林受霽陽照射而顯出光采，所以雨能使山氣色煥發鮮明。花朵亦然，經露洗之後而呈現猩血般豔麗的色澤，而且香氣更易散發馥郁。所以雨露也有助於創造一個新鮮、明亮而芳香的園林環境。

雖然雲露等在園林景色的神態上具有塑造的功能，雖然雲帶給人的「期待的心理在美感中有重要作用」[39]；但是，雲雨的變化聚散，終究是大自然的奧妙，非人工力量能全盤控制。然而唐代文人還是利用已有的知識，疊石聚水以蒸生雲氣（參第一節疊石邀雲的部分），這對園林的景觀不無影響，對後代造園理念也有開啟[40]。尤其在園林美感的欣賞上，文人們很能掌握機要，為境界的呈現提供一些意念上的導引。總之，雲雨等在造園上的重要性已受文人們肯定和重視，並於某種程度上運用於人工造園。

綜觀本節所論，唐代文人對水的美感及據以造園的情形，大約可歸納要點如下：

其一，水在園林中因具備灌溉花木、供給飲水、調節溼度等實質功用，並能形成各種景觀，所以成為園林的重要內容。在唐代文人心目中，其重要性超過山石。

其二，文人對於水的欣賞，大約有幾方面：倒映而增加上下向度的空間感、倒映而調和陸岸各景使融為和諧畫面、波浪推動而顯精神並伸擴橫向的空間感、因水波而產生躍動美及蒼茫美、水波反照的斷碎光影及折射在景物上的閃爍生滅形成了虛幻迷離之美。

---

[39] 見林同華〈「天開圖畫即江山」——談談自然美是一個流動範疇〉，刊《山水與美學》，頁一四八。

[40] 如清張潮《幽夢影》就說「壘石可以邀雲」。

其三，水還具有明淨澄澈的性質，文人因而喜愛其淡泊清恬的性情，並肯定其具有滌盪洗濾的功能，可令人胸次也隨之潔淨靈明；因而待之如友。

其四，由於重視水的園林功能及欣賞其動人美感，唐人盛行引泉鑿池的造園工作。為了遷就小空間的限制，小池已漸普遍，甚至出現了盆池的水景形式，這遂為園林的寫意化、象徵化提供了藝術化的契機。

其五，不論是天然或人工的溪池，為了模糊岸界以使空間通透空靈，通常在水畔種植竹樹及花木，以掩映水脈；並剿樹引風以製造水波，設洲島使穿錯縈迴，這都使水面顯得無限遼遠，而且富於精神氣韻。

其六，積水可以引來飛禽棲戲，其群聚、飛上飛下的種種活動，也為園林增添景觀。同時流行砌石阻流或引泉作飛瀑以製造泉聲，泉和萬籟鳴，成為園林中可聆賞的聽覺景。

其七，亭前飛帆的的景觀，把一路上其所從來的景色、人事、歲月及其以後即將前往的一切都在瞬間濃縮在簷戶之前，不僅形成一幅動態框景，而且也以其人文活動及情感來豐富園林意境。

其八，雲霞煙雨等另幾種水的存在，也為園林景色帶來諸多空間及光影變化，造成幽邃神祕如仙境般的氣氛；雨露則在色澤明亮度上掌握園林的神氣。文人們只能在某種程度上以積水疊石來邀雲生煙，以製造濛濛景緻，大多時候則是閒靜地品賞這些大自然摩搓下的園林姿采。

第三節 花木美感與栽植

「花木」並稱，是因為它們同屬植物，在園林中同樣是會成長、凋零的生命體。它們不像假山泉沚或建築，重要的造園工程是開首的經營建造；而是栽種之後仍須不斷地培養照護和修整，它的造園工程是長期的、是順天候的。然而在文人眼中，花與木，在園林中所造成的美感卻有很大差別，所以它們往往被分列或對比，如：

花明潘子縣，柳暗陶公門。（岑參〈春尋河陽陶處士別業〉卷二〇〇）

花光籠晚雨，樹影浸寒塘。（李咸用〈題陳正字山居〉卷六四五）

野花多異色……樹影搜涼臥。（方干〈山中即事〉卷六四九）

媚以花草，清以竹木。（歐陽詹〈題華十二判官汝州宅內亭并序〉文卷三四九）

樹之松柏杉櫧，被之菱芡芙蕖，鬱然而陰，粲然而榮。（柳宗元〈潭州楊中丞作東池戴氏堂記〉文卷五八〇）

以花與木對舉，而且用「明」、「光」、「媚」、「粲然而榮」來描述花卉；而用「暗」、「影」、「涼」、「清」、「鬱然而陰」來描述樹木。這說明文人們認為花朵是使園林明媚光亮、燦爛活潑的；而樹木則使園林清爽陰涼、蓊鬱深邃。後者該是園林的常態；前者是季節，尤其是春天。後者是園林的本質；前者則有似於裝飾品。後者是深邃的美；前者是朗麗之美。因此，柳宗元在〈永州龍興寺東邱記〉中記述他們整理經營這座寺院園林的情形說：「屏以密竹，聯以曲梁，桂檜松杉楩楠之植，幾三百本；嘉卉美石又經緯之。」（文卷五八一）先是種植各種樹木，再於其中安布嘉卉美石，這就是先本質，質立而後文加；也就是繪事後素的程序。

唐代文人既然已有這種先質後文、先木後花的造園程序理念，本節也擬分由樹木與花卉兩部分論述。再者，園林中苔景在唐代已是重要的欣賞對象，並對園林意境深具影響，每被文人們歌詠，本節亦將討論。而除植物之外，動物也常被視為景色，為園林增添不少生動景觀；且其又與植物同屬有生命、會成長的一類，故置於本節之末一併論述。

一、樹木美感與栽植

關於樹木的美，程兆熊先生曾將其分為三級：第一級是形態與色澤之美，屬於空間的美；第二級是天氣、季節及年齡等變化之美，屬於時間的美；第三級是內容聯想之美，近於人文的美[41]。第一級形態與色澤之美，是人們最容易感受到的。在不細分種類而整體看待的情況下，文人們注重園中林木的陰涼性質，如：

交柯低戶陰（錢起〈小園招隱〉卷二三六）

日午樹陰正（劉禹錫〈晝居池上亭獨吟〉卷三五七）

窗中見樹陰（呂溫〈題從叔園林〉卷三七一）

綠樹陰前逐晚涼（白居易〈池上逐涼二首之一〉卷四五六）

以及前引花與木對舉的例子，都顯示文人們喜愛它的陰涼，屬於觸感與視覺上的空間之美；因為它的陰涼容易引起深幽的氣質。劉長卿的「松蘿深舊閤」（〈和中丞出使恩命過終南別業〉卷一五一），或白居易的

[41] 參程兆熊《論中國觀賞樹木——中國樹木與性情之教》，頁四、五。

「樹深藤老竹迴環」（〈題岐王舊山池石壁〉卷四五一），都是樹木的遮蔭庇隱以及色澤上的幽暗，所造成的空間深邃感。而「樹色參差隱翠微」（蘇頲〈奉和聖製幸韋嗣立莊應制〉卷七四），則又是陰深之中略帶色澤變化不一的掩映情形。這是唐代文人在整體林木上所感受到的形態色澤的空間美。

然而空間與時間往往是難以截然分割的，唐代文人也每每從空間的變化去呈現時間美。如樹影陰涼，原是視覺觸覺的空間感，卻也同時是時間的指標，馬戴看見「影搖疏木落，魄轉曙鐘開」（〈田氏南樓對月〉卷五五六），皮日休看見「蕭疏桂影移茶具」（〈褚家林亭〉卷六一四），他們知道時間已在樹影的搖晃移動中悄然流逝。這還是比較短的時間，其變化也較隱微，只是投影的移轉而已；至於季節所造成的生長或壞滅，則是明顯的時間流動。像「落葉亂紛紛」（劉長卿〈碧澗別墅喜皇甫侍御相訪〉卷一四七）、「落葉和雲掃」（李頻〈山居〉卷五八八），落葉是生命頹敗凋零的現象，告示著時間的大量消逝，也告示著一個生命的完結。於此，時間與生命的不可分關係非常明顯。而「舊筍成寒竹」（劉長卿〈送鄭十二還廬山別業〉卷一四八）則是生長欣盛的生命現象，依然暗含著時間的流動。這些是時間在樹木身上所顯現的美感。

至於內容美的聯想，唐代文人也有豐富的經驗；不過他們比較落在個別的樹種上加以顯示，將在下面分類討論時再細述。此地先略提一點：樹聲也是文人們欣賞和聯想的所在，如：

風搖雜樹管絃聲（宗楚客〈奉和幸安樂公主山莊應制〉卷四六）

萬葉秋聲裏（錢起〈題蘇公林亭〉卷二三七）

山葉雨聲齊（薛能〈贈隱者〉卷五五八）

古杉風細似泉時（黃滔〈宿李少府園林〉卷七〇五）

樹葉之間彼此擦撞的沙沙聲響，聽來有些像似雨聲、泉聲，原來大自然間的聲籟竟然是和諧的、相似的。而不同種類的樹搖出的聲音又有所差異，雜樹隨風擺盪而發出的不同聲音就像樂團合奏一般豐厚。對於居住遊息園中的人而言，這悅耳而又富含生命力的樂音，實在是一大享受，也是園林的聽覺之美。

唐人園林對樹木的經營，除自然山林已長成者之外，人工的栽造也頗進步。像李頎的〈題少府監李丞山池〉說的「能向府亭內，置茲山與林」（卷一三四），表示人工造林的工程在完全沒有山水的建築群中進行著。即使是輞川那樣的自然山水園也是人工設計地栽種各類樹林，以築造景區。就在人工栽植的工程中，像「菊洲」、「松島」之類以某種樹木為主所形成的景區已是頗為普遍㊷。以下就依唐代園林常見的樹植來分類論述其美感及栽種理念。

(一) 竹

中國的文學作品，早在《詩經・衛風・淇奧》的「綠竹猗猗」、「綠竹青青」、「綠竹如簀」等聯想起「有匪君子」的詩句中，就已表現出對竹的喜愛與讚賞。到了魏晉，竹林七賢及王子猷「何可一日無此君」（《世說新語・任誕第二三》），使愛竹成為文人名士的雅行。因此，唐人愛竹，是有其歷史人文因素在內的；當然，竹本身的美，也是一個重要原因。第二章已論及輞川二十景，其中斤竹嶺與竹里館就是兩個專以竹為主的景區；杜甫自己說他「平生憩息地，必種數竿竹」，他的浣花草堂就「有竹一頃餘」㊸；白居易更是以水和竹為園林的本質，廬山草堂有竹千竿，履道園中竹占地九分之一；李德裕平泉莊有「綠篠連嶺多」（〈早秋龍興寺江亭閒眺憶龍門山居寄崔張舊從事〉卷四七五）。可見竹在唐人園林中既普及又大量地被栽植。而唐代文人並不因為其常見而稍厭倦，許多詩文都顯示他們對竹有極強極深的愛賞：

> 興來林是竹（孟浩然〈尋張五回夜園作〉卷一六〇）

㊷ 趙嘏有「菊洲松島水悠悠」的詩句（〈題昭應王明府溪亭〉卷五四九）。第二章所述輞川園、廬山草堂、韋嗣立山莊、平泉莊等都有類似的景區分劃。

㊸ 賈蘭〈談杜甫草堂詩中的「竹」〉認為：「特別是慈竹，更是川西農家生活中不可缺少的東西。」見《草堂》一九八七年第一期，頁五三。

綠竹放侵行徑裏（李嘉祐〈赴南中留別褚七少府湖上林亭〉卷二〇七）㊹
有地唯栽竹（張籍〈和左司元郎中秋居十首之二〉卷三八四）
辛苦移家為竹林（李涉〈葦夷陵幽居〉卷四七七）
修竹已多猶可種，豔花雖少不勞栽。（杜荀鶴〈和友人見題山居水閣八韻〉卷六九二）

李涉辛辛苦苦遷移居家所在，原來是為了竹林，有竹可賞，一切的艱辛都值得承受。張籍的朋友有地只栽種竹樹，他另一位朋友則是「松竹栽多亦稱貧」（〈題韋郎中新亭〉卷三八五），永遠不覺得足夠，這和杜荀鶴的態度一樣：修竹已多卻還可以再種，也就是白居易所說的「多種少栽皆有意，大都少校不如多」（〈問移竹〉卷四五〇）。就因這樣的鍾愛，所以李嘉祐會看到綠竹放任著侵犯到行徑裏，這是園林主人對竹的寵縱。

竹之受寵愛，來自於它各方面的美感。首先在色澤上，青翠欲滴的潤澤，使得它顯出鮮潔純粹：

種竹交加翠（杜甫〈春日江村五首之三〉卷二二八）
素壁新開映碧鮮（令狐楚〈郡齋左偏栽竹百餘竿……〉卷三三四）
修篁浮徑碧琅玕（歐陽詹〈題華十二判官汝州宅內亭〉卷三四九）
百竿青翠種新成（白居易〈和汴州令狐相公新於郡內栽竹百竿……〉卷四四九）
萬竿如束翠沉沉（李涉〈葦夷陵幽居〉卷四七七）

新竹的色澤碧鮮青翠，嫩潤欲滴；老竹的綠色則深邃沉厚。不論新舊，一大片的青竹總給人一種清爽潔淨的生氣，精神為之振奕。崔道融曾自得地說：「不有小園新竹色，君來那肯暫淹留。」（〈郊居友人相訪〉

㊹ 一作劉長卿詩。

卷七一四）他自信友人的淹留不去，就是為了欣賞那些新竹的美好色澤；在主人或客人心中同樣愛眷那新竹色。而用「琅玕」二字形容它的碧綠，正可顯出其色澤上的純粹和潤透；所謂「削玉森森幽思清」（秦韜玉〈題竹〉卷六七〇）、「不厭東溪綠玉君」（陳陶〈竹十一首之一〉卷七四六），以玉為比，就是說明竹的色澤質感有似於碧玉，既和潤又清透。尤其竹的竿身光滑，又使碧綠之色能照染他物，像：

竹氛碧衣襟（孟郊〈陪侍御叔遊城南山墅〉卷三七五）

竹色染衣巾（鄭谷〈故少師從翁隱巖別墅亂後榛蕪感舊愴懷遂有追紀〉卷六七五）

竹鮮多透石（姚合〈遊謝公亭〉卷五〇〇）

竹光團野色（杜甫〈屏跡三首之二〉卷二二七）

斫取青光寫楚辭（李賀〈昌谷北園新筍四首之二〉卷三九一）

翠碧的色澤因光滑的質地而向外散發，把賞者行者的衣襟也染得一身碧綠，或者是透射到石頭上面，在其周圍的地方或物件都籠罩上一襲青光，交融著一片清朗。而且可貴的是，竹並不會因季節的輪替改變太多顏色光輝，終年裡總是篤定它的青翠，不讓時間的流淘洗掉、變換掉它的年青。如程兆熊先生說的：「竹不讓時間留點痕跡，時間亦復不在竹上留點痕跡，竹與時間竟是兩兩相忘。於是竹在時間裏是青青的，時間在竹裏也是青青的，不會有其他的樣相，更不會有其他的顏色。因之青翠會顯得平淡，而蕭森更顯得自然。」㊺持久的青翠與光澤為園林在春夏之外的日子裡，減卻許多蕭條枯瑟與落寞。不被時流浮沉湮滅的竹色，對易感的文人、對重氣不重貌的中國文人而言，的確是莫大的欣羡嚮往，也為幽靜的園林帶來欣欣然的生機。

在形態上，竹的「不剛不柔，非草非木」㊻的特性，使它可以有婀娜的姿態：

㊺ 同㊶，頁五八。

風含翠篠娟娟靜（杜甫〈狂夫〉卷二二六）
風前徑竹斜（杜甫〈草堂即事〉卷二二六）
開戶滿嬋娟（朱放〈竹〉卷三一五）
綠竹臨詩酒，嬋娟思不窮。（賈島〈題鄭常侍廳前竹〉卷五七四）
松竹風姿鶴性情（溫庭筠〈經故祕書崔監楊州南塘舊居〉卷五七八）

不剛不柔，使竹的竿身具有韌性。微風一吹來，不剛的它便隨風款擺，略曲的身姿顯得嬋娟有致，溫柔多情，引發臨酒的文人詩思不盡。可是，當風勢強勁時，不柔的它，又不至於頹倒，依然保持它的姿采，似乎特別堅毅而貞靜。所以溫庭筠以為竹的精采在其「風姿」。元李衎的《竹譜詳錄・卷二竹態譜》中就說：「竹色謂之蒼筤，竹態謂之嬋娟，竹深謂之篵，竹得風，其體夭屈謂之笑。」林俊寬先生因此認為：「把竹和笑連想在一起，這『笑』是連接著『美滿』，連接著『幸福』，連接著『喜』，並且連接『竹報平安』。於是這竹之形態『笑』，就使得中國人看到竹，會覺得竹是十分美滿與和善，於笑笑之餘似乎把竹奉為『喜神』。」㊼這種彎腰似笑的姿態聯想，似乎在蘇軾時開始㊽，唐人的詩文中，還看不到這種聯想；他們只是欣賞著竹的風姿，愛它的嬋娟蕭散，婀娜多姿。那純是一種姿態美的欣賞。

竹的種類很多㊾，像湘妃竹、裸簶竹等的葉片較小，而且長得稀疏，使整個竹林顯得蕭散飄逸，其姿態極富情韻。所謂「疏影紗窗外」（賈島〈題鄭常侍廳前竹〉卷五七四），就點出竹的錯落蕭散，透過一扇

㊻ 見晉戴凱之《竹譜》，引自《古今圖書集成・草木典・竹部》。
㊼ 見林俊寬《竹在中國造園上運用之研究》，頁一〇。
㊽ 蘇軾〈石室先生畫竹贊〉說：「先生閒居，獨笑不已……竹亦得風，夭然而笑。」因文與可自稱笑笑先生，東坡便將其所畫竹姿與其稱號相聯想，得到夭然而笑之喻。參《蘇東坡全集卷二十》。
㊾ 據㊻引戴凱之《竹譜》及李衎《竹譜》的統計，中國境內竹約有六十一或三百三十四種。參頁六八。

窗眼，顯得影跡搖曳，別有韻致。當明月照射下來，透過疏落的葉片，月光灑了一地而竹影投射印滿地面時，又是另一番情味：

疏影月移壁（許渾〈秋日眾哲館對竹〉卷五二九）

月過修篁影旋疏（李咸用〈題劉處士居〉卷六四六）

篩月牽詩興（李中〈庭竹〉卷七四八）

影鏤碎金初透月（劉兼〈新竹〉卷七六六）

窗竹影搖書案上（杜荀鶴〈題弟姪書堂〉卷六九二）

一般濃密的樹木，在日月照射下，會是一片陰影；而竹篁則因葉片的小巧稀疏而投映出一片疏影。當疏影投映的所在是素壁、階砌或紙窗時，那黑色的竹形，正像一幅墨竹——一幅自然天成且會隨風搖曳而變生各種姿態，並會因時間而移換位置、更新構圖的動畫墨竹。從中可以看到竹的形態美、大自然的奧妙以及時間的足跡，所以會牽引出文人們的詩興情思。而灑落的一地碎金，又是一個奇幻的世界，園林，真是文人創作詩文的好所在。

竹又能與大自然的氣候相配合，而呈現不同的姿態神韻。這大約是第二級的時間之美。其中又以煙和露較常見，而煙與露之間又存在著同質的關係。在唐代文人的經驗中，竹林時常與煙俱在：

含煙映江島（李白〈姑熟十首之六・慈姥竹〉卷一八一）

籠竹和煙滴露梢（杜甫〈堂成〉卷二二六）

繞屋扶疏千萬竿……日光不透煙常在。（劉言史〈題源分竹亭〉卷四六八）

煙惹翠梢含玉露（李紳〈新唐詩二十首之十六・南庭竹〉卷四八一）

獨有溪煙數十莖（秦韜玉〈題竹〉卷六七〇）

一大片的竹林常常圍繞著池岸或溪畔而生；或者時有泉水穿流過竹叢，發出醒耳的水聲。所以一般說來，竹林所在之處是水分多或高溼度地帶。加以竹之為物，吸收水分及散發水分均十分迅速，其吸水散水量遂高過其他植物好幾倍㊿。因此，一遇到氣溫升高或下雨等天氣變化的時候，就容易導致煙氣繚繞的現象。在文人眼中，有的認為是煙氣去逗弄竹梢，使其染沾得滿身氤氳；有的則以為是竹林自身含蘊化孕出來的。以溪煙來稱喚竹子，便點出竹與煙的親密關係。總之，竹煙一片，日光照不透，使得原本蕭疏飄逸的竹姿更加添一分迷濛蘊藉之美，充滿了詩情畫意。所以成為文人創作的佳思，而被不斷地歌頌著。至於竹與露的相伴隨也是常見的：

含露漸舒葉（韋應物〈對新篁〉卷一九三）

疊夜常棲露（朱放〈竹〉卷三一五）

露氣竹窗靜（馬戴〈新秋雨霽宿王處士東郊〉卷五五五）

露光憐片片，雨潤愛濛濛。（賈島〈題鄭常侍廳前竹〉卷五七四）

竹凝露而全弱（許敬宗〈小池賦應詔〉文卷一五一）

大約籠罩竹林的煙氣，在氣溫稍降之後，尤其是入夜清晨時就容易凝結成露水，而懸掛在竹梢葉端。所以前引「煙染翠梢含玉露」及李賀〈昌谷北園新筍四首之二〉的「露壓煙啼千萬枝」（卷三九二），都把竹煙與竹露並提，以現其同在的關係。待煙氣消盡而露珠凝結愈多時，不但竹葉舒展伸布開來，竿身也會略受壓垂而彎曲，顯其柔韌之相。露更重更濃時，甚至於還可以聽到「竹露滴清響」（孟浩然〈夏日南亭懷辛

㊿ 此竹之微氣候特性乃民國七八年八月就教於林俊寬先生，所得之常識。

大〉卷一五九)、「重露成涓滴」(杜甫〈倦夜〉卷二二七)的清脆圓潤的音響,這遂給園林帶來聽覺之美。另外,露水洗竹,使其更為鮮綠青翠;片片露光也會使竹林的亮度更高,具有明朗及映照的效果。由此可知,第二級的時間美與第一級的空間美有不可分的關係,時間與天候季節等因素受空間影響,也會增添植物的形態色澤美。

竹又常常與風同提:

樹竹邀涼颸(柳宗元〈茅簷下始栽竹〉卷三五三)

韻透窗風起(白居易〈題盧祕書夏日新栽竹二十韻〉卷四三八)

溪竹唯風少即涼(杜荀鶴〈和舍弟題書堂〉卷六九二)

便有好風來枕簟(李中〈竹〉卷七四七)

下檀欒而來風(許敬宗〈竹賦〉文卷一五一)

在文人看來,竹樹特別容易招引來涼風,這涼風還是「好」的,令人心曠神怡的,難以具體形容描繪的「好風」。李中還說其庭竹「好風終日起」(卷七四八),這「好風」令人想起陶淵明〈讀山海經〉其一的「微雨從東來,好風與之俱」(《靖節先生集卷四》),也是以「好」字代替了具體描述形容的詞彙,那正是陶淵明心境一片和諧渾化而不做判別析辨的表現。竹風既能使人舒適平和,通暢飄然,也為其他景物帶來變化,像「篠風能動浪」(項斯〈姚氏池亭〉卷五五四),水紋因竹風而產生,為倒影及反照等種種景象帶來許多動態變素(參上節)。竹起風或風吹竹,都能使搖曳的葉片碰撞而發出聲響,李嶷聽到「竹聲兼夜泉」(〈林園秋夜作〉卷一四五),朱放聽到「出牆同淅瀝」(〈竹〉卷三一五)。而這「淅瀝」的「竹聲」引起文人們許多聯想:

竹含天籟清商樂（劉禹錫〈尉遲郎中見示自南遷牽復卻至洛城東舊居之作因以和之〉卷三五九）

風吹千畝迎雨嘯（李賀〈昌谷北園新筍四首之四〉卷三九一）

蕭颯雨聲迴（李中〈庭竹〉卷七四八）

蕭颯疑泉過（賈島〈題鄭常侍廳前竹〉卷五七四）

聲敲寒玉乍搖風（劉兼〈新竹〉卷七六六）

在劉禹錫聽來，淅淅瀝瀝的竹聲像是清商調的音樂，輕躍悅耳；李賀及李中聽來覺得像雨聲，一陣又一陣灑落；賈島雖然同李中一樣，用「蕭颯」來形容竹聲，卻把它想為泉聲潺湲；劉兼則以為像是寒玉相碰擊的聲音，清脆響亮。這些比擬自然有文人們的想像和經驗摻入，但也表示大自然界的各種聲響：竹聲、泉聲、風聲、雨聲、樂音或玉聲之間，有其相似相通之處；這是大自然的和諧與宏闊。竹色青翠，竹姿夭笑，竹聲如風雨，竹含煙露，使竹在視覺、聽覺、觸覺、意想等各方面，在在顯得寒涼清淨：

我有陰江竹，能令朱夏寒。（杜甫〈營屋〉卷二二〇）

疎篁淨寒翠（權德輿〈郊居歲暮因書所懷〉卷三二〇）

新竹氣清涼（張籍〈夏日閒居〉卷三八四）

先校諸家一月寒（劉言史〈題源分竹亭〉卷四六八）

周遭萬竹森（鄭損〈釣閣〉卷六六七）

炎熱的夏日因竹林在旁，竟也寒涼起來，所謂「竹深夏已秋」（岑參〈過王判官西津所居〉卷一九八），秋天是涼爽的季節又不致太冰冷，清朗俐落。寒涼能使人心腦為之「清」明、滌「淨」，蕭森之氣則能使人警醒敏覺，這對於追求清涼醒心的園林而言，自然是良好的栽植。所以它會一直在中國園林中受到文人們的珍愛與讚頌，永不被時流淘汰。

在時間的流變中，竹的青翠是不易改換的。可是在它初生及成長的過程裡，卻也有些微的變異。例如由筍抽成竹時，筍籜脫落會有粉物呈現[51]，初長的竹略帶有香氣[52]，這些也是時間上產生的美，一樣受到文人們注意。竹的第二級美，可以用程兆熊先生及林俊寬先生的兩段話做總結，林先生說：「竹於『宜煙宜雨宜風』下……於洗淨後會有細細香，這將是一個『膏澤』。」[53]程先生說：「風中的竹，特別顯現著一種宇宙間的變化的美，這再配合著季節，那就更會有各種各樣的風情。竹裏的風聲和風裏的竹響，其美妙既是難言，因之攝人心腸也是無比。」[54]

竹的第三級美，在唐代之前已有頗久的歷史傳續，通常是比德和附會神仙傳說。在比德方面，《詩經・衛風・淇奧》是「美武公之德」，包括德性、藝術的先天美質與後天修養。《禮記・禮器》是「貫四時而不改柯易葉」，是「最得氣之本」，屬於生命的美質及德性的堅毅。此外又有湘妃竹的愛情及孟宗竹的孝順象徵。「但是『竹』真正作為寄託文人雅士內心特殊情感的詩的意象，還是在魏晉以後」[55]。竹林七賢的高逸癖傲是一個典型，而王子猷「何可一日無此君」的任誕簡傲又是一種愛執，都成為愛竹者的美談。到了唐朝，還有李白等「竹溪六逸」，承繼發揚竹在高逸氣節上的象徵意義。在這些歷史背景的積累下，竹在德性

---

51 《格物總論・竹》載：「（籜）脫落處有粉」，見《古今圖書集成・草木典・竹部》。又如朱放〈竹〉詩「籜卷初呈粉」（卷三一五）。

52 如韋應物〈對新篁〉「嫩氣筍猶香」（卷一九三），李賀〈昌谷北園新筍四首之二〉「膩香春粉黑離離」（卷三九一），李紳〈南庭竹〉「知爾結根香實在」（卷四八一）。

53 同47，頁二二一。

54 見41，頁六〇。

55 同43，頁五四。

與藝術上的象徵美已很豐富，所以「當文人庭到了大唐，那竹已因其高逸淡雅之氣節而大大地被配植於庭園。」56

在神仙傳說方面，從古代開始，竹就被視為神祕的聖靈植物。在《莊子・秋水》中記著，傳說中與鳳凰相似的鵷雛「非梧桐不止，非練實不食」，練食正是竹實57。《韓詩外傳・卷八》也說「鳳乃止帝東囿，集帝梧桐，食帝竹實」。而《後漢書・卷八二方術傳》中有費長房的青竹化為龍的傳說58；同書卷八六的〈南蠻西南夷傳〉又有竹中誕生人，正是夜郎國國王的始祖59。這些傳說給竹披上一層吉祥而神祕的氣氛，更加豐富文人的想像，也豐富了竹的第三級美。

在長久的歷史內容承載下，唐代文人對於竹的德性內涵是津津樂道的：

貞心嘗自保（李白〈慈姥竹〉卷一八一）

自是子猷偏愛爾，虛心高節雪霜中。（劉兼〈新竹〉卷七六六）

惟脩竹之勁節，偉聖賢之留賞。（許敬宗〈竹賦〉文卷一五一）

竹似賢，何哉？竹本固，固以樹德，君子見其本則思善建不拔者。竹性直，直以立身，君子見其性則思中立不倚者。竹心空，空以體道，君子見其心則思應用虛受者。竹節貞，貞以立志，君子見其節則思砥礪名行夷險一致者。夫如是，故君子人多樹之為庭實焉。（白居易〈養竹記〉文卷六七六）

56 同47，頁四四。

57 參山崎みどり〈李賀と竹のイメージ―昌谷北園新筍四首考〉，刊《中國詩文論叢》第六集，頁八九。

58 《後漢書》所載先是青竹化為費長房人形，而後開棺見棺中費屍已變為竹杖。故青竹與竹杖所指相同，而老仙人送費長房騎回家化作龍的竹杖乃可說是青竹。

59 類似的故事在日本也有，山崎みどり說：「日本の『竹取物語』にも似た話であるが、同樣の話は、日本や中國ばかりではなく、竹の分布する地域に、他にも數多くみられるという。」見57，頁九〇。

君子比德於竹焉，原夫勁本堅節，不受霜雪，剛也。（劉巖夫〈植竹記〉文卷七三九）

竹的德性是如此沛然充盈，既篤定、正直，又虛心、勁猷，幾乎形體的各部分都在體踐著道德，都貞定其高潔的節操。從立身、立志到樹德、體道，這一連串的修養進境，都足為君子的楷模。所以說君子多樹之為庭實，時時見到它，便隨機有所啟示和提醒。所以園林，在文人心中，又不止是可望可居可遊可息的對象，還是砥礪修德的提醒及場所。至於神仙傳說也是易引起聯想的內容：

龍吟曾未聽，鳳曲吹應好。（李白〈慈姥竹〉卷一八一）

莫令戲馬童兒見，試引為龍道士看。（李紳〈南庭竹〉卷四八一）

尚餘青竹在，試為剪成龍。（羅隱〈聖真觀劉真師院十韻〉卷六六五）

告於竹林之神曰……何為造茲旱虐以罰也？（韓愈〈祭竹林神文〉文卷五六八）

望威鳳而來儀，佇化龍之為遠。（許敬宗〈竹賦〉文卷一五一）

棲鳳、化龍的傳說，文人們即或懷疑，卻仍興致滿懷地把它們與竹聯想在一起，有一分躍躍欲試、探個究竟的想望。寧願一試化龍的可能性，也不捨被童兒截為竹馬騎。連韓愈也相信竹林之神足以主宰雨旱，而要祭禱之以求降甘霖。根據中國古代神話，雨旱為應龍所司[60]，則竹林神似又與龍有關。可知，在唐人心目中的竹，不僅有翠綠如玉的色澤美，曲勁搖曳的姿態美，蕭散飄逸的氣韻，迷茫煙濛的含蓄，寒涼潔淨的清明，以及浩然充沛的道德，還有神祕浪漫的神仙傳說，甚至還操縱著人類生活的福禍吉凶。所以仔細說來，竹之美，在三級之外，還有一個社會實用功能之美。

竹的實用性頗多。在《全唐文》卷四三五有幾篇〈對稅千畝竹判〉，內容是針對「乙家於渭川有竹千

[60] 如《山海經‧大荒北經》中的應龍。

畝，京兆府什一稅之。云非九穀」來討論。乙家認為竹子並非九穀，不應收稅；而京兆府及幾位寫判者均以為千畝之竹「富同季氏」，故應收稅。《史記・卷一二九貨殖傳》也說「渭川千畝竹，其人與千戶侯等」，可見竹確實能為栽植者帶來財富。首先，竹的生長速度很快，李賀的〈昌谷北園新筍四首之一〉就說：「更容一夜抽千尺」，一夜千尺雖然誇張，但可信其生長必然非常迅速。林俊寬先生據林維治先生的調查：孟宗竹可一日伸長達六十六公分，而苦竹一日可伸長一公尺以上，所以認為「竹可說是植物中，生長最迅速者」[61]。這在生產效益上實是一大長處，對造園而言，更是相當便利。其次，竹又是造園上普遍被就地取材的對象，如「伐竹為亭」（獨孤及〈盧郎中潯陽竹亭記〉文卷三八九）、「竹窗」（馬戴〈新秋雨霽宿王處士東郊〉卷五五五）以及白居易廬山草堂的「竹簾」及「剖竹架空」以引泉注砌的竹筧，或是「竹扉」（李咸用〈宿隱者居〉卷六四五），還可以「截而穴之，為篪為簫，為笙為簧」（劉巖夫〈植竹記〉），甚至於「靜籠棋局」（秦韜玉〈題竹〉卷六七〇），以其共鳴效果來擴大棋音，彰顯寂靜。此外，竹的造園功能還有多種多樣，如竹樓、竹籬、竹筏、竹橋、竹椅等等[62]。這些竹製品正和周圍的自然山水林木相融為和諧的世界。總之，無論在色澤姿態、氣韻神采及比德象徵的美勝，或造園運用的實質功能之方便，都使竹在唐代已成為園林裡最重要的花木。

在唐代文人的理念中，竹除了可就地取材做成各種園林建築及用具，同時在空間變化上也具有布局的便利。首先，拿它來隔離景區，以組成個別的空間單位。如柳識在〈草堂記〉中說「古樹密竹，一如籬落」（文卷三七七）；梁肅的〈晚春崔中丞林亭會集詩序〉中說「修竹滿座以環合」（文卷五一八）；柳宗元〈永州龍興寺東邱記〉說「屏以密竹」（文卷五八一），都是用竹林或竹叢做為天然的空間分隔的屏障。而王維著名的竹里館，也是以竹林把館與其他部分隔開，使其成為一個完全獨立絕世的天地。此後在中國庭

[61] 同[47]，頁一一二。
[62] 參[47]，頁三七。

園中，往往於入口處栽植幾竿竹樹，具有屏風的隔離作用，造成入口處視線被阻斷，無法一望無遺，而有想一窺壺中世界的心情和好奇。這種手法與唐代的造園理念是相通的。可是當它太過緊密或者地點不適宜時，反而會成為園林空間的阻礙，主人們還是毅然地砍除它們，杜甫、柳宗元、白居易等人都有這樣的處理經驗[63]。可見善於理園的人是能愛能捨、不執不滯的，總以整體的情況為衡量的重心。

其次，唐人通常把竹栽於水邊，以為掩映流脈之資。因為他們已認識到「竹懶偏宜水」（盧照鄰〈春晚山莊率題二首之一〉卷四二）；而白居易以為「水能性淡為吾友，竹解心虛即我師」（〈池上竹下作〉卷四四六），把水與竹相提，並視為兩位親知而在池之上竹之下遊坐不倦；所以水上種竹是唐人最常見的造園方式。或者，他們也喜歡把竹栽於窗前，「近窗臥砌兩三叢」（劉兼〈新竹〉卷七六六），並不需太多，就可以「佐靜添幽偏有功」，可以在居室中「捲簾」細看[64]，而成為一幅竹畫[65]。

白居易曾經仔細地提出栽竹的列置方法，他說「種竹不依行」（〈竹窗〉卷四三四），又說「慎勿排行但間窠」（〈問移竹〉卷四五〇）。他認為種竹不可依照行列排隊，那將使竹林變得呆騃；而是要選在埋根的洞與洞的間隙之外，相間而植，這樣就能形成自然曲折的竹徑，就能「多種少栽皆有意」了。因為如李允鉌先生所說：「花木佈置組織的目的常常是為了希望達到『翳然』的效果，求取扶疏的情趣，因而以自由活潑的構圖為合適。」[66]這翳然扶疏的要求，白居易必然了解。在翳然扶疏的掩映中，雖然視線有些被阻斷，但觀遊者會在隱約中猜臆竹後的天地，而有「窄地見疑寬」（白居易〈題盧秘書夏日新栽竹二十韻〉卷四三

[63] 杜甫與白居易各參上一章二、三節；柳宗元則見其〈永州法華寺新作西亭記〉（文卷五八一）。

[64] 如許渾〈秋日眾哲館對竹〉有「捲簾秋更早」（卷五二九），賈島〈題鄭常侍廳前竹〉有「卷簾終日看」（卷五七四），秦韜玉〈題竹〉有「捲簾陰薄漏山色」（卷六七〇）等。

[65] 詩文中的「竹窗」可能有兩種情形，一為竹製之窗；一為窗前栽竹。

[66] 見❶，頁三二二。

八）的效果。於此，我們又再一次看到白居易在園林遊賞的美感及心理上有極細緻極富情味的體會，因此就有助於他造園理念的巧思匠意。

（二）松及其他

松樹也是唐人園林喜愛種植的樹木；但與竹相比，似乎沒有竹那麼倍受寵愛。除了杜甫為了可憐的四株小松，而要斬斷「惡竹」萬竿的念頭外，幾乎看不到詩文中顯示出辛苦移家為松林之類愛戀不已的例子。但是像「松竹風姿」這類稱賞松樹的詩句還是頗為常見的，如：

> 青松繞殿不知春（盧綸〈過玉真公主影殿〉卷二七九）
> 幽徑松蓋密（李德裕〈憶平泉山居贈沈吏部一首〉卷四七五）
> 帶巖松色老（周賀〈春日山居寄友人〉卷五〇三）
> 松石瘦稜稜（韓偓〈南亭〉卷六八一）
> 松英茂以含滋（李德裕〈柳柏賦〉文卷六九六）

在色澤上，松樹是蒼翠深沉的，予人「松色老」的感覺。而且它不因季節而轉換顏色，於是松就「象徵著一個『永恆』。他的綠，已成了千秋；他的色，已通乎今古。」[67]在姿態上，松長得英挺，茂密的葉叢猶如傘蓋撐持著；尤其深山裡的松更是秀奇虯結，呈現著蒼勁瘦稜之感，特別顯精神。故文人認為它與瘦怪的奇石相得益彰，而時常松石配置，故韓偓吟出「松石瘦稜稜」之句，而儲光羲的〈雜詠五首之一・石子松〉也說：「盤石青巖下，松生盤石中」（卷一三八）。這種松石並在互顯的情形常為後代文人所稱詠[68]，而早在唐人園林中已顯露此點理念了。

---

[67] 見[41]，頁七。

[68] 可參《古今圖書集成・草木典・松部》。

和竹相似，松也是清涼的植物，所謂「偶來松檻立，熱少清風多」（曹松〈夏日東齋〉卷七一七），所謂「惟愛松筠多冷淡，青青偏稱雪霜寒」（李中〈和潯陽宰感舊絕句五首之三〉卷七五〇），都顯示它與竹同具寒涼清冷的性質，因而才會「松氣清耳目」（孟郊〈陪侍御叔遊城南山墅〉卷三七五），使人塵垢滌盡，精神明爽清醒。與這清涼相關的是松濤，于鵠因為每天都聽到「松聲茅屋頭」，所以覺得心更加澄靜（〈山中自述〉卷三一〇）；白居易則比喻松聲為「寒山颯颯雨，秋琴冷冷弦」（卷四二八），松濤在聽覺上引人聯想轉化為視覺、觸覺上的寒山冷雨，又似是琴弦撚撥出來的樂音，不僅悅耳，而且「一聞滌炎暑，再聽破昏沈」，光是聞其聲就能滌淨煩躁昏沉，澄明其神，最後終能「心體俱傷然」，那已是超越客觀聽覺美感之上的心靈交流了。加上松也是貞毅的象徵，因而文人栽松也就有自我修持的提醒和顯示自我人格境地的作用，像劉得仁說「栽松獨養真」（〈題王處士山居〉卷五四四），賈島說「手種一株松，貞心與師儔」（〈題岸上人郡內閒居〉卷五七一）。「養真」與仙術有關，大約是聯想到松的長壽象徵，卻也因松的清氣可滌盪胸臆，醒人心神。又松的貞勁可以警惕、啟示德性修養，故也可取以比擬上人之修境；松與人是可以同修共進的。

總之，在許多方面，松與竹被相提並論，確有其近似之氣，只是在園林栽植的普遍性上，松不及於竹；歌詠寵歎的濃情上，亦不及。大約因松在氣候與生長地區的限制性較多，或者松較竹少些輕靈婀娜之美吧！抑或在實質經濟效益上沒有竹那般多能？否則，如程兆熊先生所體會的松之美：「他爽朗，他通透，他又蒼茫而猷勁。說他古老，他分明青翠；說他鬱結，他分明悠揚；他一會兒蕭瑟，他一會兒鼓盪；他一會兒幽遠，他一會兒震撼。」[69]那麼豐富而弔詭，那麼令人應接不倦，所以，把比較之心放下，單就文人畫或文人園的題材而論，松樹仍是常見而受喜愛的園植。

柳，也是唐人園林常栽植的樹木。它長細的枝條隨風飄揚時，特別有一種柔弱流暢的姿態美，高瑾見

[69] 見[41]，頁七五。

到「柳葉風前弱」（〈晦日重宴〉卷七二），元稹看到「雨柳枝枝弱」（〈景申秋八首之七〉卷四一〇），應會生起憐惜之心。尤其像「柳繞池」（李咸用〈題陳處士山居〉卷六四六）或「柳浪」那樣傍崖生長的柳樹，傾曲著身子，垂拂著髮絲，拂弄水面時，那種柔情似水，依戀委屈的神態，特別教人不捨。而細密的柳條臨靠水面，也會有煙霧迷濛之感（詳第二章第五節），又在柔和之中增添幾許蒼茫含蓄的美感。

柳樹最令文人們感受深重的還是第二、三級美。在季節上，柳是春來的徵候：

柳甸驚初葉（王勃〈春日宴樂遊園賦韻得接字〉卷五五）

花柳一園春（王勃〈春園〉卷五六）

御柳驚春色（周彥昭〈晦日宴高氏林亭〉卷七二）

早春驚柳檖（周思鈞〈晦日宴高氏林亭〉卷七二）

宮觀柳條新（張說〈思賜樂遊園宴〉卷八八）

文人們對時間總是敏感的，當第一片新嫩的柳葉露出芽時，他們便發覺而驚訝於春光的降臨，繼而有所興感。柳的新綠就變成是一種觸動，一種時光歲月的告示。值得注意的是，唐人的柳樹有很多是與「御」、「宮觀」相提的，曲江是柳盛之地，從曲江俯瞰皇宮也是柳蔭蓊密的，因為「未央柳」、「御柳」正是皇城內聞名的景觀。《筆詮》一書就曾提及「唐人入朝，多侈言花柳之盛。五言詩如王維云：柳暗百花明，春深五鳳城⋯⋯蓋自金元以來，始不復種花柳於闕下矣」。那麼，柳樹與朝廷存在著一些關連還是唐代特有的現象；不過，在文人心目中，它的影響似乎還沒有五柳先生來得深。

柳在唐代仍然有其歷史承繼的背景。「聖之和者」柳下惠家種的柳樹與他親切隨和的德惠相結合[70]，柳樹就成為和暢之木，而春天正是和暢的季節，柳條隨東風款擺也是和暢的姿采。漢人送客至霸橋，折柳贈

70 參《古今圖書集成・草木典・柳部》紀事引《淮南子注》云：「展禽之家有柳樹，身行惠德，因號柳下惠。」

別[71]，柳又成了離別的象徵。至於吳後宮的臺城柳則又成為文人感歎興亡無常的興發[72]。而在茂柳下彈奏廣陵散的嵇康，給柳樹增添的是幾許悲壯淒迷[73]。然而最著名的還是陶淵明宅邊的五柳樹，五柳先生的自然恬淡、不求甚解、不慕名利的性情便轉為柳樹的。唐代文人對陶淵明式的生活境界多所追慕嚮往，而園林生活正可以有幾分隱逸的恬淡性格，於是文人們以「五株衰柳下」（錢起〈秋園晚沐〉卷二三七）、「門前五柳正堪攀」（朱慶餘〈歸故園〉卷五一四）來描述自己的園林，也暗示自己的園林生活正是恬淡自然而臻於「悠然見南山」、「欲辨已忘言」的忘化境界。

梧桐，沒有竹、松或柳那般常被文人歌詠，可唐詩中也頗有些記述。它與前三者的性質有較大的差別，在形態色澤這一級的美感上，梧桐已是別具特色。梧桐的枝幹直挺高聳，往往需要擡頭仰望，也就與天上的景物同入視野。像「眾星列梧桐」（聶夷中〈題賈氏林泉〉卷六三六）這樣，覺得梧桐已達天域，眾星排列它的枝頭，有一種天上人間相即的特異感受。梧桐葉很大，是遮蔭的好資源，加以枝幹高挺，遮蔭的範圍就可以大而遠，所以于鵠過張老園林時看到「桐陰到數家」（卷三一〇），實在具有很大的清涼效益。當風吹襲時，巨大的葉片間發生的聲響也就顯得強烈震撼，遂而帶來陰霾沉暗的感覺；所謂「楸梧葉暗瀟瀟雨」（許渾〈朱坡故少保杜公池亭〉卷五三三），頗能點出那種持續而強勢的幽陰。至此，主人不得不稍加刈除：「剪落青梧枝，灉湖坐可窺」（李白〈與賈至舍人於龍興寺剪落梧桐枝望灉湖〉卷一八〇），一剪落梧枝梧葉，就豁然明亮起來，又增借幾分景觀。因此，過與不及的情形對於會生長的園植而言，都將隨時間而常常改變；造園工作在植物方面是機動而持續的。

---

71 參《三輔黃圖卷六》的霸橋部分。

72 韋莊有〈臺城〉詩云「無情最是臺城柳，依舊煙籠十里堤」（卷六九七）。

73 《文士傳・卷二嵇康》：「康性絕巧，能鍜鐵。家有盛柳樹，乃激水以圜之，夏天甚清涼，恆居其下傲戲。」「鍜」疑當作「鍛」，見《文士傳輯本卷二》。

梧桐的巨葉在秋天會掉落，由一整片的遮蔭到禿兀的枝幹，改變實在太大，因而它所呈現的季節性就特別明顯。所以許渾能夠知「高梧一葉下秋初」（〈再遊姑蘇玉芝觀〉卷五三四），由一片梧桐葉的掉落便觸悟驚覺秋臨的訊息。而張祜對「露葉凋階蘚，風枝戛井桐」（〈秋夜宿靈隱寺師上人〉卷五一〇）的秋景，也是敏感而慨歎的。漢寶德先生描述梧桐道：「梧桐是高大的樹木，有大葉子，風來會簌簌作響，秋來者霜就葉落滿地，只剩下些光禿的枝椏。它對時間的反應最為敏感，秋來就毫無聲音了。」❼❹所以秋梧顯得寂寥落寞得多，也勾起文人幾許愁思。這是梧桐的時間美。

據《齊民要術・卷五種梧第五十》所載白桐「於山石間生者，樂器則鳴」，嵇康的〈琴賦〉末段也提及斲桐木製為雅琴（《文選・卷十八》），可見梧桐木是很好的製琴器材。桐木的音樂身分來自於它的高山流水的生命根源，它的清音、它的共鳴就成了文人喜愛的另一面內涵。「據梧聽好鳥」（李嘉祐〈奉和杜相公長興新宅即事呈元相公〉卷二〇七）也許就是出於這種清音與共鳴的聯想吧！至於德性的聯想，梧桐比較缺乏歷史性❼❺，只見白居易在〈雲居寺孤桐〉詩中稱讚：「寄言立身者，孤直當如此」（卷四二四），那是純就桐樹本身的姿態而連結上去的德性之美。

其他的園植樹木，種類很多，如榆、槐、楊❼❻、柏、檉、柟、檜、芭蕉……等，無法一一細述，暫且不論。

---

❼❹ 見漢寶德〈詩畫空間與園林〉，刊《聯合副刊》，民國七八年七月二九、三十日。

❼❺ 前引《韓詩外傳卷八》提及鳳凰棲上帝囿桐樹；而《詩經・大雅・生民之什・卷阿》第九章也有「鳳凰鳴矣，于彼高岡；梧桐生矣，于彼朝陽。」故梧桐與鳳凰也有傳說上的關係。

❼❻ 《長安志・圖卷中》：「長楊，關中人家園圃池沼多植白楊。」

二、花卉美感與栽植

唐人喜愛花卉的風氣已於前述，其中又以牡丹最受歡迎，幾乎牡丹就是整個流行。其次，荷花與桃花也是十分普遍的，故亦將略論之。

(一) 牡丹

牡丹在唐代之前是不被注意的，古籍中似乎不見記載。據唐段成式的說法，最早提到牡丹的是謝靈運，他在《酉陽雜俎・卷十九廣動植類四・草篇》中說：「牡丹，前史中無說處，惟謝康樂集中，言竹間水際多牡丹。成式檢隋朝種植法七十卷中，初不記說牡丹，則知隋朝花藥中所無也。開元末，裴士淹為郎官，奉使幽冀回，至汾州眾香寺，得白牡丹一窠，植於長安私第，天寶中為天下奇賞。」牡丹在中國究竟始於何時呢？李樹桐先生在《唐史新論》中有一篇〈唐人喜愛牡丹考〉，其中對於牡丹的來源、被發現與流布經過及名稱意義有頗為詳細的考證推論，他認為「牡丹既不見於古籍，又不記自外傳來，只有由接枝慢慢演變而成的一途……牡丹係由芍藥接枝演變而來無疑。」[77]而且在開元中以前，牡丹業已存在，只是一般人稱為木芍藥，禁中方稱為牡丹，至天寶年間一般民間也隨之普遍稱為牡丹[78]。牡丹的種植以京師長安為最多，最重要的種植區之一是宮庭和禁苑，此外便是寺院、官署與達官貴人的私家宅園[79]。從《雲谿友議・卷中錢塘論》所引的徐凝題詩「此花南地知難種」，可知江南之地本不適於牡丹生長，以後才漸漸傳到江南。

唐人栽培與改良牡丹的技術已相當高。據《龍城錄・宋單父種牡丹》的記載：「洛人宋單父，字仲儒，善吟詩，亦能種藝術，凡牡丹變易千種，紅白鬥色，人亦不能知其術。」而《酉陽雜俎・卷十九廣動植類

[77] 見李樹桐〈唐人喜愛牡丹考〉，刊《唐史新論》，頁二一五。

[78] 參[77]，頁二一六—二一七。

[79] 同[77]，頁二四〇—二四五。

四・草篇》也記載著韓愈有一位疏從子姪不務讀書，被韓愈斥責，遂指著階前牡丹說道：「叔要此花青、紫、黃、赤，唯命也。」試驗的結果，本來紫色的牡丹卻「色白紅歷綠，每朵有一聯詩，字色紫分明，乃是韓出官時詩」。這些筆記小說雖然有其誇張譁眾、甚至幻怪的成分，但是沒有某種程度的改良事實，恐怕小說家者也難以幻想出這樣新奇而又指名道姓的事件。既然能改良品種，那麼由芍藥接枝演變為牡丹的可能性就很大。唐人也就在這些技術的基礎之上，展開奇豔的鬥花活動。

由於牡丹在古籍中無，是一種新培育出來的花種，在唐代可說是最新潮的物事之一，而轉為流行的風尚。它在唐人的生活中掀起的旋風，可由下面的詩文略見：

> 今朝見顏色，更不向諸家。（劉禹錫〈渾侍中宅牡丹〉卷三六四）
>
> 唯有牡丹真國色，花開時節動京城。（劉禹錫〈賞牡丹〉卷三六五）
>
> 能狂綺陌千金子，也惑朱門萬戶侯……詩書滿架塵埃撲，盡日無人略舉頭。（徐夤〈牡丹花二首之二〉卷七〇八）
>
> 醉客曾偷有折枝（薛能〈牡丹四首之四〉卷五六〇）
>
> 瀰漫如四瀆之流，不知其止息之地。每暮春之月，遨遊之士如狂焉。亦上國繁華之一事也。（舒元輿〈牡丹賦〉文卷七二七）

劉禹錫說只要一見到牡丹，就不想再往各家去尋覓奇花美景，甚至於文人們最重視的滿架詩書都蒙上塵埃，沒有人翻讀而荒置，因為他們都沉迷耽醉於牡丹，為之瘋狂迷惑，整個京城驚動沸騰不已。在這一片熱情浪潮中，還有醉客偷折牡丹的事況發生；那已是愛戀得不計後果，迷狂得不顧花的生死。《唐語林卷七》還載著慈恩寺浴室院有老僧栽得一株殷紅牡丹數百朵，因其顏色稀奇珍貴，老僧特別鎖置在一個堂皇的屋室裡，不肯展示於人。偶為遊客知悉，遂被數十少年強行進入掘走，無法禁阻。這種強盜奪劫的行為充分說明唐人之迷戀牡丹確已至痴狂。又《洛陽名園記‧天王院花園子》說：「洛中花甚多種，而獨名牡丹曰花王。凡園皆植牡丹，而獨名此日花園子，蓋無他池亭，獨有牡丹數十萬本。凡城中賴花以生者，畢家于此。」在唐人眼中，似只有牡丹才配稱得上是「花」，而直呼完全種牡丹而無池亭的園為花園子。這條資料同時顯現出兩個線索，其一是凡洛陽所有園林都種有牡丹花，其二是已有專業栽植牡丹以售賣的人家。《獨異志卷上》還有一則故事，裴晉公（度）寢疾，僮僕扶他到藥欄邊，他慨然地說：「我不見此花而死可悲也。」第二天有人報說牡丹一叢先開，晉公前去看視，三天後便逝去。牡丹花已然變成一個親人或是一件終生志願，要見最後一面或要完成了，才能釋懷安心、毫無遺憾地離開人世。唐人喜愛牡丹的程度已到了無可言喻的執著地步了。

牡丹能夠痴迷唐人，原因很多，最直接的是來自於它的姿色，我們可以看看文人筆下牡丹的嬌豔姿采：

> 光風炫轉紫雲英（元稹〈西明寺牡丹〉卷四一一）
>
> 宿露輕盈泛紫豔，朝陽照耀生紅光。紅紫二色間深淺，向背萬態隨低昂。（白居易〈牡丹芳〉卷四二七）
>
> 葩疊萼相重，燒欄復照空。妍姿朝景裏，醉豔晚煙中。乍怪霞臨砌，還疑燭出籠。遶行驚地赤，移坐覺衣紅。（姚合〈和王郎中召看牡丹〉卷五〇二）
>
> 眾芳殊不類，一笑獨奢妍。（薛能〈牡丹四首之一〉卷五六〇）
>
> 爛銀基地薄紅妝，羞殺千花百卉芳。（徐夤〈依韻和尚書再贈牡丹花〉卷七〇八）

它的花瓣重疊繁複，形狀看來雍容華貴；姿態則顯得嬌妍有情，低昂有致；色彩又濃豔燦爛，有似燭火燈光，可以照亮地面，染紅衣巾，使園中景物也隨之明亮光鮮。彷彿，它就是園林中最耀眼閃亮的一顆明星，把所有讚歎的眼神都吸聚在它的身上。在牡丹的所有顏色中，陳聖萌先生以為白色最為普見繁多，而紅色牡丹的題詠最多[80]。李樹桐先生以為深紅色因為稀少而特別名貴[81]。由於形狀、姿態及色澤的妍麗嬌媚，使牡丹勝過其他各種花卉，薛能說「諸芳殊不類」，而劉禹錫則愛惡強烈地描述在牡丹的面前「庭前芍藥妖無格，池上芙蕖淨少情」（〈賞牡丹〉卷三六五），似乎千花百卉與牡丹相較都變得缺穢畢露，而要羞愧不已了。這種誇張筆法其實只是比較下文人的主觀形容罷了，但也足以顯示唐人心目中牡丹至高無上的花王地位。

牡丹的花香也是唐代文人迷醉的所在，如：

一片異香天上來（李山甫〈牡丹〉卷六四三）
含香帶霧情無限（鄭谷〈牡丹〉卷六七七）
露華凝後更多香（吳融〈僧舍白牡丹二首之一〉卷六八六）
入門唯覺一庭香（韋莊〈白牡丹〉卷七〇〇）
素華映月只聞香（殷文圭〈趙侍郎宅看紅白牡丹因寄楊狀頭贊圖〉卷七〇七）

牡丹的香氣濃厚，不是清幽淺淡的，所以說它「多香」、「一庭香」、「只聞香」。甚至於其香氣的味質也如其形色一般嬌妍特異，難以說明其別致，故又以「異香」表之。大約牡丹花因「其大盈尺」，所以能夠「其香滿室」（舒元輿〈牡丹賦〉）；因其「徑尺千餘朵」（劉禹錫〈渾侍中宅牡丹〉），長得繁茂異常，故能有濃厚的香氣，引人注意。

無論在色相或香相上，牡丹都呈現穠麗媚豔、厚重雍容的氣質，所以就被視為富貴的象徵。薛能的〈牡

[80] 參陳聖萌《唐人詠花詩研究——以全唐詩為範圍》，頁七四；而[77]，頁二三〇也說：「根據唐代的詩文記載，以白牡丹為最普遍……紅色牡丹也是常見的。」
[81] 參[77]，頁二三〇。

丹四首之二〉就以牡丹「富貴助開筵」。而且據陳聖萌先生的統計，唐代文人把牡丹比擬為西施、李夫人、戚夫人、衛夫人、楊貴妃及巫山神女朝雲等佳人[82]，因而說「在詩人筆下，牡丹就是笑顏逐開的傾國佳人……總在擾攘紅塵裡，盡情揮霍她燦爛的生命。」[83]所以在唐代，牡丹已是富貴的象徵了。李樹桐先生也說：「在唐代求富貴的思想和行動充滿每個角落的社會，牡丹怎能不被熱愛狂愛以至愛迷呢？」[84]而程兆熊先生則認為牡丹之風行唐宋，是因它「豐厚、滋潤、朗爽」，因它「豐盈和突起的美」，因它「充實而有光輝」[85]，而豐厚朗爽、充實光輝正是雍容的、富貴的。

其實牡丹的富貴性不僅止是象徵性的，它在唐代社會裡也的確是富貴階層才種養得起。在價錢上：

數十千錢買一顆（柳渾〈牡丹〉卷一九六）

價數千金貴（王建〈同于汝錫賞白牡丹〉卷二九九）

一叢深色花，十戶中人賦。（白居易〈買花〉[86]卷四二五）

萬物珍那比，千金買不充。（姚合〈和王郎中召看牡丹〉卷五〇二）

多著黃金何處買（徐夤〈依韻和尚書再贈牡丹花〉卷七〇八）

以唐代的米價來衡量，在物資最充裕的時候，二至五錢可買一斗米，而饑荒時期是千錢至萬錢一斗（參第一章第三節），饑旱兵荒期固是民不聊生，遑論買花賞花，而太平盛日的牡丹價卻高達數千斗米的價格，

---

[82] 同[80]，頁八五—八七。

[83] 同[80]，頁八二。

[84] 同[77]，頁二七三。

[85] 參程兆熊《論中國之花卉——中國花卉與性情之教》，頁一一—一六。

[86] 此詩雖題為〈買花〉，但詩中有句「共道牡丹時」，知是講買牡丹花。且題下有注云「一作牡丹」。

對普通百姓實是不勝負荷的，難怪裴說會感慨地歎道「未嘗貧處見」（〈牡丹〉卷七二〇）。依推測，恐怕不止貧者，一般生活水準的普通人家都無法買得起，牡丹的昂貴是其他的珍物不能比的。因此，富貴人家便以它作為鬥富的標準，如羅鄴〈牡丹〉詩中記述的：「落盡春紅始著花，花時比屋事豪奢」（卷六五四）。為了使自家的牡丹長得最盛最豔，必須特別費心照護，他接著說「門倚長衢攢繡轂，幄籠輕日護香霞」，以繡帳錦幄細加庇護，那是多麼堂皇氣派！牡丹於暮春始盛開，正當細雨微雲的天氣，特別需要遮蓋。白居易的〈買花〉詩也說「上張幄幕庇，旁織巴籬護」，可知養護牡丹花著實要細緻的心思，若再庇以繡幄錦帳，就更顯得嬌貴；故而只有那權貴豪富人家才買得起、養得活。就唐代而言，牡丹的富貴象徵，在其形態的雍容舒厚，在其色澤的豔采光燦，在其昂貴的身價，也在其倍受無微不至服侍的實質上。牡丹，真正是富貴人家的花卉。

然而富貴如浮雲，飄忽不定。牡丹所能享受的人間富貴，所能接納的喝采與欣羨，也像富貴般變化無常：

一夜輕風起，千金買亦無。（王建〈賞牡丹〉卷二九九）

簇蕊風頻壞，裁紅雨更新。眼看吹落地，便別一年春。（元稹〈牡丹二首之一〉卷四〇九）

花開花落二十日（白居易〈牡丹芳〉卷四二七）

腸斷東風落牡丹，為祥為瑞久留難。青春不駐堪垂淚，紅豔已空猶倚欄。（徐夤〈郡庭惜牡丹〉卷七〇八）

買栽池館恐無地，看到子孫能幾家。（羅鄴〈牡丹〉卷六五四）

原來，牡丹也是紅顏薄命，如浮雲一般，風一刮起就變色，就煙消雲散；原來，牡丹要以幄幕加以維護，是因它經不起東風輕拂、雨絲點觸而容易飄落。待到紅落，即便有千金也莫可奈何，所以羅鄴感歎牡丹能承傳幾代的並不多，語意雙關。豪奢的歲月恐怕不能續延到子孫，就像李德裕戒訓子孫不能鬻送一花一石而其子孫卻終究連整座平泉莊都保不住。失了池館，牡丹花自然無地可栽。所以牡丹花除了每年掀起一陣狂熱奔賞的風潮外，也要在結束生命時觸動文人們吟詠感傷一番。「這些詩句，把凋殘、枯萎、衰敗、愁怨等哀傷的情緒，與煙雨殘陽的暮春情景相結合，交織成一片淒清的景象。」[87]而來到寺院賞牡丹的文人，則是以了悟生命真性取代慨歎，像元稹與楊十二、李三，早入永壽寺看牡丹時，就悟道：「繁華有時節，安得保全盛。色見盡浮榮，希君了真性。」（卷四〇〇）牡丹和富貴的確是脆弱易零的，為園林帶來的是瞬間的燦爛光彩。

（二）荷花

荷花，是園林裡常見的水景花卉，只要鑿池蓄水，通常會在其中養荷；哪怕是那小小的盆池也要栽個幾根，以期擎雨打葉聲來滿足韓愈的童心。王建〈題別遺愛草堂兼呈李十使君〉就自述道：「砌水親看決，池荷手自栽」（卷二九九）；白居易則「雇人栽菡萏，買石造潺湲」（〈西街渠中種蓮疊石頗有幽致偶題小樓〉卷四五四）[88]；王維、杜甫、李德裕等人的園林，如前章所述也都種有荷花。水與竹既被視為園林的本質，是不可缺的景物，那麼水景中種荷的情形在唐代應該十分普遍。唐代文人對荷花的欣賞似乎比較不在色澤形態上，而集中於其清香及高潔象徵。在第一級美裡，文人注意的是荷的風姿：

風荷嫋翠莖（白居易〈答元八宗簡同遊曲江後明日見贈〉卷四二八）

蓮朵含風動玉杯（皮日休〈宿報恩寺水閣〉卷六一四）

風荷似醉和花舞（司空圖〈王官二首之一〉卷六三三）

---

[87] 見[80]，頁八四。

[88] 晉崔豹《古今注・卷下草木第六》：「芙蓉一名荷華，生池澤中，實曰蓮。花之最秀異者。一名水芝，一名水花。」故本論文一併論之，不復細分荷蓮。

風驚叢乍密（姚合〈和李補闕曲江看蓮花〉卷五〇二）
魚散芰荷風（鄭巢〈陳氏園林〉卷五〇四）

荷的葉片與花朵都靠一枝長莖支撐，伸擎於水面之上。長莖纖弱，所以當風吹拂過來，花葉就隨著那支撐不禁的細莖而曲擺身體，像似柔弱不堪，又似醺醉而不穩地浮晃著。由於生長得密集，荷葉緊緊依挨著，故風一掠過，一葉挨著一葉推送其不堪的暈醉，在翻搖款擺之中，只見一片綠波叢叢密密地推送著；而其上的花朵，猶如半透明的玉杯也在碰撞它悅耳的清脆。這一切變動之美卻驚動其下悠游的戲魚。一切是那麼柔情而靜謐。

荷花最受稱許的還是它的香氣：

盛香蓮近拆（王灣〈晚夏馬嵬卿叔池亭即事寄京都一二知己〉卷一一五）
潭香聞芰荷（孟浩然〈夏日浮舟過陳大水亭〉卷一六〇）
雨裛紅蕖冉冉香（杜甫〈狂夫〉卷二二六）
初蓮爇香注（劉禹錫〈牛相公林亭雨後偶成〉卷三五八）
池開菡萏香（賈島〈題岸上人郡內閒居〉卷五七一）

荷花的香氣不似牡丹濃烈，是清冉冉的幽香。可是對於置身在能清耳目、滌煩慮的園林中而又原本敏銳的文人而言，那幽香自是印象深刻的；尤其是雨洗之後，香氣更加清新，似乎整個池潭也都染得芳香四溢，所以伍喬會詠出「白藕花中水亦香」（〈遊西禪〉卷七四四）。於是花香、葉香、水香、池香，連坐賞良久的文人也會赫然發現「荷芰輕薰幄」（蘇頲〈春日芙蓉園侍宴應制〉卷七三），帳幕也帶有荷香了，甚至於「池荷雨後衣香起」（劉禹錫〈送周使君罷渝州歸郢州別墅〉卷三五九），文人的衣襟都是荷香荷氣，怕文人也要醺然微醉了。原來，荷花的香氣雖清淡優雅，卻不易在空中迅速散發掉，它因持久而化染到四周的物件身上，似乎把自己的生命氣息都播撒給親近知音。

因為清雅的香氣，使得荷花被愛國詩人屈原視為君子美人，願意「製芰荷以為衣兮，集芙蓉以為裳」（《楚辭・離騷》），以與屈原的高潔心靈及節操相匹配。在唐代，文人們並沒有大加誇許它的潔淨，但也略略提及：

荷葉珠盤淨，蓮花寶蓋新。（閻朝隱〈三日曲水侍宴應制〉卷六九）

乃知紅蓮花，虛得清淨名……但恐出山去，人間種不生。（白居易〈潯陽三題之三・東林寺白蓮〉卷四二四）

客至應消病，僧來欲破禪。（姚合〈和李補闕曲江看蓮花〉卷五〇二）

誰知不染性，一片好心田。（齊己〈題東林白蓮〉卷八三九）

荷善於蓄積露水，晶瑩剔透的水珠在翻擺的花葉間滾動，使得花葉看來異常新鮮光潔；加以清香持久，生於水中，所以留予人潔淨清淡的印象。從白居易的詩中可知，在唐代，蓮花已是深負「清淨」的盛名了；只是白居易卻以為白蓮更加超絕，毫不沾染一絲人間的污濁，只適合居於山中的淨土。這或者與其所詠的白蓮正生於寺中有關；但更重要的是蓮花正是佛的象徵。西方極樂世界七寶池中的蓮花大如車輪，微妙香潔⑧⑨，此象徵又和中國傳統（如〈離騷〉）以及花的特質相符，對於普遍學佛的唐代文人而言，荷花這一層象徵美應是背景深厚而廣受信肯的⑨⓪。這香潔不染，引人禪悟的象徵美，使荷花在唐人園林裡成為深富想像內容的水栽花卉。

⑧⑨ 參《佛說阿彌陀經》，刊《淨土五經讀本》。

⑨⓪ 蓮花在道教也有羽化登仙之功，參⑧⓪，頁一五二。

（三）桃花與其他

桃花，也是唐代園林常種的花木，賈島有一首〈題興化園亭〉的詩：「破卻千家作一池，不栽桃李種薔薇。薔薇花落秋風起，荊棘滿庭君始知。」（卷五七四）據宋葛立方《韻語陽秋卷十八》載，此詩乃是賈島方下第，心中有所怨憤不滿，遂題吟以嘲咒裴度，譏其將會滿庭荊棘而窒礙難行甚或創痕纍纍。但由「不栽桃李」一句可見出，當時一般園林應是以種桃李為常的，可推知其普及性。在唐代文人心目中，桃具有極特殊的地位。在色澤形態上，它給人的強烈印象就是鮮明紅豔：

栽桃爛熳紅（杜甫〈春日江村五首之三〉卷二二八）

夭桃紅燭正相鮮（呂溫〈夜後把火看花南園招李十一兵曹不至呈座上諸公〉卷三七一）

桃滿西園淑景催，幾多紅豔淺深開。（杜牧〈酬王秀才桃花園見寄〉卷五二四）

桃豔紅將落（韋莊〈寄園林主人〉卷六九六）

一樹繁英奪眼紅（李九齡〈山居南溪小桃花〉卷七三〇）

桃花的紅豔，從《詩經・周南・桃夭》的「桃之夭夭，灼灼其花」開始，就為眾所周知。它的紅，已到了灼灼欲燃的地步，所以會與夜裡的紅燭相映鮮明。唐彥謙甚至覺得「桃光奪晚霞」（〈曲江春望〉卷六七二），把彩爛的晚霞的光輝都壓抑掠奪了，那是多麼刺目炫眼的猩紅啊！當它栽於水邊時，便能「滿谷仙桃照水紅」（陸希聲〈陽羨雜詠十九首・桃花谷〉卷六八九），把水面映照得一片潤紅，更增添了無限奇幻。鮮豔的色澤使人覺得桃花明朗而活潑；但因花形小巧，並沒有牡丹之繁複奇大，顯不出雍容豐厚的富貴感，故而其鮮明開朗轉而予人親切感，似乎滿面笑容而快樂異常。唐太宗說它「向日分千笑」（〈詠桃〉卷一），張說看到它「年年含笑舞青春」（〈桃花園馬上應制〉卷八九），而崔護則在一年後「人面不知何處去」的情況，感慨著「桃花依舊笑春風」（〈題都城南莊〉卷三六八）。笑容可掬，滿面春風，使豔紅的桃花在姿態上呈現充盈的歡樂之美。

桃花的象徵意義是很耐人尋味的。首先是那使人長生不死的仙桃及驅邪辟鬼的桃木，教桃花染上仙道色彩。上引陸希聲稱桃花谷的桃花為「仙桃」，白居易也認為華陽觀的桃花是仙桃（〈華陽觀桃花時招李六拾遺飲〉：「華陽觀裏仙桃發」，卷四三六）。即使他們心裡明白，那桃花與桃子只是平常的花果，仍樂意想像它們的特殊歷史內涵，把這當作賞玩的樂趣。所以《開元天寶遺事‧銷恨花》載：「明皇於禁苑中，初有千葉桃盛開。帝與貴妃日逐宴於樹下，帝曰：不獨萱草忘憂，此花亦能銷恨。」由一株千葉桃樹，想想它助人成仙的可能性，也足以銷恨而深覺愜意快活。而李白在桃李園中卻要興感時間生命之短暫，而欲秉燭夜遊，及時行樂。可知桃花在唐文人心中的聯想之美是生命歲月的慨歎與嚮往。

與仙相關，桃花的象徵意涵還有更優美更深邃的一面，那就是陶淵明揭櫫世人的桃花仙境：芳草鮮美，落英繽紛的桃花林，以及怡然自得、與世隔絕的快樂園地。於是桃花就成為桃花源的象徵，用以比喻潔淨、無爭、自足、樸素的樂園：

桃花盡日隨流水，洞在清谿何處邊。（張旭〈桃花谿〉卷一一七）

若教避俗秦人見，知向河源舊侶誇。（楊憑〈千葉桃花〉卷二八九）

秦時桃樹滿山坡（王建〈同于汝錫遊降觀〉卷三〇〇）

此花不逐溪流出，晉客無因入洞來。（杜牧〈酬王秀才桃花園見寄〉卷五二四）

空經桃花塢，不見秦時人。（陸龜蒙〈桃花塢〉卷六一八）

文人心中必然明白眼前所見的桃樹並非晉時武陵的桃花林，水中的落桃必也不是陶淵明筆下的繽紛落英；但是仍然樂意一廂情願地認定它們來自於桃花源。楊憑甚至以為眼前的桃花會羨煞武陵秦人。而文人真正嚮往的就不在桃花本身（因眼前盡是），而是那批避秦亂的桃花源子民，更是他們那分不知有漢的無時間流變、無老死的單純與長生。施肩吾在〈臨水亭〉裡吟出「欲知源上春風起，看取桃花逐水來」（卷四九四），他直接想像自己置身的園亭就是通向桃花源的溪岸要道，源上的桃花因春風而凋落，隨水飄浮，必會流經這座水亭。那麼，施肩吾豈不正在桃花源的中下游？或者暗示著自己所在的園林就是一處世外桃源呢（詳第六章第二節）[91]！因此，荷花與桃花不僅僅是園林的景色，還支持著唐代文人的園林淨土化、樂園化的理念。

唐人提及園林中的梅花，大多是為了顯示春臨，因為梅花在寒雪中清醒著，預示早春的訊息：「梅坼柳條鮮」（權德輿〈早春南亭即事〉卷三二〇）、「門巷掃殘雪，林園驚早梅」（劉禹錫〈元日樂天見過因舉酒為賀〉卷三五八），多麼驚人的喜訊，春日已降臨；這是文人最易觸動的情感之一。此外，梅花令人賞歎的是它的冷香、寒香、清香、孤香，真是「以香為韻」[92]。其他可見的唐代園林花植尚多，如菊、杏、蘭、薔薇、櫻桃、木蘭……此不暇一一細論。總之，花卉給園林帶來視覺上的鮮亮，所謂「萬花明曲水」（司馬扎〈上巳日曲江有感〉卷五九六），所謂「花照石崇家」（張錫〈晦日宴高文學林亭〉卷一〇五），這些高明度、高彩度的花卉，使一向以幽深陰涼為主的園林，得到些許調和。然而當暮春時節到來，絢爛繁妍的花叢紛紛飄零，文人看到「花飛有底急」（杜甫〈可惜〉卷二二六），便要「水流花落歎浮生」（溫庭筠〈宿城南亡友別墅〉卷五七九）地無限感傷。花卉的速綻速謝，精采而不綿長，充滿無常，所以與樹木相較下，中國園林還是比較深愛樹木的深緣。

（四）花藥

另外常見於詩文中的園林花卉是「藥」，文人們似乎特別重視它的栽種歷程，詩中頗常描繪栽蒔花藥的

---

[91] 由於太史公以「桃李無言，下自成蹊」來讚擬李廣，故桃花有時也被文人視為含美質卻不被賞識者的沉默風度。如李商隱〈賦得桃李無言〉（卷五四一），如豆盧岑有「隔門借問人誰在，一樹桃花笑不語」（〈尋人不遇〉逸卷中）。

[92] 同[80]，頁一八九—二〇六。

情景（故而將詳論於第四章第四節）：

近移松樹初栽藥（王建〈題元郎中新宅〉卷三〇〇）

買得足雲地，新栽藥數窠。（賈島〈王侍御南原莊〉卷五七三）

雲裏引來泉脈細，雨中移得藥苗肥。（吳融〈即事〉卷六八七）

掃苔迎五馬，蒔藥過申鐘。（無可〈酬姚員外見過林下〉卷八一三）

開水淨藥苗（皎然〈冬日天井西峰張鍊師所居〉卷八一七）

「足雲地」、「雲裏引來」、「掃苔」暗示著種藥地點的幽深危僻，因而種藥一事有其深層的象喻（參第四章第四節）。由此，文人對於栽植也十分用心，譬如吳融引泉以溉藥，蘇廣文〈春日過田明府遇焦山人〉敘述田明府「買得春泉溉藥畦」（卷七八三），都可見園主對栽藥一事的特殊用心。又耿湋〈東郊別業〉說「護藥栽山刺」（卷二六八），則不僅是細心栽種灌溉等培育之事，還在護衛工作上也下了一番工夫。這一方面誠如白居易自述的「藥圃茶園為產業」（〈香鑪峰下新卜山居草堂初成偶題東壁重題之二〉卷四三九），種藥以為經濟資源；另方面則因其對文人們自身也具有觀賞及養生、心感等價值。因為所謂「藥」，很多時候是指花卉，而指芝朮之類的藥草則多見於詩文中的「採藥」深山（詳第四章第四節）。唐人以「藥」稱「花」的情形很普遍，如：

芍藥丁香手裏栽，臨行一日繞千回。（王建〈別藥欄〉卷三〇一）

野人清旦起，掃雪見蘭芽。（李德裕〈憶平泉雜詠・憶藥欄〉卷四七五）

藥味多從遠客齎，旋添花圃旋成畦。（陸龜蒙〈奉和襲美題達上人藥圃二首之一〉卷六二五）

綠葉紅英遍，仙經自討論。偶移巖畔菊，鋤斷白雲根。（夏侯子雲〈藥圃〉卷七七八）

種蘭入山翠，引葛上花枝……新泉香杜若，片石引江蘺。（錢起〈山居新種花藥與道士同遊賦詩〉卷二三六）

所以所謂花藥或藥，可以指芍藥、丁香、菊、蘭、杜若……等各種草本的花卉。大抵也因花卉大多可以入藥之故，如徐夤〈牡丹花二首之一〉「翦雲披雪蘸丹砂」（卷七〇八），因而陸龜蒙直接在詩中與題目將「花圃」和「藥圃」代換；那麼詩文中常見的「藥欄」即指花欄，「藥園」即指花園了。故詩文中對藥的欣賞即是花之美：

蛺蝶憐紅藥（陳子昂〈南山家園林木交映盛夏五月幽然清涼獨坐……〉卷八四）

謝家能植藥，萬簇相縈倚。爛熳綠苔前，嬋娟青草裏。垂欄復照户，映竹仍臨水。驟雨發芳香，迴風舒錦綺。（李端〈鮮于少府宅看花〉卷二八四）

藉草醉吟花片落，傍山閒步藥苗香。（杜荀鶴〈和舍弟題書堂〉卷六九二）

前有名花上藥，群敷簇秀，霞鋪雪灑，瀲灩清波。後有含桃朱杏，的皪蔭靄……（符載〈襄陽張端公西園記〉文卷六八九）

與一般花卉相似的，花藥的形狀、色澤、情態與香氣等等也都是文人們鑑賞的所在，因此藥園遂也成為文人們遊玩之地，才會有〈遊李校書花藥園序〉（于邵．文卷四二六）、〈晦日藥園詩序〉（楊炯．文卷一九一）、〈賀遂員外藥園小山池記〉（李華．文卷三一六）等為之造山池並吟賦的活動。至於其象徵美則待第四章再詳論。

三、苔的美感與造園運用

在唐代有關園林的詩文中，可以發現文人時常強調苔蘚的存在。他們或者說「藥院滋苔紋」（常建〈宿王昌齡隱居〉卷一四四），或者說「石龕苔蘚積」（戴叔倫〈遊少林寺〉卷二七三）。像這樣不起眼而隱微的小植物，何以會引起文人注意並受到歌詠？在形態上由於細小無明顯的形狀容貌，所以描寫的詩文很少；在色澤上，它則以長年的黛綠受到吟詠，如：

日夜苔徑綠（錢起〈小園招隱〉卷二三六）

苔徑綠無塵（盧綸〈題興善寺後池〉卷二七九）

石苔終歲青（朱仲晦〈答王無功問故園〉卷四九四）

樹影搜涼臥，苔光破碧行。（方干〈山中即事〉卷六四九）

青苔地上消殘暑（白居易〈池上逐涼二首之一〉卷四五六）

苔的綠是不受季節影響的，加以潮溼的本性，使它的綠色十分深潤，似乎沒有絲毫塵土污垢會沾染它。王周有一首〈和程刑部三首・碧鮮亭〉詩，說「迴砌滋苔蘚」（卷七六五），「滋」字說明它的潤澤特性，而「碧鮮」二字顯示其色澤之映染特質，使其上的亭子也鮮碧起來。既滋潤又碧綠，遂引人陰涼冰冷的感覺，而青苔本也只是在陰涼處才容易生長，所以青苔地上便成為消暑之地了。顧雲〈苔歌〉詠道：「松筠條條長碧苔，苔色碧於溪水碧」（卷六三七），說的是其色澤較諸竹溪更碧綠，然而還可想見冷松淡竹再加上滋苔，其清涼陰冷之極是難以比喻的。由而文人便愛賞它的潔淨：「漠漠斑斑石上苔，幽芳靜綠絕纖埃」（白居易〈山中五絕句・石上苔〉卷四五八）、「莎深苔滑地無塵」（雍陶〈訪友人幽居二首之二〉卷五一八）。凡此碧綠、潮溼、陰涼、潔淨的特質都是由苔蘚的色澤所呈現出的。除色澤，幾乎見不到讚賞它形態之美的詩文。文人們描寫它，是為了暗示某些寓意或呈現某種氣氛。首先，人們時常行走觸及的地方，是不太容易長出一片綠苔的；只有那人跡罕至的地方，綠苔才得逍遙自在地蔓衍。像皇甫冉的〈山中五詠・山館〉中所寫：「空庭復何有，落日照青苔」（卷二四九），就因是空庭寂寥，所以會長滿青苔，只見閒雲朝來而落日夕照，青苔正是這長寂寂的山館荒廢的表徵。文人便藉青苔來顯園林的頹敗荒廢：

古井碑橫草，陰廊畫雜苔。（司空曙〈過寶慶寺〉卷二九二）

舞榭蒼苔掩，歌臺落葉繁。（許堯佐〈石季倫金谷園〉卷三一九）

十畝蒼苔遶畫廊（羊士諤〈王起居獨遊青龍寺玩紅葉因寄〉卷三三二）

荒榭苔膠砌，幽叢果墮榛。（賈島〈題劉華書齋〉卷五七二）

蘚侵隋畫暗（鄭谷〈題興善寺〉卷六七六）

廊道上、柱壁上附有圖畫，是主人的雅緻精細，也是主人的富麗雕縟；舞榭供歌妓舞孃們表演歌舞以招待賓客、娛樂主人。畫廊及舞榭原是彩麗快樂的地方，原是繁榮勢盛的表示。可是文人如今所見的卻是十畝蒼苔圍繞、掩蓋的陰廊暗畫，卻是被苔蘚封固膠著而難以立足的荒砌寂榭。一切都黯然荒圮了。這裡，苔表示一種落寞——一種由歌舞昇華的繁榮掉落為頹喪憔悴的落寞，苔遂也表示時流的無情淘洗，一切都將如流中的泡沫，浮沉而破滅。

荒廢，這個青苔的園林意象，並非是人們的意願，在苔的漸次漫生中，人只能無力地慨歎。所以這一層象徵意義，應該沒有人願意取入自己的園中。作為造園的內容，青苔的受歡迎，來自於它的另一層意涵；雖然這與荒廢也只是一線之隔而已：幽僻深邃的靜地。如：

青苔幽巷遍（韋應物〈神靜師院〉卷一九二）

綠苔日已滿，幽寂誰來顧。（韋應物〈休暇東齋〉卷一九三）

唯憐石苔色，不染世人跡。（錢起〈藥堂秋暮〉卷二三八）

石牀苔蘚似匡廬（李中〈書郭判官幽齋壁〉卷七四八）

到君幽臥處，為我掃莓苔。（劉長卿〈集梁耿開元寺所居院〉卷一四七）

李中另在〈秋雨二首之二〉中簡要地說「地僻苔生易」（卷七四八），就因偏僻，人跡罕至，所以容易生長苔蘚。錢起所以說石上的苔色不染世人跡，韋應物也說「青苔人跡絕」（〈燕居即事〉卷一九三），都充分說明苔要在沒有人行的前提下方能生存。正因為偏僻罕行跡，苔的所在遂是寂寞清靜之地。故而石牀上的苔蘚會引人遙想起那高深僻遠的匡廬幽境，這顯示苔蘚具有幽深的性質。李郢在〈錢塘青山題李隱居西齋〉詩中說：「翠蘿深處遍青苔」（卷五九〇），那遍地的青苔正生衍於翠蘿纏舛交錯的深密之處，因為幽深之地是苔蘚易滋的所在。所以韋應物會稱青苔滿地的巷子為幽巷，而滿佈青苔的東齋顯得十分幽寂，長莓苔的寺院成為幽臥處。李咸用描述〈苔〉的性情說：「生處景長靜，看來情儘閒」（卷六四五），靜與閒的特質正是由其幽僻的地點所引發出來的，漢寶德先生因而也說「苔代表極度的寂靜」93。所以，青苔入詩，常常是用來暗示所詠園林的僻遠深靜，少與塵世俗人相往來，那是一個不染世俗痕跡的幽寂天地。

因為苔是不染世跡塵情的象徵，所以苔的生長散佈，就是一種隔絕，隔離園居與外面世界的連繫，把塵囂煩擾阻隔拒絕在園林之外，如：

苔封舊瓦木（白居易〈葺池上舊亭〉卷四四五）

紅蘚閟千春（李德裕〈思山居一十首・題寄商山石〉卷四七五）

門閉莓苔秋（賈島〈題岸上人郡內閒居〉卷五七一）

---

93 同74。

苔封石室雲含潤（劉滄〈雨後遊南門寺〉卷五八六）

苔蘚上高幢（李山甫〈題慈雲寺僧院〉卷六四三）

「封」、「閟」、「閉」字點出舊亭或山居被苔蘚攀爬圍繞，變成一個封閉的空間，這個封閉的空間遂與外界完全隔絕，沒有往贈交流。尤其是平時藉以出入兩個空間的門都為之閉鎖，那真是封固得徹底。空間之外，苔也是時間封閉的象徵。深厚濃密的蘚苔是時間積累的結果，它愈是深密，愈表示幽寂景況的持續長久。當李德裕說「紅蘚閟千春」時，他看到閉鎖的歲月在紅蘚身上累積的影子，他想到無數個該是最繁華最精采的春光被深鎖在幽寂靜僻中，淡淡然寂寞地流逝了，換來的儘是密蘚厚苔。苔與石相結合，會帶來蒼古的感覺94，當也與此有關。因此，在園林裡，綠苔是空間封固鎖的隔絕象徵，也是時間積累的蒼古象徵。

隨著苔的幽寂封閉象徵，在唐代詩歌中可以常見兩種園林意象，一是苔徑，一則是苔砌。前者如：

苔徑縈迴景漸分（劉滄〈遊上方石窟寺〉卷五八六）

誰家煙徑長莓苔（張喬〈題宣州開元寺〉卷六三九）

苔徑竹千竿（李咸用〈山居〉卷六四五）

山陟莓苔梯（孟郊〈送豆盧策歸別墅〉卷三七八）

步憶莓苔滑（李德裕〈懷山居邀松陽子同作〉卷四七五）

徑道原是行走交通的，如今卻是長滿莓苔；或者表示小徑的曲折幽深與隱密難行；或者表示平日甚少觀遊者去來，是靜僻之園。山梯與徑路同是園林的動線，本不該長有苔蘚，可詩人們對這長苔的動線卻滿懷欣賞與得意之情，這就和荒敗之園的苔蘚意象不同，是園主在意願中的放縱，是主人幽情雅興的表示。至於

94 如李德裕〈張公超谷中石〉「空留古苔石」，而此「紅蘚閟千春」的是商山石。

苔砌則如：

秋色生苔砌（冷朝陽〈宿柏巖寺〉卷三〇五）

茅堂階豈高，數寸是苔蘚。（姚合〈題金州西園九首・莓苔〉卷四九九）

青苔滿階砌（杜牧〈題揚州禪智寺〉卷五二二）

砌因藍水長秋苔（溫庭筠〈寄清源寺僧〉卷五七八）

幽砌上苔文（姚合〈題刑部馬員外修行里南街新居〉卷四九九）

階砌是屋堂前的臺階，正是門口所在，由屋內通往屋外的必經要道。故佈滿綠苔的砌臺，暗示著住者少出入，過著隱居的、閉關的、定默的生活。而苔的封閉固鎖的象徵及靜謐幽邃的意涵，也在此同時具現。姚合的茅堂階面已長有數寸高的苔蘚，他還擔心在秋雨之後沒有濺濕的窗臺窗櫺不會長苔，若然，就不能排遣他的情意了[95]。他喜歡連窗牖這視野向外延伸交流的眼睛也長滿數寸高的苔蘚，那樣，他茅堂的封閉阻絕才徹底，那全然的寂靜幽隱才能慰撫他嗜獨嗜靜的心。

所有碧綠、清涼、潔淨、寂靜、幽深、封閉阻絕的苔的性質及美感，都是園林主人意願中之事，所以人為養苔也算是造園工作。這工作很簡單，就是供給潮濕陰涼的生長環境；主人興致來時，還可以特地為它提水澆灑一番。首先，有溪泉池水之地便不乏苔蘚的存在：

舊溪紅蘚在（楊巨源〈秋日韋少府廳池上詠石〉卷三三三）

香侵泛水苔（李德裕〈憶平泉雜詠・憶寒梅〉卷四七五）

只怪素亭黏黛色，溪煙為我染莓苔。（施肩吾〈臨水亭〉卷四九四）

[95] 全詩為「茅堂階豈高，數寸是苔蘚。只恐秋雨中，窗戶亦不濺。眼前無此物，我情何由遣」。

苔澗深不測（宋之問〈遊法華寺〉卷五一）

苔澗春泉滿（孟浩然〈宿立公房〉卷一六〇）

溪泉所在比較潮濕，水分充足，自然容易滋長青苔。而臨近水岸的地方也會蔓生苔痕，轉為蒼黛之色。所以這些地方的苔，毋須園主費心培植，只要花心思將欲染苔的建築、石頭或古木等布排在水岸附近或水中，則是一項造園意匠。這意匠是不易被發現或領受的。

另外，吸收水分、散發水分都高過其他植物數倍的竹，在其生長的根土部分、甚至在其竿身之上，也是苔蘚聚生的地方：

露華生筍逕，苔色拂霜根。（李賀〈竹〉卷三九〇）

竹影蕭蕭掃徑苔（牟融〈遊報本寺〉卷四六七）

迸筍出苔莓（李頻〈留題姚氏山齋〉卷五八九）

竹翠苔花遶檻濃（伍喬〈題西林寺水閣〉卷七四四）

迎僧常踏竹間蘚（李中〈思溢渚舊居〉卷七五〇）

竹林散發出的大量水氣，籠罩為雲煙，凝聚為露水，都使竹林地帶形成一片高濕度多水分的微氣候。這樣的微氣候加上竹的陰涼特性，非常適於苔蘚的生長，所以竹下的蹊徑長滿了苔，竹根亦然，連初迸的新筍也迅速衍染一身。而置築於竹旁的閣檻也被苔莓繞盈濃厚一層。竹與苔的青翠、碧綠互相輝映其光潤色澤，也互相加強幽深的園林特色。

天氣也影響苔蘚的生長，如：

秋雨上青苔（劉長卿〈遊休禪師雙峰寺〉卷一四七）

雨後青苔散點牆（韓翃〈題張逸人園林〉卷二四五）

簷前片雨滴春苔（郎士元〈春宴王補闕城東別業〉卷二四八）

滿庭秋雨過，連夜綠苔生。（朱慶餘〈閒居即事〉卷五一五）

蔭來砌蘚經疏雨（李中〈竹〉卷七四七）

天雨，為地面及地上的物帶來水分，不須滂沱大雨，只須片雨，只須疏雨，就足以使砌面牆頭長出苔蘚。甚至於不必天雨，只要夜裡的露水即能霑濕、即能滋生，如「露濃如水灑蒼苔」（趙嘏〈早出洞仙觀〉卷五四九）即是。這些氣候條件須依靠大自然運轉的形勢，非人力所能控制；但是在文人心中明白了促使青苔滋生的各種可能，便能在空間布局及各景物關係位置的處理中盡量配合這些可能，如前引詩文中可看到水亭染上莓黛而生成特殊色澤，或臨竹的檻也有濃苔的善巧方便。

然而更簡便且直捷的方法，就是汲水灑養，如「一瓶新汲灑莓苔」（張祜〈題勝上人山房〉卷五一一），如「露苔復灑松」（馬戴〈同莊秀才宿鎮星觀〉卷五五五），所以無雨的日子，無竹無泉的地方，人力也可新汲一瓶水以灑潑方式來養植莓苔。若說「唐代也有苔庭之類的東西」[96]，應該是就有人整理（非荒敗），在人的意願中，因自然天候或地形，以及經過人的布局設計或培養所產生的富於寂靜、幽深、隔絕、蒼古等性情的苔的園林。

四、動物美感與園林景觀

園林的五大要素中並沒有列入動物這一項。可是，唐代有關園林的詩文中，也有許多描寫動物的活動景象，其中又以鳥類、魚、鹿和猿等較為常見。

[96] 同[74]，漢寶德先生所引的詩是荒廢沒落園林的描述，其中苔的意象是人的無力感的具象化，而非人意願之經營。

在文人筆下，園林中的禽鳥大多是快樂的、自足的，牠們看來似乎沒有什麼煩惱憂愁，如：

暗飛螢自照，水宿鳥相呼。（杜甫〈倦夜〉卷二二七）

鳥哢花間曲（李端〈題從叔沆林園〉卷二八五）97

鴛鴦憐碧水，照影舞金沙。（鮑溶〈山居〉卷四八七）

戲鳥低飛礙柳條（馬戴〈題章野人山居〉卷五五六）98

鸂鶒刷毛花蕩漾，鷺鷥拳足雪離披。（溫庭筠〈題友人池亭〉卷五七八）

一群鳥肆無忌憚地彼此呼叫著，目中無人而且十分自在大方，有的兀自唱著歌曲，陶醉在自己的歌聲與美景花間，一點兒也不寂寞；頑皮的幾隻則穿梭在柳枝間，一邊嬉戲，一面躲避那柳條的勾纏，既忙碌又趣味；鴛鴦成雙地舞動牠們婆娑的身姿，照見自己滿身的美彩，十分滿意自得；鸂鶒則細心地刷整自己美麗繽紛的羽毛，專注而平和；鷺鷥拳著一腳，獨立池邊以展示牠高佻的身材，定靜自足。牠們看來都非常快樂自得，置身其中的人，感受到的該是「鸞鳥自歌，鳳鳥自舞」的不稼不穡、不績不經卻豐足和諧的樂園氣氛。

那些禽鳥也是悠閒的，如：

閒隨白鷗去，沙上自為群。（李白〈過崔八丈水亭〉卷一八〇）

水鳥自來去（劉禹錫〈牛相公林亭雨後偶成〉卷三五八）

鸂鶒雙遊不避船（劉禹錫〈和牛相公遊南莊醉後寓言戲贈樂天兼見示〉卷三六〇）

97 一作呂溫詩。

98 一作秦系詩。

晚鶯閒又囀（韋莊〈寄園林主人〉卷六九六）

機忘鳥狎人（武平一〈奉和幸韋嗣立山莊侍宴應制〉卷一〇二）

閒，來自於內在自足，向外又無所求、無所懼、無所待，所以能全然放下外境的干擾，而安然悠閒。自為群、自來去就點出牠們不受牽制、不受干擾的自在。遇到遊船時不驚慌、不躲避，也顯出牠們的安心與信任。歌囀於枝頭，自然也是悠閒自在的現象。更可愛的是有些鳥兒毫無機心、毫無戒意地接近人，甚或兜弄玩逗於人們四周，益形安心。唯有自足無待、安心信任及充分的「自由」，才能真正悠哉游哉、安逸自在。這些「閒」鳥，可能是園林主人風範的寫照，也可能是對比久不住園中的奔碌主人。

禽鳥的快樂無憂、自足悠閒令人羨慕不已，而其快樂與悠閒來自於牠們的「自由」，尤其教人嚮往：

一行白鷺上青天（杜甫〈絕句四首之三〉卷二二八）

去鳥帶餘暉（戴叔倫〈山居即事〉卷二七三）

渚禽猶帶夕陽飛（溫庭筠〈題裴晉公林亭〉卷五七八）

鷺鷥飛破夕陽煙（李咸用〈題王處士山居〉卷六四六）

翱黃鵠度而飈驚，丹鳥傾而日晚。（王勃〈夏日宴張二林亭序〉文卷一八一）

鳥禽能輕鬆自在地飛上青天，翱翔於空中，舒暢無阻。牠們可以超越地面水域等等障礙，去到牠們想去的地方。「去鳥」的去字，把鳥的飛行拉向一個遙遠不可知的角落，園林的空間與觀者的心靈空間也就被拉引開，向無限遠的地方延伸，而「飛破」與「度」兩個動詞也顯示他們能夠突破空間的限制、度越空間限制，隨意志而前行。張蠙〈和崔監丞春遊鄭僕射東園〉詩「白鳥穿蘿去」（卷七〇二）用「穿」字，也表示穿越——越過密蘿的錯雜而無所不達，真是無限自由。因此當文人看著「白鳥向山翻」（王維〈輞川閒居〉卷一二六）時，心靈的空間也隨之翻山越嶺而去了；在想像的空間裡，文人的心靈原也可以像鳥一樣自由。而這些自由的鳥，多半在夕陽餘暉時出現在天空中，牠們正準備回巢，所謂「鴉歸長郭暮」（劉長卿〈過李將軍南鄭林園觀妓〉卷一四七）。所以牠們的自由終究還是因有一個歸宿，這個心靈的安頓幫助牠們真正自由；牠們的自由也來自於「忘機鳥不猜」（呂溫〈道州夏日郡內北橋新亭書懷贈何元二處士〉卷三七〇），那無所猜忌無所爭患的安心才能使牠們真自在。因為鳥禽令人欣嚮的是行動的自由，還是心安的自由。

常常，文人們在園林景象中，喜歡把鳥和魚對舉並述：

> 地靜魚偏逸，人閒鳥欲欺。（杜審言〈和韋承慶過義陽公主山池五首之五〉卷六二）
> 魚戲芙蓉水，鶯啼楊柳風。（張說〈三月二十日詔宴樂遊園賦得風字〉卷八八）
> 齊物魚何樂，忘機鳥不猜。（呂溫〈道州夏日……〉卷三七〇）
> 從來有好鳥，近復躍儵魚。（李德裕〈憶平泉山居贈沈吏部一首〉卷四七五）
> 嘯檻魚驚後，眠窗鶴語間。（項斯〈姚氏池亭〉卷五五四）

鳥和魚對舉並現，也許是因為園林裡的動物以這兩種為多為普見；但也因為魚、鳥有相近的性情，如「自樂魚鳥性」（錢起〈山居新種花藥與道士同遊賦詩〉卷二三六），如「境靜魚鳥閒」（長孫佐輔〈山居〉卷四六九），在文人們看來，魚和鳥都是自得其樂、悠閒安然的神氣。魚的快樂似乎在莊子與惠施的辯論中已成為眾知之事，唐人見到的情景及感受也正與莊子相近，嬉戲於芙蓉之間的逸致、躍翻上空中以激起水浪的頑皮，以及被長嘯驚嚇的沉靜閒暇，都與鳥禽相似。所以說牠「魚樂隨情性」（綦毋潛〈題沈東美員外山池〉卷一三五）、「池面魚行不怕人」（王建〈題金家竹溪〉卷三〇〇）、「魚戲影微偏」（姚合〈和李補闕曲江看蓮花〉卷五〇二）。原來魚之樂是其天生性情的本然，但這天生其實也有幾分環境的賜福，原因在於牠的「得水」，在水中可以自在游梭嬉戲，可以順任性情之真。水，是牠最大的保障，不必怕人的干擾破壞，因為人不能同牠生活於水中；除非以「釣」術騙誘。所以在水的世界裡，魚也是快樂自足、安然悠閒的。

魚鳥對舉，除了上述令人欣羡的共同特性之外，在園景的美感上牠們還另有共同之處：

鳥戲翻新葉，魚躍動清漪。（岑文本〈安德山池宴集〉卷三三）

枕前看鶴浴，牀下見魚遊。（白居易〈府西池北新葺水齋即事招賓偶題十六韻〉卷四五一）

鬥雀翻衣袂，驚魚觸釣竿。（姚合〈和裴令公遊南莊憶白二十七韋七二賓客〉卷五〇一）

雛鳥啼花催釀酒，驚魚濺水誤沾衣。（方干〈鹽官王長官新創瑞隱亭〉卷六五一）

曲岸藏翹鷺，垂楊拂躍鱗。（喻坦之〈春遊曲江〉卷七一三）

魚和鳥的快樂不是含蓄於內心的，牠們把快樂盡情流露於動作舉止間，展現出輕靈躍動，帶出園林的動態美。鳥戲時翻動了葉叢，牽惹得樹木不斷搖晃顫抖；鶴鳥浴水，撥弄起一池的水花；吵鬧打鬥的雀群圍繞在主人身旁，偶而在打鬥中撞到主人的衣袂；魚兒則流暢地在水中穿游，擺動牠柔軟的尾巴，留下一道道曲柔的動線；當牠調皮時，還會躍出水面，翻跳個筋斗，展現剛勁的力美；有時驚嚇的游魚急急竄入水中，濺起一片水花綻放空中，再噴灑得觀者一身是水，產生無比的樂趣。這些動態，使得原本靜謐的園林增添很多生趣：有曲柔滑暢的流動美，有噴薄強勁的力美，有輕靈翻觸的躍動美，還有調皮吵鬥的逗趣。園林遂活潑起來了，更加生氣盎然了。

鳥，也能為園林帶來聽覺之美。文人有時聽到牠優美的啼聲：

鳥聲隨管變（弓嗣初〈晦日重宴〉卷七二）

山鳥助酣歌（孟浩然〈夏日浮舟過陳大水亭〉卷一六〇）

鶯散讓清歌（白居易〈上巳日恩賜曲江宴會即事〉卷四三七）

> 好鳥疑敲磬，風蟬認軋箏。（杜牧〈題張處士山莊〉卷五二三）
>
> 嬌鶯更學別禽啼（章碣〈曲江〉卷六六九）

鳥聲清脆，猶如管磬奏著悠揚的樂音。文人們聆賞著天籟妙音，觀覽著山水美景，大自然的傑作透過眼耳而呈現一片和諧。而嬌鶯能變化不同的音色，也增添許多樂趣，展現鳥鳴聲的豐富變化。可是，有時文人們覺得牠們嘈雜喧鬧：「花枝宿鳥喧」（李白〈題金陵王處士水亭〉卷一八四）、「微霰下庭寒雀喧」（韋應物〈寓居灃上精舍寄于張二舍人〉卷一八七），可能成群的鳥啼，聲音太碎細了，細碎便覺雜亂吵鬧；有時文人又從中感受不到喧鬧，而覺得「燕蟬吟語不為喧」（方干〈李侍御上虞別業〉卷六五三）。相反地，甚至於覺得「葉藏幽鳥碎聲閒」（劉滄〈夏日登西林白上人樓〉卷五八六），那些細碎的鳥聲聽來似乎有幾分閒情，而鳥兒也變成幽鳥了。其實喧或幽，還要看聽者的心情，主人若能夠「閒坐聽春禽」（祖詠〈蘇氏別業〉卷一三一），抱持一分閒情雅致，就能從似喧的鳥噪中感受到幽靜的氣氛。園林中的聲音頗多，除了各式鳥鳴之外，文人們還時常提及猿嘯、蟬噪、蛙鳴、鐘聲、梵音、漁唱、樵歌、人語[99]，都是藉其聲以顯園林的寂靜，同時也由其聲音之特質來呈現某種園林意境。

在所有鳥類中，鶴最為園林主人所愛。李頻「捲書惟對鶴」（〈山居〉卷五八八），李德裕對於白居易養在洛陽履道園的雙鶴很感興趣，特地作詩向他求討（〈近於伊川卜山居……求青田胎化鶴〉卷四七五）。他

---

[99] 猿嘯如「猿嘯風中斷」（李白〈過崔八丈水亭〉卷一八〇）、「江猿吟翠屏」（杜甫〈暮春題瀼西新賃草屋五首之三〉卷二二九）。蟬噪如「青蟬獨噪日光斜」（李賀〈南園十三首之三〉卷三九〇）、「蟬噪蓼花發」（方干〈陸處士別業〉卷六四九）。蛙鳴如「一夜青蛙鳴到曉」（韓愈〈盆池五首之一〉卷三四三）、「更深聽遠蛙」（賈島〈郊居即事〉卷五七三）。鐘聲如「遺愛寺鐘攲枕聽」（白居易〈香鑪峰下新卜山居草堂初成偶題東壁〉卷四三九）、「鐘聲遙出上陽煙」（韋莊〈洛北村居〉卷六九六）。其他如「椎歌依遠草，僧語過長林」（李端〈題從叔沆林園〉卷二八五）、「樵唱有時聞」（祖詠〈汝墳別業〉卷一三一）、「漁歌月裡聞」（李白・同前引）、「歌雜漁樵斷更聞」（李商隱〈子初郊墅〉卷五四〇）等。

們欣賞鶴的美姿，劉禹錫〈晝居池上亭獨吟〉時，便開始「閒想鶴儀形」（卷三五七），鶴的形貌儀態，據王粲〈白鶴賦〉的描述是「資儀鳳之純精」[100]，可與鳳凰相媲美。鶴形頎長，姿態便俊美瀟灑，尤其飛翔時修長的頸部更呈現勁捷俐落的輕靈。連啄食都保持其優雅的儀態：「庭前有孤鶴，欲啄常翩翻」（王昌齡〈灞上閒居〉卷一四一），以翩翩然翻飛的飄逸姿態取得食物，把飽食的基本生理欲求昇華為一種美感情趣，實令人喝采。

鶴在文人眼中不僅有美姿儀，還是清高的象徵。從《詩經・小雅・鶴鳴》的「鶴鳴于九皋，聲聞于野」開始，鶴就在園中成為隱遁的有德有名者，《毛詩陸疏廣要》載著：「今吳人園囿中及士大夫家皆養之……蓋羽族之清崇者也。」[101]唐人延續這樣的看法，把鶴的清與隱當作主人及園林的性情，故樂於養飼且吟詠之：

> 意與雲鶴齊（孟郊〈送豆盧策歸別墅〉卷三七八）
>
> 鸞鶴每於松下見……不指虛空即指雲。（施肩吾〈山居樂〉卷四九四）
>
> 共閒作伴無如鶴（白居易〈郡西亭偶詠〉卷四四七）
>
> 鶴睡松枝定（項斯〈宿胡氏溪亭〉卷五五四）
>
> 余亦謝時去，西山鸞鶴群。（常建〈宿王昌齡隱居〉卷一四四）

鶴與白雲並提，實即閒雲野鶴之悠閒逍遙意象，而雲因飄浮不定難與共居，故白居易以為可以共伴閒情分享逸致的莫過於鶴。閒者自非奔競浮沉者所能及，因而鶴遂也是清高的象徵，孟郊又說「短松鶴不巢」，那是有所不為、揀盡寒枝不肯棲的孤介。鶴與松常同現於詩句中，兩者皆清奇之特，故可相為伴，而唯獨

---

[100] 見《古今圖書集成・禽蟲典・鶴部》。

[101] 同[100]。

清如松者才能教牠定靜安閒地睡棲其上。《相鶴訣》說：「鶴不難相，人必清於鶴，而後可以相鶴矣。」[102]這表示鶴是極其清明潔淨的禽鳥，養於園中，遂也能顯出園林與主人的清高潔淨。而鶴與主人共同生活，正是主人隱逸性格與棲遁事實的呈現，所以常建會以西山鸞鶴群來象徵隱遁。同時，鶴之與松也是長壽的象徵。鶴為仙道飛昇的輿駕乃眾知之事，如白居易就吟著「聲來枕上千年鶴」（〈題元八谿居〉卷四三九），千年不僅說明長壽不死，更使鶴在象徵美之中加上第二級的時間之美。總之，唐人園林中養鶴，象徵園林為隱遁之地，為仙人之境；象徵自己是高人清士、是得道仙人，正是唐代隱逸風尚及崇道企仙的結果。

園林中的動物，在鳥和魚之外，較常見而為文人詠寫入詩的是鹿：

竹園相接鹿成群（盧綸〈早春歸盩厔舊居卻寄耿拾遺湋李校書端〉卷二七八）

野麋林鶴是交遊（白居易〈香鑪峰下新卜山居草堂初成偶題東壁重題之二〉卷四三九）

鹿跡入柴戶（顧非熊〈題馬儒乂石門山居〉卷五〇九）

鹿群多此住（皮日休〈奉和魯望四明山九題·鹿亭〉卷六一二）

園近鹿來熟（李洞〈秋日曲江書事〉卷七二一）

鹿成群，可能像王維的鹿柴，在園中特設一個飼豢群鹿的專區，鹿的姿態輕靈可愛，具有觀賞作用。可是大部分的情形是主人與鹿近於知交好友，白居易視野麋為交遊，馬儒乂讓鹿進入屋中，鹿也熟悉園林中的一切，表示主人與鹿和諧親密與熟悉的關係。因為鹿是相當溫馴的動物，而且害羞內向，如方干所見「馴鹿不知誰結侶」（〈題法華寺絕頂禪家壁〉卷六五二），不知誰結侶，表示鹿的羞澀孤獨，通常牠們總是保持著嫻靜，所以園中的形象有許多是處於眠息狀態：

---

[102] 同[100]。

地靜留眠鹿（戴叔倫〈過友人隱居〉卷二七三）

松聲驚鹿眠（皮日休〈奉和魯望四明山九題・樊榭〉卷六一二）

園鎖開聲駭鹿群（皮日休〈聞開元寺開筍園寄章上人〉卷六一三）

籬根眠野鹿（李中〈訪蔡文慶處士留題〉卷七四七）

能留鹿眠息，暗示園林的寂靜寧謐，靜到連松音或開鎖推門的聲響都會驚嚇睡眠中的鹿。另方面我們也就知道文人們賞愛牠的幽靜、靈敏、舒閒，鹿的悠閒，在其無警戒無猜疑地安眠於園林之中便表現得很清楚，所以韋應物〈述園鹿〉中說牠「見人若閒暇」（卷一九三），流露的是與人親和共處的友善情誼，當姚合說「此心誰得見，林下鹿應同」（〈秋日閒居二首之二〉卷四九八），似乎那林鹿已是姚合的知心好友或是與姚合有相似心境的同道者。大抵也因鹿是溫馴的，還是慈悲的，所謂「慈悲如野鹿」（寒山〈詩三百三首之一五二〉卷八〇六），因而人能與牠相處得很愉快，不僅「閉門留野鹿」（王建〈山居〉卷二九九），而且還願意為牠們建構一座鹿亭，甚至於「引麛穿竹遲」（皮日休〈奉和魯望四明山九題・鹿亭〉卷六一二），人與鹿相攜而出行遊玩，真成了遊山玩水的交遊了。在此，文人於園林中追求的生活境界，是與自然無隔無別的相知相契的萬物流行交應的至境。

在佛教的本生經之中，有所謂《九色鹿經》及《鹿母經》，曾經於三國時代及晉愍帝時譯為中文，南北朝時代北朝畫家還將鹿王故事的內容畫於敦煌佛窟之中[103]。這個鹿王的本生故事，在當時既被繪為連環圖，佛教徒應不陌生：九色鹿捨身營救溺水的調達，調達以全身長疔瘡的誓約，表示不告知任何人九色鹿居隱的幽僻之地。不久，調達因貪圖皇帝的重賞而帶人捕捉九色鹿，九色鹿稟告國王前事，國王下令不准殺害九色鹿。調達身上果然長滿疔瘡，發出惡臭，無人理他。這隻捨身救人的九色鹿，就是釋迦牟尼佛的前

[103] 鹿王本生故事的壁畫，請參莊申《根源之美・乙編》，頁一四三—一四七。

身[104]。鹿母故事則是，數百隻鹿成群結隊，逐美草而近人邑。國王出獵，鹿群逃散，有一懷妊鹿母獨自走失，生下二子，替二子尋食的鹿母誤陷獵網，獵師欲殺，鹿母哀求暫回教二子覓食方法後再來就死。獵師以一切世人尚無誠信，況是禽獸，故加以拒絕。鹿母再三懇求並為說偈，獵師悚然，放之令去。鹿母教二子畢，辭別二子，子緊隨不捨。獵師感於鹿母誠信，遂釋放牠們。國王見到國人因感動而變得慈信，就下令禁止殺獵。鹿母即釋迦牟尼佛前身，二子即羅云、羅漢朱利母，國王是舍利弗，獵師是尊者阿難的前身[105]。

其他如佛於「鹿野苑」槃頭城為王子提舍大臣子騫茶說法[106]；尊者童子迦葉於尸利沙林「鹿野園」中為尸利沙城大正句王及婆羅門長者說法[107]等等。鹿在佛教故事中，既是釋迦牟尼佛的前身，鹿群聚息的園林又是佛說法之地，因此，在普信佛的唐代文人中，為自己的園林飼養鹿群或與鹿為友，以象徵自己之親佛信佛，或象徵自己園林是說法行道的淨地，也是不無可能。因而寺院園林中，鹿是常見的動物，如「蒼苔路熟僧歸寺，紅葉聲乾鹿在林」（溫庭筠〈宿雲際寺〉卷五八二）。另外，鹿在道教又是仙真的輿駕，如《神仙傳三》載劉根在華陽山見一（仙）人乘著白鹿車；《洞仙傳一》載毛伯道與劉道恭各乘白鹿在山上，仙人執節以從之。李師豐楙遂說：「白鹿亦為仙人形象之一」[108]，因而園林中的鹿也許亦有仙境之暗示，道觀園林裡鹿也是常見的，如「鶴遣院中童子養，鹿憑山下老人看」（王建〈贈王屋道士赴詔〉卷三〇〇），可知鶴與鹿同為仙真象徵。

[104] 參《九色鹿經》，刊《大藏經・第三卷本緣部上》。
[105] 參《鹿母經》，同[104]。
[106] 參《長阿含經卷一大本經》，刊《大藏經・第一卷阿含部》。
[107] 參《大正句王經》，同[106]。
[108] 見李師豐楙《魏晉南北朝文士與道教之關係》，頁四三五。

總之，動物與植物同在園林中，提供了姿態色澤之美，提供了時間美及深富意趣的象徵之美，這些都為園林帶來動態美及深邃意境。

綜觀本節所論，唐代文人的花木美感與造園情形，約可歸納要點如下：

其一，花與木在詩文中有對舉的傾向，認為樹木使園林清爽陰涼、蓊鬱深邃；花卉使園林明媚光采、燦爛活潑。樹木是園林的常態；花卉是春天的精采。樹木是園林的本質；花卉則近於文采裝飾。唐人已有以栽樹為主，養花為次的先質後文的造園理念。

其二，唐代園林的樹木以竹最為常見，並以「水竹」二字為園林的代稱，白居易以水竹為園林本質。文人愛竹的程度難以比擬，他們欣賞竹如玉般的青翠鮮潔及潤澤；嬋娟曲柔、蕭散飄逸的風姿；欣賞它含煙滴露的醞藉迷濛之美；如雨的竹聲及清涼；尤其欣賞它虛心、剛勁、貞定等樹德、體道的德性，與化龍棲鳳成仙的神話傳說等象徵之美，因那象徵把園林的時空拉展開去，變成無限。

其三，在栽植理念上，種竹以作為天然的分隔空間的屏障；植於水邊以掩映水流以斷其脈，來增擴水景的遼遠景深；栽於窗前以捲簾品賞，而月光照灑下來，竹影映於白紙上，成為搖曳動態的墨竹佳畫，捲簾遂似展讀捲軸畫。白居易還強調種竹須要以自然相間的方式種列，而不採排列的呆板形式，才能扶疏。

其四，松也是重要園植，文人愛其蒼古遒勁之美，也愛松濤滌濾胸襟的清氣。松樹的栽植較多在巖澗，並以松與石的並置為美，強化松石之清、之蒼、之勁。

其五，在花卉方面，唐人狂愛牡丹。愛牡丹鮮燦豔麗的色澤；愛其繁富雍容、豐厚典重的形態；愛其濃烈特異的香氣；更愛它富貴的象徵及高昂嬌貴的身價。其他如荷花、桃花也是常見的園花，且各具佛與道的象徵意涵。

其六，已注意到莓苔的作用、象徵及養植。文人以為綠苔的存在帶給園林幽深僻靜與古樸陰涼的氣質，並顯示園林與世隔絕、不染世塵的隱密特質。因而常在水邊、竹徑、砌階、窗臺等地保持潮濕，甚至以水潑灑，使苔蘚能濃密滋長。

其七，園林動物也是景觀，具有美感與造園價值。其中唐代文人尤其強調鳥和魚，以之對舉，凸顯牠們的快樂自足、逍遙自由、無猜悠閒，以及種種動態之美。給園林增添了快樂安閒的氣氛及盎然活潑的生氣，也為園林製造開展的園林動線，曲柔流暢。

其八，有些園林特愛鶴之挺俊及翔姿，也愛其仙道隱逸的象徵，故鶴成為園禽中最常見的文人好友。鹿群亦然，常以靜眠的姿態來呈現園林的寧謐及對主人的信任友好，文人亦視之為遊山玩水的伙伴，成為親密摯友。鹿與佛教、道教均有頗深關係，故園林養鹿應也有象徵淨土、仙境的意思，文人似乎是把園林也視為修養的道場。

第四節 建築美感與園林化

山、水與花木屬於自然，園林中疊山理水與栽植花木是要再現或創造自然；至於建築物則屬人工產物。在中國人追求天人合一的理想下，從園林的整體呈現來看，人工建築應與自然景物和諧存在，達到「山水為主，建築是從」、「化大為小，融於自然」[109]的統一。這樣的建築理念，在唐代詩文中便可清晰見到，而唐代文人的建築美感對於這些中國重要的建築理念起著深刻的影響。又在所有的建築中，唐人最注重亭子的營造，並對亭子的園林代表性給予很大的肯定，因而本節在論建築美感與其園林化之後，將專闢一目來討論唐代亭子的形制及代表性。

一、建築美感

建築，一般是藉以遮風蔽雨及休息的庇護所，並可因它而保有一分隱私；所以它通常是由牆面圍繞而界隔出一個獨立完整的空間。可是，園林中的建築除了住宿起居之外，有許多是為了觀覽景物而設的憩所，具有開放性，便須講究建築體的虛與透；有的建築又是景觀的一部分，便須講究建築體的造型美。而兩者同須注意其地點之所在。這兩種需求和審美經驗相結合，於是產生種種園林建築實物和成就。

文人們認為某些建築是為了自然山水而存在的。吳融在〈岐陽蒙相國對宅因抒懷投獻〉詩中說：「風有危亭月有臺，平津閣畔好裴回」（卷六八七），為了收納涼風的吹拂而設有高亭，為了欣賞明月而設有平臺。原來，亭臺是為了方便欣賞景色、享受自然風物而造築的。因此，建築有助於人對園林景致之美的感

[109] 見《中國園林建築研究》，頁四九、五三。

受和欣賞，文人們遂有這樣的體會：

有榭江可見，無榭無雙眸。（姚合〈題金州西園九首‧江榭〉卷四九九）

高亭發遠心（鄭巢〈秋日陪姚郎中登郡中南亭〉卷五〇四）

降及中古，乃有樓觀臺榭……暢耳目，達神氣。（歐陽詹〈二公亭記〉文卷五九七）

五亭間開，萬象迭入，嚮背俯仰，勝無遁形。（白居易〈白蘋洲五亭記〉文卷六七六）

樓觀臺榭，宣人之滯也。（符載〈鍾陵東湖亭記〉文卷六八九）

姚合認為江榭像是一雙明眸，讓人看得見江上景物，感受得到置身江上的感覺。否則，除非是鷗鳥或乘舟，人是不易從江面上的角度欣賞江景，只能以平遠的角度去看賞，那就不易感受到置身江面、江水四方縈繞的感覺了。有了雙眸，人才能與外交通，接收外在景物的訊息，舒展自身意氣。因此歐陽詹說樓觀臺榭能暢人耳目，達人神氣，符載說它們能宣人之滯，使人的精神生氣整個流暢活絡起來。若是平居用的棟宇，就比較質實，而亭榭因虛簡空透，故能萬象迭入，飽覽收納進的風光，勝山佳水遂毫無遁形，因而能發人遠心，整個胸臆都開闊宏肆了。杜甫之所以能吟出千古名句「乾坤一草亭」（〈暮春題瀼西新賃草屋五首之三〉卷二二九），應該也是他曾有過從一座簡單空漏的草亭中飽覽美景的經驗，從草亭與外在通透的空間關係中，體會到小小草亭幾乎可收納入整個宇宙乾坤；於是，一個草亭可以是一個乾坤，杜甫心含天地的胸懷在草亭的暢耳目、達神氣的自然條件下得到共鳴與契合。

唐代文人對於園林建築有了如上的美感經驗，自然會影響他們在建築中所做的賞景選擇，同時也證明他們在建築地點及角度上是經過一番深思考量的：

置亭嵽嵲頭，開窗納遙青。遙青新畫出，三十六扇屏。（孟郊〈生生亭〉卷三七六）

臺上看山徐舉酒（劉禹錫〈和思黯憶南莊見示〉卷三六一）

兩面寒波漲，當前軟柳垂。清虛宜月入，涼冷勝風吹。（姚合〈題鳳翔西郭新亭〉卷四九九）

亭開山色當高枕（朱慶餘〈題崔駙馬林亭〉卷五一四）

高齋臥看山（徐鉉〈自題山亭三首之二〉卷七五五）

部分園林建築是為了觀覽風景而造，那麼在一個最佳觀景點或席地而坐或倚木臨眺，不是更方便於各個角度的欣賞嗎？也就是說，子然一身呈露於大自然之中，應該較置身建築物裡更易於無所遮礙地觀賞景物吧！何以還要費事地建造亭臺？長期畢露於大自然中究竟不是人的安心：首先，有亭臺建築，應該不必擔怕席地而坐時有螞蟻蟲虺侵擾或弄髒衣服，不必憂慮日曬雨打，才能真正輕鬆自在地賞玩。其次，若能處於舒適的位置、擺個舒適的姿勢，有回家的感覺，更能全然安心、自在悠閒地觀覽。復次，經過選擇，以人工方法截取到的框景，其情味意趣是完全的大自然所沒有的。也就是人文情意的加入，可使景色更豐富飽滿。再者，人工建築本身也是景觀，在自然美中加入人工美，是人類的創造，也是園林之異於自然山水的重要關鍵。因此，我們看到倚著高枕的文人「臥遊」的畫面，他們在亭中舒泰安閒地臥看青山；一座山亭就可以兼有居家與遊山玩水的兩全。若再有舉杯暢談的朋友共坐同遊，可真是人生的賞心樂事。就在建築中，文人領略到取景的效果，能夠欣賞該建築取景的道理與美感。姚合體會到臨水之亭的架構，有清虛的特點，最適宜於月明之夜；孟郊從四面全開的窗景中，感受到三十六扇屏的畫趣。這些情味都不是大自然本有的，而是山水景物之上加入感情及想像、工巧等人文內容後，才散溢出來的。建築就是園林中，人文表現的典型之一。

至於把建築物也當作景觀加以欣賞的詩文例子如：

復有樓臺銜暮景（杜甫〈院中晚晴懷西郭茅舍〉卷二二八）

殿翼翔危空（孟郊〈登華嚴寺樓望終南山贈林校書兄弟〉卷三七五）

起得幽亭景復新（張籍〈題韋郎中新亭〉卷三八五）

反照轉樓臺，輝輝似圖畫。（白居易〈菩提寺上方晚望香山寺寄舒員外〉卷四五三）

樓臺如畫倚霜空（皮日休〈開元寺客省早景即事〉卷六一三）

樓臺，近看則龐大壯麗，遠望則嵌含在整個畫面中，成為景物之一。尤其當暮色漸低，建築被夕照烘得輝亮時，正是一幅背景遠退而主題凸顯鮮明的美畫。這圖畫與純只山水的江山如畫是不相同的，它多了人文的精神，有人生活的具體和真實。張籍說「起得幽亭景復新」，他感受到建築對園林景色的點化作用。人類因生活之需而創造製作、因心靈美感而巧化美化建築，當它與自然山水結合時，當它只是山水美景中的一角時，在人們看來就不單單只是一座堅硬的建築體，它還觸動了人的歷史感情，以及人在天地中的位置感。然而若純粹去欣賞建築的造型，當時的屋頂已曲弧有飛揚的形態，孟郊說「殿翼翔危空」，符載〈鍾陵東湖亭記〉中也描述著：「飛廊連軒以翼翥，旁舍沓靄而雲合」，不僅屋頂曲揚，連長廊也輕盈曲折似飛翔的鳥翼，既美巧又合於自然。只覺得它像是有生命、栩栩靈動的自然物，而不覺其堅硬、死板、突兀，也不感其壓迫、破壞自然。《中國園林建築研究》提到舒展飄揚的屋頂時便說：「中國傳統園林建築的屋頂，則總有一個由優美的曲線組成的起伏的輪廓，它與山巒、樹木的輪廓有一種形式上的連繫，容易統一在一個和諧的節奏之中。」又說：「建築的形式美通過人的視覺而產生了富於生命力的動的聯想，這與周圍生氣勃勃、時刻變動著的自然界產生了一種內在的聯繫。」[110]因此，建築物作為風景的一部分，必須是融於景物之中，成為和諧統一的整體。白居易眼中的高亭便富於此種生命：「亭脊太高君莫拆，東家留取當西山。好看落日斜銜處，一片春嵐映半環」（〈和元八侍御升平新居四絕句〉卷四三八），亭脊綠瓦可觀想成西山一

[110] 同[109]，頁五五。

片，而與落照相輝成畫。可知唐代建築在實體上已有自然化的傾向，而文人的聯想欣賞的情意加入後，園林建築就更富於機趣。

在建築中欣賞景色，有時須要借助窗牖。在唐代，即使是「亭」，也設有窗子，以便兼具密閉及開放的雙功能。若說亭榭樓臺等建築是山水的眼睛，那麼這些建築的眼睛應該就是窗戶。所謂「窗中三楚盡」（王維〈登辨覺寺〉卷一二六）、「高窗見杜陵」（張喬〈題鄭侍御藍田別業〉卷六三八），能看見那麼廣遠的一片景致，當然是因為建築所在的地勢較高；但若無窗子，什麼也見不到，因為窗牖是連繫室內外空間的重要過渡。在這麼高的地方俯瞰，一口窗子就能望盡三楚，計成《園冶・園說》「軒楹高爽，窗戶鄰虛，納千頃之汪洋，收四時之爛漫」的理論，在當時，唐代文人就曾感受到，也將其妙趣拈出了。前兩例是空間收納的詩句，時間的變化也是著色在唐人的窗中了，如「雪峰高處正當軒」（武元衡〈郊居寓目偶題〉卷三一七）是冬景，「繡戶簾前花影重」（韓翃〈宴楊駙馬山池〉卷二四五）是春景，「窗橫暮捲葉」（盧照鄰〈宿晉安亭〉卷四一）為秋景，著名的還有杜甫「窗含西嶺千秋雪，門泊東吳萬里船」的佳句，把千秋的時間和萬里空間都積累濃縮在小小的一方門與窗上面了。

窗牖把山水景物收攝成一幅幅框畫，比畫家筆下的山水畫更富於變化動態，含蘊更豐富的內容。四時的更換，落葉由畫面的一角飄掠而過，花影婆娑舞動，墨竹掩映搖曳的生動都不是真畫之所能。而當「近窗雲出洞」（錢起〈過孫員外藍田山居〉卷二三七），或「對雨白雲窗」（姚鵠〈野寺寓居即事二首之二〉卷五五三）時，畫面又暫時成了一片留白。這樣的情趣深得文人們的賞愛，難怪他們喜歡就窗而臥而眠，而遊目遊心。

二、建築的園林化

唐代文人既然已體會到園林建築與自然山水間和諧統一的美感，在處理建築物時應也會依此原則而營造。首先，他們以花木來掩映建築，使其不至於全然顯露，造成突兀或失去含蓄的韻味。最隱密的情形是：

獨坐幽篁裏……深林人不知（王維〈輞川集・竹里館〉卷一二六）

青松繞殿不知春（盧綸〈過玉真公主影殿〉卷二七九）

小書樓下千竿竹（白居易〈竹樓宿〉卷四四三）

繞屋扶疏千萬竿（劉言史〈題元分竹亭〉卷四六八）

小閣愜幽尋，周遭萬竹森。（鄭損〈釣閣〉卷六六七）

這些建築本身完全被樹木遮蔽，隱沒不見，到了人不知的隱密程度。即或是小書樓四周的千竿竹還不能完全蔭蔽樓頂，可是假以時日，應也會大部分掩映在那些生長迅速的竹林中。這種設計主要是使建築物幽深，饒富尋覓之趣。覆蔭的樹木以竹與松最為常見，李德裕在〈柳柏賦〉中說竹和松「可蔭蔚於臺榭」（文卷六九六），可見在當時是頗常以松竹來蔽圍建築，因此，「松齋」、「竹閣」❶❶❶之類的稱謂在唐詩文中屢見。松齋竹閣除隱密之外，也具有清涼的作用。另有僅部分建築隱於花木的情形，如：

竹窗松戶有佳期（李嘉祐〈與從弟正字從兄兵曹宴集林園〉卷二〇七）

螢影竹窗下，松聲茅屋頭。（于鵠〈山中自述〉卷三一〇）

齋居栽竹北窗邊（令狐楚〈郡齋左偏栽竹百餘竿……〉卷三三四）

竹軒蘭砌共清虛（李咸用〈題劉處士居〉卷六四六）

蟬噪檻前遮日竹（杜荀鶴〈夏日登友人書齋林亭〉卷六九二）

這些是部分的遮蔽，尤其以竹為常見，多栽於窗前。從室內望向外，彷彿是幅墨竹，簡易蕭散。由外望向

---

❶❶❶ 如白居易有〈松齋〉（卷四二八），又有〈宿竹閣〉（卷四四三）。

建築，半隱半露，掩映隱約。松樹多如傘蓋般覆蔭屋宇。兩者同樣給居者帶來颯颯風聲與清氣。至於像「蘭砌」這樣以花叢圍繞的方式也是有的，如「繞花開水殿」（蘇頲〈春日芙蓉園侍宴應制〉卷七三）是亭亭玉立、隨風款舞的擎荷田田地把水殿浮拱在空中；而「茅亭宿花影」（常建〈宿王昌齡隱居〉卷一四四）也是窗口門前及階砌滿是花姿搖月，這就有可能享受到「簷牖飛花入」（張說〈清遠江峽山寺〉卷八八）的曼妙仙幻了。臥擁眾芳之姿色香氣，已不止是建築美感的設計，還滲入生活中影響人的情緒與生活氣氛。

松竹花卉之外，掩翳建築的，在當時也可見到藤蘿：

蘿屋蕭蕭事事幽（牟融〈題山莊〉卷四六七）

遶舍惟藤架（姚合〈武功縣中作三十首之一〉卷四九八）

頹垣壓薜蘿（李昌符〈遠歸別墅〉卷六〇一）

薜榭莎亭蘿篠陰（方干〈書吳道隱林亭〉卷六五〇）

藤或蘿本身不能挺立撐高，大約是攀附著樹木的枝幹而生長。現在卻在主人的安排下，沿著牆垣爬生，幾乎圍蓋了整座建築，故直接以蘿屋稱之。這些爬生的綠蘿可以消去建築物的稜角邊線，而保有大致的輪廓，使建築物呈現另有的特殊風貌，猶似綠葉所搭建成的。而遶舍架藤與蘿屋不同，藤架因與建築保持一個距離的空間，不是那麼緊貼牆壁的抓爬，因而藤條可以鬆動地隨風飄揚，展現綽約飄逸的靈動美，遠看，那美也是建築物的姿采。於此，不論哪種方式，人工完全包繞在自然之中毫不露痕跡。

以花木掩映建築物，通常花木的清氣都能透染於建築，使居於室內的人也感受到清涼。如綦毋潛在〈題鶴林寺〉時，感到「松覆山殿冷」（卷一三五），那分冷涼對人是大喜悅呢。文人總愛「六月清涼綠樹陰，小亭高臥滌煩襟」（陸希聲〈陽羨雜詠十九首・綠雲亭〉卷六八九），原來那覆亭的綠陰，能洗滌人的胸懷，心臆可淘澄得清明潔淨些。所以當白居易晚坐松簷下，宵眠竹閣間的時候，體驗到的玄機正是「清虛當服藥」（〈宿竹閣〉卷四四三），那松竹的清虛之氣能夠治人各種病痛，掃除積累的垢污。所以，把建築物隱約

建築園林化——藤蘿繞廊

建築園林化——模糊牆垣

掩映於花木之間，不但能增益建築物的蘊藉內斂之美；又能幫助建築物與自然間的和諧統一，使人文充分融於自然中；而且還為居者滌盪塵垢俗氛，使其清明靈捷。這些唐代文人都深深體會，故能廣為運用於建築的園林化原則上。

唐人的建築也常與水相結合，其中最普通可見的是池亭水閣：

朱樓畫閣水中開（李嶠〈太平公主山亭侍宴應制〉卷六一）

前有水心亭，動盪架漣漪。（白居易〈裴侍中晉公以集賢林亭……〉卷四五二）

杜陵池榭綺城東（許渾〈朱坡故少保杜公池亭〉卷五三三）

潁水川中枕水臺（薛能〈重遊德星亭感事〉卷五五九）

堂成而勝益奇，望之若連艫縻艦，與波上下。就之，顛倒萬物，遼廓眇忽。（柳宗元〈潭州楊中丞作東池戴氏堂記〉文卷五八〇）

在水中開設樓閣亭榭，於當時已是頻繁平常的技術。當水波起伏動盪時，建築物彷彿也隨波盪漾，成了浮在水面「下臨無地」（王勃〈秋日登洪府滕王閣餞別序〉文卷一八一）的「空中」樓閣。其中戴氏堂的造型仿照艫艦，遠遠望去，猶如波上船舫，搖晃浮擺；入其內，向外瞻覽，覺得萬物都搖晃起來，天旋地轉了。這麼奇巧的建築設計，建築物不再是固定黏著於一地，而是時時呈現動態。多一分輕靈，就更易於和流動的水景相融。另外在溪流河川上建亭也是常見的，除私人園林，公共的溪樓或河亭等，成為人們送行餞別的場所，或是旅人遊子登望抒懷的思鄉之地。沿著水岸布列建築也是另一種水與建築結合的方式，如第二章述及曲江池岸雲集的建築群，及裴度集賢里園以水池為中心而四周對景的建築方式，又如：

曲榭迴廊繞澗幽（李乂〈奉和幸韋嗣立山莊侍宴應制〉卷九二）

月榭風亭繞曲池（溫庭筠〈題友人池亭〉卷五七八）
白波四面照樓臺（李群玉〈題金山寺石堂〉卷五七〇）
江頭宮殿鎖千門（杜甫〈哀江頭〉卷二一六）
樓臺倒影入池塘（高駢〈山亭夏日〉卷五九八）

這些圍繞在池水周緣的建築物，一方面方便於欣賞水景，使建築清涼，另方面水池成為一個收束向內的獨立空間而成為景觀的焦點核心，具有隱密的效果。同時水光反照能為建築的虛化帶來幫助，而倒映水面的建築也是別具風味的一種景致。這些繞水的建築未必毗連得把整個水池都封閉起來，因為沿水而造的亭榭本為虛透之建築，何況其目的是為了賞水的便利；此處又一次顯示唐人愛水的風氣。然而唐代園林之所以大量運用建築與水相搭配的設計，主要是因建築體本身比較剛健堅硬，以柔弱輕盈的水與之結合，可收剛柔兼濟、乾坤並健的中和之效。宗楚客吟道「水邊重閣含飛動」（〈奉和幸安樂公主山莊應制〉卷四六）、韓翃吟道「花源一曲映茅堂」（〈題張逸人園林〉卷二四五）、馬戴吟曰「壁上湖光自動搖」（〈題章野人山居〉卷五五六），都可以看到水將建築物予以柔化、飄逸、靈動化。而且水氣清，能為建築帶來涼冷，孟浩然就說「水亭涼氣多」（〈夏日浮舟過陳大水亭〉卷一六〇），因而在沒有池水或溪流的地方蓋屋，他們也會設法引鑿一帶山泉來縈繞著階砌，使屋舍涼爽、靈秀流動，也使建築有阻隔的獨立性。因而建築既能使水池成為獨立隱密，水也可使建築與外界阻隔，這相互的關係使兩者結合得十分普遍。

建築與水結合的另一種類型是雨亭涼殿，詩中可見的例子有：

簷飛宛溪水（李白〈過崔八丈水亭〉卷一八〇）
屋頭飛落泉（白居易〈香鑪峰下新置草堂即事詠懷題於石上〉卷四三〇）

另有李德裕的〈春暮思平泉雜詠二十首・瀑泉亭〉[112]（卷四七五），顧名似乎也是自屋簷之上噴灑泉水，使飛落的泉水垂掛如瀑布珠簾。在《唐語林・卷四豪爽》記載著：「玄宗起涼殿……上在涼殿，坐後水激扇車，風獵衣襟。知節至，賜坐石榻，陰霤沉吟，仰不見日。四隅積水，成簾飛灑，座內含凍。」這座涼殿有室內小型水車激轉水流成為小飛瀑，並旋轉生出冷風，為皇帝的龍座製造冷氣。又有自屋頂飛灑下來的大型簾瀑，所以即使是暑毒方盛的伏夏，也凍冽醒人。又《新唐書・卷一三四王鉷傳》裡也有一段文字：「有司籍第舍，數日不能遍。至以寶鈿為井幹，引泉激霤，號『自雨亭』。其奢侈類如此。」這自雨亭與崔八丈、白居易的簷飛宛溪水大致相似，也能使居者清涼無比。據向達先生的考證，涼殿及自雨亭的建造技巧，均源出於西域拂林國[113]。既是仿自胡風，在當時應屬新潮之物。不過，這新潮是在順應唐人建築與水結合運用的習慣之上被接受的，是唐人建築園林化理念原則下的一種變化。無論如何，自雨亭和涼殿的建造與完成是建築技術的一大進步。

唐人對建築的功能頗為注意，常為專門的作用而造設某種建築。譬如有讀書堂：

坐窮今古掩書堂（許渾〈題崔處士山居〉卷五三五）

先入讀書堂（李商隱〈歸墅〉卷五三九）

有藥堂，如：

勉事壺公術（錢起〈藥堂秋暮〉卷二三八）

---

[112] 全詩是「向老多悲恨，悽然念一丘。巖泉終古在，風月幾年遊。菌閣饒佳樹，菱潭有釣舟。不如羊叔子，名與峴山留。」並未描繪瀑泉亭的形狀，故此處僅能顧名思義。

[113] 參向達《唐代長安與西域文明》，頁四一。

時聞有仙鼠，竊藥簷隙間。（姚合〈題金州西園九首・藥堂〉卷四九九）

有琴亭，如：

高處置琴亭（張籍〈和左司元郎中秋居十首之九〉卷三八四）

乃作池西琴亭（白居易〈池上篇序〉卷四六一）

有歌館舞樓，如：

舞閣金鋪借日懸（沈佺期〈侍宴安樂公主新宅應制〉卷九六）

哭向平生歌舞臺（王喬〈過故人舊宅〉卷二〇三）

其他有所謂月榭風亭（如溫庭筠・上引）、釣臺（如李郢〈錢塘青山題李隱居西齋〉卷五九〇）、講易臺（陸希聲〈陽羨雜詠十九首・講易臺〉卷六八九）、流杯亭（如李德裕〈春暮思平泉雜詠二十首・流杯亭〉卷四七五）、粟廪（如白居易〈池上篇〉）……等。其中有的是日常生活所需，如讀書堂、藥堂與粟廪，粟當然是生存必需的基本能源，讀書山林又是唐代士子的風尚，而服藥既可療疾又有長生企仙的心意，是唐文人的普遍風習。這些建築物加上居住的堂屋，說明園林應該可以和居家生活緊密結合，而不止是度假的地方。而講易臺又是討論學問義理而設的平臺，則園林又是深究研論哲理的所在。至於歌館舞樓或流杯亭之類，具娛樂交際的性質，園林便可以成為應酬答酢之地了。月榭風亭是根據地理風景特色，攝取山水精華、凸顯自然之美而造的，以作為遊賞的好觀景點。總之，園林的專用性建築顯示，園林裡的生活是綜合日常起居、遊賞玩樂、讀書論議、交際酬應等種種功能的綜合性園地。不過，這種依功能而造的專用性遊賞建築，並非起於唐朝，在《宋書・卷七一徐湛之傳》就載有：「湛之更起風亭、月觀、吹臺、琴室，果竹繁茂，花藥成行。」其實，屋舍的建造，本就各具不一樣的設計布置；只是那些是生活必需的，有其現實性。但是，為了欣賞某一景致、為了進行某項娛樂而建造一座建築，就不是迫於生活必需，而是更精緻的精神享受。而且在山水美的體會及加強上有其敏銳穎悟，進而加一把人力，以人的美感經驗去點化出大自然本有的美，使其精采更能凸顯出來。這是觀景點選擇上的進步。

在建築物的柱或壁上繪畫，也是唐人常見的設計內容，如：

朱樓畫閣水中開（李嶠〈太平公主侍宴應制〉卷六一）

山雞舞畫樓（杜審言〈和韋承慶過義陽公主山池五首之一〉卷六二）

四壁畫遠水，堂前聳秋山。（姚合〈題金州西園九首・藥堂〉卷四九九）

還有昔時巢燕在，飛來飛去畫堂中。（許渾〈朱坡故少保杜公池亭〉卷五三三）

何處畫橈尋綠水（杜荀鶴〈題開元寺門閣〉卷六九二）

畫樓，大多使建築華麗起來，成為精工細琢的富貴表徵。但是，四壁畫遠水，就可能是寫意的大山水，呈現的不是雕縟富麗，而是恢宏壯闊的氣象。正像宗炳一樣，在自家茅宅壁上圖繪名山勝水，以臥遊來滿足他遊山玩水的心願，提供主人一個神遊的無限空間。本來，園林已是一個可遊的山水自然，有些還是縮移、典型化的山水；如今又在建築物畫上更縮移的山水，那麼園林裡可資「遊」歷的景緻和空間就更廣闊豐富了。與畫樓相反地，另一類型的園林建築卻以簡單樸素為尚，標榜其原始的風貌。如：

樾館者，蓋即林取材。（盧鴻一〈嵩山十志十首・樾館序〉卷一二三）

新結一茅茨，規模儉且卑。土階全壘塊，山木半留皮。（白居易〈自題小草亭〉卷四五六）

只怪素亭黏黛色（施肩吾〈臨水亭〉卷四九四）

剪竹誅茆就水濱（徐夤〈新葺茆堂〉卷七〇九）

伐竹為亭，其高出於林表，可用遠望。工不過鑿戶牖，費不過翦茅茨。（獨孤及〈盧郎中潯陽竹亭記〉文卷三八九）

盧鴻一的嵩山草堂是他修道之地，講求的就是要簡易，所以他就地取材，不費太多人力去雕飾。而且樾館與樾林同質，可以和諧融一。白居易的小草亭甚至保持著未完成的狀態，木頭留著樹皮，乍看可能會以為是挺立的樹幹，極自然而原始。他在〈草堂記〉敘述草堂的建造是「木斲而已，不加丹；墻圬而已，不加白」（文卷六七六），也是以樸拙儉素的自然風貌而自豪。強調不加白，可知當時的牆色以素白為常見，這在園林空間變化上富有玄機。素亭黏染莓苔，成為自然且富生命力的苔亭，呈現的是幽寂與野趣。徐夤的茆堂與盧郎中的竹亭也都是就地取材、簡易樸素的建築。文人的強調簡樸並且引以為榮，可知富麗雕飾及宏壯氣勢大多為皇族豪家園林的風尚，而文人則追求簡樸、符合自然之理的園林。

三、亭的指涉與形制

在今人的一般概念裡，亭，似乎只是一個屋頂、幾根柱子和一個臺基所組成的簡單建築體；如我們在公園中時常見到的那類簡單通透的亭子。《說文解字・五下高部》對亭的解釋是「民所安定也。亭有樓，从高省，丁聲」；《釋名・釋亭》則說「亭，停也。亦人所停集也」。它們都未仔細敘及亭的形制，只說亭是人們停息、聚集、安身定止的地方，範圍界定得相當廣泛。《說文解字》甚至說亭有樓，這和我們今日常見的亭形並不相同。從唐代的詩文看來，當時所謂亭，種類及範圍也與上二書相似，非常廣泛。

首先，許多詩中把亭同其他建築種類混稱，如白居易有一首〈宿東亭曉興〉的詩，題目明明指出宿於東「亭」，可是詩中卻說「夜入東齋宿」（卷四四四）；徐鉉在〈自題山亭三首之二〉中說自己「高齋臥看山」（卷七五五），兩人同樣把亭與齋等同了；李白〈題金陵王處士水亭〉說「此堂見明月」（卷一八四），亭又變成了堂；而白居易〈葺池上舊亭〉卻又說「先葺池上閣」（卷四四五），又把亭等同於閣；又薛能〈重遊德星亭感事〉所遊的德星亭卻是「潁水川中枕水臺」（卷五五九）；奚賈〈尋許山人亭子〉所找到的白頭許山人的亭子有「溪水入庭流」（卷二九五），亭中還有庭。難道唐代就已盛行「差不多」的習性？

這種現象暗示兩種可能性。第一種可能，在唐代，亭，只是一個總稱，而不是某種特定的建築類型。很多詩文可以證明此點，例如高駢〈山亭夏日〉有句「樓臺倒影入池塘」（卷五九八），所指的山亭包含了池邊的樓臺；王建題為〈郭家溪亭〉的詩有「妝閣書樓傾側盡」（卷三〇〇）的句子；白居易的〈白蘋洲五亭記〉，內含包含了「卉木荷竹，舟橋廊室」（文卷六七六）；符載所謂的〈鍾陵東湖亭記〉是指「飛廊連軒以翼翥，旁舍杳靄而雲合」（文卷六八九）的五亭。除了草堂之外，幾乎很難看到再有其他建築類型能夠像亭這樣具有園林一切建築總稱的義涵。這可能說明在當時，亭是最普遍而重要的園林建築，所以很多時候，文人們會以「林亭」、「池亭」來指稱園林。例如初唐許多詩人在高正臣的園林宴集，各寫下〈晦日宴高氏林亭〉（卷七二）；方干〈題越州袁秀才林亭〉說「幽巖別派像天臺」（卷六五一）（例多不細舉），所指涉的範圍都很大。朱仲晦〈答王無功問故園〉時，說他的故園「連牆富池亭」（卷四九四）；溫庭筠〈題友人池亭〉又說「月榭風亭繞曲池」（卷五七八），所以池亭的涵攝範圍也相當廣泛。至於方干〈孫氏林亭〉一開頭就說「池亭纔有二三畝」（卷六五〇），則把林亭和池亭等同起來。林亭、池亭的字面義表示林木中有亭或林中的亭、池上有亭或池上的亭，這就足以表示是座園林了。可見，在當時人的心目中，亭是園林裡最具代表性的建築，有亭有林或有亭有池，便稱得上是簡易的園林。

第二種可能性是，亭的形制在當時並無明顯而一致的認定，不像今天提到亭，認為「亭的立面一般可劃分為屋頂、柱身、臺基三個部分」[114]。從詩文裡頭可以看到當時的亭是開有窗牖的：

[114] 同[109]，頁一四七。

窗橫暮捲葉（盧照鄰〈宿晉安亭〉卷四一）

開軒臥閒敞（孟浩然〈夏日南亭懷辛大〉卷一五九）

窗落敬亭雲（李白〈過崔八丈水亭〉卷一八〇）

開窗納遙青（孟郊〈生生亭〉卷三七六）

憑望一開軒（曹著〈曲江亭望慈恩寺杏園花發〉卷四六六）

坐臥亭內，欲觀覽山水景色，須推開窗子。有窗則應有牆，那麼亭就不全是通透的建築，有的還是砌有牆壁的封閉式建築，所以必須開窗。前引獨孤及〈盧郎中潯陽竹亭記〉就說竹亭很樸素，伐竹為亭「工不過鑿戶牖，費不過剪茅茨」，最儉省的亭子仍須開鑿戶牖，何況是繁麗者。有窗有牆的封閉建築，自然還須有門：

日日郊亭啟竹扉（歐陽詹〈題王明府郊亭〉卷三四九）

一日數開扉（孟郊〈生生亭〉卷三七六）

門向宜春近（孫逖〈和韋兄春日南亭宴兄弟〉卷一一八）

茅亭靜掩扉（李洞〈遷村居二首之二〉卷七二二）

亭子有門戶以出入，很明顯地那些亭子是有牆壁的，還可能是封閉性的建築，韓愈〈奉和虢州劉給事使君三堂新題二十一詠．渚亭〉說「莫教安四壁，面面看芙蓉」（卷三四三），劉禹錫〈海陽十詠．玄覽亭〉說「故令無四壁，晴夜月光來」（卷三五五），他們不約而同地強調蓋築這亭子時，故意讓工匠不砌上四面牆壁，以便利於他們可欣賞芙蓉花或月光。話下之意，正好顯示出當時亭子的形制一般是以四面安上牆壁為常見，是個封閉性的建築，並不像今天所常見的通透性建築。這樣有門戶有窗牖的亭子，與齋、堂、閣、樓等建築很近似，所以有時詩人會互相混用。這也證明《說文解字》對亭的解釋應是符合漢代亭子的形制，而唐人的亭子形制大約也承自漢代，只是在亭子園林化的過程中，為了欣賞美好景色而被文人漸漸改造成通透流暢的形狀，於是通透的亭制遂取代了封閉的歷史形制，今天的亭子形狀是從唐代開始的吧[115]。

亭的形制——有窗有門的封閉式建築

因為亭子的形制有牆有窗有門，關上門窗就是隱閉的居室，所以可在其內住宿過夜。當然，宿於亭中也未必皆閉戶鎖窗：

獨住水聲裏……客來因月宿，牀勢向山移。（項斯〈宿胡氏溪亭〉卷五五四）

悄悄壁下牀……疑在僧房宿。（白居易〈北亭獨宿〉卷四三〇）

飽食緩行新睡覺……脫巾斜倚繩牀坐。（裴度〈涼風亭睡覺〉卷三三五）

眠窗鶴語間（項斯〈姚氏池亭〉卷五五四）

[115] 今日亭制大多通透，偶而也可見完全封閉者，如《中國亭閣木造模型簡介》中的萬春亭、湖心亭等。

後亭晝眠足（白居易〈睡起晏坐〉卷四三〇）

白居易指出所宿的亭有壁，壁下置牀，像是在僧房中。其他的詩也說亭中有牀。那麼不止有些亭的形制較複雜，而且當中的設備也較齊全，所以可以做為日常生活的獨立空間，如宴客或像韓偓那樣，在南亭裡「臥讀先賢傳」，或者興來時「取琴彈一遍」，而覺得「南亭似僧院」（卷六八一）。因此，從形制的大彈性及活動內容的廣泛性來看，亭與其他類型的建築混稱的現象似是可以理解的。不過，這第二種可能性與第一種可能性兩者之間並不相斥，可以同時具存，同為唐代亭子存在的特殊狀況。

亭子在唐代所指稱的範圍雖然廣泛，但嚴格分辨時，它和其他建築類型之間仍然有別。歐陽詹〈二公亭記〉有一段文字：

> 勝屋曰亭，優為之名也……降及中古乃有樓觀臺榭，異於平居，所以便春夏而陶湮鬱也。樓則重構，功用倍也；觀亦再成，勤勞厚也；臺煩版築；榭加欄檻。暢耳目，達神氣，就則就矣；量其材力，實猶有蠹。近代襲古增妙者，更作為亭。亭也者，藉之於人則與樓觀臺榭同；製之於人則與樓觀臺榭殊：無重構再成之縻費，加版築檻欄之可處。事約而用博，賢人君子多建之。（文卷五九七）

亭與樓觀臺榭同樣提供人們憑眺、散鬱熱、引涼風、暢耳目、達神氣，可是製造過程的繁簡奢約卻大不相同。也就是功能上，亭與其他園林建築相似，築造手法則不同。築造手法有異，當然製出的形狀也有別。一般說來，較諸其他建築類型，亭的造型是比較簡單的。即或有牆有窗門，應也不是複雜的構造，當如三十六扇屏的窗全打開時，就十足剩幾根柱子而已。然而像沉香亭那樣複雜宏壯的亭子也是有的[116]。

由以上的分析，可以知道，亭在唐代是相當普遍的園林建築，可用它代表一座園林，或用它統稱其他

---

[116] 參[109]，頁一四九，是閣三間的重檐鑽尖頂方亭。

類型的建築。而且亭子的形式大體簡單省約，但也有開設門窗、砌牆置牀的情形，是唐人從事廣泛活動的場所，甚至可以是日常生活的獨立空間[117]。

綜觀本節，唐人園林建築的審美觀及建造理念、表現，約可歸納為下面幾個要點：

其一，唐人認為園林的建築，是為了山水而存在的。它們是山水的眼睛，能框點出山水最美的景幅。進而清人耳目、暢人神氣，使人胸臆為之寬闊宏肆。

其二，建築本身可以視為風景之一，與整個自然景觀結合為一個整體，加以欣賞。有人還認為加上建築的園林景觀較諸純粹只山水林木的景色更富有情味。因而肯定建築具有點化山水的作用。

其三，唐代文人重視建築與自然的和諧統一的美感，所以盡量使建築園林化。首先，以花木來掩映建築，使建築不致突兀、壓迫、強烈，而能在幽深隱密中與大自然完全和諧地融合為一，所以常見松齋、竹閣、竹軒、蘿屋等名稱。

其四，建築也常和水相配合，成為水景的一部分，池亭是普遍的水上建築，也有如船舫的造型。另有自雨亭、涼殿之類自屋頂灑垂水簾的方式，十分新穎而表現高技術。在空間布局上，還很流行，在水池四周築造建築，成為一種向內封閉的水景空間。以水為中心的布局，也正表示唐人對水景十分重視。

其五，有特為某一風景而造的建築，如月榭、風亭之類。顯示園林建築已能注意選擇最佳的觀景點，使原有的自然景觀的優美精華更加凸顯。這是唐人將建築予以園林化的表現手法之一，也是建築物點化美景的園林功能。

其六，園林建築有華麗的畫樓，也有就地取材而強調簡樸原始的自然風格。前者是皇族豪富的喜好，後者多半是文人們的追求。但是畫閣也有只畫寫意山水的，在園林山水之外增添另一度可資神遊臥遊的山

[117] 據[109]，頁一四八說：「從唐代修建的敦煌莫高窟壁畫中，我們還可看到那個時代亭子的一些形象的史料：那時亭的形式已相當豐富，有四方亭、六角亭、八角亭、圓亭；有鑽尖頂、歇山頂、重檐頂；有獨立式亭，也有與廓結合在一起的角亭等。」

水空間。

其七，許多為專門功能而設的建築物，如粟廩、讀書堂、藥臺等，暗示著唐代園林在某些文人而言，即是日常生活的場所，與日常最平凡最真實的生活緊密結合，已超越在遊賞娛樂之外，全面地與主人接觸相處。

其八，園林建築以亭最為普遍。「亭」的指涉範圍很大，可以代表一座園林，可以統稱各類型的建築；可見亭是園林中最重要且常見的建築。而亭的形制由漢代發展下來，多以有牆有門窗的密閉式為主，到唐代在欣賞景色及園林化的要求之下，文人故意不安上四面牆壁，使其通透流暢，而逐漸成為今日常見的只有基臺、柱子與屋頂的亭式。

第五節 空間美感與布局設計

山、水、花木及建築等園林要素，置放於園林中有其組織原則。各要素之間組合的情形影響到整座園林的面貌和風格，尤其影響到「遊」園時景物呈現所引起的心理反應，因而也就關係到遊賞者情感的生發和聯想的引導。也就是說，各個園林要素等待著貫串成為有生命有情味的整體，這就需要布局的工夫。好的布局，使各個景觀間的空間相互有呼應，彼此看來都有姿態、思致，因而形成氣韻生動的空間。這是每座園林之所以有相差不多的要素卻又各具特色風格的所在。唐人的空間美感和布局原則已走出中國園林的特色，茲將其情況論述於下：

一、以小觀大的寫意空間與相地因隨

大自然中的名山勝水，各有其引人讚歎驚懾的美，它所展現的是天工巨匠最完美的形勢布局，那是大化渾然的傑作。在唐代，很多文人嚮往把這大化的傑作移置到園林之中，使生活中隨時可享有自然中美勝的山水景致：

洛下林園好自知，江南景物闇相隨……停杯一問蘇州客，何似吳松江上時。（白居易〈池上小宴問程秀才〉卷四五一）

誰知洛北朱門裏，便到江南綠水遊。（徐凝〈侍郎宅泛池〉卷四七四）

似移天目石，疑入武丘山。（白居易〈奉和李大夫題新詩二首各六韻・因嚴亭〉卷四四三）

幽巖別派像天臺（方干〈題越州袁秀才林亭〉卷六五一）

庭除有砥礪之材，礎磌之璞，立而象之衡巫。（李華〈賀遂員外藥園小山池記〉文卷三一六）

江南風景秀麗，山明水清，是中原居住者欣羨企慕之地，所以在園林設計上闇仿江南景物，而後天真白得地詢問打蘇州來的客人：我的園林比起你那故鄉的山水如何？對於這個有心挑戰的園林主人，客者很識相地回稱這園林和江南差不多，遊園就像江南；這是極高的誇讚稱美之詞。表示能夠模仿或再現一些有名的勝景，便是造園的成功。武丘、天臺、衡、巫等名山都是園林效仿的對象，其中頗有一些傳說中的仙鄉。

然而，園林的空間畢竟有限，尤其私家園林不似皇帝苑囿那般能夠隨心所欲地取得土地，如何能製造江南或移置一座衡嶽？保守而質實的辦法便是把模仿的對象「縮移」過來：

忽向庭中摹峻極……片石皆疑縮地來。（權德輿〈奉和太府韋卿閣老左藏庫中假山之作〉卷三二一）

坊靜居新深且幽，忽疑縮地到滄洲。（白居易〈題崔少尹上林坊新居〉卷四五八）

堆土漸高山意出，終南移入戶庭間。（白居易〈和元八侍御升平新居四絕句‧累土山〉卷四三八）

祇於池曲象山幽，便是瀟湘浸石樓。（陸龜蒙〈奉和襲美夏景沖澹偶作次韻二首之二〉卷六二五）

纔見規模識方寸，知君立意象滄溟。（方干〈于秀才小池〉卷六五一）

堆疊的假山、挖鑿的曲池，看來都像是把天地間原有的山水縮小，而後再移置園內，那麼這縮移的山水就具有集中、提煉的性質。這就需要觀覽者發揮想像的能力，以神遊之，在小中觀大。像杜甫那樣「百花潭水即滄浪」（〈狂夫〉卷二二六），或像賈彥璋「芥浮舟是葉，蓮發岫為花」（〈蘇著作山池〉卷七七六）一般，把眼前的小景放大，跳入其中悠遊，細加賞玩，便會發現原來「三山五岳，百洞千壑，覼縷簇縮，盡在其中。百仞一拳，千里一瞬，坐而得之」（白居易〈太湖石記〉文卷六七六），其中值得賞玩遊觀之處頗多，而覺得就像遊歷名山大川般豐富廣闊。所以李華體會到「以小觀大，則天下之理盡矣」（前引文）；楊炯也說「不出戶庭，坐得雲霄之致」（〈李舍人山亭詩序〉卷一九一），就點出了以少勝多、以簡馭繁的藝術特色。可信以寫意的理念和手法來處理園林空間，已是唐人園林的事實了。前面論及立石象山及盆池的風尚，可以證明這一點。

以寫意手法所造成的園林，通常佔地範圍比較小，但不至於在空間上覺得慊然，而有捉襟見肘的困窘。所以白居易每每強調「不鬬門館華，不鬬林園大」、「不羨大池臺」（〈自題小園〉卷四五九），反而以「小水低亭自可親，大池高館不關身」（〈重戲答〉卷四五五）為自得，雖然「臺榭舟橋，具體而微」，卻能夠「夢身世，雲富貴，幕席天地，瞬息百年」（〈醉吟先生傳〉文卷六八〇）。在他心中，那小小園林卻是寬闊宏敞、謬悠荒唐的無限天地。方干也有感於「廣狹偶然非製定」的先天限制，但是「猶將方寸像滄溟」（〈路支使小池〉卷六五一），使狹窄的方寸之地變成無端崖的大海，這就需要高度集中、典型化的手法，以及觀遊者全然的融入、觀照無限的心靈境界。當方干從「池亭纔有二三畝」，看到了「風景勝於千萬家」（〈孫氏林亭〉卷六五〇）的時候，正該是孫氏林亭的寫意空間引領著文人以小觀大地神遊思諧的結果。

要在空間上遊刃有餘、布置得宜，唐人主張造園之先須「相地」。如武少儀在一篇〈處士鑿山瀑記〉中記述處士王易簡為杜佑的樊川別墅鑿山瀑：「生於是周相地形，幽尋水脈」（文卷六一三）；劉禹錫〈武陵北亭記〉也是「相便地而居要」（文卷六〇六）；而朱仲晦自己的家園「柳行隨堤勢，茅齋看地形」（〈答王無功問故園〉卷四九四），這些都是造園的第一步，先觀察地形，做一個全盤的了解，所謂「周相」即是各方面的全盤觀察，以掌握其要點特性，此即相地而「居要」。既已掌握地形的要點，一切的布局設計都要依順著形勢的特性，予以配合，所以朱仲晦的家園種柳是隨順著池堤的走勢，築齋則是看地形的狀態而決定座落的。這就是「卜築因自然」（孟浩然〈冬至後過吳張二子檀溪別業〉卷一六〇）、「考室先依地」（宋之問〈藍田山莊〉卷五二）。「隨」、「因」、「依」等字特別點出園林布局設計的自然化原則，那也是「相地」

工夫的必然結果，若不「因隨」，依照地形地勢的自然狀況而設計，那麼「相地」就失其意義；故而「相地」與「因隨」實是一事。明計成《園冶》是中國最重要的園林理論與指導的典籍，其中〈興造論〉就說：「園林巧於因借……因者，隨基勢高下，體形之端正，礙木刪椏，泉流石注，互相借資；宜亭斯亭，宜榭斯榭……」後人因而稱之為「因隨」，這個理念與用字實早在唐代時已很清楚明顯地流行於文人們之間。

因隨的布局原則，唐人園林已普遍注意並實行，如：

敢謀土木麗，自覺面勢堅。臺亭隨高下，敞豁當清川。（杜甫〈寄題江外草堂〉卷二二〇）

高處置琴亭（張籍〈和左司元郎中秋居十首之九〉卷三八四）

因下疏為沼，隨高築作臺。（白居易〈重修府西水亭院〉卷四五一）

憑高置草亭（李建勳〈小園〉卷七三九）

見其有天造池沼之形，而遂為溝瀆。（李勉〈廚院新池記〉文卷四三七）

這裡白居易還明白指出「因」、「隨」二字，因順著天然的低陷地形而疏鑿為池沼，依隨著高突的形勢而築置亭臺。從張籍等人的詩文可知，這個高處置亭臺、低處疏池沼的布局，原則是當時人共有的理念。它的效果也很受時人的讚許，如韓愈在〈燕喜亭記〉稱其「出者突然成邱，陷者呀然成谷，窪者為池，而闕者為洞」的因隨成果，是「若有鬼神異物，陰來相之」（文卷五五七），這鬼斧神工的傑作，宛若天開的佳品，原來還是經過人為相地、因隨地形的匠思巧意，是為得「勢」。杜甫說浣花草堂「自覺面勢堅」，劉禹錫稱吏隱亭「結構得奇勢」（卷三五五），韓愈讚美裴度的假山「隨勢忽開坼」（〈和裴僕射相公假山十一韻〉卷三四二），朱慶餘〈題青龍寺〉稱賞「寺好因岡勢」（卷五一四），柳宗元則見到茅亭「因高邱之阻以面勢」（〈邕州柳中丞作馬退山茅亭記〉文卷五八〇），文人們已注意到園林景色的安排布置，必須能配合自然形勝之要，順著地形而造就奇勢。《中國園林建築研究》便說：「為了獲得真山真水的意境，在園林的整體布局上還特別注意抓住總的結構與奇勢。中國的山水畫就講究：得勢為主……園林布局中要有氣勢，不平淡，就要有輕重、高低、虛實、靜動的對比……把山與水恰當地結合起來，使山有一種奔走的氣勢，使水有漫延流動的神態……」[118]因而，先順勢後造勢，是中國藝術中一項大境界，棋藝、畫藝、武藝等無不琢磨此順勢造奇勢之道。而園林藝術在唐代文人的巧心中也已悟入這個中國藝術的智慧之路了。

造園能相地、因隨、得勢、造勢，便能事半功倍，水到渠成，所謂「偶然疏鑿，從其易也」（柳識〈草堂記〉文卷三七七），所謂「地形當要處，人力是閒時。結構方殊絕，高低更合宜」（姚合〈題鳳翔西郭新亭〉卷四九九）。以簡易閒逸的人力，而得殊絕之功，這就幾近於大化了。所以劉禹錫〈和思黯憶南莊見示〉時誇讚南莊「化成池沼無痕跡」（卷三六一），用「化」字就點出人力能近於自然大化的簡易閒逸，這也顯示出唐代文人對於園林的自然境地的追求。又如周鉞在〈積土成山賦〉中所說：「資地勢，建土功，區區而日（疑作目）不暇給」（文卷七五九），能吸取自然供給的地勢而因隨之建土功，那麼即使是區區的小土山，也足以豐富奇絕得目不暇給，足以神遊。就在區區窄地中，因隨得勢，而「等閒栽樹木，隨分占風煙。逸致因心得，幽期遇境牽」（白居易〈新昌新居書事四十韻因寄元郎中張博士〉卷四四二）。能隨分易簡，以閒情去遇境、去布局，情思逸致便流洩於所造之境勢，而寫意其山水，而小中寓含大化。

二、似無還有的曲折動線

小中見大，不僅止是主觀聯想移情，或保守地因隨地勢，還要主動積極地造勢：「空間存在於四周六合，只要需要有用，條件可能，處理合宜，就應盡量爭取、延伸或擴大為我用。爭取的有用空間愈多，愈能顯示空間於建築之意義及作用，這對組織空間的設計者說是件很重要的工作思維訓練。」[119]爭取空間是

[118] 同[109]，頁七六。

[119] 見不著撰人〈從傳統建築中學習空間處理手法〉，刊《中國建築史論文選輯》第一冊，頁九四。

超越客觀的空間限制，創造出更多可用的空間。由反面來看，兩點間最短的距離是直線，站在直線一端望向另一頭，可以一覽無餘，這是最儉省的空間。相反地，在兩點之中伸展最大的空間，就須要盤繞曲折之。因此，園林為了增加遊覽的空間，把「無聲的導遊」[120]——路——鋪設得迂回曲折是常見的一種處理手法。以曲折的路徑來增加空間，遠在晉代就有這種理念。《世說新語・言語第二》曾有一段記載：

> 宣武移鎮南州，制街衢平直。人謂王東亭曰：丞相初營建康，無所因承，而制置紆曲，方此為劣。東亭曰：此丞相乃所以為巧。江左地促，不如中國；若使阡陌條暢，則一覽而盡。故紆餘委曲，若不可測。

江左土地偪促，王導便把建康的道路故意經營得紆曲委轉，繞走其中，城地遂彷彿深廣不可測。他的孫子王詢不像其他人那麼不解，誤以平直為上，而誇其祖父得巧。可知早在東晉時代就有人知道，用紆曲動線的方法來擴展空間深度，使狹窄偪促的空間變得幽窈莫測；只是當時了知此道的人似乎很少。唐代文人則普遍能夠領略此巧：

> 何言數畝間，環泛路不窮。（孟郊〈遊城南韓氏莊〉卷三七五）
>
> 孤島回汀路不窮（許渾〈朱坡故少保杜公池亭〉卷五三三）
>
> 縈迴有徑通（賈島〈題鄭常侍廳前竹〉卷五七四）
>
> 高下三層盤野徑，沿洄十里汎漁舟。（白居易〈題崔少尹上林坊新居〉卷四五八）
>
> 級詰曲，步迤邐。（杜佑〈杜城郊居王處士鑿山引泉記〉文卷四七七）

縈迴環曲的道路，走來覺得總也走不完似的。不論是拾級的山階，或是水邊的小徑，在迤邐曲紆之中，變

[120] 同[109]，頁七四。

得悠悠漫漫，園林也就成了浩瀚無際的宇宙。「不離三畝地，似入萬重山」（張蠙〈和崔監丞春遊鄭僕射東園〉卷七〇二），雖含有誇張的成分，但在紆盤逶迤的動線導引下，應也是頗真實的感覺。這種紆迴的道路大約也有因順地勢的原則存在，像「盤徑葉聲枯」（曹松〈喜友人歸上元別業〉卷七一七）、「野竹自成徑，繞溪三里餘」（李德裕〈竹徑〉卷四七五），盤徑是自然山嶺的形勢所致，野竹所成的小徑繞溪而成，也成為紆曲的三里餘。因而曲折的動線雖然在園林中頗屬於人為設計的布局，然而最終究的呈現仍是符合自然形勢的。

逶迤盤紆的路徑沿線前進，同一個景物在遊者一個轉彎後，可呈現出另一個角度的面貌和神態。本來，道路是連繫各景、引導遊人穿梭遍覽各景的動線，算是路依景而生；而此時卻因路轉而景緻變換，又算是景依路而生。所謂目不暇給，所謂山形步步移，種種趣味都因道路的曲折縈迴而滋生。所以《中國園林建築研究》說中國園林裡的道路特點是「莫妙於迂迴曲折」，「所以道路環迴，山徑逶迤，園景就一層又一層、一景又一景地逐步引人入勝。」[121]何況，曲線本身富於靈動、生氣、力度之美，又合於大自然的線條特質。再者，該書又說：「運用空間迴環相通，道路曲折變幻的手法，使空間與景色漸次展開，連續不斷，周而復始，造成景色多而空間豐富，類似觀賞中國圖畫的山水長卷，有一氣呵成之妙而無一覽無餘之弊。」[122]只是這種觀賞山水長卷的畫感，在唐代文人的詩文中是未曾見的；但是，他們的確體會到曲折路徑為園林帶來景致豐富變幻、空間無限幽深的美感。走在曲折的路上，當轉彎處即將到臨時，從正朝前的路向看來，感覺眼前的路似乎已到了盡頭；可是真正走到這路向的盡頭時，發現路一轉向，又是另一番景觀：

迢轉危峰逼（杜審言〈和韋承慶過義陽公主山池五首之二〉卷六二）

---

[121] 同[109]，頁二四五。

[122] 同[109]，頁七四。

遙愛雲木秀，初疑路不同。安知清流轉，偶與前山通。（王維〈藍田山石門精舍〉卷一二五）

柳陌乍隨州勢轉，花源忽傍竹陰開。（郎士元〈春宴王補闕城東別業〉卷二四八）

山下望山上，初疑不可攀。誰知中有路，盤折通嶺巔。（白居易〈遊悟真寺〉卷四二九）

披篁躋石，忽至茲地。（權德輿〈暮春陪諸公游龍沙熊氏清風亭詩序〉文卷四九〇）

一轉，逼現一座危峰；一轉，忽然開啟一片花源清流；一轉，原來路路相通，迴環不已。前初的疑慮在瞬間就豁然開朗了，真正是山重水沓疑無路，柳暗花明又一村。一切的困窘窮愁，只在順勢一轉的剎那間，就能夠變得海闊天空。那分意外的驚喜，在似無還有的戲劇性變化中，一次又一次地呈現。像曹鄴親自體會過的「沿流路若窮，及行路猶遠」（〈從天平節度使遊平流園〉卷五九二），原以為窮其途、末其路了，未料在紆迴之中還前路迢遙，前景深藏。這種似無還有、忽然轉出的驚喜，唐代文人已懂得將其運用於景區的入口處，如劉威〈遊東湖黃處士園林〉時「遙知楊柳是門處，似隔芙蓉無路通」（卷五六二），遠遠看去只是一片芙蓉水塘，水塘那一頭是幾株柳樹遮掩的入門之口，好似沒有路可以通達；等到尋覓著走到柳下，要繞過那柳樹，才看得到門，進門後便豁然呈現另一片天地。像姚合的〈芭蕉〉「數葉大如牆」，於是取來「作我門之屏」（卷四九九）；像李翰〈尉遲長史草堂記〉裡「（草堂）前有芳樹珍卉，嬋娟修竹，隔閡於中屏」（文卷四三〇），都是在入門處略做一個掩蔽，一方面成為入口的屏風，自外見不到屋內；另方面從門口處又不能一眼就見到園裡景物，須當繞過屏障才能忽然轉出一片天地。在動線的轉彎處或動線的起點加掩，都能使遊園的脈絡得到抑揚頓挫的氣勢和音樂律動美。而先抑後揚、吞吐開闔所展現的壺中天地、袖裡乾坤，尤其使園林的布局富於戲劇起伏的特殊驚喜效果。

其實這種似無還有的動線安排，唐人可能大多得自山林寺院拜訪途中的啟示。許多寺觀建於高山懸崖，以為幽靜深僻的清淨道場，走一趟寺觀須繞行許多山路，而山路與山、谷之間存在著許多優美的位置關係，山路本身為順隨著山勢，自然會有其曲折紆迴的形式產生。許多文人遂從中領略到動線曲折的律動與變化之美：

路尋之字見禪關（方干〈題應天寺上方兼呈謙上人〉卷六五二）

千巖遮縈繞，萬壑殊悠漫。（宋之問〈稱心寺〉卷五三）

巖壑轉微徑（王維〈過福禪師蘭若〉卷一二六）

路盤石門窄（岑參〈冬夜宿仙遊寺南涼堂呈謙道人〉卷一九八）

石磴盤空鳥道過（司空曙〈題凌雲寺〉卷二九二）

「遮縈繞」、「轉」、「盤」等字都是文人們對山徑曲折特點的體會和描述。當中方干還發現到山路盤環的規則是「之」字，這原則是日後園林小徑和曲廊取法的依據。因此，美的規律，在中國多半是從自然中觀察、啟發、吸取而來，加以運用時，所展現的仍是合於自然的美，因而也符合人心理的自然感受。

遊園的動線除了曲折縈迴以增加空間感及製造抑揚頓挫的律動美，似無還有、突然轉出的戲劇效果之外；它也像其他建築，以掩映隱約的姿態增添含蓄美。如：

蘭深徑漸迷（劉洎〈安德山池宴集〉卷三三）

花藏谿路遙（綦毋潛〈題鶴林寺〉卷一三五）

斬新蘿徑合（王建〈題別遺愛草堂兼呈李十使君〉卷二九九）

路隱千根樹（劉得仁〈尋陳處士山堂〉卷五四五）

林路出無蹤（項斯〈憶朝陽峰前居〉卷五五四）

徑路並非完全坦露出來，而藏於蘭花、蘿藤、樹林之中，一方面「讓人的情感與大自然進行交流」[123]，另方面看來，路是掩映隱約、忽斷忽續的，終而不知去向，杳然無蹤。覺得這路似是迢遙無盡頭，又感其神祕迷離。那麼，這路徑所導引前去的地方，就變成一處幽深撲朔、莫測高深、常人不易尋得卻易於迷失的「不足為外人道也」（陶潛〈桃花源記〉）的世界。

於是，路徑成為園林深淺的指標。曲迴的路走來自然覺得幽深；掩映在花木之中的路，看來也感到窈窕，它所指引的就可能也是靜邃幽僻、令人好奇窺測不已的園林。於是以深為尚的園路便紛紛出現在詩文中：「小徑入松深」（崔湜〈奉和幸韋嗣立山莊侍宴應制〉卷五四）、「初憐竹徑深」（孟浩然〈遊精思題觀主山房〉卷一六〇）。徑深則園深，暗指人跡不易到臨，於是「三徑小園深」（錢起〈秋園晚沐〉卷二三七）或「三逕春自足」（盧綸〈同柳侍郎題侯釗侍郎新昌里〉卷二七七）那樣具有隱逸寓涵的典故，就被用以稱許園林的幽深、高潔的境地。

園林的動線以徑路為主，以廊、橋為輔。廊在唐代詩文中似乎主要出現在寺觀園林，一般園林較少提及。廊「本來是作為建築物之間的聯繫而出現的」，而在中國園林裡「通常布置於兩個建築物或兩個觀賞點之間，成為空間聯繫和空間分劃的一種重要手段」[124]。它還是具有導引遊者前進、觀覽的功用，因此曲折幽深仍是被要求的常見形式：

曲榭迴廊繞澗幽（李乂〈奉和幸韋嗣立山莊侍宴應制〉卷九二）

盤磴回廊古塔深（王建〈元太守同遊七泉寺〉卷三〇一）

花木擁迴廊（劉商〈題山寺〉卷三〇三）

幡蓋繞迴廊（李正封〈夏遊招隱寺暴雨晚晴〉卷三四七）

---

[123] 同[109]，頁二四六。

[124] 同[109]，頁一六三—一六四。

回廊架險高且曲（劉禹錫〈唐侍御寄遊道林嶽麓寺并沈中丞姚員外所和見徵繼作〉卷三五六）

因為廊的形制簡單，可以靈活地隨地勢而變化，所以用迴廊曲折紆盤的造型來適應山峰起伏崎嶇的地形，而寺觀園林多建於高山峻嶺之上，特別需要採用迴廊來聯繫在不同高度、不同面向的建築物。所謂「竹廊高下風」（許渾〈恩德寺〉卷五三〇），就是隨山勢而高低靈活變化的竹廊，使吹拂而過的風兒也循之高低竄拂。從廊的低處看向上，只覺得高深莫測，所謂「上看廊廡深」（儲光羲〈石甕寺〉卷一三七），就是仰望中所見到的深邃，也正合於朝聖者的心情。

至於水岸建廊的情形，除了前引韋嗣立山莊的「曲榭迴廊繞澗幽」之外，還出現於白居易的履道園，第二章曾述及他結構池西廊，疏理池東樹，是為了坐待明月升泛。這些水畔之廊必然也要因隨池岸的轉曲而迴紆，很能顯出廊的聯繫順變的特色。重廊[125]也在此時出現，譬如「重廊標板榜，高殿鎖金環」（張祜〈題重居寺〉卷五一〇）、「高梧一葉下秋初，迢遞重廊舊寄居」（許渾〈再遊姑蘇玉芝觀〉卷五三四）等即是，只是文人並未詳細描述其形制，不知與今日之複廊同異如何。

園林動線在遊經水景的阻隔時，就需要以橋梁來度通，因此，橋梁也是園林的重要動線，用它來聯繫兩個被水分隔的陸地空間。唐代文人筆下出現在園林裡的橋多半是拱形的虹橋：

虹橋澗底盤（劉憲〈奉和幸韋嗣立山莊侍宴應制〉卷七一）

虹橋分水態（李百藥〈安德山池宴集〉卷四三）

虹飛百尺橋（陳子昂〈春日登金華觀〉卷八四）

隔水生別島，帶橋如斷虹。（劉禹錫〈海陽十詠・切雲亭〉卷三五五）

竹裏苔封螮蝀橋（韋莊〈過舊宅〉卷六九六）

[125] 也稱複廊。即廊道中間有一面牆，分隔廊道的左右為兩個獨立的景區空間。

以曲拱弧線來表現橋的形狀，這就不只是個通過度越的聯繫工具而已，它已擔負起美化園林的責任。遠遠望去，水面的拱橋猶如一彎懸掛在空中的彩虹，而且其倒影與實體之間正好形成一個完整的圓或橢圓，虛實具現，深富迷遠的美感。從觀景的角度來看，虹橋又能使人有親臨水上、置身波浪之中的臨場感。再由空間布局視之，「分水態」指出虹橋將水景分為兩個水域，不論由任何一個水域望去，透過虹橋下面的水波只能隱約掩映地見到另一個水域的部分，因為橋體的遮斷，無法一眼望盡那邊的水景，遂使橋那頭變成了無窮遼敻的、波影流不盡的水景。有時虹橋被島樹遮住部分，似乎成了天上若隱若現的斷虹，為園林增添了無限的含蓄之美，引人不盡暇思。

總之，路與廊、橋同為園林布局的連貫脈絡，這些動線把各區景觀組織統整為一氣呵成且血脈相通的有機體。同時，它們以透迤紆曲的姿態引領遊人進入一層又一層逐漸開展或突然轉現的勝境，造成抑揚頓挫、吞吐開闔的韻律美感及驚喜的趣味，使園林空間變得幽深廣闊，達到似無還有的微妙玄奧的意境。

靈活的動線——水上浮廊

靈活的動線——飛虹橋

三、通透無限的空間與借景

為了使園林的空間增大、通透，產生交流對話，借景與對景的布局手法，常為唐人園林所採用。《園冶・卷一興造論》對借景的解釋是：「借者：園雖別內外，得景則無拘遠近，晴巒聳秀，紺宇凌空，極目所至，俗則屏之，嘉則收之。」凡是眼睛視野所及的嘉景，都足以收為園中的景觀，因此，園林範圍的限制、內外的分別都被打破，園林之外的景物也能成為園中人觀覽的對象，此為借景。《園冶・卷三借景》又羅列了借景的種類：「夫借景，林園之最要者也。如遠借，鄰借，仰借，俯借，應時而借。」這些借景手法，早是唐代園林慣見的景況：

簷際列群峰（張九齡〈晚憩王少府東閣〉卷四九）

山水藹盈室（陳子昂〈秋園臥病呈暉上人〉卷八三）

客帆遙入軒（岑參〈緱山西峰草堂作〉卷一九八）

遠岫見如近，千里一窗裡。（錢起〈藍田溪雜詠二十二首之九・窗裡山〉卷二三九）

窗含遠色通書幌（李賀〈南園十三首之八〉卷三九〇）

這大約是遠借，把遠山群岫、遙帆水態都收攝到室內或文人的視界裡，成為我園我舍的風景，這是把人自然的遠山遠水當作園景資源，屬於遠借。而藉由窗牖或門扉的透入所借得之景，又可稱之為「框借」。《園冶・卷一園說》的「刹宇隱環窗，彷彿片圖小李」，藉由窗牖可環框出一幅名家的山水畫，因此白居易就「開窗不糊紙」（〈竹窗〉卷四三四），以空透之窗借取景色是文人自覺下的園林造設。吳融另有一種借景方式：「曉窺青鏡千峰入」（〈即事〉卷六八七），藉著鏡子的映射把屋外的山景借入鏡中，那麼這借景便有幾層映現，一是門窗的框借，一是鏡中的框借，又一是自屋外透過門窗見到鏡中景，那就是框景中的框景。

總之，借景已是唐代文人自覺中的造園手法，實踐於文人園林布局的空間設計之中，並進入文人的理念了。

近借的情形則有：

東鄰借山水（沈佺期〈李舍人山園送龐邵〉卷九六）

近窗雲出洞（錢起〈過孫員外藍田山居〉卷二三七）

繡戶簷前花影重（韓翃〈宴楊駙馬山池〉卷二四五）

花枝入戶猶含潤（武元衡〈南徐別業早春有懷〉卷三一七）

窗前風葉下（權德輿〈郊居歲暮因書所懷〉卷三二〇）

通透的空間——借景：近借

從東鄰借來的山水是比較臨近的借景，甚至借來的可能是人造的園景，那就會是更臨近的山水。飄過窗前的浮雲或落葉，搖擺窗口的花影，或者是探頭入戶的花枝，已是近在窗口，甚至是打破室內外的界限，景物已伸入室內來，這一方窗子遂攝得戶外景物的特寫鏡頭，是逼真、鮮明、立體的框畫。總之，遠借近借都使欣賞的空間推擴向外，或向更遠的地方去，它不受牆垣的閉隔，反而是通透交流的開放性空間。

仰借的情形有：

鑿牖對山月（殷遙〈友人山亭〉卷一一四）

坐看雲起時（王維〈終南別業〉卷一二六）

春星帶草堂（杜甫〈夜宴左氏莊〉卷二二四）

一行白鷺上青天（杜甫〈絕句四首之三〉卷二二八）

眾星列梧桐（聶夷中〈題賈氏林泉〉卷六三六）

凡是天空中的日月星雲，都有其可資觀賞的美，乃至在青天飛翔的鳥群所呈露的自在及姿態，均可成為欣賞的景觀。通常，它們多少還帶有一些不可企及、至高無上的聖潔之美；如今在仰望中，透過園林景物的搭配，似乎已降落到人間裡：山與月同為窗牖中的景色；春星懸掛在草堂屋頂成為草堂的配飾，或分列在梧桐柯葉間。因此仰借不僅止是為園林增添景緻，還把空間氣氛做了大轉換。

俯借的情形則如：

潭深月光厚（王灣〈晚夏馬嵬卿叔池亭即事寄京都一二知己〉卷一一五）

添池山影深（錢起〈春谷幽居〉卷二三七）

月潭雲影斷（薛能〈贈隱者〉卷五五八）

樓臺倒影入池塘（高駢〈山亭夏日〉卷五九八）

江色沉天萬草齊（李山甫〈曲江二首之二〉卷六四三）

通常俯借是經由池水或溪流的倒映功能，把陸地或空中的景物投射到水中，使水面產生同樣的影像。感覺園林的空間向地下推擴了一倍，景觀也延伸到地面之下。至於倒映天色，則是俯借中的仰借，水天交映，如「水似晴天天似水」（李涉〈題水月臺〉卷四七七），是天是水，似乎已在交互的照映中舛錯迷糊了。而由園林空間來看，在這一仰一俯、一上一下之間所增加的園林空間實無法計量。

唐人另外有一類借景，所借的不是眼睛鑒賞的色相之景，而是耳聞的聲相之景，如遠處的疏鐘、樵歌、漁唱、梵音或人語、鳥鳴、猿啼（參上節[99]），甚至於連膚受的和風及鼻嗅的香氣，也都是可資借賞的景致，如白居易〈小宅〉的「窗借北家風」（卷四五五），或武元衡〈春暮郊居寄朱舍人〉的「香風入戶落花餘」（卷三一七）這樣，風兒吹過北家、吹過落花餘香，而後借入窗牖之內，成為文人心中豐厚的景色。上章論及杜甫浣花草堂有「到面雪山風」，所借的是風所走過的每一程每一景，還有迢遙千里外的雪山風光和一路吹來所經歷的時間。這一類借景推擴的不僅是園林空間，還推展了園林時間。總之，不論遠借近借或仰借俯借，甚至音借風借，都是超越了既有空間、時間的限制，把視界和心靈推擴到園林或屋宇範圍之外，以豐富景觀與想像資源，並形成上下四方的通透流暢的空間特色，感受到天地入吾園的萬物皆備於我的無限自由。原來，園林仍然與整個自然彼此交流、對話，融合為一體。

園林的布局依循著山水為主、建築為從的原則，所以前面論及建築時，已引證詩文說明唐人習以林木掩映建築體，使園林能凸顯其山水自然的風景，能消泯掉人工建築引起的突兀與隔閡。在所有建築體中，牆是其基本構成，也是用以隔劃區界範圍空間的元素。就現實層面而言，園林建築的確需要砌牆以別內外、以分劃景區；可是從空間的通透及爭取來看，牆垣就變成隔閡與阻礙了。為了兼顧兩者，唐人對牆有許多處理手法，首先是在牆上鑿牖以借景以流通，此上文已論之頗多，不復贅述。其次便是像「手種榆柳成陰陰覆牆屋」（白居易〈孟夏思渭村舊居寄舍弟〉卷四三三），或是「碧樹濃陰護短垣」（殷堯藩〈郊居作〉卷四九二）那樣，以花木來掩翳牆體，消泯掉牆垣的截然分劃與阻隔，這應是常見且便利的手法。復次，以白色為牆垣之外衣，如：

伏泉通粉壁（錢起〈題祕書王迪城北池亭〉卷二三八）
素壁新開映碧鮮（令狐楚〈郡齋左偏栽竹……〉卷三三四）
粉垣迴互瓦參差（溫庭筠〈題友人池亭〉卷五七八）
只怪素亭黏黛色（施肩吾〈臨水亭〉卷四九四）

墻圬而已，不加白。〈白居易〈草堂記〉文卷六七六〉

強調牆圬而已不加白，正表示當時一般牆垣都習以白色為常見，因此有粉壁、粉垣、素壁、素亭（當指亭的素牆或素柱）之稱。白粉牆猶如一張純白紙面，為山水花木及建築提供了簡淨的背景，「遠遠望去，自然景物的造型十分突出，宛如在白紙上繪出的山水畫一般。」[126]尤其當煙雲瀰漫或細雨霏霏的日子，白牆與雲霧融為白茫茫的虛無一片，牆體消失隱沒，整座園林也就化入無邊無際的自然天地間。這既質實又虛渺的粉牆，把園林的空間帶向全然通透飄逸的靈美境地。

再次，在牆面附近擺置山石，也可以減削牆壁的割截感。如白居易〈奉和思黯相公以李蘇州所寄太湖石奇狀絕倫因題二十韻見示兼呈夢得〉詩中說牛僧孺把太湖石「置向相庭隈」（卷四五七），意即把奇絕的美石放置在庭邊的牆角；又如殷堯藩的〈陸丞相故宅〉感歎「名石臥頹牆」（卷四九二），寫的雖是荒廢故宅，可是名石會臥倒在頹牆之下，正表示當初主人的擺設，是有意將珍貴的名石置放在牆邊上的。這樣的安排不僅是以牆面來反襯石形，映成白紙上的山水圖畫，而且又可用石塊掩蔽住牆的稜角與割截阻礙。當然，若像姚合的〈藥堂〉那樣「四壁畫遠水」（卷四九九），牆壁就完完全全地隱沒不見，代之以敻遠的水景，流向無止境的天邊。視覺所見盡是通透流暢的遼遠飄渺的無限。其他如第二節所論的水的疏遠手法及水岸植樹以泯化臨界等設計，都是出於「景趣不遠真可惜」（韓愈〈河南令舍池臺〉卷三四〇）的遼遠景趣的追求。可見園林布局的通透化空間原則，早是唐代文人的造園理念。

不過，唐代文人對於園林布局所形成的空間風格，有兩種相對的美感要求。柳宗元在〈永州龍興寺東邱記〉就說得很明白：

游之適大率有二：曠如也，奧如也。如斯而已。其地之陵阻峭，出幽鬱，寥廓悠長，則於曠宜；抵

126 同109，頁五七。

邱垤，伏灌莽，迫據迴合，則於奧宜。（文卷五八一）

兩種空間風格是曠敞與深奧。位處高明豁朗之地，屬於曠敞的空間，面對山巒與之交錯迴互於叢林中，屬於深奧的空間。前論似無還有的曲折動線有類於後者，而通透交流的借景與泯界手法則有似於前者。其實，在同一座園林中應該可以同時兼具兩種空間特色：動線宜奧，借景宜曠。自外向內窺看時，則幽深窈窕、隱約含蓄，被內斂掩映得韻味十足；自內向外臨眺時，則清楚而切要地觀見最精華最美的角度，飽覽佳景。兩者能夠取得統一和諧，兼具在同一園林之中，當是布局完全、雋永如畫的園林。

優美傑出的園林，文人也以如畫來比擬其美：

日映層巖圖畫色（宋楚客〈奉和幸安樂公主山莊應制〉卷四六）

春山仍展綠雲圖（楊巨源〈和元員外題昇平里新齋〉卷三三三）

畫成煙景垂楊色（鄭谷〈郊墅〉卷六七六）

園林春媚千花發，爛熳如將畫障看。（李中〈和潯陽宰感舊絕句五首之三〉卷七五〇）

圖畫的布局必是經過畫家經營設計過，它沒有環境現實中如地形地勢等的限制，畫者可以完全自由地配置畫面，充分發揮其想像，其布局應更能靈活變化。因此文人以園林比擬圖畫，表示園林的布局及景觀呈現的正是和諧統一且經過設計的畫面。而杜荀鶴則更誇張地說：「帶郭林亭畫不如」（〈夏日登友人書齋林亭〉卷六九二），表示園林之美勝於圖畫，於是遂有園林值得入畫的想法：

此地唯堪畫圖障（白居易〈題岳陽樓〉卷四四〇）

荷塘煙罩小齋虛，景物皆宜入畫圖。（司空圖〈王官二首之二〉卷六三三）

他時憶著堪圖畫（曹松〈題昭州山寺常寂上人水閣〉卷七一七）

憑欄堪入畫（王周〈清漣閣〉卷七六五）
何似先教畫取歸（方干〈鹽官王長官新創瑞隱亭〉卷六五一）

或者也有實際的行動將園林入畫，如「憑君命奇筆，為我寫成圖」（李中〈題徐五教池亭〉卷七五〇）。於是園林在不斷經營進步之後，不但其本身可資遊覽賞玩，飽飫文人們的山水病癖及對自然的孺慕之情；而且還進一步地取入圖畫中，讓無法親涉其境者，也能披圖神遊，以慰其林園山水之思；奔走於宦海的李德裕即曾命畫工圖取其園以供其閱遊（卷四七五）。唐代雖不是中國山水畫的成熟鼎盛期，但也有重要的開展，並出現了山水畫論，在園林如畫的想法中，繪畫理論應也多多少少、自覺或不自覺地得自園林布局理念的啟發，並也相對地運用於造園之中。總之，園與畫的關係確實已在唐代文人的注意中隱隱地相互影響著了。

四、光影美感與空間變化

光，是空間的品質之一。有光線，空間才呈現；沒有光線，空間就隱沒。光增加亮度，也就增加視覺上的空間廣度及深度，一切景物都清楚明白地展現。如「野日初晴麥壠分」（盧綸〈早春歸盩厔舊居卻寄耿拾遺湋李校書端〉卷二七八）、「晴光分渚曲」（馬戴〈題吳發原南居〉卷五五六），都是日光開啟了景色，把渚曲麥壠的空間布局歷歷地呈現出來。因此，祖詠讚歎道「霽月園林好」（〈清明宴司勳劉郎中別業〉卷一三一），而錢起「廢卷愛晴山」（〈裴僕射東亭〉卷二三八），都說明光線把園林景色點染得明媚清亮、朗麗可人，特別顯其奕奕神采。

「光線是生命當中最具顯現力的元素之一」，「一道光線，帶著賦有生氣的信息，它是超越的，不可知的，不可視的。」[127]光，使世界上的生命得以存續，保有活力，一片光亮明耀的園林便也充沛著生氣，呈現一片欣欣向榮的健朗之美。而園林的景物中，亮度彩度最高的該是花卉，第三節已論及花色把園林照得燦亮明媚，並染紅了地面、衣襟。原來「所謂明亮，不僅是指任何暴露於一個直接的光線之下的任何東西而已，並且也是指所有那些本身似有照明性的色彩而言。」[128]這些明亮的色彩在均勻受光的時候，它身上的明亮性看起來好像是自身就本具的一種特性，所以明豔燦爛的花朵可以變成照明體，把四周景物照染得一片明亮，園林就因而顯得生氣盎然、活潑豁朗。在唐人園林裡，栽植花卉以增加明亮度、以照染景物的情形，是詩文中較常見的。另外，相對的方法是砍伐蓊密的林木，像前述的杜甫剪伐惡竹千竿與白居易剟竹待月即是，又如韋應物刊除朽枿蕪穢，而後「始見庭宇曠」（〈新理西齋〉卷一九三），都是以砍伐剪除的手法，使光線不再全部被遮擋而能透照下來，景物遂煥然明亮起來，空間也感覺廣闊增大了。

水是很好的反光體，把光線折射後再投到水岸的建築體或花草身上，過於耀眼的強光使這些被反光照射的物體忽然隱沒不見；當一面牆壁消失在光亮中，空間阻隔也會因而被打破。遇上池水搖蕩生波時，反光遂一亮一暗地浮游於牆屋花草之上，一閃一滅的景物忽然呈現又忽然消失，空間忽大忽小，景象變得異常詭譎迷離。因此，光是園林空間變幻的要因，也是園林意境氣氛的變素。（參第二節）

當一個物體均勻地吸收光源，好似那光亮就是它本具的時候，那物體看起來會是一片平面，顯得靜駭；當明與暗、光與影相對比時，物體看來卻是具有深度的立體，顯得幽邃深遠。《視覺經驗》提及光影時說：「藝術家可用無限數的方式變化明暗間的對比，這使得他們有可能在觀者內心引起同樣無限數的感興。因為我們在反應一種明暗值變化時，會產生許多不同的聯想。」[129]所以，從深度及立體感來追求園林引起感興的意境時，林木與光線的交錯又變成非常重要：

[127] 見安海姆著，李長俊譯《藝術與視覺心理學》，頁三〇一、三三二。

[128] 同[127]，頁三二二—三一三。

[129] 見 Bates Lowry 著，杜若洲譯《視覺經驗》，頁三一。

空林網夕陽（王昌齡〈灞上閒居〉卷一四一）
檻林礙日吟風葉（杜甫〈堂成〉卷二二六）
花添竹影繁（權德輿〈暮春閒居示同志〉卷三二〇）
月過修篁影旋疏（李咸用〈題劉處士居〉卷六四六）
篩月牽詩興（李中〈庭竹〉卷七四八）

樹葉之間留有空隙，正可篩漏日月的光線，映在地面或牆壁上的，便是光影交錯的一大片網狀。光影交錯的景象具有深沉靜默的性格，人在這靜默深沉之中易於觸動心靈底層的事物，那些事物穿過時光歲月之網，緩緩浮上心口腦際。如若再有微風吹拂，樹葉婆娑而光影搖晃，在閃爍不定的網影中，一切浮漾的往事舊物也迷離撲朔起來了。一些心靈深處的牽動正好撩起滿懷的詩思，李中的體驗正暗合於《視覺經驗》的理論。也就是說，光與木的光影變動不僅增加空間的深度、立體感，同時還能營造出富於詩情感興的意境。

光是空間的品質，同時也是時間的表徵。像「地侵山影掃」（賈島〈送唐環歸敷水莊〉卷五七二）、「片月影從窗外行」（方干〈題法華寺絕頂禪家壁〉卷六五二），影子的移動正是時間的晷，強烈地反映出瞬間流逝、變動不居的特性，遂引起文人無限的時間感慨、生命的意識，因而也是觸動詩情的根源。至於從「朝光先照山」（長孫佐輔〈山居〉卷四六九）、「林外晨光動」（溫庭筠〈清旦題採藥翁草堂〉卷五八一）開始，到「落日照林園」（韋應物〈林園晚霽〉卷一九一）、「千家落照時」（錢起〈題蘇公林亭〉卷二三七），是一天的流逝，就在東升西降的不斷重覆之中，呈現了時間、季節周而復始的生命循環。而文人對夕陽返照似乎較晨光更有興趣，也許是「殘陽照樹明於旭」（薛能〈重遊德星亭感事〉卷五五九）的絢爛霞彩吸引人，也許是「深巷斜暉靜」（王維〈濟州過趙叟家宴〉卷一二七）的一派和諧令人深深感動。總是一日將盡，白日的活動奮揚漸趨落幕平靜下來，人的感慨遂也特別深長；總是夜將來臨時，人最切盼得到一個安頓身心的場所，而園林正是這個安身立命的歸宿。因此，不論是空間品質或時間表徵，光影的變化實為園林意境的重要變素，對於園林布局的整體呈現具有相當深遠的影響。

綜觀本節所論，唐人的空間美感與園林布局，大約可歸納要點如下：

其一，在嚮往大自然名山勝水的心理下，唐園林喜愛模仿江南或勝地的風景。但囿於空間及地形的限制，只能以縮移的手法來寫意其景，從而引導遊賞者在小中觀想大山水。於是促使唐代園林走向寫意、象徵、小中見大的藝術化境地。

其二，使小空間能夠游刃有餘的寫意手法，在唐代文人的理念中已掌握到相地、因隨、得勢、造勢等空間布局的大原則，以閒逸簡樸的手法來點化景觀，使合於自然造化，在小空間限制中呈現出大化的氣象。

其三，遊園最主要的動線是路徑，通常採用紆曲盤折的形式來增加空間感，使園景變得幽邃莫測。他們並且由自然山水園中發現動線曲折的「之」字原則。紆迴的園路常常製造似無還有、忽然轉出新景的驚喜，富於戲劇起伏的律動之美。同時也在園林或建築的入口處擺置或栽種花木，造成先抑後揚、壺中天地的情趣。

其四，廊道是高山崖澗的常見動線，用以聯繫建築，因其能適應崎嶇坎坷的山勢而或高或低地盤迴，故而迴廊或高山廊成為園林裡靈活變化並聯繫貫串的脈絡動線。此時已出現複廊的形式。彎曲如虹的橋樑也是水面重要的動線血脈，均以委婉曲折的方式來增加視覺美感及園林空間深度。

其五，為了空間的通透交流，借景手法已相當普遍使用。遠借、近借、仰借、俯借等方式均能推擴園林的空間、增添園林景觀，它們皆被後世造園家推為重要的造園原則。同時唐代文人還注意到聲音、風息、氣味的借入，改變了園林的意境氣氛並增擴了悠漫的時間內容。

其六，分隔空間的牆垣或以窗牖來流通空間；或以素白粉壁的易隱沒在煙雨虛無中來泯化被截劃割閡的空間阻礙；同時以粉牆為畫紙，其前立以奇石花木，以形成山水圖繪；或者以茂密的花木來掩映牆垣，使其隱約含斂。凡此種種均是園林空間布局上的通透流暢、遼遠飄渺的手法，使園林空間得以推展成無限。

其七，對於園林的空間美感，已釐出曠與幽兩種相對的風格，兩者實可統一在同一個園林裡，成為開闔豐富變化的空間設計。同時也出現園林如畫的評論，並實行取園入畫的做法，使披圖神遊能慰藉宦游者之情思；遂也開展了園林與山水畫互相啟發引導的正面影響。

其八，文人已重視光的種種作用對園林空間及景觀所產生的影響，尤其注意光影變動能增加空間深度與詩情意境的事實。故而在花卉與林木及山水建築之間關係位置上可加以適度的控制，以掌握光影對園林品質及風格的影響。

第四章

唐代文人園林生活的內容與形態

生活，本來應該很日常，因為人無時無刻不在生活。可是園林生活在唐代，對某些文人而言是生活的常態（日常全部），對某些文人卻只是生活的點綴而已。加以自然季節的變化，也影響到文人園林生活的或頻繁或稀少；因為春秋代序，陰陽慘舒，四季的流轉所產生的物色變化，必然也為園林的景致帶來豐富的面貌和風格，隨之人的活動也相應地有不同的形態呈現。

春天從嚴冬的蟄藏中復甦，萬物展露欣欣向榮的生氣，自然界色彩新鮮繽紛，姿態妍麗嬌媚，是個充滿活力而且熱情奔放的季節，把所有的精采都向外發散。於是遊春賞春的活動也隨之活絡起來，唐人飛走奔馳、互相邀攜著在園林擺設宴席，也以熱情歡恣的向外發散的生活方式來回應春光。（參第二章第五節）這類春光型的生活並非日常，而是生活的點綴；因為他們不能天天擺席赴宴，時刻狂歡奔走，那應酬不但膩煩而且疲憊。夏日，氣溫升高，豔陽強照，炎酷的熱氣使人煩躁不安，園林的幽寂和樹木的濃蔭是避暑佳地，人在這裡得到清涼的洗滌，可以沉靜地度過清明漫長的夏季。因此，酷暑使園林的價值在生活日常中特別凸顯，幫助人們從昏沉濁滯中脫離出來，在炎酷中仍然保有身心的某種水準境界。尤其文人們可以在清淨靈明的狀態下讀書、思辨、創作、談議，這些活動除了一部分因與群伴共行的酬應而帶有春光色彩之外，大多是自己個人向內收束沉澱，以平靜悠閒的心境長期地坐臥行遊於園林中，是十分日常的。秋天，生命的萎縮凋零使天地蕭條枯瑟，文人面對這些景象多半撩起許多愁緒，引發自己的身世之感。詩文中顯示園林在秋天活動較少，寒冬則更是躲進堂屋之內，少有音跡。

茲列舉三段文字於下以見園林活動的季節性：

> 降及中古，乃有樓觀臺榭，異於平居；所以便春夏而陶湮鬱也。（歐陽詹〈二公亭記〉文卷五九七）
>
> 春之日，吾愛其草薰薰、木欣欣，可以導和納粹，暢人血氣。夏之夜，吾愛其泉渟渟、風泠泠，可以蠲煩析醒，起人心情。山樹為蓋，巖石為屏……（白居易〈冷泉亭記〉文卷六七六）

歲寒何用賞，霜落故園蕪。（孟浩然〈尋張五回夜園作〉卷一六〇）

白居易提起自己對冷泉亭的喜愛，春天愛其草木欣榮，一片和暢生氣，夏日則愛其澄淨冷涼，使人清醒振作。接著的秋冬卻沒有了下文，若秋冬尚有什麼教他眷戀的景象，應也會提及，可是他卻默然於此二季。就如歐陽詹認為園林建築中具觀景作用的樓觀臺榭等是「便春夏而陶湮鬱」一樣，也只及於春夏而略秋冬，可見春夏正是園林生活中的高潮。其實，臺榭亭閣等建築講究的通透簡易的空間特色，正是適合於春夏需要的流暢陰涼與觀景賞憩。到了秋冬，寒凍凜冽的氣流則要擋阻於屋室之外，加以景氣蕭索、無甚景色，因而孟浩然會說「歲寒何用賞」。因此，就園林活動而言，春夏是最頻繁的。春光爛漫之際，人們的活動也如燦然的百花般活躍，人與景交融成一片向外放射的喜氣與光芒。夏日的文人則紛紛避到林亭之下納涼去暑、下棋讀書、談議品茶，或閒坐飲酒詠詩，呈現沉靜的氣質和內向收束的蘊藉，人與景交融成一片平和寧謐。秋天的蕭瑟往往是文人獨自傷懷的時候，園林裡的文人或獨抱七絃古琴，倚窗對著明月樽酒，淡淡地彈奏〈秋思〉，慨歎知音難逢，因而孺慕古風或思念親友。到了寒冬則閉門屋室，人完全蟄伏收束，與自然沒有交流。而在春夏兩個與自然交通最熱烈的季節裡，春天比較是向外的、追逐的（狂賞）；夏日則比較是隱逸的、收束的。一以生命熱力相碰觸；一以心靈相冥契匯流。

第一節 宴遊應制與人文入世——春光型

遊宴之風早盛行於六朝，遊宴之所又以園林及名山勝地為常。唐代仍然承繼此習，尤其園林的興盛對盛行遊春的唐人而言是一大方便。園林中的山水花木及特意經營布局的情境，正是可資遊賞的佳地；園林中的亭臺樓榭正可擺設宴席，不受氣候影響。擁有園林的文人，在私人作息起居之外，由自家屋舍向外面塵世接觸的過程中，園林也正是過渡的空間，提供了應酬交際的場景。這樣的生活對文人的文學創作具有強制性的催迫力量，從而產生應制奉和等詩文作品。不僅宴遊本身盛於春日，其活動過程的發散性精采性，也正是春光灼燦的特徵，茲分宴遊內容及詩文創作與詩文特色等方面論之。

一、宴遊內容與應酬性

宴遊，顧名思義，是擺設宴席款待賓客，並且相攜遊園，屬於與人交往應答的酬際事務或相互傳達情感的活動，氣氛以歡樂熱鬧為主。宴席上除了飲食佳餚的供應之外，還有娛樂節目的表演。常見的娛樂節目是音樂歌舞，如：

平陽擅歌舞，金谷盛招携。（劉洎〈安德山池宴集〉卷三三）

綺筵歌吹晚，暮雨泛香車。（王勔〈晦日宴高氏林亭〉卷五六）

拂水低徊舞袖翻，緣雲清切歌聲上。（杜甫〈樂遊園歌〉卷二一六）

還將歌舞出，歸路莫愁長。（王維〈從岐王夜宴衛家山池應教〉卷一二六）

歌聲送落日，舞影迴清池。（李白〈宴鄭參卿山池〉卷一七九）

歌舞為宴飲帶來輕鬆與歡樂，此時主客的焦點大約都集中在表演節目上，正如劉長卿一首〈過李將軍南鄭林園觀妓〉（卷一四七）一樣，園林是為了表演而提供的場地，一切的山水景物於此都退居為背景。此刻，人與人的酬酢應對及情誼交流的重要性勝過人與自然的交應賞玩及美感觸動。既是與人交往溝通，須要輕鬆歡悅的氣氛來帶動，於是盛行於唐代的燕樂就廣見於宴席之上。燕樂有歌、有舞、有器樂❶，器樂部分似乎更為文人所關注。它可以是綜合演奏或大曲的片段，如陳子昂〈晦日宴高氏林亭并序〉所述的「蓁絲管於芳園，秦箏趙瑟」（卷八四）；也可以是單獨彈奏琴曲，如楊師道有〈侍宴賦得起坐彈鳴琴〉（卷三四），那麼文人們不僅靜坐觀賞歌舞表演，有時興致一起或眾人慫催，也會親自表演起來，以娛樂朋群，以與大眾融為和樂的無隔的一片，或也趁此表現自己的琴詣。總是以熱鬧盡興、歡樂親和為宴遊的圓滿。可能在所有的音樂表演中，最為當時文人們所樂道的是琴曲獨奏，所以在宴遊詩文中便時常出現琴與酒的並提：

琴酒俗塵疏（李嶠〈奉和幸韋嗣立山莊侍宴應制〉卷六一）

琴酒逐年華（劉友賢〈晦日宴高氏林亭〉卷七二）

還將石溜調琴曲，更取峰霞入酒杯。（李嶠〈奉和初春幸太平公主南莊應制〉卷六一）

葛弦調綠水，桂醑酌丹霞。（高紹〈晦日宴高氏林亭〉卷七二）

流水抽奇弄……清尊湛不空。（王勃〈春日宴樂遊園賦韻得接字〉卷五五）

❶ 參楊蔭瀏《中國古代音樂史稿》第二冊，頁三二一—三三五。

秉燭夜遊・宋馬麟畫　臺北國立故宮博物院藏

琴，於此也許是整個伎部的代稱，還是指大曲之類的合奏歌舞，但對燕樂盛行、琵琶等胡器漸興❷的唐代而言，這些文人強調古琴當有其寓意（詳第五節）。總是，琴酒並舉是宴席的歡樂熱絡的表徵，也是人情的交流暢達，就在杯觥交錯與樂音飄揚中，人的情意也隨之傳送。人，在這園宴之中成為主角，這類園林生活是十分人情的、入世的。至於像「座密千官盛，場開百戲容」（蘇頲〈奉和恩賜樂遊園宴應制〉卷七四）或「百戲作」（符載〈上巳日陪尚書宴集北池序〉文卷六九〇）那樣，以有情節故事的散樂作為宴席中的娛樂內容，就又更增添了人事成分。就在這類園林活動中，充滿了人世的種種關係，塵俗的色彩非常濃厚。

宴飲既然設在園林中，遊園賞景的活動必也是重點之一，這就把人與人的關係推廣為人與自然。可是在許多大型的宴遊裡，賞玩景色似乎常變成人與人情誼建立的方便，而非純粹的美感欣賞，如：

> 入朝榮劍履，退食偶琴書。地隱東巖室，天回北斗車。旌門臨窌窱，輦道屬扶疏。雲罕明丹壑，霜笳徹紫虛。水疑投石處，溪似釣璜餘。（宋之問〈奉和幸韋嗣立山莊侍宴應制〉卷五三）
>
> 松門駐旌蓋，薜幄引簪裾。石磴平黃陸，煙樓半紫虛。雲霞仙路近，琴酒俗塵疏。喬木千齡外，懸泉百丈餘。崖深經鍊藥，穴古舊藏書。（李嶠・上引）
>
> 上序春暉麗，中園物候華。高才盛文雅，逸興滿煙霞。參差金谷樹，皎鏡碧塘沙。蕭散林亭晚，倒載欲還家。（弓嗣初〈晦日宴高氏林亭〉卷七二）

賓客對於所遊所見的園景的稱許，主要來自人文的內容，有其故實或規格，而比較不是直接落於山水景物自身的美感。這就使遊園活動在詩文中被虛化，只成為對主人大加讚美的機會，賞遊遂難以獨立在人情人事之外，不是自然景色的全然投入、純粹品賞與直接對話。因而園林景色在此也是退隱在典故及人文的背後，顯不出生命鮮活的具體獨特。大多的寫景都在誇稱其如仙境紫虛般的奇異，或以金谷典故來強調其富麗。

❷ 同❶。

當然，能夠放下人的應酬或姿態，進入山水景物之中的宴遊，也是有的，這就比較是個人小型的聚會，如：

> 南園春色正相宜，大婦同行少婦隨。竹裏登樓人不見。花間覓路鳥先知。櫻桃解結垂簷子，楊柳能低入戶枝。山簡醉來歌一曲，參差笑殺郢中兒。（張謂〈春園家宴〉卷一九七）
>
> 垂楊拂岸草茸茸，繡戶簾前花影重……落日泛舟同醉處，回潭百丈映千峰。（韓翃〈宴楊駙馬山池〉卷二四五）
>
> 柳陌乍隨州勢轉，花源忽傍竹陰開……山下古松當綺席，簷前片雨滴春苔。（郎士元〈春宴王補闕城東別業〉卷二四八）

這些詩文沒有應制的要求，不必限制於規格中，不須冠冕堂皇地照顧太多面以做某些交代，因此用比較輕鬆自在的心情去遊覽，就比較容易看到各景物的面貌神情，聽見它們的聲音。於是，遊的趣味呈現了，美感也領略在心了。所以我們看到張謂的家宴，不僅飲食之間人人皆和樂，極度自由，而呈現在他們眼中的園景也是諧趣滿盈且饒富情致。韓翃與郎士元也在宴遊之中欣賞到細緻的景象：繡簾映透著花影、簷雨滴灑著春苔、潭映千峰、陌隨勢轉，這都須要閒逸逍遙的心靈才易契悟。這裡文人們把人際放下，進入了自然，真正看到山水景色的容貌。

因此，宴遊風尚大約可細分為兩類，這與宋肅懿先生所說「長安市民又喜盛宴，有朝廷賜宴與私人宴會二種……在都城中，一般宴會多在園林別墅，歲時行樂」❸的兩類不甚相同，是就實質宴遊的重點而分的，一者以人事活動為目的，在應制酬酢中周旋，一者稍能進入山水之美；然而後者是相當微弱的一點聲音，前者則是主流。宋尤袤的《全唐詩話・卷一李適條》載：「凡天子（中宗）饗會遊豫，惟宰相、直學士得從，春幸黎園並渭水祓除，則賜柳圈辟癘。夏宴蒲萄園，賜朱櫻。秋登慈恩浮圖，獻菊花酒稱壽。冬

❸ 見宋肅懿《唐代長安之研究》，頁一三五。

幸新豐，歷白鹿觀……帝有所感，即賦詩，學士皆屬和，當時人所欽慕。然皆狎猥佻佞，忘君臣禮法，惟以文華取幸。」皇帝遊幸賜宴而應制的作品在今《全唐詩》中以春幸芙蓉園、桃花園為多，且也偶至公主貴戚及寵臣園林而命賦詩的。而私人宴會中的唱和依韻之作，也與皇帝命制同屬酬應規格式的宴遊，它們都以人文的活動及表現為主，氣氛通常是歡愉熱鬧的，山水自然只退居為人事的背景；即使遊園賞景也帶著濃厚的人情世故。因此，園林正是社交入世的場地，山水正是主客雅興的標幟、缺乏獨立自性的工具。少部分小型的宴遊才正視園林山水景致，欣賞其美感，但也多半靈光乍現，而以格套收場。

從宴遊活動的特質看來，園林生活只是貴族大夫們的點綴而已，看似繽紛精采卻非日常，屬於春光型。他們在園林的時間並不長，徒然以擁有園林或參與聚宴為一種身分象徵或雅興的表現。我們可以從幾首詩文看到這春光型園林生活的乍放乍謝後的寂寥：

> 水木誰家宅，門高占地寬……試問池臺主，多為將相官。終身不曾到，唯展宅圖看。（白居易〈題洛中第宅〉卷四四八）
>
> 迴看甲乙第，列在都城內。素垣夾朱門，藹藹遙相對。主人安在哉，富貴去不迴。（白居易〈自題小園〉卷四五九）
>
> 虛度年華不相見，離腸懷土併關情。（武元衡〈南徐別業早春有懷〉卷三一七）
>
> 鄉園一別五年歸……難說累遷還卻去，可憐榆柳尚依依。（薛能〈留題汾上舊居〉卷五五九）
>
> 主人常不在，春物為誰開。（韋莊〈寄園林主人〉卷六九六）

白居易另有詩道：「大有高門鎖寬宅，主人到老不曾歸。」（〈履道居三首之一〉卷四五一）原來這些園林主人是為了富貴功名而奔逐於塵世，園林一方面只是他們心靈的慰藉，所以展視宅圖便是主人與園林之間的情分了；另方面園林也是他們身分地位的象徵，門高占地寬、素垣夾朱門，多麼氣派。只可惜空鎖一園的春景，這不僅是白居易與韋莊的酸詩語，武元衡自己都感歎虛度年華，五年不見南徐別業。第二章論及李德裕的平泉莊時，知李德裕奔走三十年未曾回莊，只在詩文中時時「思」、「憶」、「懷」想其莊園。而在《全唐詩》中，這種憶懷園林的作品並不少，足見長年在外而不居園林的情況在唐代士大夫階級的文人世界裡是很普見的。這些人的園林生活經驗只是春天「花開花落二十日，一城之人皆若狂」（白居易〈牡丹芳〉卷四二七）的牡丹式燦然乍放的宴遊，是生活、身分的點綴，屬於人文的、入世的春光型。

二、詩文的產生

在宴遊之中往往有賦詩聯句等應制酬唱的文學活動。就參與唱和的個人而言，其創作的動機來自於外力，是被指定的；就整體的宴遊活動而言，卻是娛樂方式之一，一種展示文才的高雅娛樂。何況在唱和之中又能達到交流情誼、圓融人際關係的實質效益。可是這種場合，文人們喜歡為其集體文學創作增益上更正大而堂皇的意義，這意義也許不是子虛烏有的捏造，也許正是文人們感同身受的想法心得；但其純粹度與絕對性是被應酬的事實所拒斥了。

在宴遊中賦詩吟詠，常見的名義是記錄，如：

> 共題橫吹之篇，用記茲辰之樂。（王勃〈夏日宴張二林亭序〉文卷一八一）

> 所以列坐羲皇之代，安歌帝堯之力。陽光稍晚，高興未闌。請諸文會之游，其紀當年之事，凡厥眾作，列之於後。（楊炯〈晦日藥園詩序〉文卷一九一）

> 爰命牋札，咸令賦詩，記清夜之良遊，歌太平之樂事。（宋之問〈奉陪武駙馬宴唐卿山亭序〉文卷二四一）

> 外物獻美，中懷有融，高興格於丹霞，餘思垂乎清晝。四座相顧，請予所尊，悅題賦詩，無忘盛集。

（潘炎〈蕭尚書拜命路尚書就林亭宴集序〉文卷四一二）

大抵文友群聚、同僚會集，共度歡宴遊賞的快樂時光，是難得之事：不僅為平淡的日常生活增添熱鬧生氣，為奔波繁重的政宦生活稍予抒解放鬆，也為原本孤孑的生命個體帶來互通縮結的喜訊；同時，在天時、地點、人眾三項要素的比對下，每一場宴遊都是唯一的，永不重複，因而每一回聚宴都珍貴且值得留念，所以要記錄下來以茲回味，無忘盛集。當然，曲折多慮的文人還會為這盛會扣上太平盛世、人君賢能的高帽，這就更值得歌頌記錄下來了。傳錄，本是文學功能之一，只是此處文學的產生與園林物色並無直接或緊要的關係，倒是人事的動機促成了文學創作。

俗云天下無不散的宴席，再歡悅的集聚終會結束，因此當曲終人散時，由熱鬧喜樂中急遽地掉落為寂靜孤獨，便有強烈的失落感；歡樂的時光遂益形短暫了，就敏感的文人而言，這可預見的失落就成了宴席上更具深層意義的創作動機。如：

他鄉易感，增悽愴于茲晨；羈客何情，更歡娛於此日。加以今之視昔，已非昔日之歡；後之視今，豈復今時之會。人之情也，能不悲乎？（王勃〈三月上巳祓禊序〉文卷一八一）

歡窮興洽，樂往悲來，悵鸞鶴之不存，哀鵜鴂之久沒。徘徊永歎，慽慨長懷，東方明而畢昂升，北閣曙而天雲靜。悲夫向之所得已失於無何，今之所遊復羈於有物。詩言志也，可得聞乎？（陳子昂〈薛大夫山亭宴序〉文卷二一四）

終宴一夕，寄懷千載。（顧況〈宴韋庶子宅序〉文卷五二九）

歡樂有窮盡終止之時，尤其像這類會聚多方之士的宴遊更是無所保障，誰都不知道此去能否再聚得齊。多感的文人們於是徘徊永歎，慷慨長懷，詩文的創作便一方面是「千載之下，四海之中，後之視今，知我咏懷抱於茲日」（王勃〈秋日宴季處士宅序〉文卷一八一），把歡樂時光延續到千載之下，空間推擴到四海之中，讓所有的人知其懷抱，把人的時空悲情用文字表達出來，進入詩言志的文學初衷。可惜這些都是寫序者的感發，至於那些參與應酢的人，在「人賦一言」的規定下，是否也同樣情思滿懷，發言以抒志，就沒有保障了。另方面最典型因時空悲感而創作的宴集是餞別，如王勃〈秋日楚州郝司戶宅餞崔使君序〉中，就感歎道：「嗟乎！此歡難再，慇勤北海之筵；相見何時，惆悵南溟之路。請揚文筆，共記良遊。」（文卷一八一）此去北海南溟天涯懸隔，是苦；時間也在空間的阻隔之下逐漸流逝，不知相見何日。當然，共記良遊的人也可能應酬地吟寫，但離別在即的勢況，易於傷愁的文人應也或多或少有感有應地出於真情。

總之，園林宴遊所產生的文學活動，不論是記錄歡樂良辰、傳知千載四海、慨歎此歡難再或是餞別友人，都是由人事所興發，是鍾嶸《詩品》序所說「嘉會寄詩以親，離群託詩以怨」一類的感於事而騁其懷的文學創作因由。因此，這些宴遊文學與園林的關係是人事與地點背景的存在關係，而非搖蕩情性的感應關係。

然而，文人們對於物色的感動總有其某種程度的敏銳，置身園林之內的文人，對山水花木的姿態神情不能無所見。因此，儘管宴遊應制的詩文創作動機來自人事，但作為背景的園林景物也正可以成為表情的意象。尤其是一些不受應制格套所束縛者，依然可以有其精神之遊，而「流連萬象之際，沉吟視聽之區」所以，園林景色仍可稱得上是「文思之奧府」（《文心雕龍・物色篇》）。起碼，這是文人們理論上的共識，所以他們說：

> 南國多才，江山助屈平之氣。況乎揚子雲之故地，巖壑依然……五際飛文，時動緣情之作，人分一字。（王勃〈越州秋日宴山亭序〉文卷一八一）

> 操觚染翰，非無池水助人。盍各賦詩，式昭樂事云爾。（駱賓王〈秋日於益州李長史宅宴序〉文卷一

九九）

沉陽春召我以煙景，大塊假我以文章……不有佳作，何伸雅懷。如詩不成，罰依金谷酒數。（李白〈春夜宴從弟桃花園序〉文卷三四九）

耳目所及，異乎人寰。志士得之為道機，詩人得之為佳句。（權德輿〈暮春陪諸公游龍沙熊氏清風亭詩序〉文卷四九〇）

由於山水物色的變動，搖蕩人心，足以興情感志；情志滿懷便須抒發而成為詩文佳句，這就切合於緣情言志的文學自然本懷。這些感於人事聚散的宴集詩文，因為加上「如詩不成，罰依金谷酒數」或「人分一字」的規定，入興之間就容易因壓力限制而變得緊狹；於此雖不易很自然地因情溢而辭發，但園林物色仍提供了意象以便於文人的援引應用。因而，園林仍為唐人宴遊的重要場地。

科舉考試是唐代讀書人的重要大事，詩賦文才又是熱門的進士科中重要的取用標準，投刺遂成為考前文才宣傳的一個重要方式❹。許多文人在科舉及第前藉著宴會上的行酒賦詩以逞其才思文藝，以博得試前的良好印象與肯定，均有助於考試結果的取落；所以為文學而文學是此類宴遊的重要目的之一。此外，已及第或為官者，藉此而廣交朋僚，促進情誼建立交情，並以文詞來歌頌讚歎，皆有助自己人際網脈的擴展與鞏固；所以為入世人情而文學，也是此類園林活動的另一重要目的。

總之，園林宴遊而產生文學作品，在應制酬答的需要下，園林通常是幫助表達情志的意象資源，比較不是興發情志的觸動根源。這仍然肇因於宴遊本身以交際為目的的特質，山水景色隱退為背景，人現前為主題，正如王勃所說的「烟霞受制於吾徒也」（〈仲氏宅宴序〉文卷一八一）。園林只是這類文學創作的資助，扮演被典故化、被虛化的裝飾角色。

❹ 參李樹桐〈唐代的科舉制度與士風〉，刊《唐史新論》，頁一－六八。

三、宴遊的文學主題

園林宴遊而賦詠詩文，作為一種酬應，最普遍且最符合人情之常的內容，是歌頌。首先是讚美此次活動的圓滿成功，那自然是要表現歡樂：

賞洽林亭晚，落照下參差。（高瑾〈晦日重宴〉卷七二）

喜氣流雲物，歡聲浹里閭。（趙冬曦〈奉和聖製同二相已下群官樂遊園宴〉卷九八）

歡娛屬晦節，酩酊未還家。（解琬〈晦日宴高氏林亭〉卷一〇五）

萬乘親齋祭，千官喜豫遊。（王維〈三月三日曲江侍宴應制〉卷一二七）

歸時不省花間醉，綺陌香車似水流。（劉滄〈及第後宴曲江〉卷五八六）

遊者覺得盡興，縱情長飲而酩酊飄然，便是主人的成功、席宴的圓滿，於是這類酬應詩作總在詩末帶上歡娛興洽的一筆。當然，歡娛偶而也來自遊賞的美景，因此詩中高瑾有「柳葉風前弱，梅花影處危」之句，趙冬曦有「柳翠垂堪結，桃紅卷欲舒」之句……這其實也是歌讚宴遊地點的選擇適切，故可盡情賞玩，仍是對宴遊活動成功的歌頌。而文人們尤其明白，要顯現快樂，只圖寫人的笑貌是虛泛而浮兀的，必得與整個時空相結合，四周皆洋溢活潑愉悅的氣氛，人的歡樂才真正深邃而和諧。讚美佳景良辰，亦即讚美主辦者；尤其稱賞的是某座園林美境，亦即稱賞主人，因而在詩文中便大致呈現先讚頌園林，再讚頌宴遊歡娛的規格。如此一來，藉由文學創作就將園林與宴遊活動在空間存在之外的關係串聯起來。即使在他們的活動中，園林景物只是背景，卻是他們達到圓融人情世故的重要空間工具。

另一類歌頌的對象是人——宴遊活動的主事者或參與者，如：

> 聖朝多樂事，天意每隨人。（張說〈恩賜樂遊園宴〉卷八八）
>
> 道言莊叟事，儒行魯人餘。（王維〈濟州過趙叟家宴〉卷一二七）
>
> 非常侍無以康護全蜀，非中丞無以恢建盛烈，熊羆二美，輝映一時。（符載〈九日陪劉中丞賈常侍宴合江亭序〉文卷六九〇）
>
> 中朝駙馬何平叔，南國詞人陸士龍。（韓翃〈宴楊駙馬山池〉卷二四五）
>
> 飲酒賦詩，皆大國聖朝群龍振鷺、握蘭佩玉者也。（顧況〈宴韋庶子宅序〉文卷五二九）

讚美人，首先在針對他所樂聞見的話題而誇歎，因此，皇帝的賜宴說是聖朝多樂事，合於天意，故能行事順遂，把皇帝吹捧得樂不可抑；樸實的村園老人，則說其合於莊子的自然之道與儒家的質實之行；達官顯貴的陪宴上，則歌讚其政績治功之煊赫；乃至所有與宴者，都稱為文才卓越、德品高潔的君子。這些讚語不外是增進彼此感情、搭建良好關係、製造和諧喜樂氣氛的產品，十分熟悉且具規則，似乎在許多場合狀況下，也可以常見的歌頌內容。這就使其文學主題與園林之間不具關係，文學獨立在園林之外，以成就其以人為主、兼顧世情的目的。可是，有些讚美宴遊主人的詩文，就能把主人之好與園林結合起來述說，如：

> 君子體清尚，歸處有兼資。雖然經濟日，無忘幽棲時。（張九齡〈驪山下逍遙公舊居游集〉卷四七）
>
> 鼎臣休澣隙，方外結遙心。別業青霞境，孤潭碧樹林。（徐彥伯〈侍宴韋嗣立山莊應制〉卷七六）
>
> 西京上相出扶陽，東郊別業好池塘。自非仁智符天賞，安能日月共回光。（張說〈奉和聖製幸韋嗣立山莊應制〉卷八九）
>
> 形制所選，地從主人。窮土木之幽荒，尋柏亭之奇構……有太平君子之光，見可久賢人之德。（潘炎〈蕭尚書拜命路尚書就林亭宴集序〉文卷四四二）
>
> 門向宜春近，郊連御宿長。德星常有會，相望在文昌。（孫逖〈和韋兄春日南亭宴兄弟〉卷一一八）

宴遊地點的清幽，正可顯示主人的高情雅興。故一筆帶過地稱歎主人園林之佳好，一方面既可歌頌其經世濟民的偉大功業勳職，一方面又能歎美其與自然山水為群的逍遙淡泊的情操。這遂正中主人的胸懷，而且也間接指出了園林之美與重要性；只是尚未進一步直接進入景物生命中，與之見面交談，點出自然山水獨立的美感生命，山水景物尚未在詩文中直接地露面，只是依附在主人的身後而已。這裡，歌頌的是園林主人的清尚逍遙、仁智賢德，園林是顯示主人格調品味的指標。但是僅此，就已經貼合人與自然的體道冥道的關係，只是這關係是被架空地概念化地呈現出來的。無論如何，這類以園林之佳好來讚頌主人的宴遊作品，確實碰觸到人與自然關係的某一面，但是這層關係是作為客觀事實被陳述的，這層關係只是以人為主、概念化地成為讚賞人種種美操的注腳標幟而已；文學主題仍然圍繞著人。

再有的一類歌頌，是進一步指向園林景境的，如：

> 逐仙賞，展幽情。踰崑閬，邁蓬瀛。（上官昭容〈遊長寧公主流杯池二十五首之一〉卷五）
>
> 自得淹留趣，寧勞攀桂枝。（岑文本〈安德山池宴集〉卷三三）
>
> 幸覩八龍遊閬苑，無勞萬里訪蓬瀛。（宗楚客〈奉和幸安樂公主山莊應制〉卷四六）
>
> 畫橋飛渡水，仙閣涌臨虛。（劉憲〈侍宴長寧公主東莊〉卷七一）
>
> 靈槎仙石，徘徊有造化之姿；苔閣茅軒，髣髴入神仙之境。（宋之問〈奉陪武駙馬宴唐卿山亭序〉文卷二四一）

把園林比作神仙之境或更勝於蓬萊仙境，是對景色靈透清虛的讚賞；其實也是稱譽主人。如沈佺期所說：「皇家貴主好神仙，別業初開雲漢邊」（〈侍宴安樂公主新宅應制〉卷九六），既然皇家貴主喜好神仙，希企成仙，那麼讚其園林如仙境，無異是將主人比擬為神仙。而園林景色在此已稍具氣氛，卻仍不夠具體，形貌姿態及神色並不鮮明。但是，園林景物雖然不是文人寫作的主旨，卻由完全隱退的背景，漸漸站到幕前來，成為描寫的對象，成為文學主題之一。

歌頌以示友好之外，園林宴遊所產生的文學作品，其常見的主題還有時間感懷。從宴遊的熱鬧歡縏中驟轉為離散後的孤獨靜寂，是一個大變化，也是人生無常的凸顯，時間意識於此特別強烈。如「遽惜歡娛歌吹晚，揮戈更卻曜靈回」（李嶠〈太平公主山亭侍宴應制〉卷六一）、「歡娛方未極，林閣散餘霞」（陳子昂〈晦日宴高氏林亭〉卷八四），快樂時，時間總隱退在背後中默然，不自覺地就消逝，似乎特別迅速，掉落到靜寂裡也就特別感慨深刻；這似乎純然是人的心理作用，然而當宴遊設在園林自然中，情況就更形明顯而被加強了。原來許多園林宴遊是應時（節慶）應景而安排的，最頻繁的時候是春天，所謂「時節和暢者，其游盛；地形盤鬱者，其宴雄」（符載〈上巳日陪劉尚書宴集北池序〉文卷六九〇），時節最和暢者正是春季，園林又是表現春光最敏銳的地方，所謂「林園驚早梅」（劉禹錫〈元日樂天見過因舉酒為賀〉卷三五八），那麼迅捷地呈顯出季節轉移的消息，因而時間感懷成為宴遊的重要文學主題。

在時間感懷的主題中，園林宴遊的詩文大多表現出比較感歎的情調，如：

明年此會知誰健，醉把茱萸子細看。（杜甫〈九日藍田崔氏莊〉卷二二四）

一年始有一年春，百歲曾無百歲人。能向花前幾回醉，十千沽酒莫辭貧。（崔敏童〈宴城東莊〉卷二五八）

明月分歸騎，重來更幾春。（項斯〈春夜樊川竹亭陪諸同年讌〉卷五五四）

數人之內，幾度琴樽；百年之中，少時風月。（王勃〈秋日宴季處士宅序〉文卷一八一）

以為煙霞可賞，歲月難留，遂欲極千載之交歡，窮百年之樂事。（楊炯〈晦日藥園詩序〉文卷一九一）

從四季的輪替來看，時間是循環往復的；對比於春去春又來的時環，人的老化卻是一去不返的，此番宴集遂是獨特唯一的。因此詩文中顯現的便是要以及時行樂來回應無常，而宴遊本身正是一個好方式。另方面，青山依舊、綠水長流，對比於園林物色的恆長，人的生命歲月特別顯得短暫，人生聚散特顯無常。因此，時間意識的強烈、生命苦短的悲歎，其實都與空間的存在可識，有著密不可分的關係。李白在〈春夜宴從弟桃花園序〉中曾感慨地說「夫天地者，萬物之逆旅；光陰者，百代之過客。而浮生若夢，為歡幾何」（文卷三四九），同樣顯示出，這些宴遊的時間主題，大部分是由物色的對照所呈現、所觸動；園林景物於此就比較扮演著文學興發之源，有搖蕩性情的作用。也就是說自然山水與作者心靈於此有所碰觸，而不再只是作者因人事需要而去搜尋抓取來的表達工具。

時間，須要藉空間來顯現，物色即是。在時間的感懷中，總難免有空間情緒的因素加入。所以李白在歎光陰過客時，也歎天地逆旅；項斯歎重來更幾春的前提是明月分歸騎；杜甫憂明年此會知誰健也是含括了存在與空間的感情。餞別的宴會當是時空相交的兩重悲感，王勃寫的許多餞別序，便是時空雙悲；甚至平常的聚宴，他也會興慨「他鄉易感，增悽愴于茲辰；羈客何情，更歡娛於此日」（〈三月上巳祓禊序〉文卷一八一）。這就由園林物色的空間性而興起身世之感；雖然，眾多權貴齊聚一堂的景象，也未始不是刺激的因素，卻是在園林物色的凸顯中，更加強了文人感慨的。所以，儘管宴遊活動的內容、目的乃至文學創作的動機，都是以人為中心，以俗世人情為首要，園林只是隱退的背景或歌頌的工具；但是在某些文人某些時候的創作過程中，園林的觸興感發作用卻是真切實在的。

綜觀本節所論，宴遊的園林生活與文學創作的關係，可歸納要點如下：

其一，園林宴遊屬於人際交往應答的酬酢事務，一切活動皆以人為主，園林退居為人文活動的背景。這類活動使園林充滿俗情世故，十分入世；而其遊春與響應節慶而設的不定與非日常，使其充滿乍綻乍謝的春光特性。

其二，宴遊的內容包括宴飲、歌舞音樂表演、遊園、賦詩，氣氛熱鬧歡娛。而一切的和樂愉悅，多為了建立良好人際關係、交流情誼等人事目的而展現。園林山水沒有獨立的生命與美感，只是社交入世的方便，只是主人雅興的標榜而已。因此宴終席散後，園林也被深鎖在靜寂落寞之中。

其三，宴遊賦詩的動機，大多來自外在的指定，或為展現文才，或為圓融人際關係，或為娛樂助興。但在詩文中文人賦予宴遊創作的名義是，記錄歡樂時光，展示太平盛世，以資千載留存，四海得知。

其四，就宴遊而產生詩文的創作動機及作用而言，園林仍是背景，在以人事為主的創作目的下，園林提供的是意象資源，景物自身卻沒有直接露面，呈現完整獨立的生命。亦即，在應制酬答的要求下，園林通常是幫助表達情志的意象，而比較不是興發情志的觸動根源。

其五，園林宴遊的創作主題以歌頌為主。歌頌此次活動的歡樂圓滿，歌頌主人的高雅賢德，其主題仍在人。部分以園林清幽來顯示主人的淡泊契道，園林已成為被歌頌的對象，但仍依附在主人的背後。至於以仙境來稱賞主人及園林時，園林被歌頌和描述的成分更多，但景物卻處於被概念化、被虛化的平面。

其六，園林宴遊而創作的另一常見主題是時空感懷。由物色的循環恆長，來對比人事的聚散翻覆、生命的短暫，以興發人自身的時空限制與悲感。在此，文人心靈與園林物色有了碰觸，搖蕩性情而興起感動的園林，遂不再是為應答而搜借的表達工具了。

第二節 讀書談議的出處兩向——春夏型

文人生活總是離不開讀書，所謂「君子之座，必左琴右書」（柳識〈琴會記〉文卷三七七），琴書成了生活中君子不可少的備件，也是生活內容或生活情調。不過，如宋之問對韋嗣立的稱頌之詞：「入朝榮劍履，退食偶琴書」（〈奉和幸韋嗣立山莊侍宴應制〉卷五三）看來，琴書是文人私生活的一部分，它應是退居在人群交際之外的；然而唐人既有習業山林之風尚，則許多文人在園林中讀書是為了入世的政治理想或宦途做準備，所以讀書看似個人收束向內的生活，卻有許多是蓄勢待發的向外意圖。正如琴也可以是集聚時眾人共同欣賞的，在唐代卻大部分是文人獨歎乏知音的向內收束的園林活動一樣。因而園林讀書實是出與處、入世與出世雙向的形態。所讀所思的見聞義理，經由口說或討論的方式與他人聚議，則又是向外推擴為與人交往的共同生活，近乎魏晉玄談清議的方式。無論是讀書或談議，環境場地的清幽至為重要，園林的通透性空間與近於大自然的天地一體感，較諸面壁於封閉性空間的屋室之內，更易啟迪文人的思考及感悟。在這一類生活內容裡，園林是兼具著向外與人交往與向內獨處兩種特質；只不過前種性質已不復如宴遊應制那般具格套、那般在人情世故上花費心思，而比較是切磋研究的學習充實，或比較是心存入世想望的士子，其入世性就生活實質呈現而言是淡了很多，甚至許多人的讀書生活已完全是遺世獨立的了。

一、隨興神會的讀書生活

在唐代記述園林生活的詩文中，讀書是常被提及的一項，大約它總是文人最基本的行為標記吧：

中園時讀書（儲光羲〈閒居〉卷一三八）

一卷冰雪文，避俗常自携。（孟郊〈送豆盧策歸別墅〉卷三七八）

林園傲逸真成貴……專掌圖書無過地。（白居易〈閒行〉卷四四八）

讀書三徑草（許渾〈灞東題司馬郊園〉卷五二八）

圖書在左，翰墨在右。（賈至〈沔州秋興亭記〉文卷三六八）

閒居時讀書，並沒有什麼壓力，所以儲光羲是「時讀書」，隨順興致而不規定、不計畫，故非苦讀修業以赴試。冰雪之文是避俗時所讀者，自當指獨居時無所為而讀的道書，與白居易、司馬等已及第得官之讀書，當同樣是隨興之舉。圖書在左，則隨手可展讀，顯示書與文人生活的親近，隨處存在，也顯示文人讀書之近乎日常習慣或嗜愛。因此，蔡希寂說他自己「曾為詩書癖」（〈同家兄題渭南王公別業〉卷一一四），而楊發也是「尚癖一車書」（〈小園秋興〉卷五一七），都是對讀書的深愛不捨。像白居易那樣「引睡臥看書」（〈晚亭逐涼〉卷四四二），把躺著看書當作是引來睡意的方法，可見讀書在他生活中可以是一件輕鬆自在而不那麼嚴肅緊張之事。不過，當讀書是為了求取功名、通過考試時，「夜雨寒時起讀書」（盧綸〈秋中過獨孤郊居〉卷二七八）的辛苦寂寞就變成一項沉重黑暗的壓力。不管是為了功名仕途，或是日常平居的嗜好習慣，抑或是為了默契義理至道，都以幽靜的環境為佳。如長孫佐輔「看書愛幽寂，結宇青冥間」（〈山居〉卷四六九），是為了看書的需要而選擇幽寂的山居；而白居易則「屋中有琴書，聊以慰幽獨」（〈春日閒居三首之一〉卷四五九），這與李涉所想的「秋光何處堪消日，玄晏先生滿架書」（〈秋日過員太祝林園〉卷四七七）一樣，是為了慰藉消解園林獨處的寂然閒暇，讀書的最終目的是要成全園居的向內收束獨處的隱逸傾向。至於苦讀者的目的以成就入世功名為主，其黯然且向外企盼牽引的心情，是無法安頓久住的。然而不論是處是出，都使讀書成為文人幽寂園居的日常生活。

於是，許多文人會強調園林裡擁有數量龐大的書籍：

清源君子居，左右盡圖書。（盧綸〈同柳侍郎題侯釗侍郎新昌里〉卷二七七）

雪夜書千卷，花時酒一瓢。（許渾〈新卜原上居寄袁校書〉卷五三一）

松齋下馬書千卷（許渾〈題陸侍御林亭〉卷五三六）

萬卷圖書千戶貴（殷文圭〈題吳中陸龜蒙山齋〉卷七〇七）

四五百竿竹，二三千卷書。（李洞〈鄠郊山舍題趙處士林亭〉卷七二一）

寫別人的園林擁書萬卷時，是稱讚其文雅貴氣；寫自己坐擁書城時，則隱然也有幾分高尚涵養的自得。這就使得圖書的多少成為一種身分的表徵，像李咸用說自己「草堂書一架」（〈山居〉卷六四五）這麼少量的書卻又毫無汗顏之色的情形，是少之又少的自在。在此情況下，書堂就成為園林常備的建築，也是文人鍾愛的天地，李商隱〈歸墅〉時，是「先入讀書堂」（卷五三九），表現出他對那書堂的日思夢想。讀書堂要求寂靜之外，還須要清涼之氣，像李翰〈崔公山池後集序〉所說「書堂晚清，綠筠森疏」（文卷四三〇）。清氣使人頭腦清醒、心靈清明，正適合讀書思考，園林即是理想之境。

園林物色使讀書增添幾許美感，時時有美的畫面景象敲扣書扉，如：

圖書紛滿牀，山水藹盈室。（陳子昂〈秋園臥病呈暉上人〉卷八三）

色侵書帙晚（杜甫〈嚴鄭公宅同詠竹〉卷二二八）

閒花散落填書帙（馬戴〈題章野人山居〉卷五五六）

月影出書牀（方干〈陸處士別業〉卷六四九）

窗竹影搖書案上（杜荀鶴〈題弟姪書堂〉卷六九二）

圖書滿牀而山水盈室，時而看書時而悠然見山，如錢起描述的「廢卷愛晴山」（〈裴僕射東亭〉卷二三八）那樣，看書是一件輕鬆而怡然喜樂的事，或是樹影吟詠得搖頭擺腦，或是青山個個伸頭論書。有時竹叢散放青翠光澤，映得書帙在一片暮色中特別清亮醒目；時而落花飄飛輕躺於書帙上，以曼妙輕靈的曲線與舞姿為書桌或書架帶來優美而動人的情致；時而明月照竹，月影竹影悄默地爬移過書桌，帶來光影交錯閃爍的虛幻美感。這些都使看書變成一件充滿情趣的事，或者說是一種智與美的饗宴吧。讀書基本上是智性活動，園林美感正可以幫助消解因思考、判辨而產生的冷硬、嚴峻或緊張，是一種調節。所以我們可以看到文人們在園林裡書卷置放的情形：

書亂誰能帙（杜甫〈晚晴〉卷二二六）
書案任成堆（劉禹錫〈白侍郎大尹自河南寄示池北新葺水齋即事招賓十四韻兼命同作〉卷三六二）
朱弦琴在亂書中（朱慶餘〈題崔駙馬林亭〉卷五一四）
庭樹人書匝（薛能〈贈隱者〉卷五五八）
亂書離縹帙（李頻〈留題姚氏山齋〉卷五八九）

書與帙離離落落，已到了難以一一核對裝配起來，任意堆放在書案上的還不甚離譜，甚至於還錯舛丟置琴器之旁或堆擱得滿樹下。顯現出文人在生活上的隨興、自由，以及讀書的沒有計畫，他們應或認為看書並不須要規定，只要順隨興之所至、境之所遷而選擇書籍。一本書或一段文字尚未讀完，忽想到另一本另一段，還來不及收入帙中就又急急地取出另一本，所以會書帙離落凌亂地堆放滿桌滿蔭，也或者亂得有些自然的美感。有時書讀罷了，依然餘味不盡或尚待思忖，因而會「讀罷書仍展」（白居易〈府西池北新葺水齋即事招賓偶題十六韻〉卷四五一），這樣一再累積就造成如此散亂的局面了。而此看書也不一定要端坐案前，可以斜倚樹蔭下，有和風徐徐吹拂，提神醒腦；或者是躺臥牀上，以至睡著。在形式上，看書是不必那麼嚴肅的。等到書堆已亂得很雜很醜時，就非得整理不可了。這通常是僮僕們的工作，但杜甫就曾經親自「傍架齊書帙」（〈西郊〉卷二二六），而這其實還須是文人興之所至的情趣。就像杜牧「曬書秋日晚」（〈西山草堂〉卷五二六）、張籍「散帖檢書簽」（〈和李僕射西園〉卷三八四）、姚合「就架題書目」（〈武功縣中作三十首之九〉卷四九八）一樣，這些整理、核對、保養的工作在文人的興致下，也變成是富於情趣的風光了。

文人在園林讀的書應如其時代思想潮流之特色以儒道釋三家兼具，然而文人們卻比較強調道釋經典：

臨罷閱仙書（張九齡〈南山下舊居閒放〉卷四九）

讀金書兮飲玉漿（盧鴻一〈嵩山十志・草堂〉卷一二三）

隱几讀黃老（于良史〈閒居寄薛華〉卷二七五）

大抵宗莊叟，私心事竺乾……梵部經十二，玄書字五千。（白居易〈新昌新居書事四十韻因寄元郎中張博士〉卷四四二）

坐讀養生篇（劉得仁〈訪曲江胡處士〉卷五四四）

大抵道家的自然任真、逍遙齊物，最適於園林生活，而且也是建購園林的文人們所欲實踐臻至的境界；而釋家的解脫、自在、習禪、觀想，幽寂的園林也提供了合適的修行場地；至於期欲長生不老、嚮往成仙的心情，更又將園林視為超越蓬瀛的仙境。他們一方面居住在園林中，一方面則閱覽與他們眼中的理想圜境

讀書——梅妻鶴子圖・明人畫　臺北國立故宮博物院藏

相關的書籍，或者幫助他們修行實踐，或者從閱讀的冥想神遊裡即時與園林境況相應，即身冥契書中所言。至於像徐夤那樣悟到「方書多誑罷燒金」（〈新葺茆堂二首之二〉卷七〇九）而作罷的可能也有，但記諸詩文的似乎更少。大約從閱讀道籍釋典之中，所領受到的若能得到四周圍自然環境的印證，做一接通，使之感應於心，也是文人自我心靈境界提升的一種體驗方式吧。

可是唐代畢竟是個儒道釋三教合流並重的時代，一個文人往往同時是三教的信受者與踐行者。因此，在書籍的閱覽上也是兼容並蓄的，白居易前引詩是一個例子，又如權德輿〈郊居歲暮因書所懷〉敘述自己的讀書生活，既是「散髮對農書，齋心看道記」，又是「就學緝韋編」（卷三二〇）。《周易》經王弼注後雖加入道家化的解釋，但《易傳》畢竟是孔門之學，屬儒家經典。不過，在當時各家普遍交流的情況下讀書，大抵也不必特意判辨何家何派，只是廣泛地學習罷。然而有些時候像白居易〈草堂記〉中就特別分辨云「儒道佛書各三兩卷」（文卷六七六），其意不外要強調三家之書皆備。而王維〈濟州過趙叟家宴〉稱讚主人「道言莊叟事，儒行魯人餘」，有時還「散帙曝農書」（卷一二七）。似乎融攝各家之精義是值得稱譽之事，可見在文人心中仍是自覺地追求兼融並蓄三家思想，視其為文人的一種理想。

在某些情況下，儒者依舊是文人的自許與道義，如楊衡經趙處士居時讚其「髮白習儒經」（卷四六五），李翰〈尉遲長史草堂記〉載著草堂的規定：「非道統名儒不登此堂」（文卷四三〇），而杜荀鶴則十分明白地申其志曰：「時清祇合力為儒，不可家貧與善疏。賣卻屋邊三畝地，添成窗下一牀書。」（〈書齋即事〉卷六九二）儒者也許只是讀書人的通稱，但此處既說讀書是為了近善行善，應也含有愛民及物的兼善之意；何況在一開始時強調「時清」，「邦有道則仕」（《論語・衛靈公》）與「天下有道則見」（〈泰伯〉）正是儒家的入世之道。在杜荀鶴看來，坐臨書齋是不該忘記對這太平治世的道義與責任，於是賣卻三畝地以換取一牀可助他兼善的書籍。這正如一些為功名科考而習業山林者一樣，心中企盼的是「早攜書劍離巖谷」（汪遵〈招隱〉卷六〇二）一展其文武長才，所以雖身置園林，實際卻心朝園林之外，向外投射。這就使園林的讀書生活出現春的綻放與夏的收束兩種類型。

大部分時候，不論讀書目的為何，讀書本身，在文人心目中還是「詩書喜道存」（權德輿〈暮春閒居示同志〉卷三二〇），以為讀書可得到存於典籍之中的道。道是至高的，無論哪一條進路，終能殊途同歸者皆當有其可資取法之處，因而唐代文人並沒有表現出鍾情何者。部分文人因而認為師法古人是一個可把握的原則，直接向先哲古賢學習：

好古每開卷（權德輿〈暮春閒居示同志〉卷三二〇）

書見古人心（羊士諤〈永寧里園亭休沐悵然成詠〉卷三三二）

展書尋古事（姚合〈閒居遣懷十首之三〉卷四九八）

坐窮今古掩書堂（許渾〈題崔處士山居〉卷五三五）

臥讀先賢傳（韓偓〈南亭〉卷六八一）

中國典籍無論經史或子集，大都與史事有關，從中可以窺知古事，了解古人之用心或人格行為的典範，或者感於古風之純厚樸實，進而產生孺慕、取法之志，「好古」遂成為大部分中國文人的嗜愛。這種嚮往之情貫注到生活中就成為一種期許，而每每以近於上古淳風來讚譽園林生活：

野老不知堯舜力，酣歌一曲太平人。（宋之問〈寒食還陸渾別業〉卷五一）

幸同擊壤樂，心荷堯為君。（王維〈晦日遊大理韋卿城南別業四聲依次用各六韻〉卷一二五）

秦人辨雞犬，堯日識巢由。（綦毋潛〈題沈東美員外山池〉卷一三五）

有時清風來，自謂羲皇人。（岑參〈南池夜宿思王屋青蘿舊齋〉卷一九八）

翛然靜者事，宛得上皇餘。（錢起〈過王舍人宅〉卷二三八）

把不知不識、恬淡無爭、清靜自然的園林生活，比作上古遺風，以為讚許稱賞之意。足見讀書一類的園林生活就某些文人而言，不止是由塵囂交際退回獨處，還在理念及理想上由現世當代向上古時代退回。同時也顯示出唐代文人心中理想的園林生活是清靜無為、自然淳厚、平等無別的，擁有一分簡單原始樸素的快樂，傾向於道家形態。當杜荀鶴說「兄弟將知大自強，亂時同葺讀書堂」（〈和舍弟題書堂〉卷六九二）時，讀書是亂時退隱，生命向內收束的一種方式；當許渾「獨還三徑掩書堂」（〈送元晝上人歸蘇州兼寄張厚二首之二〉卷五三六）時，書堂一掩，就透過書籍進入一個窮通古今的時光隧道，到達上古不知不識、無為自然的生活中，其實也是進入文人自己內心深處的理想國度，一個淳厚樸實而真率自由的國度。

讀書，在中國還有其傳家的理想，希望家族的學識一代更進一代，至少也應持續不墜。因此督課晚輩讀書、傳授學識也是讀書生活的另一種類型：

圖書傳授處，家有一男兒。（權德輿〈南亭曉坐因以示璩〉卷三二〇）

詩書課弟姪（白居易〈孟夏思渭村舊居寄舍弟〉卷四三三）

教子但詩書（朱慶餘〈送石協律歸吳興別業〉卷五一五）

死留千卷書……但有子孫在，帶經還荷鋤。（許渾〈題倪處士舊居〉卷五三〇）

歸同弟姪讀生書（杜荀鶴〈秋日山中寄池州李常侍〉卷六九二）

所謂書香傳家，學問也是家資家業，自然是要不斷傳遞下去。倪處士留千卷書籍給子孫，子孫也頗為勤讀，其生前應也像權德輿、白居易、石協律一樣用心地教導傳授子弟。杜荀鶴雖說與弟姪同讀生書，但由他對弟姪「少年辛苦終身事，莫向光陰惰寸功」（〈題弟姪書堂〉卷六九二）的期勉警惕語來看，督課教導的成分是很重的。且其勉弟姪讀書乃「終身事」，似乎暗指出治世入仕的大業，是把外王的抱負也加諸子弟身上，那麼讀書的向外發用的意志還延伸向下一代。學問傳遞的另一種影響更廣大、流傳更久遠的方式是著述撰作，如岑參〈終南山雙峰草堂作〉裡自述草堂生活之一為「著書高窗下」（卷一九八），而馬戴認識了一位「自著養生論」（〈過野叟居〉卷五五五）的隱者，看來只是普通野老村叟，卻在熟悉深識養生之道外也能將之論著成書，雖是野叟默默，卻在著書立說上有其深識博學處，可立言而傳之不朽；唐代園林主人的素質可能普遍頗高，文人的身分居多。就著書這種生活而言，是充滿創發性而又能在時間之流中長久屹立，則園林生活可以是一項入世事業，其影響之廣遠恐難估量，那是個人的不朽。

至於讀書的態度，從亂書任意散放的離落景象是多少可以會意一二了，有的文人率直地說道：

讀書難字過（杜甫〈漫成二首之二〉卷二二六）

書不求甚解（白居易〈松齋自題〉卷四二八）

讀書多旋忘（姚合〈武功縣中作三十首之五〉卷四九八）

這個五柳先生的讀書傳統，是深受中國文人嚮往激賞的，並加以學習效法。遇到艱澀難僻之字就跳過去的杜甫，並非一知半解，更不是義理的滑失，而是在宗旨大意都會心明瞭之下，不執著於單字的計較，亦即不黏滯不膠著於細節。不求甚解也一樣，不在字面上或名理上一一做精準細密的剖析分解，而是取得整體的領受會意。這大概是深感於道為天下裂的一得之憾，而願直指核心本質的把握，以冥契其精義神髓。而讀書多旋忘，顯示出無所用心的樣子，讀書若真能心領神會，其真義必能深銘心中，化入生命；至於字句上的背記往往因得魚忘筌、見月遺指而被忽視或不屑。當一個人置身在封閉的小空間裡，當他面壁而讀書之時，比較易於在句字上追求精確的解析，鑽究微細深密的問題，這種精細緊密的「鑽研」態度恰與他所處的空間相符。可是，當一個人面對空間通透開放且迴環相扣的園林時，當他對眼前的山水花木以及大地自然有所感有所應時，他通透開放、清明澄靜的心靈就容易契悟書中之理義。中國學問的形上層次所具的性格恰與園林生活講求悠閒自由而易於默契頓悟的特質相合。

二、談玄論道與品評

漢末魏晉的清談風氣在唐朝園林裡仍然可見，只是在這個兼融並蓄的大合流時代，它僅僅是萬象中的一個，沒有一枝獨秀地特受矚目，而且在玄理名理上也難以再有超越的創見。但是它卻是當時人園林生活中一項論於道而與人深契於心的美事。一般的宴遊活動也會出現談論的場面，只是其談論的範圍及態度是十分寬鬆的：

> 道言莊叟事（王維〈濟州過趙叟家宴〉卷一二七）
>
> 辯縱於解頤，道深於喻指。（王勃〈夏日宴張二林亭序〉文卷一八一）
>
> 清言以發之……有太平君子之光，見可久賢人之德。（潘炎〈蕭尚書拜命路尚書就林亭宴集序〉文卷四四二）
>
> 談笑光六義，發論明三倒。（孟浩然〈襄陽公宅飲〉卷一五九）

宴席中有所交談本是自然之事，宴席講究歡悅的氣氛，因而其談話可以是漫無邊際的聊天，甚至開玩笑或抬損，所謂「宴遊窮至樂，談笑畢良辰」（許敬宗〈安德山池宴集〉卷三五）、「鳴琴漉酒以侑談笑」（梁肅〈晚春崔中丞林亭會集詩序〉文卷五一八），就是在一種極歡樂且漫無主題限制之下自在地聊天談笑。但是宴席上文人們還是會自然地進入談論義理大道等深宏的話題，或者清言玄談虛奧的妙理，或者一往一復地辯論起來。這些談議一方面可展現才識、厚植學養，另方面可增進彼此的了解，尤其談笑解頤又是很好的溝通方式，可交流情誼，達到交遊的入世目的，誠如潘炎所說的：「所以昵僚友，宣寵光，敵者易親懽焉。」所以宴遊活動中進行的談議，其酬應交際的成分還是居多的。

談議——園居圖・明仇英畫　臺北國立故宮博物院藏

不過，小型的聚集或三五知交的談議則確實可能諭於道、契於心，如：

一談入理窟，再索破幽襟。（包融〈酬忠公林亭〉卷一一四）

即理談玄，室返自然……澤妙思兮草玄經。（盧鴻一〈嵩山十志‧洞元室〉卷一二三）

王子耽玄言，賢豪多在門。（李白〈題金陵王處士水亭〉卷一八四）

清言殊未休（岑參〈宿岐州北郭嚴給事別業〉卷二〇〇）

清論閒階坐夕陽（韓翃〈題張逸人園林〉卷二四五）

在義理的獲得上，讀書是個人的吸收，討論談議則是與他人在一往一返的表達與問難中，從不同的角度與層次對一個問題做比較徹底地討論，有表達也有吸收。吸收的是對方的體會領悟，甚至可能是對方在身體力行的實踐中所驗證的，這實是很好的學習，也是很好的做學問方式。包融用「入」字表示談議者的專注凝聚，已能進入問題的核心關鍵，掌握義理之機要。「索」字尤其顯其窮究真義、直逼切要處的投入。這已不同於宴遊談議的漫談雜議了。而且參與者比較沒有宴遊酬應的俗務分心，比較不必太在意兼顧人情世故，在無累或熟識的自在中，甚至可以散坐階砌而毫無拘束地暢言。在園林的閒逸景境中，人與人在玄談清論時可因放鬆，使其表達方式深含無限可能且富於玄機虛妙的美和趣味。牟宗三先生於〈「人物志」之系統的解析〉一文中，稱才性品鑒「既能開出美的境界與智的境界，而其本身復即能代表美趣與智悟之表現」❺，而玄談在園林中進行著，就其表達的形式與內容而言，亦可謂為美趣與智悟的表現。

唐代文人的談議又不同於魏晉名士之「逸氣棄才」、「四無掛搭」、「虛無主義」❻，他們可以揮灑才情意氣於詩賦，可以發用治能於經世之務，可以安住於事；清論玄談只是他們各種各樣的園林生活情調之一

❺ 見牟宗三〈「人物志」之系統的解析〉，刊《才性與玄理》，頁六五。

❻ 參❺，頁七一。

而已。像李白〈春夜宴從弟桃李園序〉的活動裡，「幽賞未已，高談轉清」（文卷三四九），既欣賞幽景又尚談清議，而且飛觥交錯，吟詩賦文，還感興浮生若夢、為歡幾何的慨歎。清談只是一種樂趣、情調及雅興。

有時候在園林裡，對於道的探索研求傾向於知性的講授教示，如：

楊子談經所（王維〈從岐王過楊氏別業應教〉卷一二六）

曩聞道士語，偶見清淨源。（岑參〈緱山西峰草堂作〉卷一九八）

聽講依大樹（李賀〈春歸昌谷〉卷三九二）

理論知清越，生徒得李頻。（鄭谷〈故少師從翁隱巖別墅亂後榛蕪感舊愴懷遂有追紀〉卷六七五）

這是講授，傾於單向的講與聽、授與受的關係，這就使園林成為教示和學習的場所。內容仍然嚴肅莊重，可信有很多是宗教經典或教義的講解與開示。王維〈輞川別業〉提及「優婁比丘經論學」（卷一二八），李端〈題鄭少府林園〉描述道「麈尾坐僧高」（卷二八五），可見在當時的園林活動中頗習於邀迎僧師或道士前來講經說法。就此，這些園林如同逍遙仙境或諸多佛經所載佛陀世尊說法的鹿野苑❼、祇樹給孤獨園❽、竹園❾、清信園林❿、迦蘭哆園⓫聖地一般，成為莊嚴無比的修行道場。

較諸玄談清論或講經說法，輕鬆自在而隨興一些的，是一般的討論或交談：

北窗時討論（儲光羲〈題崔山人別業〉卷一三七）

---

❼ 如《大藏經．長阿含經卷一．大本經》所載。
❽ 如《大藏經．長阿含經卷九．增一經》所載。
❾ 如《大藏經．長阿含經卷二．遊行經》所載。
❿ 如《大藏經．長阿含經卷六．小緣經》所載。
⓫ 如《大藏經．中阿含經卷六．瞿尼師經》所載。

僧語過長林（李端〈題從叔沆林園〉卷二八五）

乍問山僧偈，時聽漁父言。（權德輿〈暮春閒居示同志〉卷三二〇）

時與道人語（白居易〈玩新庭樹因詠所懷〉卷四三一）

禪僧教斷酒，道士勸休官。（白居易〈洛下寓居〉卷四四六）

北窗時討論什麼呢？或者是「宿客論文靜」（朱慶餘〈和劉補闕秋園寓興之什十首之十〉卷五一四），討論文學問題或品論一篇詩文作品；或者是「因論三國志，空載幾英豪」（張喬〈宿劉溫書齋〉卷六三九）評論歷史人物或感歎大江東去；或者是討教一首偈詩的深義，聽取斷酒休官的勸言；或者是「話及故山心」（馬戴〈新秋雨霽宿王處士東郊〉卷五五五），因而觸動思鄉之情；也或者只是一二知友的閒聊，天南地北地談心，如「酌水話幽心」（錢起〈春夜過長孫繹別業〉卷二三七）。可信這些討論或交談只是一二人私下的自然，非宴遊般人眾雜鬧，且大都與其讀書內容有關；至少也都有其學識根柢為基礎。

有時候文人們在園林裡會圍繞著一個主題，做起品議，如「重論山水心」（賈島〈夜集姚合宅期可公不至〉卷五七三），如「議罷名山竹影移」（黃滔〈宿李少府園林〉卷七〇五）。文人們往往是走過名山勝水的，或者宦遊遷調或者結友同行，唐代諸多文人遊覽登臨的經驗豐富而走遍大江南北，於是他們心中便是滿懷山水印象，偶一觸及某山某水時，遂娓娓憶論品賞起各個名勝。眾人同坐竹林之下，把各大名山一一加以論議，也許評其人文方面的特色，也許論其神話傳說，也許是品鑒其姿態、氣色和神采以為一趟美的宴饗及巡禮。若像「僧閒應得話天臺」（張喬〈題宣州開元寺〉卷六三九），則所論應還兼及其山之宗教意義。這些論名山的活動，他們置身的園林山水正好供給最具體最便利的例範，也可助於文人們藉此而神遊暇想其胸中的山水，在飽飫山水景色之美的同時，其所發出的評論品鑒也將是充盈著神色奕奕的人文之美吧！

總之，談議品論等活動透露的是，文人在園林中讀書雖是比較向內收束沉靜的生活，卻並非是「獨學」而「無友」的，而常常是與一二知心好友交換心得，並請教於道士高僧，在往復之中擴充知識，得到生命之間的交流契應。同時在輕鬆的氣氛中展現自己瀟灑的氣度與精采的才情，為園林生活增添一些智與美交融的特殊情調。這情調正在半入世半出世的特異色彩之中飄游著。

三、談議與品茗對奕

在談議之間，唐代文人喜歡伴以茶茗的品酌。有時也以飲酒行之，如「旨酒以柔之，清言以發之」（潘炎〈蕭尚書拜命路尚書就林亭宴集序〉文卷四四二），如「清論時間酌」（權德輿〈奉和李大夫題鄭評事江樓〉卷三二二），這些多半是宴遊時的清議；就比較正式的專題式的談議而言，品茗才是常態：

話茗含芳春……玄講島嶽盡。（孟郊〈與王二十一員外涯昭成寺〉卷三七六）

罷茗議天臺（方干〈寒食宿先天寺無可上人房〉卷六四九）

嘗頻異茗塵心淨，議罷名山竹影移。（黃滔〈宿李少府園林〉卷七〇五）

言忘綠茗杯（錢起〈山齋獨坐喜玄上人夕至〉卷二三七）

茶瓜留客遲……難酬支遁詞。（杜甫〈巳上人茅齋〉卷二二四）

據程光裕先生的研究⓬，西漢時川西的若干城市裡已有飲茶的風習，茶風大約始於此，到魏晉南北朝才在江南的貴族階層漸次流行起來。入唐則茶風甚盛，《唐國史補．卷下》載「風俗貴茶，茶之名品益眾」；而《封氏聞見記．卷六飲茶》云「古人亦飲茶耳，但不如今人溺之甚，窮日盡夜，殆成風俗」。又「自鄒齊滄

⓬ 參程光裕〈茶與唐宋思想界的關係〉，刊《大陸雜誌》第二十卷第十、十一期，上頁八－一三，下頁一七－二九。引自下頁一二。

棣漸至京邑，城市多開店舖煎茶賣之，不問道俗，投錢取飲。其茶自江淮而來，舟車相繼，所在山積，色額甚多。」則開元天寶以來，唐人已普遍飲茶，且耽溺不厭。陸羽的《茶經》就是在這盛風之下的產物。在文人的世界裡，則談議之間每佐以茗茶，不僅上引詩可窺一二，蕭穎士在〈贈韋司業書〉中更說得明白：「所未忘者，有碧天秋霽，風琴夜彈，良朋合坐，茶茗間進，評古賢，論釋典……則樂在終席。」（文卷三二三）一面品茗一面評古賢論釋典，尚有清秋碧空、霽月夜風等美景可資流目，文人、景物與言論思致都與茗茶同樣呈現一股清靈明淨之氣。

一般說來，茶與酒同為中國文人喜愛的飲料，酒使人輕盈飄逸、渾然忘我；茶則使人清醒明覺、滌垢去汙。酒傾於文學；茶則傾於思智。因此，談議討論時，茶就成為文人常伴的飲品。茶的醒腦作用是文人愛嗜的重要原因之一：

> 潔性不可污，為飲滌塵煩。此物信靈味，本自出山原。（韋應物〈喜園中茶生〉卷一九三）
>
> 飲茶除假寐，聞磬釋塵蒙。（劉得仁〈宿普濟寺〉卷五四五）
>
> 傾餘精爽健，忽似氛埃滅。（陸龜蒙〈奉和襲美茶具十詠・煮茶〉卷六二〇）
>
> 靜慮同搜句，清神旋煮茶。（李中〈宿青溪米處士幽居〉卷七四九）
>
> 稍與禪經近，聊將睡網賒。（皎然〈對陸迅飲天目山茶因寄元居士晟〉卷八一八）

喝茶能使人身心上的塵垢積污被溶解掉，似是一場洗滌祓禊，而能通體清淨靈明，因而昏寐睏睡的鈍蒙狀態遂得到破除，頓覺精爽健暢。皎然遂以為飲茶後可與禪經親近，入其真境。李中還藉飲茶來靜澄其心思以助其吟詠詩文，這與司空圖的「茶爽添詩句」（〈即事二首之一〉卷六三二）同經驗，不過其創作歷程與酒吟相去甚遠，是「搜」索而得到詩句的，這也說明茶予人的清醒作用。韋應物稱讚茶具有不可污的「潔性」，便是從其效用來說的。在虞世南《北堂書鈔・卷一四四酒食部》云茶「芳冠六清，味播九區……調神和內，倦解慵除，益思少臥……」，也指出飲茶的破除慵倦、調振精神的特性來。可信經過茶的一番清洗之後，身體腸胃潔淨了，頭腦清醒了，心神清明了，思路清暢了，應可迅速地進入談議的話題且靈活地左右逢源。這是唐代文人對茶的愛嗜與取之佐談的原因。

由於茶的洗滌清醒功能，使得茶在僧師道冠中成為重要的飲品，尤其流行於寺院僧侶之間：

> 茶新碾玉塵（白居易〈遊寶稱寺〉卷四三九）
>
> 茶煙裊裊籠禪榻（牟融〈遊報本寺〉卷四六七）
>
> 更共嘗新茗（張祜〈題普賢寺〉卷五一〇）
>
> 澹烹新茗爽（鄭谷〈西蜀淨眾寺松溪八韻兼寄小箏崔處士〉卷六七五）
>
> 岳寺春深睡起時……蜀茶倩箇雲僧碾……（成彥雄〈煎茶〉卷七五九）

文人在寺院及其園林中煮茶烹茗，且還請僧人幫忙碾茶，可見茶在寺院在僧師的生活中是十分普及的，因而僧人頗熟悉此道。姚合曾向人乞新茶，他對乞茶的主人稱道茶「採時聞道斷葷辛」（卷五〇〇），這還是與茶的潔淨洗滌的效用有關，確是很適合修行清淨的僧侶們飲用。尤其重要的原因是《封氏聞見記．卷六飲茶》所述的：「開元中，泰山靈巖寺有降魔師大興禪教。學禪務於不寐，又不夕食，皆許其飲茶。人自懷挾，到處煮飲。從此轉相倣效，遂成風俗。」可知飲茶風氣在禪僧之間已是生活必需的日用品，因其有實際的醒寐作用，又可略補不夕食時口腹之缺，故而飲茶就和行禪說法的僧侶生活緊密結合。至於茶與道也有修鍊上的關係，如《太平御覽．卷八六七》引《壺居士食志》云「苦茶久食羽化」；又引陶宏景《新錄》云「茗茶輕身換骨」；又引《天台記》云「丹丘生大茗，服之生羽翼」。唐人詠茶詩文較少見到觸及仙道之關係，但如盧仝〈茶歌〉之言「五椀肌骨輕，六椀通仙靈，七椀吃不得也，惟覺兩腋習習清風生。蓬萊山在何處，玉泉子乘此風欲歸去」[13]，或如溫庭筠〈西陵道士茶歌〉所說「仙翁白扇霜鳥翎，佛壇夜讀

《黃庭經》。疏香皓齒有餘味，更覺鶴心通杳冥」（卷五七七），也顯示當時習道者確藉飲茶後之清肌靈覺來體受成仙之境地。故茶不僅廣傳於寺院僧侶的生活日常，且也逐次在宮觀道冠的生活中流行。

由於僧師與茶有密切的生活關係，故使許多文人在自家園林中以茶茗招待僧師，或以茶為拜訪寺院的禮物，如：

留茶僧未來（項斯〈早春題湖上顧氏新居二首之一〉卷五五四）

半夜招僧至，孤吟對竹烹。（李德裕〈故人寄茶〉卷四七五）⓮

滿添茶鼎候吟僧（杜荀鶴〈春日山中對雪有作〉卷六九二）

煮茗留僧月上初（李中〈書郭判官幽齋壁〉卷七四八）

攜去就僧家（薛能〈蜀州鄭史君寄烏觜茶因以贈答八韻〉卷五六〇）

留茶煮茗是為了招僧前來，一起欣賞月色，或指月論議，或賞歎吟詠。僧人在唐代似乎多半具有文才，而且生活中也多所創作，這可由《全唐詩》後面釋僧作品中見出一二；何況偈語本為其表達佛義禪機的一種文學形式。在文人與僧師交遊往來中，文人遂常以茶茗等僧師的日常飲品來招待他們，進而與他們在親切熟悉的氣氛之中吟詩談議。程光裕先生說：「禪僧的處境很優閑，他們寄迹林壑之間，過著極恬靜的生活，而飲茶是閑中雅事……文士和僧家結緣，以茶點綴感情，恐怕不為口腹之慾，而是精神上的默契。僧家要參悟禪理，文士要開發文思，雖不必乞靈於植物，但總不為無助，至少精神上的感覺是如此。」⓯由文人的詩文看來，也不妨說文人與僧師共品茗是文人要參悟禪理而僧師要開發文思，這是一種情意及理義的交

⓭ 同⓬，上頁一一。

⓮ 一作曹鄴詩。

⓯ 同⓬，上頁一二。

流，也正符合整個唐代的思想背景。文人在園林裡與僧煮茶品茗，促使文人與僧師之間建立了深厚的情誼，賈島在〈原東居喜唐溫琪頻至〉中就「茶試老僧鐺」（卷五七二），用老僧留在園林裡的茶鐺來招待其他來客，可見文人與僧師是親密如己的好友，也顯示在與僧師之外的園林生活裡，文人也喜茶。

唐代文人在沒有僧師來到的日常生活中，也是一樣有園林裡飲茶的雅興：

映日自傾茶（李嘉祐〈奉和杜相公長興新宅即事呈元相公〉卷二〇七）

春風啜茗時（杜甫〈重過何氏五首之三〉卷二二四）

未廢執茶甌（朱慶餘〈和劉補闕秋園寓興之什十首之九〉卷五一四）

茶香秋夢後（許渾〈溪亭二首之二〉卷五二九）

蕭疏桂影移茶具（皮日休〈褚家林亭〉卷六一四）

品茶也可以是獨處時的樂趣，映日自傾茶是多麼悠閒舒徐的享受，細細地感覺那飲下的溫潤喉感及口鼻縈繞不散的香氣，任時光潛潛流逝而終日不厭。有時茶香的印象深刻熟悉，可以和著桂叢裡發出的桂花香，形成一股特殊的溫馨的氣氛情致。有時候，文人對於茶種有其特殊的個人喜好，如白居易的「茶中故舊是蒙山」（〈琴茶〉卷四四八），已經把蒙山茶當作是好朋友，別有一番情分。喝茶的地方可自由移動，或在溪亭之上，或在桂叢之中，或任坐花石之上，總是可以邊品茗邊賞景，因此鮑君徽有〈東亭茶宴〉：「閒朝向曉出簾櫳，茗宴東亭四望通。遠眺城池山色裡，俯聆絃管水聲中」（卷七），由詩題可知亭內宴茶是其活動主題，又可由四望通的亭子俯眺景物。這是自由在園中移動或擺設茶宴的情形。值得注意的是唐代已有專為品茗而設的建築，如：

茶房不壘階（張籍〈和左司元郎中秋居十首之八〉卷三八四）

靜得塵埃外，茶芳小華山。（朱景玄〈茶亭〉卷五四七）

相向掩柴扉，清香滿山月。（皮日休〈茶中雜詠・茶舍〉卷六一一）

這些是在園林中固定地特闢一個飲茶的地方，每每品茗活動就在這茶亭、茶舍、茶房中進行。這顯示喝茶的活動已是當時園林生活中的重要日常內容，故要特別為此事設一個專用的建築，從詩文的描述知道，這類茶房的築造都盡量簡單古樸，「不壘階」與「柴扉」可見出其樸野之趣。陸龜蒙在和皮日休〈茶舍〉的詩中述及茶舍的製造是「旋取山上材，架為山下屋。門因水勢斜，壁任巖隈曲」（卷六二〇），這有些醜奇的茶舍一方面固然要依循就地取材與因隨地勢的造園原則，詩人在此強調其形貌之醜怪，亦是有意顯示品茗所在之古拙素雅，以與品茗之事同其情調。這為品茗而特設建築專區的現象與日本庭園史上的「茶庭」是同其意趣的；或者這唐代園林的特殊現象也是日本茶庭的一個發源。

園林品茶有諸多方便，首先是茶的自種自採，如前引韋應物〈喜園中茶生〉，是他在公務之餘將荒園理成一片茶圃⑯的；又如皮日休的〈茶中雜詠〉有〈茶塢〉言「種荈已成園」（卷六一一）；陸希聲〈陽羨雜詠十九首・茗坡〉有「半坡芳茗露華鮮」（卷六八九）；而白居易的廬山草堂也是斸壑開茶圃而為其產業。這些種在自家園林的茗茶，自種自採當然有其便利，尤其重要的是文人可以就近取得剛剛採下的新茗，陸希聲說「惜取新芽旋摘煎」就是嘗新而滿足珍惜的一種快樂情懷。其次，煮茶所用的水，能夠就地汲取清涼的山泉，對茶味的甘美芳香有大助益：

澗水生茶味（周賀〈早秋過郭涯書堂〉卷五〇三）

泉遠松根助茗香（許渾〈湖州韋長史山居〉卷五三四）

別有一條投澗水，竹筒斜引入茶鐺。（馬戴〈題廬山寺〉卷五五六）

⑯ 詩中有「聊因理郡餘，率爾植荒園。喜隨眾草長，得與幽人言」之句。

簟冷窗中月，茶香竹裏泉。（張喬〈題友人林齋〉卷六三九）

文火香偏勝，寒泉味轉佳。（皎然〈對陸迅飲天目山茶因寄元居士晟〉卷八一八）

山泉澗水比較潔淨清冽，不會因雜質而混濁茶味，因而能煎煮出茶中的原味，使其香氣能更清更純，使飲者能因而清肌醒神。因而說澗水生茶味、寒泉味轉佳。有時泉水流過松根竹叢，遂也帶著松香竹香，使茶內也充混著松竹的清香，成了最自然的加味茶。當「煮茶傍寒松」（王建〈七泉寺上方〉卷二九七）時，松樹竹樹是清冽、寒泉是清冽、茶是清香、飲後的人也清靈，幾乎整個園林的物、事與人都融在一片清氣之中。陸羽《茶經・卷下煮》以煮水山水上，江水中，井水下；山水又以乳泉石地慢流者上。亦即清涼的活水是煮茶時最好的用水，故陳振孫《直齋書錄解題・卷一四雜藝類・煎茶水記》就說「大抵水活而後宜茶」。另外的方便是姚合的「折薪坐煎茗」（〈題金州西園九首・茇徑〉卷四九九），在園林裡可以就地取得柴薪起火，於是這一趟品茗之旅，一切都出自園林自身，是園林孕育完成的一個有機的生活生命體。當施肩吾「煎茶水裏花千片」（〈春霽〉卷四九四）時，紛紛飄墜的花瓣落入茶水中和著煎煮，成了自然的香片。而且展現的是一幅絕美的畫面，真是視覺、味覺及嗅覺的一大享受。這是園林裡品茗的美與趣。

另一種與談議有關的園林活動是下棋。所謂有關，並非一面談議一面下棋，而是下棋本身具有些許談議的特質。據劉翔飛先生的研究，棋大盛於魏晉，名士如阮籍、阮簡、祖納、王導、謝安等人都喜歡下棋，遂使下棋成為高人的雅事象徵[17]。《世說新語・巧藝第二十一》載「王中郎以圍棊是坐隱，支公以圍棊為手談」，那麼行棋就是另一種形式——用手來進行的談議；而且是兩個人對談，其他的人皆旁聽。唐代文人也喜歡在林蔭竹間下棋：

草際成棋局（王維〈春園即事〉卷一二六）

---

[17] 參劉翔飛《唐人隱逸風氣及其影響》，頁六九。

巖樹陰棋局（許渾〈題鄒處士隱居〉卷五三一）

林間掃石安棋局（李郢〈錢塘青山題李隱居西齋〉卷五九〇）

棋添局上聲（杜荀鶴〈新栽竹〉卷六九一）

閒約羽人同賞處，安排棋局就清涼。（李中〈竹〉卷七四七）

這種談議方式十分富於禪趣，以無語來談議其行世哲理。行棋雙方靜默屏氣凝神慎思，因而文人喜歡把棋局安排在清涼的巖樹草際，尤喜在竹林裡，竹中行棋既可得其清氣以洗心醒神，又可借助竹林的共鳴特效來擴充落棋時的清脆聲響。杜荀鶴以新栽竹來添增棋局行聲，皮日休遂聽見「園裏水流澆竹響，窗中人靜下棋聲」（〈李處士郊居〉卷六一三），由竹響棋聲更對顯出整個園林的靜寂與人的沉靜定慮。所謂「竹裏棋聲暮雨寒」（許渾〈村舍二首之二〉卷五三四），呈現的是一片靜寧中的蕭瑟淒迷，那只聞其聲而不見其影的棋音使園林盈溢著幽深祕邃的氣氛。因此竹中下棋成了文人的嗜愛：「留僧竹裏棋」（姚合〈閒居遣懷十首之三〉卷四九八）、「靜籠棋局最多情」（秦韜玉〈題竹〉卷六七〇），蕭蕭竹聲伴著清脆棋子音，極具世外清景的閒致。所以園林下棋另一個畫面是倚窗對奕，所謂「茅簷秋雨對僧棋」（李咸用〈題陳處士山居〉卷六四六）、「雪屋夜棋深」（鄭谷〈郊園〉卷六七四），也許受到秋雨及夜雪的影響而無法長坐竹間石上，但這一場淒冷秋雨及凍凜的夜雪使屋內窗下對奕的燈火顯得深默，有一種隔世離塵的幽邃。所以李中說下棋者乃羽人仙客，這又使園林對奕帶有仙意，此待第六章第二節再論。

行奕雖有仙的象徵，但細究下棋的手談內容卻是非常入世的制敵致勝的戰事。因而杜荀鶴〈觀棋〉描繪道「對面不相見，用心同用兵。算人常欲殺，顧己自貪生」（卷六九一），其內容與用心「實與兵合」⑱。所以下棋就牽涉到觀勢、順勢、造勢的智慧以及權術運用，吳大江〈棋賦〉於是比喻道「奇謀入妙，巧思

⑱ 引自《古今圖書集成・藝術典・奕棋部》中宋張擬《棋經・斜正》語。

參元……似將軍之出塞，若猛士之臨邊」（文卷九四六）；高輦〈棋〉也精采地描繪著「野客圍棋坐，搘頤向暮秋。不言如守默，設計似平讎。決勝雖關勇，防危亦合憂」（卷七三七）。對奕者所用之心實是如何防危破讎，攻城略地，乃非常入世的事功，這對居於園林中的高情逸士而言，確是十分弔詭之事。但是棋子的將帥卒兵等格制及行走進退的規定，甚至是勝負捷敗等結局都是棋奕的形式，文人們強調的是要超越這些落在人事比喻上的棋式，而只藉此追求並涵養自己的智慧和某種精神境界：

> 務專一於道求，寧苟安於席卷。（張廷珪〈彈棊賦〉文卷二六九）
>
> 惟古人之眾技，必有託而觀智。既垂誡以為喻，故求能而不累。（盧諭〈彈棋賦〉文卷三六五）
>
> 半局閒棋萬慮空（鄭損〈玉聲亭〉卷六六七）
>
> 萬事倏然只有棋（吳融〈山居即事四首之三〉卷六八四）
>
> 機心忘未得，棋局與魚竿。（徐鉉〈自題山亭三首之三〉卷七五五）

從棋奕中可以得道、養品，因此勝負已非重點，不以席卷天下為最終目的。只是要求自己務必專一心志、空掉萬慮、放下外緣，以純靜沉潛的精神狀態入棋行奕，而以倏然自在的逍遙閒致來觀局審勢。這即是「氣和而韻舒者，喜其將勝也。」[19]因此，行棋也有棋品，所謂「夫圍棋之品有九，一曰入神，二曰坐照，三曰具體，四曰通幽，五曰用智，六曰小巧，七曰鬪力，八曰若愚，九曰守拙。九品之外，不可勝計。」[20]入神則是藝進於道的中國藝術境界。總之，棋奕在園林中進行，只是藉著兵事大勢在一來一往中，表現雙方的權審能力及定靜慮得的工夫境界，是隱微而玄妙的談議方式，由奕者的入神狀態來呈現園林生活境界。貫休〈棋〉詩讚其為「棋信無聲樂，偏宜境寂寥」（卷八二九），可信園林行棋自有其出世隱退的精神面，

[19] 同[18]《棋經．雜說》語。

[20] 同[18]《棋經．品格》語。

並藉以突顯園林之靜寂幽深。

綜觀本節所論，園林裡的讀書談議生活的內容和精神，約可歸納要點如下：

其一，唐代文人在園林中讀書，一部分是習業以為科舉考試做準備，具有求取功名、蓄勢待發的向外奮揚的意圖，非常入世的心情；一部分則是為個人修養，以默契至道為讀書最自然的成果，故用隨興悠閒的態度行之，以度其漫長寂寥的園林歲月，具有向內收束的隱逸傾向。這使園林讀書兼具出與處、入世與出世的雙向型態。

其二，無論出於何種動機而讀書，讀書都是他們的生活日常。園林一方面以其幽靜清涼的特質來助成讀書時所須的專注和清明；另方面又以其優美景色的陪伴，使讀書成為一件怡然喜樂、充滿情趣的智與美的饗宴。

其三，園林裡因有山水美感的調節，可消解掉思考判辨的冷硬嚴峻和緊張，因而文人多以隨興自由的態度讀閱；表現為形式上的書帙散落凌亂地堆放，表現為方法態度上的不求甚解，追求陶潛的冥契忘言、心領神會。園林通透開放與迴環不盡的空間及花木山水的生生、無言，都助於中國學問之契入文人生命中。

其四，文人讀書多以儒道釋各家精義的兼融並蓄為理想。事實上，他們以師法古聖先賢來超越對三家的判別，造成對上古生活的嚮往崇敬，也每每以淳厚古風為喻來讚譽園林。樹立了園林清靜無為、淳厚古樸、自然無別的理想典範，深富道家傾向。

其五，談議是讀書的向外延伸，同時也從交談的往返中調整或豐富加深自己的識見內涵。談論的內容或是宴席上的閒聊談笑，或是主題式地玄談清言，或是正式的講經說法，也或是閒逸地品議名山，討論詩文創作及作品也是其一。這些都使讀書生活在獨學之外，還能得友共學，得到生命的交流契應。

其六，宴遊而談笑閒聊及某種程度的清談評議，仍帶有濃厚的交際人情色彩，與純正主題式的玄言清談、講經議山的摒棄塵氛俗情，使園林談議也兼具出與處的兩個向度。品評名山勝水的閒逸瀟灑及美感提點，也使園林談議臻於智與美的境地。

其七，談議時喜佐以品茗。在唐代更加興盛普及的茶，能洗滌身心、醒腦明神，成為寺院僧侶的日常飲料，且在文人生活中廣為傳佈開來，有助於談議時的清晰敏利的思辨。園林在種植茶樹提供新鮮茶芽，及供給寒泉柴薪、松竹香、落花方面都給飲茶品茗帶來莫大的便利與美感。

其八，已出現茶亭、茶舍、茶房之類專為飲茶而特設的建築專區，這些建築注重古拙素雅的風格以與喝茶同情調。這不僅是園林重視品茗活動且頻繁舉行的呈示，也可能對日本庭園日後發展出來的茶庭具有啟示。

其九，對奕是文人另一種形式的談議，以行棋的智謀來表現他們對天下事的權衡能力，尤其是藉下棋的專注凝神、觀局審勢，以涵養沉潛純靜、倏然自在的精神，終而達到入神的境界，呈現的是藝進於道的中國藝術特質。

其十，園林對奕喜歡選在竹林裡，以竹的清氣來醒腦明神，以竹的共鳴來迴盪棋聲，使園林縈繞著靜寂幽邃的氣氛，並顯出隔世離塵的閒逸特色，更而進入羽人仙客的仙境象徵。

第三節 納涼高臥與養閒修行——夏日型

文人在園林裡生活，從日常的角度來看，獨處的時間該是相當長的。獨處時，除了讀書、賞景、飲酒或彈琴之外，有很多時候是無所為地、漫無目的地閒暇度日，他們或者漫步閒逛，或者長坐，或者高臥，十分隨興。這麼閒散舒放的生活，必然有讓他們定靜安住的原因，才不至於在無聊之中煩躁而不耐。首先，園林必須提供舒適宜人的環境使人沉靜安定；其次，園林當有可資遊賞的豐富景色供人騁懷遊目；再次，居於園林的文人應有其閒逸寬和的心境與某種層次的修養道行以放下萬緣進入山水，與之冥和為一。就此，詩文通常強調園林的清涼幽寂是文人趨之若鶩的，而文人們也常以慵疏閒散的態度去品賞景物，並以定靜自由的工夫自我修行。本節將依此三點論述文人獨處而向內收束的園林生活。

一、避暑納涼以澡雪精神

在唐人有關園林的詩文裡，描述在園林中避暑納涼的作品很多，如：

煩暑避蒸鬱，居閒習高明。長風自遠來，層閣有餘清。散灑納涼氣，蕭條遺世情。（蘇頲〈小園納涼即事〉卷七三）

林臥避殘暑……涼風懷袖裏。（李嶷〈林園秋夜作〉卷一四五）

坐有清風至，林無暑氣過。（李頻〈苑中題友人林亭〉卷五八九）

暑天長似秋天冷（杜荀鶴〈夏日登友人書齋林亭〉卷六九二）

> 開襟向風坐，夏日如秋時。（白居易〈新構亭臺示諸弟姪〉卷四二九）

據考古學者的研究，唐代長安的氣溫較今日為高㉑。若此，可能唐代某些地區的氣候較為溫熱炎燥；至少在許多詩文中可以看到為了躲避三伏酷暑而閉隱林下的情形，表示當時人對於炎夏的熱氣很不能消受，因而也就愈發覺得夏日漫長難熬，張籍遂說「偏知夏日長」（〈夏日閒居〉卷三八四），高駢也吟出「綠樹濃陰夏日長」（〈山亭夏日〉卷五九八）。為了躲避漫長的蒸鬱，園林於是成為長坐之地，坐納滿袖滿懷的涼風清氣，漫長的暑天竟也像九秋般冷涼清爽，一切的煩躁悶熱於此消盡。園林之所以能以涼氣轉夏為秋，自然與園林的空間布局有關，講求通透開放性空間特質的中國園林，在空氣的流通上具有良好功能，所以能夠「長風自遠來」。而更基本的原因在於園林要素本身已具清涼的特質，首先是花木植物的茂密蓊鬱，花木能使園林富於生命力，而且變得豐潤。當劉駕說「庭深無日色」（〈馮叟居〉卷五八五）的時候，表示樹木的濃密使庭園變得深邃，把日光遮阻在外頭，留下陰涼，因此樹下濃蔭是納涼的好去處：

> 青苔地上消殘暑，綠樹陰前逐晚涼。（白居易〈池上逐涼二首之一〉卷四五六）
>
> 不覺清涼晚，歸人滿柳陰。（李遠〈慈恩寺避暑〉卷五一九）
>
> 樹影搜涼臥（方干〈山中即事〉卷六四九）
>
> 六月清涼綠樹陰，小亭高臥滌煩襟。（陸希聲〈陽羨雜詠十九首・綠雲亭〉卷六八九）
>
> 午時松軒夕，六月藤齋寒。（岑參〈左僕射相國冀公東齋幽居〉卷一九八）

㉑ 參栗斯《唐詩的世界——唐代長安和政局》，頁二五七。

荷亭納涼・宋人畫　臺北國立故宮博物院藏

至此可知，花木的栽植，尤其是綠色喬木，在園林中不僅僅具觀賞、美化及空間阻隔等功能，同時還影響著整個園林的氣氛與品質，在膚觸身受巾滌盪心緒，得到舒暢愉快的美好感受。因此大家喜歡到樹影之下搜尋最舒適的高臥之處，以致柳蔭之下滿是納涼之人。而在濃蔭掩藏之下的亭齋建築，一方面取掩映幽深的情趣，一方面也是要取得清涼的效果，使避暑者能安然高臥而無雨泥之憂，以享受正午如傍晚、六月像寒冬般的清涼。竹與松會成為園林中重要的園植，固然因為竹的蕭散和松的如雲的形態之美，它們的清涼特性是很重要的因素：

竹深夏已秋（岑參〈過王判官西津所居〉卷一九八）

我有陰江竹，能令朱夏寒。（杜甫〈營屋〉卷二二〇）

新竹氣清涼（張籍〈夏日閒居〉卷三八四）

一聞滌炎暑（白居易〈松聲〉卷四二八）

松聲入耳即心閒（李群玉〈文殊院避暑〉卷五七〇）

整片竹林把其幽深傳染給夏日，颯颯風竹交響使園林呈現出一派蕭瑟，總覺得好似秋天來得特別早。白居易為了逐涼，還故意「趁涼行繞竹」（〈晚亭逐涼〉卷四四二），繞著竹子行走漫步，就可以吸納竹子所散放出來的涼氣和蒸發迅速的水氣，因而感受到陰寒無比，暑氣全消。而且瀰漫縈繞在竹林周圍的雲霧煙氣，也同時可以在視覺上引發冷涼之感。而松樹終年長青，其嚴冬寒雪中屹立挺拔的堅毅，予人冬天巨人的印象。而其因風而搖碰的針葉發出如濤的聲響，把視覺上的嚴寒轉換成聽覺上的冰涼水感，也一樣能將炎熱暑氣洗滌殆盡。另外，園林要素中的水，也是清涼其境的原因：

水氣侵階冷（祖詠〈題韓少府水亭〉卷一三一）

水亭涼氣多（孟浩然〈夏日浮舟過陳大水亭〉卷一六〇）

言避一時暑，池亭五月開。（孟浩然〈夏日與崔二十一同集衛明府宅〉卷一六〇）

巖泉冷似秋（李德裕〈初夏有懷山居〉卷四七五）

獨住水聲裏，有亭無熱時。（項斯〈宿胡氏溪亭〉卷五五四）

水性也是冷淡的，所以白居易曾說「水能性淡為吾友」（〈池上竹下作〉卷四四六）。尤其流佈在山巖谷壑中的泉水更具有冰凍的寒冷特性，能消解暑熱滯氣。而蓋在水上水邊的亭榭及王鉷自雨亭一類的涼式建築，也都是運用水泉的流動及不斷噴灑，洗汰熱氣，降低氣溫，為生活居息製造冷氣。因此，園林建築之大量且多方式地與水景相結合，除了觀景與景觀等欣賞目的之外，其清涼的功能也是設計的考量因素。山居，較諸平地更涼爽；水、花木、建築、空間的通透及曲深等也都可以促進園林的清涼化；品茶也能清爽人的身心，似乎園林的重要因素及生活內容都配合著涼爽的訴求而默默地被設計進行著，而這個涼快的訴求結果又每每能符合園林的整體美化，這是一切人為意匠都能尊敬自然、合於自然而後展現出有機生命的完全和諧統一的神奇效應。

通常溫熱容易使人昏沉、煩躁、濁滯；寒涼容易使人清醒、收束、明淨。所以世界上的重要文化多源起於氣溫偏低的地區。在寒涼的環境中，人不但須要堅忍不拔的毅力以面對環境的各種挑戰，而且在凜冽中，人自然會向內收束縮斂，保有清醒的頭腦與振作的精神，因而富於奮鬥力及創造力。再者，更基本地，就個人身體與心理的感受而言，清涼的氣氛使人舒爽通暢、飄逸明快；悶熱使人混濁黏膩、沉滯遲鈍；人很自然地會趨近清涼而逃避暑熱。在這個基本反應的不斷制約中，進一步領略到，清涼在精神心靈上給予人的莫大助益，這一點是文人們更重視珍惜的。像姚合過張邯鄲莊時，親自感受到「兩門延風涼，洗我昏濁肌」（卷五〇〇）；而皮日休置身竹林裡時，「一玩九藏冷，再聞百骸醒」（〈公齋四詠・新竹〉卷六〇九），都是涼氣冷風與身體接觸後，造成的生理反應：先是肌膚上的洗滌，消除垢濁；而後冷氣透入體內，滌盪五臟六腑，頓時九藏百骸皆清醒明淨起來；至此，其實也是心神清靈明覺的開始。人的身與心存在著密切的關係，一種微妙的互動關係，例如身軀的潔淨能夠帶動心靈的舒爽輕鬆；心情的開朗愉悅也會促進身體的血脈活絡。因此當皮日休九藏百骸清明的同時，心神也靈明起來，所以他在另一首詩中描述道：「竹樹冷濩落，入門神已清」（〈秋晚留題魯望郊居二首之一〉卷六一二），入門時由體膚的涼冷轉入精神之清爽明覺，似乎是瞬間的轉化。韓偓在〈山院避暑〉時遂直接稱述「寂慮延清風」（卷六八一），已是清風的直接作用於心思，涼氣使思慮得到澄汰而沉澱在一片靜寂定篤中。這種因境緣而牽身而轉心的變化是文人們樂於追求也樂於津道的園林經驗。

二、獨坐高臥與遊賞景物

夏日型的園林生活，為了躲避「炎暑」而不願出門奔走，而長期居止於園內，以隱蔽獨處的收束態度直接面對山水、面對自己。因而，門，是不肯輕易打開的，顯得寂然靜默：

寂寞柴門人不到，空林獨與白雲期。（王維〈早秋山中作〉卷一二八）

柴門無事日常關（朱慶餘〈歸故園〉卷五一四）

西園獨掩扉（薛能〈春居即事〉卷五六〇）

荒齋原上掩，不出動經旬。（崔塗〈春日郊居酬友人見貽〉卷六七九）

窮巷空林常閉關（崔興宗〈酬王維盧象見過林亭〉卷一二九）

這些寂寞獨掩的柴扉，總是不分春夏等季候變化，一任過其幽居獨處的向內收束的生活，久久不開不出。雖然其中也許是落魄者的失意窮窘，但他們不向外去追逐求索，不去承接權貴的走馬塵埃，而避居園齋之中度其寂寞冷落的日子，也是一種抉擇和骨氣；因而姑不論其掩扉獨居的原因動機為何，其向內收束的生活形態確是個事實。他們雖然也不乏家族親人的共居或至交知友的往來，卻是在普通生活的共居或知心情誼的共修共勉上做交往，不是為人情世故或利益前途而應酬，因而可以剝落許多形式格套，自由地面對真實的自己。王維的輞川別墅尤其以白雲相隔，以與世人縹緲不相接，便是一個典型。

在獨處的園林生活中，不必忙於應接奔走，時間十分充裕，文人們往往可以閒坐良久，任時光流逝：

虛齋坐清晝（權德輿〈早春南亭即事〉卷三二〇）

倚楹遂至旦（柳宗元〈中夜起望西園值月上〉卷三五二）

看山盡日坐（白居易〈閒居〉卷四二九）

盡日松下坐（白居易〈詠懷〉卷四三〇）

松亭盡日唯空坐（羅鄴〈冬夕江上言事五首之五〉卷六五四）

白晝可以坐上一整天，夜晚也可以坐至黎明曉旦。不必說話應答，只是靜對園景，默對自己，像盧僎一樣「雖曰坐郊園，靜默非人寰」（〈初出京邑有懷舊林〉卷九九），他的家林雖在京郊，雖靜寂沒有一點人的煙塵；故坐於其中只是靜默無言。這樣的閒坐、空坐，白居易和方干都可以盡日處之，白居易甚至還可以「一坐十餘載」（〈自題小園〉卷四五九）。可見園林中漫漫歲月，有很多時候是在閒坐靜默中度過的。這漫長的空坐生涯裡，多半是隨興地觀賞景色。白居易可以整天坐看青山，韓愈也有「東堂坐見山」（〈示兒〉卷三四二）的經驗，張喬則有過「危坐千峰靜」（〈山中答劉書記寓懷〉卷六四三）的感受體會。因為山色有著百千種面貌，隨著氣候煙嵐而變化多端，可以百看不厭。戴叔倫「面山如對畫」（〈南軒〉卷二七三）的美感經驗，可信足以使人靜默長坐而品味良久。園林之中可資賞玩的景色十分豐富多樣，或是「坐看雲起時」（王維〈終南別業〉卷一二六），或是「弄泉南澗坐」（白居易〈孟夏思渭村舊居寄舍弟〉卷四三三），或

「退公閒坐對嬋娟」（令狐楚〈郡齋左偏栽竹……〉卷三三四），或「閒坐聽春禽」（祖詠〈蘇氏別業〉卷一三一），總是輕鬆隨興地觀看，不拘執於，，否則就不是閒坐了。應像白居易「閒看捲簾坐」（〈西街渠中種蓮疊石頗有幽致偶題小樓〉卷四五四）那般無所羈地閒看，在輕鬆自在中以神遊之，而默識萬象的大化流行，才有可能「坐觀萬象化」（陳子昂〈南山家園……獨坐思遠率成十韻〉卷八四）。既觀得萬象大化，就覺閒看中很有豐富內容令人目不暇給，因此「獨坐一園春」（盧照鄰〈春晚山莊率題二首之二〉卷四二），看似孤獨寂寞，卻能坐擁滿懷的春景春光，實則十分富裕。因此，但看文人心態是否能放下向外追求乞索的易於失落不慊的心，而直接與山水自然碰觸交流，若然，則掩扉獨坐的園林生活自有其具足圓滿的樂趣。

獨坐之外，臥眠也是一種自處的生活方式，如：

飽食緩行新睡覺，一甌新茗侍兒煎。脫巾斜倚繩牀坐，風送水聲來耳邊。（裴度〈涼風亭睡覺〉卷三三五）

日高睡足猶慵起（白居易〈香鑪峰下新卜山居草堂初成偶題東壁〉卷四三九）

眠窗鶴語閒（項斯〈姚氏池亭〉卷五五四）

莊叟靜眠清夢永（殷文圭〈題吳中陸龜蒙山齋〉卷七〇七）

醉眠風卷簟（張祜〈題曾氏園林〉卷五一〇）

裴度的園林生活可以吃得飽飽的，再散步閒行一番，而後臥睡一回。待得醒覺起來，又衣裝不整地斜靠著繩牀，一副慵舒懶散的模樣。白居易也說自己睡眠飽足了、太陽高照當空了，依然懶怠不起，他還有「後亭晝眠足」（〈睡起晏坐〉卷四三〇）、「正聽山鳥向陽眠」（〈別草堂三絕句之一〉卷四四〇）等「晝眠」的習慣。這種被孔子責貶的晝寢行為，卻被文人引為津津樂道的詩材，因為尚有莊子夢蝶的高情哲趣作為他們自得的依憑。李嘉祐〈奉和杜相公長興新宅即事呈元相公〉就以「夢蝶留清簟」（卷二〇七）來讚頌杜佑的閒情；而呂溫〈夜後把火看花南園招李十一兵曹不至呈座上諸公〉也以「傲吏閑齋困獨眠」的想像作為李兵曹不至的理由，而且將這位傲吏的獨眠境界描喻為「應是夢中飛作蝶，悠揚只在此花前」（卷三七一）。莊周夢蝶的栩栩然忻暢忘化，是閒暇舒徐中體道的物化工夫，文人們引以為眠臥的比喻，也是對悠閒生活情境的一種肯定與讚揚。因此，「閒眠處」就成了山林園居的代名詞，如項斯〈憶朝陽峰前居〉「每憶閒眠處，朝陽最上峰」（卷五五四），其閒眠處含有隱遯不爭之地的意思，眠臥遂成為閒逸逍遙的表徵。

高臥——林亭佳趣・明仇英畫
臺北國立故宮博物院藏

其實，晝眠的時間是有限的，多半的閒臥時候仍是醒覺著，只是採取躺臥的姿態，以極舒適的態勢悠悠愜愜地生活，如：

悠然獨臥對前山（崔興宗〈酬王維盧象見過林亭〉卷一二九）

開軒臥閒敞（孟浩然〈夏日南亭懷辛大〉卷一五九）

亭開山色當高枕（朱慶餘〈題崔駙馬林亭〉卷五一四）

盡日枕書慵起得（皮日休〈所居首夏水木尤清適然有作〉卷六一三）

高齋臥看山（徐鉉〈自題山亭三首之二〉卷七五五）

這裡的臥或高枕是慵散閒逸的適愜姿勢，似乎什麼事都不在意，再也沒有什麼可以牽引他趨奔鶩求的。「悠然」、「閒」、「慵」等字都點出園林主人放下、自得的生活情調，絕非是呆騃僵硬地滯坐膠臥，而是高高地枕臥以看山賞景而神遊之，或覽書閱古以神思之；因此「高」字當也暗指臥者的情懷。岑參〈南池夜宿思王屋青蘿舊齋〉詩描述他自己「池上臥煩暑，不櫛復不巾。有時清風來，自謂羲皇人」（卷一九八），就是以不修邊幅地臥態來表示他有如上古之人那般悠然而不受拘束。杜甫〈江亭〉也表白自己「坦腹江亭暖，長吟野望時。水流心不競，雲在意俱遲」（卷二二六），坦腹在江亭上曬日光，也是疏放不拘的模樣，但他時而望瞻野景，滿懷文思正在蘊釀鼓盪。然而他的態度是不隨世務而奔競逐爭，不汲汲於名利，只如白雲般舒徐悠哉。所以閒臥不是呆滯，而是篤定；不是無聊，而是閒逸。盧象〈同王維過崔處士林亭〉稱崔興宗：「主人非病常高臥，環堵蒙籠一老儒」（卷一二二），高臥遂成不問世事者的高情雅興：

寂寥守寒巷，幽獨臥空林。（陳子昂〈南山家園林木……〉卷八四）

歸臥掩柴關（劉長卿〈送鄭十二還廬山別業〉卷一四八）

空山獨臥秋（于鵠〈山中自述〉卷三一〇）

盡日無人只高臥（司空圖〈王官二首之二〉卷六三三）

干戈蛸起能高臥，只箇逍遙是謫仙。（李咸用〈題王處士山居〉卷六四六）

臥，已不是一個姿勢或動作，它或者是遠離塵世、不與人事的表示，或者進而成為隱逸者的象徵，因為它頗能典型性地描述出隱者的生活概況，呈現出隱者的生活情調。坐臥成了象徵語之後，文人遂習於用它們來指涉隱逸性格的園林生活，以非常具體的形象把隱者收束篤定、閒逸逍遙的生活心境畫面性地呈現出來。

坐臥之餘，無事地漫行閒步，也是文人們喜愛的：

每箇樹邊消一日，遶池行匝又須行。（王建〈薛二十池亭〉卷三〇〇）

以此遂成閒，閒步繞園林。（白居易〈林下閒步寄皇甫庶子〉卷四三一）

繞屋扶疏千萬竿，年年相誘獨行看。（劉言史〈題源分竹亭〉卷四六八）

獨行看影笑（姚合〈閒居遣懷十首之六〉卷四九八）

忘歸步月臺（杜甫〈徐九少尹見過〉卷二二六）

在無所事事的日子裡，時間特別漫長，可以任人隨意散漫地閒行踱步，這兒看看，那兒停停，於是每個樹邊可以消磨一日。在時間充裕、不慌不忙的情況下，沒有什麼不能細看的，沒有什麼不是興味盎然的，於是那年年相見的竹子還是具有相當的魅力誘引劉言史一次又一次地行繞細看。一邊閒行一邊賞景可以從不同角度順序地見到景物的各種面貌，猶如展讀一幅連續的動畫，那是全面且整體地觀覽，因而會看著看著忘了時間忘了歸程。姚合在「看山復繞池」（同組第三首）的一匝又一匝地行走之餘，也會對自己投映在地面上的身影變化興味盎然，不自覺地顧影而笑，那是多麼細緻的情懷、多麼敏銳的心思。這些獨行絕非如屈原散髮踽踽的淒涼悲壯，而是平和寬徐又自在的遊賞品玩。像王維在自家別業中獨步，遇著「行到水窮處」的時候，便「坐看雲起時」（〈終南別業〉卷一二六），他不會痛哭窮途末路，而是順著這個已盡的形勢轉換自己的姿態，於是又看到另一番景象，轉出另一個世界來，文人又進入那新世界中遊玩去了。白居易在〈酬韓侍郎張博士雨後遊曲江見寄〉詩中嘲諷兩人道：「小園新種紅櫻樹，閒遶花行便當遊。何必更隨鞍馬隊，衝泥踏雨曲江頭」（卷四四二）。他在自家小園的紅櫻樹下隨意繞著閒行，便是一趟盡興的賞遊之旅，輕鬆自在地面對景物而不必為同行者所分心。因此，閒行其實也是遊，沒有行程計畫與時間限制的遊觀之行：

興來恣佳遊（岑參〈終南山雙峰草堂作〉卷一九八）

逍遙自得意，鼓腹醉中遊。（岑參〈南溪別業〉卷二〇〇）

望山登春臺，目盡趣難極。晚景下平阡，花際霞峰色。（錢起〈藍田溪雜詠二十二首之一〉卷二三八）

秋山共月登（李頻〈山居〉卷五八八）

是境皆遊遍，誰人不羨閒。（杜荀鶴〈懷盧嶽書齋〉卷六九一）

在自家園林長住者，遊園是十分日常的生活，像岑參這樣，興來就可以恣意佳遊，不必預先安排，一切都順其意興而行，相當流暢自然。而錢起的遊目騁懷乃是隨著景色之所在而行，而非由人之意念設定地覓尋景致，故登春臺而望見冶笑之山，下平阡而迎面的是霞彩映花影。王維的終南別業也是「興來每獨往，勝事空自知」；獨往漫遊與群集共遊自是不同，可以興起即行，不必招邀等候，不必遷就彼此；可以直接面對大自然，可以率性適意，或者「靜看雲起滅」，或者「閒望鳥飛翻」（權德輿〈暮春閒居示同志〉卷三二〇），或者「時立澗前村」（周賀〈春日山居寄友人〉卷五〇三），或者「佇立雲去盡」（岑參〈緱山西峰草堂作〉卷一九八），要佇立、要長坐、要前行、愛久愛忽，都毋須協商，不必擔心同行者的意願和感受，真是大自在——獨遊與隨興的大自在。

登遊是很好的休閒活動，所謂「稍減愁人日月長」（李咸用〈春日題陳正字林亭〉卷六四六）。可足對遠離塵囂的生活而言，閒，正是文人的追求。登遊活動不僅是閒的表徵，同時也使閒情本身變得趣味盎然而含蘊豐富的內容；這是閒逸得以持恆的要因，否則閒情便很容易墜落為枯索死寂。在閒遊中，文人可以見到自然萬象不停地變化，從每一種自然生命中體悟到宇宙的奧妙與生意，而欣然於萬物各得其所。白居易有一首〈尋春題諸家園林〉寫道：「聞健朝朝出，乘春處處尋。天供閒日月，人借好園林。漸以狂為態，都無悶到心。平生身得所，未省似而今。」（卷四五六）必須上天賜與供給閒暇時光，加上人們建造佳園，才得以像如今這般地身得其所地狂放舒朗地漫遊；不僅自家園景遊盡，還踱步尋至諸家園林，循著春的消息而行。有園林若無閒日月也是枉然，而閒日月其實哪是上天恩賜？更要自己樂欲甘飴。因此，在獨坐、高臥、閒行的賞遊生活裡，文人們就時時以閒散疏放為自得。

三、養閒以冥契至道

收束的夏日型園林生活者，對於擾擾人世總採避隔不近的態度，而且「不問人間事」（溫庭筠〈贈隱者〉卷五八一）。這就使他們的日子變得純粹簡單，得有較長的時間靜坐高臥與閒行，無事與時間多便是他們的園林歲月：

隱几日無事（權德輿〈南亭曉坐因以示璩〉卷三二〇）

柴門無事日常關（朱慶餘〈歸故園〉卷五一四）

但得身閒日自長（許渾〈湖州韋長史山居〉卷五三四）

日校人間一倍長（陸龜蒙〈王先輩草堂〉卷六二六）

身閒白日長（李建勳〈閒遊〉卷七三九）

隱遯而不問世事，不必奔走忙碌，時間自然較多，陸龜蒙甚至以為草堂園居的時間比起人間還多出一倍。這一方面是閒暇無事，另也因為山居本較平地早些見到日出而又日落得遲些，可能在主觀心理與客觀事態上皆有其根據。難怪劉、阮登山採藥誤入仙境，再回到故鄉已是數代的歲月過去，可見在人們心中那真正與世隔絕的神祕奇境，較諸人世，時間是更加漫長無盡了。所以不僅山居的「山日長」（韓翃〈張山人草堂會王方士〉卷二四三），而無人事干擾、與世隔離的平地園林也會有日月長的閒暇。無事並非無聊，只是沒有世俗人事的牽絆，精神上依然有其聊賴與充實，心靈才能真正自在。在無事閒暇中，人可以從容徐緩，生活的節奏步調自然就疏遲散漫，給人慵懶的印象。我們可以從詩文中看到文人們以疏懶為上的心情：

懶性如今成野人（竇鞏〈新營別墅寄家兄〉卷二七一）
無人覺來往，疏懶意何長。（杜甫〈西郊〉卷二二六）
身老無修飾，頭巾用白紗。（于鵠〈過張老園林〉卷三一〇）
醉臥慵開眼，閒行懶繫腰。（姚合〈武功縣中作三十首之四〉卷四九八）
日高頭未梳（賈島〈送唐環歸敷水莊〉卷五七二）

他們的慵懶不僅表現在人事的交往上，還及於自己的裝束；而兩者實則相關，不接來送往地自處，也就毋須依禮而扮。因而儀表裝束上的慵懶實則是為凸顯對人事的無意。杜甫長長的疏懶意，竟還具體地落在「一月不梳頭」（〈屏跡三首之二〉卷二二七）上面。這樣的生活情調或也是擺脫人間禮法規制之束縛的一種表示，姚合說他自己「性疏常愛臥」，因而引來「親故笑悠悠」（同組．之六）；但詩人是不在乎的，依舊樂於將其疏懶萬象描繪出來。既然能夠視名利為浮雲而置之身外，當然可以對他人的目光與議論毫不在意，其實也可以趁此顯示自己內心完全自由；於是疏慵閒散成為諸多以隱逸為高者所追求嚮往的修養。項斯曾在〈憶朝陽峰前居〉時，發出這樣的願望：「何時無一事，卻去養疏慵」（卷五五四）；張蠙也羨慕「東園自養閒」（〈和崔監丞春遊鄭僕射東園〉卷七〇二）。疏懶閒散尚且須要培養，足見它在文人心中是一種高尚的情性，是修養後的某種進境。於是文人們大聲地說：

閒眠得真性（許渾〈秋日〉卷五三二）
閒眠知道在（李頻〈留題姚氏山齋〉卷五八九）
知予懶是真（杜甫〈漫成二首之二〉卷二二六）
人朴情慮肅，境閒視聽空。（孟郊〈藍溪元居士草堂〉卷三七六）
後亭晝眠足，起坐春景暮。新覺眼猶昏，無思心正住。澹寂歸一性，虛閒遺萬慮。了然此時心，無

物可譬喻。（白居易〈睡起晏坐〉卷四三〇）

原來文人要養的閒，不止是行止上的無事悠然，還須是心靈上的安閒虛寂，先要空掉萬慮，肅淨情識，才能澹寂安住，了然無礙無罣。因此許渾與李頻會說，閒來無事高臥眠息一番，能夠從中得到真性，得到至道。前已引李嘉祐「夢蝶留清簟」的詩句，可知文人乃以閒眠可夢蝶栩栩然，在物化的歷程中與物渾一，而契悟至道。其間的工夫重點在於「閒」，「閒居耳目清」（于良史〈閒居寄薛華〉卷二七五），「身閒無所為，心閒無所思」（白居易〈秋池二首之二〉卷四四五），耳目清空則聰明，心靈無思則虛明，正是冥道的最佳身心狀態。杜甫以為懶是真性的流露，沒有矯飾與壓抑；孟郊也以朴素則思慮能凝聚束斂，純淨不雜；白居易也體驗過晝眠悟道，他另有〈詠懷〉詩，如前引「晝日松下坐，有時池畔行」，之後便論述這閒坐漫行的境界是「行立與坐臥，中懷澹無營」，完全是自然無為的狀態，符合於道家的理想。於是在文人的自覺性認肯中，閒與懶是進於道的歷程中的一個境界的呈現，須要培養。因此，養閒，成為文人們心照朗朗的修行工夫。

在納涼坐臥與漫遊的生活裡，園林是文人觀照賞玩的對象，文人直接與山水景色見面，與之產生充分的交流對應，而不止視其為背景而已。而且在養閒的自我期許中，園林還是個道場，它與外界隔離而向內收束為文人修行時心靈所達的界，境與心冥合為一。因而詩文中，文人每每提點出在園境中守道體道的經驗：

道心淡泊對流水（韋應物〈寓居灃上精舍寄于張二舍人〉卷一八七）

用拙存吾道，幽居近物情。（杜甫〈屏跡三首之一〉卷二二七）

道勝不知疲，冥搜自無斁。（孟郊〈遊韋七洞庭別業〉卷三七五）

吾道有誰同，深居自固窮。（鄭谷〈深居〉卷六七四）

何事居窮道不窮（杜荀鶴〈題弟姪書堂〉卷六九二）

道的範圍非常廣泛，每人所得所存之道也許各不相同，各得其某個面向。有人為了得道守道而深居以固窮保節，幽居屏跡就是他得道的體現，如王維因「中年頗好道」，而後「晚家南山陲」（〈終南別業〉卷一二六）；有人則是在自然的居處中，進入自然，與動植萬物和諧贈答裡，契悟山川天地的勝道，在極自然而然的情況下體道，如權德輿「元和暢萬物，動植咸使遂」（〈郊居歲暮因書所懷〉卷三二〇）的感動已是近於道本，進而為杜甫的近物情以存道，因而錢起會有「歸來生道心」（〈秋園晚沐〉卷二三七）的體驗。對於兩者，同樣地，園林都是最好的道場，正如白居易所說的「無勞別修道，即此是玄關」（〈宿竹閣〉卷四四三），在他心目中園林已是最理想的修行道場了。

以園林為修行道場者，所修的「道」層次各有不同。最基本的是養「身」：

虛寂養身和（孟浩然〈晚春題遠上人南亭〉卷一六〇）

乞得歸家自養身（王建〈題金家竹溪〉卷三〇〇）

養身成好事（姚合〈武功縣中作三十首之二〉卷四九八）

調護心常在（蔣防〈題杜賓客新豐里幽居〉卷五〇七）

栽松獨養真（劉得仁〈題王處士山居〉卷五四四）

養身，可以是最基本地存活其身的生存之道，而文人此處強調的比較是生理的調護。生理的調護也是道，因道在瓦礫；只要是合於自然的事皆合道，因道法自然。身體是生命存在的基本，其中實富含了各層次各境界的可能性，在身心相互影響的作用下，養身遂也是修行的開始。孟浩然所說的養身和，即是以身和為趨向心和的一個基礎。尤其道家以長生成仙為目標，養身就更是重要的修煉功課；在唐代，養真的文人很多，只是像錢起那樣直說自己「勉事壺公術，仙期待赤龍」（〈藥堂秋暮〉卷二三八）的，比較少見。一般文人多半以具體的養身之舉來呈現其修行的基本功課，長嘯是比較常見的：

彈琴復長嘯（王維〈輞川集‧竹里館〉卷一二八）

東嶺或舒嘯（儲光羲〈題崔山人別業〉卷一三七）

愛竹嘯名園（李白〈題金陵王處士水亭〉卷一八四）

長嘯滿襟風（韋應物〈南園〉卷一九二）

獨嘯晚風前（白居易〈閒居〉卷四九二）

長嘯看來好似是抒發情緒的一種方法，其實是道教練氣養生的方法。練氣者打通任督二脈之後，氣在體內運行能夠順暢活絡，元氣益增，丹田運氣的力量日強。當丹田鼓氣而動（氣動）的時候，不斷發出能量而經由聲音的鼓盪散發出來，此為長嘯。從常建「嘯傲轉無欲」（〈燕居〉卷一四四）的詩句可知，長嘯還可以使人清心寡欲，身心更加明淨。所以長嘯是修練的方法之一，也是練氣養生歷程中的某個進境。長嘯通常在高曠之地，以求聲氣能傳送廣遠；也有如王維般在竹林裏，可以得到良好的共鳴。更重要的是山林竹園諸地空氣新鮮，含有大量陰離子，對身體氣脈的流暢有大助益，正合養身之初衷。因而，園林是道教養生的理想場所，盧鴻一修行的道場就是其嵩山草堂，他在那兒「意縹緲兮群仙會……契顥氣，養丹田，終彷像兮覯靈仙」（〈嵩山十志‧枕煙庭〉卷一二三），草堂已儼然由修行道場幻化為群仙會聚的仙境。

養生，園林之為道場，使人身與大自然之間發生氣息上的交通。進一步地，文人們還注重精神心靈的層次，使合於至道，如：

嘗聞繼老聃，身退道彌耽。（張九齡〈故刑部李尚書荊谷山集會〉卷四八）

但樂多幽意，寧知有毀譽。（張九齡〈南山下舊居閒放〉卷四九）
道勝物能齊，累輕身易退。（韋夏卿〈和丘員外題湛長史舊居〉卷二七二）
心源齊彼是，人境勝巖壑。（權德輿〈奉和李大夫題鄭評事江樓〉卷三二二）
弊廬隔塵喧，惟先養恬素。（孟浩然〈田園作〉卷一五九）

齊物，泯除一切的比較、對立是道家（尤其莊子）的重要思想，恬和也是道家理想人物的修養。園林裡各形各色的生命存在，山川動植皆是當齊之物，悉有道在，置身其中不僅易於近物情，且願樂以心以神與之交遊，臻於生命之大通無礙、渾然忘化，在心源上易於默契齊物之道。這些都是道家心靈境界上的修養，文人們以此來讚頌他人的園林生活，可知修行契道確是文人們對園林生活的普遍期許。

習佛修禪也是唐代文人修行的功課，即或並非正式學佛皈依三寶者，也對佛理教義有所認識，而在心靈的修養上願欲追隨：

思入空門妙，聲從覺路聞。（呂溫〈終南精舍月中聞磬聲詩〉卷三七〇）
欲知除老病，唯有學無生。（王維〈秋夜獨坐〉卷一二六）
夜攜禪客入（韋應物〈花徑〉卷一九三）
唯有無生三昧觀，榮枯一照兩成空。（白居易〈廬山草堂夜雨獨宿……〉卷四四〇）
數有僧來宿，應緣靜好禪。（劉得仁〈初夏題段郎中修竹里南園〉卷五四四）

坐禪、觀想、照空是學佛者的修行方法。園林的幽寂靜謐正適合坐禪觀想，而園林的自然景物及活潑生機正宜於頓悟觀照，尤宜於機趣盎然的禪意。在這個山水自然的萬象中，人易於找到自己的定位，了然生命的真諦。文人們或者獨參，如白居易之「每夜坐禪觀水月」（〈早服雲母散〉卷四五四），入於三昧；或者是同修，而數有好禪之僧客頻至。在這些修行工夫裡，園林已不止是個道場，還是在修練過程中觀照而不斷交流互應的生命資源；園林也不止是參悟的對象、客體，還可以與心神相契，融為一體。於是園林已由獨立於文人生活重心之外的背景，走入文人心中，成為心源的一部分（詳第五章第三節）。

綜觀本節所論，唐代文人納涼獨坐、高臥閒行的夏日型園林生活，可歸納要點如下：

其一，唐人將園林視為避暑佳地，炎夏常在樹蔭水亭納涼，以袪除伏暑酷熱。而園林在山、水、花木、建築乃至空間布局等安排設計上，都恰能為納涼之需提供良好的環境。

其二，唐代文人更珍視納涼避暑的精神意義，園林各方面集聚的冷涼之氣，經由肌膚的拂洗，進入體內而滌盪五臟六腑，更而通達頭腦心神，以澄汰萬慮、澹寂耳目，使人清醒靈明、虛靜安住。

其三，在避暑納涼的實際生活之外，精神生活上屬於避「暑」收束型的是隱逸者。他們的園門常掩，以與塵世保持距離。他們在園林時常終日閒坐、高臥、漫遊，這並非呆騃僵滯的無聊，而有其觀照賞覽的豐富性與變動性；因此無所事且慵懶成為文人歌頌的高行，引以為自得，收束卻圓滿具足。

其四，隱逸者不問人間事，時間遂特別充裕漫長，凡事可以從容徐緩而無所執著地隨興而行，使他們的生活在隨興順勢中充盈著各種機趣及禪味。因此，文人們常以疏懶慵散的情態度日，強調疏放朴野可與道同在，於是「養閒」遂成為文人園林生活的修養工夫之一。

其五，文人把園林當作修行的道場，在其中自我修練，或者養身，或者修仙術，或者法自然而齊物忘化，或而坐禪觀想，以期達到道釋的最高境界，以默契至道。而這一切的修行進境皆以養閒為基本工夫。

其六，在納涼、獨坐、高臥、漫行等養閒生活及契道的修行工夫裡，園林不僅是場所的提供（背景），還在身心各方面與人發生交流通應。這裡，園林已由春天型生活中的背景躍進為生活的內容，尤其在修行的工夫中，園林本身即是道的呈顯，可以是文人心靈修養所達的境界，園與人冥合為一。

第四節 農耕藥釣與家族團聚——夏日型

別業型的園林（莊園），具有農業耕作的經濟效益，大都擁有田疇畦圃。一部分的園主不必親事耕作，僱有佃農奴僕來進行勞力的種植工作；握斧執鋤只是他們餘暇的遊戲與雅興而已。但是隱逸者沒有俸祿，生活的資源頗須依靠耕植收穫，他們的丘園多少也有些許田地，但多半是自給自足的小田地，而且親自耕鋤，深體其中甘苦。偶而隱者在農耕之餘，也從事採藥賣藥及漁釣等活動，既可增加經濟收入，又能由此而獲得樂趣，充分體現其悠然的、恬淡的生活情調。這些農耕漁藥的生活，即或是以遊戲點綴的態度偶然加入的園主達官，在他們投入的當下也與隱者一樣進入向內收束、完足無缺的生活形態，尤其是隱者，在日常之中沉靜地持續著這種生活形態，屬於夏日型。本節擬由農耕、藥釣及其特顯的家族團聚式的生活狀況等三方面論述。

一、農耕栽植與造園栽植

園林中栽植之事原有兩類，一是在田地畦圃上耕種作物，以期生產糧食蔬果及其他具有經濟價值的植物；一則是在園林裡栽植花木，整理養護，以期營造優美的景觀。前者具有經濟價值，後者具有藝術價值。這些栽植活動不管是文人躬自操作、荷鋤執斧，或只是督看僕役們勞作；也不管文人是長時隱居，或退朝休沐期的暫住，在栽植活動的進行中，都是向內收束而面對自己、面對自然的耕耘式的沉靜生活。

莊園裡的經濟栽培作物種類繁多，稻麥等主食固然是最重要的，蔬菜應也常見。此外像茶（參第二節）、果子（如張祜〈晚夏歸別業〉「鳥啼新果熟」卷五一〇）、筍（如李頻〈留題姚氏山齋〉「迸筍出苔莓」

卷五八九）、豆（如白居易〈孟夏思渭村舊居寄舍弟〉「兔隱豆苗肥，鳥啼桑椹熟」卷四三三），以及芍藥牡丹等藥性食材……。其中有很多都兼具觀賞的美化園林的功能，例如竹本身不但色澤姿態優美，成片竹林可以是園林的重要景區，而且搖曳生風，帶來清涼的氣氛，使園林幽靜深邃；而實際上它的經濟效益也不算低，故而引起稅千畝竹之爭訟（參第三章第三節）。所以中國園林裡的植物花木，很多兼備經濟實益與觀賞價值，兩不牽損且相長相成。這種兼攝的特色同時表現在中國園林的諸多其他方面。

而園林的經濟經營，對一部分人而言，是家族致富積財的事業，在均田制破壞的情形下，有權勢財力者大量耕營以致愈加財厚勢強；對另一部分人而言，則僅是裹腹謀生的生計。謀生方法殊多，何以獨鍾農業？為農則自給自足，得以獨立取得生存，不必再求於他人，不必與太多人往還牽涉，可謂自足且自由的生計。因此，古之隱者如長沮、桀溺或荷蓧先生不屑塵俗仕途的汲汲惶惶，選擇的便是務農的平淡生活。而唐代，不論是布衣隱者或是擁祿卻以退朝休沐為隱者，都同把農植當作是閒隱的資源：

園收芋粟不全貧（杜甫〈南鄰〉卷二二六）

東皋占薄田，耕種過餘年……若問幽人意，思齊沮溺賢。（耿湋〈東郊別業〉卷二六八）

灌園輸井稅，學稼奉晨昏。此外知何有？怡然向一尊。（權德輿〈暮春閒居示同志〉卷三二〇）

藥圃茶園為產業，野麋林鶴是交遊。（白居易〈重題之二〉卷四三九）

耕耘閒之資（陸龜蒙〈夏日閒居作四聲詩寄襲美・平去聲〉卷六三〇）

陸龜蒙認為耕耘是他閒居的資源。耕耘本勞苦，與閒應是相互矛盾的，此地將勞作與閒俱存同在，其意乃是在生計上有著落以後，心靈才得以安然，不必奔求於世，自然得以悠閒自在。白居易在廬山草堂之以所能與野麋林鶴交遊度其閒逸，是因為有茶藥產業等為後盾，沒有後顧之憂。耿湋耕種是效法沮溺，同時正也是他餘年的生資。杜甫浣花草堂的南鄰錦里先生，因為芋粟收成而沒有貧困的煩惱，所以能與兒童遊玩，快樂地度其野趣橫生、爛漫天真的生活。權德輿在同首詩中還說自己「冠帶驚年長」、「暫無塵事煩」，可見他不是真正純然的隱者，他的灌園與學稼只是閒居郊園的日子裡，對隱逸生活的嚮往和自況。因此，所謂農植是閒隱的資源，就真正隱逸者是指生計的安頓，無後顧之憂；就業餘尚隱者是指偶而參與農耕的姿態，可替自己樹立隱逸的標幟。

總之，因為耕植可以自給自足，不假他求，所以能夠安然地度其逍遙生活，所謂「仰摘枝上果，俯折畦中葵。足以充饑渴，何必慕甘肥」（白居易〈新構亭臺示諸弟姪〉卷四二九）。孟郊有一首〈新卜清羅幽居奉獻陸大夫〉詩說：「力農唯一事，趨世徒萬端。」（卷三七六）把為農與趨世相對比，認為專一地力農，生活單純，不必在人世奔趨，徒惹紛擾。所以農耕生活實是令清高者鍾情的一種生活，在唐人有關園林的詩文中，耕植遂成為隱者的怡然寫照：

> 仲夏流多水，清晨向小園……畦蔬繞茅屋，自足媚盤餐。（杜甫〈園〉卷二二九）
>
> 荷鋤修藥圃，散帙曝農書。（王維〈濟州過趙叟家宴〉卷一二七）
>
> 斫樹遺桑斧，澆花溼筍鞋。（張祜〈題曾氏園林〉卷五一〇）
>
> 取薪不出門，采藥於前庭。（劉駕〈山中有招〉卷五八五）
>
> 閒伴白雲收桂子，每尋流水斸桐孫。（翁洮〈和方千題李頻莊〉卷六六七）

他們的種植工作沒有壓力，只須收得裹腹充饑的成果即可，所以李頻的農事是在閒伴白雲的優雅情境中進行著，那不僅是糊口的差事，而且還可以遊玩其中。砍樹取薪也是十分寬鬆，不必出遠門跋山，就在自家園中尋撿，因為安閒，以致砍了樹便忘掉了斧頭，顯示農植諸事在園林主人心中是舒徐閒散、寬鬆自在的。其實這有一部分是題贈者對園林主人的稱美，有一部分（如杜甫）方是文人親身的體驗㉒。園林主人之所

㉒ ⑰的頁八三也說：「儘管文字記載士人力田者甚多，對於他們究竟『躬耕』農事到什麼程度？我們不能不存著相當的懷疑。」

以能夠閒耕，正也代表園林耕植的兩種類型，一種是別業中擁有廣大田地而雇用農僕耕種，身為園主的文士們只是從督看或慰勞之中獲得田野農趣：

負杖閱巖耕（宋之問〈陸渾山莊〉卷五二）

蒸藜炊黍餉東菑（王維〈積雨輞川莊作〉卷一二八）

自課越傭能種瓜（李賀〈南園十三首之三〉卷三九〇）

詩書課弟姪，農圃資童僕。（白居易〈孟夏思渭村舊居寄舍弟〉卷四三三）

農夫饋鷄黍，漁子薦霜鱗。（李德裕〈初歸平泉過龍門南嶺遙望山居即事〉卷四七五）

園主與農樵的關係若為人主與僕傭，則像宋、王、李等人那樣，以「閱」、「課」或「餉」等方式來參與耕種工作；白居易也是藉助於童僕。陸龜蒙有一組〈自遣詩〉，序文說自己臥病震澤別業，「農夫日以耒耜事相聒，每至夜分不睡」（卷六二八），農夫不能自作主張決定農事，還要時時請示或報告，雖然也有聊天的成分，才會每至夜分，但這麼密切從往，大約是屬於主僕關係。若園主與農樵的關係為地主與佃農，則農樵有自己的收入與資財，於是像李德裕那樣會時而收到他們饋薦的上好產品，有著客氣與情分，似乎還不是很直接純粹的主僕關係。像王建〈原上新居十三首之十三〉的「石田無力及，賤賃與人耕」（卷二九九）就是租賃關係；而韋述寫〈春日山莊〉的景況說「初歲開韶月，田家喜載陽」（卷一〇八），田家該是山莊中獨立的門戶，應也屬於租佃方式。而同一座莊園應也可能同時包含兩種關係，尤其是大莊園。王維〈輞川別業〉說「不到東山向一年，歸來纔及種春田」（卷一二八），將近一年未到，可知他並未親與農事，詩中述及種春田種種，該是文人對自己生活之田園化及充滿野情野趣的暗示。否則，像崔道融〈春墅〉所述：「蛙聲近過社，農事忽已忙。鄰婦餉田歸，不見百花芳。」（卷七一四）那樣忙碌得不見百花芳的生活，是不太可能像王維那般瀟灑悠哉的。

不論主僕或佃租，身為大園主的文人們很少親自躬耕，他們的參與只是情趣的體驗，沒有長期體力勞力上的負荷，所以他們寫農事總是樂趣的，令人嚮往的，而缺乏草盛苗稀的懊惱與落空。像韓偓「自種蕪菁亦自鋤」這樣的經驗是表示他「厭聞趨競喜閒居」（〈閒居〉卷六八一）的一個動作，放下鋤具還是又度其趨競的宦涯去了。正因為農夫樵父才是真正從事農耕的體踐者，文人們與野老樵叟的談笑遂成為盈溢野情樸態的表示，如宋之問〈藍田山莊〉的「獨與秦山老，相歡春酒前」（卷五二）、王維〈終南別業〉的「偶然值林叟，談笑無還期」（卷一二六），文人看來似乎也頗能隨俗入俗，那是無所分別的齊物忘化的修養，也是生活情調的呈示。雖然農耕漁樵等生活只是圍繞在這些地主文人的周遭，他們以觀看、談笑以表閒樸雅素，但也會偶而參與以體味農情，因而陸龜蒙〈偶掇野蔬寄襲美有作〉「野園煙裏自幽尋……帶露虛疏或貯襟」（卷六二四）是充滿趣味歡悅的新鮮，並帶著幾分稚真的美感，在情調與興味上的成分實大於生計之需。在勞力上不能深體個中的辛苦滋味與壓力。所以對身為大園莊主的文人而言，農耕只是他們園林生活的新鮮點綴，只是他們閒情的標幟，並非日常；而其投入的當下所產生的樸野天真之心，或者不能任意否定，他們可能也在當下真正放下塵機了。

另一類的園林耕植是文人的日常：

清旦理犂鋤，日入未還家。（儲光羲〈田家即事答崔二東皋作四首之一〉卷一三七）

自鋤稀菜甲，小摘為情親。（杜甫〈賓至〉卷二二六）

東皋占薄田，耕種過餘年。（耿湋〈東郊別業〉卷二六八）

穀雨乾時手自鋤（曹鄴〈老圃堂〉卷五九三）㉓

空山卜隱後，主計亦無餘……深林收晚果，絕頂拾秋蔬。（張喬〈題友人草堂〉卷六三九）

㉓ 一作薛能詩。

儲光羲的鋤犂生活是全天候的，日出而作，日入未息，其辛苦不言而喻，為生活之資而耕的痕跡甚著。杜甫的自鋤菜甲似是為了情親的賓客，但從「連筒灌小園」（〈春水〉卷二二六）、「接筒引水喉不乾」（〈引水〉卷二二一）及一首〈種萵苣〉（詳下）可知，栽植灌溉或製作生活所需器用等庶務，都是他生活日常的瑣事。耿湋藉以過餘年而東皋耕種與曹鄴、張喬友人的鋤草鬆土、收果拾蔬，可信都是他們生活的日常。既是日常，既是生計，農耕就不是餘暇的遊戲，也不能僅僅供奉為閒情的表徵、生活的點綴，而是具體真實、瑣碎煩辛的生活，自有甘苦。因此這類耕植生活往往可見到文人的煩惱愁苦：

既雨已秋，堂下理小畦，隔種一兩席許萵苣，向二旬矣。而苣不甲坼，伊人（一作獨野）莧青青。（杜甫〈種萵苣序〉卷二二一）

鄰富雞常去，莊貧客漸稀。借牛耕地晚，賣樹納錢遲。（王建〈原上新居十三首之五〉卷二九九）

病來猶強引雛行，力上東原欲試耕。（司空圖〈書懷〉卷六三二）

這已不是興味之事，亦非遊戲玩耍，而是糊口營生，即使負病、即使雛牛尚嫩幼，也要勉力上皋原去耕種；一病一幼，景況十分愁苦悲涼，卻是責任。其身體上的痛苦自不待言，連帶心情上的窒礙不暢恐也難以超越。王建則感受到貧窮所帶來的種種困窘與現實壓迫的難堪，故而借牛急急地耕地，賣樹以繳納稅賦。杜甫不獨苦於栽植的失敗無成，還由之感傷「時君子或晚得微祿，轗軻不進」，而且以「中園陷蕭艾，老圃永為恥」而悲愁不已。既傷不遇，又恥無成，其陷困於蜀地為農的失意心情表露得頗為明白。從中國士人治國平天下的兼善理想來考量，一般說來，退居一隅耦耕為農以資生存的生活方式，並非讀書人的初衷本領，所以有些時候文人是帶著失意挫敗的情緒來面對這種生活：

失路農為業，移家到汝墳。（祖詠〈汝墳別業〉卷一三一）

哀歌時自短，醉舞為誰醒。細雨荷鋤立，江猿吟翠屏。（杜甫〈暮春題瀼西新賃草屋五首之三〉卷二二九）

野路正風雪，還鄉猶布衣。里中耕稼者，應笑讀書非。（儲嗣宗〈送人歸故園〉卷五九四）

鄉里老農多見笑，不知稽古勝耕鋤。（杜荀鶴〈書齋即事〉卷六九二）

正是有杜荀鶴這樣，以讀書勝於耕鋤（士高於農）的觀念，遂使為農——尤其是以農為業者變成仕途失意後的退路。唐詩中落第歸別業的詩作很多，對那些仕途失敗的文人而言，一方面還得為自己讀書應試之舉解釋道：「木倦採樵子，土勞稼穡翁。讀書業雖異，敦本志亦同」（孟郊〈藍溪元居士草堂〉卷三七六），以讀書與樵穡同為敦本之業。然而，為農終究仍是一種無奈，也是委屈。杜甫的浣花草堂及瀼西草堂時期生活雖多豪放不羈與恬淡平靜之風，但卻也時時浮起感時歎困的情思，看似矛盾，卻極真實且自然；生活的樣相、心緒本非單一。在他離開浣花溪暫居瀼西時，感於一生的窘迫困頓而吟出「身世雙蓬鬢，乾坤一草堂」的詩句，唱著哀歌，在一片猿啼細雨的悲苦氣氛中，荷鋤而為老朽無成的一介老農。他落為農者的心境應也有落寞悲涼的深沉面。至於赴京應考而失敗的儲嗣宗的友人，當他回故園仍只是布衣身分時，最不堪耕稼者的嘲笑非議。讀書不及耕稼的嘲笑非議，是他不願接受承認，又無力駁辯、無法以身反證的事實。可知農耕生活對追求仕宦失敗而退居其中的文人，是含著深切的挫折感與無奈。

至於營造優美的景觀而具有藝術創作傾向的造園活動，也是對自己生活環境與心靈氛圍的一種耕耘，所謂「耨水耕山息故林」（徐夤〈新葺茆堂〉卷七〇九），山水也須加以耕耨，很能點出造園中仔細經營培護的用心。花木造園雖不似農耕可以獲得實質利益，或者有謀生存道的迫切需要，但對於精神生活要求極多的文人而言卻非常重要。如杜甫於浣花草堂雖然貧乏待濟，他還是致力於草堂的種植，那是他們生活環境品質的追求，也是生活樂趣所在。較諸農耕，造園栽植的壓力輕，且又具有美感及情趣，是文人豐富生活藝術的內容之一。如：

小園吾所好，栽植忘勞形……竹蘿荒引蔓，土井淺生萍。更欲從人勸，憑高置草亭。（李建勳〈小園〉卷七三九）

野性愛栽植，植柳水中坻。乘春持斧斫，裁截而樹之。（白居易〈東溪種柳〉卷四三四）

蘭汀橘島映亭臺，不是經心即手栽。（方干〈許員外新陽別業〉卷六五三）

假日多無事，誰知我獨忙。移山入縣宅，種竹上城牆。（姚合〈武功縣中作三十首之二一〉）

移花疏處種，斸藥困時攀。（許渾〈紫藤〉卷五三二）㉔

在他們，園林既是自己心愛的生活園地，自是樂於造就它；何況，栽植自身本亦極具樂趣，在創造、培育的過程中享受心靈耕耘之樂及生命成長之喜而忘記軀體上的辛勞。故而李建勳在「忘勞形」之中還要再置草亭，而白居易則自稱野性愛栽植，姚合更是在假日中獨自忙於種竹造山而顯出樂此不疲之狀。整個園林的營造與修護工作十分繁複吃重，文人參與的程度也許令人懷疑，但許員外的汀島亭臺不是經心即手栽，可信是非常投入造園工作；當然，任何一座園林都不易單獨由固定一人一手完成，不論做了多少，重要的是文人確實親自加入種植的行列。造園工作的參與，最直接的方式是親手栽建；可是「經心」設計構思，也是相當重要，它能使園林的風格特色展現出文人的品味格調。何況經心設計與從旁指導的過程中，文人與其園林山水發生了生命創造的貫注傳續關係，以園林的立場來看，文人的精神心血是向內收束凝聚而投注在自然生命上。重視並經常性親自參與造園工作的文人，在唐代如杜甫、白居易、柳宗元、姚合、陸龜蒙等人。茲再舉一二例於下，如白居易反映於詩文之中的造園生活最為頻繁多見，他也樂此不疲。在〈春葺新居〉中他自述道：「江州司馬日，忠州刺史時。栽松滿後院，種柳蔭前墀。彼皆非吾土，栽種尚忘疲。

㉔ 一作杜牧詩，但「種」字作「過」字。

況茲是我宅，葺藝固其宜。平旦領僕使，乘春親指揮。移花夾暖室，徙竹覆寒池……」（卷四三一）所到暫居之處，他都要營造一番，率領僕使、指揮工程，看著自己的創意一一完成而欣樂不已。他對於養竹特別有興趣且心得豐富，從中領略到種竹須注意「不依行」、「但間窠」的美感原則（參第二章第三節）。還能將殄瘁欲死的竹子養成青綠挺勁、欣然有情（〈養竹記〉文卷六七六），足見他在造園栽植上擁有深厚的知識與精到的技術；更可信造園栽植是他經常性的生活內容。

柳宗元有很多記述他造園栽植的詩，如〈茅簷下始栽竹〉、〈種仙靈毗〉、〈種朮〉、〈種白蘘荷〉、〈新植海石榴〉、〈植靈壽木〉、〈自衡陽移桂十餘本植零陵所住精舍〉、〈湘岸移木芙蓉植龍興精舍〉（皆卷三五二）等。此外他還喜歡率眾跋山涉水以尋找並開發風景勝絕的林泉之地，闢建地方性的公共園林；也是一位勤於造園的文人（參《全唐文》卷五八〇、五八一）。至於陸龜蒙的造園生活，如皮日休〈臨頓為吳中偏勝之地陸魯望居之不出郛郭曠若郊墅余每相訪欵然惜去因成五言十首奉題屋壁〉（卷六一二）即有所描述：

> 繞屋親栽竹（之一）
>
> 趁泉澆竹急，候雨種蓮忙。更葺園中景，應為顧辟疆。（之三）
>
> 與杉除敗葉，為石整危根。（之九）

趁泉候雨而急急澆竹種蓮，忙得十分投入專注，文人將自己全然放下，直接與整個天地自然相呼應；為杉木除去敗葉，為石頭整頓搖晃的根基，則是忙得相當體貼細緻，文人用愛心去對待園中景物。文人是真把感情貫注到自然的生命裡，視之為好友為子孫般關照疼惜，擺落世俗的利害關係與相對性對待地付出。在這造園栽植的生活中，幾近於忘憂忘我地投入大自然，對萬物的生命產生純真的情意與關愛之心，並欣賞它們的美，成全它們的美。這類園林生活，文人們真的由人間世退回來，以純粹明淨且凝聚專注的心靈回向大自然，與自然相應相融。園林於此，不再是背景，也不僅是對象，而是文人自己的生命了。

二、種藥服食與漁釣

種藥也是唐代園林裡常見的栽植活動，如：

近移松樹初栽藥（王建〈題元郎中新宅〉卷三〇〇）

買得足雲地，新栽藥數窠。（賈島〈王侍御南原莊〉卷五七三）

雨中移得藥苗肥（吳融〈即事〉卷六八七）

種藥家僮踏雪鋤（杜荀鶴〈夏日登友人書齋林亭〉卷六九二）

買得春泉溉藥畦（蘇廣文〈春日過田明府遇焦山人〉卷七八三）

可以見出園主對種藥一事也是十分重視的，買春泉是為了灌溉藥圃，還為了移植而甘心在雨中淋打。至於所種的藥究竟是什麼呢？大別可分為花藥與草藥，種花藥的例子如：

遠求花藥根（王建〈原上新居十三首之八〉卷二九九）

芍藥丁香手裏栽（王建〈別藥欄〉卷三〇一）

藥味多從遠客齎，旋添花圃旋成畦。（陸龜蒙〈奉和襲美題達上人藥圃二首之一〉卷六二五）

種草藥的例子如：

好讀神農書，多識藥草名。（韋應物〈種藥〉卷一九三）

溪上藥苗齊……皆能扶我壽。（李德裕〈思山居一十首．憶藥苗〉卷四七五）

藥草須教上假山（皮日休〈秋晚訪李處士所居〉卷六一三）

唐人對花每每稱為花藥，而花圃也叫作藥圃、藥欄，因為諸如芍藥、牡丹等花皆能做藥，因而種藥可能指種花；至於藥草則多傾向指治病健身或長壽用的藥材，因而種藥也可能指種草藥。而花「卉」亦多屬於草本科者，故花藥與草藥之別在唐人心中恐怕亦不甚嚴密，例如其稱藥草，也有可能指花藥與莎草亦未定。但無論如何，可信的是種藥的園林用意可有二，一為觀賞，一為食用，兩者又常可兼具。一般提及種藥往往同備兩種作用，所以不易也不必仔細分辨其為花藥或草藥。

在園林活動中，提及「藥」者，不論花藥或草藥，其重點多同指向藥材之可資治疾養身者，如：

> 幽林採藥行（宋之問〈陸渾山莊〉卷五二）
> 呼兒採山藥（馬戴〈過野叟居〉卷五五五）
> 陰洞曾為採藥行（陸龜蒙〈自遣詩三十首之六〉卷六二八）
> 仙境閒尋採藥翁（杜荀鶴〈題廬嶽劉處士草堂〉卷六九二）
> 藥苗應自採（李中〈寄廬山莊隱士〉卷七四九）

若是具有觀賞作用，尤其是美妍嬌媚的花藥，採摘對它們實是太殘忍的戕害，因此這裡的「採」藥當指尋採藥材，因而多到深山幽林陰洞等僻遠之處，其不具觀賞性亦可由此知一二。而採藥於「仙境」，也暗指所採者乃是延年益壽可資成仙的藥材。孟浩然曾「采芝南澗濱」（〈仲夏歸漢南園寄京邑耆舊〉卷一五九），採的乃是芝朮之類的延年藥材。可知採藥的目的除賣卻營生，還可能是為了服食以治病補身或長生成仙，這在唐代是非常盛行的。《唐才子傳・卷二常建》載其「有肥遯之志，嘗採藥仙谷中，遇女子……」，正是與仙志有關的記載，它與上引詩文同樣顯示採藥者多為與世隔遠的隱者。山林中的隱逸生活既便於入深山幽谷採藥，又宜於服食養生。隱者隱逸的因由容或不同，但既住於山林園林，難免受時代風氣及環境便利的影響，於是許多文人也紛紛服食起來。

雖然詩中明言服食者不多，卻由他們整理藥材的生活中可以見到一二：「誰家洗秋藥」（杜牧〈石池〉卷五二六）、「洗藥石泉香」（杜牧〈西山草堂〉卷五二六），是把採回的藥草加以清洗撿擇；而「曬藥背松陰」（錢起〈春暮過石龜谷題溫處士林園〉卷二三八）、「攲枕曝靈藥」（權德輿〈奉和李大夫題鄭評事江樓〉卷三二二），是將撿擇洗淨的藥草加以曝曬，使得以保存收藏；「看題減（一作檢）藥囊」（杜甫〈西郊〉卷二二六），是收藏在囊袋中的藥與標籤的檢視核對；「草堂開藥裹」（岑參〈送梁判官歸女几舊廬〉卷二〇〇），是取出收藏封裹的藥來，而後「好時開藥灶」（張籍〈和左司元郎中秋居十首之九〉卷三八四）、「煮藥石泉清」（溫庭筠〈贈隱者〉卷五八一）是生火煮藥，煮藥的步驟已是有些飄飄的仙意了，除香氣藥煙令人緲緲地想著仙事之外，像司空圖所繪的「一局棋，一爐藥」（〈題休休亭〉卷六三四），整體的境況皆充盈著仙味。煮藥的最終目的是要服飲下去以求延年益壽或長生成仙，所以服藥是這一系列工作中的主旨。為了配合這一連串處理藥物的過程需要，園林裡也往往特設有工作場地，如：

藥院滋苔紋（常建〈宿王昌齡隱居〉卷一四四）

藥院掩空關（李咸用〈苔〉卷六四六）

有時丹竈上（錢起〈藥堂秋暮〉卷二三八）

窮藥簷隙間（姚合〈題金州西園九首．藥堂〉卷四九九）

煙起藥園晚（許渾〈秋日〉卷五三二）

有專用種藥的藥園，有處理藥的藥堂，以及更大範圍可能是一貫作業用的藥院。可見唐人對於種藥乃至到服藥的整個程序的重視，故而在園林裡特設藥院、藥堂以使整個製造過程能於無擾且集中的良好品管下完成。唐人重視藥物的栽植、處理或煮用的事況，於此可略見一二。唐人服藥以期長生成仙者很多，藥物一部分是植物性的草藥，一部分則是礦物性的丹藥。一由栽植，一由提煉。唐代皇帝太宗、高宗、武后、玄宗、憲宗、穆宗、敬宗、武宗、宣宗都服藥，除高宗、武后和玄宗之外，都因此而暴卒㉕。而一般文人士大夫也多有服食之舉，如王績、王勃、盧照鄰、李頎、李白、岑參、王維、錢起、白居易、韋應物、柳宗元等，篤信佛教如王、白者尚且如此，且連反對佛道十分激烈的韓愈也吃食金丹㉖，整個唐代社會服食的風氣之普及可由此見知一二。

《本草綱目・卷一序例上・神農本經名例》把藥草分為下中上藥，下者治病，中者養性，上者養命。所以服用草藥未必出於求仙之心，像杜甫服藥之事頗見於草堂詩中，但卻是出於治病療疾之需。至於服食丹藥者，其用心期望則甚為清楚：

山中人兮好神仙……鑄月煉液兮竚還年。（盧鴻一〈嵩山十志・期仙磴〉卷一二三）

願言金丹壽，一假鸞鳳翼。（錢起〈東陵藥堂寄張道士〉卷二三六）

藥氣聞深巷……腰下有丹砂。（于鵠〈過張老園林〉卷三一〇）

曉服雲英漱井華，寥然身若在煙霞。（白居易〈早服雲母散〉卷四五四）

晝日嗅金芝……成仙自不知。（皮日休〈奉和魯望四明山九題・鹿亭〉卷六一二）

道士盧鴻一在嵩山修道煉丹的生活景況於其十志中幾乎每一首都提及，這首〈期仙磴〉把鑄煉目的「好神仙」、「竚還年」說得更明白。他的草堂十景也完全配合其修煉需要而建，那些幽深的山林、高渺的巖崖，以及繚繞的煙雲，都帶有仙境般的神祕，修煉於其中，服食後的身體飄然寥廓，儼然就是神仙。白居易在服下雲母散後也有類似體驗，他曾有一首〈燒藥不成命酒獨醉〉詩，與劉禹錫唱和之作中同時提到雖燒藥不成卻可倚酒而面紅耳赤，返老還童㉗。王瑤先生認為魏晉名士「服藥的一種作用是可以增加姿容的美

㉕ 參見《廿二史劄記・卷一九唐諸帝多餌丹藥》及《古今圖書集成・草木典・藥部》；⑰，頁七五；㉑，頁三五六。

㉖ 同㉕。

麗」㉘，而容美乃來自於面顏紅潤煥發，有如童嬰般，是長壽的象徵。王瑤先生又說魏晉名士有兩派，一為飲酒或任達派，一為服藥或清談派，並引唐孫思邈《千金翼方二十二》的「凡是五石散，先名寒食散者……惟酒欲清熱飲之；不爾，即百病生焉」，而認為「冷飲（酒）乃是社會一般的習慣；那麼這些酒徒當然並不至同時服藥了，不然是要致命的。」㉙而白居易卻既服藥又喝酒，可知其飲者當為熱酒，且服藥確實也能為他帶來紅霞般潤美的童顏。只是唐人所服丹藥是否皆為五石散則頗可懷疑㉚。無論如何，六朝名士服食的生活到了唐代仍有承繼，但細處已有改變。不過白居易後來寫了一首〈戒藥〉詩，覺悟到「生涯有分限，愛戀無已時……後身始身存，吾聞諸老氏」（卷四五九），以道家學說來駁斥服食行為而決定戒掉。其實就一位虔誠的佛家弟子而言，不論是業報因果或此心即佛的觀念，應該都能離苦惱、了生死而期盼往生圓成。然而唐代即或僧人，亦與藥有關係：王建曾經「訪僧求賤藥」（〈原上新居十三首之三〉卷二九九），表示僧人懂藥並保有各種藥；賈島見「松徑僧尋藥」（〈送唐環歸敷水莊〉卷五七二），那麼僧人也致力於藥物的搜尋採集。不過，從「尋」字可知，僧人生活中的藥物多指草藥，以治病養身為主。

治病、養身，園林裡的山水花木提供了新鮮潔淨的空氣與寧靜；服食修道以求長生，園林提供幽寂深邃的環境；乃至於行藥時㉛，恍若遊御於仙山靈境的遊仙經驗，園林也是最好的場所；種藥、採之、洗之、

㉗白詩曰「賴有杯中綠，能為面上紅。少年心不遠，只在半酣中」；劉詩則曰「醺然耳熱後，暫似少年時」。

㉘見王瑤〈文人與藥〉，刊《中古文學史論・中古文學思想》，頁三〇。

㉙參㉘頁二九、見㉘頁二八。

㉚孫思邈的《千金翼方》既言為五石散須冷飲，大約當時人也有熱飲習慣，且仍服五石散，故孫氏特別言明。所謂五石散，其述有紫石英、白石英、赤石脂、鐘乳、石琉璜等五石。而㉑頁三五二介紹一九七〇年西安市出土的唐玄宗堂兄邠王李守禮所有的煉丹用具及藥品，計有朱砂、琥珀、珊瑚、石英、乳石和密陀僧（氧化鉛）等。那麼，唐人服食的丹藥可能不必為五石散。

㉛如常建〈閒齋臥病行藥至山館稍次湖亭二首之二〉：「行藥至石壁」（卷一四四）；李嘉祐〈奉和杜相公長興新宅即事元相公〉：「行藥寄名花」（卷二〇七）；于良史〈閒居寄薛華〉：「行藥至西域」（卷二七五）等。

曬之乃至礦石的採取，園林又是便利之地。何況長生成仙，本就是要擺脫人生的無常與限制，走向一個恆永的生命世界，亦即遠離俗世而趨近天上，處於山林藪澤的園居生活正是通向這個目標的經道。因而，在園林裏與藥有關的生活，也是從人世收束退回，面對自己而後面對自然而欲通達天上。這一類生活，文人已將園林視同為仙鄉樂土了。

與農耕栽植性質相近的園林活動是垂釣。兩者相近之處在於皆兼具原始樸素的生產經濟實利與歸隱的精神意義。從生產效益來說，垂釣可得魚，魚可食或賣，也是生活之資。如：

> 緣餐學釣魚（姚合〈武功縣中作三十首之二〉卷四九八）
>
> 接縷垂芳餌，連筒灌小園。（杜甫〈春水〉卷二二六）
>
> 若問生涯計，前溪一釣竿。（白居易〈秋暮郊居書懷〉卷四三六）
>
> 釣得江鱗出碧潯（高駢〈池上送春〉卷五九八）
>
> 腹內舊鉤苔染澀，腮中新餌藻和香。（皮日休〈奉和魯望謝惠巨魚之半〉卷六一三）

姚合說得很明白，學釣魚是為了餐食之需；而杜甫垂釣與灌園之事並舉，都是耕耘以待收穫的工作。白居易說溪釣是為了生涯計，生涯計可能有兩層意涵，一指度日消遣，最基本者仍然指裹腹之資，此如同孟貫〈送人歸別業〉，對方因「君知釣磯在，猶喜有生涯」（卷七五八），同是將釣事視為生涯之資。高駢與皮日休都描寫釣得之魚，其實益已然很具體明白，而且還可以分送友人。這些都是垂釣最直接也最基本的作用。

但是文人卻比較強調其過程而非結果：

> 垂釣坐方嶼，幽禽時一聞。（李群玉〈同張明府遊溇水亭〉卷五六九）
>
> 狼籍蘋花上釣筒（皮日休〈褚家林亭〉卷六一四）

主人垂釣常來此，雖把魚竿醉未醒。（方干〈路支使小池〉卷六五一）

釣直魚應笑，身閒樂自深。（鄭損〈釣閣〉卷六六七）

機心忘未得，棋局與魚竿。（徐鉉〈自題山亭三首之三〉卷七五五）

如劉翔飛先生所說的：「農耕之外，漁樵、捕獵也該是山野生活的副業，但這類活動多半被文士視為怡情遣興之事，而忽略其經濟判益。」㉜他們享受釣中的悠閒與樂趣，忘卻塵世的機心，甚至連被釣的魚兒都要嘲笑釣者的直真。加上蘋花的沾黏，垂釣的動作本身也是美事。魚，本是快樂自在的，對於誘引牠的香餌也是一副無所懼的模樣，甚至如李群玉遇上了的「波閒魚弄餌」（〈東湖二首之一〉卷五六九）那樣地玩逗兒弄著鉤餌來了。於是釣者、水波與魚兒都融浸在一片閒逸忘機的快樂之中。

由於垂釣是閒逸之事，因此又被文人們當作隱遁的象徵。而早在姜尚垂釣渭水濱的時候，釣與隱就被結合了，故垂釣的隱逸象徵有其內在特質及歷史故實兩層原因。唐代文人使用釣隱的象徵相當頻繁，他們一面稱許別人「渭水高人自釣魚」（李咸用〈題劉處士居〉卷六四六）、「賢達垂竿小隱中」（陸龜蒙〈自遣詩三十首之二一〉卷六二八），一面又發出歸釣的心願：

請謝朱輪客，垂竿不復返。（李頎〈晚歸東園〉卷一三二）

已許滄浪伴釣翁（許渾〈送嶺南盧判官罷職歸華陰山居〉卷五三三）

幾多身計釣前休（皮日休〈夏景沖澹偶然作二首之二〉卷六一四）

了得平生志，還歸築釣臺。（張喬〈宿江叟島居〉卷六三九）

始挂孤帆問釣磯（吳融〈即事〉卷六八七）

㉜ 見⑰，頁八四。

釣，於此很明顯地是與入世展志或立身立名相反的人生選擇。但看岑參一句「祗緣五斗米，辜負一漁竿」（〈初授官題高冠草堂〉卷二○○），就把垂釣與仕宦相矛盾的隱逸象徵點明了。由李頎「不復返」世的歸園心向，以及張喬「還歸」釣臺的嚮往，可知垂釣確是向內收束回歸自然的生活形態。李郢有〈錢塘青山題李隱居西齋〉詩云：「湖山繞屋猶嫌淺，欲櫂漁舟近釣臺」（卷五九○），就認為釣臺比那被湖山層層迴繞的屋齋更幽深隱密；李昭象〈題顧正字谿居〉說道：「高敞吟軒近釣灣，塵中來似出人間」（卷六八九），高敞吟軒因為靠近釣灣故而好似超出人間的世外淨地；柳宗元著名的〈江雪〉裡那一位獨釣寒江雪的孤舟簑笠翁，就是在千山鳥飛絕、萬徑人踪滅的世界裡，度著他孤絕靜寂而又清高自得的日子。外在環境的一切正是他心靈的寫照，釣，本身就是孤絕清高、定靜自得的世界。

園林裡的水，正好滿足了垂釣的需求。雖然山恰可成為樵斧之地，然而樵砍在整個過程中，須要耗費更多的體力和心神，不若漁釣之一竿在水，便可靜坐顧盼或神思冥想之悠然，又可扁舟一葉四處遊賞漂流。因此，雖然樵與漁同具隱逸象徵，但是在文人生活中漁釣較樵斧更為普見。在垂釣的生涯裡，園林便是一個幽邃隱密、超乎人世的完全孤絕卻又怡然自得的定靜世界。

三、園林的家族性

文人在園林裡生活，縱或是隱居，時時見其獨坐、獨臥、獨行、獨釣，但是一般的情形該是與家人同住；尤其是涉及農植讀書的生活形態，正是中國家庭耕讀的傳統。與家人同住的情形，小者為一個家庭，大者則可能是一個家族。杜甫浣花草堂的妻與子同住的生活是小家庭，儲光羲〈晚霽中園喜赦作〉的「家族躍以喜」（卷一三七）是大家族的生活。文人無論多麼注重自己生活的情趣和格調，總是離不開與家人共處。首先，他們在自家園林中教育子弟，希冀後代能從書上領悟人生道理，陶冶性情，增廣知見，也許還有鼓勵他們立功立業的目的（參第二節）。無論何者，其基本用意都像韋應物所說「提攜唯子弟」（〈林園晚齊〉卷一九一），是一種對後代子弟的提攜。這正符合葛洪《抱朴子・外篇・嘉遯》所說的：「雖無立朝之勳，即戎之勞，然切磋後生、弘道養正，殊途一致，非損之民也」，又「非有隱者，誰誨童蒙」。所以切磋後生及教誨童蒙正是「隱者之用與時效」㉝，較諸立朝持政或戎馬捍國者，實無愧怍之處，因其同為人類社會分工合作中的一分子。於是園林生活雖自成一個與外隔絕的世界，但卻負有教化傳續的實責，與仕之從政，各有其歷史影響與價值。這是園林生活的家族性之一。

在農事上，家族也儘有其共同的工作時間。李商隱的〈子初郊墅〉表達了自己的心願道：「亦擬村南買煙舍，子孫相約事耕耘」（卷五四〇），這也是對隱逸的園林生活的一種嚮往，所以家人一起勞動的團圓生活，是文人心中隱逸的理想形態。陸龜蒙〈王先輩草堂〉說他們是「身從亂後全家隱」（卷六二六）也是團圓的隱逸例證，如若遊宦奔走，其所到之園林則缺乏此種全家福的團聚（詳第六節）。因此，在閒居的日子裡，不論是隱逸者的生活日常或為宦者的休沐假期，家人共度歡樂時光的情景，遂成為園林自足的一種表現：

> 獨有開懷處，孫孩歲月前。（權德輿〈早春南亭即事〉卷三二〇）
>
> 荊樹有花兄弟樂，橘林無實子孫忙。（許渾〈題崔處士山莊〉卷五三五）
>
> 兒童戲穿鑿（方干〈路支使小池〉卷六四九）
>
> 南園春色正相宜，大婦同行少婦隨。（張謂〈春園家宴〉卷一九七）
>
> 月色弟兄吟（貫休〈寄靜林別墅胡進士兄弟〉卷八三三）

詩中充溢的是滿足的歡樂，尤其是眼前的童稚遊戲著造小園時，當他們一起忙於栽植耕耘之事時，文人們不僅看到一個團聚圓滿的家庭，更也看到這家園傳繼有望的未來，於是悅樂異常。園林的家族性活動，早

㉝ 見劉紀曜〈仕與隱——傳統中國政治文化的兩極〉，刊《中國文化新論・思想篇一理想與現實》，頁三二〇。

在魏晉時代已開始受到注意，如《晉書・卷七九謝安傳》載謝安每攜中外子侄往來遊集於山墅之間；同書卷八〇的〈王羲之傳〉裡，王自己在〈與吏部郎謝萬書〉中述及修植桑果，而後率諸子、抱弱孫遊觀其間，「有一味之甘，割而分之，以娛目前。雖植德無殊邈，猶欲教養子孫以敦厚退讓」，與家人共享一切，是他心靈得以安立的力量根源，而子孫又是他的希望所在，這是園林生活能夠自足的重要因素。當杜荀鶴說「團圓便是家肥事，何必盈倉與滿箱」（〈和舍弟題書堂〉卷六九二）的時候，該是真心地慶幸家族共聚，而從中感受到一分富裕豐厚的滿足吧！而白居易在〈吾廬〉裡說「吾廬不獨貯妻兒……林泉風月是家資」（卷四六四），家人團聚加上林泉風月等無價的家財，真是人間至為圓滿的美事。難怪在園林的保留和承傳上有人竟然會表現得特別緊張，李德裕嚴誡子孫不得鬻送一樹一石與他人，武少儀轉述杜佑的話說「況茲池臺……永貽厥百代，保之無窮」（〈處士鑿山瀑記〉文卷六一三），他們同希望園林能像家族煙火一樣，相傳鼎盛，永無盡時，這不僅是橫向的家族團圓，也是縱向的家族團圓。然而這些執著已是一種迷失。

至此，我們可以明白，唐人的園林不僅止是一座自然的生活空間，文人更將之視為有機的有生命的家，與之結為一體。尤其對一些以園林為隱逸之地的人而言，園林生活的心情真正是但有父子，而無君臣了。

綜觀本節所論，唐代文人耕植藥釣的園林生活，約可歸納要點如下：

其一，農耕與藥釣都同具有經濟生產效益與隱退的象徵意義。這類生活使園林成為自給自足、不假外求的向內收束、定靜自得的怡樂世界。

其二，不論布衣隱者或擁祿士大夫都視農耕為閒逸的資源。宦者或大地主文人不必躬耕，卻也偶而在督視慰勞之中親近農事，這雖只是他們生活的點綴，卻能在當下真正地放下塵務機心，感受到的是農事的野趣與自己閒逸的表態。

其三，隱者的農耕是園林生活的日常，雖然有其單純無擾的快樂，但他們深體個中的憂苦與瑣碎，或感受到在現實中的困窘與難堪，故時有不遇之歎，充滿無奈和委屈。

其四，造園栽植具藝術創造性，文人比較能以恬靜投入的坦然態度從中獲得深刻的樂趣，由人間退回，暫忘挫折憂傷，並對大自然生命發出純真的情意與關愛之心，欣賞其美，且創造其美。園林遂不再是背景、不再是對象，已是文人的生命。

其五，在園林中文人頗致力於種藥、採藥，並服食草藥或丹藥。其目的可能是治病，但養生及延年企仙才是更普遍的用心，他們服藥行藥的生活使園林成為他們心目中的仙鄉樂園。

其六，垂釣具有悠閒自在、忘機無爭的特質，使垂釣成為唐代文人筆下隱逸的常見象徵之一，只要是具有釣磯釣灣的園林，便被視作幽邃隱密、孤絕超世的世界。

其七，隱逸的生活只是沒有君臣，卻仍保持、重視父子。家族團聚共居園林之中，或教育子孫，或共事生產，或一起遊賞；天倫之樂安立了文人隔絕於世的心，教育職責肯定了文人隱逸的社會歷史價值。

其八，文人們以親情團聚與自然景色兼備為家族最富裕豐厚而圓滿的美事，故而把園林當作有生命有情意的家，冀求園林在縱的承傳上也能團圓，保有至無窮極。

第五節 彈琴飲酒的孤傲忘化——夏秋型

琴、棋、書、畫是中國文士的雅嗜，溯其歷史，似乎六朝是個重要的轉折期。其中琴樂之被視為藝術並理論之，較諸其他三者又更早。荀子有〈樂論〉，《禮記》有〈樂記〉，尤其後者精微地拈出音樂的藝術境界，使音樂的藝術傳統很早就確立。在所有的音樂中，琴樂又較諸他者更為文人喜愛，而魏晉名士又增賦它豐富的人文內涵，使琴樂達到了精采高潮。「竹林名士中多半是嗜耽音樂的。阮籍著有樂論，能嘯，善彈琴。嵇康著有〈聲無哀樂論〉及〈琴賦〉……阮咸著有律議……」[34]嵇康也善彈琴，〈廣陵散〉是其著名琴曲，阮咸則善彈琵琶，（後稱阮咸）。這些歷史使得琴樂在技藝上為文人所樂於習奏，在理論的藝境上又為文人所崇尊論議，加以上古久遠的發明紀錄[35]，又使好古的文人對古琴含帶幾許特殊情感；琴遂成為中國文人的重要生活傳統之一。唐代繼承並擴大這個生活傳統在興盛的園林中，使其與山水景物發生聯繫，再同時攝入文人的心靈裡。其間，琴酒與琴書對舉並列的情形頗多，然在園林生活中琴酒並提又更為常見，而書已論之於前，本節則將就琴酒的園林生活面貌及意境加以論析，以見其所呈現的文人孤傲心靈及忘化境界與由此而轉蘊出來的文學創作。

[34] 見王瑤〈中古文人生活〉，同[28]，頁五六。

[35] 《山海經・海內經》：「帝俊生晏龍，晏龍是為琴瑟。」郭璞注引《世本》云：「伏羲作琴，神農作瑟。」王念孫校以「為琴瑟」上有「務」字，則正文注文方不相牴。然二說皆以琴始於久遠上古。

一、琴的山水內容與清寂

在唐人的園林生活中，彈琴是常見而重要的人文活動，許多文人在園亭內彈奏或以琴為伴，如：

長謠橫素琴（宋乙問〈夜飲東亭〉卷五一）

彈琴復長嘯（王維〈輞川集・竹里館〉卷一二八）

芳陰庇清彈（孟郊〈新卜清羅幽居奉獻陸大夫〉卷三七六）

更無人作伴，唯對一張琴。（白居易〈池窗〉卷四四八）

彈琴學鳥聲（姚合〈武功縣中作三十首之二八〉卷四九八）

有的是琴音與歌謠相和，加以夜飲的醺然；便是盡興酣暢歌樂一場。王維則獨自坐在他那幽寂隱密的竹里館中彈琴對月；孟郊是坐在芳花叢陰彈奏著清朗的簡樸的曲調；姚合以琴音模擬鳥鳴的清脆聲。「素」琴與長謠、彈琴對明月、清彈芳陰、琴擬鳥聲已隱隱透露彈琴不僅選擇清幽無人的園地，其內容也頗能反應自然清音，而且呈現出素樸清寂的風格。白居易只默對一張琴，也許擺置著的琴只是一個雅興或流尚，故而張籍〈和李僕射西園〉會以「高眠著琴枕」（卷三八四）來誇顯李僕射之閒雅。但大部分擁琴之文人也多能或深或淺地彈奏，尤其像白居易，不僅擅彈，且視之為知交或親人而在池窗前只願默對一琴。他在另一首〈宿東亭曉興〉中也道「獨抱一張琴，夜入東齋宿」（卷四四四），琴又是常隨身畔、特受恩寵的生活伙伴。夜宿之前，他喜歡〈對琴待月〉（卷四四九），而「夜深十數聲」（〈夜琴〉卷四三〇）；每天晨起在小亭中都要「秋思彈一遍」，把這朝課㊱完成後「方與客相見」（〈朝課〉卷四四五）。可見亭中彈琴是他早晚不可

㊱ 所謂「朝課」，據白居易詩中所述，主要包括諷誦道經、彈奏〈秋思〉：「小亭中何有？素琴對黃卷。蕊珠諷數篇，〈秋思〉彈一遍。從容朝課畢，方與客相見。」又〈冬日早起閒詠〉云：「晨起對爐香，道經尋兩卷。晚坐拂琴塵，秋思彈一遍。」（卷

稍愈的第一件與最後一件要事。而對琴待月與彈〈秋思〉都顯示琴的園林生活之與冷寂孤月、清瑟秋日存在著某些聯繫，且琴之自身也頗具有秋月之孤寂清明的情調。

彈琴——梧軒圖．清王翬畫　臺北國立故宮博物院藏

彈琴本為文人雅事，何以說是園林生活？竹林七賢的琴樂是與其竹林間放浪生涯結合的；陶淵明的無弦琴又與其田園閒澹生活冥合，他們同樣有著孤傲忘化的園林生活境界。所以唐人一方面說「名士竹林隈，鳴琴寶匣開」（李嶠〈琴〉卷五九），「人彈竹裏琴」（李端〈題從叔沆林園〉卷二八五）；一方面又說「不如陶省事，猶抱有弦琴」（白居易〈履道春居〉卷四四八），足見兩者皆對他們的園林彈琴起著示範，他們思慕崇仰的心情遂也模仿學習以自況。但是另一個更本質的因素是，琴曲琴音與山水自然存在著冥契之趣：

莫將山水弄，持與世人聽。（徐晶〈蔡起居山亭〉卷七五）

忽聞悲風調，宛若寒松吟。（李白〈月夜聽盧子順彈琴〉卷一八二）

此曲彈未半，高堂如空山。石林何颼飀，忽在窗戶間。繞指弄嗚咽，青絲激潺湲。（岑參〈秋夕聽羅山人彈三峽流泉〉卷一九八）

楚客一奏湘煙生（司馬札〈夜聽李山人彈琴〉卷五九六）

巫山夜雨弦中起，湘水清波指下生。（韋莊〈聽趙秀才彈琴〉卷六九五）

琴音帶引聆賞者及彈琴者走向空山、寒松、巫山夜雨、湘楚泉波，琴音本身似乎就具有潺湲、颼颯的音質特色，韋莊另一首〈贈峨嵋山彈琴李處士〉詩，描摹著琴音「一彈猛雨隨手來，再彈白雪連天起，淒淒清清松上風」（卷七〇〇），彷彿大自然的種種季候景象都逐次地由琴弦裡翻躍而上，山水便在作曲者、彈奏者與聆賞者之間貫串著一脈相連的生命。因此，「山水弄」便成為彈琴的代稱。從鍾子期會心伯牙的高山流水之妙開始，乃至著名琴曲〈三峽流泉〉、〈淥水〉、〈白雪〉、〈高山流水〉等，都說明了琴樂與自然山水之間確有深深冥契之妙。因此，白居易〈郡中夜聽李山人彈三樂〉就說「卻怪鍾期耳，唯聽水與山」（卷四四七），懂琴擅琴者只聽山水琴曲，敘事寫人者是不入耳的。盧照鄰又說「山水彈琴盡」（〈春晚山莊率題二首之二〉卷四二），似乎天地間的美景都在琴音旋律中流瀉呈現了。其實大自然中許多生命的聲音儘有其相似之處，例如「好鳥疑敲磬，風蟬認軋箏」（杜牧〈題張處士山莊〉卷五二三）、「懸溜瀉鳴琴」（王勃〈郊園即事〉卷五六），又上章所論，樹聲如管弦、鳥鳴和泉灘亦然，一切似乎相互彷彿著，足見整個大自然的天籟地籟都是優美的音樂，與人為的樂音本是可以和諧的一體。聆賞樂曲時，隨時間流過的是聲音的山水意象，若再能置身山水自然中，便能相得益彰，使時間的（聲音的）山水因有空間的（色相的）山水而具體化；使空間山水因時間山水而流動靈轉。所以白居易說「幽音待清景」（〈對琴待月〉卷四四九），這就說出文人喜愛在園林裡彈琴的原因。原來彈琴要清極幽極的景境，故上引諸詩多在秋日或夜晚賞琴，彈琴、聽琴遂成為文人們園林生活中神遊山水、冥合自然的重要方式。就此而言，彈琴雖是人文活動，卻是與自然默契一體的。

園林中彈琴有很多時候是文人獨處的自彈自賞；縱或三兩好友齊聽，也不同於宴遊的應酬，多是山人的彈奏，有其深刻的相知和情誼。這類活動在清極幽極的園林裡，在清極幽極的秋天月夜時進行，使文人生活更向自身內心最幽邃深沉處退回。尤其琴，在唐代是古樂及十部樂的清樂才使用的樂器[37]，當時最盛行的是燕樂中的西涼樂、龜茲樂，而琵琶是其重要的樂器之一[38]，古琴已是不合潮流時尚了。唐代是我國歷史上大量與外族交流的時代之一，音樂、舞蹈尤其吸取融合了很多少數民族的特色，成為帝王、宮廷與民間普遍流行的燕樂。雅樂於是被孤立在典禮等嚴肅場合之內，與反映現實的燕樂更加分立。日人岸邊成雄說「唐初以後雅樂再度衰退，最後僅保持了制定開元禮樂之名目。相反的胡、俗樂益形隆盛」[39]，古琴就在這股潮流中被視為不合時宜而遭冷落了。《唐語林．卷四豪爽》載有「玄宗性俊邁，不好琴。會聽琴，正弄未畢，叱琴者曰：待詔出。謂內官曰：速令花奴將羯鼓來，為我解穢」。玄宗視琴樂為汙穢，則琴與彈

---

[37] 參❶，頁六六、六七的樂器表。

[38] 參❶，頁二七。

[39] 見岸邊成雄著，梁在平、黃志炯譯《唐代音樂的研究》，頁六六二。

者同遭鄙棄，其為雅樂而不遇之委屈抑鬱是可想而知了。在這樣的背景下，彈琴或聽琴就具有曲高和寡的心情：

古調雖自愛，今人多不彈。（劉長卿〈聽彈琴〉卷一四七）

古聲澹無味，不稱今人情……何物使之然，羌笛與秦箏。（白居易〈廢琴〉卷四二四）

鍾期久已沒，世上無知音。（李白〈月夜聽盧子順彈琴〉卷一八二）

欲取鳴琴彈，恨無知音賞。（孟浩然〈夏日南亭懷辛大〉卷一五九）

知音難再逢，惜君方老年。（岑參〈秋夕聽羅山人彈三峽流泉〉卷一九八）

那羯鼓、羌笛等新興少數樂器的輕快、流麗朗亮、熱烈等特質很能顯其精采，李澤厚先生說：「盛唐本來就是一個音樂高潮……這些音樂歌舞都不再是禮儀性的典重主調，而是世俗性的歡快心音。」[40]與那歡快悅樂的胡樂俗樂相較，古琴是平淡疏遲、樸素拙厚得多，一般人很難體味出它簡單中含蘊的豐富、平淡中凝聚的深美。文人每以「素琴」[41]相稱，就能點出琴音的素樸拙簡特質，難怪「綠琴製自桐孫枝，十年窗下無人知。清聲不與眾樂雜，所以屈受塵埃欺……寂寞沉埋在幽戶，萬重山水不肯聽」（趙摶〈琴歌〉卷七七一）。那些聽慣了精采繁複的俗樂的人對於所謂的「大音希聲」（《道德經‧四十一章》）是只知其「希」而不明其「大」的，誠如老子說的「五音令人耳聾」（《道德經‧十二章》），習慣熱鬧歡愉的耳朵再來聽琴樂自然覺得淡乎無味而不稱其情了。琴樂本身已是曲高和寡，何況將之深隱於園林中，就變成雙重孤寂，所以顧非熊會吟出「此地客難到，夜琴誰共聽」（〈題馬儒乂石門山居〉卷五〇九）的詩句，因而琴樂就更

[40] 見李澤厚《美的歷程》，頁一三七。

[41] 如「長謠橫素琴」（宋之問〈夜飲東亭〉卷五一）、「幽人彈素琴」（李白〈月夜聽盧子順彈琴〉卷一八二）、「可以彈素琴」（白居易〈清夜琴興〉卷四二八）、「素琴對黃卷」（[36]引）、「幽窗伴素琴」（王周〈和程刑部三首‧碧鮮亭〉卷七六五）等。

加感於知音難逢，而慨歎不已。

然而文人們還是在園林中兀自彈琴、聽琴，這固然因其喜愛琴樂之豐富深邃、素樸疏越的美，也可因而表現自己高古的格調，不與俗同流。像白居易就曾傲然地說「自弄還自罷，亦不要人聽」（〈夜琴〉卷四三〇），甚至還以無人聽為喜：「近來漸喜無人聽，琴格高低心自知」（〈彈秋思〉卷四五〇）。大抵琴樂本身即是他的知心，不必有人同賞，也可從中得到愜意適心的自得安定之樂，越無人聽也就越顯出自己的超卓不群。就此，文人雖是孤寂的，卻有一分深許的傲骨存在，文人的孤與傲之情遂藉由琴音而表露出來。與文人相伴的除琴樂之外，還有山水風景；琴樂本身即含蘊山水內容，故其每每與孤懸的明月相對：

開軒琴月孤（孟浩然〈尋張五回夜園作〉卷一六〇）

西南漢宮月，復對綠窗琴。（錢起〈題秘書王迪城北池亭〉卷二三八）

共琴為老伴，與月有佳期。（白居易〈對琴待月〉卷四四九）

焦尾何人聽，涼宵對月彈。（李咸用〈山居〉卷六四五）

窗中早月對琴榻（方干〈題睦州郡中千峰榭〉卷六五〇）

月，本具有高懸難及又皎潔清冷的特性，此處文人對著不合時宜的古琴，置身幽僻的園林，與孤涼的明月相望，景象是清極幽極了。但孤傲的文人面對這些與自己同情調的生命，把內心的情意經由琴絃傳達給明月與山水，因而也與天地取得溝通感應，眼前儘是最知心的至友。園林在這類生活裡，成為文人傾訴情意、交通互應的知交，成為文人之所以孤且傲的安頓篤定；月是園林景色中最與琴同情調的一個代表。

因為琴月的相伴與慰撫，使文人孤傲的心得到安頓，故而彈琴可以坦蕩地以閒情逸致去面對：

是時心境閒，可以彈素琴。（白居易〈清夜琴興〉卷四二八）

予亦將琴史，棲遲共取閒。（孟浩然〈秋登張明府海亭〉卷一六〇）

倚琴看鶴舞（李端〈同苗員外宿薦福寺僧舍〉卷二八五）

閒坐弄琴聲（姚合〈閒居遣懷十首之六〉卷四九八）

更有興來時，取琴彈一徧。（韓偓〈南亭〉卷六八一）

白居易認為心閒，才是彈琴的好心境；孟浩然則以為琴樂可以使人閒逸；鶴也是閒的象徵（參第三章第三節），與琴同出現在主人的一片閒雅優境中。閒適的心境先要心情放鬆，園林的居止遊賞正可助人放鬆與悠閒，鬆閒使人放下自己而以開放的心靈進入音樂世界，才能契味簡單疏遲琴樂中所含蘊的豐富情思，深得其神。可以說，園林清景正是導引人們進入琴樂的一個契機。

以舒閒的心境把握住琴曲的精神，能契入音樂中「和」的境界，而感染其心，化濡在一片平和之中：

聞君古淥水，使我心和平。（白居易〈聽彈古淥水〉卷四二八）

琴者，樂之和也。君子撫之以和人心。（姚崇〈彈琴戒序〉文卷二〇六）

清音從內而發，和氣從中而起。（仲子陵〈五色琴絃賦〉文卷五一五）

和而不流，淡而不厭……故聖人道之天和。（梁肅〈觀石山人彈琴序〉文卷五一八）

琴之為樂，可以觀風教……可以靜神慮……可以絕塵俗……此琴之善者也。（薛易簡〈琴訣〉文卷八一八）

琴樂屬古樂，仲子陵說它「本乎朱襄，以至陶唐。」文人一般是好古的，心目中的太古是無為自足、淳樸和善的；因而琴樂能和人心，把人帶入太古的樸善平和的世界，進而起著移風易俗的教化作用，終究達於和諧渾化之境。在古代樂論中即已強調音樂和的特質，如《莊子・天下篇》說「樂以道和」；《荀子・樂論》說「故樂者天下之大齊也，中和之紀也」。這就使音樂「在中興和後面，便蘊有善的意味」，「樂的正常地本質，與仁的本質，本有其自然相通之處」㊷，於是藝術與道德便在某種層次之上取得融通，音樂遂可以是陶冶修持的工夫。盧鴻一在〈嵩山十志・翠庭〉中說「神可谷兮道可冥，有幽人兮張素琴」（卷一二三），張琴彈奏與谷神冥道是互相助成支援的，故可成為幽人修行的寫照；白居易也以琴音可以使人「塵機聞即空」、「萬事離心中」（〈好聽琴〉卷四四六），故而遂得出「禪思何妨在玉琴」（劉禹錫〈聽琴〉卷三六五）的修養之論。彈琴之所以可修行的關鍵在「清」，琴音如上述可和人心，並且也具有清的化力：先和而後能清，和是氣之中和，清是神之清明。琴具「清」的化力，文人依然契悟：

綠水清虛心（李白〈月夜聽盧子順彈琴〉卷一八二）
竟日有餘清（白居易〈聽彈古淥水〉卷四二八）
素琴機慮靜，空伴夜泉清。（溫庭筠〈早秋山居〉卷五八一）
瑤琴夜久弦秋清（司馬札〈夜聽李山人彈琴〉卷五九六）
玉音閒澹入神清（韋莊〈聽趙秀才彈琴〉卷六九五）

「機慮靜」是在音樂的中和裡漸次澄汰掉私欲或情緒等夾雜，使人精神清明，在一片純淨清明中能夠觀照、靈覺，因此白居易由琴音中觀見「天地清沉沉」（〈清夜琴興〉卷四二八），而常建也是因琴樂之「清煩襟」，而終能「照見天地心」（〈張山人彈琴〉卷一四四）。在精神的靈明下，清楚照見活潑的天機，了悟天地之心。此刻人與整個天地是達於默契冥合、渾然為一的境界。所以羊士諤說「忘言有匣琴」（〈永寧里園亭休沐悵然成詠〉卷三三二），忘言已是渾化的至境了，於此可以說琴「是宜稱德，切近於道」（柳識〈琴會記〉文卷三七七），而姚合「聽琴知道性」（〈武功縣中作三十首之十八〉卷四九八），甚至孟郊「學道三十年，

㊷ 見徐復觀〈由音樂探索孔子的藝術精神〉，刊《中國藝術精神》，頁一四、一五。

未免憂死生，聞彈一夜中，會盡天地情」（〈聽琴〉卷三八〇），看似誇張，卻非子虛烏有之說，多士可證之。

從琴樂清的特質來看，在園林裡彈琴是非常適切自然的事，白居易聽琴之後覺得「竟日有餘清」，一方面是因琴樂的清神作用，另方面也是因他置身「西窗竹陰下」；溫庭筠之所以能「素琴機慮靜」，也是因為他置處山居，夜泉的泠泠潺潺使他清爽醒覺。園林的春花爛漫似乎並不適合簡淡樸素的琴樂，反倒是清寂的秋日，正是彈琴聽琴的好時節。如前引司馬札的「瑤琴夜久」傳送的是「弦秋清」；溫庭筠聽素琴也在「早秋山居」；又如宋之問「日覺秋琴閒」（〈初到陸渾山莊〉卷五一）；白居易「曲罷秋夜深」（〈清夜琴興〉卷四二八），及前引其「共琴為老伴，與月有秋期」，又其愛彈的〈秋思〉曲，都顯示琴樂與秋景——尤其是秋夜存在著微妙的關係。秋日氣甚清爽，夜亦清涼，而前述琴月相望的常景也是清冷潔淨之氣，而琴曲之山水特色中的綠水白雪亦是一片清冷。種種琴樂的本質及境緣都使琴樂成為清極之音。彈琴聽琴者也以極其孤傲的情調相應其清，文人於園林中彈琴不僅代表其由塵俗人世退回大自然，而且又更退向內心最幽深孤寂、最純粹清絕的角落裡，這已由夏日之沉靜轉向秋夜的清寂了。其共同之處在於文人皆以心靈與自然天地交流冥契，融為一體；但隱微處夏日型的生活較契向天地自然之生機活潑、寬閒逍遙，而秋天型的生活較契向天地自然之清明潔淨、幽寂素樸。

二、酒的玄化忘境

酒在中國也有悠久的歷史，最初是祭祀時敬獻給祖先的禮品，存在著「孝」的意涵；同時藉此祈求祖先降福庇佑子孫豐收、萬壽無疆。或者是在讌饗時拿來獻酢之用。漸漸地由宴集的普行，使得酒的享樂愉悅特色超越了祭祀禮敬的嚴肅面。漢魏開始，在傳統價值規範束縛中解脫出來的社會風氣，又以酒作為逃避現實的工具；於是文人與酒日益親近，酒成了文人生活中不可少的興品㊸。「這時期文人對酒的品味，往往就和對山水的意識結合在一起，形成一種特色」㊹，這大抵是遊山玩水與園林貴遊等生活逐漸流行的結果。而陶淵明田園生活中，飲酒也是頗具代表性且每為後人樂道的內容之一。正如清宋大樽的《茗香詩論》所說「飲，詩人之通趣也」。酒，遂成為中國文人雅士的一種情興。唐代的文人們也是這個傳統中的一個階段。

飲酒，常見於宴集，其應酬歡娛的特色已見於第一節，且其間的酒食是人與人酬應交往的工具。本節則著重於三兩友伴之小酌及個人獨處時的品酌。友伴間小酌的情況如：

獨與秦山老，相歡春酒前。（宋之問〈藍田山莊〉卷五二）

輕舸迎上客……當軒對尊酒。（王維〈輞川集‧臨湖亭〉卷一二八）

壺酒朋情洽（孟浩然〈遊鳳林寺西嶺〉卷一六〇）

肯與鄰翁相對飲，隔籬呼取盡餘杯。（杜甫〈客室〉卷二二六）

蘭舫逢人酒一杯（許渾〈題陸侍御林亭〉卷五三六）

這裡不須拘於形式、講究情面，或為搭建人世的交通網路而唯諾經營。因為面對的是山老、僧師、鄰翁、至交或者不識的路人，沒有塵世俗情的利害關係，一切便都極自然，流露的是人與人直接見面碰觸的真情和好意。率性對飲是情感交流的方式之一，在這交流之中，如曹操所云「卑者忘賤，窶者忘貧」（〈酒賦〉㊺，是沒有身分、地位，沒有貴賤貧富的分別，有的只是同愛大自然、同愛純真的樸實自在，因此也就格外酒中見真情。這分真情深意彼此都了然於心，雖然有時似是為飲酒才呼伴而來（酒於此不是工具，

㊸ 參金南喜《魏晉飲酒詩探析》——魏晉以前酒的發展部分。

㊹ 見㊸，頁一五九。

㊺ 引自《古今圖書集成‧食貨典‧酒部》。

反倒有時是個目的了），但那真情還是存在的；於是一旦有酒有宴集，也就會思念起心中懷想的友人來。所謂「山翁醉後如相憶，羽扇清樽我自知」（溫庭筠〈題友人池亭〉卷五七八），所謂「巖西隱者醉相尋」（段成式〈題谷隱蘭若三首之一〉卷五八四），寫出那鄉野之交的情誼在彼此之間是多麼深刻的印象，是多麼自然的熱情，且有幾許默契。就此，園林似乎仍偶有人事涉入，不過來到這裡的大多是深愛山水自然、與世無爭的淡泊真人，他們就像對待自然萬物各種生命一樣純粹無雜地對待這些友伴，以心契心。因此這類生活還是比較隱退自足的。

更多時候，酒是文人的賞景意興，如：

色侵書帙晚，陰過酒樽涼。（杜甫〈嚴鄭公宅同詠竹〉卷二二八）

賖酒風前酌（姚合〈閒居遣懷十首之三〉卷四九八）

蟬吟便送杯（李頻〈留題姚氏山齋〉卷五八九）

醉觸藤花落酒杯（方干〈題越州袁秀才林亭〉卷六五一）

斜對酒缸偏覺好（秦韜玉〈題竹〉卷六七〇）

時值良辰，面對美景，正是心曠神怡、賞心悅目，飲酒則更能助成心情的放鬆，而翩翩神遊。雅興一助成，便能自由地進出每一景物，快樂地遊戲其間，像周朴竟然覺得「冷酒杯中宜泛灩」（〈春日遊北園寄韓侍郎〉卷六七三），把杯酒當作湖潭綠水般搖晃瀲灩，姿態萬千地欣賞。這是酒的鬆弛輕逸給人帶來的飄忽感和遐思無限。難怪李嶷會說「賞心既如此，對酒非徒然」（〈林園秋夜作〉卷一四五）。其實，良辰美景所帶來的怡悅已可使人十分寬綽雍泰，再佐以旨酒，是錦上添花得異常歡欣。可是，文人卻有時是要以及時行樂來慰撫自己預見無常的憂心：薛能見到「殘陽照樹明於旭」，卻「猶向池邊把酒杯」（〈重遊德星亭感事〉卷五五九）；韋莊知道「尚有餘芳在」，遂認為「猶堪載酒來」（〈寄園林主人〉卷六九六）。他們是感於美景不常而良辰將盡，他們是憂心歡樂難再而要及時把握，酒正是可以增加良辰美景的享受密度。這是秉燭遊的心態。

這裡，文人所面對的是園林景物的色相，所感的卻是山水自然在輪轉更替背後所暗示的生命本質，及此本質引發的自身慨歎。酒，是用來彌縫這層遺憾的：

酒熟人須飲，春還鬢已秋。願逢千日醉，得緩百年憂。（劉希夷〈故園置酒〉卷八二）

處世若大夢，胡為勞其生。所以終日醉，頹然臥前楹。（李白〈春日醉起言志〉卷一八二）

二月已破三月來，漸老逢春能幾回。莫思身外無窮事，且盡生前有限杯。（杜甫〈絕句漫興九首之四〉卷二二七）

滴破春愁壓酒聲（鄭谷〈郊墅〉卷六七六）

繇是得以夢身世，雲富貴，幕席天地，瞬息百年。陶陶然、昏昏然，不知老之將至，古所謂得全於酒者。（白居易〈醉吟先生傳〉文卷六八〇）

我們看到文人們這回飲酒不是滿心歡娛，卻是帶著消愁的情緒。在他們看似豪情縱飲的底層，是生命本具時間性悲劇所含帶的痛苦；而這痛苦的背景卻是爛漫春光，妍燦花景。這類以飲酒為內容的園林春日生活，卻是極為秋涼的心境。喝酒，原是為了解憂消愁，李白會說「春風與醉客，今日乃相宜」（〈待酒不至〉卷一八二），其以醉客的形象來掩蓋春風中的秋心就不難理解了。而憂國憂民的愛國詩人杜甫，在飽經患難蹇頓而吟詠反映民生疾苦的詩篇之外，在曲江遊踱時，也對著春景感歎「細推物理須行樂」，故而勸服自己「莫厭傷多酒入脣」，終究造成「酒債尋常行處有」（〈曲江二首〉卷二二五）的境況。到了浣花草堂時，更是「事業只濁醪」（〈客堂〉卷二二一），而時常吟出「報答春光知有處，應須美酒送生涯」（〈江畔獨步尋花七絕句之三〉卷二二七）、「人生幾何春已夏，不放春醪如蜜甜」（〈絕句漫興九首之八〉卷二二七）的詩句。

這些都是園林春色觸動文人心緒，滿懷悲愁蕭索的秋心，是真的不堪春景當前的乍然光采又驟然凋零，於是要藉憑酒醪來應付。

於是，醉，成為文人們最好的自處：

今朝醉舞同君樂（盧綸〈春日題杜叟山下別業〉卷二七八）

三杯取醉不復論，一生長恨奈何許。（韓愈〈感春四首之一〉卷三三八）

半醉看花晚（鄭谷〈故少師從翁隱巖別墅亂後……〉卷六七五）

闌珊半局和微醉（吳融〈山居即事四首之三〉卷六八四）

微醺半醉的時候，輕盈飄逸的體感，化去了心中的沉重，暫忘悲愴，以舒暢放達的身心去賞景、下棋或歡舞，這仍是及時行樂的表現，這是文人得以避去難堪的自處之道。不過，那不至於是放浪形骸的爛醉如泥或痛快粗鄙的叫囂謾罵，讀過典籍、詠過詩文的種種典故舊實與理義，都能幫助文人們自信自己飲酪的行為是雅緻超俗的，可以臻於超脫的境界：

一酌何為貴，可以寫沖襟。（韋應物〈南園陪王卿遊矚〉卷一九二）

逍遙自得意，鼓腹醉中遊。（岑參〈南溪別業〉卷二〇〇）

對酒滿壺傾……知予懶是真。（杜甫〈漫成二首之二〉卷二二六）

壺觴須就陶彭澤（皇甫冉〈三月三日義興李明府後亭泛舟〉卷二四九）

一酣暢四肢。主客忘貴賤……（白居易〈裴侍中晉公以集賢林亭……〉卷四五二）

韋應物認為飲酒最可貴的是滌濾胸中的塵雜，使其潔淨而沖虛，可以說醪觴已具有陶冶性情、淨化心靈、提昇境界的功能，這就與孔融〈與曹操論酒禁書〉中所說的「和神定人」及張載〈酃酒賦〉所說「備味滋和，體色淳清，宣御神志，導氣養形」㊻同樣，肯定「酒之為德久矣」。岑參則體會醉中遊別業的逍遙自得——形與神俱逍遙遊；似乎飲酒使他形神相親㊼，而且臻於莊子的真人之境。杜甫雖自嘲傾壺的草堂生涯看來十分慵懶，但也傲然以此為真；只是未明說任真自然即冥合於道。皇甫冉則把壺觴之事與靖節先生連結起來，希冀也能達於靖節〈飲酒〉之境，那是「采菊東籬下，悠然見南山」的忘化境界。白居易同樣也以酒後的忘境為尚，他有時還更直截地誇稱：「柔旨之中有典刑」（〈府酒五絕・辨味〉卷四五一），以合於《詩經・周頌・絲衣》的「旨酒思柔」，「不敖不敖」；或者描述酒後「沃諸心胸之中，熙熙融融，膏澤和風。百慮齊息，時乃之德；萬緣皆空，時乃之功」（〈酒功讚〉文卷六七七）的渾化極境。這和皮日休〈酒中十詠序〉所述「余飲至酣，徒以為融飢柔神，消沮迷喪。頹然無思，以天地大順為隄封；傲然不持，以洪荒至化為爵賞」（卷六一一）一樣，以酒能柔化一切身與心之分別，終究一切都渾沌為一，那是至高化境。而莊子正是此說的憑藉，《莊子・達生》敘述醉者墜車不死，論定醉者乃因不知而不懼驚，在一片渾茫之中墜車，遂得不死；是酒使醉者形神相親而神全以至冥化玄境。這一來，飲酒本身遂是合道的；就人而言，飲酒是境界修養的助力。於是，園林飲酒也是文人冥契至道的方式，而園林開放性空間、流暢曲轉的動線和景境，都為文人全神的過程提供最潤澤豐富而又茫洋宏肆的天地。

與野老山叟共飲是隱者心態的呈現，傾向於往內收束的夏日沉靜型生活形態，而藉酒以消愁解憂，忘卻煩惱，卻又是極其悲苦的情懷，在春景爛然之中呈現的是文人滿懷秋心，則又傾向於秋日的悲涼蕭索的生活形態。此飲酒者之略別。

㊻ 同㊺。

㊼ 《世說新語・任誕第二十三》載：「王佛大歎言：三日不飲酒，覺形神不復相親。」

三、琴酒與文學創作

梁銘越先生在〈古琴藝術的再認識〉一文中提到歷代山水名家在繪畫中常有撫琴的題材時說：「其實，琴家喜歡將自己『安排』在淨化的大自然中，既能彈又能觀，琴家主要以『指聞』，以『肌音』感受琴音靈逸的美，『耳聞』反而變得不重要了。因此，在『疊澗鳴泉』『萬壑松風』之中，手撫七絃，指聞琴操，自覺身在虛無縹緲間，而臻於天人合一的境界。」㊽這種境界彈者身歷了，聞者觀者則不易體會契識。難怪文人不論是彈者或是聞者，總要喟歎「知音難再逢」。知音，不僅是知琴音琴樂之美，還要知琴樂之上的境界玄音。然而古琴的知音難逢既然是個事實，文人便要發為文字將之描述出來、具體化，使較多人能藉由詩文的意象呈現，去揣摩那琴樂的境界。尤其古琴「琴樂標題」的三種類：曲事、曲景和曲情之中㊾，又以曲景最常出現在唐代文人筆下所述的園林裡。大抵耳聞琴音中大自然千變萬化的景象又目觀身處的園林真象，時間藝術與空間藝術的重疊加強，呈現出更豐富更多層次的景境。情景交融與天人合一的境界，使人的情思情志得到微妙的共鳴，得到更廣闊而厚實的支持。

文人們有所興感，自然樂於將這些特殊的經驗化為文學作品。彈琴較諸其他園林活動更特殊處，在於其他園林活動多有具體內容形象，可直接目觀，由具體意象去領受其種種意境；而聆賞琴樂卻無具體目觀的形象，僅由琴音在一段時間內的流動的帶引，藉由想像能力將聲聞轉為色相以感受自然景色之種種，並從而領悟其中的境界。而這由聲聞轉為色相的轉化過程實須相當的音樂造詣或藝術感受力，故而文人常藉具有更普遍理解性的文字將音樂中抽象的情境描述摹寫出來，以使較多人能由文字的理解去體會感受琴樂世界。尤其文字的保留性和流傳性，能將某個時空下的琴景推擴至更大的時空以期更多人參與。這對於從

㊽ 見梁銘越〈古琴藝術的再認識〉，刊於《中央日報》副刊，民國六十九年三月十八、十九、二十、二一日之三。

㊾ 同㊽。

人世更向自我內心深處退回的園林琴樂生活，在孤絕寂傲之中猶有千年、四海知音的可能性。

至於酒，在六朝以陶淵明為代表的〈飲酒〉詩已將酒與文學的關係更明顯地拉近。唐代文人不僅詩文中頻繁地出現飲酒詠酒之作，而且已有意識地強調酒與吟詠的正面關係，如：

獨酌且閒吟（錢起〈秋園晚沐〉卷二三七）

吟對清樽江上月（牟融〈題山莊〉卷四六七）

詩酒相牽引，朝朝思不窮。（姚合〈遊春十二首之三〉卷四九八）

絲竹臨詩酒，嬋娟思不窮。（賈島〈題鄭常侍廳前竹〉卷五七四）

寬心應是酒，遣興莫過詩。（杜甫〈可惜〉卷二二六）

詩酒並舉，醉吟成詞都說明中國文學與酒有著密切關係。錢起一面喝酒一面閒吟，牟融對著清樽吟月，姚合更明說詩思酒思會互相牽引相互助成，賈島遂以「詩酒」為詞。杜甫則說明酒後能使人寬鬆自在，輕盈飄逸，正是創作藝術的好契機，於是乃以詩來遣興。據杜甫〈飲中八仙歌〉所說：「張旭三杯草聖傳」（卷二一六），以及《新唐書・卷二〇二文藝傳中・李白傳》所附的張旭部分說：「（張）旭，蘇州吳人。嗜酒，每大醉，呼叫狂走，乃下筆，或以頭濡墨而書，既醒自視，以為神，不可復得也。」大抵酒後的酣暢淋漓是神思最好的境勢，宋大隱翁《酒經》就指出，平居飲酒能夠「發狂蕩之思，助江山之興」[50]，表示酒是文學創作的豐富資源。而《茗香詩論》以為「宜言飲酒者莫如詩」，則又暗示酒後的精神狀態最能貼切於詩境。因此，酒又成為園林生活轉化為詩文作品的重要媒介。

很多時候，文人又將琴與酒對舉並列，暗示兩者在園林生活中共存互助的關係：

---

[50] 引自《筆記小說大觀》六編二冊。

山水彈琴盡，風花酌酒頻。（盧照鄰〈春晚山莊率題二首之二〉卷四二）

酌酒會臨泉水，抱琴好倚長松。（王維〈田園樂七首之六〉卷一二八）

自古有琴酒，得此味者稀。（白居易〈對琴酒〉卷四五三）

暖風渾酒色，晴日暢琴弦。（姚合〈遊春十二首之五〉卷四九八）

窗中早月當琴榻，牆上秋山入酒杯。（方干〈題睦州郡中千峰榭〉卷六五〇）

劉翔飛先生曾指出：「琴酒之好，彷彿（在唐代）已成為一種標幟。代表擺落人事，飄逸出塵，游心物外的高華風範。」51對於視園林為隱逸樂土的文人而言，琴酒的這些標幟正符合他們的園林品味與追求。不過，就其本質而論，琴酒的並舉，不僅因為兩者同樣能助人遊賞風景，以無限情思去入景切景；也因兩者都能帶引人昇至一個縹緲渾化的玄境，同與園景自然冥合兩忘，從而契道。兩個層次都是文學創作的好資源，白居易就不止一次地點明這些關係。例如他將琴、酒、詩當作他的「北窗三友」，三友的關係是「琴罷輒舉酒，酒罷輒吟詩。三友遞相引，循環無已時。一彈愜中心，一詠暢四肢。猶恐中有間，以酒彌縫之。」（卷四五二）52非常清楚地點出琴→酒→詩的催化程序。姚合也曾經描述三者在其園林活動中的關係：「酒熟聽琴酌，詩成削樹題」（〈過楊處士幽居〉卷五〇〇），也是經歷琴→酒→詩的一貫心序。而一這些活動的場景，以及提供物色情思而與三者結合的是園林。於是使琴→酒→詩（園林）的生活類型得到有機的結合，而成為文人生命中一段曼妙美好的藝術之旅。

綜觀本節所論，唐代文人在園林裡的琴酒生活，可歸納要點如下：

51 見17，頁六六。

52 〈醉吟先生傳〉也有同類內容，把琴、酒和詩的關係串連起來。

其一，琴與酒同為唐代文人隱退的園林生活內容，它們更向文人內心幽深的角落退回，表現出孤絕寂傲的生活形態和心靈，是極其涼冷而又肅索的秋日典型；而它們被用於三五好友或野叟山人的聚賞，又保有夏日型態，故而以夏秋型統攝比喻。

其二，琴樂具有簡素疏越的特質，其平淡中凝聚的深美、其簡素中含蘊的豐富，是當時慣聽輕快熱烈、流麗精采胡樂俗樂的大眾所不能體味愛賞的。於是文人遂以琴樂之知音難逢來自況，每每在園林中對著秋夜明月而彈賞，使得園景、琴音、文人心靈一同浸潤在清極幽極的孤絕情調中。

其三，在園林中彈奏的琴曲多以「曲景」為題，大自然的山水景色在琴弦的撥弄中翻躍而出。這些以山水內容為主的琴樂，使時間（聲相）的山水與空間（色相）的山水彼此產生轉位的妙趣，也使作曲者、彈奏者與聆賞者在山水的貫串之下流動著一脈相連的默契。

其四，琴樂的山水內容、孤絕清極的情調、樸淡疏拙的特質，皆有助於彈聞者能夠致中和、滌萬慮，而以清靜之心觀照天地之心，靈覺天地之機，在了然會心之中文人遂強調彈琴聽琴的契道修行的境界。

其五，飲酒因有輕盈飄逸的體感可鬆弛平日的束縛壓抑，文人每每要在春光爛漫、光采乍現乍落的季節裡藉酒以慰其不遇的困頓之情與無常短暫的時間性生命悲劇感。這類飲酒為內容的園林生活雖在妍燦的春景之前，而其內在卻是文人極秋涼的心境。

其六，以飲酒來忘卻秋涼悲心，進而文人體味到的是酒酣微醺時的逍遙自得、形神相親，所以強調酒的渾沌忘化境界，並認肯飲酒也是他們冥契至道的方式之一。於是飲酒成為文人的傲然與安頓。

其七，琴與酒同樣可以引領文人臻於渾化忘境，其酣暢淋漓的化境正是神思的最佳境勢。因此，文人每每在園林中以琴酒詩三友為伴，進而提出了琴↓酒↓詩的藝術創作的曼妙神思歷程。

第六節　時空感懷與故園的矛盾——秋日型

《文心雕龍・物色》起首云「春秋代序，陰陽慘舒。物色之動，心亦搖焉」。認為物色對文人的心緒常常具有觸動興感的作用，使人情隨境遷。園林是物色豐富的地方，且能明顯反應季節變化，文人生活於其間，心靈時常受到搖蕩，故能感興良多。物色的存在與呈現，使空間具體化；物色的變化，使時間可感，文人往往因此而生起強烈的空間與時間意識，有其傷懷。在時間與空間的對照下，人又容易反觀自身，興起身世之歎；然而當其完全融於物色中，體貼物情時，他又能因忘我而忘卻時空的限制，達到與時偕行的平靜。因而在園林裏，文人的時空感懷與愁緒也常常成為生活的一部分，以下擬分從時間感懷、空間感懷及故園的矛盾三方面論述。

一、時間感懷與人事變遷

劉若愚先生在《中國詩學》一書中提到中國的詩人對於時間特別敏感，常常發出時間一去不回的哀歎，並且耿耿於懷[53]。文人的時間意識並非無時不在，並非時刻浮現、自覺的，必須物色之動來牽引。所以，常見的觸動文人時間意識而引起感歎的因素是季節代序：

獻歲春猶淺，園林未盡開……生涯知幾日，更被一年催。（暢諸〈早春〉卷二八七）

尋春與送春，多遶曲江濱……自是遊人老，年年管吹新。（張喬〈曲江春〉卷六三八）

[53] 參劉若愚著，杜國清譯《中國詩學》，頁七八。

冬裘夏葛相催促，垂老光陰速似飛。（白居易〈閒居春盡〉卷四五六）

回首看花花欲盡，可憐寥落送春心。（高駢〈池上送春〉卷五九八）

池上秋又來，荷花半成子。朱顏易消歇，白日無窮已。人壽不如山，年光忽於水。（白居易〈早秋曲江感懷〉卷四三二）

四季裡，春與秋正是氣候循迴的兩個轉折明顯的季節。夏天承繼春暖而更趨溫熱，陽氣繼續上升轉盛；冬天承續秋涼而更趨寒冷，陰氣繼續上升轉盛。所以夏冬在氣候特性上是逐漸順向加強，不致給人太大的衝擊。春天卻是由寒轉溫由陰變陽的轉折，雖然也是逐漸改變，卻是逆向的更換；秋日亦然。氣候如此，物色亦然。因此，春秋二季的到臨，特別容易使人感受到時間的流逝而興起時間之感歎。尤其春天，一方面如暢諸所詠，是一年的開始，文人嗅到早春的訊息，想到舊的一歲已逝，新的一年又開始催逼著人往前走，就會觸發生涯無多的憂傷。冬末是年歲結束將盡的關口，也往往是時間感懷的時候，但因冬日的園林詩文甚少，不太見到文人的蹤跡，遂也較少有冬末園林感歎的情景留下。另方面，春華榮燦，充滿光輝，原應令人振奮欣悅；可是「繁枝容易紛紛落」（杜甫〈江畔獨步尋花七絕句之七〉卷二二七），花開花謝二十日的大起大落，好似生命光華的猛烈燃燒卻又乍然成灰。這種好景不常、良辰苦短的春光特色，也是文人感時的觸因。像張喬、高駢的送春與白居易春盡時感到垂老的心情，在唐代文人的作品中非常熟悉易見。悲秋，也是中國文學常見的主題。白居易寫曲江秋日的詩很多，也都有同樣的感懷[54]。上引這首悲秋之作，其悲感的來源除荷花半成子等物色之動，還有一個更大時間循環的觸動，那就是「歲歲秋相似」可是卻「朱顏易消歇」的常與變之對照。四季雖變化卻循環，秋色每年相似，唯獨人的年華老去。「循環的時間是屬於自然的時間，永恒而常在。直線時間是屬於人文的時間，常常傾向墮落或斷滅。」[55]在自然恆常的對比下，

[54] 如他另有〈曲江早秋〉（卷四三二）、〈曲江感秋〉（卷四三二）皆一再強調年紀之增加，而不斷歎老歎逝。

人的生命短暫，變化無常。這是人們難堪難解的，愁緒往往由這常與變的強烈對照中油然而生。

觸動時間意識的另一個常見因素是人事的變遷：

> 三十餘年作逐臣，歸來還見曲江春。遊人莫笑白頭醉，老醉花間有幾人。（劉禹錫〈杏園花下酬樂天見贈〉卷三六五）
>
> 算得貞元舊朝士，幾人同見太和春。（元稹〈酬白樂天杏花園〉卷四一一）
>
> 多見朱門富貴人，林園未畢即無身。我今幸作西亭主，已見池塘五度春。（白居易〈題西亭〉卷四五一）
>
> 往事飄然去不迴，空餘山色在樓臺……老僧心地閒於水，猶被流年日日催。（趙嘏〈重遊楚國寺〉卷五四九）
>
> 傷心闊別三千里，屈指思量四五年。（韓偓〈寒食日重遊李氏園亭有懷〉卷六八三）

宦遊放逐的生涯是流浪，人事多所變動，當再一度歸來見到曲江春色依舊時，會猛然照見自己奔波在外所遭遇的一切變幻，由而驚覺三十年光陰已悄然流逝。韓偓也是因闊別的人事遷動而喚起時間感，而要屈指細數年歲。元稹、白居易和趙嘏則因同遊園林的人們逐一消失亡逝，或是往事的飄佚不回，而感受到時間的流動。人就像時流中的泡沫，隨之浮沉而轉瞬幻滅，人的自我主宰性在此顯得無力。在變動不居之中，一與維持常態的物境接觸就可以感受到時流。一興起時間感，文人總是憂傷的，常常由此而生起無限悲情。因為對大多數人「那總是一分愴然的情懷，雖然歷史留存著人類以往一切的活動與成就，使他們不致於受到時空條件的限囿而趨於消逝；但是，時空條件的限囿本身就足以給人一分難喻的愴懷，因為它本身就暗示著消逝、遺忘；它無情的顯示人類在無盡時空中的渺小與虛幻。」[56]而歷史畢竟對後世讀史者才有深刻

55 見楊玉成〈陶淵明的田園詩〉，頁一五陽面。

意義，對已往已逝者實無實質而切身的影響，這是人類亙古以來不變的悲劇。從東漢末年開始，這種悲感就大量地出現在文人的詩文作品中，反覆詠歎人類生命本質的脆弱，而無情無識的草木金石卻與天地長不沒。唐代文人便常常由園林草木而興感人生的無常，如張火慶先生所說：「這種時空條件的限囿，既可以是客觀存在的現實，也可以內在於人的意識而成為主觀的知覺。」[57]文人比較偏執於後者，且轉為情意性愁緒，因這分偏執固著，才會在園林物境的牽引下油生強烈的時間悲感。

與東漢以來感受人生無常的文人一樣，唐代文人們也將之反應為及時行樂的態度，而要痛飲千日（參第五節）。這就恰如「古詩十九首」「斗酒相娛樂，聊厚不為薄」、「不如飲美酒，被服紈與素」、「何不秉燭遊」，用及時行樂的生活方式來增加生命密度，以彌補人生長度上的缺憾。這使得唐人肯定自己園林生活，在情調上，上接於漢魏，具有古風；而似乎這就在時間上向上延伸，與古銜接，即使是當下的生活，也承載了悠久漫長的時間內涵與前賢生命的精華。這是飲酒與園林遨遊帶給文人們的慰藉。

唐人的園林變動率似乎頗高，第二章第四節論及李德裕告誡子孫不可與人一草一石，可是他去世後不久，平泉莊即被瓜分。園林被強權豪家侵奪，是其變動的原因之一；買賣也是，如白居易〈答尉遲少監水閣重宴〉提到「聞道經營費心力，忍教成後屬他人」（卷四四八），詩人自注云「時主人欲賣林亭」，那麼苦心經營的園林也會因賣卻而更換主人；另外像韋莊〈官莊〉所述：「誰氏園林一簇煙，路人遙指盡長歎。桑田稻澤今無主，新犯香醪沒入官」（卷六九七），園林主人因觸犯酒法而園林即被沒收為官莊；其他如宦遊遷調等因素，也會促成園林的易手。園林易主即是人換園林，這些都增加了其變動率，使人面對園林時，容易因而萌生懷往念舊的眷心。梁肅有〈過舊園賦〉說「訪鄰老而已盡，眄庭柯之露衣。情之所鍾，可勝歎耶！夫懷舊之志，在昔所不免……」（文卷五一七），念舊之情既是人之所難免，在見到曾經居息遊止過

56 見蔡英俊《興亡千古事——中國古典詩歌中的歷史》，頁一一二。

57 見張火慶〈中國文學中的歷史世界〉，刊《中國文化新論・文學篇一抒情的境界》，頁二六五。

的園林時，很自然地，人、事、物便紛紛湧現。唐代文人在園林中感懷物是人非的情景也頗多：

平陽舊池館，寂寞使人愁……庭閒花自落，門閉水空流。（丁仙芝〈長寧公主舊山池〉卷一一四）

水流花落歎浮生，又伴遊人宿杜城。還似昔年殘夢裏，透簾斜月獨聞鶯。（賈島〈宿城南亡友別墅〉卷五七九）

獨殘新碧樹，猶擁舊朱門。（于武陵〈過侯王故第〉卷五九五）

一泉巖下水，幾度換明月……至今青山中，寂寞桃花發。（邵謁〈經安容先生舊居〉卷六〇五）

一朝寂寂與冥冥，壟樹未長墳草青……高節雄才向何處，夜闖空鎖滿池星。（方干〈經故侯郎中舊居〉卷六五三）

引起文人感舊的是同樣的景物：花仍落、水仍流；昔年的透簾斜月與鶯啼；一樣的碧樹朱門、明月桃花；依然是星光滿池。這些景緻提供了恆常的背景，與當年所見相似，人的制約性心理反應，自然會去搜尋當年同在者的蹤影，卻在人的亡逝或無蹤的真相中掉落。這也是在常與變的對照下興起懷舊心情，其實也不無依戀已逝時間、眷念過往生命的情結存在，因流逝的時光正也是自己活過的生命。這是執著，也是苦。

另一類引起文人感舊的景象卻是相反的：

荒庭衰草徧，廢井蒼苔積。（李白〈謝公宅〉卷一八一）

妝閣書樓傾側盡，雲山新賣與官家。（王建〈郭家溪亭〉卷三〇〇）

舞榭蒼苔掩，歌臺落葉繁。（許堯佐〈石季倫金谷園〉卷三一九）

嗟其未積年，已為荒林叢。（張籍〈沈千運舊居〉卷三八三）

殘梅攲古道，名石臥頹牆。山色依然好，興衰未可量。（殷堯藩〈陸丞相故宅〉卷四九二）

原來，園林景物也未必長久，衰草廢井、建築傾側、樹木攲倒、名石牆垣頹臥，一片荒敗。園林蕪廢了，不必說，主人不是亡故無力就是已無心於此；這也是無常。文人從一片荒敗中想起過去的光彩繁盛，自是感歎不已。然而，「山色依然好」正點出天然生成景物（大自然）的恆久，而人工築造的建築物及須人工養護的草木卻易荒敗，不也顯示人為的難持久嗎？人的微渺無力在自然天地的面前是難以遁形的。所以園林景色與季節一樣，同時具有常與變兩方面特色，在季節變化及園林衰變中，文人看見時流；在四季循迴及自然恒常的不變下，文人也由對比感到時流，同樣都牽動了文人的時間感懷。可以說，時間意識真正內在於文人的心中，成為主觀知覺，且轉為情感，而隨時隨地都可能被觸發牽引。

時間感比較是起於個人生活的觸動及生命的珍惜執著，當視界氣度與關懷面向外推擴出去，由之興起的便是由時間感推擴為歷史感。我們也可以在唐人有關園林的詩文中看到文人面對物色時，心中盈然充沛的歷史意識：

> 十畝松篁百畝田，歸來方屬大兵年……無人說得中興事，獨倚斜暉憶仲宣。（韋莊〈洛北村居〉卷六九六）
>
> 誰知盡日看山坐，萬古興亡總在心。（李九齡〈山舍偶題〉卷七三〇）
>
> 三春車馬客，一代繁華地。（劉禹錫〈曲江春望〉卷三五七）
>
> 長空澹澹孤鳥沒，萬古銷沉向此中。（杜牧〈登樂遊原〉卷五二一）
>
> 昔為樂遊苑，今為狐兔園。（豆盧回〈登樂遊園懷古〉卷七七七）

當文人把關注點由個人生命無常推擴為全體同胞或國家生命的興衰時，歷史感就萌生了。如同對個人過往生命的依戀不捨，已成古事的歷史也是懷眷感慨不已，這濃厚的懷古情感也是中國古典詩文的特質。身處中晚唐的離亂，懷想盛唐的繁榮氣象，再對比青山的長在，時代興衰、朝代更替的痕跡至為明顯。所以李九齡終日面山而坐，能夠對萬古興亡之事了然在心。而代表唐代長安的熱情與繁榮的曲江，正也是唐朝國力興衰的象徵，從飛蹄走輪爭相賞春的燦爛風華，到狐兔孤鳥人跡絕少的荒涼落寞，與唐朝由輝煌鼎盛到混亂離析的歷史發展軌跡正相吻合。所以來到曲江的文人，自然會從曲江本身的衰變引起歷史興衰之感。同樣地，在此我們看到文人歷史意識的觸發也是同時起因於園林的變與常的兩面性。

在永不停息的時流中，文人對時間的痴情，不僅表現在眷懷過往，同時也敏感地憂慮未來的發展：

> 明年此會知誰健，醉把茱萸子細看。（杜甫〈九日藍田崔氏莊〉卷二二四）
>
> 明月分歸騎，重來更幾春。（項斯〈春夜樊川竹亭陪諸同年讌〉卷五五四）
>
> 借問主人能住久，後來好事有誰同。（鄭損〈玉聲亭〉卷六六七）
>
> 明日綠苔渾掃後，石庭吟坐復容誰。（黃滔〈宿李少府園林〉卷七〇五）

明日或來年的此地會是一番何等境況？這些問題的提出都顯示文人對時間淘洗下的人事變化十分執意，而且文人也把心向投射到不可知的未來，這就使人的渺小更加困陷在斷滅的時流片段中，膠著在前不見古人後不見來者的悠悠茫茫裡，跳不出來而愴然淚下。他們之所以想到「明年此會」、「重來」、「後來誰同」、「復容誰」，表示他們把視點放在此刻此地的我，於是明年的「此」會是「重」來的，那就使人事所面對的「常」變得很巨大而人自己就更顯得渺小短暫了。可是，當文人願意把視點由此刻的自己身上推移開時，他會感悟到每個生命、每件事情都是獨一無二的，絕無完全雷同的；既不能雷同，徒傷何益。如張火慶先生所說：「繁華落盡，人事代謝，亦如歲月的剝復，都是極為自然而平常的現象，並不值得刻意加以渲染。」❺❽這其實需要哲學的領悟及一顆清明不染的心，一般情感執著且氣質較盛的文人確是較難超越。不過當文人能夠放下自我，體貼物境或世情的時候，卻也能在片刻的清明中，對一切變化遷流仍能安泰靜定

❺❽ 同❺❼，頁二九一。

以處之：

木末芙蓉花，山中發紅萼。澗戶寂無人，紛紛開且落。（王維〈輞川集‧辛夷塢〉卷一二八）

雨中山果落，燈下草蟲鳴……欲知除老病，唯有學無生。（王維〈秋夜獨坐〉卷一二六）

用拙存吾道，幽居近物情……村鼓時時急，漁舟箇箇輕。杖藜從白首，心跡喜雙清。（杜甫〈屏跡三首之一〉卷二二七）

盡日松下坐，有時池畔行。不覺流年過，亦任白髮生。（白居易〈詠懷〉卷四三〇）

自拋官與青山近，誰訝身為白髮催。（李頻〈題張司馬別墅〉卷五八七）

這些文人儘也有他們傷愁時間流逝的時候，可是此時此刻他們的心境卻能對時間消逝的景象或自己的白首無所驚錯，也無悲情。這裡又有兩個層次，像杜甫、白居易、李頻等詩是樂於此刻的安閒，而王維〈辛夷塢〉則是無憂亦無喜，只是順任時間之流的變化，只是虛寂平靜地觀著花的開落，觀著生命的成住壞空。若依呂興昌先生所分：「當人面對時間此一自然『現象』時，如果他的著眼點放在『流逝』，通常會引起無常變幻之悲，覺得生命失去了自主性；如果著眼點放在『此刻』，同時『此刻』又契合主觀的意願時，通常會加強愉悅甚至狂喜之情，因為他看到的是『未央』的顛峰。至於著眼點既不放在『流逝』亦不放在『此刻』，而放在超越時間或忘懷時間的角度時，他領受的通常是超乎悲喜的慧境。」[59]在此段引文之前所論述的時間悲感應是文人把著眼點放在「流逝」，且執著於和當下一切人事物相同的恆常；而此引的後四條大約是著眼點放在「此刻」，而又悄覺於身旁萬物的流變，但他們並不執著於保持現況的恆常，故而表現出淡然閒逸的雍容。而〈辛夷塢〉表現的則是忘懷時間、超乎悲喜的慧境，在當中呈現的是萬物生生不息而天地無言的自然大化，一切本應與時偕行。當人們願意放下自己，融入整個大化之中，常與變的相對性遂能泯

[59] 見呂興昌〈人與自然〉，刊[57]書，頁一三一—一三二。

化無痕，天地間儘是萬物生生不息的機趣和悅。

二、空間感懷與人事變遷

文人在園林裡也時常興起空間性的感懷。其實時間與空間難以截然分劃，時間須要靠空間（現象）的變動而呈現，因此時間與空間常互相牽引彼此隱含。如白居易〈南池早春有懷〉說「倚櫂忽尋思，去年池上伴」（卷四五二），先是早春引發起時間意識，接著由時間的循環出現與物色的相似而思念起去年同賞的友伴；而那友伴如今已不在此，文人的心遂也投向友人所在的地方去了。又如張籍〈題韋郎中新亭〉道「成名同日官連署，此處經過有幾人」（卷三八五）；徐夤〈新葺茆堂〉說「同年二十八君子，遊楚遊秦斷好音」（卷七〇九），想起當年一起登科及第的同年，如今都各自分散，沒有幾人相往來，這既是往事的追懷也是空間的遙思。因為想念不在身旁的人，一方面是想念在另一個空間的他，一方面也會勾起曾經共有的往事，遙念那個時候的他。所以空間的感懷也是起因於人事的變遷，只是人們把心向朝著另一個空間思念、想像此刻伊人的種種，而時間感懷則是在人事變遷中將心向朝著過往舊事憶念、比較。

雖然，在具體的生活裡，時間與空間是難以截分的一體，但是，在人的觀念中既可以將時間與空間抽離出來做概念思考，那麼在感懷之中也可能有偏重某一面的傾向。時間感懷已論之如上，空間感懷牽涉到交友及故園的問題，玆論於下。思念遠方友人，通常是深厚情分所致。但是園林裡寬闊幽深的空間，尤其是出世隱逸或山居丘園，與外界不甚接處，生活非常單純；雖也有其豐富深厚的情趣和甚高的境界，卻也不免偶有寂寥的時候。在孤獨中，人特別會油然思惦起好友，或希望遇逢一個人：

> 寂寞思逢客，荒涼喜見花。（王建〈原上新居十三首之三〉卷二九九）
> 寂寥猶欠伴，誰為報僧知。（項斯〈宿胡氏溪亭〉卷五五四）

> 親友皆千里，三更獨遶池。（雍陶〈寒食夜池上對月懷友〉卷五一八）
>
> 盡日人不到，一尊誰與同。（方干〈東溪別業寄吉州段郎中〉卷六四八）
>
> 山深長恨少同人，覽景無時不憶君。（杜荀鶴〈山中寄詩友〉卷六九二）

王建在寂寞的境況下，竟然希望能逢遇一個賓客，好比在荒漠之中得見花朵一般稀奇珍貴，那是一種久旱切盼普降甘霖的渴望；方干也是為盡日無人而倍感寂寞；杜荀鶴更要因此而生出長恨了。這其實也暗示著他們所居的幽僻離世，其中存在著人的兩難，既不愛紛擾囂喧的人事，卻又難堪欠缺共鳴的孤獨寂寞。既選擇寂靜單純的園居，便要承受面對自己與自然的平淡內斂；既向人世封閉，便應接受與人世交流的欠缺。不過，文人們在寂寞中所懷思者該是親友至交，而非俗世中無所選擇的任何人；雖然文人也許並非完全無憾無悔。若使他們得意伸展於世，感恩謝天尚且不及，如何自絕於他人的知遇賞識。所以許多懷人之作，其實是對知音同道的渴盼：

> 欲取鳴琴彈，恨無知音賞。感此懷故人，中宵勞夢想。（孟浩然〈夏日南亭懷辛大〉卷一五九）
>
> 路遠少來客，山深多過猿……除憶文流外，何人更可言。（周賀〈春日山居寄友人〉卷五〇二）
>
> 此地客難到，夜琴誰共聽。（顧非熊〈題馬儒乂石門山居〉卷五〇九）
>
> 尚平今何在，此意誰與論。（岑參〈緱山西峰草堂作〉卷一九八）

以琴為喻以歎知音難逢者已論之於上節。也許知音者是指賞識知遇而能任用者，那是以隱退為人間失意的其次志願者，他們仍然心向著炙熱的人世；但知音也可能指能同其調的以隱逸為清為高的志同道合者，若此，文人的心並非朝向人世企盼，而是在園林收束向內的生活中能得一二共鳴契應的生命，以使其澄靜清明的生活得到安頓篤定的共力。因此，當有知交至友到臨這靜僻林地時，是幽寂生活中的一大喜樂，猶如久旱甘霖，文人遂也每每邀望友人到來：

古路無行客，寒山獨見君……不為憐同病，何人到白雲。（劉長卿〈碧澗別墅喜皇甫侍御相訪〉卷一四七）

鳥鳴春日曉，喜見竹門開……更欲留深語，重城暮色催。（周賀〈春喜友人至山舍〉卷五〇三）

雖有眼前詩酒興，邀遊爭得稱閒心。（姚合〈早春山居寄城中知己〉卷四九七）

幽鳥不相識，美人如何期。（溫庭筠〈鄠郊別墅寄所知〉卷五八二）

同袍四五人，何不來問疾。（常建〈閒齋臥病行藥至山館稍次湖亭二首之一〉卷一四四）

對那些不辭路遠、不嫌自己無成無權、甚具古風的朋友，幽居的文人表現得特別欣喜與珍視，那似乎是長久期盼後的回答和慰藉。至於來訪的，即便是像周賀的朋友那樣騎著大馬住在重城的權貴亦是無妨，只要真心相待，欣賞自己而又無利害之心。所以避世幽居者（即或是平日奔競趨走，一時退居林下），所要避躲的是紛煩複雜且以利害為主的人事；可以不避而泰然接處的是林澤野老、至交好友、僧侶道士以及家族親人。在此情況下，油然思親懷友是很自然的事，並非全然代表著心向俗世[60]。尤其上引詩句可見到在生病時，他們發出較強烈的渴求，那是人在面對非常態生命時，對生命無常及人事遷變的特別強烈的感慨之後的自然反應，希冀保持團聚為常態以成其圓滿。這反映出，懷思另一個空間的故人，是人事變遷後的結果；期待親友再至共聚，則是期盼人事變遷的結束以回復以往共聚同遊的生活，使之持久為常態。因而文人的空間感懷實出自聚散的遷變。

[60] 一部分讀書山林或抱求仕進者，在林居中懷人之作，也很可能是期盼引薦，有仕宦功名的心向。

三、故園的矛盾

文人在園林裡的空間感懷，在懷人之外也時常懷地，尤其是懷念曾經遊止居息過的園林。那些達官貴人因宦途順利飛騰，而無暇時常回去看望或一遊；那些左遷謫逐的失路人則因遠放而無力回去，於是他們都心中時有所惦。像李德裕三十年不復回平泉莊，只能頻頻思憶而發為詩文；武元衡也歎「虛度年華不相見，離腸懷土併關情」（〈南徐別業早春有懷〉卷三一七），他們在另一個園林思念舊園，所以強調的往往是「故園」：

忽念故園日，復憶驪山居。（韋應物〈登蒲塘驛沿路見泉谷村墅忽想京師舊居追懷昔年〉卷一九一）

夜靜河漢高，獨坐庭前月。忽起故園思，動作經年別。（戴叔倫〈夜坐〉卷二七四）

悠悠故池水，空待灌園人。（柳宗元〈春懷故園〉卷三五三）

向夜欲歸心萬里，故園松月更蒼蒼。（許渾〈題崔處士山居〉卷五三五）

萬里親朋散，故園滄海空。（方干〈新秋獨夜寄戴叔倫〉卷六四八）

韋應物思念故園之作相當多，如「高閣一長望，故園何日歸」（〈西樓〉卷一九二）、「方悟關塞眇，重軫故園愁」（〈遊靈巖寺〉卷一九二）、「逾懷故園愴，默默以緘情」（〈夏景端居即事〉卷一九三）、「始遇茲管賞，已懷故園情」（〈樓中閱清管〉卷一九三）等。從「歸」字看來，故園應指故鄉——那個最初所從來而又將最後歸回的地方。故鄉何以用園字來稱喚？大約是指故鄉裡那個自己的家園。韋應物乃京兆長安人，所以說「忽想京師舊居」，他的故園是指故鄉的園林，泛指故鄉。這正與岑參「故山在何處，昨日夢清谿」（〈早發焉耆懷終南別業〉卷二〇〇）的「故山」，及盧僎「舊林日夜遠，孤雲何時還」（〈初出京邑有懷舊林〉卷九九）的「舊林」一樣，是指故鄉或故鄉的園林。然而白居易乃下邽人，祖籍太原，七世祖遷同州韓城，祖父遷新鄭[61]，卻有〈憶洛下故園〉（卷四三三）；又岑參乃南陽人，卻有〈行軍九日思長安故園〉（卷二〇〇）。可見在文人心目中，兩都，只要是自己曾住過的，都衷心將其視為自己的故鄉，願意終老長住在那個地方；這視京城為故鄉的情結是文人們的幽心。當然有些時候故園也只是舊園——曾住過的園林而已；但文人們多半不稱舊園而用故園，大抵是視之如故鄉的。這些思念故園之作，往往是在他人園林或自己另置的園中作成。在他人園林裡思念故園，實是易於理解的心情和事況，但在自己另置的園林裡思故園，則反應出唐人園林變動率之高及擁園數目之多。

文人離開園林到遠方去的情況在唐代非常普遍，如：

> 歲窮惟益老，春至卻辭家。可惜東園樹，無人也作花。（蘇頲〈將赴益州題小園壁〉卷七四）
>
> 芍藥丁香手裏栽，臨行一日繞千回。外人應怪難辭別，總是山中自取來。（王建〈別藥欄〉卷三〇一）
>
> 林園亦要閒閒置，筋力應須及健迴。莫學因循白賓客，欲年六十始歸來。（白居易〈以詩代書寄戶部楊侍郎勸買東鄰王家宅〉卷四五六）
>
> 西都萬餘里，明旦別柴扉。（許渾〈將離郊園留示弟姪〉卷五二九）
>
> 語別在中夜，登車離故鄉。（馬戴〈早發故園〉卷五五五）

他們為著各不相同的原因和遇值而必須離開故園家鄉，他們流露的依眷不捨之情，正暗示他們此行之遙遠與回期之不可預知，可謂是長別，也可能是永訣。王建的戀戀徘徊尤其濃郁難化，因為園中諸多花木景物都是自己親手培造的，感情自是深厚難喻。離別時已是依依不捨，躊躇良久，難怪別後他鄉會頻念不已。那百般難分及縈迴的相思，說明的是文人重土的情誼，但似也有部分是萬不得已的無奈。只是文人的心情常是多變不一的，曾經嘲諷別人「畢竟林塘誰是主，主人來少客來多」（〈題王侍御池亭〉卷四三八）的白

[61] 參楊宗瑩《白居易研究》，頁三一。

居易，自己原來也曾辜負過滿園春光，更遑論一般不甚嘲諷他人者了。這裡我們見到唐代文人離園之普遍，及其別園所流露的深厚愛眷情誼。

然而，既然依戀不捨，何以又要強忍著離去呢？有些人是應詔高就去了：

不過林園久，多因寵遇偏。（劉長卿〈和中丞出使恩命過終南別業〉卷一五一）

正聽山鳥向陽眠，黃紙除書落枕前。為感君恩須暫起，爐峰不擬住多年。（白居易〈別草堂三絕句之一〉卷四四〇）

東山終為蒼生起，南浦虛言白首歸。（溫庭筠〈題裴晉公林亭〉卷五七八）

簪組非無累，園林未是歸。（徐鉉〈自題山亭三首之一〉卷七五五）

原來是為了皇帝的賞識拔擢，為了答君恩、報寵遇，不得不「勉強」從閒眠高臥中起身，依依顧眷地揮別園林。白居易在三絕句之三還感情豐富地安慰「山色泉聲莫惆悵，三年官滿卻歸來」，然而卻終老於洛下履道園。更偉大的理由是像臥隱東山的謝安一樣為天下蒼生的幸福，於是裴度的久別園林就變成是一種「犧牲」小我的奉獻。如此看來，唐代文人雖然時常表達歸隱的意願與嚮往，但是部分的人卻是以仕宦生涯為其第一志願。上引諸人的情形是得皇帝的恩寵，所以雖然表現出眷戀不捨的情懷，恐怕心中多少還是竊喜的吧！不過，另一部分為簪組而離開園林的人卻真正是悲傷落淚的：

誰堪去鄉意，親戚想天末。昨夜夢中歸，煙波覺來闊。（劉長卿〈初至洞庭懷灞陵別業〉卷一四九）

遙憐故鄉菊，應傍戰場開。（岑參〈行軍九日思長安故園〉卷二〇〇）

鄉園一別五年歸，迴首人間總禍機……難說累牽還卻去，可憐榆柳尚依依。（薛能〈留題汾上舊居〉卷五五九）

京洛園林歸未得，天涯相顧一含情。（韓偓〈李太舍池上玩紅薇醉題〉卷六八一）

在仕宦的路途上，誰能始終順遂、盡得寵幸？動輒牽累貶謫之事頻繁無奇。宦情的翻覆無常、風波起伏，使許多人必得遠離故園不可。劉長卿遠至淮南；韓偓則貶濮州再徙鄧州，終至亡逝而不再北回；薛能雖則五年後回到家園，卻還是留題詩作而復離去，正如他初回時的憂慮；岑參則是軍旅中的身不由己。這些離園的景況皆是雙重打擊：仕途的挫敗跌落，且又揮別故園及親友，流徙到一個陌生的地方（天涯）；一切似乎都失去了憑藉。所以這一類的離園還是出於政治原因，而其依戀的情緒還夾雜著對京城朝廷的不捨與失意人的落魄。劉長卿之懷灞陵、韓偓之念京洛、薛能之留題汾上、甚至岑參之思長安，可能都含有對京城的嚮往與對君主的祈盼。

然而遷謫，只是由高處向下墜落，畢竟還是身為官吏，他的名字究竟還聞於皇上。另有一些人離故園既非受恩寵，也不是遭貶謫，他的去留根本還夠不到皇帝的決定，他的姓名根本還未聞於皇上。那麼他們的別家離園是自己可以主宰的，該不再那麼愁緒滿懷了吧！然而，他們的心情卻也複雜，因為此去是赴求功名，希望名登仙榜，只要能及第任官，儘管是留職京師或遠派他方，都是君主的垂憐。這麼低微的心願還是不易達成，憂傷總還是縈繞著文人們的詩作：

家園好在尚留秦，恥作明時失路人。恐逢故里鶯花笑，且向長安度一春。（常建〈落第長安〉卷一四四）

北闕休上書，南山歸蔽廬。不才明主棄，多病故人疏。（孟浩然〈歲暮歸南山作〉卷一六〇）

帝里春無意，歸山對物華。（李頻〈送友人下第歸感懷〉卷五八九）

從來憶家淚，今日送君歸。野路正風雪，還鄉猶布衣。里中耕稼者，應笑讀書非。（儲嗣宗〈送人歸故園〉卷五九四）

及第確實是異常艱難的事，每回有多少人要嘗試失敗落寞的滋味。這些離開家園以赴考的文人，在落榜後，先是想到辜負家人期盼，空蹉跎了數年青春，想到故里鄉人的嘲笑非議，無顏回去。可是滯留長安，見到冠蓋滿京華，益覺落拓失意，更形思念故園，然而故園正等待這可以自由歸家的人，只是這失路人自覺有家歸不得，對於當初告別家園之事恐怕自己也要迷惘不已。等到再三的落榜無成、終於證知自己「不才」而終為「明主」所棄時，才黯然回到最後根據地——故園。回到日思夜夢的故園卻非興高采烈，這真是矛盾的、令人難以理解的心情。

這些文人的矛盾心結是很微妙的：宦途得意而奔走忙碌時，思念故園，對於那閒逸無事的園林生活流露出深厚的眷愛孺慕之情；宦途挫累時，卻回頭思念京洛故園，希望早日調回那令他發展長才，可以為百姓馳走忙碌的政治核心去。這是一重矛盾。當他無法進入仕途時，故園應是能自由隨意回去的，卻又不願歸園；即或歸去，也無法安住，享受其閒逸團聚的生活，其愁苦的心又向著遠離故園的塵囂飛趨，一心眷愛的故園又變成他不得已的退路與委屈。這是另一重矛盾。是否這些文人無論處在什麼境況總是坐立難安？事實上應是在唐代文人的心目中，園林的精神象徵與慰藉似乎更大於他們實際的需求，因為是精神的象徵和慰藉，以至於處在相互矛盾的境況下他們會同時懷念故園。唐代文人的矛盾心結正顯示出園林在他們心中主要的意義。以上偏重由人的心情立論。

從園林的立場來看，宦途順利的文人雖然懷念故園，卻依然為他經世濟民的理想奔波。雖然官場的種種是非會讓人生起「漸諳浮世事，轉憶故山春」（崔塗〈春日閒居憶江南舊業〉卷六七九）的想望，但是真正有決心有勇氣放下官位回歸故園的人並不多。這是他們心想與行為的矛盾。被貶謫的人雖在天涯憶念京洛故園，卻也頗能在新置的園林之地靜享閒暇如隱的生活，投入山林之中神遊忘化之境，暫時得到有如故園般的安頓。而那些真正回到故園的文人，或也潛心隱逸，安於恬淡疏放，或也不得已地度著哀歎的日子。前者已論於前面各節，後者如：

誰念窮居者，明時嗟陸沉。（祖詠〈家園夜坐寄郭微〉卷一三一）
世事不復論，悲歌和樵叟。（王昌齡〈題灞池二首之一〉卷一四三）
無事稱無才，柴門亦罕開。（劉得仁〈夏日樊川別業即事〉卷五四四）
無媒歸別業，所向自乖心……上國勞魂夢，中心甚別離。（許棠〈冬杪歸陵陽別業五首之一、二〉卷六〇三）
池蓮憔悴無顏色，園竹低垂減翠陰。園竹池蓮莫惆悵，相看恰似主人心。（楊昭儉〈題家園〉卷七三七）

他們不是嗟歎自己的挫敗埋沒，便是採取緘默不論世事的態度，連眼中的景物也都蒙染一層惆悵的垂頭喪氣的情緒。一方面雖然自我安慰著說無事稱無才，一方面仍然魂縈夢牽地惦念著上國的一切，他們的心情就是李頻所說的「未厭棲林趣，猶懷濟世才」（〈留題姚氏山齋〉卷五八九），儘管山林幽棲充滿了情趣，即使「閒眠知道在」，還是懷抱著濟世的願望，不甘就此消逝於人間世。所以，這些人的園林生活總是悶悶不樂，而疾病也成了落魄不遇的一種表徵：

失路農為業，移家到汝墳。獨愁常廢卷，多病久離群。（祖詠〈汝墳別業〉卷一三一）
壯圖哀未立，斑白恨吾衰。（孟浩然〈臥疾家園畢太祝曜見尋〉卷一五九）
不才明主棄，多病故人疏。（孟浩然〈歲暮歸南山作〉卷一六〇）
誰知多病客，寂寞掩柴扉。（儲嗣宗〈秋墅〉卷五九四）
門掩青山臥，莓苔積雨深。病多知藥性，客久見人心。（戴叔倫〈臥病〉卷二七三）

多病，也是不順利、多挫折的事況之一；且病又有生理與心理之別。這些文人的多病、臥疾家園，雖不無事實根據，但此處恐怕多指向自己落寞失意的遭遇，故而要寂寞掩柴扉。這些人雖然是專業性的、真正的隱居者，但還是缺乏一分恬淡平和、隨緣順化的心境，時時牽動他們悲緒和感懷，呈現出對施展抱負的世界（京城朝廷）的嚮往懷想，對兼善事業的執著。其實，這是就他們悲感的詩文及創作時心緒的討論；然而生活是具體多面的，人是複雜豐富的，如何能日日月月都維持同樣的情緒同樣的境界？能夠進入自然山川的生命脈動中與之融合、隨之大化的契道者，並不保證他將隨時清明靈覺如斯，也可能會頓然掉落，跌入人間的瑣碎或煩惱中。因此，這些時空感懷、悲歎不遇的文人園林生活並非與前述各種形態、各種境界的生活保持絕然分立而不相兼的關係；它們可能是同一個文人在具體生活中的不同面向，猶如四季雖然展現不同的面貌與氣質，但它們同樣是這個宇宙天地的面貌和氣質，以循環和不同時出現的方式兼為這個天地的風采。

綜觀本節所論，唐代文人在時空感懷上的園林生活狀況，可歸納要點如下：

其一，園林物色隨季節而變動，易牽動文人的時間意識及感慨，尤其在春與秋兩個逆轉明顯的季候裏。人事的變遷對比於季節物色的循環不已（恆常），也易勾起其時間感懷。亦即園林物色的「變」與「常」的兩個相對性特質都是文人時間愁緒的興感之源。

其二，時間悲感雖多由園林物色所觸動，但根本原因卻是文人對生命的執着。對於生命時間的限制，文人多內在為意識，成為主觀知覺和感受。一旦被物色搖蕩，就愁緒滿懷，並時常反應為及時行樂的態度。在情調上，上接於漢魏六朝，從飲酒及遨遊來增添生活密度以得到慰藉。

其三，由個人生命及時間感懷向外推擴，文人也會在園林物色的變（人工建築栽植的荒廢）與常（大自然山川的生生不息）之中，生起國家興衰感慨及懷古的歷史意識。以上是時間意識引起的悲苦秋心。

其四，一部分文人在哲悟的基礎上，又能當下以清明的心靈放下自我的執著，體貼物境，而以定靜安和的心境去觀照物色變化下生命生生不息的脈動，進而達到了超乎悲喜的慧境。

其五，時間與空間在實際的具體生活中密不可分，因此文人又時常由時間的流動及人事變遷中興發空間之感，懷念遠方的友人，在寂寞的園林生活裡，期盼能遇逢一個人，更渴望能得一二知音的共鳴相惜。

其六，文人在其隱退的園林生活中渴望相互來往的是林澤野老、至交老友、僧侶道士及家族親人；然而仍有部分的人是企盼知遇者的引薦拔擢，兩類情形皆因猶有所待而無法具足圓滿其心，以致愁苦悲涼的秋意瀰漫在其生活之中。

其七，在空間悲感上，文人們也常發為思念「故園」之情。故園多指故鄉家園，也有視曾經住過的園林為故園（實為舊園），更有許多文人執著於曾經停佇過的京洛為故園。很多文人發出了辭別故園的感慨，他們或因君王恩詔、飛黃騰達而奔忙，或因官場失利、貶謫遠地，或因赴京應考、追求功名而離開家園，不論得意或失路，都時時油然生起故園的懷思。

其八，更有一部分唐代文人在離園與歸園之間，表現出微妙的矛盾心結：官途得意時因奔走忙碌而思念故園，對閒逸高臥的園林生活流露深厚的眷愛孺慕；宦情挫累時，卻回頭思念京洛，希望早日調回那令他發展長才、可以為百姓馳走忙碌的政治核心去。這是一重矛盾。赴考不第者往往滯留京邑而以愁苦之心思念故園；待落魄終不被用而回到故園時，卻又無法安住，其愁苦之心又向著遠離故園的塵囂飛趨，故園又成為不得已的退路和委屈。這是另一重矛盾。故園的矛盾正顯現園林在唐代文人心目中，精神象徵與慰藉更大於實際的需求。

其九，本節所論的時空悲感呈現出文人對生命的執著與兼善事業的執著，這與前幾節恬淡沉靜、縱浪大化的契道生活，並非絕對分立而不相兼的關係；它們可以是同一個人在具體真實生活中的不同面向，猶如四季在天地間展現不同的面貌與氣質。

在結束本章之前，必須對唐代文人的園林生活的特色做一說明。從園林生活的內容上來看，似乎與一般文人生活的內容並無太大差別，然而站在歷史發展的立場，正好說明了文人生活文化的各種典型內容，在唐代正是一個輻輳、確立、普及的成熟期，這是本章的意義所在。從形態與心境來看，唐代文人的園林生活較諸一般文人生活所具的特殊有：一、具有山水特性，譬如彈琴的內容幾乎是山水自然，且講究透過琴音以神遊山水，以與天地自然冥合；又如談議的內容涉及山水的品鑒，展現山水美感；其他如種藥、採藥或漁釣、栽植等生活都不同於一般的生活。二、具有出世特性，幾乎每一項生活都強調其隱逸傾向，如彈琴的孤絕、飲酒的忘化、棋奕的仙化、高臥的閒逸、藥植的養生、漁釣的隱僻……皆被當作離世隱遁的象徵。尤其視園林為仙境樂園的觀念，使其園林生活自覺地加強逍遙自在、清介超絕的格調。三、更具情調與美感，由於置身虛透空靈的空間之中，與大自然有充分的交流，更能鬆動其心、更能自由其心，而呈現出高度美感與特殊情調。譬如讀書一事，藉著園林山水消解了面壁苦讀的枯索和思辨解析的冷硬嚴峻，而以隨興的方式增加了讀書的雍疏自然的情調和美感；又如下棋行奕，本是鬥智的理性之事，但是透過竹影的搖曳及移動，便添益了時間的美感與勝負千古、興衰無常的人事悲感。透過了山水的背景，便充滿了仙翁對奕、「山中一日，人世千年」的特殊情調。四、具有季節特性，園林活動以春夏二季為高潮，幾近於瘋狂鼎沸的遊春宴樂與頻繁日常的避暑納涼是園林的重要功能。秋天，園林活動漸少，在一片懷友歎逝的哀聲中減色不少。冬天，幾乎見不到園林活動。因此時間的痕跡在園林生活裡特別明顯。這是唐代文人園林生活的特色之大端。

第五章

唐代文人園林生活的境界追求

從人類發展的歷史來看，各種文明進步、各項創造發明，其初之動機當是出於生活之需求及便利而發的。園林之建造是出於帝王打獵娛樂之需求，隨著園林的發展，功能愈加多元化，其一切的布置設計便又基於生活起居之便利而考慮，亦即園林建造的諸多原則乃至藝術化的設計該是為生活而服務的。而文人對於生活不僅要求實際行止的方便而已，更追求精神層面的提升，故而對於造園以及園林生活均有其特殊追求，以期能助其精神生活之提升。本章將就其對園林品質之追求與精神藝術生活境界的提昇等各方面論述之，以進入文人園林生活的心靈提昇進境。

第一節 園林品質的追求

生活境界主要由生活者主觀心境所主宰，但是客觀物境的觸值牽引，仍然深刻地影響著主觀心境；尤其是日夜居息的生活環境。如陳澤修先生所說：「他們（文人）所想做的，只是一個敏感於居住環境的讀書人，對自己（或友人）所要從事的建築作一些揣摩與品味，是生活中不可分離的一部分。」❶而園林對文人而言，不僅止是居住環境，是生活中不可分離的一部分，還是文學創作的觸因，修行的道場以及人格境界的呈現。唐祥麟先生說：「但實際上環境給人的只是一項外在因素，而境界則是人內心的一個幻景意象。庭園本身因時間變遷及各組成元素的互相關係，造成各種不同的實質環境景象，而人則再藉此身外實質景象的刺激，透過視覺、聽覺……導引出心靈內的幻象出來。」❷環境雖然是外在因素，卻是心靈意象之所以能導引出來的刺激因素，是視覺聽覺等六根接收刺激的塵境。作為根塵相接的塵境，園林的品質是生活品質與心靈境界的基本影響因素與方便，所以文人對於園林有種種追求、選擇與品鑑，務期在品質上保有某種水平。孟郊說「短松鶴不巢，高石雲始棲」（〈送豆盧策歸別墅〉卷三七八），充分說明有格者選擇居處的共相。唐代文人對於居住環境的品質相當重視，一再強調要慎選居息之所：

> 在陽而舒，在陰而慘，性之常也；履險而慄，涉夷而泰，情之變也；觀揖讓而退，睹交戰而競，目之感也；聞韶濩而和，聆鄭衛而靡，耳之動也。夫其舒則怡，慘則悴；慄則止，泰則通；退則無咎，

❶ 見陳澤修〈中國建築中文人生活的趣觀〉，刊《逢甲建築》第二十一期，頁四七。

❷ 見唐祥麟《中國庭園之研討》，頁七五。

競則有悔；和則安樂，靡則憂危。性情耳目，優劣若此。故君子慎居處，謹視聽焉。（賈至〈沔州秋興亭記〉文卷三六八）

古者半夏生，木槿榮，君子居高明，處臺榭。後代作者或用山林水澤……必以寓目放神為性情跧蹄。（獨孤及〈盧郎中潯陽竹亭記〉文卷三八九）

……見公之作，知公之志。公之因土而得勝，豈不欲俗以化成……（柳宗元〈永州韋使君新堂記〉文卷五八〇）

君子必有游息之物，高明之具，使之清寧平夷，恒若有餘，然後理達而事成。（柳宗元〈零陵三亭記〉文卷五八一）

他們認為居住環境會影響人的視聽耳目，進而變化性情、氣度、思理，而且由選擇的環境可揆度此人之志，成為識人知人的一項衡量標準。因此，他們對於居住環境的品質便非常關切而且用心經營。普遍見於唐代文人追求、讚美聲中的園林品質是靜謐、幽邃、潔淨、古樸自然和清靈。這些品質不僅由色相上加以經營、品味，還注重香氣、聲相等方面因素的配合。以下分別論述之。

一、靜寂與幽邃

靜，是生活品質中最基本的一項，唐代文人每每在有關園林的詩文中提及：

地靜魚偏逸（杜審言〈和韋承慶過義陽公主山池五首之五〉卷六二）

坊靜居新深且幽（白居易〈題崔少尹上林坊新居〉卷四五八）

君家池閣靜，一到且淹留。（李中〈訪徐長史留題水閣〉卷七四七）

公餘時引步，一徑靜中深。（王周〈和程刑部三首・碧鮮亭〉卷七六五）

境靜魚鳥閒（長孫佐輔〈山居〉卷四六九）

吟詠他人的園林所在之地或園林內部景觀，以「靜」為一種稱賞讚美，所以寧靜該是被共同認肯、稱美的品質，也是普被追求的。在喧囂之中，人易浮躁緊張，而感疲憊，實得不到充分的休息。相反地，在寂靜中，人易於沉澱放鬆，而感到舒朗明暢，由魚鳥一副閒逸悠遊的模樣，反映園林的靜謐，也暗示主人寬鬆舒徐的心境。在這樣的環境裡，人的注意力可以從紛繁的人事境緣收束回來，面對生命的本質，思考或感受許多事物，這對生活的觀照是十分重要的，對文學創作過程中的虛靜凝神的構思活動也有大助益。園林的靜寂程度，文人有時以寺院相比：

夜半獨眠覺，疑在僧房宿。（白居易〈北亭獨宿〉卷四三〇）

池塘靜於寺，俗事不到眼。（曹鄴〈從天平節度使遊平流園〉卷五九二）

每日在南亭，南亭似僧院。人語靜先聞，鳥啼深不見。（韓偓〈南亭〉卷六八一）

數有僧來宿，應緣靜好禪。（劉得仁〈初夏題段郎中修竹里南園〉卷五四四）

寺院僧房的靜寂已近於絕世、出離人間。這固然因寺院多建於高渺深遠的山林，也因僧侶的修道生活本以靜默為基調，且靜寂的環境又助於澄慮修道。如李群玉〈湘西寺霽夜〉體會到「境寂涼夜深，神思空飛越」（卷五六八），溫庭筠〈宿雲際寺〉也有「高閣清香生靜境，夜堂疏磬發禪心」（卷五八二）的領受。文人把園亭的靜比作僧院，大抵是要點出那是易於發人深省、達於某種心靈修養境界的虛寂。甚至連僧師也常常喜愛到私家園中修行，似乎其虛寂的品質已超越僧院，已非人世所可能有的勝絕。像朱景玄〈茶亭〉所述「靜得塵埃外，茶芳小華山。此亭真寂寞，世路少人閒」（卷五四七），因靜而得似塵埃之外的淨地；照說，人世也有平靜寧謐的時候與地方，只是其持續性與普遍性有頗大限制，所以一些在質量上特別寂靜的地方，就被視同出離人世的淨地。園林，在茂密花木的掩蔽下便具有靜謐的品質，如：

風含翠篠娟娟靜（杜甫〈狂夫〉卷二二六）

野竹自成徑，繞溪三里餘……日落見林靜，風行知谷虛。（李德裕〈春暮思平泉雜詠二十首・竹徑〉卷四七五）

露氣竹窗靜（馬戴〈新秋雨霽宿王處士東郊〉卷五五五）

松逕隈雲到靜堂（陸龜蒙〈王先輩草堂〉卷六二六）

被林木重重垂覆庇掩的蔭地，因為陰涼而顯得沉靜收束，因為掩庇而與世塵略有隔離以呈現祕靜。深林自是更罕人至，竹林間小徑把人曲曲折折地帶引向一個更渺遠的世界，當中的一切自是靜寂無喧，草堂遂被稱為「靜堂」，隔著竹叢的窗遂也稱靜。尤其日落時分，一切的活動歸於平息，夜幕將白晝的紛繁蒸騰都收攏而去，便使大地更加沉靜。靜則不喧雜，予人空無一物的感覺，靜到極處，便是虛、空之感：

窮巷空林常閉關，悠然獨臥對前山。（崔興宗〈酬王維盧象見過林亭〉卷一二九）

月出鳥棲盡，寂然坐空林。（白居易〈清夜琴興〉卷四二八）

只留鶴一隻，此外是空林。（司空圖〈即事二首之一〉卷六三二）

空林，將靜謐中純然不雜、空無一物的虛寂感撚出，那是靜寂的最典型、最極致。在空寂之中若有纖微事物加入，或絲毫的動靜，都能敏銳迅疾地被感受、被捕捉，因為那纖微絲毫的東西在空虛裡也是特別明顯的存有。如司空圖另有〈即事九首之五〉描述道「落葉頻驚鹿」（卷六三二），落葉是多麼細末之事，其聲響又何其輕微，可是卻足以頻頻驚動鹿，可見其王官谷是如何地虛靜空寂。徐夤在〈新葺茆堂〉詩中說：「靜中還得保天真」（卷七〇九），這是園林品質對生命品質的浸染涵泳，在天真中，人的心靈也變得虛寂空明，一點音響都能自然而清楚地辨識。可是當心神意念凝聚某些事物上，專一心志之時，一切的動靜似乎又靜默無聲了。如王維〈輞川集・辛夷塢〉的「木末芙蓉花，山中發紅蕚。澗戶寂無人，紛紛開且落」（卷一二八），所呈現的就是一幅無聲的動畫，隨著大自然的流轉而任開任落的生命成滅過程，遂十分靜寂空靈地呈現眼前，進入超越生死悲喜而虛寂定慧的境界。這是靜謐的園林品質所成全的境界。

與寂靜相關的一項品質是幽邃。文人往往將幽與靜相提並論，如劉兼稱讚新竹「佐靜添幽別有功」（〈新竹〉卷七六六）；長孫佐輔的〈山居〉是「看書愛幽寂，結宇青冥間……地深草木稠，境靜魚鳥閒」（卷四六九）；徐鉉在〈奉和右僕射西亭高臥作〉中稱讚道：「院靜蒼苔積，庭幽怪石攲」（卷七五五），都是將幽與靜相提，其實是因幽與靜的特質有其內在的關聯。幽深之地少人跡，自然是寂靜。而幽靜之別於寧靜、平靜、靜謐，在於它有一種深深契入、篤厚雋永、沉定貞固的特質；寧靜未必幽靜，幽靜必然寧靜，那是平面之外的深度。

唐代文人對於園林的幽深品質特別重視，一方面表現出喜愛的心情，一方面視之為卜居的重要選擇標準：

> 心事好幽偏（宋之問〈藍田山莊〉卷五二）
> 但樂多幽意（張九齡〈南山下舊居閒放〉卷四九）
> 愛君池館幽（岑參〈過王判官西津所居〉卷一九八）
> 意將畫地成幽沼（秦韜玉〈亭臺〉卷六七〇）
> 主人為卜林塘幽（杜甫〈卜居〉卷二二六）

「幽偏」一詞指出幽窈與偏僻的常在特質，所以馬戴〈題吳發原南居〉說「閒居誰厭僻……樹陰幽草連」（卷五五六），僻遠之地既少人跡，也有幽邃的傾向。這些特質都深深為文人們所喜好，因此，秦韜玉的亭臺是刻意用心設造出幽邃的；杜甫的浣花草堂也是主人特意尋覓選擇的林塘幽地。鄭谷有〈池上〉詩「池榭愜幽獨」（卷六七四），便指出園林池亭本就適宜於幽邃，而獨字指出獨處獨賞的心靈幽僻性。既然園林以幽獨為愜，所以，用「幽」來形容某園，便是一種讚賞稱美：

> 林亭自有幽貞趣（明皇帝〈過大哥山池題石壁〉卷三）
>
> 歸客衡門外，仍憐返景幽。（綦毋潛〈題沈東美員外山池〉卷一三五）
>
> 得意高吟景且幽（李中〈思九江舊居三首之三〉卷七四七）
>
> 林園洞啟，亭壑幽深。（宋之問〈奉陪武駙馬宴唐卿山亭序〉文卷二四一）
>
> 由外而入，宛若壺中；由內而出，始若人間。其幽邃有如此者。（李翰〈尉遲長史草堂記〉文卷四三〇）

幽深，已經是個典型化的讚語，而李中稱自己的園居也用幽字描述，那是一種滿意，這分滿意也來自於久別遙思中的懷眷與美化。否則，當親身長久置處於幽深的園林時，又可能像白居易「屋中有琴書，聊以慰幽獨」（〈春日閒居三首之一〉卷四五九），或熊孺登「無人伴幽境」（〈新成小亭月夜〉卷四七六）那樣地，以幽為孤獨無所聊賴了。因此李翰以壺中天地比擬幽邃，壺中仙公可是要獨自去來守住祕密的，自是須要按奈得住。又奚賈〈尋許山人亭子〉歎道「川路行難盡，人家到漸幽」（卷二九五），是在尋尋覓覓的深遠之中探找著許山人的亭子，那是對深藏且神祕的居所的含蓄讚美。由此，幽居、幽棲便常常用以指稱園林生活：

> 無忘幽棲時（張九齡〈驪山下逍遙公舊居游集〉卷四七）
>
> 梅福幽棲處（祖詠〈題韓少府水亭〉卷一三一）
>
> 幽居塵事違（韋應物〈題鄭拾遺草堂〉卷一九二）

幽居近物情（杜甫〈屏跡三首之一〉卷二二七）

履道幽居竹遶池（白居易〈吾廬〉卷四四六）

幽棲、幽居也幾乎是品質佳好的園林的典型代稱了，在這裡可以遠離塵事，可以觀照到萬物的真實。於是許多美好的事物都可以加上幽字，以示深邃貞靜的麗質。如「幽墅結僧鄰」（鄭谷〈故少師從翁隱巖別墅……〉卷六七五）、「刱得幽齋興有餘」（李中〈書郭判官幽齋壁〉卷七四八）、「移石入幽林」（王建〈原上新居十三首之十一〉卷二九九）、「幽窗為燕開」（李頻〈留題姚氏山齋〉卷五八九）、「孤巖恰恰容幽構」（鄭損〈星精石〉卷六六七）、「鋤荒出幽蘭」（孟郊〈新卜清羅幽居奉獻陸大夫〉卷三七六）、「幽鳥少凡聲」（方干〈山中即事〉卷六四九），連花鳥也都感染一分園林裡的幽氣，那麼居止於其間的人們，當然也是帶著盈溢的幽邃情懷：

幽情遺紱冕（李嶠〈奉和幸韋嗣立山莊侍宴應制〉卷六一）

興幽魚鳥通（岑參〈自潘陵尖還少室居止秋夕憑眺〉卷一九八）

酌水話幽心（錢起〈春夜過長孫繹別業〉卷二三七）

春來此幽興，宛是謝公心。（錢起〈春谷幽居〉卷二三七）

適知幽遁趣，已覺煩慮屏。（楊浚〈題武陵草堂〉卷一二〇）

幽邃的情懷或興致，於此有兩個階段。或者如幽情遺紱冕是先有嚮往思慕幽景幽境的情懷，或者如適知幽遁趣，已覺煩慮屏在觸值幽境之後興起了幽情。總之，在境之幽與心之幽間，存在著相互引發的連鎖關係。在兩者的配合下，所謂「幽賞未云徧」（孟浩然〈夏日浮舟過陳大水亭〉卷一六〇）、「多喜陪幽賞」（鄭巢〈陳氏園林〉卷五〇四）、「幽賞未已」（李白〈春夜宴從弟桃花園序〉文卷三四九）的「幽賞」才能真正地成就。園林品質對生活境界的影響是根本且具體的，文人因而相當用心於此。

程兆熊先生說：「我國以前的第宅，特饒幽趣……至其所擇之處，即常為幽寂之處。」❸選擇幽寂之處，是保有園林幽邃品質的直接、簡便的方式。幽邃之地通常是偏僻深遠的地方，因而高山絕嶺、深谷幽林往往是文人卜擇的對象，從中可以得到生活品質的某種水平：

地僻生涯薄，山深俗事稀。（戴叔倫〈山居即事〉卷二七三）

失意因休便買山，白雲深處寄柴關。（李涉〈山居送僧〉卷四七七）

路遠少來客，山深多過猿。（周賀〈春日山居寄友人〉卷五〇三）

茅堂入谷遠，林暗絕其鄰。（劉得仁〈題王處士山居〉卷五四四）

深林收晚果，絕頂拾秋蔬。（張喬〈題友人草堂〉卷六三九）

僻遠深絕處，俗事少、訪客稀，一般是隱遁之地。所以這一類自然山水園，一方面在地理上自然具備幽邃的品質，另方面在主人心靈上也自然地具備了幽邃的境界。其幽貞的真實性與主人的意志比較值得肯定，因為主人選擇一個與世遠隔疏絕的深僻淨地，這個選擇的本身已是幽邃志意的貞定。幽寂的特質通常可以經由封閉隱密的空間布局來營造，王處士便因林木的茂密深暗而與周圍鄰舍隔絕，故有幽深絕遠之趣。又如鄭損的〈鈎閣〉云「小閣愜幽尋，周遭萬竹森」（卷六六七），朱放〈竹〉詩云「青林何森然……深處若山連」（卷三一五），便是藉由竹林的森茂所圍成的隱密性天地，幽意便由隱密閉絕中油生。王維〈竹里館〉也詠道「獨坐幽篁裏」、「深林人不知」（卷一二八），輞川谷已是地勢十分險絕深僻的地方，當中又有幽篁深林，真是壺中之壺了。

可是另一類建於城市中的園宅，在天然地理勢境上欠缺幽邃之質，卻也可經由園林內部的設計來製造

❸ 見程兆熊〈論中國庭園設計〉，刊《華岡農科學報》第三期，頁六五－六六。

幽邃，使其也具有山林的氛圍：

雲景含初夏，休歸曲陌深。幽篁宜永日，珍樹始清陰。（羊士諤〈永寧里園亭休沐悵然成詠〉卷三三二）

始我來京師，止攜一束書。辛勤三十年，以有此屋廬……西偏屋不多，槐榆翳空虛。山鳥旦夕鳴，有類澗谷居。（韓愈〈示兒〉卷三四二）

幽獨抵歸山（白居易〈宿竹閣〉卷四四三）

選居幽近御街東（朱慶餘〈題崔駙馬林亭〉卷五一四）

豈知平地似天臺，朱戶深沉別徑開。（方干〈題睦州郡中千峰榭〉卷六五〇）

在御街東近卜居還能得幽，可能是朱慶餘的誇詞，但也可能是駙馬強力經營成就的。在城郭內的園宅可以類似澗谷、相當山林、像似天臺，是人工意匠所致。唐祥麟先生論及園林境界時說：「中國庭園注重境界，但境界是不可見的精神因素，須靠庭園元素的組成和園路的規劃這些實質因素——布局——作為媒體，才能表現出來。因此布局和境界是一體的兩面，互相輪迴，互相隱現，有不可分的關係。」❹園林品質趨近於境界，若說境界是不可見的精神層級，則品質是比較具體的質地質感的品級，境界是整體的、「綜合效應的」❺，則品質是個體的、解析的。因此，品質依然與整個園林的佈局有不可分的關係。前面論及布局時已知唐代文人非常注重空間的屈折和擴展，這個空間特色正是幽邃品質的成就要素：

曲榭迴廊繞澗幽（李乂〈奉和幸韋嗣立山莊侍宴應制〉卷九二）

❹ 見❷，頁一一二。

❺ 見袁行霈《中國詩歌藝術研究》，頁六三—六四。

幽林詎知暑，環舟似不窮。（韋應物〈南園〉卷一九二）

沿洄無滯礙，向背窮幽奇。（白居易〈裴侍中晉公以集賢林亭……〉卷四五二）

步溪凡幾轉，始得見幽蹤。路隱千根樹，門開萬仞峰。（劉得仁〈尋陳處士山堂〉卷五四五）

不離三畝地，似入萬重山。（張蠙〈和崔監丞春遊鄭僕射東園〉卷七〇二）

廊榭曲迴盤折，水路環繞沿洄，在一層又轉出一層中，益發顯得景境幽深不盡，好似萬里深山無有窮時。這是空間布局所營造的幽邃品質。也許劉得仁所尋陳處士的山堂，其溪轉是天然生就，但將草堂隱置於轉折中，使其幽隱待「尋」，也是一種意匠。但是組織布局中最重要的血脈是路徑、廊道和橋樑等動線，園徑的曲折宛轉，可造成園林內部的幽邃（而非所在位置之幽僻），這是園林於所在自然地理位置之外由人文造成的幽深。

總之，園林以幽邃為其重要品質，它雖是文人崇尚隱逸的自然反應，也是生活得以沉靜不染的便利。它一方面是園林所在位置的偏僻深遠，另方面是內部的曲折掩映；一方面是地理形勢的卜擇因隨，另方面是空間布局的人文經營。而這些努力和用心，其目的還是為了幫助提升居息其間的人的生活境界與情趣。所謂「偶得幽閒境，遂忘塵俗心」（白居易〈玩新庭樹因詠所懷〉卷四三一），「物幽興易愜，事勝趣彌濃」（岑參〈冬夜宿仙遊寺南涼堂呈謙道人〉卷一九八），即指出物境的幽深品質最終的目的之一是歸向人的心境與生活的陶染濡化。

二、潔淨與清靈

在詩文中，唐代文人還透露出對園林潔淨的重視，如：

青苔日厚自無塵（王維〈與盧員外象過崔處士興宗林亭〉卷一二八）

碧莎地上更無塵（張籍〈題韋郎中新亭〉卷三八五）
壘階溪石淨（姚合〈武功縣中作三十首〉卷四九八）
竹鮮多透石，泉潔亦無苔。（姚合〈遊謝公亭〉卷五〇〇）
竹軒臨水靜無塵（李中〈憶溪居〉卷七四八）

潔淨無塵的居住環境使人神清氣爽，頓時整個人都明淨起來，是舒適之外的心靈洗滌。園林中喜歡水景的唐人，時時可見其挖鑿引取流動的泉水灘瀑的蹤跡，這些都能藉由澄澈清涼的水景帶來潔淨之感。所謂「無塵」，除潔淨的實境，可能還指涉主人品格的潔淨不染。較明顯的例子如劉得仁〈通濟里居酬盧肇見尋不遇〉說：「衡門掩綠苔，樹下絕塵埃」（卷五四四），楊夔〈題鄭山人郊居〉說「谷口今逢避世才，入門瀟灑絕塵埃」（卷七六三），在人間世，塵埃何曾可以止絕？那麼，絕塵埃應和掩門避世同指杜絕俗世的塵濁。所以園林的潔淨，其實是人格性情潔淨的外顯。這裡我們看到文人心目中理想的園林生活，是園林與主人內外通貫，成為一體。

與潔淨相近似的是清明，不過，潔淨比較是趨向實際具體景境的無塵無垢雜，清靈則比較是空虛抽象的氣的明淨。文人也非常注重園林清的品質，如：

林清風景翻（韋應物〈林園晚霽〉卷一九一）
亭宇清無比（杜牧〈春末題池州弄水亭〉卷五二二）
林泉繫清通（聶夷中〈題賈氏林泉〉卷六三六）
一方清氣群陰伏（鄭損〈玉聲亭〉卷六六七）
溫風不爍，清氣自至。（柳宗元〈永州龍興寺東邱記〉文卷五八一）

氣清，是很難用言說解析加以說明的特質，大約與雜、濁、悶滯相對，而是明淨、純粹、澄澈且流暢的（氣的本質是流動的運行的）。流水、涼風、松竹所以會成為園林常見要素，通透之所以會成為園林空間布局的要則，便是它們具有清靈的特質與功能。在第四章第三節已論及文人納涼避暑的園林要求，以致在造園設計上多方面配合清的需求。大抵在花木栽植與水景造設上比較傾於清靈的追求，山景與位置的卜擇較傾於幽邃；通透性空間有助於清靈，曲窈性空間有益於幽靜；而建築物則其內較重清明潔淨，其外較重幽邃深隱。

和幽境一樣，清明潔淨的園林物境也被典型化成為稱美的名詞：

皇鑑清居遠（沈佺期〈陪幸韋嗣立山莊〉卷九七）

清境豈云遠，炎氛忽如遺。（韋應物〈慈恩精舍南池作〉卷一九二）

清景徒堪賞，皇恩肯放閒。（白居易〈奉和李大夫題新詩二首各六韻・因嚴亭〉卷四四三）

幽音待清景（白居易〈對琴待月〉卷四四九）

清景出東山，閒來玩松石。（李德裕〈思山居一十首・寄龍門僧〉卷四七五）

清居、清境、清景皆是園林景物的美稱，也是文人們喜愛的境質，不過，似乎沒有幽境、幽景、幽居那麼普遍。大概「清」給人冷涼、蕭疏、淡漠、孤寒的感覺，那分巉峭又有些銳利孤絕的特質，恐怕不是每個人都能長期承受且怡然的，所以李中又曾經感喟道：「其誰肯見尋，冷淡少知音」（〈書小齋壁〉卷七四七）。因此，雖然文人們注重清明潔淨，但清景清境較諸幽景幽境可能稍具緊張性。但它之所以受到文人的重視，還是因為它帶給人精神心靈上的洗滌作用，潔淨清明的環境既使人神清氣爽、思慮澄明，又能因其清絕巉峭的緊張性使人振作警覺。至此，我們知道，寂靜、幽邃、潔淨與清靈等園居品質的要求，最後都希望能通向人的精神。而靜、幽、潔與清的品質分述是解析性的方便說法，它們之間往往具有並存互扣的關係。雖精微處有其異別，卻通常是整體綜合地呈現為一個立體的、真實的物境。

其他，文人還要求園林以自然樸素為佳，不重縟麗，如：

自然成野趣，都使俗情忘。（韋述〈春日山莊〉卷一〇八）

卜築因自然，檀溪不更穿。（孟浩然〈冬至後過吳張二子檀溪別業〉卷一六〇）

廣狹偶然非製定（方干〈路支使小池〉卷六五一）

天然格調高（張喬〈宿劉溫書齋〉卷六三九）

文人雖稱之為「文」人，但對於自然卻多充滿嚮往的情思，以為自然天成則格調高、耐人尋味，且置身其中可因沉醉在野趣天趣內而忘卻俗情煩惱。在這項品質的追求中，卜擇自然山林固然可以盡情享受野情與幽趣；必須靠人力營構的，也盡量使其自然，宛若大化成之，毫無人為雕琢痕跡，務使自然與人文能夠融合無間。這項追求使得造園理念已孕育完成「相地」、「因隨」的重要造園原則，且在詩文中發為具體理論。

既然要求自然，當也以簡樸為上，如：

昭簡易，叶乾坤之德。道可容膝休閒，谷神同道，此其所貴也。及靡者居之，則妄為剪飾，失天理矣。（盧鴻一〈嵩山十志・草堂〉卷一二三）

萬物附本性，約身不願奢。茅棟蓋一牀，清池有餘花。（杜甫〈柴門〉卷二二一）

新結一茅茨，規模儉且卑。土階全壘塊，山木半留皮……各隨其分足，焉用有餘為。（白居易〈自題小草亭〉卷四五六）

材不斲，全其樸；墻不彫，分其素。（李翰〈尉遲長史草堂記〉文卷四三〇）

糊白墳以呈素雘，頽壞而垂繪……華而非侈，儉而不陋。（歐陽詹〈二公亭記〉文卷五九七）

華麗靡彩通常顯得雕縟而欠自然，簡單樸素才更接近於自然，或如盧鴻一所說合於天理至道。何況簡樸是要依守住自身的性分，適分適性才可趨近於中道，這是以修道自許的文人們所願堅守的。白居易又說「巧未能勝拙」（〈宿竹閣〉卷四四三），除了因為拙樸本近於道，也因拙樸雖看似簡易卻不單薄，反而涵蘊著十分豐富的內容且能持久彌遠，那是智者約以馭博、簡以馭繁的慧心。一座簡樸拙素的園林，是與自然合一的藝品，也是生活智慧的表現。由此，文人往往喜愛以樂貧的情態呈現其園林生活的面貌：

一瓢歡有餘（盧綸〈同柳侍郎題侯釗侍郎新昌里〉卷二七七）

一瓢常自怡（錢起〈山園棲隱〉卷二三八）

莫嫌地窄林亭小，莫厭貧家活計微。（白居易〈履道居三首之一〉卷四五一）

道在不嫌貧（鄭谷〈題進士王駕郊居〉卷六七六）

如此安貧亦荷天（杜荀鶴〈亂後山居〉卷六九二）

一瓢來自顏淵的「一簞食、一瓢飲」，表面是描述物質生活的貧乏簡陋，更重要的是他安貧背後樂道的精神，那分因合道而怡然自得的快樂是文人們羨慕不已的，遂也每以顏淵的一瓢自況，既可表白自己守道固窮的節操高志，又可藉以慰撫自己困窮的窘況。不過，倘若沒有對簡樸拙素的近道的肯定與推崇，安貧固窮的自我安慰的力量就要削弱很多了。另外，文人也喜愛園林具有古老的氣質，如：

古木寒蟬滿四鄰（劉長卿〈郢上送韋司士歸上都舊業〉卷一五一）

山下古松當綺席（郎士元〈春宴王補闕城東別業〉卷二四八）

古樹生春蘚（錢起〈題樊川杜相公別業〉卷二三七）

茅簷古木齊（裴度〈溪居〉卷三三五）

樹深藤老竹迴環（白居易〈題岐王舊山池石壁〉卷四五一）

文人好古的情懷，由苔蘚的強調及讀書理念（參第三章第三節及第四章第二節）已顯見，此處也是一個面向的呈現。古木，從往昔舊日裡穿過時光之流而存留屹立至今，它涵蘊了悠悠的歲月，引人發思古幽情。而且它沒有在時間之流的浮沉當中被吞沒，已然通過了無常的考驗，已見清生命之本質原貌，可剝落種種牽絆和粉飾，呈現最素樸真實的生命與精神，這些都是深受文人肯定讚賞的。

陳澤修先生論及文人的建築觀時，提到平凡與淡雅，他說：「『淡』是一種心理狀態，『雅』是此種心理狀態表現於外的形式。雅來自古，古則來自樸，樸而必真。」❻所以由心理狀態可反映為外在的各種形式；建築是，園林亦然。而進一步的歷程是，由外在各形的特質也能化入為人的某種心理狀態。所以當我們看到文人以靜、幽、潔、清、自然、古樸等品質來描述園林時，其背後可能也暗示著文人居住於其間的心靈境界與精神狀態。這是人與園林之間存在著的微妙而互動的關係。

三、聲香之相與園林品質

彭一剛先生論及中國園林的意境時，說到「在古典園林中對於『詩情』——也就是詩的意境美的感受，也是不能單靠視覺這一條途徑來傳遞信息的，而必須藉聽覺、味覺以及聯想等多種途徑來影響感官才能發揮傳遞信息的作用的。」❼亦即園林意境尚須藉由聽覺、嗅覺來感受。色相是比較容易接收感受到的訊息對象，因為人們一般比較習於使用視覺來觀察。就園林而言，作為被鑑賞的藝術品，景觀的優美是最直接被觀賞到的內容，造成幽邃與否的景深與布局也是由視覺來認知感受的，影響潔淨清靈的純粹度、澄澈度，以及自然、古樸等品質也須透過知覺中的視覺加以感知。但是聲相、香相卻在無形中深深影響著園林的品質，尤其聲音與寂靜更密切相關。

---

❻ 同❶。

❼ 見彭一剛《中國古典園林分析》，頁一六。

通常寂靜應該是無聲的，然而文人們卻往往更重視聲響所造成的寂靜，如：

風約溪聲靜又迴（李咸用〈題陳將軍別墅〉卷六四六）

靜極卻嫌流水鬧（韋莊〈山墅閒題〉卷六九七）

靜意崖穿溜（王周〈早春西園〉卷七六五）

風入松陰靜（權德輿〈暮春閒居示同志〉卷三二〇）

夜靜林間風虎嘯（蘇廣文〈春日過田明府遇焦山人〉卷七八三）

早蟬聲寂寞（張籍〈夏日閒居〉卷三八四）

窗中人靜下棋聲（皮日休〈李處士郊居〉卷六一三）

門隨深巷靜，窗過遠鐘遲。（錢起〈題蘇公林亭〉卷二三七）

人語靜先聞（韓偓〈南亭〉卷六八一）

溪泉的流動、風葉搖擺擦撞、風嘯、蟬鳴、落棋、鐘響、人語等聲音不但不覺吵鬧，反而更凸顯出靜寂的境況。韋莊雖說流水鬧，卻又從其鬧聲之中對比襯托出靜之極致。一般說來，粗糙或尖銳的聲響，種類太多太混亂錯雜的聲音，都令人感到嘈雜喧鬧，易浮躁焦慮；美妙悅耳的樂音，單純或獨自存在的聲音，則令人覺得平和寧謐。馬千英先生論及北京頤和園的諧趣園時就說「……泉聲，使這一組古樸清秀的庭院空間在感覺上更加高雅幽靜」；論及承德離宮的萬壑松風建築群時，也說「松濤聲颯颯在耳，使人更加感到空間的幽靜。」❽何以這些聲音反而使空間幽靜？何以白居易說「寒山颯颯雨，秋琴泠泠弦」的松聲是「滿耳不為喧」（卷四二八）？馬先生未解析，文人們也未說明；所謂幽靜、靜極是指整個景境，而非聲音本身，文人是用心靈去感受那些聲音之所以能歷歷在耳的背後氣息。正如白色使黑色更加深黑，主題的白色

❽ 見馬千英《中國造園藝術泛論》，頁九四。

愈純也就愈顯背景的黑重一般，靜謐並不在溪泉、松風、蟬音、棋聲、人語、遠鐘的本身，而是在它們愈突出的聲響背後對比出來的那片無聲默然。

聲音也能造就幽邃的境質，如「杵聲松院深」（許渾〈秋日〉卷五三二）、「葉藏幽鳥碎聲閒」（劉滄〈夏日登西林白上人樓〉卷五八六）、「鳥啼深不見」（韓偓〈南亭〉卷六八一），因為只聽聞其聲而不見其形，就易於造成幽深不測之感，好似還有廣大的空間可藏掩那聲源所發自的形體，故而在人想像力的添加下聲音遂造成幽邃感。又當聲音引起另一種不可見的景物聯想時，也會因那不可見景物的悠遠而造成幽邃，如「一夜泉聲似故山」（李中〈宿韋校書幽居〉卷七四九）、「松聲疑澗底」（白居易〈新昌新居書事四十韻因寄元郎中張博士〉卷四四二），那泉、松之聲令人暇想起故山與澗底，把空間推向了遙遠異方。其幽邃感雖由人的聯想力所致，卻因聲音的質地具有暗示及觸興作用，也是聲音成就了園林的品質。此外清涼的品質也可以經由聲音來加強，如：

竹露滴清響（孟浩然〈夏日南亭懷辛大〉卷一五九）

漢珮琮琤寒溜雨（鄭損〈玉聲亭〉卷六六七）

寒聲風滿堂（許渾〈秋日眾哲館對竹〉卷五二九）

獨住水聲裏，有亭無熱時。（項斯〈宿胡氏溪亭〉卷五五四）

寒山颯颯雨，秋琴泠泠弦。（白居易〈松聲〉卷四二八）

水與松竹本身具有清涼的特質，聞其聲自然也會發生清涼之感。竹露的滴聲圓潤濕澤、似玉珮般的滴溜聲清脆圓潤，而松音似雨似琴，也都含帶著涼冷濕潤的質感。其他如「聲來枕上千年鶴」（白居易〈題元八谿居〉卷四三九）、「後山鶴唳斷」（李群玉〈湘西寺霽夜〉卷五六八），因具有仙的象徵，鶴唳遂給園林時間與空間的幽邃感以及清絕的境質。而「坐聽蒹葭雨，如看島嶼秋」（李中〈訪徐長史留題水閣〉卷七四七）、

「孤愁笛破空」（王周〈早春西園〉卷七六五），一則由蒹葭的搖音帶出空間視覺之美與季節變化的蒼涼感；一則由笛音透過人的心結作用、移情作用而加強出一種憂愁的氣息。這些都是聲音與文人心靈交融後所產生的園林意境，可見聲音對園林品質與境界具有深刻的影響。

香氣，也是園林品質的影響因素之一，文人們較常提到的是荷香：

荷風送香氣（孟浩然〈夏日南亭懷辛大〉卷一五九）

雨裛紅蕖冉冉香（杜甫〈狂夫〉卷二二六）

前池荷香發（李群玉〈湘西寺霽夜〉卷五六八）

露荷香自在（鄭谷〈池上〉卷六七四）

寺院園林種荷應與曼陀羅（蓮）花的佛界象徵意義有關，而整個寺園充盈著荷香正與釋典描述的淨土佛國相似，對於身處其間的僧尼或奉信弟子而言，就如同置身佛國。這是香氣與象徵結合之後產生的境界。在一般私園中種荷，可能也有模擬此境之意，但也可能只是與其他花香一樣。鄭谷以「香自在」來描述露荷，應是具有佛國比擬的用心；而杜甫的冉冉香來自雨裛，可能只是現象的描寫，和一般花香一樣，只是一種悅鼻的氣味：

芳意託幽深（李德裕〈春暮思平泉雜詠二十首・紅桂樹〉卷四七五）

輕香含露潔（李德裕〈同右・芳蓀〉卷四七五）

杏花臨澗水流香（陸龜蒙〈王先輩草堂〉卷六二六）

草香櫂當綺羅茵（徐夤〈新葺茆堂〉卷七〇九）

花香草香皆是悅人的氣味，一旦聞嗅入鼻便是自身與自然間在氣息上的交流，覺得十分怡悅。如第三章第三節所引述，香氣也會在坐久之後浸染了一身襟衣，那似乎是佩帶了芳草的君子，所謂「扈江離與辟芷兮，紉秋蘭以為佩」（《楚辭．離騷》）。香氣一旦變成德性的象徵，在文人生活中就更珍貴可喜。李德裕說其芳之意乃寓託幽深，又用「潔」字形容帶露的香氣，可能有其暗意，和香草君子的傳統相接通。即或僅以香氣本身感受之，也會使人聞之欣悅舒暢，整個環境似乎都瀰漫籠罩在一種芳潔的氛圍裡。儲嗣宗說「香味清機仙府回」（〈和茅山高拾遺憶山中雜題五首．山泉〉卷五九四），雖是指飲時味覺之香，但顯示香之入身，不論經由口或鼻，皆可以清滌人的機慮，使人潔淨清靈、寧靜心緒；那麼香氣應也可使園林加強潔淨清靈與幽靜的境質。總之，香氣的浸染可以由外在物境而爬上人身，也可由呼吸進入人體，園林品質與人體、心靈之間交流陶化的合一境界，在香氣的薰染上是可以得到較具體的印證的。香氣已不僅是環境品質，還更是園林中醉人的情境。

綜觀本節所論，文人對園林品質之追求，約可歸納要點如下：

其一，文人十分注重居住環境的品質，認為園居之經營造設可以反映主人的心志、品格及境界。而且也肯定園居品質對人的涵泳移化，所以每一項園林品質的追求，都與其心靈境界之修行提升的願望有不可分的關係。

其二，文人要求的園林品質之一是寂靜，往往以寂靜的園林與僧院相比，視極靜且有絕世、出離人間傾向者為高。於寂靜中可以放鬆、收心澄慮、修道，以期居者達於虛空、靈明、定慧的境界。

其三，幽邃是唐人特別重視的品質，與寂靜有某種程度的相關。幽，成為典型化的園林讚語，幽居也成好園林的代稱。並期許幽邃的園境來涵泳幽窈深沉的心境與意趣。

其四，在靜與幽的品質追求上，文人一方面卜擇僻遠高深的山林泉谷，使園林在天成的優越條件下具現靜、幽的特質；另方面在城邑者，則以茂密的花木與曲折的布局來營造幽邃之境。前者是自外向內的幽、靜；後者則為內部景境之幽、靜。

其五，潔淨、清靈也是重要的園林品質，通常藉由水景、花木及通透性空間布局來造就這些品質。它們能洗滌塵垢，使人在巉峭清絕之中清醒警覺，也使園居成為一個杜絕俗世煩塵的淨地。其次如自然、簡樸、古拙等特質也是文人重視的，並藉此反映自己安貧固窮而樂道近道的生活意志。

其六，寂靜、幽邃、潔淨、清靈或自然、古樸等品質之間有其同存俱在、相扣相連的關係。彼此之間有其微妙差異，解析論之以別各品質之特色；但在具體園林的呈現中，各質又綜合結綰為一個境界，一個不同於俗世的淨地樂土。

其七，聲音與香氣也深深影響著園林境質。聲音通常以對比襯托的方式來凸顯其背後整個園林的靜寂沉默，加上文人種種不可見的聯想空間，聲音遂也帶給園林幽邃的質感。香氣則以其悅鼻且可流入人體的特性，帶給園林馨寧甜美的喜氣，加上傳統意涵的聯想，遂也使園林產生潔淨清靈的超絕氣質。無論如何，唐代文人追求的園林品質，其最終之目的，是要經營凝聚為超絕於俗世之外的淨地樂園的境界。

第二節 生活態度的涵泳

園林品質是客觀物境，其存在是獨立的，不因人的存在與否、感與不感而存滅增減。可是作為生活環境，園林品質影響著生活品質和境界；而生活品質與境界又與生活者的態度有重大的關係。首先，生活者須對其環境有所喜愛，才能真正見到環境之內在種種佳妙。其次，他還應在自我性情和生活意趣上與環境品質有所呼應，使物境之趣與人格意趣彼此互映，在主客和諧融一的基礎上，才有境界產生的可能。在諸多生活態度中，文人尤其強調興致，隨興才能當機，當機則一切顯得順遂美妙。本節即擬由文人對自然的喜愛與回應、相應於園林品質的態度、隨興當機與閒放的趣味三方面論之。

一、對自然的喜愛與回應

園林是個小自然，不論是自然山水園或城市園林，都以表現自然、再現自然為大原則。因此，生活於其間的人必須先喜愛它、喜愛自然山水，才可能進一步產生境界。這是最基本的態度：

宦游非吏隱，心事好幽偏。考室先依地，為農且用天。（宋之問〈藍田山莊〉卷五二）

適知幽遁趣，已覺煩慮屏。更愛雲林間，吾將臥南潁。（楊浚〈題武陵草堂〉卷一二〇）

我愛陶家趣，園林無俗情。（孟浩然〈李氏園林臥疾〉卷一六〇）

居然綰章紱，受性本幽獨。平生憩息地，必種數竿竹。（杜甫〈客堂〉卷二二一）

看書愛幽寂，結宇青冥間。（長孫佐輔〈山居〉卷四六九）

愛與知具有互為因果的連鎖關係：感知了園林的幽趣和超俗，會滋生喜愛的情意；愛而樂於朝夕相處，便能更加深刻地感知其美好。或者說，喜愛是個動力，促使人去創造園林，選擇、接近園居；倘若只是跟隨時尚，附庸風雅一番，缺乏真心的喜愛，恐怕將難耐園林生活的幽寂清絕。當然，此處文人說自己好幽僻、愛雲林、生性幽獨、愛幽寂等是否真實，不易確知，但即或是格套之語，也反應在當時愛幽寂的性情是倍受肯定的，是園居者公認的基本態度。這是對園林幽寂品質的喜愛，更基本的還是對山水自然的喜愛：

> 雨後退朝貪種樹，申時出省趁看山。（劉禹錫〈題王郎中宣義里新居〉卷三五九）
>
> 平生無所好，見此心依然。如獲終老地，忽乎不知還。（白居易〈香鑪峰下新置草堂即事詠懷題於石上〉卷四三〇）
>
> 我有愛山心，如飢復如渴。（李德裕〈懷山居邀松陽子同作〉卷四七五）
>
> 從來愛物多成癖，辛苦移家為竹林。（李涉〈葺夷陵幽居〉卷四七七）
>
> 自然還往裏，多是愛煙霞。（賈島〈郊居即事〉卷五七三）

李德裕奔馳於政途官場，三十年不復至平泉莊，因此他說自己有如飢如渴的愛山心，難免令人懷疑；但是由一個人的選擇去判定其好惡也未必真切，尤其在兩難之時。選擇出仕自有其治世的理想或現實生活的需求，與熱愛山水的心不必互相排斥，但見其思懷憶念平泉莊詩作之多，及其記憶中對平泉莊一草一石的細部描寫，便可知其愛山心之真實；所以劉禹錫寫王郎中在退朝出省的同時也可滿足愛山愛樹的情思。有了這種喜愛山水自然的情意，遂會用心去經營，像白居易來到令他忽乎不知返的廬山香鑪峰，便「架巖結茅宇，斲壑開茶園」；李涉也願意為了竹林而辛苦移家；杜甫則因為「嗜酒愛風竹」而「卜居必林泉」（〈寄題江外草堂〉卷二二〇）。一旦能嗜愛自然，便會視「林泉風月是家資」（白居易〈吾廬〉卷四四六）而珍惜眷顧園林的一切，當作與自己切身相關的生命看待，難怪在不得已須別離時，總流露出依依不捨的情意。

文人喜愛自然的態度，也表現在動物的對待上，如：

性本愛魚鳥，未能返巖谿。（岑參〈虢州郡齋南池幽興因與閻二侍御道別〉卷一九八）

閑門留野鹿，分食養山鷄。（王建〈山居〉卷二九九）

兒童不許驚幽鳥（皮日休〈秋晚訪李處士所居〉卷六一三）

年來養鷗鷺，夢不去江湖。（李中〈題徐五教池亭〉卷七五〇）

也許飼養照護魚鳥雞鹿有其經濟效益上的實利，但在生活上，恐怕文人對他們的情愫尚有美感、情趣及象徵深義等不同層次，而其中也不乏對自然生命的慈憫大愛。像兒童不准人驚動幽棲的鳥，便是出自一種憐愛的純真摯情。在人的愛護之下，動物通常也有其靈性可以體會出這分善意，而樂意接近人，所以詩文中，文人也喜愛以動物的親近來顯示園居者的愛善真心：

興幽魚鳥通（岑參〈自潘陵尖還少室居止秋夕憑眺〉卷一九八）

葦橋雙鶴赴，收果眾猿隨。（盧綸〈和太常李主簿秋中山下別墅即事〉卷二七七）

釣下魚初食，船移鴨暫喧。（李郢〈園居〉卷五九〇）

試攀簷果猿先見，纔把漁竿鶴即來。（杜荀鶴〈和友人見題山居水閣八韻〉卷六九二）

無機終日狎沙鷗（李中〈思九江舊居三首之三〉卷七四七）

園居者的態度與心意，動物也能感受得到而有所通應，所以文人們往往描述魚鳥猿鹿的親近，似乎時時出沒在文人生活之中。當然，果實和漁釣可能是個吸引的力量，但若非主人和氣慈善、純真無機，牠們是不可能如此自在、無所顧忌地跟隨圍繞的。第二章第二節論及杜甫浣花草堂時，引述很多杜甫與魚鳥相親的詩文，那是文人和善而與動物相諧的典型例子。相對地，動物也能帶給文人諸多感受和染化，如李群玉的

〈池州封員外郡齋雙鶴丹頂霜翎仙態浮曠罷政之日因成此章〉詩吟道：「瀟灑二白鶴，對之高興清」（卷五六九），便是動物生命氣質上的特色，帶給文人心靈的清明靈潔，這是人與動物之間的交流與回應。於此，文人一方面以愛物的誠摯態度接收到動物的信任及答報，另方面因親近、了解與相互促進而更增添情誼。這「情往似贈，興來如答」（《文心雕龍．物色》）的交流感應，是文人園林生活境界的一個表現。而一切的自然景物在文人們欣愛的情意感染下，為生活的境界之提升提供了許多可能性，因此喜愛自然，是文人提高生活境界的一個基本的態度。

二、回應於園林品質的生活態度

文人追求生活境界，往往先在自我態度上涵泳，期使自己的生活情態能與生活環境同品質同情調，所以詩文裡我們往往可以看到文人所強調的生活態度與園林品質的追求有契合共通之處甚多。例如他們要求園林具有「自然」的品質，而自己也必須與之相應，故而白居易〈松齋自題〉說「持此將過日，自然多晏如」（卷四二八），以自然的態度生活，不必經營什麼，故能「昏昏復默默」，可以坦蕩安然。正如「天何言哉」的四時運行流轉，生化萬物卻自然而輕易安坦。韋述〈春日山莊〉說「自然成野趣，都使俗情忘」（卷一〇八），感知山莊中各種樸素天成的風光所含富的野趣，都是自然而然地浸淫其內，而非用機營構，這是園林自然樸野品質感染於人，人遂也自然地回應。在自然的原則下，文人也期許自己能有純樸簡素的生活態度：

事簡慮絕牽（韋應物〈曉至園中憶諸弟崔都水〉卷一九一）
事簡見心源（權德輿〈暮春閒居示同志〉卷三二〇）
人樸情慮肅（孟郊〈藍溪元居士草堂〉卷三七六）

> 巧未能勝拙，忙應不及閒。（白居易〈宿竹閣〉卷四四三）

事，以人的行為為基本；事簡，也即人的行止及與人的關連單純，沒有巧佞的人際酬酢與複雜的牽扯，沒有繁冗的思慮或心機。這樣的樸素生活，可以使人截斷眾多的紛擾，杜絕外務的牽引，故而情慮淨肅凝斂，而易於照見本心。在此，文人能自得其樂，所謂「三逕春自足，一瓢歡有餘」（盧綸〈同柳侍郎題侯釗侍郎新昌里〉卷二七七），這樣簡樸的生活情態所得到的歡喜，其實是一種安心，一種自得，一種掌握本源，回家的感覺，十分舒適自在。為了強化樸素的生活態度，文人有時也以「野」質來表現：

> 谷口逃名客，歸來遂野心。（錢起〈歲暇題茅茨〉卷二三七）
>
> 野性愛栽植（白居易〈東溪種柳〉卷四三四）
>
> 獨作野人居（楊發〈小園秋興〉卷五一七）
>
> 野情終日不離山（杜荀鶴〈題汪明府山居〉卷六九二）
>
> 亭虛野興迴（李建勳〈中書相公谿亭閒宴依韻〉卷七五二）

野，是質直而無所曲婉無所修飾，是比較原始的自然，也是真摯的表現，所以也就具有樸拙簡素的情趣和興味。質直則直來直往，通常比較不夠潤澤滑圓，因此野質並不適於與人的長期對待；但是在與自然相處時，以樸質對樸質卻是一種和諧。因而園林山水便成了人們順遂野心野性的園地，文人也從中時時撩起野興，體會並且享受野情野趣。

較諸樸素、野質的生活態度，更被典型化的是文人們的疏狂：

> 我生性放誕，雅欲逃自然。嗜酒愛風竹，卜居必林泉。（杜甫〈寄題江外草堂〉卷二二〇）
>
> 新溼頭巾不復篸，相看醉倒臥藜牀。（韓翃〈張山人草堂會王方士〉卷二四三）

身老無修飾，頭巾用白紗。（于鵠〈過張老園林〉卷三一〇）
支頤散華髮，敧枕曝靈藥。（權德輿〈奉和李大夫題鄭評事江樓〉卷三二二）
毛女峰當戶，日高頭未梳。（賈島〈送唐環歸敷水莊〉卷五七二）

無所修飾的裝扮，固然是野質的表現。但是嚴格地說，散髮不梳、濫醉橫臥是不合於禮的行為，所以文人特地吟詠描述此態，是為了強調其不受禮法約束規制的放曠，也是心靈獲得絕對自由的表示。雖然其疏狂放誕的行為之真實性與程度尚待斟酌，但可信這也是文人對園林生活的嚮往之一。杜甫草堂詩儘也有其悲愁傷懷之作，但表現放蕩不羈的詩句卻也時有所見，除上引詩之外，如「百年渾得醉，一月不梳頭」（〈屏跡三首之二〉卷二二七）、「尋常絕醉困，臥此片時醒」（〈高柟〉卷二二六），這並非是杜甫附庸風雅的格套語，但看嚴武〈寄題杜二錦江野亭〉所描述的「漫向江頭把釣竿，懶眠沙草愛風湍」（卷二六一），便可知杜甫園林生活確有閒放疏懶的一面。不過，杜甫畢竟有其節制限度，平時「疏快頗宜人」，但一遇逢「有客過茅宇」還是會「呼兒正葛巾」（〈賓至〉卷二二六），對於賓客還是待以應有之禮。大約杜甫草堂期的疏狂，一方面有物色氛圍等烘托染化，一方面卻有現實生活困境的逼迫與自慰，如他在一首〈狂夫〉詩中所述：「厚祿故人書斷絕，恆飢稚子色淒涼。欲填溝壑唯疏放，自笑狂夫老更狂」（卷二二六），疏狂原來是文人面對淒涼飢況的不堪時所發出的自解自嘲。但無論如何，園林中自然生命的形形色色，皆以最原始樸素的生命形態呈現，確有助於人也以輕鬆自由的形態來生活。

應答於園林清淨品質的生活態度是清虛恬淡：

可以超絕紛世，永潔精神矣。（盧鴻一〈嵩山十志・枕煙庭序〉卷一二三）
堯年尚恬泊，鄰里成太古。（錢起〈田園雨後贈鄰人〉卷二三六）
行立與坐臥，中懷澹無營。（白居易〈詠懷〉卷四三〇）

澹然若事外（皎然〈夏日集李司直縱溪齋〉卷八一七）

高淡清虛即是家（貫休〈野居偶作〉卷八三六）

清明潔淨的園林使人耳目清曠爽朗，進而由身體的清朗漸及心靈的清明虛寂，心靈清明則能了然一切而無所逐、無所執；故而澹然無營、澹然事外的態度是清明其心的表現。施肩吾有一首〈山居樂〉云：「鸞鶴每於松下見，笙歌常向坐中聞。手持十節龍頭杖，不指虛空即指雲」（卷四九四），他的快樂便來自於如鶴如雲般的清虛恬淡。一個人之所以能清虛恬淡而得樂，是因為他已通透而已無所待，不假外求才能自主自立，得到真正的清閒和快樂。在此狀況下可以輕鬆而順勢地貼物，進入園林景物中，所以岑參說「心澹水木會」（〈自潘陵尖還少室居止秋夕憑眺〉卷一九八），心靈與物境交會融合，是進入藝術意境的開端。如袁行霈先生所說：「……淡化的態度，淡到極致，就是心空。」❾則恬淡清虛的心境不僅是藝術意境的開端，還是修養的進程。

清虛恬淡是人生境界也是生活態度，落實到現實生活，往往是不染塵情的隱遁態度。這一方面是要遠離人事的干擾與污染，一方面是「識君子安全之義」（盧諭〈彈棊賦〉文卷三六五）的明哲保身之道，再方面則是享受「天下有山山有水，養蒙肥遯正翛然」（陸希聲〈陽羨雜詠十九首・講易臺〉卷六八九）的快樂悠然，而且又能在忘機的修練中休息：

浩然機已息，几杖復何銘。（劉禹錫〈晝居池上亭獨吟〉卷三五七）

於焉已是忘機地，何用將金別買山。（朱慶餘〈歸故園〉卷五一四）

不問人間事，忘機過此生。（溫庭筠〈贈隱者〉卷五八一）

咄！諾！休休休，莫莫莫，伎兩雖多性靈惡，賴是長教閒處著。（司空圖〈題休休亭〉卷六三四）

---

❾ 見袁行霈《中國文學概論》，頁一〇四。

機心忘未得（徐鉉〈自題山亭三首之三〉卷七五五）

機，是經過設計、經營的機關，期使事況的發展能順此機關而納入自己的掌握之中，終而得到預期的結果，這樣的用心是機心。當人能擺落了富貴功名的誘惑及人事的牽引，便不須要使用機心，不必辛苦勞累地經營設計，才可能實現清明恬淡的生活。司空圖因而說休、說莫，是要勸人停止機關的設計布置，那些伎倆只能使人徒然惡化性靈。所以隱遁的生活方式是清虛淡泊的生活境界的一個便利。

相應於寂靜的園林品質，文人也自期心境的寂靜：

翛然靜者事，宛得上皇餘。（錢起〈過王舍人宅〉卷二三八）

近來心更靜，不夢世間遊。（于鵠〈山中自述〉卷三一〇）

靜覺本相厚，動為末所殘。（孟郊〈新卜清羅幽居奉獻陸大夫〉卷三七六）

且處動則倦，理倦莫若靜。處靜則明，惟明以理動。（賈至〈沔州秋興亭記〉文卷三六八）

是知草堂之貴，夫子之靜，天下茫茫，人未易悉。（李翰〈尉遲長史草堂記〉文卷四三〇）

定則能靜，篤定於所選擇的生活方式，安住於沉澱收束的生活，人世的精采燦爛再也不能動亂其心，連做夢也不再徘徊出現於人間，這是真正的翛然自在。從養生的立場來看，動則向外發用，耗損心力，令人疲倦困乏；靜則含蘊於內，保養元氣，所謂「靜中還得保天真」（徐夤〈新葺茆堂〉卷七〇九）。所以，靜，是整個生活向內收束沉澱，也是心神的定靜。在靜斂的生活環境中，可以助益於心靈的定靜，可以含孕更潤厚的生命力。這是環境品質與生活態度相互回應、相得益彰的美善之一。

三、隨興當機與閒放的趣味

在生活態度上，文人還自求能情味盎然。為了使生活富於趣味，文人首先喜愛隨興當機的態度：

興來命旨酒（張九齡〈南山下舊居閒放〉卷四九）

平生為幽興，未惜馬蹄遙。（杜甫〈陪鄭廣文遊何將軍山林十首之一〉卷二二四）

行藏由興不由身（竇鞏〈新營別墅寄家兄〉卷二七一）

興發飲數杯，悶來棋一局。（白居易〈孟夏思渭村舊居寄舍弟〉卷四三三）

依照興致之所趨而行而止，完全不受機械規律的限制，而是生機活潑地隨順興之所至而活動。這樣的生活態度最重要的是要當機，在興致油然而生之初，即能立刻予以回應，掌握契機。因為興致是超乎生活習慣及規律的，不可預知、計畫，它也可能在獲不到應答的時候又迅速消退，故而興致應立即當其機而回應之。順暢其情興，既能高其興（如盧照鄰〈春晚山莊率題二首之二〉的「高興復留人」卷四二）而奕奕揚揚，得到盡其興的痛快與飽滿；又能在隨興之中自由自在地放任自己的感受，而享受到一種雋永的興味：

遂耽水木興（岑參〈緱山西峰草堂作〉卷一九八）

得興謝家深（盧綸〈題李沆林園〉卷二七八）

花木手栽偏有興（劉禹錫〈和樂天南園試小樂〉卷三六〇）

杯盤深有興，吟笑迴忘憂。（李中〈訪徐長史留題水閣〉卷七四七）

算得紅塵裏，誰知此興長。（孟貫〈山中夏日〉卷七五八）

由於隨興，有一種自由靈動的生命在山水花木之間穿梭跳躍，把自然景物也點染得生機活潑盎然。且興致萌生之初，當有最強的動機、動力，故而當機順應其興可使情趣滋味在強力推動下保持長久。也由此文人因而感受到園林處處充滿興味，洋溢情致，而願意耽溺其中久久不厭，享受深邃雋永的趣味。

可是人的興致與景境的韻味之間，又存有相互為動的關係。岑參說「物幽興易愜，事勝趣彌濃」（〈冬夜宿仙遊寺南涼堂呈謙道人〉卷一九八），李中說「森森移得自山莊，植向空庭野興長」（〈竹〉卷七四七），前者便是物境的特質對人的興致有所牽動也有所滿足的表白，而人若以行動（事）去回應那幽勝園景，則能益發得到濃厚的情趣；後者則是自然景物本身已能展現綿長具足的情味，這是引起興致的機。人在感受到景物的情味而生發出興致時，率性之人往往能夠當機而行，使其生活在景與事之上同具興味，這分景事、物我相契的興味使園林生活富於機趣。詩文之中頗多這類景興與事興同在互映的生活趣味：

更道小山宜助賞，呼兒舒簟醉巖芳。（韓翃〈題張逸人園林〉卷二四五）

靜看雲起滅，閒望鳥飛翻。（權德輿〈暮春閒居示同志〉卷三二〇）

臺上看山徐舉酒，潭中見月慢回舟。（劉禹錫〈和思黯憶南莊見示〉卷三六一）

林間掃石安棋局，巖中分泉遞酒杯。（李郢〈錢塘青山題李隱居西齋〉卷五九〇）

藉草醉吟花片落，傍山閒步藥苗香。（杜荀鶴〈和舍弟題書堂〉卷六九二）

字面上看來，韓、劉詩所寫的是景興引起事興，因見小山有助賞之興味，故而興起舒簟飲酒的興致以回應之；餘者是先有興致再發現景物具有的興味。但在隱微處，兩者互引相興的關係卻連環加強著。總之，山峰、雲鳥、潭月、林石巖泉、草花等都有其本具的情味，人又以枕簟藉草的醉態、看望漫遊的閒情興致來增益生活的趣味。這就使景趣和事趣得到結合，得到互展延伸的興味。所以白居易又說「嘯傲頗有趣，窺臨不知疲」（〈新構亭臺示諸弟姪〉卷四二九），李德裕也說「西園最多趣，永日自忘歸」（〈春暮思平泉雜詠二十首・西園〉卷四七五），景趣與事趣的結合，使生活的興味得以綿長，令人不知疲而忘歸。因此，以隨興當機的態度生活於園林中，景趣與事趣乃可得到充分的呈現、延展。

園林生活的情趣另方面還得自園居者的悠閒態度。興致是欣趣之所趨，有其不定的生滅，故多即時突發的高潮，必須當機；悠閒則舒緩平穩，異常寬鬆，沒有興致的緊張感與興奮感。隨興當機的生活態度所產生的趣味帶有一點氣質，悠閒寬緩的生活態度所產生的趣味則比較平夷清寧。悠閒的生活態度文人之注重已可由第四章的第三節可得知。閒逸則寬綽平和，連魚鳥動物也都會與之親近，甚至還會玩笑地逗弄起人來。呂興昌先生說：「在此『閑』情中，宇宙天地、山川草木，格外顯得親切動人，人與自然之間，完全沐浴在一片互相感通的光輝之下。」❿不僅山川草木顯得親切，人自身也是一片和悅，難怪鄭損〈釣閣〉詩會說「身閒樂自深」（卷六六七），這一片和悅喜氣也是文人要在園林裡養閒（參第四章第三節）的原因之一。文人多視園林為養閒佳地，其中微妙的關係在於：人須以輕鬆寬徐的態度，才能充分地感通於自然景物的美好，以涉入一分雋永綿長而又悠遠淡渺的生活趣味中；而人的寬閒情致卻又須藉園林物境和品質的牽觸，加以涵泳蘊生。這又再一度說明園林品質與生活態度之間具有互動的關係，彼此相長相成。

無論是喜愛山水自然的基本態度，或是樸素、自然、野質、清明的相應於園林品質的生活態度，抑或是隨興、寬閒等品味園林情趣的態度，終究都期使生活情緒能變得喜悅快樂。但看有形有意地製造出來的歡樂，便可以知道，樂趣，是幽靜園林中不可缺少的潤澤：

野童扶醉舞，山鳥助酣歌。（孟浩然〈夏日浮舟過陳大水亭〉卷一六〇）

山簡醉來歌一曲，參差笑殺郢中兒。（張謂〈春園家宴〉卷一九七）

白頭老罷舞復歌，杖藜不睡誰能那。（杜甫〈夜歸〉卷二二二）

主人邀盡醉，林鳥助狂言。（獨孤及〈蕭文學山池宴集〉卷二四七）

---

❿ 見呂興昌〈人與自然〉，刊《中國文化新論・文學篇一抒情的境界》，頁一五四。

今朝醉舞同君樂，始信幽人不愛榮。（盧綸〈春日題杜叟山下別業〉卷二七八）

這種狂樂的生活形態，非常露跡露相，但是就在誇張的行徑和自述中，可以領會文人心目中理想的園林生活，該是喜樂歡悅的。雖然酣歌醉舞，也許並不是生活的常態，但文人寫入詩中並加以強化，可以想見他要彰顯的是園居樂。園林生活的歡樂，理想上該是深邃潛流，不是大起大落狂樂歡恣，而是淡淡的綿長：

人魚雖異族，其樂歸於一。（白居易〈詠興五首・池上有小舟〉卷四五二）

夢遊信意寧殊蝶，心樂身閒便是魚。（白居易〈池上閒吟二首之二〉卷四五四）

得意兩不寐，微風生玉琴。（馬戴〈新秋雨霽宿王處士東郊〉卷五五五）

南鄰雨中揭屋笑，酒熟數家來相看。（崔道融〈村墅〉卷七一四）

自羨山間樂，逍遙無倚託。（寒山〈詩三百三首之二六〇〉卷八〇六）

園林生活日常的、綿長的快樂，一方面來自於如魚得水的適性適分，所以白居易以魚樂來自比閒居的怡悅。這一點方干和姚合說得明白：「山中適性情」（〈山中即事〉卷六四九）、「深居遂性情」（〈武功縣中作三十首之二八〉卷四九八），適遂性情的山林幽居，使人能如意自得，無所費力，一切順勢而就，那自然是深深的喜悅。另方面，快樂來自於園居的自給自足，無所依待，無所倚託，亦無所歉缺，於是能夠逍遙自由。那種無入不自得的怡然與不憂不懼的篤定，便是綿長的欣悅喜樂。園林，於他們，便是十足的樂土樂園了。

綜觀本節所論，唐代文人所自許的園林生活態度，約可歸納要點如下：

其一，文人涵泳園林生活態度的目的在於，回應於園林品質景境，與之諧一渾化；並使生活能夠適遂性情、具足無待，享遊在自由逍遙、如魚得水般的欣悅喜樂之中，終而期使園林能成為真正的樂土樂園。

其二，在樂土樂園的追求過程裡，文人首先自求以喜愛的態度來對待園林，才能進一步感知體會園林生活的美好與樂趣。喜愛園林表現為具體行動是依戀珍顧的情意，待之如友，尤其是與園中動物保持著親密無猜的關係。人與自然生命之間「情往似贈，興來如答」的交流，是反映生活境界的一個向度。

其三，回應於園林品質的生活態度，詩文中強調以自然樸素、野質、疏狂來應答於園林的簡樸自然，以致獲得輕鬆、舒適、任真的逍遙之樂。以清虛恬淡、遺世忘機來應答園林的潔淨清靈，以獲得休息收束、靈明空寂的智樂慧境。這是進入藝術道境的開端。

其四，為了使生活富於情趣，文人特別注重涵泳自己隨興當機的態度。在興致生發之時，即能當下順暢其情，高亢其興，並窮盡之，使園林生活洋溢著活潑靈動的機趣與興味。

其五，園林生活的興味與機趣，一方面來自於自然景物本具的情味，一方面又須人能隨興之所至而成就事趣以高其興。在景趣與事趣相結合之下，其生活的興味與情趣便得到延展與加強。

其六，為了生活富於情趣興味，文人還強調涵泳自己悠閒的生活態度，視園林為養閒之佳地，期使人與自然都能呈現和悅親切的面貌，並進而開展出喜樂、狂樂的生活情態，或是淡淡綿長的怡悅。

其七，隨興當機與悠閒的態度，同使園林生活能富於情味。但興致是欣趣之所趨，有其不定的起滅及突生的高潮，必須當機順成；悠閒的趣味則舒緩平穩，寬鬆異常，沒有隨興的緊張度與興奮度。這是兩種不同類型的園居樂。

第三節　契道修德的自期

席德進先生曾說：「中國建築是適應中國人的心靈而存在，滿足精神的要求。」⓫但是在建築適應心靈、滿足精神的同時，還需要人的心靈不斷地涵養修練，才是完整地、日新又新地成就，在互動的情形下，建築物境才能發揮其活的機能。因此，在生活環境的硬體設計與建造之餘，文人更期勉自己的生活在精神上能尊道修德終而冥契至道。當黃長美先生說「庭園是吾人思想與實用的綜合體，亦即是生活哲學的具體表現」⓬時，已經指出園林作為生活的場景，有其哲學及觀念上的支持，但它畢竟還是個客觀存在的物境。而當程兆熊先生說「而一個園的主人，也是藝術品」⓭時，所指就不止是園林設計的用心與表現的心靈世界，還包括主人生活於其中的一言一行所活現的生命境界。中國人在生活境界的追求上，最高的嚮往是冥契至道；而就一個縮模自然宇宙的園林而言，其山水景物正是道的豐富活潑的具現，可以是契悟至道的好時空，這是文人首先承認的。其次，在唐代文人心中的至道是三教兼融的全整、不為天下裂的道，而且強調會通三教最佳的助緣即是山水。因此本節擬由園林為契道的好境緣、三教兼融的修道境界、三教會通宜於山水三方面分論之。

⓫ 見席德進〈臺灣古建築體驗——古屋的意境、中國建築的空間〉，刊《藝術家》七卷一期，頁六九。

⓬ 見黃長美《中國庭園與文人思想》，頁一八。

⓭ 見程兆熊《論中國之庭園》，頁二一。

一、園林為契道的好境緣

唐代文人普遍視園林為修練的勝地，以為於其中生活易於悟道、養道，如：

中歲頗好道，晚家南山陲。（王維〈終南別業〉卷一二六）

道心淡泊對流水（韋應物〈寓居澧上精舍寄于張二舍人〉卷一八七）

棲遲慮益澹，脫略道彌敦。（岑參〈緱山西峰草堂作〉卷一九八）

黃卷在窮巷，歸來生道心。（錢起〈秋園晚沐〉卷二三七）

心源澄道靜，衣葛蘸泉涼。（孟貫〈山中夏日〉卷七五八）

王維追述因中歲好道故而晚年遂定居終南山邊，將兩事接續著道出，實因好道是其隱居終南別業的動力，而定居終南別業則是好道的實踐；可見園林正是他履道踐道之所在。韋應物以淡泊之道心面對流水，暗示面對流水清景者自然而然能淡泊其心而生道成道，故錢起晚沐歸園即能由而生出道心。孟貫在山居生活裡靜其心而明澄其道，岑參也肯定地說他的草堂生活的心得是「道彌敦」。他們一致認為園林生活可以植養道。從詩文中顯現的這種體道生活似乎是文人親身的經驗，且體會、體悟本乃得失寸心知之自家事，可是有時文人也以體道作為對他人園林生活的讚賞：

閒眠知道在，高步會時來。（李頻〈留題姚氏山齋〉卷五八九）

業在有山處，道成無事中。（唐求〈題鄭處士隱居〉卷七二四）

竹蔭庭除蘚色濃，道心安逸寂寥中。（李中〈留題胡參卿秀才幽居〉卷七五〇）

湖近草侵庭，秋來道興生。（鄭巢〈題崔中丞北齋〉卷五〇四）

閒眠而知道、道心安逸、道成或道興生應是主人自己最明白的，文人用這些詩句來稱讚主人園居的成就，不管是否抽象籠統或虛幻不實，似乎終隔一層；但這正表示他們的確以修道行道為園林生活的重要境界。一個有道行的園主，他的園林必然是道勝之地，所以方干〈陸處士別業〉說「問道遠相訪，無人覺路長」（卷六四九），那陸處士應是道高之人，他們問道的對象固然是陸處士，然而陸處士生活所在的別業景物卻也無一不滿含著待人悟覺的道。就像孟郊在〈遊韋七洞庭別業〉時所感受到的「道勝不知疲，冥搜自無斁」（卷三七五），洞庭別業所富涵的勝道，使遊者終不知疲。莊子說「（道）無所不在……無乎逃物，至道若是」（《莊子・知北遊》），那麼任何一個地方都該是體道的處所，但是在人文社會裡，失道而為人文造作的種種規則束縛與花彩，相形比較之下，大自然裡，道未被裂而保有其本全，故為道勝之地。人居於其中，也就易於悟道。面對大自然各種生機活潑的生命，擺脫人文社會的約制粉飾，人漸漸趨近於物本物情，道心油然而生；並非抽象推理而得的概念之道。所以貫休又於其〈野居偶作〉詩中說：「無心於道道自得」（卷八三六），得道的過程若是矯然推知強解，得道的本身即不合於道，要在無心之中自然輳合的得道過程才是合於道的。所以園林生活是自然得道的佳機，居於其中便有道機，所以張九齡在〈驪山下逍遙公舊居游集〉樂觀地說：「往事誠已矣，道存猶可追」（卷四七）。

從園林的造設到園林生活的內容，乃至於園林品質、生活態度的追求，其實也都儘有其契道修道的用心在其中。如在花木的栽植方面，其第三級象徵之美，文人每每引為惕勵。如白居易〈養竹記〉所論：「竹似賢。何哉？竹本固……」（文卷六七六）又如賈島〈題岸上人郡內閒居〉的「手種一株松，貞心與師儔」（卷五七一），在比德的傳統下，園林栽植的花木便可以是悟道契道的觸發。雖然契道的重點存乎心源，但是外在境緣的觀照卻是很好的機，所以廣植於唐代園林中的竹和松以及其他背負象徵和歷史意義的花木，都成了生活當中體道的契機。再如布局設計，講求因順自然形勢的原則，其實也有其悟道行道的用心，深合於老子「道法自然」（《道德經・二十五章》）的奧旨。

在生活內容方面，彈琴既是獨處時的抒發與慰藉，也是與知音同賞共鳴的心意交會。更重要的是，文人視其為修行體道的歷程，除了第四章第五節所論聽琴彈琴可以清明其心，進而會盡其心，柳識〈琴會記〉說得更直接：「同名為樂，獨偶聖賢；是宜稱德，切近於道」（文卷三七七），仲子陵也說：「大白若辱，有以見至道之源；小扣必鳴，有以招儒者之度」（〈五色琴絃賦〉文卷五一五），他們烺烺地肯定彈琴聽琴，是切近於道，是有以見道之源。道可由琴樂來契悟，其歷程大約是，琴音最基本的功能在於「反百慮於一致」（梁肅〈觀石山人彈琴序〉文卷五一八），一個專注聆賞琴音的人，能放下紛雜思慮；其次琴音疏越樸拙的特質能使人進一步澄靜下來，柳識遂說它「獨能致靜」；靜則使人能沉澱而「清泠」、「恬澹」（白居易〈清夜琴興〉卷四二八），而以虛寂之心觀照萬物。劉翔飛先生說：「唐人也頗能體會這種『默會琴心微』的境界，他們屢屢提到琴音能滌盪俗慮，甚至有助於解脫開悟。」⑭滌盪俗慮是悟道的一個端始。張玉柱先生也說：「中國的古樂，因受道德觀念及哲學思想的影響，所以多講求『淡』、『雅』、『靜』，在予人精神上之陶冶、涵養。」⑮疏淡的琴樂特色可以滌盪人耳，清明人心，所以虛淡澄靜的精神狀態與素樸卻豐富的音樂相偶，便可照見天地心，而有以見至道之源。園林是個小自然，在這和諧的自然裡，一進入以描寫人自然景物為主的琴音世界，更能助人體會到天地共感一氣的大和之美，以及萬物並生、天地一氣的至道。

文人也頗以飲酒為體道的進路，如皮日休〈酒中十詠〉序文所描述的境界：「余飲至酣，徒以為融肌柔神，消沮迷喪。頹然無思，以天地大順為隄封；傲然不持，以洪荒至化為爵賞。抑無懷氏之民乎？」（卷六一一）便是渾然未分的全、真狀態，那是尚未被理智「裂」而「原於一」（《莊子・天下》）的道境。飲酒而臻於道境，便是一趟體道、契道之旅。喝茶亦然，第四章第二節引述了很多詩文以證明茶可以滌塵去汙，潔淨人心，提神醒腦，故而是談議的佐品。皎然〈飲茶歌誚崔石使君〉說得更明白：「一飲滌昏寐，情來

⑭ 見劉翔飛《唐人隱逸風氣及其影響》，頁六七。
⑮ 見張玉柱《中國音樂哲學》，頁二〇。

爽朗滿天地。再飲清我神，忽如飛雨灑輕塵。三飲便得道，何須苦心破煩惱。」（卷八二一）同是飲，同可得道，但酒與茶仍有其差異；酒是由渾然不分的原一而保其全真，是契道；茶則是由清明靈覺、此心了了而觀照天地，是識道。雖然徑路不同，形態有別，但同樣是文人體道得道的進程。

其他的園林生活如讀書，無論是儒經、釋典或道卷，其最終目的仍在助人體道，只不過這是以理推究的方式，是知道。至於閒行、獨坐或高臥等悠遊的生活，則是在開放舒朗的心境下觀物、神遊，也是逍遙化境的善端。

在園林品質的追求上，寂靜、幽邃及潔淨、簡樸的物境也都有益於體道行道。所謂「境寂塵妄滅」（韋應物〈同元錫題瑯琊寺〉卷一九二），所謂「偶得幽閒境，遂忘塵俗心」（白居易〈玩新庭樹因詠所懷〉卷四三二），所謂「境淨萬象真，寄目皆有益」（皎然〈苕溪草堂自大曆三年夏……〉卷八一六）或「事簡見心源」（權德輿〈暮春閒居示同志〉卷三二〇），都是使人收束起向外追逐的心，澡雪其精神，使其在定靜靈明之中，如明鏡般照見天地萬物，照見本心與至道。

凡此，如造園理念及原則，或園林品質，是文人們契悟至道及修行踐履的助力，而種種園林生活的內容則是悟道入道的一個門徑。它們同時都幫助生活於其內的人能明覺本心，故而園林正是契道的好境緣。

二、三教兼融的修道境界

道，因各家學說的重點不同而各有側重的內涵。在一般觀念裡，退居園林——尤其是山林隱逸之士，其生活思想應受道家老莊的影響。可是在唐代這個兼融各派思想、廣會各方文化的時代，文人也寬容大度地並蓄各家學於一身。分別地說，對於一個尊重傳統、重視倫理道德的民族而言，儒家思想一直都深植人心——從最初學習識字讀書即開始。所以在文人行道契道的生活理想中，儒家思想仍有其一定的影響，至少文人仍舊以儒者自居。楊衡〈經趙處士居〉稱趙處士乃「雲居避世客，髮白習儒經」（卷四六五），避世之處士，到老仍然研習儒家經典，其意應不在治世，當是誠正修齊的自我鍛鍊。又如杜荀鶴〈書齋即事〉自勉道：「時清祇合力為儒，不可家貧與善疏」（卷六九二），儒，可能單純地指讀書人，但是以「善」為努力趨近的目標，力求行善可能指向道德實踐，比較傾於儒家學說的重心。

儒家思想似乎是入世的、治人的，與自我向內收束的園林生活情態看似遙隔；可是文人在園林生活者仍有其貼近儒家思想的部分，那就是對個人修養的注重，他們每以仁智的德行來肯定園林生活者的個人修養：

> 自非仁智符天賞，安能日月共回光。（張說〈奉和聖製幸韋嗣立山莊應制〉卷八九）
>
> 靈仙境兮仁智歸（盧鴻一〈嵩山十志・滌煩磯〉卷一二三）
>
> 雖抱山水癖，敢希仁智居。（李德裕〈憶平泉山居贈沈吏部一首〉卷四七五）
>
> 逍遙仁智之境，放曠道德之區。（許敬宗〈掖庭山賦應詔〉文卷一五一）
>
> 簡近於智，儉近於仁，仁智居之，何陋之有？（賈至〈沔州秋興亭記〉文卷三六八）

以仁智來表示園居者的德行，是對主人的稱頌，所以李德裕謙稱自己不敢希企；其中也有應酬格套，卻也由此反映出儒家某些思想對文人園林生活觀的正面影響。《論語・雍也》載說「知者樂水，仁者樂山」，仁厚之人對於厚重不遷、篤定沉靜的山峰特別有所感，有一分契合之情，故而喜愛接近山林。智捷之人對於靈活流動、清盈變化的水特別有所感，有一分激賞之情，故而喜愛接近水澤。相對而言，長居山林水澤的人，也會因為山水氣質的濡染，相感通相激盪而漸皐仁智之德。因此，選擇園林生活既是主人具有仁智的反映，又可以陶養厚植居其內的人也更加仁智，使山水與人同時發出仁智的光輝。

賈至以園林造設的簡單樸儉乃主人智與仁的體現，這就使文人所重視的園林樸素自然、古拙樸實的品質也與德行連結起來。正如盧鴻一〈嵩山十志・草堂〉序所強調的「昭簡易，叶乾坤之德」（卷一二三），以為簡易樸素的園林品質和生活態度是符於自然之道的，也就是道德的實踐。所以文人會以安貧固窮來評述自己的園林並深以為樂。像王維「一瓢顏回陋巷，五柳先生對門」（〈田園樂七首之五〉卷一二八），又如「一瓢歡有餘」（盧綸〈同柳侍郎題侯釗侍郎新昌里〉卷二七七），遂直接以顏淵的守道安貧為喻。所以在德性的修養上，文人的園林生活還是奉儒家某些思想主張為圭臬準則，以此自許能守道全道。

隱逸形態的園林生活，從堅持操守不與濁垢同流合污的意義上看，也有其儒家思想的基礎。白居易〈秋日與張賓客舒著作同遊龍門醉中狂歌凡二百三十八字〉說：「丈夫一生有二志，兼濟獨善難得并。不能救療生民病，即須先濯塵土纓。」（卷四五二）兩種心志正是兩個相對的路向，一般說來，兩個背向而行的選擇正如魚與熊掌般是不能兼得的。通常，士人的第一個志願是兼濟，可是當各種形勢迫使人不得救療民病時，就要退而求其次，以隱遁來保住高潔的操守。這幾句詩正是孟子「窮則獨善其身，達則兼善天下」（《孟子・盡心》）學說經過白居易親身體驗後的再一次宣告，也是證言。它同時是孔子「邦有道則仕，邦無道則可卷而懷之」（《論語・衛靈公》）的注腳，孔子對於長沮、桀溺等隱者一直有其尊重的心意在，所以當耿湋〈東郊別業〉說「思齊沮溺賢」（卷二六八）的時候，似乎有藉孔儒來肯定隱逸的意識。從價值意義看，隱者自有其潔身自愛、守道從終的道德性，在清流、教化的貢獻上，值得肯定讚揚。然而，大唐難道也是無道的時代、無道之邦嗎？有道無道，可以有歷史發展的客觀判斷，卻也可以有個人遇值的主觀認定。如何的太平盛世，總有其錯綜複雜的人事糾紛與權力傾軋，受到排擠算計的人，不免會感歎人世的黑暗濁穢（得勢者則愉悅地歌頌聖德及太平）；生性潔淨恬淡者即或未遭迫害，也會無言於人事的翻覆無常。所以幾乎每個時代總有或多或少、或聞名或不為人知的隱逸之士。這是人世與人事的艱難，人與人在絕對獨立的生命個體之間應然有的限制。唐代的隱逸雖有時代風尚的隨流，但應也有這種囿於或悟於人世艱難的潔身之士。

再者，孔子曾讚許曾點的志願：「暮春者，春服既成，冠者五六人，童子六七人，浴乎沂，風乎舞雩，詠而歸。」(《論語・先進》)那是對於沐浴大自然、受東風薰化的一分嚮往之情。人之於大自然就如人子之於人母，因生命根源於斯，養分吸收於斯，遂也產生感情的依傍。於是見到春景欣榮，生機盎然，萬物各得其所，也會自然地油生忻悅歡娛之情，樂於浸淫在這分活潑和諧且充滿希望的喜氣中。這大約是人類共有的情懷。作為一個平凡而真實的人，孔子也有類似的感興和願望。所以園林生活的選擇，在回歸人類生命根源的意義上，不好只是獨歸於道家思想的影響。當然，從各家學說的重點來論，儒家的精采在道德修養實踐的強調，而比較不在情懷的抒發和境界之美感的追求。而道德實踐在仁智樂山水、固窮安貧以及高蹈以全道等方面，文人的園林生活確實是深奉為理想境地而努力涵養修持的。

修行佛家之道也是一部分唐代文人園林生活的自我期許，如：

> 片石孤峰窺色相，清池皓月照禪心。(李頎〈題璿公山池〉卷一三四)
>
> 唯有無生三昧觀，榮枯一照兩成空。(白居易〈廬山草堂夜雨獨宿寄牛二李七庾三十二員外〉卷四四〇)
>
> 光陰難駐跡如客，寒暑不驚心似僧。(許渾〈南亭夜坐貽開元禪定二道者〉卷五三三)
>
> 數有僧來宿，應緣靜好禪。(劉得仁〈初夏題段郎中修竹里南園〉卷五四四)
>
> 任運遯林泉，棲遲觀自在。(寒山〈詩三百三首之一六三〉卷八〇六)

片石孤峰、清池皓月，都足以成為觀照的對象，從中了悟，照見五蘊皆空，照見本心自性。或者也藉園林幽靜清明的環境以修禪定、止觀，如韓偓稱其南亭：「每日在南亭，南亭似僧院。人語靜先聞，鳥啼深不見」(〈南亭〉卷六八一)，靜到像僧院，可見園林靜寂的品質正適合師僧修行。雖然杜荀鶴說「安禪不必須山水，滅得心中火自涼」(〈夏日題悟空上人院〉卷六九三)，但這樣的強調正好顯示當時一般人有以山水為安禪善地的傾向。

若依王熙元先生的解釋：「梵文『禪那』(dhyāna) 的原意，是指一種精神的集中，一種有層次的冥想；而中國佛教禪宗祖師們所理解的『禪』，是指對本體的一種頓悟，或指對自性的一種參證。故寂靜恆定之心，謂之『禪心』。」[16]寂靜恆定之心自須寂靜的環境助成，園林山水在這個基本條件上可以提供無虞。王熙元先生又說：「(寒山) 詩中常以『寒山』、『冷月』、『清泉』等象徵本體的空明不染，有深永的禪理禪趣。」[17]寒山、冷月、清泉等也正是山水林園常有的景色，這些雋永的自然景物自身即富含禪味，對於參禪者亦有莫大的映悟作用。難怪佛寺往往喜建於山林之中，而僧侶如寒山、皎然、貫休諸人也有其私人的園院，如皎然有〈湖南草堂讀書招李少府〉詩自云「削去僧家事，南池便隱居」(卷八二一)，這些僧人自家的私園，應也是他們修行做功課的好道場。白居易尤其在詩文中每以習禪修佛為他園林生活境界的一種表現，如「除卻青衫在，其餘便是僧」(〈山居〉卷四三九)、「眼前無俗物，身外即僧居」(〈仲夏齋居偶題八韻寄微之及崔湖州〉卷四七七)、「每夜坐禪觀水月……身不出家心出家」(〈早服雲母散〉卷四五四)，這些都是發為言表的園林生活修行境地，明白地表述自己心靈的超越出離，得到超然無礙的大自在。但是王維卻不似白居易那般淺明率直地將自己表述窮盡，如袁行霈先生所說：「王維本人信仰禪宗，禪的意味融化在他的生活裡、思想裡，寫詩時雖未必有意參禪，但禪機往往自然流露，臻於化境。禪宗以無念為宗，對人生採取淡化的態度，淡到極致，就是心空，心空則無欲、無執、不生、不死、大休、大息，進而達到圓寂。」[18]禪機禪味既自然地流露於他的詩章，應也自然地流露貫注在他的生活之內，終南山居輞川別業便是他修禪學佛的道場，於此，他冥契至道的生活已臻於至高化境。

唐代文人奉道者十分普遍，但是道家思想與仙道追求的界線並未明顯劃分，往往同時企盼成仙，又能

[16] 見王熙元《古典文學散論》，頁一五九。
[17] 同[16]，頁一六四。
[18] 同[9]，頁一〇四。

達到老莊逍遙自由、入於不生不死的心靈境界。當他們說「掃靜真同道者廬」（徐夤〈茆亭〉卷七〇九）、「將近道齋先衣褐」（皮日休〈寒日書齋即事三首之一〉卷六一四）、「看君多道氣，從此數追隨」（杜甫〈過南鄰朱山人水亭〉卷二二六）時，可能同指仙道與老莊之道。不過，作為生活境界的追求，文人比較強調道家式冥契至道的心靈修養進境；作為無憂無擾的快樂園地，文人則較傾心於道教如仙般的園林仙境。

在心靈境界的修養方面，常見文人於園林中深有體悟的是齊物思想：

> 道勝物能齊（韋夏卿〈和丘員外題湛長史舊居〉卷二七二）
> 心源齊彼是，人境勝巖巒。（權德輿〈奉和李大夫題鄭評事江樓〉卷三二二）
> 是非愛惡銷停盡（白居易〈閒居〉卷四六〇）
> 還將齊物論，終歲自安排。（張祜〈題曾氏園林〉卷五一〇）
> 齊天地於一指，混飛沉於一貫。（王勃〈秋日楚州郝司戶宅餞崔使君序〉文卷一八一）

能夠齊物實是道勝所自然呈現的無限遼敻的心境，所以要終歲以齊物論來安頓自己。這種平物我、平天地而與我為一的境界，使整個園林予人一種廣大深邃、和諧又無窮的宇宙感與一體感。此時不僅是非愛惡銷停盡，而且心靈可以得到虛寂靈明而又恬和悅樂的清暢，而觀見萬物原有的姿態及其本具的美感。如徐復觀先生所說：「凡在《莊子》一書中所提到的自然事物，都是人格化、有情化，以呈顯出某種新地意味的事物。而順著這種新地意味的自身，體味下去，都是深、遠、玄；都是當下通向無限；用《莊子》的名詞說，每一事物的自身都可以看出即是『道』。」⑲齊物思想使萬物恢復自由，呈現其本然，恢復其本具的道，每一事物皆以生命待之。於此，人也因而從是非愛惡的判別中得到解脫，得到自由，進而逍遙於一片山水自然之間，而栩栩然物化。徐復觀先生又說：「莊子的『物化』之物，必須是不在人間污穢之中的物。

⑲ 見徐復觀〈中國藝術精神主體之呈現〉，刊《中國藝術精神》，頁一〇八。

假定是在污穢之中的物，則當其物化時，『化』的本身，同時即是洗滌污穢的力量。所以物化的物，必是純淨化了以後之物。對於不能洗滌乾淨的人間污穢，有如政治及與政治相關連的物，莊子只有摒除於物化之外，而寧願『曳尾於泥中』。因此，莊子的物化，於不知不覺之中，便落到人間以外的自然之物上面去了。」⑳園林生活在唐代文人看來，是人間以外的淨地，正是物化逍遙的佳境，所以文人往往也以齊物逍遙的道勝境界為園林生活修養修練的成就。

齊物思想貫注於生活實踐中，所呈現的境界形態是忘化：

> 榮吝始都喪，幽人遂貞吉。（陳子昂〈秋園臥病呈暉上人〉卷八三）
>
> 但樂多幽意，寧知有毀譽。（張九齡〈南山下舊居閒放〉卷四九）
>
> 出處之情一致，筌蹄之義兩忘。（王勃〈夏日宴張二林亭序〉文卷一八一）
>
> 遺形骸於得喪之機，心照神交，混榮辱於是非之境……心冥寵辱，推富貴於皇天；事一窮通，任運隨於大命。（楊炯〈晦日藥園詩序〉文卷一九一）
>
> 得喪雙遣，巢由與許史同歸；寵辱兩存，廊廟與山林齊致。（駱賓王〈秋日於益州李長史宅宴序〉文卷一九九）

忘，是泯化分別的表現；分別即是以某種標準做可驗證可推理可解析的判辨，是清楚不忘的。當人與外物達於混然一體的時候，自然一切分別都會消泯無蹤。面對山林自然、置身在各自具足不假追逐的山水景物時，一切的人為造作也會自然地遺忘，人得以保有最本然最鬆動的狀態，達到莊子心齋坐忘的意境。「達到心齋、坐忘的歷程，主要是通過兩條路。一是消解由生理而來的欲望，使欲望不給心以奴役，於是心便從欲望的要挾中解放出來……另一條路是與物相接時，不讓心對物作知識的活動……於是心便從知識無窮地

⑳ 同⑲，頁一一三。

追逐中，得到解放，而增加精神的自由。」㉑後一條路即是齊物的修養；前一條消解欲望之路，在前節文人園林生活的態度裡，我們看到恬淡清淨、樸素簡易、忘機息慮的澡雪特性，都是這條路的基本工夫。有了這基本工夫，可以漸臻心齋坐忘的意境，而與天地萬物達於心交神會的冥契和諧。

至於道教追求長生成仙的目標，在園林生活中比較是仙境樂土的自比，而非冥道境界的修養，留待下章再論。

三、三教會通宜於自然山水

《莊子・天下》曾感慨於「道術將為天下裂」，各家各派的學說，從某個角度、立場，從其關切的面向來探討生命，以求成就理想的人生，切合於道。然而他們都各受到一隅之見的限制，遂使道被分裂而散落人間。真正的至道應該是「原於一」的整全，一個真正徹悟於道的人，應會明白各家的立場和位置，知道其通於道的進路。既通於道，則各進路應能以道為樞紐而會通，當一個人契悟它們在最終極究竟原來可以互相通貫時，各家思想學說很自然地便能融通統一在這個具體完整的生命中，互不矛盾。當人面對人文社會種種智性的概念或知識所經緯出來的世界時，其強烈的分辨性、審判性容易使人據於一而失其全；面對山水自然時，心胸襟懷開展延伸到宇宙穹蒼，感受到的是超越的、宏肆而無端涯的渾然，比較不致鑽於一。所以山水自然的居處環境比較有助於各種思想的會通。

唐代文人對園林生活的道境的追求，也頗表現出儒道釋的兼融並蓄：

> 道言莊叟事，儒行魯人餘。（王維〈濟州過趙叟家宴〉卷一二七）
>
> 桂尊迎帝子，杜若贈佳人。椒漿奠瑤席，欲下雲中君。（王維〈輞川集・椒園〉卷一二八）

㉑ 同❾，頁七二。

> 一瓢顏回陋巷，五柳先生對門。（王維〈田園樂七首之五〉卷一二八）
>
> 此處與誰相伴宿，燒丹道士坐禪僧。（白居易〈竹樓宿〉卷四四三）
>
> 了然此時心，無物可譬喻。本是無有鄉，亦名不用處。行禪與坐忘，同歸無異路。（白居易〈睡起晏坐〉卷四三〇）
>
> 大抵宗莊叟，私心事竺乾。浮榮水劃字，真諦火生蓮。梵部經十二，玄書字五千。是非都付夢，語默不妨禪。（白居易〈新昌新居書事四十韻因寄元郎中張博士〉卷四四二）

白居易認為行禪與坐忘是異路同歸，既同歸於某一點則是繫連會通可舒暢流動來回的，因而他依皈兩者，生活裡常和道士與釋僧相往來，兩者同樣幫助他在修行中體道契道。而他宦遊的生涯也是開展濟世兼善理想的具體行為，他能在仕宦的同時，也遊息於廬山草堂與新昌園以修其道與釋之道。嚴格地說，若作為宗教信仰，三者兼融並蓄是不易理解的，因宗教信仰乃為終極關懷，有其究竟與絕對；文人於此乃將重點放在修養、哲理之領悟及道之契合上。又如王維是虔誠的佛家弟子，卻也兼事儒道，而從宗教信仰的標準來看，他只是佛教信徒；儒道都是作為中國文人的他生活上與思想上的修養，是如道的也是如理的。這種三教合流的現象，在中國發展得很早（參第一章第四節）。吳怡先生說：「早在印度佛學傳入中國的時候，首先去開門迎接的是道家思想。此後經過了三百餘年來，無數半佛半道的中國高僧和名士的努力，才使佛與道逐漸融合，才使佛學完全的道家化，而有禪學的產生。所以自魏晉以來，佛學的中國化，實際乃是道家化。」㉒例如晉代僧肇以老子的有無相生配合莊子的物我同體，以說明般若的動靜合一，體用一如。往後的般若學也都與道家義理相呼應，乃至禪學的成立㉓。所以吳怡先生又說：「這一時間（唐）的最大特色，

㉒ 見吳怡《禪與老莊》，頁二九。

㉓ 參㉒，頁三四－四五。

就是由思想，及於方法，再及於行動。使老莊思想變為禪學的化身，使禪學思想具有老莊的形態。使我們已分不清何處是佛家的禪，何處是老莊的道了。」❷❹至於儒家學說早在漢代與五行學說相雜揉之後，也漸漸地道家化；這其實啟蒙於更早的將孔子、顏淵、原憲等人道家化的莊子。而漢代以後天人合一的思想及儒道調和的傾向正對唐代文人園林生活境界的追求理念有大的推助。且進一步思究，儒道調和不僅僅只是歷史發生的事實，還有其義理內在的因由：如上述孔子、曾點對大自然的孺慕歸心，如上述儒家退隱的絜矩之道，又如簡易樸素的仁智之德，也都是道家的主張。又如「萬物皆備於我矣」、「上下與天地同流」（《孟子・盡心》）正與莊子天地並生萬物為一的思想同其情懷。又如儒家崇尚的中和與莊子齊物逍遙的化境具相似的精神。而「顏子的『默而識之』與莊子的『心齋』、『坐忘』正爾相通。」❷❺凡此，三教可會通的幾個精神多半都是面對大自然、面對萬物各種生命之時所展現所體悟的；面對人類社會諸多人文問題時，人便往往各持一隅之見而堅持一端。在自然山水中，一些分別、對待、界線明顯截劃的智心會在浩瀚宏肆中自然消泯。從生活日常的要求而言，園林可說是文人調和、會通儒道釋三教的最適當也最自然的地方；或者說，一個在園林中真正用心生活的文人，應該會很自然地會通三家思想，而冥契並體踐歸於圓滿、歸於一的至道。

綜觀本節所論，唐代文人冥契至道的園林生活境界，約可歸納要點如下：

其一，唐代文人普遍以園林為契道、修道、得道的勝場。道原本無所不在，但在人文社會裡，人為造作的種種規則、束縛與花彩容易失道、裂道；園林自然裡則道能保其全、原於一，所以是契道的好境緣。

其二，園林從各要素的經營開始，到造園原則或品質的掌握，文人皆注意到盡量使其具有道的啟示作用，或在氛圍上能浸染人進入虛寂清靈的近道狀態。而園林生活內容如琴酒茶書等活動，也大多被視為見

---

❷❹ 同❷❷，頁一一七。

❷❺ 見楊玉成〈陶淵明的田園詩〉，頁一一陰面。

道、修道的進路。至於生活態度，無論是自然簡樸、寂靜清明、悠閒疏放等，都是觀照、神遊而臻逍遙化境的善端。

其三，園林生活的冥道修道的追求，在道德的修養方面，主要傾屬儒家思想；在齊物逍遙的忘化境界之冥悟方面，主要傾屬道家思想；在定靜工夫的觀照方面，則主要傾屬佛家修行。

其四，在道德修養上，文人自期從園林山林的靜動特性以修養智與仁的德性；從簡易樸素中修養安貧樂道的節操；至於隱退園林以潔其身矩其道者，也是儒家守道、全道思想的實踐。

其五，園林寂靜幽邃的品質正是安禪修定的善地，而山水景物的空明不染能淘洗塵念，使人漸漸清明無罣礙，參悟五蘊皆空，照見本心自性，並生泛愛眾生的慈悲。

其六，園林中欣欣自得的生命萬物，各具本然之道，是齊物逍遙之境緣，在一片平等忘化的境界裡得到自由，人與天地萬物遂達於心交神會的和諧境界。這是道家思想的體踐。

其七，唐代文人對於園林生活的道境追求，往往表現出儒道釋的兼融並蓄。當人面對人文社會種種智性的概念或知識所經緯出來的規範世界時，其強烈的分辨性、判別性容易使人據於一而失其全；面對山水自然時，心靈可延伸到宇宙穹蒼，感受到的是超越的、宏肆而無端涯的渾然，比較能契其全。所以園林自然的居處環境比較有助於各種思想的會通。

其八，佛教初傳中土已被道家化，之後更發展出中國化、道家化的禪宗。而儒家思想在面對自然世界、萬物生命時所提出的學說主張，其精神又多與道家思想相通。故而從理義內容的特徵及傾向來看，園林也是三教會通最切合的場所。

第四節 自然美感的神遊

園林不僅是可居可息的居住環境，還是可養可化的修行場所；尤其普遍地，它還是可觀可遊的賞玩藝術。因此，在造園的客觀方面，也儘有其藝術考量；在遊觀的主觀方面，也會有其審美的感受與品味。遊，是中國非常重要的藝術精神，孔子在《論語・述而》篇所說的「志於道，據於德，依於仁，游於藝」，便是以「遊」的精神來往於藝術領域；《莊子・逍遙遊》中的鯤鵬逍遙之遊，或是在〈養生主〉中庖丁解牛的「遊刃有餘」，也是「遊」的藝術境界。遊於園林之藝，首先需有可資遊歷的園景園境，以為遊的對象，復須有能遊的自由心靈以為遊的主體。詩文中，唐代文人對園林的遊的經驗與境界，茲分由園境之可遊、目之遊及神之遊三方面論之。

一、園境之可遊與能遊

第三章曾分從園林的五大要素探討唐人造園的理念與成就。我們發現堆山理水或整體布局，他們都要求栩栩如生，那不僅是形貌如實相似，也是精神氣象的活現。所以太湖石可以是華山之孫，一窪小池也可以是易迷的五湖，或者還希望整座園林有如某處勝地，使人產生江南或瀟湘的錯覺。這些效果不僅是主觀的幻想，其實應有其造園手法上的把握，以為目遊和神遊的不知不覺的引導暗示。如：

澄瀾方丈若萬頃，倒影咫尺如千尋。（白居易〈池上作〉卷四五三）

池亭纔有二三畝，風景勝於千萬家。（方干〈孫氏林亭〉卷六五〇）

纔見規模識方寸，知君立意象滄溟。（方干〈于秀才小池〉卷六五一）

不離三畝地，似入萬重山。（張蠙〈和崔監丞春遊鄭僕射東園〉卷七〇二）

只隔門前水，如同萬里餘。（李洞〈鄠郊山舍題趙處士林亭〉卷七二一）

這些是「咫尺山林」的典型化成就：方丈的澄瀾可以萬頃無涯；咫尺倒影可以千尋不盡；二三畝池亭可以有勝於千萬家的風景，可以像萬重山般層層轉入。由第三章各節看來，他們或者以假山的氣勢來模擬磅礡的大山，或者以擺置的位置來對比假山之高大雄偉；或者以島嶼水路的交錯迴互來增加水域的面積感，或者以砍樹引風而生成波浪推送無盡來製造無涯無際的錯覺，或以橋樑的跨架掩遮水域，以生水域無窮的暇想；或者以樹木的掩映隱約來增加幽邃，以曲折逶迤的動線來增加景深……於是一方天地便可以是大自然美景的再現，具有真山水的意趣。《中國園林建築研究》說：「這種塑造（咫尺山林）是一種高度的藝術創作，因為它雖然是以自然風景為藍本，但又不停留在單純抄襲和摹仿上，它要求比自然風景更集中、更典型、更概括，因此才能作到『以少勝多』。」㉖這就使景物有限的形象變得富於無窮深意，遂對遊者具有暗示作用，牽引其想像力和情思去馳遊那變成浩廣無涯的天地。這是造園的象徵手法、縮移典型化、在「似」而非「是」的空隙裡，帶給神遊的第一步可能性。

另外，在造園布局的處理上，無論是空間的曲折宛轉或掩映幽隱、通透虛靈，也都是遐思冥想的空間所在。如：

遙知楊柳是門處，似隔芙蓉無路通。（劉威〈遊東湖黃處士園林〉卷五六二）

沿流路若窮，及行路猶遠。（曹鄴〈從天平節度使遊平流園〉卷五九二）

迴廊映密竹，秋殿隱深松。（岑參〈冬夜宿仙遊寺南涼堂呈謙道人〉卷一九八）

㉖ 見馮鍾平《中國園林建築研究》，頁七六。

掃徑蘭芽出，添池山影深。（錢起〈春谷幽居〉卷二三七）

園林的氣脈在於動線，遊園者多順著動線去認識、賞玩園景。動線以園路為主，有時也像李乾朗先生所說：「建立各區之間的相互關係，使其成為有機之連結，表現疏密鬆緊之空間轉換過程，或明暗、高低、轉折之節奏，一般使用門洞、長廊、曲廊、庭院作為轉換之過渡。」[27]詩文當中比較看不出門洞與庭院作為空間轉換的過渡，長廊、曲廊及橋樑則是常見的過渡。不過更重要的是走遍整個園林的路徑安排，靠著園路動線把各景有機地貫串起來，一氣呵成，園林也才活起來，而且也由此使遊的過程富於節奏變化之美。劉熙載《詞概》曾讚歎道：「一轉一深，一轉一妙，此騷人三昧，自聲家得之，便自超出常境。」詩詞是，園林亦是。每經過遊園動線的一次曲轉，眼前便呈現出新的一番景象和境界，不僅有層出不窮的變化和趣味，同時也可以引導人進入一種遊之不盡的盎然興味中。而本來若窮的路徑，在及行猶遠、似隔實通的設計下，給人「峰迴山意曠」（歐陽袞〈和項斯遊頭陀寺上方〉卷五一二）的豁然開朗的驚喜。這種帶著幽邃神祕、豐富變化和有餘不盡的效果的園林動線，誘引人在好奇、目不暇給、意外驚訝的起伏中，益發能投入沉緬，而一心一意地凝神遊之。

再者，因添鑿一方池水而使山影更幽深（錢起詩），基本上是倒借的借景手法。倒影使園林空間虛化、擴展向下，猶如窗牖的借景也使空間通透、擴展向遠方。這就使園林富於虛實互映的情趣，「虛中有實，實中有虛」（《浮生六記・閒情記趣第二卷》）。陳從周先生認為「我國古代園林多封閉，以有限面積，造無限空間，故『空靈』二字，為造園之要諦。」[28]而空靈虛透處往往是人暇想神遊的無限空間，這正和水墨畫的精神相符。程兆熊先生就曾提及虛與遊的關係：「至畫道之所以水墨為上，不在取色，則是因其更凝於

[27] 見李乾朗《華夏之美——建築》，頁九一。
[28] 見陳從周《園林叢談》，頁一一。

實質而更見精神。亦即更見虛白，更見靈氣，從而使美為更可遊，並更可忘物與我。」㉙這些虛白空靈而通透之水墨畫特色正也是園林布局的空間特色，這在詩文中已顯現出唐代文人對之相當重視並精心營造，在第三章第五節所論之各式借景手法，白牆素垣的習用以及水景日光交映閃爍等作用，都留下了無限的想像空間。正如宋郭熙所稱「山欲高，盡出之則不高；煙霞鎖其腰則高矣」（《林泉高致集・山水訓》），那片被煙霞遮鎖住的山腰，因其看不到究竟有多高，煙白處遂具有引人悠然暇想神思的無限可能性，正是神遊的佳地。

造園的設計是外在客觀物境，提供諸多誘因，以成為「所」遊的對象；人，則是主觀心境的主宰者，以其審美感受及自主性，成為「能」遊的主體。馬千英先生認為「心為一切藝術的根源，外師造化的先決條件」㉚，所以能遊的主體必須先有心於遊園之事，有此心才是能遊的開端。有心於遊，最自然的狀況是興致之油生，且能當機地隨順興之所往而遊（參第二節），就會在「放曠優游興味長」（李中〈思九江舊居三首之二〉卷七四七）的盎然趣味中，適愜自得。白居易〈春葺新居〉詩云「尋芳弄水坐，盡日心熙熙。一物苟可適，萬緣都若遺」（卷四三二），就是因全心地投入沉緬在適意的景物中，感其遂人的興味，故而遺落萬緣，自然安樂於其間而永日忘歸。

在遊的主觀精神方面，虛寂沉靜、清明靈覺以及悠閒疏散的生活態度，都可以助成遊境的進入。《遊——世界的象徵》一書中提到，遊與追求生命真正面貌、關照、工作、心靈解脫等憂慮相對，而是另一種面貌的無責任，放鬆生命緊張、休養生息。故被認為是治療工作、關照、誠實的過度緊張的有效手段㉛。文人

㉙ 同❸，頁六一。

㉚ 同❽，頁一二〇。

㉛ 參見オイゲン・フィンク著，千田義光譯《遊び——世界の象徵として》頁一一：「遊びは生の眞面目さや配慮や勞働や心の救いを求める憂慮に対立し、いうならば『不眞面目』、『無責任』のように、生の緊張の一時的弛緩のように『休息』也『休

對自己園林生活態度的自期，正是放鬆的、休養的，有時還更進一步以酣醉醺然的方式來助成遊的主觀精神，如：

落日泛舟同醉處，回潭百丈映千峰。（韓翃〈宴楊駙馬山池〉卷二四五）㉜

更道小山宜助賞，呼兒舒簟醉巖芳。（韓翃〈題張逸人園林〉卷二四五）

臺上看山徐舉酒，潭中見月慢回舟。（劉禹錫〈和思黯憶南莊見示〉卷三六一）

嘉木偶良酌，芳陰庇清彈。（孟郊〈新卜清羅幽居奉獻陸大夫〉卷三七六）

濁醪最稱看山醉（鄭谷〈訪題表兄王藻渭上別業〉卷六七六）

第四章第五節論述了文人標榜的飲酒境界，是渾然泯然的忘化之境，可以飄然進出各景而遊刃有餘。《遊——世界的象徵》一書，對於遊的境界描述道：遊時可以感受到無所操心的快樂及生命明亮輕快的感覺，並且免生命憂慮的重擔，再回到兒提時的無邪天真，像睡眠回復元氣一樣，有做夢般的幸福愉快㉝。而且人一放下自己生命歷史的重擔，便可取回失去的各種可能性，享受那些不受束縛的可能性，扮演自己期望選擇的角色㉞。此時，人遂具有獨特的創造力，體會到創造的幸福㉟。這就超越了自己，超越了固定化的生活，

養』のように、閑な時間の慰みのように、戯れや愉快な乱暴ろうぜきのように思える……労働や配慮や誠実さの過度の緊張に対する治療上有効な手段として承認されているのである。」

㉜ 一作陳羽詩，又作朱灣詩。

㉝ 同㉛，頁一〇五：「われわれが遊びを遂行するときに感じる屈託ない快活さ全体的な生の気分の明るさと軽さ……持つ。時折、ほんの束の間われわれは遊びにおいて生の憂いの重荷から免れ、いわば再び子供の無邪気さに戻り、元気を回復する眠りのようにこの夢のような幸福の中で爽快になる。」

㉞ 同㉛，頁一〇七：「遊びにおいてわれわれは失った諸可能性を取り戻す可能性を、さらにそれ以上に固定されぬ拘束されぬ実存のあり方の広みに到達する可能性を享受するからである。われわれは自分自身の生の歴史の重荷を放擲して、自分が望

得到心靈的自由和新生㊱。所以書中竟說：「世界被遊者所竄改。」㊲這樣地忘掉現實生活中的負荷壓力，忘掉種種被限制拘束的無奈，尋找回失落的各種可能性及創造力的自由心靈，也可以是飲者的醉鄉寫照。心靈獲得鬆動自由，是神遊的重要條件，難怪文人在園林中每每要「花圃春風邀客醉」（李咸用〈題陳處士山居〉卷六四六），認為酣醉最宜看山賞花或泛舟迴遊，而時時以醉遨遊，藉酒助其神遊。

二、目遊——形色與印象式美感

遊的主客觀因素兩相配合，是遊的條件具足了，等待機至，便可展開遊的美的歷程。不過，遊有兩個層次，一個是感官可及的形色聲相之遊，一個則是心靈精神無量邊超越的神遊。皆各有其美，可資品味良久。

在感官可及的形色聲相之遊方面，通常以目觀為遊騁賞美的主要媒介。文人於此，自有其審美的敏銳度與品味，如李中認為「檻底江流偏稱月，簷前山朵最宜秋」（〈思九江舊居三首之三〉卷七四七），韓偓以為「林塘闃寂偏宜夜」（〈曲江夜思〉卷六八二），朱放面對青翠嬋娟的竹子便「疏中思水過」（〈竹〉卷三一五）。他們對於某些景物最適宜如何地組合搭配以造景，最宜於什麼時節，才能彰顯其姿采精神，都有自己的一番見解。尤其自己親與造園設計和工程的文人，大約均有其高度的美感品味。白居易有「人不知」、「人不會」的待月、生波的造園設計的巧思匠意，而且園林生活也處處考究美感和情調，如他在一首〈池

むことを『選ぶ』ことができる——どんな生存の役割にも滑り込むことができる。」

㉟ 同㉛，頁一〇五：「遊びにおいてわれわれは独特の創造力を創造の幸福を体験する。」

㊱ 同㉛，頁三〇七：「遊びにおいて人間は自己自身を『超越し』、彼を囲繞し『現実化する』固定化を超出し、彼の自由の撤回できぬ決定をいわば撤回し……人間は常に新たに始め、生の歴史の重荷を投げ捨てられる。」

㊲ 同㉛，頁二九〇：「世界は遊び手の遊びに改竄される。」

上逐涼二首之二〉的詩中記述道：「櫂遣禿頭奴子撥，茶教纖手侍兒煎」（卷四五六），搖槳渡舟這苦力之事交待給禿頭奴子來負責，而煎茶這細緻雅事則囑教纖手侍兒來處理，在他看來，貌醜者宜於粗重勞力，秀氣者宜於細緻用心。這並非歧視或欺凌，而是出於美感品味的自然，纖手煎茶固有其柔細精雅的美感，即或禿頭撥櫂也有其質樸的力美與拙趣。由此我們看到文人在美的追求中，有其敏銳精緻的感受能力和品味格調。

對於園林形色之美，文人遊賞玩味後整體地品鑒，通常會以如畫來讚歎：

想得芳園十餘日，萬家身在畫屏中。（施肩吾〈長安早春〉卷四九四）

荷塘煙罩小齋虛，景物皆宜入畫圖。（司空圖〈王官二首之二〉卷六三三）

習家秋色堪圖畫（吳融〈高侍御話及皮博士池中白蓮因成一章寄博士兼奉呈〉卷六八七）

園林春媚千花發，爛熳如將畫障看。（李中〈和潯陽宰感舊絕句五首之三〉卷七五〇）

南北如仙境，東西似畫圖。（貫休〈湖頭別墅三首之三〉卷八三二）

江山如畫，是對美景的稱讚，因為畫是美的作品，經過總體的布局安排，取得畫面的和諧統一；它的美是整體的、典型的。文人以畫來比擬眼中的園景，應也是感受到園林典型化、整體性的和諧之美。而且園林可以是多幅圖畫的集合，比畫更有多樣的美，所以有些時候文人還感覺園林之美更勝於圖畫，杜荀鶴〈夏日登友人書齋林亭〉以為「帶郭林亭畫不如」（卷六九二），杜牧〈春末題池州弄水亭〉也以為「溪山畫不如」（卷五二二），這些都是以勝於畫來肯定園林高度集中之美。有時即或文人不明言園景如畫，而其詩文呈現的意境卻也是一幅動人的佳畫，如王維〈輞川集〉裡的〈南垞〉和〈攲湖〉各有這樣的詩句：「隔浦望人家，遙遙不相識」與「湖上一回首，青山卷白雲」（卷一二八），煙水縹緲、湖山行雲的意境，也是優美和諧的圖畫。文人領受了它的美和精神之後，才能用文字將它描繪提點出來。這是文人對於形色之美的領受，也是騁目於整個園林之後的遊的總體美感。

文人目遊園林景色後，通常把握住的形相之美是印象式的意境，帶著悠悠漫漫的撲朔迷離之感。首先，文人似乎對於光有特別的關注和敏感，時常將其目光遊駐於水與光的泛灩和投射，如：

一片水光飛入戶，千竿竹影亂登牆。（韓翃〈張山人草堂會王方士〉卷二四三）

池光忽隱牆，花氣亂侵房。（李商隱〈贈子直花下〉卷五四〇）

寒生晚寺波搖壁，紅墮疏林葉滿牀。（趙嘏〈宿楚國寺有懷〉卷五四九）

門前山色能深淺，壁上湖光自動搖。（馬戴〈題章野人山居〉卷五五六）

侵簾片白搖翻影，落鏡愁紅寫倒枝。（溫庭筠〈題友人池亭〉卷五七八）

水光灩瀲本具有撲朔迷離的蒼茫感，當它反射投映在粉牆上時，牆面上浮游著的也是灩瀲的光影交錯，尤其那光並非深嵌於壁上，而是浮掠游移的，遂充溢著虛幻夢境般的迷濛。這樣的景象使園林的美成為印象式悠悠漫漫的縹遙之美，其中其實已加入文人主觀的情意和印象。文人在目遊園林之後，將之轉化為文學作品前，已有所選擇和淘汰，這顯示出文人對園林景色美的光影變化，有著敏銳的感受和深刻的印象。其次，文人也特別注意到園林迷茫的煙氣景象：

雲煙橫極浦（劉商〈題山寺〉卷三〇三）

松桂蒼蒼煙露繁（武元衡〈郊居寓目偶題〉卷三一七）

煙煖池塘柳覆臺（趙嘏〈花園即事呈常中丞〉卷五四九）

海氣暗蒸蓮葉沼（翁洮〈和方千題李頻莊〉卷六六七）

畫成煙景垂楊色（鄭谷〈郊墅〉卷六七六）

煙氣有時來自池水溪流的蒸發，有時則是柳葉如煙。而大量植物發散的水氣也易形成煙霧，尤其像吸水眾多的竹林，在文人筆下總是「煙惹翠梢含玉露」（李紳〈南庭竹〉卷四八一）（參第三章第三節），而喜愛大量植竹的唐代園林便也籠罩在此一片煙霧濛濛之中。煙霧瀰漫可以使氛圍變得神祕、縹緲虛幻，似乎是人間仙境。這仙境般的迷離美深受文人的喜愛，每每成為文人遊目的關注所在，也成為文人筆下印象式的園林之美。

文人對於光影和色澤所形成的美感也多所注目（詩例參第三章第五節）。光與影的變化是園林品質的要素，也是氣氛的影響者，同時它還在潛默之中移化著人的心理。影的出現，必然有與之對比的光，光與影對映，使園林景物嵌鐫為深刻沉靜的時空藝品。而當光照在色澤鮮麗的景物時，如「雨中草色綠堪染，水上桃花紅欲然」（王維〈輞川別業〉卷一二八），「滿谷仙桃照水紅」（陸希聲〈陽羨雜詠十九首·桃花谷〉卷六八九），則給人一種膨脹延漫的生意和開朗。光亮可使景物變得寬遠，陰影則可使幽深而有層次變化，這些都深深地影響著園林的美感特性，文人在詩文中特別注意光影的呈現效果，予以鮮明化、強化，遂使其筆下的、眼中的園林帶著濃厚的印象式美感。

如前所論，虛透之處正是引人神思遐想的無限可能，文人因此對於園林中較虛透的地方表現出敏銳的美感。園林中較虛的景之一是水，於是水景也通常是文人美感的重要來源：

> 逶迤南川水，明滅青林端。（王維〈輞川集·北垞〉卷一二八）
>
> 水似晴天天似水，兩重星點碧琉璃。（李涉〈題水月臺〉卷四七七）
>
> 月光如水水如天（趙嘏〈江樓舊感〉卷五五〇）
>
> 片水靜涵空（方干〈涵碧亭〉卷六四八）
>
> 樓臺倒影入池塘（高駢〈山亭夏日〉卷五九八）

因為水具有映照效果，而倒影只是虛幻的影像，留給人悠遠不可企及的神祕夢幻感，引人遐思神想。尤其是高不可攀的天空和明月星子，都落為腳下深不可測的另一個世界，呈現出一片幽祕浪漫又富弔詭的美感。而明滅在青林端的南川水也把閃爍的迷幻沿途逶迤向天際，向另一個遙遠的天地，人的思緒也隨著月光蜿蜒向遠處。當水面平靜無波時，亭臺樓閣的倒影則較實物更澄明潤亮、潔淨滑順，那被柔化的倒影之美，也是令人嚮往的所在。當水面起波浪時，又是另一番景象，如「池搖兩岸花」（郭良〈題李將軍山亭〉卷二〇三）、「山影暗隨雲水動」（劉滄〈晚歸山居〉卷五八六），花姿山影隨著池浪而搖蕩，輪廓被曲曲折折地扭散，成為一幅變形的圖案。一切的形制在此打破，一切的固著在此鬆動，有一點滑稽也有一點迷離，更有許多自由，可以帶領人做各種聯想；它呈現的儘是人間世之外另一個充滿可能性的世界。

文人有時也會透過一些特殊方式賞遊園林，製造特殊的美感，如：

雲霞朝入鏡（張喬〈題鄭侍御藍田別業〉卷六三八）

曉窺青鏡千峰入（吳融〈即事〉卷六八七）

杯裡移牆影（姚合〈題河上亭〉卷四九九）

牆上秋山入酒杯（方干〈題睦州郡中千峰榭〉卷六五〇）

藥椀搖山影（岑參〈春尋河陽陶處士別業〉卷二〇〇）

鏡子、酒杯（酒）及藥椀（藥）相當於園林的水景，具有映照作用。文人藉著攬鏡、飲酒及吃藥的事況，發現園林景物投射於其中所成的影像，竟也能夠當作觀賞遊玩的對象，而得到以小觀大、一沙一世界的深刻感受，並品嘗其中呈現出來的人生幻化如夢的淒迷之美。就在小大的縮放對比裡，人易於超越出平日膠著的生活視界，以開闊的胸襟看待所處的境況，而有所透悟，進而體會一分自身縈盪著的智悟之美感。

天空，是園林景色另一個重要的虛處，也是文人美感神遊的重點。空中的景象雖不似水景倒影之虛幻，卻也是變動不居的。而且天空向上無所窮極，向四方則無邊無際，是一個太虛，是人心神往的神祕世界。令人欣羨的空中遊者是飛鳥：

白鳥向山翻（王維〈輞川閒居〉卷一二六）

去鳥帶餘暉（戴叔倫〈山居即事〉卷二七三）

渚禽猶帶夕陽飛（溫庭筠〈題裴晉公林亭〉卷五七八）

引下溪禽帶夕陽（李中〈竹〉卷七四七）

落霞與孤鶩齊飛（王勃〈秋日登洪府滕王閣餞別序〉文卷一八一）

飛鳥翔遊天空的姿態有其輕靈柔暢的優美，有其自由逍遙的快樂。這裡文人的視線隨著鳥飛的動線而悠遊於天空青山之間，飽覽夕陽光輝、落霞的彩影，以及遠天的一切風景。整個畫面在沉靜之中躍動著一點速度感和流動的生氣，還有飛鳥動線的曲弧之柔勁美感。從而人的視線及情思也飛翔在開闊的天空，飛向無盡而不可知的遠方，那虛遠之處又是個令人遐思的地方。天空中變化最多的是雲，那也是可資目遊良久的所在，所謂「坐看雲起時」、「靜看雲起滅」（餘引詩參第三章第二節），即是文人遊目騁懷且樂於歌詠者。雲的樣態十分多變，隨人指目，可依其形象而聯想許多事物；不一會兒功夫又起變化，成了人們猜逗玩味的無窮資源。而且當它瀰漫籠罩園林時，園林景緻也跟著婆娑變化起來，令人目不暇給。遇到風大時，行雲又如流水般順暢流利地飛走，映照出一種風雲際會、變動不居的人世奔碌感。總之，雲多變的形象是想像力馳騁的廣大空間，文人從中得到不盡的樂趣和豐富美感。

文人也敏感於園林的靜寂之美，以耳遊之，產生一種蒙太奇的印象式效果：

經聲在深竹，高齋獨掩扉。（韋應物〈神靜師院〉卷一九二）

歌雜漁樵斷更聞（李商隱〈子初郊墅〉卷五四〇）

園裏水流澆竹響，窗中人靜下棋聲。（皮日休〈李處士郊居〉卷六一三）

風約溪聲靜又迴（李咸用〈題陳將軍別墅〉卷六四六）

人語靜先聞，鳥啼深不見。（韓偓〈南亭〉卷六八一）

文人接收到的只是聲音，有聲無形象，從目視的角度來看，也是虛者；故而藉由聲音可以想像其所在的情景。於此，文人身置的園林景色隱沒為模糊的背景——一片靜寂深遠的背景之上，凸顯的是斷斷續續、似近還遠的聲響，一切猶如夢境般似幻似真。這聲音可以牽引人的想像自由地遊騁，可以對比出園林的幽靜，且在其斷續真幻的閃爍中留下蒙太奇的印象式美感。以上所論都是在有形有聲的相上，文人因觀覽目遊，並以其想像力和感受力品賞到的物色之美。

三、神遊——移情想像與道藝結合

目之所遊，園林的物色可以觸興文人的美感，文人也會以其潛存的情意看待園中物色，使其也沾帶了人的情感：

桃花依舊笑春風（崔護〈題都城南莊〉卷三六八）

露壓煙啼千萬枝（李賀〈昌谷北園新筍四首之二〉卷三九一）

得意搖風態，含情泣露痕。（李商隱〈賦得桃李無言〉卷五四一）

松杉露滴無情淚，桃杏風飄不語香。（薛逢〈春晚東園曉思〉卷五四八）

園竹池蓮莫惆悵，相看恰似主人心。（楊昭儉〈題家園〉卷七三七）

文人依照景物的形色姿態的特點，配合上自己內心情感的浸染，而賦予它們滿懷的情意和生命，故而從中可以得到許多想像的可能性。那麼一座園林也可以是情態萬千的人世風景，也可以盈溢著許多悲歡交錯的人世故事，其中氣質頗盛的景致都成了文人內心的寫照，也是文人的情致。我們於此看到文人在目遊的同時或之後所作的神遊之旅，使園林不僅具有形色之美及印象式美感，同時也流露出氣質和情意等精神牛命之美。尤其在物與物之間賦予交流性的情意，更是文人移情想像作用中進一步更具韻味的故事：

蜻蜓憐曉露，蛺蝶戀秋花。（元稹〈景申秋八首之七〉卷四一〇）

孤雲戀石尋常住，落絮縈風特地飛。（方干〈鹽官王長官新創瑞隱亭〉卷六五一）

桃花細逐楊花落，黃鳥時兼白鳥飛。（杜甫〈曲江對酒〉卷二二五）

庭鴨喜多雨，鄰雞知暮天。（高適〈淇上別業〉卷二一四）

文人眼中的雲石、花絮或動物，也都懷抱著對他物的愛戀憐惜的情感，而或縈繞常在或追逐並行，呈現出自然界情意交流、和諧、熱情活潑的美好景象。這些都是文人的想像和移情作用，使其眼中所見、心中所感的美，不復是純粹的自然物的形態色澤，而是自己內心情感的反映。朱光潛先生曾說：「美是客觀方面某些事物、性質和形狀適合主觀方面意識形態，可以交融在一起而成為一個完整形象的那種特質。」[38]這些具有美的特質的自然物被文人帶著主觀情意進入、遊歷、品味一番之後，也就成為文人眼中的「人化的自然」，具有人的情味，也具有超越自然的精神之美。這分精神之美是文人在目遊所得的形色美之外，所以還能夠興味盎然地神遊的力量。同時如李澤厚先生所說：「藝術本要善於通過豐富的情感和想像，運用各種比擬、象徵、聯想、寓意等等『比興』手法，來形象地渲染、誇張和集中對象的美。」[39]所以文人在園

[38] 見朱光潛〈論「自然美」〉，刊《山水與美學》，頁一。

[39] 見李澤厚〈山水花鳥的美——關於自然美問題的商討〉，刊[38]書，頁一五。

林中對景物移情、人化的種種美感神遊的生活，可謂是藝術化的生活境界。《中國園林建築研究》說：「中國人在追求自然美的過程中，總喜歡把客觀的『景』與主觀的『情』聯繫起來，把自我也擺到自然環境之中去……而這種情景交融的狀態，只有那些『登山則情滿於山，觀海則意溢於海』的藝術家，才能真正地獲得的。」㊵而詩文中被人化了的自然景物，不論是文人移情入景的主觀反映關係，或是觸景生情的鑒賞關係，都已經不單單是質實的一景一物而已，它含帶的情思和趣味使其可以展現為虛靈多變的豐富世界。「只有化景物為情思，從咫尺山林中創作出深邃的意境，才能獲得無窮的意味和幽遠的境界，才能使人看不夠、看不厭，而這種境界和意味正是化實為虛、虛實結合的結果。」㊶足見美感神遊須有其實質的形態色澤美之目遊（且其形態之安排上也特重虛透的關係特性），亦須有其虛靈的情意精神美之神遊，在目之所遊與心之所遇的結合中，虛實相濟、主客相融，才能創造出藝術意境。

移情入景的反映關係已如上述，觸景生情的鑒賞關係在唐代有關園林的詩文中也是易見的。觸景而生起想像和情意的情形又略有不同，首先，在想像的淺近處尚帶著些略的現實清醒，其神遊是猜、疑的不確定好奇，如：

竹深疑入洞（權德輿〈酬南園新亭宴會璩新第慰慶之作、時任賓客〉卷三二九）

窄地見疑寬（白居易〈題盧秘書夏日新栽竹〉卷四三八）

松聲疑澗底（白居易〈新昌新居書事四十韻因寄元郎中張博士〉卷四四二）

或拳若虺蜴，或蹲如虎貙。（皮日休〈太湖石〉卷六一〇）

松韻遠趨疑認祖，山陰輕覆似憐孫。（鄭損〈星精石〉卷六六七）

㊵ 同㉖，頁三四—三五。

㊶ 同㉖，頁一一七。

「疑」字是進入某個境地時，一個恍惚疑似的錯覺。走在深密的竹林間，感覺彷彿是穿梭在幽祕穴洞裡，疑字顯示出文人還處在現實的邊際，以將信將疑的心情淺淺地略做了一回遐想。有瞬間全然地投入和相信，契享其中的氣氛和美感，卻又乍然醒覺，明白其只是相似而已。雖然如此，那瞬間投入已是全心全意享受到純然的美感；不論這美感是幽祕或寬朗，是質實的澗底流泉或虛應的松石情親，都給文人瞬息的神遊空間，神遊剎那的本身已是飽滿完全的。更進一步的情形如：

山下古松當綺席（郎士元〈春宴王補闕城東別業〉卷二四八）

芥浮舟是葉，蓮發岫為花。（覃彥璋〈蘇著作山池〉卷七七六）

風竹松煙晝掩關，意中長似在深山。（白居易〈長安閒居〉卷四三六）

四面青山是四鄰，煙霞成伴草成茵。（陸暢〈題獨孤少府園林〉卷四七八）

樹影便為廊廡屋，草香權當綺羅茵。（徐夤〈新葺茆堂二首之一〉卷七〇九）

這裡文人也是清清楚楚地在平日的現實生活裡，明瞭古松不是綺席，芥葉非舟、蓮花非岫，長安不足深山……然而在生活意趣上，在某一段悠遊賞玩的時光裡，卻可以把芥葉想像是一片扁舟，浮盪在浩瀚無垠的湖海之上，而隨其上下周流，遊歷五湖；可以把蓮花疊層的瓣梢想像為聳立重重的峰岫，一座又一座地挺峙在高峻峭拔的凌空之中，而隨其俯瞰四荒八垓；陰涼幽靜的樹影遮蔭處，也可以就是避風擋日的廊廡，儘有其棲止身心的安頓效用。就在「是」、「權當」的主觀心意籠罩之下，文人馳騁在一片自我想像卻又似而不是的權當遊戲的趣味中，如同兒童扮家家酒，心底明白一切都是虛構不實的，卻又願意全然沉醉於扮演的角色及毫無劇本的劇情發展中，時時創造，隨之或喜樂或憂傷。這想像的角色與情節便是演者的一片神遊天空，寬闊無涯。而在園林景境的神遊想像中，文人也同樣沉醉在神似的趣味中，就在似與是所存留的一點空隙中，享受神遊與創造之樂之美。白居易尚有一首〈高亭〉詩，說道「亭脊太高君莫拆，東家留取當西山。好看落日斜銜處，一片春嵐映半環」（卷四三八）。亭脊太高原本會遮掩視線，不見了遠景，是個礙眼惹厭的累贅；可是白居易卻以其豐富的想像力和靈動活潑的生活情趣，把那累贅當作西山加以觀賞。讚美落日時分夕陽斜銜亭脊的景象，其餘暉霞影猶如春嵐瀰漫而夕陽猶如半環，兩相輝映，正是一幅夕照美景。徐復觀先生曾說：「藝術中的超越，不應當是形而上學的超越，而應當是『即自的超越』。所謂即自的超越，是即每一感覺世界中的事物自身，而看出其超越的意味。落實了說，也就是在事物的自身發現第二的新地事物。從事物中超越上去，再落下來而加以肯定的，必然是第二的新地事物。」[42]這個在高亭身上因形似而發現的西山落照之美，即是藝術的超越。於是缺憾轉為圓滿，醜化為美；於是心隨景勢而轉，景境遂可轉為可悅可愛的美景，由而生活可以是藝術創作，可以是無入不自得的喜悅[43]。

文人在園林中的神遊，並非都入於物、遊於物之內，有時也會穿過物之自身，漫遊向物背後的廣大時空去，如：

> 窗含西嶺千秋雪，門泊東吳萬里船。（杜甫〈絕句四首之三〉卷二二八）
>
> 片石皆疑縮地來（權德輿〈奉和太府韋卿閣老左藏庫中假山之作〉卷三二一）
>
> 應是夢中飛作蝶，悠揚只在此花前。（呂溫〈夜後把火看花南園招李十一兵曹不至呈座上諸公〉卷三七一）
>
> 箬溪朝雨散，雲色似天臺。應是東風便，吹從海上來。（皎然〈憶天臺〉卷八二〇）
>
> 緬想赤松遊，高尋白雲逸。（陳子昂〈秋園臥病呈暉上人〉卷八三）

---

42 同19，頁一〇四。

43 這首詩或許也可能是嘲諷笑罵之作，譏笑鄰家亭子造得太高，不合於美。若此，也不妨礙白居易這些存想在他心中所具的可能性。

文人透過嶺雪泊船去想像積累的寒雪千年以來所堆疊的漫漫時間悠悠歲月，來自東吳的船隻行遍萬里的浩浩風光及芸芸眾生故事；透過堆砌假山的片石，去想像那方寸中所凝聚的天地精氣和孕化歷程；透過閒齋傲吏的困獨眠，想像夢中悠揚賞花、翩翩栩栩、自在逍遙的物化之遊……這就使文人的園林之遊超越實景實物，可以飛越廣大無垠的時空，作自由的旅遊。其得到的美感是宇宙的豐富、深遠與奧妙。

針對園林整體意境的美感而神遊者，文人每每以名山勝水作為傾慕的想像之地，有以蜀地奇灘險峽為想者，如：

臺榭疑巫峽（許敬宗〈安德山池宴集〉卷三五）

潛移岷山石，暗引巴江流。（岑參〈過王判官西津所居〉卷一九八）

巴峽聲心裏（白居易〈題牛相公歸仁里宅新成小灘〉卷四五九）

高岫乍疑三峽近（許渾〈朱坡故少保杜公池亭〉卷五三三）

有以著名大山為想者，如：

似移天目石，疑入武丘山。（白居易〈奉和李大夫題新詩二首各六韻・因嚴亭〉卷四四三）

三峰具體小，應是華山孫。（白居易〈太湖石〉卷四四八）

前移廬霍峰（崔公信〈和太原張相公山亭懷古〉卷四八四）

幽巖別派像天臺（方干〈題越州袁秀才林亭〉卷六五一）

有以瀟湘為想者，如：

一泊瀟湘天（白居易〈題牛相公歸仁里宅新成小灘〉卷四五九）

祇於池曲象山幽，便是瀟湘浸石樓。（陸龜蒙〈奉和襲美夏景沖澹偶作次韻二首之二〉卷六二五）

門前煙水似瀟湘（李中〈思九江舊居三首之二〉卷七四七）

冷淡似瀟湘（李中〈徐司徒池亭〉卷七四七）

另外如前論，江南也是文人們常存思模仿的地方。這些詩文中雖不乏酬應歌頌的交際格套語，卻也顯現文人的想像，使園林超越自身在空間上的限制，可以成為文人心目中某處名山勝水。其眼中看到的是實際的美景，精神上又能任心思情意自由地馳騁作另一個勝絕的山水自然。這就一方面需要進入眼前實景的形勢精神之內，一方面又要忘喪自身所處的空間地點，以其精神的大自由如《莊子》書中的至人真人神人之具足無待的逍遙，在實景的形勢神情之間穿遊，感受到的卻是遊於天地上下的周流無滯，領受到的卻是巴峽瀟湘般的險勝優美。上節論及文人於園林生活中修行契道，常以忘化及虛靜靈明的境界為修行的目標，自我期勉，這樣的修練境界正有助於美的觀照之遊。至此，藝術與道，有其相輔共進的關係存在。劉綱紀先生曾於其《藝術哲學》中一再提到：「中國藝術歷來重視藝術境界的高下，而這種境界是同對『道』的追求分不開的。它是一種人生境界，兩者經常是合而為一的……（宗白華指出）『道』給了『藝』以『深度和靈魂』。離開了『道』，『藝』就將成為沒有生命的軀殼。其所以如此，又在于中國哲學所講的『道』，不論是天地之『道』或『人道』，它的最高的境界既是道德的，同時又是審美的。」㊹「中國哲學所講的有關天地之『道』的種種理論，也就是中國藝術美的創造所遵循的哲學基礎，其中包含著藝術美創造的根本法則。」㊺「『藝』與『道』的統一，表現在『道』是『藝』的本體、內容，『藝』是『道』的現象、形式。」㊻像白居易在〈池上閒吟二首之二〉的描述：「夢遊信意寧殊蝶，心樂身閒便是魚」（卷四五四），

㊹ 見劉綱紀《藝術哲學》，頁七〇〇—七〇一。

㊺ 同㊹，頁六九三。

夢蝶、魚樂，同時是契於道的境界，又是雋美飄逸、酣暢淋漓的藝術之美，道與藝都涵攝在這逍遙自由的神遊歷程。將一座假山或一片石灘想像為巴峽、天臺或瀟湘等大山大水，正如「一點墨亦攝山河大地」（李日華《竹嬾畫賸・沖如上人求畫扇題》）、「一墨大千，一點塵劫」（沈顥《畫塵・筆墨》），同樣是在細微骨節中，以無厚之刀刃入於有間之骨節，而能「恢恢乎其於遊刃必有餘地矣」（《莊子・養生主》）。文人也是以其無厚的神思想像，入於有間的園林山水以遊之，那麼，有間的園林景物也會恢恢乎有餘不盡。於是遊園也可以是道與藝結合的最高境界。

綜觀本節所論，文人園林生活的美盛神遊之境界，約可歸納要點如下：

其一，「遊」是中國的重要藝術精神，也是契道的境界顯示。儒家要「游於藝」，道家則要「逍遙遊」，同樣都企慕於以「遊」的精神來往於道藝境界。

其二，園林乃藝術作品，園林生活亦為藝術活動。文人遂往往以「遊」的精神去品鑒賞玩、出入於園林之間。園林可謂是「所」遊的對象，文人的心靈則是「能」遊的主體；主客、能所兼具，才能有所遊。

其三，園林既是「所」遊的對象，在造園手法上遂對「能」遊的主體製造種種暗示與引導：咫尺山林、以少勝多的典型化、象徵化手法，以及動線的曲折深轉、布局的虛透空靈，都足以牽引人的目與心進入其豐富多變、具無限可能性的山水景色中遊歷。

其四，文人是「能」遊的主體，其在園林生活中，對於「所」遊的園林具有盎然的興味和欣趣：以虛寂沉靜、清明靈覺的心靈狀態，配合飲酒醺醉後的疏散輕鬆、無邪天真、渾然忘化的精神狀態，超越自己的歷史與限制，而自由地創造遊的幸福與美感，得到新生的愉悅。

其五，文人目之所遊，對於感官可及的形相聲色之美有其獨到的見解和品味。通常他們最敏感且喜愛印象式的美景：水光交錯灩瀲的撲朔縹遙感、煙霧瀰漫濛茫的虛幻迷離感，以及似近還遠、斷續閃爍的蒙

㊻ 同㊹，頁六九一。

太奇式的幽邃遙遠的印象之美。

其六，園林中較虛的地方，也是文人目遊的集注處。如水面倒影的不可企及的夢幻弔詭的世界；鏡中杯裡投射的幻象，涵蘊著小中見大、一沙一世界的哲趣；空中飛鳥的輕靈柔暢的優美動線及逍遙遠去的無垠世界、雲朵瞬息萬變的隨人指目、猜逗玩味的豐富美感……都是目遊不暇的。

其七，在神遊方面，文人常以移情入景的反映關係，去欣賞人化的自然所含具的超越的精神之美。又常以觸景生情的鑒賞關係，去品味園林景物的美感；由瞬間錯覺的「疑」似，到主觀想像所籠罩的「權當」式遊戲趣味，乃至穿越自然物去漫遊其背後廣大的時空及故事。這都使園林美感的神遊可以超越時空限制而達於整個宇宙的奧妙浩瀚之遊。

其八，遊的精神活動，揉合了道與藝，須有契道的自由和忘化境界與敏銳雋永的審美感受，才能以無厚的神思入於有間的園林，恢恢乎遊之，有餘不盡，達到「一墨大千，一點塵劫」的道藝結合的最高境界。

第五節 人文與自然的調和兼融

園林在唐代文人心目中最重要的意義在於，它是兩難的化解者：一些矛盾對立的兩端，可以藉著園林加以調和，使兩端能夠兼具融合於一，成為完滿圓融的境地。其中文人常提及的兩端調和是城與野、仕與隱、人文與自然等，兼得以兼融在園林之中。一般說來，這些對立的兩端是互相矛盾而不能同時俱存的，那些真正隱遁在深山峻谷的隱士們，他們的選擇是純粹而完整具足的，並未以不仕或不住城中為缺乏。可是對於既懷抱經濟理想又企慕隱逸逍遙的人而言，任何一種選擇都覺缺憾；一旦遇逢這個兼融並蓄的時代，調和兩端的理論便藉著園林生活加以實踐與闡揚。本節即擬由城野、仕隱和人文自然等方面的調和兼融來分論之。

一、城與野的調和兼融

園林生活所具有的調和特色，較直接而具體的一點，便是城市及城郊園林的地點位置。那些棲遁在幽谷深山的自然園林，在生活上遠離人群世間，有其種種困難不便；居於城市或城市周邊郊區的園林，則可以獲得諸多人世的便利，又能享受山林般的生活環境。因此很多文人以城中園林兼具繁華與野趣為上，如：

> 始我來京師，止攜一束書。辛勤三十年，以有此屋廬……有類澗谷居。（韓愈〈示兒〉卷三四二）
>
> 愛君新買街西宅，客到如遊鄠杜間。（劉禹錫〈題王郎中宣義里新居〉卷三五九）
>
> 終年城裏住，門戶似山林。（姚合〈閒居遣興〉卷四九八）

誰言帝城裏，獨作野人居。（楊發〈小園秋興〉卷五一七）

歌鐘雖戚里，林藪是山家。（長孫正隱〈晦日宴高氏林亭〉卷七二）

城，是熱鬧的紅塵地，尤其京城更是繁華薈萃的風雲際會之地；澗谷、鄠杜、山林、野居、林藪則是自然樸素的單純淨地。都城絕不是山林，卻可以像似；其關鍵在於園林。園林的營造可以使其範圍內的空間有山有水、有林木有幽徑，具深邃僻靜的特質，於是喧囂采麗的都城中，便真能如山林藪澤般，是一方自然天地。權德輿〈奉和太府韋卿閣老左藏庫中假山之作〉寫在「庭中摹峻極」的假山疊成之後，便使人頓然萌生「都內今朝似方外」（卷三二二）之感。如此一來，城市與林泉的分別，往往就只是一牆之隔。白居易〈池上逐涼二首之二〉便說他的履道園「門前便是紅塵地」（卷四五六），門前是紅塵，門內則是淨地。於是住在園林裡「雖與人境接，閉門成隱居」（王維〈濟州過趙叟家宴〉卷一二七）、「門前洛陽道，門裏桃花路。塵土與煙霞，其間十餘步」（劉禹錫〈題壽安甘棠館二首之二〉卷三六四），園林的門，遂成為天與壤的重要通道與界限。而另一種無形的門是城郊，它是進出城邑的必經之地，遂也成為城與野的緩衝空間：

西京上相出扶陽，東郊別業好池塘。（張說〈奉和聖製幸韋嗣立山莊應制〉卷八九）

門向宜春近，郊連御宿長。（孫逖〈和韋兄春日南亭宴兄弟〉卷一一八）

出郭喜見山，東行亦未遠。（李頎〈晚歸東園〉卷一三二）

帶月時聞山鳥語，郡城知近武陵溪。（賈島〈夏夜上谷宿開元寺〉卷五七四）

去朝廷而不遙，與江湖而自遠。（陳子昂〈薛大夫山亭宴序〉文卷二一四）

住在城郊，既接近城邑又保有鄉野自然的特質，可以享受大自然景色趣味及幽寧，又便於與人事交接來往及物資供應之充裕；確是折衷的好地點。於此，園林與城邑之間的距離，就成了紅塵煩囂和淨地方外的緩衝區，不似城市園林那般截然大轉折，瞬間拔起或掉落。所以城郊園林的城與野的調和，比較自然且寬綽；城市園林的城野調和則比較人為且斬截。

園林的城鄉調和之所以受到喜愛，之所以有其需要，大抵是基於方便。例如：

選居幽近御街東，易得詩人聚會同。（朱慶餘〈題崔駙馬林亭〉卷五一四）

夫天下良辰美景，園林池觀，古來遊宴歡娛眾矣。然而地或幽偏，未覩皇居之盛。時終交喪，多阻升平之道，豈如光華啟旦，朝野資歡。（陳子昂〈晦日宴高氏林亭序〉卷八四）

滄浪峽水子陵灘，路遠江深欲去難。何似家池通小院，臥房階下插魚竿。（白居易〈家園三絕之一〉卷四五六）

聞君每來去，矻矻事行李。脂轄復裹糧，心力頗勞止。未如吾舍下，石與泉甚邇。（白居易〈李盧二中丞各創山居俱誇勝絕然去城稍遠來往頗勞弊居新泉實在宇下偶題十五韻聊戲二君〉卷四五九）

進不趨要路，退不入深山。深山太濩落，要路多險艱。不如家池上，樂逸無憂患。（白居易〈閒題家池寄王屋張道士〉卷四五九）

原來選居御城是為了容易邀聚詩友，是為了親近皇居和朝臣。由一般城邑視之，是為了與人仍保持連繫交往，享有俗世文明的成果，存留著應酬交際的作用。白居易則強調便利的目的，以名山勝水路途太遙遠，戲譏李盧二人的山居令人來往勞頓矻矻，比不上自己把自然景物引到家院階下，可以隨時隨意悠然輕鬆地臥遊。另一方面也因深山太過濩落寂寥，要路高位則艱險不自由，而他的履道園，出門便是紅塵東都，可以免卻清寂孤獨之苦，擁有物資充沛的便利，又不致在官場權地遭到仇忌排擠。這樣得利避害、不進不退的境況，正是園林調和兼融特性的展現。所以部分文人會以其兼得幽靜野趣與方便而自喜不已，進而對卜居僻壤深山的隱者發乎「何必」的否定與譏嘲：

好閒知在家，退跡何必深。（蔡希寂〈同家兄題渭南王公別業〉卷一一四）
何必桃源裏，深居作隱淪。（祖詠〈清明宴司勳劉郎中別業〉卷一三一）
於焉已是忘機地，何用將金別買山。（朱慶餘〈歸故園〉卷五一四）
渼陂水色澄於鏡，何必滄浪始濯纓。（鄭谷〈郊墅〉卷六七六）
世喧長不到，何必故山薇。（徐鉉〈自題山亭三首之一〉卷七五五）

他們認為園林已經等於或勝過深山幽谷，那些把自己隱藏在深僻之地的人，那些執著大山大水以潔淨自身的人，在他們看來是過於騃板膠滯、過於食古不化的。何必、何用等詞都顯示他們的不以為然、不值或不屑的看法，而直以園林的近居人世為高。像蔣防〈題杜賓客新豐里幽居〉「應嗤紫芝客，遠就白雲居」（卷五〇七）那樣狂恣的嗤笑態度，就更加深切地肯定城市園林的種種美好。有時這種「何必」的心態是來自齊物思想，如韋夏卿〈和丘員外題湛長史舊居〉就是因為「道勝物能齊」的境界，而有「苟安一丘上，何必三山外」（卷二七二）的看法；權德輿〈奉和李大夫題鄭評事江樓〉也是因「心源齊彼是」，而說「何必棲冥冥，然為避矰繳」（卷三二二）。則他們只是認為園林可以取代深山幽谷，沒有必要潛藏到太僻遠的地方；並沒有不屑或嗤笑的意思。而以齊物思想作為兼融調和城鄉兩端的動力，也說明心靈在兼融調和方面佔著十分重要的地位。

這樣，就把熱鬧的城市與幽靜的鄉野統一在一起了。文人們遂誇張地說：

黃綺更歸何處去，洛陽城內有商山。（白居易〈題岐王舊山池石壁〉卷四五一）
豈知黃塵內，迴有白雲蹤。（聶夷中〈題賈氏林泉〉卷六三六）
巖穴從來出帝師（李咸用〈題陳處士山居〉卷六四六）
豈知城闕內，有地出紅塵。（韋莊〈嘉會里閒居〉卷六九五）

信上智之高居，人間之方外者也。（梁肅〈晚春崔中丞林亭會集詩序〉文卷五一八）

洛陽城內有商山，京城由來便是巖穴所出之地，這就把紛雜繁華而又喧囂熱鬧的政治首區當作是單純樸野而又幽寂清淨的衡門棲地。這樣一來，城與野、黃塵與白雲、人間與方外、紅塵與淨地等兩個看似矛盾對立的存在，便都融合統一在園林這方天地之中了。

從陶淵明著名〈飲酒〉詩即說「結廬在人境，而無車馬喧」開始，唐代文人這樣藉園林來統合人間與方外的思想和行徑便已有了可追索的源流；它代表的原是一種心靈境界，一種超越環境限囿的自由精神。而唐代文人中或也有追尋這種超然境界的，但也有只是隨和著時代風氣而吶喊著動聽應酬的文詞。最實際的目的應該是如白居易所自述的魚與熊掌兩兼的折衷利益，也如劉敦楨先生所說：「既貪圖城市的優厚物質供應，又想不冒勞頓之苦，尋求『山水林泉之樂』，因此就在邸宅近旁經營既有城市物質享受，又有山林自然意趣的『城市山林』，來滿足他們各方面的享樂欲望。」[47]倘或在城市中建造園林，是為了享受山野林泉的自然情趣，欣賞山水美景，那麼兼得城市的物質供應、人群往來等便利，自是無可厚非的人情之常。由此而誇言城與野、人間與方外、紅塵與淨地的融合統一，也是可以肯定的圓滿成全。但是若其中園林主人又把自己視為隱逸者，過的是隱逸生活的話，則又是另一個耐人尋味的問題了。

二、仕與隱的調和兼融

隱逸在唐代之前已有一段漫長的歷史發展。從早期傳說中的巢父、許由開始，隱士就是人們心中高蹈潔身的受人敬仰的人物。不僅道家莊子推崇其為真人至人神人，儒家孔子也對路逢的隱者表示恭敬。《易經》裡有幾次提及隱遁之事，多以避人（避時）為主，如〈蠱卦上九〉「不事王侯，高尚其事」，似是對於

[47] 見劉敦楨〈蘇州古典園林的自然意趣〉，刊[38]書，頁三〇一。

避政者的高尚行為加以肯定的，而《程傳》則說其「不偶於時而高潔自守，不累于世務」，若然，則是避人的隱逸形態。〈坤卦文言〉「天地閉，賢人隱」也是以道消的亂世為隱遁避人之適當時機。而且〈遯卦上九〉「肥遯，無不利」以隱遁者寬綽有餘的氣度，「貧」而樂的修養為善。這些潔身自好、「獨立不懼，遯世無悶」（〈大過象辭〉）的隱者形象，是倍受稱許讚歎的，因而也成為民歌中被頌美的行徑[48]。基本上這類避人之隱多是從容寬綽、樂於其道的初衷。至於之後孔子、莊子所論之「時命大謬」（參第一章第二節）之隱，乃是針對仕宦的挫折或時代的昏亂而興起的「不得已的選擇」[49]。所以，前者是為了潔身全身，對於政治本身的清明性有所否定；後者是為權變，對於政治抱持理想和追求。前者之隱是常態；後者則是過渡。無論如何，隱逸在他們都是與仕宦對立的，還無法同時並存於同一人同一時期的生活之中。

魏晉以後，隱逸者的大量增加遂使隱事成為討論的話題，而漸被理論化；又因自然與名教、三家思想的調和，隱逸遂也與現實政治發生調和。王瑤先生就認為淮南小山〈招隱士〉到王康琚〈反招隱〉的「小隱隱陵藪，大隱隱朝市」，就從得意的觀點把隱顯問題統一起來了[50]。又如郭象注《莊子》，據張釚星先生的研究，他把莊子尊崇的「超現實的聖人」盡量拉回到「現實的聖人」，認為理想的人物應是「雖在廟堂之上，然其心無異於山林之中」的聖人。而且郭象本人雖然是老莊自然的追慕者，卻也是實際的從政者，任職當權，傾動一府[51]。而葛洪《抱朴子》一書中，也有「出處一情，隱顯任時」（〈外篇・應嘲卷第四三〉）的思想，進而推崇「古人多得道而匡世，修之於朝隱，蓋有餘力故也。何必修於山林，盡廢生民之事」（〈內

---

[48] 如《詩經・衛風・考槃》「考槃在澗，碩人之寬」。

[49] 參見陳英姬《中國士人仕與隱的研究——以陶淵明詩文與蘇東坡之「和陶詩」為主》，頁一〇，及張釚星《魏晉知識分子道家意識之研究》，頁一四八。

[50] 參王瑤〈論希企隱逸之風〉，刊《中古文學史論・中古文人生活》，頁九八。

[51] 參[49]張著，頁一五八—二〇九。

篇・釋滯卷第八》),「何必」二字於此也現示了消弭仕與隱對立性的理論[52]。此後在史書裡的隱逸傳或處士傳中也都討論到隱之義並為分品;無論他們對大隱、朝隱的看法如何[53],一旦帝王鼓勵大隱,如梁元帝〈全德志論〉主張「雖坐三槐,不妨家有三徑;接王侯,不妨門垂五柳。但使良園廣宅,面水帶山……」(《全梁文》卷十七),在實際生活中大隱遂受到多人歡迎,而長盛不衰,一直延續到唐代。

到了唐代,在一片崇尚隱逸的風氣中,在以隱為入仕的捷徑的潮流裡,大隱的思想就更為文人們所推讚。雖然白居易認為「兼濟獨善難得并」(題長,見前節引),但自己卻也以仕隱兩兼為樂。大抵說來,自然山水確實對人有怡養性情、洗滌塵念的作用,像無言的母親涵泳哺育她的子女一般。一個真性情的人,應都會眷懷自然;或者世故之人,也會以愛好自然來顯示自己的不忘本與高潔恬澹。唐代文人每每以園林作為他們在政務宦海中繼愛自然的慰藉及顯現:

君子體清尚,歸處有兼資。雖然經濟日,無忘幽棲時。(張九齡〈驪山下逍遙公舊居游集〉卷四七)

幽情遺紱冕,宸眷屬樵漁。(李嶠〈奉和幸韋嗣立山莊侍宴應制〉卷六一)

廊廟心存巖壑中,鑾輿矚在灞城東。(趙彥昭・同右・卷一〇三)

君雖在青鎖,心不忘滄洲。(岑參〈宿岐州北郭嚴給事別業〉卷二〇〇)

避諠非傲世,幽興樂郊園。(權德輿〈暮春閒居示同志〉卷三二〇)

這些詩句雖然多為應酬之作,但既以此來歌頌,可見以經濟之身而企慕幽棲巖壑,是當時文人士大夫之間讚許的情懷。在倥傯紛雜的政務生涯裏,欲求得幽趣似乎不是容易之事。但是,這裡文人們同樣都以園林

[52] 參見卿希泰《中國道教思想史綱・第一卷》,頁一六〇—一六一;劉紀曜〈仕與隱——傳統中國政治文化的兩極〉,刊《中國文化新論・思想篇一理想與現實》,頁三一八;[49]張著,頁二一二。

[53] 例如《梁書・卷四五處士傳》就以古之隱者「以萬乘為垢辱,之死亡而無悔」為隱之上者,以「大隱隱於市朝」為其次。

作為滿足這種孺慕之情的最佳傑作。然而，為宦的生活繁忙累重，牽扯甚多，如何能享受並滿足其愛好自然的幽情野趣呢？通常的處理方式便是：

> 入朝榮劍履，退食偶琴書。（宋之問〈奉和幸韋嗣立山莊侍宴應制〉卷五三）
>
> 落日出公堂，垂綸乘釣舟。（岑參〈過王判官西津所居〉卷一九八）
>
> 退公閒坐對嬋娟（令狐楚〈郡齋左偏栽竹百餘竿……〉卷三三四）
>
> 夜直入君門，晚歸臥吾廬。（白居易〈松齋自題〉卷四二八）
>
> 知君創得茲幽致，公退吟看到落暉。（李中〈題柴司徒亭假山〉卷七四八）

原來他們是清晨白晝的時間入朝或置身公堂以處理政務，做一個入仕的官吏；傍晚自朝廷公堂退息下來，就投入園林山水之中，或彈琴讀書，或垂釣閒坐，或高臥賞景，盡情享受其清閒的隱逸。在他們看來，這兩種類型的生活並不相礙，所以李中又說「不妨公退尚清虛，剏得幽齋興有餘」（〈書郭判官幽齋壁〉卷七四八），「不妨」二字就指出以公退的時間度其園林清虛生涯，並不妨礙或混亂其為宦的政治步調。甚至於像姚合那樣「有時公府勞，還復來此息」（〈題金州西園九首．草閣〉卷四九九），處理政務疲倦之際，還可以藉園林稍事休息，以養神復氣。那麼園林生活不僅不妨礙政途，反而能助一把力。與公退相近的形式是利用休沐假期回園林，如「蘭署乘閒日，蓬扉狎遁棲」（盧照鄰〈山莊休沐〉卷四二），「鼎臣休澣隙，方外結遙心」（徐彥伯〈侍宴韋嗣立山莊應制〉卷七六），「自知休沐諸幽勝，遂肯高齋枕廣衢」（楊巨源〈和元員外題昇平里新齋〉卷三三三），其意義與公退相近，都是平時致身政事，休息時間則儼如隱者般沉緬在大自然之中，遺落一切的俗慮瑣務和人事機巧等煩惱。張籍「朝衣暫脫見閒身」（〈題韋郎中新亭〉卷三八五），韋應物「借地結茅棟，橫竹挂朝衣。秋園雨中綠，幽居塵事違」（〈題鄭拾遺草堂〉卷一九二）等詩句就描述脫下朝衣，擺落塵事的園林悠遊閒致。這種以公退休沐為隱遁的宦涯，確實是在現實生活中與心境上得到仕與隱的兩兼之便。

不過，另有一部分仕隱兼融的情形卻是因於政治場上的不得志，姚合就曾自我慰解道：「縣去帝城遠，為官與隱齊」（〈武功縣中作三十首之一〉），「卑官還不惡，行上得逍遙」（〈遊春十二首之十〉卷四九八），權德輿也自感於「跡似南山隱，官從小宰移」（〈南亭曉坐因以示璩〉卷三二〇）。遠離中央是宦者的失勢，卑官小宰也非入世兼善者心之所樂願；然而官小職輕，正落得悠閒逍遙，似乎做官與隱逸沒有什麼兩樣。於是在此非心之所願的情況下，補償性地獲得隱逸之美及仕隱兼得的兩全。

不論是官場得志或失勢而兼擁仕隱，總是，仕與隱的融合在唐代似乎已是普遍受人欣羨的美事。於是種種具弔詭性的名詞便成為流行的用語，如：

非吏非隱晉尚書（劉憲〈奉和聖製幸韋嗣立山莊〉卷七一）

肯信吾兼吏隱名（杜甫〈院中晚晴懷西郭茅舍〉卷二二八）

太平公事少，吏隱詎相賒。（韓愈〈獨釣四首之二〉卷三四四）

莫遣是非分作界，須教吏隱合為心。（白居易〈郡西亭偶詠〉卷四四七）

不知湖與越，吏隱興何如。（白居易〈仲夏齋居偶題八韻寄微之及崔湖州〉卷四四七）

以上是以「吏隱」為詞，而普為文人們使用者。又如：

奈何誇大隱（蘇頲〈小園納涼即事〉卷七三）

還追大隱跡（錢起〈題秘書王迪城北池亭〉卷二三八）

大隱心何遠（錢起〈過王舍人宅〉卷二三八）

大隱本吾心（權德輿〈酬南園新亭宴會璩新第慰慶之作時任賓客〉卷三二九）

大隱朝市，本無車馬之喧。（楊炯〈李舍人山亭詩序〉文卷一九一）

以上是以「大隱」為詞者，其他尚有「中隱」、「真隱」（下文），以及「傲吏」、「挂冠吏」等詞：

傲吏非凡吏（孟浩然〈梅道士水亭〉卷一六〇）

傲吏閑齋困獨眠（呂溫〈夜後把火看花南園招李十一兵曹不至呈座上諸公〉卷三七一）

可憐真傲吏，塵事到心稀。（岑參〈送梁判官歸女几舊廬〉卷二〇〇）

已知成傲吏（郎士元〈送元詵還丹陽別業〉卷二四八）

常稱挂冠吏（李頎〈題綦毋校書別業〉卷一三二）

大隱，起源得較早，王康琚的〈反招隱〉詩出現後，已被襲用為熟悉的名詞，字面上並無矛盾之處，以「大」字來強調其隱之真義被充分發闡。吏隱，則到唐代才大量使用，這個由「吏」與「隱」兩個意義完全相反的字組合成的詞語，在字面上較大隱更具衝突性與詭祕趣味。傲吏則有莊子漆園故事的悠久歷史；而挂冠吏，則「挂冠」與「吏」也是兩個相對立的字詞，結合為一詞，也呈現出字面上的衝突性。凡此，由唐人流行的這些詞語可看出，當時文人在理念上和生活中皆具有強烈的調和性與兼融性。

唐人的兩端調和特性，不僅表現在把對立的兩種情況兼融並蓄為統一體，尤其是還更進一步，把兩者等同起來，如：

衣冠為隱逸，山水作繁華。（郭良〈題李將軍山亭〉卷二〇三）

幽顯豈殊跡（盧綸〈同柳侍御題侯釗侍郎新昌里〉卷二七七）

疏散郡丞同野客（白居易〈北亭招客〉卷四三九）

出處之情一致，筌蹄之義兩忘。（王勃〈夏日宴張二林亭序〉文卷一八一）

得喪雙遣，巢由與許史同歸；寵辱兩存，廊廟與山林齊致。（駱賓王〈秋日於益州李長史宅宴序〉文卷一九九）

把衣冠當作隱逸，山水視同繁華，幽與顯也就沒有什麼差別了，於是「衣冠巢許」（張說〈扈從幸韋嗣立山莊應制序〉卷八八）也像「吏隱」一般，既是個矛盾詞，卻又被文人們朗朗上口。這個現象還是與齊物思想、忘化境界有不可分的關係，所以「一致」、「兩忘」、「雙遣」、「同歸」等齊物之論就被文人們請來作為其調和思想的基礎，於是看似矛盾的只是形跡，而心靈因能超越形跡獲得自由，故吏與隱在其超越境界中是渾然無別了。就因唐代這種兩端調和的弔詭性有著齊物論的義理作為支柱，所以文人們遂能夠大聲地、氣壯地讚揚大隱吏隱。而且齊物思想實是心靈修養境界的呈現，所以雖然如王國瓔先生所說：「隱逸已不再是清苦的，或孤獨的行為，而是一種可以結伴而赴的高級享樂。」[54]但是文人們還是可以驕傲地自視為那是心靈絕對超越的結果。園林是助成這種心靈超越的重要境緣，溫庭筠〈題裴晉公林亭〉說裴度「悠然到此忘情處，一日何妨有萬幾」（卷五七八），就指出園林使人忘情，鬆弛精神，洗滌靈府，所以認為裴度即使日理萬機也能應對從容，寬綽有餘；因為他的心靈已經因園林休養生息而得以超越繁瑣政務的煩擾了。這樣地「不似當官祇似閒」（杜荀鶴〈題汪明府山居〉卷六九二）的自由超然的境界，無疑可以展現自己修養進境，難怪當時「莫不擁冠蓋於煙霞」（王勃〈三月上巳祓禊序〉文卷一八一），對於能夠齊一兼融仕與隱，能夠展現自己心靈自由境界的園林，要趨之若鶩了。

吏隱者不僅自得於自己的魚與熊掌兼得，還要對那些只取其一而棄另一的抉擇者加以不然：

不學堯年隱，空令傲許由。（蘇頲〈奉和幸韋嗣立山莊應制〉卷七四）

若使巢由知此意，不將蘿薜易簪纓。（張說〈灉湖山寺〉卷八七）

---

54 見王國瓔《中國山水詩研究》，頁一一六。

則知真隱逸，未必謝區寰。（錢起〈裴僕射東亭〉卷二三八）

由來朝市為真隱，可要棲身向薜蘿。（方干〈題桐廬謝逸人江居〉卷六五〇）

豈同秦代客，無位隱商山。（張蠙〈和崔監丞春遊鄭僕射東園〉卷七〇二）

既然隱逸又可兼任官職，兩全其美呢，何必千里迢迢、千辛萬苦地跋涉嶺壑，去度離群清苦的索居生活？這種得意的心情，確乎忘記隱逸原初「避世」的本衷。縱或一部分吏隱者真能以超拔無礙的心靈，保持隱者該有的潔淨本色，也不至於對那些誠厚篤實、淡泊名利而執著於純粹隱遁者有鄙薄之意。因為其既持齊物思想以泯化仕與隱的差別，當也能泯化隱陵藪與隱朝市的高下。吏隱者是否真正自由，不受形跡與俗務所染污，今天我們並不易清楚判別；但是一些太過以吏隱自名得意而鄙蔑巢許四皓等古逸人者，其隱逸的境界是頗可懷疑的。像蘇頲既在奉和的應制之作中誇讚韋嗣立的既吏且隱可使許由之類失色，卻又在自家〈小園納涼即事〉時批評「奈何誇大隱，終日繫塵纓」（卷七三）。這裡基本上肯定大隱的仕兼隱的生活選擇，可是唾棄那些只汲汲於仕途卻無何隱逸高情而仍自誇大隱之人。足見當時，以大隱之名行庸碌奔競之實者，頗有其人，乃致引起一些反感、厭惡和批判。

本來，「天下有山山有水，養蒙肥遯正脩然」（陸希聲〈陽羨雜詠十九首・講易臺〉卷六八九），有山水林泉之地都可以是肥遯的好地方；大自然無疑是，自然山水園亦然，城市園林也具有可能性。它們對人心的洗滌蒙養功能是值得肯定的。因此，晨旦入朝堂理政，全然投入治世工作中，可信其黃昏回到園林裡，是可以全然放下塵務而悠遊如隱者的。只是，隱的定義若嚴格地定在形跡與心靈的俱避，吏隱就難以認可為純隱；若寬鬆地只定在心靈的避越，吏隱則可以視同隱逸。現在看到的唐代文人的意見，大部分都站在寬鬆隱義的立場（反對者、嚴格純隱者也許都沉默無言而不見於世）。而一些著名的大家也多持著這樣的看法，實踐這樣的行徑。如王維晚年在安史亂後因詩作而得以免罪，於是「晚家南山陲」，過的實是吏隱生活。陳貽焮先生說他「不甘同流合污，但又極力避免政治上的實際衝突，把自己裝點成不官不隱、亦官亦隱的『高人』，保持與統治者不即不離的關係，始終為統治者所不忍棄。」[55]這種亦官亦隱的生活形態，據日人內田誠一的看法，是有其佛教信仰作為思想基礎的，尤其是他私淑甚篤的《維摩經》：維摩詰是在家的佛弟子，有龐大資產濟助貧民，勸導人群，修行佛道卻過著世俗生活。王維皈依佛門，在家修行，正是模仿維摩詰[56]。又引《維摩經》的〈方便品〉「入治政法，救護一切」及〈弟子品〉「不捨道法而現凡夫事」、「聖俗一如」等經文，認為這些佛法都支持王維願意在污濁世俗中做官，以謀民眾之幸福[57]。無論王維是否存意仿效維摩詰，他的思想的確是以亦官亦隱為上。他在〈贊佛文〉裡稱頌奉佛甚篤的崔希逸「出為法將，入拜臺臣。身在百官之中，心超十地之上」（文卷三二五）。另在〈與魏居士書〉論道：「長林豐草，豈與官署門闌有異乎？」「君子以布仁施義、活國濟人為適意。縱其道不行，亦無意為不適也。苟身心相離，理事俱如，則何往而不適。」（文卷三二五）便是以心靈的超越來推崇吏隱，而其自身的生活亦如此實踐。

又如李白為竹溪六逸之一，卻也在〈代壽山答孟少府移文書〉中說：「願為輔弼，使寰區大定，海縣清一。事君之道成，榮親之義畢，然後與陶朱、留侯浮五湖，戲滄洲，不足為難矣。」（文卷三四八）以先

[55] 見陳貽焮〈論王維的詩〉，刊《唐詩論叢》，頁一二四。

[56] 見內田誠一〈王維における維摩詰的生活——半官半隱の思想を中心に〉，刊《中國詩文論叢》第七集，頁五八：「王維は維摩詰に私淑した。では、『維摩經』は王維にどのような影響を与えたのであろか……維摩詰はヴァイシャーリー市に居住する在俗の佛教信者である。厖大な資産を有し、世俗の生活をするが、それらに執着せず佛道修行をし、貧民を助け、人々を正しい道に導くのである……さて王維は、深く佛教に帰依し、一生を在俗のままで佛道修行に励んだ。これは維摩詰に倣ったものと考えるのが最も妥当であろう。」

[57] 同[56]，頁六〇：「王維も維摩詰に倣って世俗の汚濁の中で官にありながら、民眾の幸福を願ったのであろう。」

仕後隱為志，這在他的詩歌中屢屢可見。陳貽焮先生於是說他「企圖將積極入世的政治抱負和消極出世的老莊思想、隱逸態度結合起來」[58]。但他和杜甫之戲稱自己為吏隱（見前引），一樣是不做吏隱與純隱的高下判別，到白居易則不然，他明白地標示吏隱優於小隱，如：

大隱住朝市，小隱入丘樊。丘樊太冷落，朝市太囂諠。不如作中隱，隱在留司官。似出復似處，非忙亦非閑。不勞心與力，又免飢與寒。人生處一世，其道難兩全。賤即苦凍餒，貴則多憂患。唯此中隱士，致身吉且安。窮通與豐約，正在四者間。（〈中隱〉卷四四五）

箕潁人獨窮，蓬壺路阻難。何如兼吏隱，復得事躋攀。（〈奉和李大夫題新詩二首各六韻・因嚴亭〉卷四四三）

巢許終身穩[59]，蕭曹到老忙。千年落公便，進退處中央。（〈奉和裴令公新成午橋莊綠野堂即事〉卷四五六）

他主張以「中隱」取代大隱和小隱，可以各去其弊而兼得其利，不致太冷落也不會太囂諠；「好登臨」者可以就城東城南而遊園遊山。這種處「中」間的態度，實是肇因於「其道難兩全」的困境，故而欲以折衷方式來圓滿各自的缺憾。倘若這也算是一種選擇（割捨）的話，他們是選擇了兩端的利益而割捨了兩端的缺乏，但也因此割捨了兩端的純粹性。以上只是就唐代文人中最負盛名的四大詩人王維、李白、杜甫和白居易為例。在這調和盛行的情況下，如劉翔飛先生所說：「除了十足的閒官以外，從宦總是受拘束的，不能隨心所欲地從事山林之遊；但是無妨，『別業』正可迎合這班人的需要，而成為理想的棲遊處所。」[60]這也是園林之所以能在唐代文人間興盛的重要原因。

[58] 見陳貽焮〈唐代某些知識分子隱逸求仙的政治目的——兼論李白的政治理想和從政途徑〉，刊[55]書，頁一五七。

[59] 穩字疑應作「隱」字。

[60] 同[14]，頁三一七。

三、人文與自然的調和兼融

園林的存在，本來是出於人類對山水自然的喜愛，所謂「從來愛物多成癖，辛苦移家為竹林」（李涉〈葺夷陵幽居〉卷四七七）。人，本是自然的一部分；至少人的生命本出於自然。不管人類文明如何進步，總還有不能改變的自然成分及自然情感，「誰言聖與哲，曾是不懷土」（李德裕〈夏晚有懷平泉林君〉卷四七五），聖哲該是人文精神萃集的典型人物，卻也有其思愛大地自然的情分，如孔子與曾點般。從某些角度來說，自然的確有其高於人為之處：雄渾壯闊、氣勢磅礴的群山巨流是大自然渾然天成的傑作，非人力所能造就；日月星辰的運轉及四季節氣的輪代是大自然生生不息的奧妙，亦非人為可成。人文於這些事實是無力的。其次，自然對於人類具有諸多承載、蒙養的福澤，並且在仰觀俯察之中予人甚多啟示。

自然予人的諸多啟示，由園林詩文中呈現者，如「路尋之字見禪關」（方干〈題應天寺上方兼呈上人〉卷六五二）是由山徑的轉折見出「之」字形的規律，對於造園動線的曲婉美感在原理及實踐上均有啟發。又如「不指虛空即指雲」（施肩吾〈山居樂〉卷四九四），見到雲的飄浮虛幻而感悟富貴之亦然。再者，如：

> 景清神已澄（韋應物〈曉至園中憶諸弟崔都水〉卷一九一）
>
> 境閒視聽空（孟郊〈藍溪元居士草堂〉卷三七六）
>
> 滿院竹聲堪愈疾（皎然〈題秦山人麗句亭〉卷八一七）
>
> 漸諳浮世事，轉憶故山春。（崔塗〈春日閒居憶江南舊業〉卷六七九）

自然對人的精神具有洗滌除垢的作用，這一直是文人們強調的、肯定的。所以在他們漸諳人事的污穢及黑暗，失望及疲憊的時候，也會選擇回歸山水園林，作為休息調養的地方。像養生者以胎息來調養元氣，以期回復到嬰兒孕養於母胎時的狀況。這是自然給予人類精神及生理的涵養蘊育，如母之於子。再如：

帶郭茅亭詩興饒（馬戴〈題章野人山居〉卷五五六）

萬景集所思（溫庭筠〈鄠郊別墅寄所知〉卷五八二）

詩情緣境發（皎然〈秋日遙和盧使君遊何山寺……〉卷八一五）

是以東山可望，林泉生謝客之文；南國多才，江山助屈平之氣。（王勃〈越州秋日宴山亭序〉文卷一八一）

自然山水也是文學創作等人文活動的養料，最密切的是物色對人情文情的觸引。不論人文如何發展，自然永遠是人類的對照，從中可以反照到人為一切的走向，從中人可以把持到自己的位置所在，從而更深切地了解處境，有所感悟感發，故說萬景能夠集聚所思，境緣可以生發詩情。因此，自然不僅是人文的養料，也是人文的提示和輔弼。

唐代文人眼中園林自然對人的重要性約略如上所論，但當一個人遠離了人文社會，回歸大自然懷抱長住久居時，又將發現人的重要。最直接的感受是園林的靜寂孤獨，遂而生起「寂寥猶欠伴」（項斯〈宿胡氏溪亭〉卷五五四）的寂寞感。原來，人仍須同類的溝通和共鳴、互助互攜，這是極自然的事。在人類走向文明文化的生活階段後，再回頭歸復於自然裡，其人文精神將會保留並流露於生活中。文人們甚且認為在大自然的懷抱內，加以適當的人文作為，將使自然更加美好，例如山水景物本是天造地設、渾然天成的，但稍假人為的營造，可以使其優美之處更加突出：

持刀剗密竹，竹少風來多。此意人不會，欲令池有波。（白居易〈池畔二首之二〉卷四三一）

有槲江可見，無槲無雙眸。（姚合〈題金州西園九首・江槲〉卷四九九）

近窗臥砌兩三叢，佐靜添幽別有功。（劉兼〈新竹〉卷七六六）

作一亭而眾美具。噫！天造茲阜其固與人為亭歟……若此非常之地，意待非常之人……（歐陽詹〈二

公亭記〉文卷五九七）

遂命僕人持刀斧，辟而翦焉。叢莽下頹，萬類皆出，曠焉茫焉，天為之益高，地為之加闢，邱陵山谷之峻，江湖池澤之大，咸若有增廣之者。（柳宗元〈永州法華寺新作西亭記〉文卷五八一）

人稍加些許力量，可以製造水波以增添水的精神和美感；用人造的江樹可以採取最適切的角度以呈現汀流之美；在窗前砌下栽植竹子三兩叢，可以佐靜添幽；或者造一亭、翦叢莽而使眾美具現、天地朗豁。所以歐陽詹會發出「天造茲阜其固與人為亭歟」、「非常之地，意待非常之人」的感想。「待」字正精采地指出，許多自然景物的美好可能是分散而不夠凝聚的，可能是涵蘊而不夠外顯的，只要人力稍加點化，就能使其凝聚集中或朗現；正如璞玉之待人發掘，待人琢磨般。於此存在的問題是，自然之美不論是分散的或內蘊的，對整個宇宙自然而言，其美是恆在的，不因人之不覺而減少一分；當人力去集中或顯現它時，所凸顯出來的美也未曾增加一分，但對於觀者卻顯然增益不少美感。所以人文力量加強出來的自然美感只對人具有意義。柳宗元在〈邕州柳中丞作馬退山茅亭記〉中說「夫美不自美，因人而彰」（文卷五八〇），林同華先生認為柳宗元這個觀點「很能代表古代人將自然人格化的審美觀點」[61]，柳宗元這個「美因人而彰」的論點，未必限指人格化的範疇，而是認為美是對人而言的，對人而生的，在人之外，就無所謂美或不美的問題，而只是在自然天地間如如的存在而已。美感，是人的能力，其實也是人文的顯現。柳宗元應是視自然美（自然之所以美）為人文精神的映現吧！陳望衡先生的兩段話：「美，我認為它是對人而言的。所謂美，就是人的本質力量對象化，而自由自覺是人的最基本的本質力量。因此，美的形象就是體現人的自由、自覺的本質力量的感性形象。所以從根本上說，美是人的一種價值。」「有很多自然物，雖然人的實踐沒有能夠加之於它，但人的審美感官——視覺和聽覺能夠達到它。它雖不是人們生產實踐的對象，卻可以成為

[61] 見林同華〈「天開圖畫即江山」——談談自然美是一個流動範疇〉，刊[38]書，頁一〇八。

精神活動的對象。」❻❷應該是柳宗元「夫美不自美，因人而彰」的好注腳。

自然的一切美好，不僅因人的自覺與美感而彰顯，它也會因為人為的力量而更加集中凸顯，如造園過程中的疊山、理水、植木、建築及布局，都是以人工去創造自然或整理自然或略加點撥，使其富於自然的趣味，使眾美驟然朗現。雖然美是人的價值，因人而彰，但唐代文人的園林依然本著其調和兼融的精神，在人工造作中尊重自然的大原則。例如在布局上，注重「因隨」自然「形勢」，而「卜築因自然」（孟浩然〈冬至後過吳張二子檀溪別業〉卷一六〇），而「因下疏為沼，隨高築作臺」（白居易〈重修府西水亭院〉卷四五一）。也就是在大自然的先決條件之下進行人為的有限點化，這些人為造作，也是盡量力求符合自然、模擬自然，使其能近於天成：

智囊心匠日增修。化成池沼無痕跡，（劉禹錫〈和思黯憶南莊見示〉卷三六一）

功成得與化工齊（劉威〈題許子正處士新池〉卷五六二）

廣狹偶然非製作，猶將方寸像滄溟。（方干〈路支使小池〉卷六五一）

斯亭何名，化洽而成。（沈顏〈題縣令范傳真化洽亭〉卷七一五）

當軒乍駢羅，隨勢忽開坼。有洞若神剜，有巖類天劃。（韓愈〈和裴僕射相公假山十一韻〉卷三四二）

一切的智囊心匠、巧思妙意，終都希望能夠渾然無痕跡，好似天工「化」成，使其極自然極貼切，而能平順流暢且一氣呵成。這種「雖由人作，宛自天開」（計成《園冶．卷一園說》）的成效，便是人文與自然調和的一個面向的顯現。這是從造園的理念與成就見到唐代文人對人文自然調和的注重。至於園林生活，無論是宴會聚遊、讀書談議、品茗飲酒、農耕藥釣、賦詩彈琴或感懷思舊，都是盈溢著人文內涵與精神的圖畫，使這圖畫在自然美的底景之上，富於人的情味。有時文人將情感移化貫注到自然物身上，使自然物人

❻❷ 見陳望衡〈簡論自然美〉，刊❸❽書，頁六八、七〇。

格化，彷彿在自然美之外更具有雋永動人、微妙深厚的美感。對人而言，這就使自然美帶著人文美的成分。而在人文活動方面，不僅在形跡上要求與大自然結合，如「煮茶傍寒松」（王建〈七泉寺上方〉卷二九七），如「酌酒會臨泉水，抱琴好倚長松」（王維〈田園樂七首之七〉卷一二八）；更還要求藉彈琴飲酒等人文活動以提昇人的心靈去冥契至道，與天地自然渾化為一。白居易一首〈尋春題諸家園林〉云「天供閒日月，人借好園林」（卷四五六），便指出在天與人的相互配合之下，才可能盡情契享園林生活的種種美好。這是文人對於園林生活自身即是人文與自然的調和兼融的肯定，亦即是圓滿的境界的肯定。

綜觀本節所論，唐代文人藉園林生活以調和兼融兩端的重點，約可歸納如下：

其一，唐代文人常常藉園林生活來消弭兩個極端的對立性及緊張性，如城與野、仕與隱、人文與自然等兩端，在園林生活中不僅得到調和，可以兼融並蓄；並且在齊物思想的基礎上被等同起來。因此，人生許多兩難與割捨，於此被取利捨弊的折衷地、圓滿地解決了。

其二，城市園林與城郊園林，因居處繁華要地，既得交通及物資的便利，又能坐享山林的幽寂之趣。於是閉門即淨地，門前便是紅塵，塵俗與淨地只是一牆之隔，只靠一扇門扉即可交通出入。紅塵與淨地在園林裡便各留其益而兩去其害，園林於是成為城與野、人間與方外的調和兼融。

其三，仕與隱在唐代之前已出現「大隱」的調和理論，到唐代更出現「吏隱」、「中隱」、「挂冠吏」等字面上相互矛盾的弔詭性名詞，在文人描寫園林生活的詩文中大大地被歌頌著。顯示出仕與隱兩端在唐代普遍地被調和兼融在園林之中。

其四，園林是唐代文人實踐吏隱生活的最佳便利，晨旦入朝廷或公堂從政，傍晚回到園林就全然投入山水林泉之間，盡情享受閒逸逍遙的隱遁生活。作為休養生息之地的園林，使吏隱的文人在官場上能無礙地日理萬機，在園居時又完全輕鬆自在地享其瀟灑疏放的生活樂趣。

其五，能調和兼融兩端於一身的園林，只是個方便的境緣，最主要還須人的心靈能夠絕對自由，超越種種形軀的限制和誘引。所以兩端調和兼融的生活實際也是心靈境界的反映，故而唐代文人中的著名大家如王維、李白、杜甫和白居易等人也都肯定並實踐之。

其六，唐代文人肯定人文與自然具有互助互攜的關係：自然是人文的根源和養分，可以洗滌、蒙養、啟悟人心並提供文學創作的豐富資材；人心則能點化、整頓或感受自然美，使自然美因人而彰顯而雋永。可以說，美的價值因自然與人文的配合而呈現。

其七，園林在物境的創造上本屬人文造作，但文人卻在大原則大形勢方面要求依循自然，力求渾然天成，化洽無痕；在生活方面卻又肯定人文活動可以豐富園林的自然美，並要求藉人文活動以提昇心靈去冥契至道，與天地自然渾化為一。總之，文人肯定在天與人、自然與人文的調和兼融之下，才可能盡情契享園林生活的美好，達到圓滿的境界。

第六章

唐代文人園林生活的影響

唐代文人園林生活的影響，大體可由兩方面來討論，一個是對當時整個文人社會乃至整個唐代產生的影響，一個則是對於後代園林發展以及文人生活所產生的影響。一件事況或一個現象作為「因」所具有的影響力，以及作為「果」所承自各方的影響，是錯綜複雜而又有許多隱微含蓄的部分；加以時間相隔一千多年，置身此時此地是難以條分縷析且巨細靡遺地指出其影響之歷歷的。故本章僅能就其影響中之犖犖要者，尤其是對文人在藝術創造上的影響擇要以論之。在當時文人社會間發生的較重要的影響是詩文創作的鼎盛及詩歌風格的轉變；同時從初民開始即懷抱的樂園嚮往乃至陶淵明的桃花源一直只是人們心中的希望和慰藉，在唐代卻廣泛地被實現在園林裡，這對諸多文人的心靈起著相當大的快慰與滿足，起著安頓定靜的滋潤，是一個整體性的大影響。在後代發生的影響，比較與園林藝術相關的即是其對造園理論及典型化手法的啟示，以及中國山水藝術中重要一環的文人山水畫所受的啟示。本章即擬由此四方面論述之。

第一節 園林生活對唐代詩文的影響

園林是個小自然，從「物色之動，心亦搖焉」（《文心雕龍．物色》）的文學創作歷程中的構思之初來看，園林物色正是搖蕩情思以起興的豐富資源。所謂「萬景集所思」（溫庭筠〈鄠郊別墅寄所知〉卷五八二），便指出園墅景色起興集思的由客觀物境觸動主觀情思的情與景的關係。對於注重文學創作的文人而言，物色豐富且能普及日常生活的園林，便成為其文學創作的重要物境。錢起的「滿朝辭賦客，盡是入林人」（〈宴崔駙馬玉山別業〉卷二三七），描述的雖是一次宴集，卻也頗道出當時在朝為官的文人接觸園林的頻繁，以及辭賦創作與入林一事之緊密關係。但是在朝者只能利用公退及休沐時間入園林，遂造成園林活動夜間化及詩文描寫夜景的普遍。至於平日關心民生社會且藉詩文以反映之的社會寫實派的文人，在他們園林生活自述與抒情的作品中，卻也流露出遠離社會、恬淡閒適的風格，足見園林生活對某些文人的文風轉變確有深刻影響。本節將分由園林的起興功能、夜間活動與夜吟月吟、詩歌風格的轉變等三方面論之。

一、園林的起興功能與文學目的

園林的起興功能是唐代文人多所肯定的。姑不論其遺留至今與園林相關的詩文數量與內容，單就詩文中文人明白提出的議論，便可看出唐代園林實際所發揮的文學功能。如：

最堪佳此境，為我長詩情。（周繇〈甘露寺北軒〉卷六三五）

大抵世間幽獨景，最關詩思與離魂。（韓偓〈曲江夜思〉卷六八二）

詩情緣境發，法性寄筌空。（皎然〈秋日遙和盧使君遊何山寺宿敭上人房論涅槃經義〉卷八一五）

是以東山可望，林泉生謝客之才；南國多才，江山助屈平之氣。（王勃〈越州秋日宴山亭序〉文卷一八一）

耳目所及，異乎人寰。志士得之為道機，詩人得之為佳句。而主人生於是，習於是，其修身學文固加於人一等矣。（權德輿〈暮春陪諸公游龍沙熊氏清風亭詩序〉文卷四九〇）

韓偓以為世間幽獨美景與詩思之盈懷有密切關係，關係為何？雖未點出，但可明白應是指正面的助長和觸動。如周繇所說的「長詩情」和王勃的「生文助氣」以及權德輿的「得之為佳句」、皎然的「發詩情」，都正面肯定其助長、觸興的功能。他們共同認為，不論寺院園林、公共園林或私人園林，一旦美景入得文人眼中心中，便可能成為文思佳句。所以權德輿認為熊氏擁有幽境美園，長期居息於其中必能陶冶出高人一等的文學造詣，這就使園林不但具文學起興功能，甚且對其成就有正面提昇的助力。因為好的文學作品須是深雋意境的呈現，不能僅是文人主觀情意的抒吟，淪為抽象有隔的呻吟；但也不能只是客觀物象的描摹，淪為複印式的匠筆，而必須是情藉景抒、景含情意的情景交融，園林景致正可提供寓情的豐富意象。所以由「高亭發遠心」（鄭巢〈秋日陪姚郎中登郡中南亭〉卷五〇四）、「高臺曠望處，歌詠屬詩人」（李中〈春日作〉卷七四七）的起興，到「春花秋月入詩篇」（魚玄機〈題隱霧亭〉卷八〇四）的意象提供及情景交融意境的呈現等提昇文學造詣的可能性，園林物色都具有重要的功能。貫休〈秋晚野居〉說「山色園中有，詩魔象外無」（卷八三二），無象就沒有可憑藉以傳達、以寓寄情意的具體形象，也就難以成就優秀的作品或癡迷於吟詠創作的詩人了。

再者，中國園林在文人的經營下，往往具有無窮詩情。唐人已開始大量運用的借景手法、虛靈通透的空間特色、曲折掩映的神遊動線等造園意匠，都使園林自身已涵富豐盈深雋的詩情與畫意。馬戴〈題章野人山居〉所感受到的「帶郭茅亭詩興饒」（卷五五六），便明白顯示出園林自身饒富著詩意。因此，可以在詩文當中看到文人對園林的文學貢獻加以肯定且喜於園林中賦詩：

> 花木手栽偏有興，歌詞自作別生情。多才遇景皆能詠，當日人傳滿鳳城。（劉禹錫〈和樂天南園試小樂〉卷三六〇）
>
> 並馬更吟去，尋思有底忙。（李商隱〈贈子直花下〉卷五四〇）
>
> 野侶相逢不待期，半緣幽事半緣詩。（皮日休〈魯望春日多尋野景日休抱疾杜門因有是寄〉卷六一三）
>
> 滿亭山色借吟詩（李咸用〈題陳正字林亭〉卷六四六）
>
> 謝公吟望多來此，此地應將峴首齊。（方干〈和于中丞登扶風亭〉卷六五〇）

有人為了吟詩特地在園林裡尋思，以其滿腹才情逢值美景，都能吟詠出傳誦滿城的佳作來。「尋」字很能點出文人心中是自覺地認肯園林對其吟創有莫大的助益，故要「多尋」。李咸用也指出其借用的詩材及興媒是陳氏園林裡透過亭宇所見的一片山色，方干更將扶風亭比喻為「生謝客之文」的峴山、會稽一帶，以顯示此亭帶給文人們豐沛的詩情文思。在或許略帶誇張的描述背後，我們仍然可以看到唐代文人倚重園林來創作的實際情況，也見出文人意識中是普遍認定園林具有文學創作的功勞。在諸多園林景物中，文人們似乎認為竹子最是富於詩情，而要肯定地說「詩思竹間得」（錢起〈題精舍寺〉卷二三七）、「幽谷添詩譜」（朱放〈竹〉卷三一五），因為竹性清冷，可以使人清醒，猶如《文心雕龍‧神思》所謂的「澡雪精神」，所以杜荀鶴在新栽竹之後不僅感到窗風從此變冷，還發覺自己也有「詩思當時清」（卷六九一）的受益。詩思清的結果當是佳作的完成，於是鄭谷又要「冷句偏宜選竹題」（〈訪題表兄王藻渭上別業〉卷六七六）。竹子宜詩，不但因其冷淡可澡雪文人之精神，多風時其搖曳婆娑、婉曲柔勁的身姿及蕭散之氣，也是富於詩情畫意的，還有其背後豐富的比德象徵，使其具有時空延展性，可加深詩境的多層意涵。

文人在園林中從事詩歌吟創的頻繁，可由其為吟詩而特別設計建造的建築物見出一二。如李咸用有「吟亭」侵壞壁（〈苔〉卷六四五），顧正字有高敞「吟軒」近釣灣（李昭象〈題顧正字谿居〉卷六八九），韋莊更有令他自豪的「七步廊」，他在〈題七步廊〉詩中自云「席門無計那殘陽，更接簷前七步廊。不羨東都呈相宅，每行吟得好篇章。」（卷六九七）。一道他可以漫步緩踱的廊子便是文思湧現的所在，每每在此可以像曹植那般於短暫時間裡迅疾吟出感人至深的好篇章。僅此，便足以使韋莊自喜自滿，而不羨慕東都裡的豪門巨園。言下之意，似乎園亭存在的目的與價值主要還是文學功能，在他心中，甚且園亭最初恐怕也是為了吟詩而造而買的。於此，似乎令人懷疑，唐代園林之所以在文人之間興盛起來，恐怕詩文創作的目的是一個重要的促因；而唐代詩歌之所以有輝煌成就，恐怕園林提供物色情思也是一個不可忽視的原因。亦即，園林與詩文之間存在著互動的關係。

園林既是吟詩的起興資源及提昇詩歌造詣的佳緣，文人於園中自是充分運用而致力於吟詠，不論是「得意高吟景且幽」（李中〈思九江舊居三首之三〉卷七四七）的歡悅自得，或是「唯餘詩酒意，當了一生中」（盧照鄰〈春晚山莊率題二首之一〉卷四二）的落寞失意，園林同樣都是他們吟詩的所在。文人於園林熱中吟作詩文的情形，常可自其詩中見到，如：

詩酒相牽引，朝朝思不窮。（姚合〈遊春十二首之三〉卷四九八）

脫巾吟永日，著屐步荒臺。（劉得仁〈夏日樊川別業即事〉卷五四四）

吟詩似有魔（許棠〈冬杪歸陵陽別業五首之三〉卷六〇三）

今日開襟吟不盡，碧山重疊水長流。（孟賓于〈題顏氏亭宇〉卷七四〇）

盡日吟詩坐，無端箇病成。（貫休〈秋末閒居作〉卷八三二）

在園林裡終日不斷地吟詠詩文，好似有歌詠不盡的物色和情思。「思不窮」、「吟永日」、「吟不盡」、「盡日吟」強烈地表示有一股不可抑遏的魔力使人源源不斷地奔湧出詩句來。這並非極端或少數的例子，《唐才子傳・卷四・夏侯審》載其最初於華山下多買田園為別墅，水木幽閟，雲煙浩渺，「晚歲退居其下，諷吟頗多」，也是於園林諷吟頗多的史聞。所以在當時，文人們於園中該是真如孟貫所述「吟嘯是尋常」（〈寄山中高逸人〉卷七五八）之事。猶如李中〈閒居言懷〉所說：「病後倦吟嘯」（卷七五〇），言下之意是健康之時，吟嘯乃是閒居的平常事，這恐怕也是當時一般文人在園林生活中的常態。甚至有些過度熱中者，竟到了「吟戀」（如李中〈和潯陽宰感舊絕句五首之五〉「就中吟戀垂楊下」卷七五〇）的癡迷境地了。又如第四章第五節曾論及文人園林生活中常常詩酒並提，文人確乎是藉酒以助其做詩的，因為酒後可放鬆、渾然不知，在和諧忘化的狀態下「『以物觀物』，不滲與知性的侵擾。這種凝注無疑是極似神祕主義者所稱的出神狀態」❶，這出神狀態使其操筆狂走而一氣呵成，所以「醉吟」可以是詩歌創作的曼妙歷程，也可能暗示詩歌品質與境界之佳上，如白居易自稱「醉吟先生」，杜荀鶴〈和舍弟題書堂〉的「藉草醉吟花片落」（卷六九二），趙嘏〈杜陵貽杜牧侍御〉要求杜牧道：「知君懷抱安如水，他日門牆許醉吟」（卷五四九）。這一面顯示詩酒的藝術創作關係，一面也顯示文人築造購置園林的目的之一，就是為了提供吟詩的好境緣。所以，文學起興及造詣的提昇，是園林的功能；文學活動的進行與完成，也是園林的目的。因而，文學創作的強烈需求（包括為科考而吟）可造成園林的盛興，而園林之興盛也會帶動創作佳績。

由另一個角度也可看出園林吟作之豐沛：

桐葉坐題詩（杜甫〈重過何氏五首之三〉卷二二四）

何處題新句，連谿密葉垂。（姚鵠〈野寺寓居即事二首之一〉卷五五三）

雨洗芭蕉葉上詩……故園雖恨風荷膩，新句閒題亦滿池。（司空圖〈狂題十八首之十〉卷六三四）

❶ 見葉維廉〈中國古典和英美詩中山水美感意識的演變〉，刊《飲之太和》，頁一四四。

坐牽蕉葉題詩句（方干〈題越州袁秀才林亭〉卷六五一）

吟時勝概題詩板（翁洮〈和方干題李頻莊〉卷六六七）

園林裡設有詩板以題下勝概，可見文人是多麼有心於園林從事創作；詩板無法處處皆置，便隨手將靈感、新句題寫在桐葉、蕉葉或荷葉上，較諸詩板更富情味，且使詩作中的意象更具實感地呈現眼前，於是園林到處可見到文人創作的痕跡和成果。有人甚至將題滿詩文的牆壁重新圬漆過，以便再題上新作（項斯〈題令狐處士谿居〉卷五五四）。文人於園林中熱烈地從事詩文創作，於此又可見其一斑。李頻有一首〈和太學趙鴻博士歸蔡中〉詩，說趙鴻帶祿還鄉去見後生，其中有四句詩云「田園休問主，詞賦已垂名。掃壁前題出，開窗舊景清」（卷五八九），壁上的詞賦得之於窗外的清景，故而田園要急切地詢問主人，此去可得到功名了嗎？看來彷彿主人詩賦的成就與它有密切關係，好似一切的成敗榮辱都要落到田園的肩上來承擔。於此，再一次顯示，園林在文人生活中，確實負有詩文創作的責任，吟詠詩文確是園林的目的之一。

詩文創作變成園林的目的和責任，有些是出於文人本性的喜好而癡迷，有如詩魔；有些則是出自功名追求的自我磨練，尤其為科考而讀書山林的士子，吟詠更是一項功課、壓力和痛苦差事：

惟有好詩名字出，倍教年少損心神。（王建〈題元郎中新宅〉卷三〇〇）

作詩二十載，闕下名不聞。（曹鄴〈城南野居寄知己〉卷五九三）

鬚白祇應秋鍊句，眼昏多為夜抄書……待得功成即西去，時清不問命何如。（杜荀鶴〈閒居書事〉卷六九二）

客傳為郡日，僧說讀書年。恐有吟魂在，深山古木邊。（曹松〈弔建州李員外〉卷七一七）

寫成一首好詩可以使自己的名字傳播出去，為此而年少時期便努力吟詠創作，倍損心神；可憐如曹鄴自年少損心神至二十載之久仍然沒沒不聞於朝廷者，恐怕亦不計其數。杜荀鶴因鍊句耗神而鬢髮斑白，為的是成就功名；一旦功成名就便離開其間鍊句的僻地，往赴「時清」的政途。待到官也做了、祿也得了，有朝一日撒手人間了，才有可能因憶念起平日年少寄讀寺院山林的情景而飛回昔時吟鍊詩句的地方，一再眷依彌重地以吟魂的形態縈迴不去。凡此都反映當時文人之所以那麼熱中於園林吟詠，是有其政治理想追求的要因，為此，他們的創作就非單純地只以抒發傳達為足，而是要在文思窮竭的時候也大肆搜索枯腸，使其歌詠之事成為極大的壓力和負擔：

文字非經濟，空虛用破心。（姚合〈閒居遣興〉卷四九八）

此生詩病苦，此病更蕭條。（司空圖〈即事九首之五〉卷六三二）

僻詩須苦求（李山甫〈早秋山中作〉卷六四三）

湖邊倚杖寒吟苦（方干〈題桐廬謝逸人江居〉卷六五〇）

絡緯牀頭和苦吟（徐夤〈新葺茆堂〉卷七〇九）

明知文字非經濟之事，卻仍用破心思苦苦追索，為此而倚杖湖邊忍受寒涼，只為詠得佳句。司空圖更旵知自己的苦吟已是一種病疾，必須為了佳句僻句而忍受山居的寂寥蕭條。又如杜荀鶴〈春日閒居即事〉決意要「詩堪與命爭」（卷六九一），幾乎到了捨命以求詩的地步。何以會為了做詩而拼卻生命呢？大多是為了功名，詩耕猶如農夫之植耕乃是他的生計，所謂「深山多隙地，無力及耕桑。不是營生拙，都緣覓句忙」（杜荀鶴〈山中寄友人〉卷六九一），所謂「耕作唯文詞」（姚合〈過張邯鄲莊〉卷五〇〇）。既以文詞為耕作，當然是要下苦工夫，要盡力「窮搜」（李山甫〈山中答劉書記寓懷〉「窮搜萬籟息」卷六四三），要想出種種有助詩思的辦法，如皮日休〈寒日書齋即事三首之三〉的「欲清詩思更焚香」（卷六一四），藉焚香、彈琴、茶酒等物來助思。因為寫作詩文已儼然是他們的身分和責任，因此即或是能夠看開「世間萬事非吾事」的人，也會執著於「只愧秋來未有詩」(司空圖〈山中〉卷六三三)，沒有詩作產生似乎已變成是失職之事而要愧疚不已。這責任和本分因而成為文人莫大的負擔，終而真的是近乎變為一種病痛了。

然而，吟詩還是可以寬綽有餘的，因為它畢竟是抒發情感的途徑，園林畢竟是閒裕愜意之地。已得功名者或不求功名者，自然可以視吟詩為樂事，如白居易說「閒中得詩境」(〈秋池二首之二〉卷四四五)，李洞說「吟中達性情」(〈避暑莊嚴禪院〉卷七二二)。這種以做詩為樂的園林情調，有很多是出現在文人心靈境界超拔恬然或聚友宴集的場合。前者如前引白、李之詩，鄭谷「溪光何以報，祇有醉和吟」(〈郊園〉卷六七四)亦是；後者如：

以文長會友，唯德自成鄰。(祖詠〈清明宴司勳劉郎中別業〉卷一三一)

朝與詩人賞，夜攜禪客入。(韋應物〈花徑〉卷一九三)

時與道人語，或聽詩客吟。(白居易〈玩新庭樹因詠所懷〉卷四三一)

幕客開新第，詞人遍有詩。(黃滔〈陳侍御新居〉卷七〇四)

又與一二文士，以吟以賦。(李翰〈崔公山池後集序〉文卷四三〇)

宴遊本是歡樂之事，有美景、佳餚、群伴、玩樂，應是賞心美事。此時寫作詩文雖有應酬的外力，卻無苦寒蟄伏的孤寂奮鬥之重荷；至少整個吟詠場面是熱絡喜樂的。「笑吟山色同攲枕」(秦韜玉〈題刑部李郎中山亭〉卷六七〇)是有知音相伴吟的快樂，而無大型宴遊的酬酢格套等束縛和疲憊；「願同詞賦客，得興謝家深」(盧綸〈題李沆林園〉卷二七八)是群聚唱和的盡興；「客醉揮金椀，詩成得繡袍」(杜甫〈崔駙馬山亭宴集〉卷二二四)則是疏狂縱恣之樂與佳篇受賞之自得。難怪一些文人要強調城市或城郊園林易得詩人聚會同的城與鄉兼融的便利。這一層聚會文人的方便考慮(參第五章第五節)，正說明聚宴吟詠是文人們建購園林的目的之一。至於居處山中丘園，聚友則非易常之事，所以可見到一些憶文流、盼詩友的獨吟

（參第四章第六節）。又從杜荀鶴「滿添茶鐺候吟僧」（〈春日山中對雪有作〉卷六九二）的「吟僧」稱謂，以及無可「開門但苦吟」（〈暮秋宿友人居〉卷八一三）、寒山「此時吸兩甌，吟詩五百首」（〈詩三百三首之一〇七〉卷八〇六），足見當時僧師們也熱中於吟詠詩作，並普遍來往於園林之間，與文人們交遊唱和，唐代僧人留下不少詩篇，應也與其參與文人園林活動及其擁有自家園林有關。

總之，詩文創作本就是文人生活中的常事，無論是為了情思欣趣的抒發、藝術創作的美感或是為了追求功名利祿，園林物色既可觸興文思、提昇文學造詣，造園購園以成全吟詠雅事，自是極自然的。從詩文中我們確實看到唐代文人們把吟詩視為園林的重要活動，盡日吟詠不倦，到了痴迷成病的境地。我們或者可以說做詩本來就是文人的專長，閒暇時風雅一番總是難免的。但是一個終日鎮坐屋內或奔走塵事的文人，料將難以長期多所創作詩歌（經國治世之論說文策例外）；而遠赴大山大水、迢迢跋涉畢竟不是可以頻頻然的日常生活。所以，可信唐代詩歌之所以鼎盛，園林的興盛有其重要的影響；至少唐代重要的詩人大家，今日可證的大多擁有私家園林。不見載有私園的李白卻也是竹溪六逸之一，起碼他著名的〈春夜宴從弟桃花園序〉及〈清平調〉和許多飲酒、賞春的佳作都是在園林中寫成的。和其他文人一樣，尚有無數在園林創作的詩文，是字面上未明言而今人無法證知的。總是，文人們「吟中歲月長」的園林生活，確實使文人們豐富情思、豐富意象而創作出大量的詩文。

二、夜間活動與夜吟月吟

唐代文人於園林中吟詩，似乎特別喜愛在夜間，所以可以看到很多「夜吟」的描述，如：

好是吟詩夜，披衣坐到明。（姚合〈武功縣中作三十首之十六〉卷四九八）

夜吟鄰叟聞惆悵（雍陶〈題友人所居〉卷五一八）❷

茶香秋夢後，松韻晚吟時。（許渾〈溪亭二首之二〉卷五二九）

梁燕窺春醉，巖猿學夜吟。（方干〈鏡中別業二首之一〉卷六四八）

與君詩興素來狂，況入清秋夜景長。（李中〈秋夜吟寄左偃〉卷七四七）

雍、許、方三人只是如常地提及「夜吟」、「晚吟」之事；姚合則含蓄地暗示夜晚吟詩是件令人沉醉終夜的美好雅事，李中則更用一個「況」字點出清秋夜景較諸其他任何時間更能令人詩興狂湧奔溢。這和趙嘏一首〈宿何書記先輩延福新居〉所說「詩情似到山家夜」（卷五四九）同樣，趙嘏以為山家之夜富於詩情且具有特殊情調，適於吟詠。所以一些苦吟者也在夜晚時分進行他們推敲的功課，如「誰知苦吟者，坐聽一燈殘」（李中〈秋雨二首之二〉卷七四八），「天寒吟竟曉，古屋瓦生松」（賈島〈題朱慶餘所居〉卷五七三），他們徹夜不眠，為的是吟出佳句；這些以作詩為耕業的文人，自是要選擇最適於吟詠的時段來從事他們的工作，那麼，夜晚該是他們認為宜於詠創的時候了。賈島另外著名的「僧敲月下門」（〈題李凝幽居〉卷五七二），就是在夜間進行其推敲的吟哦。夜吟可能是因為夜景的浪漫富於詩意，但也有其客觀方面的因素。一般夜吟活動很可能是出於吏隱者生活起居的需求。因為吏隱者白天要上朝或入公堂，傍晚才回到園林，日間吟詩就不可多見，回園林後才有閒時暇心去感受、構思，此時已是暮色重重了。岑參〈過王判官西津所居〉的「落日出公堂，垂綸乘釣舟。賦詩憶楚老，載酒隨江鷗」（卷一九八），李端〈題鄭少府林園〉的「謝家今日晚，詞客願抽毫」（卷二八五），無可的〈酬姚員外見過林下〉「日暮題詩去，空知雅調重」（卷八一三），他們都在日晚、日暮的時候遊園，而後抽毫吟賦，因為「落日」才「出公堂」，才能在傍晚以後開始度其「垂綸乘釣舟」的悠閒生活，也才有詩情油生，這可以說明吏隱者的自然性，在唐代文人普遍強調吏隱的風氣下，在園林裡夜吟就可能是常有的現象。

❷ 此詩所以七八年無吟聲，是因為「亞尹故居經幾主」，只雍陶友人來到而有詩情。這恐怕仍有作者的誇張。

夜吟活動，文人的情思焦點最是集中在月亮身上，故常常自述其對月而賦詩的情景，如：

吟對清尊江上月（牟融〈題山莊〉卷四六七）

孤吟對月烹（曹鄴〈故人寄茶〉卷五九二）

出竹吟詩月上初（杜荀鶴〈書齋即事〉卷六九二）

篩月牽詩興（李中〈庭竹〉卷七四八）

月色弟兄吟（貫休〈寄靜林別墅胡進士兄弟〉卷八三三）

月色，在此是文人們坐望的景致，是牽動詩興的觸媒，也是吟詠的對象，似乎就是為月色而吟。與太陽相較，月光柔和，月色皎潔，月質清冷，月形優美；與白晝相較，黑夜浪漫、深邃、寧謐、沉澱，月夜因而富於詩意，適於吟詠。項斯〈題令狐處士谿居〉說令狐處士「為月窗從破，因詩壁重泥」（卷五五四），破窗以賞月，賞月則助其題詩於壁，寫滿了一壁又塗刷再題，可知其詩思之盈沛與創作之豐碩，而月色在此扮演著十分重要的角色。和杜荀鶴〈懷紫閣隱者〉的「焚香賦詩罷，星月冷遙天」（卷六九一）一樣，項斯說的也是別人夜吟對月的情景，這當中有他們的想像，但也可說明夜吟月吟在當時的普遍，以致可以用想像、想當然爾的己意去推度描述他人。岑參〈緱山西峰草堂作〉先說自己「頃來闕章句，但欲閒心魂」，而後「佇立雲去盡，蒼蒼月開園」（卷一九八），月露柔光照灑園林，便給頃來闕詩句的心魂一些滋潤，遂成這首五言；杜甫〈夜宴左氏莊〉在「風林纖月落」的園宴上也是詠詩終夜，直到將曉。大約月亮一直是文人們常用的意象，張喬才會說「六朝明月唯詩在」（〈題宣州開元寺〉卷六三九），六朝的明月如今只存留在詩文中，顯示六朝文人也愛月，也喜詠月；只是在詩文中大量地將夜吟與月吟活動點拈出來的，似乎是唐代文人對詩歌詠創普遍地重視之後才更常見於有關園林的詩文中。

夜吟，之所以在園林有關的詩文中那麼常見，大約也因唐人盛行園林夜間活動。不論是個人的獨居或是與友人宴集，常常可見到夜間的描述，如：

銜歡不覺銀河曙，盡醉那知玉漏稀。（岑羲〈夜宴安樂公主新宅〉卷九三）

親賓有時會，琴酒連夜開。（白居易〈自題小園〉卷四五九）

春坼酒瓶浮藥氣，晚攜棋局帶松陰。（許渾〈題勤尊師歷陽山居〉卷五三三）

深院月涼留客夜，古杉風細似泉時。（黃滔〈宿李少府園林〉卷七〇五）

漁舟下釣乘風去，藥醞留賓待月開。（楊夔〈題鄭山人郊居〉卷七六三）

以上是群集夜園的詩例，尚有獨對夜景者，如：

月色偏秋露，竹聲兼夜泉。涼風懷袖裏，茲意與誰傳。（李嶷〈林園秋夜作〉卷一四五）

已被月知處，斬新風到來。無人伴幽境，多取木蘭栽。（熊孺登〈新成小亭月夜〉卷四七六）

看月嫌松密，垂綸愛水深。（姚合〈閒居遣懷十首之五〉卷四九八）

素琴機慮靜，空伴夜泉清。（溫庭筠〈早秋山居〉卷五八一）

更無人共聽，祇有月空明。（李咸用〈聞泉〉卷六四五）

銀河曙、連夜開，顯示一些園林夜間活動甚至是徹夜不止、通宵達旦的。比較起來，夜晚的景色沉靜、浪漫、幽邃、神祕，還是文人們較喜愛的氣氛。韓偓曾經十分肯定地說：「林塘闃寂偏宜夜」（〈曲江夜思〉卷六八二），認為園林寂靜幽邃的境質在夜間最能得到適切的彰顯，而這樣的幽獨景色又最關詩思與離魂，好似園林生來本屬於（適宜）夜景，而園林月夜生來本屬於（適宜）吟詩。這對一些「吏」而「隱」者實是方便，他們正可吏於晝而隱於夜，隱的身分由日落開始，詩思也由日落開始。如：

晚沐值清興，知音同解顏。（錢起〈裴僕射東亭〉卷二三八）

晨趨禁掖暮郊園，松桂蒼蒼煙露繁。（武元衡〈郊居寓目偶題〉卷三一七）

風驚曉葉如聞雨，月過春枝似帶煙。老子憶山心暫緩，退公閒坐對嬋娟。（令狐楚〈郡齋左偏栽竹百餘竿……〉卷三三四）

夜直入君門，晚歸臥吾廬。（白居易〈松齋自題〉卷四二八）

知君創得茲幽致，公退吟看到落暉。（李中〈題柴司徒亭假山〉卷七四八）

「晨趨禁掖暮郊園」一句最能明白地指出園林夜間活動的客觀因素。清晨白晝的生命屬於政務，屬於兼善天下的功業；夜暮時分的生命則屬於郊園，屬於獨善其身的志節。因而園林活動遂開始於「公退」之後，錢起則稱之為「晚沐」，他在另一首〈秋園晚沐〉詩中自述其晚沐回到園中，有「歸來生道心」的體悟，過的是「獨酌且閒吟」（卷二三七）的悠遊生活，這也是由日落才開始的。溫庭筠〈題裴晉公林亭〉先描述「池鳳已傳春水浴，渚禽猶帶夕陽飛」的黃昏景象，然後才誇道「悠然到此忘情處，一日何妨有萬幾」（卷五七八），使裴晉公悠然忘情得到充分休息而可以日理萬機的是林亭，是林亭待得公退時以其夕陽暮色來沐浴其日裡的塵煩。這一方面表示吏隱者的兩兼特性，使其園林一般只好在夜間進行，另方面顯示黃昏時分是園林夜間活動的開始。黃昏正也是個優美、精采、富於詩情畫意的時刻，韋莊〈三堂東湖作〉說「何處最添詩客興，黃昏煙雨亂蛙聲」（卷六九五），日落時分的煙雨是韋莊心中最添詩興的時候，該也是園林活動的一個優美的開始。而吏隱雖是一部分人的現象，那些純粹的平民百姓，其園林活動每每也是在夜間，則該是夜景迷人的自身因素。

許多園林夜景的詩文，未必是通宵達旦的結果，其中也儘有「宿」「眠」之前的所見所感，宿自家園亭自是平常事，但也有借宿他人園林者。白居易〈宿竹閣〉屬自家園林，他的情形是「晚坐松簷下」直到「宵眠竹閣間」（卷四四三）；孟浩然〈宿立公房〉屬借宿，他說眼前的景色「能令許玄度，吟臥不知還」（卷一六〇）；岑參〈宿岐州北郭嚴給事別業〉說「遙夜惜已半，清言殊未休」（卷二〇〇）；項斯〈宿胡氏溪亭〉說「寂寥猶欠伴，誰為報僧知」（卷五五四）；賈島〈宿城南亡友別墅〉說「還似昔年殘夢裏，透簾斜月獨聞鶯」（卷五七九）。他們雖然「宿」於園林中，實則夜間大半的時間是清醒的，或賞景或談心，後半夜再眠；或因思亡友而夢後復醒，寫下感懷。或者有人將質疑：有詩作的日子，自然是夜裡清醒不眠的，其他大部分的日子裡，該是如常地熟睡深眠吧！這樣的質問正可凸顯夜間活動與詩文創作的密切關係。何況，夜間的環境特質，又與文人對園林品質的要求切合，林塘宜夜景既是文人所肯定的，平常生活對夜晚該是珍視的吧！又留宿他人園林者，也可能因宵禁鼓絕，而不得不留下來，借宿或遊賞至旦了。

因為夜間活動的頻繁，遂也使月亮的意象頻頻出現在園林詩文中，倍受文人們的愛戀，如劉禹錫〈海陽十詠・玄覽亭〉就是「故令無四壁，晴夜月光來」（卷三五五），為了要收納明月光，故意不築牆壁，使亭透可賞月景；又如秦韜玉〈亭臺〉說「為向西窗添月色，豈辭南海取花栽」（卷六七〇），千里運花來栽種，為的是要配合窗前的月色，使月景在窗前花的掩映下更富美感；又吳融說「風有危亭月有臺」（〈岐陽蒙相國對宅因抒懷投獻〉卷六八七），溫庭筠說「月榭風亭繞曲池」（〈題友人池亭〉卷五七八），為了賞月而特地建有月臺月榭，可見月色確乎是園林中重要的景致，文人們確乎是深愛明月之夜的。月色能成為文人眷愛的園景，大約是其本身所具的皎潔清冷等美感，可引發文人情思，是創作的重要資源。而文人也往往對月景有其敏銳的感受與見解，他們最愛「水月」之美，如：

池中虛月白（李白〈謝公宅〉卷一八一）

月見雙泉心（孟郊〈陪侍御叔遊城南山墅〉卷三七五）

影落江心月（白居易〈西街渠中種蓮疊石頗有幽致偶題小樓〉卷四五四）

月光如水水如天（趙嘏〈江樓舊感〉卷五五〇）

檻底江流偏稱月（李中〈思九江舊居三首之三〉卷七四七）

水中之月虛渺地流盪著黃白的光輝，清美冷涼而遙不可及；而且不僅雙泉有雙月，千江有水即可千江有月，是深富哲趣的美景；月光如水水又如天的景象又給人天地渾融一片的和諧之美。這些「水月」景致，能讓文人見之而情思沛然，遂能吟詠成章，所以李中除認為江流稱月之外，還說這樣的情景使他「得意高吟景且幽」；故水月，原來是富於文思詩情的，所以白居易〈池畔二首之一〉記述他特別為「水月」造景：「結構池西廊，疏理池東樹。此意人不知，欲為待月處」（卷四三二）。因此，可以說，唐代文人對水月的喜愛是普遍的，李白水中撈月之傳說只是一個較典型的呈現。

因為偏愛水月，所以月夜泛舟也就成為文人們的喜愛，如：

同舟蕩月歸（戴叔倫〈山居即事〉卷二七三）

潭中見月慢回舟（劉禹錫〈和思黯憶南莊見示〉卷三六一）

皓月入輕舟（李德裕〈初夏有懷山居〉卷四七五）

小舫行乘月，高齋臥看山。退公聊自足，爭敢望長閒。（徐鉉〈自題山亭三首之二〉卷七五五）

泛月，是文人參與水月美景的一個形式，眼看著孤懸於高空的清月如今變在自己的腳下，是一種玄妙而特殊的感受。對於喜愛的自然景物加入一些人文活動，可以成為自然與人文交融和諧的一幅令人欣悅的景觀。孟貫〈寄故園兄弟〉說「水思和月泛」（卷七五八），看到水就想到、想要趁月乘舟而遊而賞，足見泛月也是唐代文人喜愛的韻事，是園林中被認為的一件情味深長的活動。引詩中徐鉉說他「退公聊自足，爭敢望長閒」，此心態便是吏隱對夜間園林活動影響的再一度證明。

總是，夜景的諸多特質，以及盛行吏隱的文人園林起居，遂使唐代文人注重園林的夜間活動：園林夜色的美感與富詩情，使他們夜間創作的風氣盛行，每每夜吟至旦；夜吟、月吟的結果，也使唐代園林詩歌的夜景意象及明月意象十分常見。我們因而看到唐代文人對月色、水月、泛月普遍地具有摯愛之情。

三、園林生活與詩歌風格的改變

園林詩文在風格上大多屬於歡樂、閒適、恬淡、悠遠；當然也有悵然失意的落寞灰暗的色調。悵惘落寞多來自人事的不得，閒適悠遠多來自大自然景物的接處；可知自然對於人具有鬆弛的作用，可使人暫時放下種種人事憂擾，以恬淡平靜的心情度日。就文人而言，其文學作品也會因為心境的寬弛而展現舒徐閒適的風格，所以園林生活對詩歌風格的轉變起著重要的影響。那些自始即多寫自然詩的文人於此比較不易判別，但是像杜甫這樣的愛國詩聖，像韓愈、白居易等社會寫實詩人，在其園林有關的詩文中，卻明顯地呈露出特殊於社會寫實詩的常態，以下茲以杜甫詩為主，試論園林生活對於詩風的影響❸。

杜甫在肅宗乾元二（西元七五九）年歲末來到成都，代宗永泰元（西元七六五）年五月離開，扣除當中避亂梓州和閬州的一年多，實際在草堂住了將近四年❹。在這近四年的草堂生涯中，共有詩作二百七十一首，將近佔他流傳至今一千四百多首詩的百分之二十（五分之一）❺。在他三十幾年的寫作生命裡❻，近四年的時間即創作了近五分之一的作品，可以說，草堂生活對杜甫詩歌創作的明顯影響之一便是創作數

❸ 參栗斯《唐詩的世界㈠——唐代長安和政局》，頁一一。

❹ 參李誼《杜甫草堂詩注》，頁一。

❺ 同❹。

❻ 依簡明勇的繫年，杜甫第一首詩作在二十五歲寫成，到五十九歲去世，共有三十五年的寫作生命。參簡明勇《杜甫詩研究》二，頁一一二—一六八。

量大幅增加。這一方面固然是由於生活安頓閒暇，有充分餘裕從事創作，而成都郊野明媚風光、杜甫用心經營的草堂景物可豐富意象，也是不可忽視的物色因素。

其次，草堂生活也影響杜甫詩作的風格。曾棗莊先生於《杜甫在四川》一書中說：「經過五年戰亂，千里奔波的杜甫，現在在這塊氣候宜人，草木豐茂，百花鮮豔，百鳥爭鳴的安靜、恬適、富饒的平原上有了一席安身之地，其心境當然非常悠閒自在。在短時間內，他的詩風似乎為之一變，變得輕鬆明快，大有『使老人復少』之勢，一掃前兩年的驚惶淒苦，表現出一種悠閒自得、閒散疏放的情趣。」❼在短暫的兩年間詩風發生了大轉變，大多因於心境的轉趨悠閒疏狂；而心境的明朗輕快並非因他憂心的國家已恢復太平盛世，相反地外患內憂依然頻仍，主要乃因生活所在的環境清幽靜寂，山水草木的盎然生機，一切都顯得優美而和善，人與之終日接處，也會變得較怡然喜悅。此期詩歌的悠閒疏放的風格和情趣，可由幾個例子見出：

老妻畫紙為棋局，稚子敲針作釣鉤。(〈江村〉卷二二六)

懶慢無堪不出村，呼兒日在掩柴門。蒼苔濁酒林中靜，碧水春風野外昏。(〈絕句漫興九首之六〉卷二二七)

仰面貪看鳥，回頭錯應人。讀書難字過，對酒滿壺傾。(〈漫成二首之二〉卷二二六)

晝引老妻乘小艇，晴看稚子浴清江。(〈進艇〉卷二二六)

堂西長筍別開門，塹北行椒卻背村。梅熟許同朱老喫，松高擬對阮生論。(〈絕句四首之一〉卷二二八)

由於閒散，一些生活細節似乎瑣碎不足道者，都可以變得樂趣無限而寫入詩。老妻畫紙充當棋盤，本是其

❼ 見曾棗莊《杜甫在四川》，頁三〇。

寒酸生活的寫照，可是詩人投入其中、安頓其中，便無所謂場面或世俗眼光，有的儘是雋永的情趣。甚至於貪看鳥而錯應人，或引妻乘艇、看子浴江等等滑稽歡樂的畫面，流露的是他天真無邪、新鮮好奇、率直疏放、興味盎然的童心。而筍、椒、梅、松等栽植也成了杜甫自足的快樂，為了保護、照看它們而寧願自己的行止麻煩費事亦甘飴以對。這些滑稽、瑣碎、童真、喜樂的情調是文人入蜀之前不易見到的；而文人一心要輔君為堯舜再造上古淳風的抱負與失落的悲愁，在此詩句中也見不到一絲影跡，詩風之天壤於此可見一二。其疏狂的風格之詩作則如：

喧卑方避俗，疏快頗宜人。（〈賓至〉卷二二六）

欲填溝壑惟疏放，自笑狂夫老更狂。（〈狂夫〉卷二二六）

肯與鄰翁相對飲，隔籬呼取盡餘杯。（〈客至〉卷二二六）

把酒從衣濕，吟詩信杖扶。（〈徐步〉卷二二六）

江上被花惱不徹，無處告訴只顛狂。走覓南鄰愛酒伴，經旬出飲獨空牀。（〈江畔獨步尋花七絕句之一〉卷二二七）

疏快狂放或許是詩人藉以忘憂去惱的方法，或許也是真正地快意歡欣的外現。如〈客至〉整首詩是洋溢喜樂的，衷心地呼喝暢飲，豪邁樸野之神態十分自然；〈狂夫〉一詩的疏放則是出於對妻小飢寒的不忍與悲情，只好以狂譏的態度來面對這難堪。在此之前的種種悲傷愁苦，杜甫似乎難得露出如此的自嘲自譏的反應，而是淚眼望月、白頭搔短的滿面憂容；縱或在曲江藉酒銷愁，亦是對雨獨酌，不似此地走覓南鄰或呼請鄰翁。且不論此處疏狂的動機是忘憂或喜樂，其行徑為詩作染上放曠疏豪的風格卻是事實。陳昌渠先生說：「正是這種『狂狷』的感情和心態，構成了杜甫蜀中草堂詩反復詠唱的一個基調，形成了這一時期杜甫詩作疏放、清狂的獨特風情。」❽最明顯可見的一端便是文人於此大量縱酒，與南鄰朱山人互為酒伴而經旬不歸。他另有一些嗜酒的詩句紀錄，如「鄰人有美酒，稚子夜能賒」（〈遣意二首之二〉卷二二六），「只作披衣慣，常從漉酒生」（〈漫成二首之一〉卷二二六），「尋常絕醉困，臥此片時醒」（〈高枏〉卷二二六），這些縱飲浪醉的日常，是他詩風放曠的重要原因之一。方瑜先生也注意到這個現象，她說：「細檢秦州詩作，幾乎沒有一篇提到酒，可以說完全不加涉及。而自上元元年卜居草堂以來，酒卻再度成為詩人親切的伴侶，這是值得思索的有趣問題。」❾方先生以「再度」指出草堂詩與秦州之前的詩中同樣以酒為生活伴侶；然而喝酒的形態似在前後的再度呈現中略有不同。可信者，草堂時期藉酒以自慰自撫的情愫是有的，如〈春歸〉的「此身醒復醉，乘興即為家」（卷二二八），即多少帶著悲涼壯烈的豪情。然而此期歡樂暢快、野樸豪邁的對飲呼走，卻是一個特殊的風格。恐怕草堂生活在杜甫心中也是時而奮昂率真、疏狂無憂，時而掉落塵擾而憂心忡忡的。總是，它讓杜甫的詩開展出不同於常的面貌。

　　而且此期作品，如方瑜先生所論，強調光與暗的對比（這似乎是許多文人寫園林詩文的共同特色），所以色澤鮮麗明媚❿；這就使其詩歌較具開朗活潑的氣質。此外，他對自然的體察和感受更強烈更細敏⓫，賈蘭先生曾統計過「杜甫草堂詩中所涉及的花木等觀賞和實用植物竟達五十多種」⓬。植物只是一個側面，前論第二章第二節也可見到他描繪入詩的禽鳥飛蟲亦種類繁多。在此之前我們比較不易看到杜甫詩中對自然的細觀與描寫；而往下的夔州時期瀼西草堂等詩作，如日人加固理一郎所論，他對生物生態有正確觀察——像博物學者一般地觀察並加以描寫記錄⓭。並且，他對這些自然物都抱以親切善意的眼光，在他詩

❽ 見陳昌渠〈自笑狂夫老更狂——杜甫草堂風情的一點思考〉，刊《草堂》一九八七年第一期，頁四一。
❾ 參方瑜〈浣花溪畔草堂閒——論杜甫草堂時期的詩〉，刊《古典文學》第二集，頁一五七。
❿ 同❾，頁一五八—一六〇。
⓫ 同❾，頁一六三。
⓬ 見賈蘭〈談杜甫草堂詩中的『竹』〉，刊《草堂》一九八七年第一期，頁五二一。

中出現的「銜泥點污琴書內，更接飛蟲打著人」（〈絕句漫興九首之三〉卷二二七），「桃花一簇開無主，可愛深紅愛淺紅」（〈江畔獨步尋花七絕句之五〉卷二二七），在在都是可愛可憐的，盈溢著和樂的美和善，文人與其他生命是情分頗深的交遊了。（參第二章第二節）又此期生活中，杜甫似乎也以陶潛為倣效者，前引詩說他自己讀書難字過，是與陶淵明不求甚解同其態度的，詩酒遣興時則肯定地說「此意陶潛解，吾生後汝期」（〈可惜〉卷二二六），不僅是以陶潛為榜樣，還認為自己與陶同調、同境界，自信陶潛可以解其意、同其心。總之，此期在草堂中生活所寫成的詩歌，的確是展現了閒散、疏放、活潑、和善及喜樂的風格特色，使其詩歌的總體更加豐厚、更多面貌，故而能得堂廡特大的成就⓮。

再者，方瑜先生還注意到：「到草堂卜居之後，詩歌創作遂成杜甫生活中最重要的部分，子美也自覺意識到這點，他在這段時期所寫的『戲為六絕句』，即明白敘述一己的詩論，對文學的承傳與開展，流露深切的關心。」⓯不僅〈戲為六絕句〉是草堂期作品，此期還有一些提及他自己寫作情形與寫作態度的詩句，先列之於下：

草玄吾豈敢，賦或似相如。（〈酬高使君相贈〉卷二二六）

豈有文章驚海內，漫勞車馬駐江干。（〈有客〉卷二二六）

故林歸未得，排悶強裁詩。（〈江亭〉卷二二六）

⓭ 參見加固理一郎〈杜甫詩の自然描写の一個側面——「庭草」を中心に〉，刊《筑波中國文化論叢》七集，頁二五：「夔州時代、つまり最晚年の杜甫の詩には、正確な観察によって生物の生態を描写した作品がみられる」，頁三：「この時期の杜甫は、まるで博物学者のように自然界の生物を観察し、それを詩のかたちに記録していたのである。」

⓮ 黃國彬《中國三大詩人新論》認為屈原、李白、杜甫「以杜甫的堂廡最大」，見頁二四。至於草堂詩學習民歌的特色，可參❹書，本文不多論。

⓯ 同❾，頁一七五。

寬心應是酒，遣興莫過詩。（〈可惜〉卷二二六）

把酒從衣濕，吟詩信杖扶。（〈徐步〉卷二二六）

為人性僻耽佳句，語不驚人死不休。老去詩篇渾漫興，春來花鳥莫深愁……焉得思如陶謝手，令渠述作與同游。（〈江水值水如海勢聊短述〉卷二二六）

文章差底病，回首興滔滔。（〈赴青城縣出成都寄陶王二少尹〉卷二二六）

論文或不愧，肯重款柴扉。（〈范二員外邈吳十侍御郁特枉駕、闕展待、聊寄此〉卷二二六）

愁極本憑詩遣興，詩成吟詠轉淒涼。（〈至後〉卷二二八）

把酒宜深酌，題詩好細論。（〈弊廬遣興奉寄嚴公〉卷二二八）

賦詩歌句穩，不免自長吟。（〈長吟〉卷二三四）

杜甫來到成都，除了嚴武、高適等幾個素識的朋友及鄰家老翁之外，很少與人相往來（〈西郊〉詩「無人覺來往，疏懶意何長」卷二二六）。這些往來或資助他的朋友，有的是詩友，有的則是傾慕他文學造詣者（如〈賓至〉詩，見前引）。或者可以說，來到這幽偏蜀地，不論是金錢物資的支援或是感情的傳送，多因杜甫的詩文成就，而非得自自己的功祿，這對於想要「致君堯舜上，再使風俗淳」（〈奉贈韋左丞丈二十二韻〉卷二一六）的文人而言是極大的調適，然而卻也因此對自己的文學創作更加用心琢磨錘鍊，以期能語出驚人。同時他也更肯定自己的文學成績，故自比司馬相如，且可以與人論文了。因這分自信，復假以園林生活的閒悠，使他耽佳句且錘鍊的詩句不至於精雕細琢的工夫而露出斧鑿痕，反而呈現出渾然天成的自然風貌。杜甫也往往自覺詩句妥貼穩當，而不禁要長吟不止。李誼先生也說他在此期的作品較諸此前「令人有判若霄壤之感」，「似乎變得百琢千鏤、細膩刻畫、深遠灑脫了」⑯。而他自覺性地重視文學創作之重要及

⑯ 同❹，頁四。

文學承傳開展的問題，應也是園林悠閒生活給予他關心的空間所致。可知草堂期的杜甫更精心地追求詩藝，也對自己的文學造詣深感滿意，而且自信於自己的文學見地及研論能力。此時吟出〈戲為六絕句〉也就是水到渠成的自然了。

至於同為社會詩人的韓愈、白居易，園林生活對其詩風的影響，本論文暫不細論。白居易閒適詩與諷諭詩在風格上的差異是顯而易見的，可知即或同一時期的作品，描寫園林景致及其生活情味的詩風便與其反映社會的詩作有大差別。韓愈有關園林的詩不多，下引其〈盆池〉組詩為例，見其自然純樸、天真可愛的情懷所呈現的詩風與其一般僻澀詰曲者相較，亦是胡越之別；園林自然的化力於此可見一斑。

> 老翁真個似童兒，汲水埋盆作小池。一夜青蛙鳴到曉，恰如方口釣魚時。
> 莫道盆池作不成，藕梢初種已齊生。從今有雨君須記，來聽蕭蕭打葉聲。
> 瓦沼晨朝水自清，小蟲無數不知名。忽然分散無蹤影，唯有魚兒作隊行。
> 泥盆淺小詎成池，夜半青蛙聽得知。一聽暗來將伴侶，不煩鳴喚鬭雄雌。
> 池光天影共青青，拍岸纔添水數缾。且待夜深明月去，試看涵泳幾多星。(卷三四三)

綜觀本節所論，園林景色與園林生活對唐代詩歌的影響，約可歸納要點如下：

其一，唐代文人普遍在詩文中肯定而自覺地論議園林對文學創作具有起興觸發的功能，而且認可它能夠提昇高人一等的文學造詣。從「物色之動，心亦搖焉」及意象的提供等方面來看，也能證明這些論點有其理論根據。

其二，由於園林的造設意匠在唐代已賦予豐盈雋永的詩情畫意，可使居於其間的文人們文思充沛，因而唐代文人十分熱中甚或癡迷著魔於園林中創作詩文。有些人為了吟詠詩文特地在園中築造「七步廊」、「吟亭」、「吟軒」等建築物，以供其吟詩之需。

其三，「七步廊」、「吟亭」、「吟軒」等的造設，以及許多詩句的內容都顯示出，在當時創作詩文已變成園林存在的目的與責任。許多文人在園林中為了鍊句而倍損心神，苦吟、寒吟、詩病苦及「詩堪與命爭」是追求功名者的園林寫照。

其四，另一部分以吟詩為園林目的者，卻是功成名就或隱遁自好，他們以閒吟、宴吟為歡樂賞悅之事。尤其號稱「吏隱」者，以其城市或城郊園林的地理交通之便，常常聚吟詩友達官；而在自然山水園的隱者則以唱和之作相互寄贈。

其五，唐代重要詩人大家大多擁有私人園林，園林的興盛及詩情畫意的造園意匠，使得文人們在「吟中歲月長」的園林生活中，確實創作了大量詩歌，使唐代成為中國詩史上的重要時期。

其六，唐人在園林中創作詩文，特別強調「夜吟」、「月吟」之事，他們認為夜晚與明月最宜於園林景色，也最能啟發他們創作的文思。在其留下的園林詩文中，確是可看到大量的夜景和月景。

其七，「夜吟」和「月吟」的盛行，一方面固然是月夜的沉靜、幽邃、浪漫、神祕較白日富於詩意，同時也與當時盛行夜間活動有關。「吏隱」者的白晝屬於朝廷公堂，而黃昏公退之後則屬於園林；加以宵禁的制度，使得夜間園林活動普見，其中吟詠自然多是「夜吟」了。

其八，唐詩中明月的意象十分常見，這與當時「夜吟」、「月吟」甚或通宵達旦的園林生活有密切關係。當時喜愛水月、泛月的文人不只李白一人，而是十分普遍的摯愛。

其九，園林對於文人詩歌創作尤其是風格的影響，以杜甫為例，可發現：（一）草堂期是他詩歌創作數量最豐富的階段，短短不到四年的歲月裡，草堂詩便佔其全部詩作的五分之一。（二）草堂詩的風格展現了此前作品所未有的特色：輕快、疏放、喜樂、閒適、和諧的面貌；並以陶淵明為學習對象。（三）草堂期的杜甫對自己詩歌的造詣成就相當肯定且自信，並注意到詩歌藝術的錘鍊，以耽佳句、語驚人來自勉，進而自覺地提出詩歌理論〈戲為六絕句〉。園林生活讓文人更直接且更自覺地正視文學藝術。

第二節 園林是樂園理想的實現⑰

從第一章第一節黃帝玄圃在神話中的描繪情形看來，初民在心中已嚮往某個幸福圓滿的、快樂無憂的、自給自足的園地。這樂園嚮往雖然在現實生活中難以全然實現，卻一直是人們的希望所在，支持著生活，滋潤安慰著精神。《詩經・衛風・碩鼠》云：「碩鼠碩鼠，無食我黍。三歲貫女，莫我肯顧。逝將去女，適彼樂土。樂土樂土，爰得我所。」受到重稅壓榨而困苦艱辛的人民，遂嚮往、想像前往樂土、樂國、樂郊，以享受最愜意的對待。當屈原抑鬱苦悶之時，也是嚮往上天去尋找合理的對待。這樣的想像遂變成苦難生活的心靈慰藉，一分期待便是無窮的力量。

等到神仙之說流行，仙境乃成為樂園形態之一。尤其東漢末年開始，動亂社會造成神仙思想的盛行，服藥風氣在魏晉漸次普及，行散山林以想像遊仙的事況遂使仙境樂園在山林丘園之間被依恃著；這正與黃帝玄圃之在崑崙丘虛、飄渺高遠的山上相吻合，也正與「仙」字之从「山」相符。李師豐楙曾說：「从山之仙，自受後世西方崑崙及東方蓬萊等仙山說之影響，而最主要者，當即如《列仙傳》所述，域內名山亦為仙人遨遊之地，不必定上瞻白雲帝鄉，或企望飄渺仙山中也……」⑱於是從黃帝玄圃到文惠太子的玄圃園這個西方神山系統，加上秦代開始在園林中堆造海上仙山的東方神山系統，乃至後來衍生的以名山為仙遊的神話故事⑲，遂逐漸使園林在生活中扮演著快樂仙境的角色。日後陶潛〈桃花源記〉寫成，桃花源又

⑰ 園林即樂園的觀念，在一次與胡師萬川的數分鐘漫談裡得到觸發，故特此聲明並致謝。
⑱ 見李師豐楙《魏晉南北朝文士與道教之關係》，頁四〇六。
⑲ 參王國良《魏晉南北朝志怪小說研究》，頁二一六五；⑰，頁四五三。

成為文人心中另一種形態的樂園。在唐代，桃花源的嚮往情緒也十分熱烈，且具有仙化的傾向[20]，文人將之落實於園林的築造布置上，園林於是成為文人心中樂園的具體呈現。又佛教淨土思想的盛行，也使寺院園林成為佛國淨土的寫照。因此，本節將分由仙境比擬、桃花源及淨土樂園的比擬三方面論之。

一、仙境樂園的實現

視園林為仙境者，最普見的應是道觀園林。因為道教以養生為主，力求生命之延長或竟至成仙。於是仙境乃成為道教最終修養圓滿的去處。道觀是道者修煉之地，在文人眼中每每視之為仙人居止的仙境。如：

碧虛清吹下，藹藹入仙宮。（蘇頲〈幸白鹿觀應制〉卷七三）

仙酒不醉人，仙芝皆延年。（孟郊〈遊華山雲臺觀〉卷三七五）

苔鋪翠點仙橋滑……夜開紅竈撚新丹。（唐求〈題青城山范賢觀〉卷七二四）

春生藥圃芝猶短，夜醮齋壇鶴未迴。（趙嘏〈早出洞仙觀〉卷五四九）

石室初投宿，仙翁喜暫容。（靈一〈宿天柱觀〉卷八〇九）

大抵道觀為了修煉之需，多喜選擇幽邃靜僻的山林之地，山林遠離塵囂而又嵐煙繚繞，總給人仙境般的感受；這由六朝時期遊仙詩中即可常見。加以修道者服食、練氣及辟穀等舉止，宛如餐風飲露的真人，遂使觀園儼然就是仙人居息的仙境。其以「洞仙」名觀，稱其建築為仙宮仙橋，酒為仙酒，芝乃仙芝，居者則喚為仙翁；一切都是屬於「仙」的，那不就是仙境？視道觀為仙境乃是易理解之常情。然而唐代文人對普通私家園林也喜以仙境擬之，首先是皇家貴族的園林最常見此比擬，這是應制詩文的格套，含有歌頌奉承的媚意：

[20] 本論文關於桃花源仙化問題的注意，得自羅師宗濤的提點。

逐仙賞，展幽情。踰崑閬，邁蓬瀛。（上官昭容〈遊長寧公主流杯池二十五首之一〉卷五）

龍舟下瞰鮫人室，羽節高臨鳳女臺。（李嶠〈太平公主山亭侍宴應制〉卷六一）

畫橋飛渡水，仙閣涌臨虛。（劉憲〈侍宴長寧公主東莊〉卷七一）

願奉瑤池駕，千春侍德音。（李適〈侍宴長寧公主東莊應制〉卷七〇）

御酒瑤觴落，仙壇竹徑深。（徐彥伯〈侍宴韋嗣立山莊應制〉卷七六）

仙山移置園林中的模擬本就由皇家園林開其端，而初期一些神仙傳說如黃帝、周穆王或漢武帝等也都是帝王的殊遇，追求成仙的熱衷也由帝王開其潮流；可說仙人仙境一直是帝王們延續其天下大業的至終希望。因而以仙人喻之自是深得皇帝的歡心，由此皇族當然也就是仙族；公主園林譽之為仙境，當是間接對王者的討好。至於皇帝御駕親臨的宰相園林，以仙境稱之，其理也不難推知。連一個平日普通百姓皆可前往的曲江，在李嶠〈春日侍宴幸芙蓉園應制〉中便飄飄然地「今日陪歡豫，還疑陟紫霄」（卷五八），只要是皇帝所到之處便是仙人棲止的仙境了。「踰崑閬，邁蓬瀛」及「瑤池」、「瑤觴」等詞表示，神話的西方神山已和東方仙島合流成為「仙」境，都是人們心中羨煞不已的樂園。

私人園林由皇家園林慢慢普及而來，好仙之事也在文人生活中推展開來，尤其是崇道的唐代，一般私園也被文人們比擬為仙境，如：

意縹緲兮群仙會……契顥景，養丹田，終彷像兮覯靈仙。（盧鴻一〈嵩山十志・枕煙庭〉卷一二三）

遊仙慣入壺（錢起〈山齋讀書寄時校書杜叟〉卷二三八）

仙家風景有誰尋（徐鉉〈重遊木蘭亭〉卷七五一）

仙鄉何代隱，鄉服言亦楚。（皎然〈冬日天井西峰張鍊師所居〉卷八一七）

又此夜，乘槎之客，猶對仙家。（王勃〈秋日宴季處士宅序〉文卷一八一）

他們大都以仙家、仙鄉或壺中天地來比擬園林。其中盧鴻一是自擬的而且還有意地為修煉期仙而造設其嵩山草堂，如〈期仙磴〉說「山中人兮好神仙，想像聞此兮欲升煙，鑄月煉液兮竚還年」，〈金碧潭〉說「有幽人兮好冥絕，炳其煥兮凝其潔，悠悠千古兮長不滅」，這些期仙、千古不滅及被描繪得神祕幽冥的「靈仙髣髴，若可期及」的草堂十景，彷彿就是靈仙之鄉了。其實大部分比園林為仙境的文人，何嘗不知那並非客觀真有的實事，但基於心靈境地的超拔與冥想，基於園林境質之幽邃靜寂和清靈，園林在其心中便等似於仙鄉樂園。如盧鴻一於〈枕煙庭〉序裡說：「即揚雄所謂爰靜神游之庭是也。可以超絕紛世，永潔精神矣。」或陳子昂〈秋園臥病呈暉上人〉所說：「緬想赤松遊，高尋白雲逸」（卷八三），那主要是精神的冥想幽遊。然而這也絕非只完全是唯心作用，但看第三章唐人造園理念及成就便知，幽深曲折、隱約掩映及虛靜清潔等特質都宛似仙境般神祕幽邃。故而杜審言〈和韋承慶過義陽公主山池五首之三〉便說「形勝得仙家」（卷六二），是園林的形勝造境使人有仙家之感。李翰〈尉遲長史草堂記〉描述道：「由外而入，宛若壺中；由內而出，始若人間。」（文卷四三〇）這曲折掩映的空間布局很自然使遊者有入於壺中天地的感受，彷若賣藥仙翁進入美麗仙境一般。所以，將園林當作仙鄉樂園，除了是時代思潮所致之外，也是有客觀造園的意匠設計和主觀心靈神遊的兩相配合。

園林既是仙境，居住其間的人自是仙人了，這是最令人欣悅的：

> 拙妻好乘鸞，嬌女愛飛鶴。提攜訪神仙，從此鍊金藥。（李白〈題嵩山逸人元丹丘山居〉卷一八四）
>
> 為在石窗下，成仙自不知。（皮日休〈奉和魯望四明山九題・鹿亭〉卷六一二）
>
> 仙吏不知何處隱（韋莊〈垣縣山中尋李書記山居不遇留題河次店〉卷六九七）
>
> 臨帝子之長洲，得仙人之舊館。（王勃〈秋日登洪府滕王閣餞別序〉文卷一八一）

能夠來往棲息於仙境者，自當是仙人。這種神仙並非是長生不老、具特殊超能力者，而是逍遙自在的神人至人。杜荀鶴〈懷紫閣隱者〉說「紫閣白雲端，雲中有地仙」（卷六九一）的地仙，魚玄機〈題隱霧亭〉說「白日清宵是散仙」（卷八〇四）的散仙，就是在園林中逍遙度日者的寫照。王國良先生說：「上古樂園意象為道家隱逸一派之政治理想，乃屬一種原始共同體之理想社會，或稱之曰樂土、樂郊，或標舉為至德之世，建德之國。其時也，天地渾沌未分，神人得以相互交通，個個生命力豐富旺盛，生活無憂無慮。神仙道教之徒，遠承此種樂園思想而加以神奇化，乃創建樂園，作為宗教、政治之理想境地。」㉑又說：「仙境乃神仙傳說中之樂園意象，象徵長壽、逸樂，人類得以免除世間之煩憂與生命之無常，獲致豐盈完美之理想境界。」㉒這裡指出仙人的特色是長壽、逸樂、生命力豐富旺盛、相互通靈感應的豐盈完美的理想境界；這實是珍異難得的。不過，如葛洪《抱朴子‧內篇論仙卷第二》引《仙經》云：「上士舉形昇虛，謂之天仙；中士遊於名山，謂之地仙；下士先死後蛻，謂之尸解仙。」李師豐楙也多所引證，得出「三品神仙說為魏晉，以迄南北朝神仙文學之重要關鍵」㉓，並且認為「依據神仙家之隱逸性格，則地仙為最理想類型之去留任意，逍遙自在，所謂隨性分之所至，為隱逸仙人。」㉔那麼，遊於名山，飽飫勝境美景，享受逍遙自在之樂者，即是最理想的地仙。再參考杜荀鶴「地仙」的詩句，可知遊息於名山勝境之人，充分享受山林樂趣的逍遙者，不必長壽、靈應，即是當下盈足的仙人了。因而，唐人視園林為仙境，視園居者為神仙，雖則精神上源自於神話傳說中的仙境嚮往，但此園林仙境、園居仙人卻不必達到長生不死，也可以當下即仙。這就使一向只是可嚮往而不可企及的仙境樂園，在現實生活中具體地實現了。我們從沈佺期〈侍宴安樂公主新宅應制〉：「皇家貴主好神仙，別業初開雲漢邊」（卷九六）可以知道，唐初建造園林的

㉑ 見⑱，頁二六五。
㉒ 見⑱，頁二五七。
㉓ 同⑰，頁四〇九—四一一。
㉔ 同⑰，頁四三〇。

重要目的之一，便是為了滿足其神仙的喜好和實踐；皇貴是，一般文士亦然。

在客觀園林設造形勝及主觀心靈神遊的配合下，文人的園林活動也每每與仙事相關。所讀的書是仙書，如「仙經自討論」（夏侯子雲〈藥圃〉卷七七八），「臨罷閱仙書」（張九齡〈南山下舊居閒放〉卷四九）；所喝的是仙酒、仙泉，如「玉酒仙壚釀」（李嶠〈幸白鹿觀應制〉卷五八），「日飲金屑泉，少當千餘歲」（王維〈輞川集・金屑泉〉卷一二八）；而大量地求藥、種藥、採、洗、曬藥等事，以及藥圃、藥堂、藥臺的設備，也都是為了成仙；飲茶之事也頗被文人們視為「嘗多合得仙」（徐鉉〈和門下殷侍郎新茶二十韻〉卷七五五），「孰知茶道全爾真，唯有丹丘得如此」（皎然〈飲茶歌誚崔石使君〉卷八二一），飲茶遂也是得仙途徑之一。至於園中常見的養鶴、栽松、眠鹿等常見的生命，也都是仙境的象徵。

文人常有的園林活動之一是棋弈。行棋對弈可以單純地算是雅事，也是對人事應對的智慧展現，但文人於園林詩文中描述棋事的情調卻是：

> 巖樹陰棋局，山花落酒樽。（許渾〈題鄒處士隱居〉卷五三一）
>
> 竹韻遷棋局，松陰遞酒卮。（許渾〈奉命和後池十韻〉卷五三七）
>
> 看他終一局，白卻少年頭。（高輦〈棋〉卷七三七）
>
> 閒約羽人同賞處，安排棋局就清涼。（李中〈竹〉卷七四七）
>
> 松間石上有棋局，能使樵人爛斧柯。（靈一〈妙樂觀〉卷八〇九）

文人多著重於靜態棋局與外在物境變動的相對比，一方面顯示棋弈的定靜境界，一方面藉山花飄落、竹韻遷影、少年白頭及斧柯朽爛等變動流徙的意象來呈現時間的流逝。白頭和爛斧二事是時間大量流逝的駭人表現，山花落及竹韻移則是時間的無形流逝。為何一局棋會花費掉漫長的時間？文人主要是想顯示園林仙境仙事之超越時間的特性，所以李中說參與棋局的是羽人。王國良先生曾說：「觀棋傳說源自古仙人博戲之傳統。蓋棋局雖小，棋戲已成為神仙洞徹世事之象徵。」㉕神仙對弈石上，是沒有時間壓力的。宋劉敬叔《異苑》卷五有一則傳說：「昔有人乘馬山行，遙望岫裏有二老翁相對樗蒱，遂下馬造焉。以策柱地而觀之，自謂俄頃。視其馬鞭，摧然已爛；顧瞻其馬，鞍骸枯朽。既還至家，無復親屬。一慟而絕。」這則神仙傳說，仙翁博戲在山岫裡，與人世有一段距離遠隔，這正合於園林離塵隔俗的特色，也正是仙境的所在。再者，仙境中的俄頃正是人世的數代，表示仙境的時間較乎人世更長更慢，因而以少年白頭及樵人爛斧表示園林裡一局棋所花費的時間可以是人世的漫漫，間接暗示園林實即仙境。陸龜蒙〈王先輩草堂〉詩，說其中的歲月是「日校人間一倍長」（卷六二六），雖然較諸俄頃百年的差距是小了很多，但同樣都是袁相、根碩或劉肇、阮晨等仙境小說「山中一日，世中百年」的時間觀念㉖。而且此地將王先輩草堂及山中與人間、世中相對比，也顯示它們都是人間以外的仙鄉。從文人對園林弈棋的描繪可知，園林確是文人自況的仙境。我們看到文人在詩中描述的園林景況及園林生活，幾乎處處都呈現著、暗擬著仙境仙事。不論他們是否在壽命延長的服食修煉方面下過工夫，如劉孝孫所說：「無勞生羽翼，自可狎神仙」（〈遊清都觀尋沈道士得仙字〉卷三三），即或不能長生不死，園林也都是他們心目中、生活上最適愜最完足的仙境樂園。

二、桃花源的實現與仙化

唐人視園林為樂園的另一種形態是桃花源的實現。從陶淵明寫出那個芳草鮮美，落英繽紛，有良田、美池、桑竹之屬，怡然自樂的圓滿和諧淨地之後，桃源遂成為文人心中另一個嚮往的美麗樂園。由於陶淵明最後以遂迷不復得路與高尚士劉子驥的規往未果，後遂無問津者作結，使得桃花源便蒙上濃厚的神祕色彩。往後，尋覓、迷途就成為桃花源不可企及的印象。張旭一首著名的〈桃花谿〉云：「隱隱飛橋隔野煙，

㉕ 見⑱，頁二七一。

㉖ 同⑱，頁二七三。

石磯西畔問漁船。桃花盡日隨流水，洞在清谿何處邊」（卷一一七），道出桃源的隱密出世的象徵特質。這個樂園既迷幻神祕得不可及，何必辛苦尋覓？唐人對於自己設計或選擇的園林的芳草鮮美、落英繽紛、良田美池、桑竹溪湲，也是怡然自樂的，在精神上這就是一個圓滿自足、和諧美好的淨地，這就是陶潛胸臆中的桃花源了。唐代文人每每直接以桃花源直稱園林：

> 桃花源裏人家（王維〈田園樂七首之三〉卷一二八）
>
> 年年洞口桃花發，不記曾經迷幾人。（陸暢〈題獨孤少府園林〉卷四七八）
>
> 桃花成泥不須掃，明朝更訪桃源老。（呂溫〈道州春遊歐陽家林亭〉卷三七一）
>
> 將取一壺閒日月，長歌深入武陵溪。（司空圖〈丁未歲歸王官谷〉卷六三二）
>
> 相見只言秦漢事，武陵溪裏草萋萋。（蘇廣文〈春日過田明府遇焦山人〉卷七八三）

在唐人心目中，桃花源就是一座自然山水園，如盧綸〈同吉中孚夢桃源〉詩中說，夢見的桃源是「園林滿芝朮，雞犬傍籬柵」（卷二七七），明顯地就是把桃花源當作一座園林看待。又如韋碣描述〈桃源〉道：「別後自疑園吏夢，歸來誰信釣翁言」（卷六六九），以蒞桃源乃為園吏之夢，暗意也是將桃源視為園林。桃花源既是一座園林，因而只要園林具有美景、幽邃、怡然自樂等條件；尤其像王維輞川別業在輞谷狹險山峽之中蜿蜒而走，更似洞口之只通人的神祕，這就該是桃花源了。吳融〈山居即事四首之四〉說「無鄰無里不成村，水曲雲重掩石門。何用深求避秦客，吾家便是武陵源」（卷六八四），祖詠〈題韓少府水亭〉也說「寧知武陵趣，宛在市朝間」（卷一三一），那麼，所謂武陵、桃源，不必真是武陵郡的溪洞中那個避秦的天地，只要具有相似的趣味，具有豐饒、和平、純樸、閒逸、恬淡等特質，便是武陵桃源了。所以上面列引的五個詩例，便直接稱自家或某家園林為桃源。有時詩文中雖不直接稱園林為桃花源，但其描繪之重點卻也明顯地呈現出桃源特質，如：

故人家在桃花岸，直到門前溪水流。（常建〈三日尋李九莊〉卷一四四）
再來迷處所，花下問漁舟。（孟浩然〈梅道士水亭〉卷一六〇）
欲知源上春風起，看取桃花逐水來。（施肩吾〈臨水亭〉卷四九四）
南村小路桃花落，細雨斜風獨自歸。（李群玉〈南莊春晚二首之一〉卷五七〇）
桃花春滿地，歸路莫相迷。（皎然〈題沈道士新亭〉卷八一五）

文人掌握的是景致上的相似及氣氛之相仿。重要的是桃花林的落英繽紛，溪水的源流，路途的迷失及地點的幽祕，似乎這些即是文人們認肯的桃源景致。然而景致的相似是一個層次，只是「風景似桃源」（于鵠〈南谿書齋〉卷三一〇）❷❼，只是「景勝類桃源」（李君何〈曲江亭望慈恩寺杏園花發〉卷四六六）的形似而已，此外還要具有怡然自樂、豐饒、和諧、純樸、與世不相往來的神似，才是十足圓滿的桃源樂園；也就不必執著於陶潛筆下那個晉太元中武陵的桃花源了。因此，唐代文人也喜以勝於桃源的比況來凸顯園林的樂園性質：

聞說桃源好迷客，不如高臥眄庭柯。（裴迪〈春日與王右丞過新昌里訪呂逸人不遇〉卷一二九）
何必桃源裏，深居作隱淪。（祖詠〈清明宴司勳劉郎中別業〉卷一三一）
春花正夾岸，何必問桃源。（戴叔倫〈過友人隱居〉卷二七三）
何必武陵源上去，澗邊好過落花中。（陸希聲〈陽羨雜詠十九首・桃花谷〉卷六八九）
皆言洞裏千株好，未勝庭前一樹幽。（韋莊〈庭前桃〉卷六九九）

桃花源這個令人欣羨嚮往的美麗樂園，竟然比不上唐代文人們筆下的園林，可知，唐代文人嚮往於桃花源

❷❼ 卷五一七，另有楊發〈南溪書院〉：「曾逢異人說，風景似桃源」，可能是同首詩的傳寫之誤。

的，還不必一定是武陵郡那個不復可得的洞中天地，重要的欣羡是景色怡人、豐饒自足、恬淡無爭、幽邃清靜、純樸自然、和諧快樂，而這些都是唐代文人所求於園林境質的；也可以說，唐代文人致力經營的園林，是要構造出一個桃花源式的樂園。此桃花源式的樂園，其特質其精神均近同於陶淵明筆下的桃源，保有陶氏桃花源的本色。

可是，另一部分情形，卻將桃花源當作仙境一般看待，如：

門開芳杜逕，室距桃花源。公子黃金勒，仙人紫氣軒。（盧照鄰〈三月曲水宴得尊字〉卷四一）

桃源應漸好，仙客許相尋。（錢起〈歲暇題茅茨〉卷二三七）

夜靜春夢長，夢逐仙山客。（盧綸〈同吉中孚夢桃源〉卷二七七）

桃花流出武陵洞，夢想仙家雲樹春。（劉商〈題水洞二首之一〉卷三〇四）

香味清機仙府回，縈紆亂石便流杯。春風莫泛桃花去，恐引凡人入洞來。（儲嗣宗〈和茅山高拾遺憶山中雜題五首・山泉〉卷五九四）

陶淵明雖無意將桃花源寫成仙人之境，那無寧只是尊古、純樸、自然、無為的古世界，然其神祕不可復及的出世特性，顯然是非人間的；黃髮垂髫的老少，也多少予人長壽的印象；加上其〈桃花源詩〉說「一朝敞神界」（《靖節先生集・卷六》），又多少令人聯想起神仙世界；唐代文人遂有直接視之為仙家仙府的。上引詩例，或因其只是以桃源比擬園林，同時又視其園為仙境，故而桃源乃被仙化。然而，劉禹錫貶官朗州司馬時，曾親往武陵遊覽，留下的詩篇卻也同樣視桃源為仙府。例如〈八月十五日夜桃源玩月〉說「塵中見月心亦閒，況是清秋仙府間」（卷三五六），即把桃源實地稱為仙府。又其依〈桃花源記〉所述而寫成的〈桃源行〉詩，也說「俗人毛骨驚仙子，爭來致詞何至此……仙家一出尋無蹤，至今流水山重重」（卷三五六），也是把晉太元中漁夫所見的桃花源寫成本就是個仙家。可見，桃花源之被仙化，並非只是因被比擬為園林樂園，而是在唐人觀念中最初的桃源即是仙境。

桃花源的仙化，在唐代應是十分普遍的。劉禹錫另有一首〈遊桃源一百韻〉記載唐皇朝對武陵桃源的特殊處理：「綿綿五百載，市朝幾遷革。有路在壺中，無人知地脈。皇家感至道，聖祚自天錫。金闕傳本枝，玉函留寶曆。禁山開祕宇，復戶潔靈宅。蕊檢香氛氳，醮壇煙冪冪。」（卷三五五）自注曰「詔隸二十戶免徭，以奉灑掃」。可知在朝廷的特意照顧保護下，將桃源神仙化的觀念貫注並實踐在祭祀的行動上了。經由朝廷的規制及祭祀儀軌的持續，桃源仙化應是容易成為唐人認肯且十分自然的共識。

桃源仙化使道觀園林也被喻為桃花源，如孟浩然〈遊精思題觀主山房〉「誤入桃源裏」（卷一六〇），如錢起〈尋華山雲臺觀道士〉「桃源數曲盡，洞口兩岸坼」（卷二三六），又靈一〈宿天柱觀〉「花源隔水見，洞府過山逢」（卷八〇九）即是。不過，道觀園林之所以比擬桃花源，主要的連繫點應在於桃花的象徵：

唯應問王母，桃作幾時花。（沈佺期〈幸白鹿觀應制〉卷九六）

秦時桃樹滿山坡（王建〈同于汝錫遊降觀〉卷三〇〇）

華陽觀裏仙桃發（白居易〈華陽觀桃花時招李六拾遺飲〉卷四三六）

借問燒丹處，桃花幾遍紅。（儲嗣宗〈宿玉簫宮〉卷五九四）

它日如相憶，金桃一為分。（貫休〈送道士歸天臺〉卷八三〇）

道觀被喻為桃花源，所取的是桃樹林的景象及其仙化的象徵。原來，道觀也流行種植桃樹，而且還是特別受重視的花木。章孝標有一首〈玄都觀栽桃十韻〉（卷五〇六）詩，拿栽桃一事為題而吟詠，可知道觀裡的桃樹不僅是造園上的設計，其內容與上引諸詩一樣，都把桃果當作是西王母或天上那可以延年益壽、長生不老的仙桃、金桃。那麼桃樹即為仙樹，栽滿桃林的道觀園林即為仙鄉了。王建以降觀的桃樹為秦時所有，則又暗指桃花源；因而桃花源之所以被仙化，除了上述論列的原因之外，桃樹本身所具的仙的象徵也是一個重要的因素。所以，桃花在一般私人園林中，通常也就成為仙的象徵或歷久不變的恆常者了：

山源夜雨度仙家，朝發東園桃李花。（賀知章〈望人家桃李花〉卷一一二）

重門深鎖無尋處，疑有碧桃千樹花。（郎士元〈聽鄰家吹笙〉卷二四八）

春苔滿地無行處，深映桃花獨閉門。（劉長卿〈題張山人所居〉逸卷上）

隔門借問人誰在，一樹桃花笑不應。（豆盧岑〈尋人不遇〉逸卷中）

至今青山中，寂寞桃花發。（邵謁〈經安容先生舊居〉卷六〇五）

賀詩明言桃李人家即仙家；園林裡栽滿茂盛的桃林，是一件令人欣羨之事，望著不識者的桃李即可認肯其為仙境。郎、劉、豆等詩則對桃花的幽閉深鎖特別有感，那栽桃的園林都是難入、封鎖起來的，猶如桃花源之不復可及。而邵詩則特意強調桃花的長存，經過人事遷異，任隨時間流逝，桃花依舊盛開，「寂寞」一詞很能顯現人事之無常及桃花獨自地亙古恆長。

桃花在唐代園林中之所以喜被栽植，一方面得自神話仙桃的象徵，一方面得自桃花源的樂園象徵；但兩者在唐代卻已被結合統一了。然而無論是純粹桃花源的樂園意象，或被仙化的桃源仙境，在陶淵明筆後，確實是唐代文人的嚮往，也確實是唐代文人心目中的園林典型和園林模範。當杜甫這位寫實的社會大詩人也會以「桃源自可尋」（〈春日江村五首之一〉卷二二八）來比況他的浣花草堂時，我們也就可以略知，唐代文人是多麼普遍地以園林為桃花源的具體實現。

三、淨土樂園的實現與仙化

另外，文人時常接觸宿止的園林是寺院園林。寺院也多選擇深山幽谷等遠離煩囂的幽靜地，加以僧人修行的生活帶著莊嚴清淨的氣氛，常令前往遊觀者滌垢去濁，頓生清淨慈善之心。文人至此，乃每以西方極樂世界喻之：

似到西方諸佛國，蓮花影裏數樓臺。（盧綸〈題悟真寺〉卷二七九）
地是佛國土，人非俗交親。（白居易〈題天竺南院贈閑元旻清四上人〉卷四五三）
上界不知何處去，西天移向此間來。（裴度〈真慧寺〉卷三三五）
煙霞生淨土，苔蘚上高幢。（李山甫〈題慈雲寺僧院〉卷六四三）
但恐出山去，人間種不生。（白居易〈東林寺白蓮〉卷四二四）

西方極樂世界或西方淨土或諸佛國土，是佛教信仰裡各種生命嚮往祈求最後往生而至的安樂國。據經典的各各記載，不僅西方淨土，每個佛國幾乎都是一座廣大華茂的園林。《佛說阿彌陀經》描繪的西方極樂世界有七重欄楯、七重羅網、七重行樹周帀圍繞；又有充滿八功德水的七寶池，池底純以金沙布地；有裝飾著金銀琉璃等美飾的樓閣；池中有大如車輪的彩色蓮花，微妙香潔；黃金為地，且常雨曼陀羅華，常作天樂；又有眾鳥出和雅音，使眾生清淨念佛。《無量壽莊嚴清淨平等覺經》描繪的無量壽佛國（即阿彌陀佛國）土，也是寶樹遍國，榮色光曜，隨清風發五音聲，微妙相和，聞之得以清徹六根，無諸惱患；堂舍樓觀，明妙無比，餘則悉如前經所述。又如《妙法蓮華經》中凡是佛所授記得阿耨多羅三藐三菩提而成就佛國者，乃至於暫現的化城，皆是園林周帀。不過，阿彌陀佛接引導師所主的西方淨土最為唐及以後中國佛徒所知，若得往生此地，則能受清淨最上快樂。所以西方或諸佛國淨土，不僅是華茂的園林，也是一座座無惱患、唯快樂的樂園。因而，以寺院園林比同西方佛國淨土，也即把寺園當作極樂世界的實現。

寺院園林的遠離塵囂，應也是它被喻為淨土樂園的重要因素，如：

登臨出世界，磴道盤虛空。（岑參〈與高適薛據登慈恩寺浮圖〉卷一九八）

皇帝施錢修此院，半居天上半人間。（王建〈題柱國寺〉卷三〇〇）

清淨諸天近，喧塵下界分。（權德輿〈與沈十九拾遺同遊棲霞寺上方於亮上人院會宿二首之二〉卷三二六）

雲開上界近，泉落下方遲。（姚合〈題山寺〉卷四九九）

上窮如出世，下瞯忽驚神。（許棠〈題金山寺〉卷六〇三）

出離喧塵煩囂的娑婆世界，幾近於天上，在地理位置上就給予人另外世界的感覺。這個特別的世界半居天上半人間，是接引諸眾生往生安樂淨土的過渡。正如《佛說無量清淨平等覺經・卷中》所述，在無量清淨佛國的邊界有自然七寶城，城中有七寶舍宅、七寶浴池、七寶樹及自然華、自然食，一切也都是快樂的。不過，這個邊界七寶城是通往另一個最終的、極樂的世界的過渡而已；雖然它也是個樂園。這些近於天上的寺院園林，基本上也是樂園，是次於極樂淨土而又可通往彼界的樂園。然而，落在整個人世來往交遊的角度來看，寺院園林即是人間的淨土樂園了。

有時文人雖不明言所遊宿的寺院即淨土，但詩文描述的情景卻含有同樣意思：

寶葉交香雨，金沙吐細泉。（宋之問〈遊稱心寺〉卷五三）

一聲寒磬空心曉，花雨知從第幾天。（楊巨源〈題清涼寺〉卷三三三）

泠泠功德池，相與滌心耳。（錢起〈同李五夕次香山精舍訪憲上人〉卷二三六）

老僧趺坐入定時，不知花落黃金地。（施肩吾〈題山僧水閣〉卷四九四）

樓臺籠海色，草樹發天香。（李群玉〈登蒲澗寺後二巖三首之一〉卷五六九）

寶葉、香雨、金沙泉、花雨、功德池、黃金地、天香等都是佛國景象，用這些景象來描寫寺院精舍，也是潛在地暗比寺院為佛土。其意當也以為居息此地，可以使人忘惱患、離障業、清淨悲智，得最上快樂；一個意象便可以是一個樂園世界。此外，蓮華為佛教代表性花卉，蓮荷同類，故寺院常種荷花，也可能頗有佛國的象喻之意。如韋應物〈慈恩精舍南池作〉「重門布綠陰，菡萏滿廣池」（卷一九二），朱宿〈宿慧山寺〉「庭虛露華綴，池淨荷香發」（卷二七五），李群玉〈湘西寺霽夜〉「後山鶴唳斷，前池荷香發」（卷五六八），清淨的池水滿布著荷花，散發著香氣，這也頗似於佛國淨土七寶池及蓮花、天香。所以王維〈輞川集〉描繪其敧湖上滿是盛開荷花，在湖中亭迎來高僧，而又有金屑泉與各種香木時，似乎也有幾分神似於淨土樂園。

佛國淨土式的樂園多比況寺院園林，但是像王維輞川，或是「園林落異花」（孟貫〈送人歸別業〉卷七五八），以及種滿蓮荷等等的私家園林，似乎也在文人有意無意地強調下，在與釋僧勤交遊的風氣下，隱隱地帶著幾許淨土樂園的情調。除了淨土樂園的比喻之外，梵經裡記載過佛悟道或說法的著名園林，也成為寺院常取以譬喻的樂園：

給園支遁隱（孟浩然〈晚春題遠上人南亭〉卷一六〇）

香剎看非遠，祇園入始深。（白居易〈題東武丘寺六韻〉卷四四七）

花明鹿苑春（駱賓王〈和王記室從趙王春日遊陀山寺〉卷七九）

地間分鹿苑（李君何〈曲江亭望慈恩寺杏園花發〉卷四六六）

送經還野苑（王建〈原上新居十三首之十一〉卷二九九）

祇樹給孤獨園及鹿野苑（園）都是佛陀說法之地。在佛典記載中有一個有趣的現象，佛的說法都在園林中進行的，悟道則在樹下，甚至滅度時亦在園林。如《大本經》載佛於鹿野苑頌論，《遊行經》則於竹園堂上說戒定慧，並接受淫女菴婆婆梨之請，止宿其園，而告諸比丘：忉利諸天遊戲園觀，威儀容飾與此無異。其他如清信園林[28]、梵志居士園[29]、闍頭菴婆園[30]、竹林迦蘭哆園[31]、淳陀園[32]等不勝舉，皆為佛世尊說法之地。另外，在《大本經》裡還記載毘婆尸佛坐波波羅樹下成最正覺；尸棄佛坐分陀利樹下成最正覺；毘舍婆佛坐娑羅樹下成最正覺……何以悟道、說法、滅度多在園林中成就？《小緣經》載婆羅門始祖作是念：我今寧可捨此居家，獨在山林閒靜修道。又《遊行經》載佛告比丘有七法可得道，其中第七法即是「樂於山林閒靜獨處」可知山林的靜寂正是清淨悟道的修行好地方，所以諸佛的行跡與重要法會多在園林中；園林可謂幾近於佛、法的聖地。其次，在《世記經》有一段記載：「佛告比丘欝單曰：天下多有諸山，其彼山側有諸園觀浴池，生眾雜花，樹木清涼，花果豐茂，無數眾鳥相和而鳴……其園常生自然粳米，無有糠糩，如白花聚，眾味具足，如忉利天食。其園常有自然釜鍑，有摩尼珠名日焰光，置於鍑下，飯熟光滅，不假樵火，不勞人功……其土人民至彼園中游戲娛樂，一日二日至于七日。其善見園無人守護，隨意游戲。」那麼，佛典中的園林其實就是景美音妙、眾味具足、不勞人力、隨意遊戲的快樂園地；即便是淫女的園林也與忉利諸天的快樂圓滿的園觀無異。可以說，佛典中的園林便是圓足無憂的樂園。因此，《分別善惡報應經・卷下》提到，修十善業所獲得的果報便有「遠離硬澁，因無雜穢；林木園苑，遠離叢刺，皆悉滋潤」。必須修行十善業才能得到嘉美的林木園苑，才能成為園林中遊戲娛樂、衣食無虞的人。因此，以祇園、給園、鹿苑、野苑等比喻寺院，也相當於把寺院視為樂園，可以給人無上清淨快樂。

在有關寺院的詩文中，也出現仙化的現象，如：

> 泛舟次巖壑，稽首金仙堂。（王武陵〈宿慧山寺〉卷二七五）

㉘ 見《長阿含經・卷第六小緣經》。

㉙ 同㉘卷第八《散陀那經》。

㉚ 同㉘卷第八《眾集經》。

㉛ 見《中阿含經・卷第六瞿尼師經》。

㉜ 見《大般涅槃經・卷中》。

一望俗慮醒，再登仙願崇。（孟郊〈登華嚴寺樓望終南山贈林校書兄弟〉卷三七五）

到岸請君回首望，蓬萊宮在海中央。（白居易〈西湖晚歸回望孤山寺贈諸客〉卷四四三）

如登最高處，應得見蓬萊。（盧肇〈題甘露寺〉卷五五一）

今日再遊光福寺，春風吹我入仙家。（劉兼〈再看光福寺牡丹〉卷七六六）

稱寺院為仙家、蓬萊宮或仙堂，很明顯地即是將佛寺仙化。這在當時三教合流兼融的風氣下，似乎已非稀奇駭人之事。寒山的生活是「仙書一兩卷，樹下獨喃喃」（〈詩三百三首之十六〉卷八〇六），皎然在〈憶天臺〉詩中懷憶「靈山遊汗漫，仙石過莓苔」（卷八二〇），可見僧侶們也是好仙的。第四章第四節見詩中頗有文人向僧侶們乞藥的事況，足見僧人們在養生方面亦有其工夫。由人及物，寺院園林被仙化如同仙境也是唐代整體風潮下的自然。

至此，我們知道，唐代文人將園林視為樂園的實現，大抵有三種類型：一是仙境樂園，一是桃花源樂園，一是淨土樂園。不過，桃源與淨土也有被仙化為仙境的時候。總是，樂園本為各種希望可以順遂實現之理想境地，應是圓滿具足、種種好處都能集聚於此，因而三種類型的樂園互相通濟使其更趨圓滿，該是樂園嚮往的心理所自然經歷的過程吧！

四、歷史載籍的輔證

唐人的詩文之外，我們仍可由歷史記載或考據資料，略見樂園嚮往與山林園池的關係。

桃花源，根據陳寅恪先生的考據，紀實部分乃是依據義熙十三年春夏間劉裕率師入關時，戴延之等所聞見之景況；寓意部分則加上劉驎之入衡山採藥故事所作成㉝。大抵西晉末年，戎狄盜賊並起，中原避難

㉝ 參陳寅恪〈桃花源記旁證〉，刊《陳寅恪先生論文集》，頁四七六。

者各有託庇僑寄；其不能遠離本土者則糾合宗族鄉黨，屯聚堡塢據險自守㉞。屯聚之地多選擇孤峙絕峭的山壑，例如《藝文類聚‧九二燕鳥》引《晉中興書》稱郗鑒率鄉人千餘家避難於魯國嶧山，而嶧山據《太平御覽‧四二地部七》引《地理志》云：「嶧山在鄒縣北……高秀獨出，積石相臨，殆無壤。石間多孔穴，洞達相通，往往有如數間居處，其俗謂之嶧孔。遭亂輒將居人入嶧，外寇雖眾，無所施害。」可知百姓因逢戰亂而避居深山塢堡，構成自給自足而無所侵擾的和平安全的世界，在歷史發展中是確曾發生過的事。那麼，那被戴延之所見的峭絕孤峙有如屋洞的遺跡，很可能即是塢堡之殘，陶淵明將之寫入桃花源，可知桃花源的前身確曾在現實生活中演出過。縱或塢堡不似樂園或仙境那般全然不費人力而一切自生自長，但較諸爭奪相殘、紛亂機巧的人間社會，卻真是和平互助、純樸自然、自給自足的快樂世界。所以山林裡的塢堡——幾近於自然山水園——確是某種程度的樂園實現；那麼，個人的遠禍避害、逃遁隱逸，以山居丘園度其逍遙自適的生活，又何嘗不是某種樂園的實現！

從人類生活的發展來看，初民因倍受洪水的災難而離低地平原以避居高地。在神話當中，初民對山丘總懷有崇敬禮拜和嚮往之意。如黃帝玄圃在崑崙虛之上，西王母及諸神也居於高山。在《山海經》中每一組山皆有其祭祀的禮儀，拜山的習俗固因他們認為山皆有神，且因高山接近上天，可與天上之神交通，卻也應與高山可避洪水有關。許俊雅先生提及重陽登高的習俗時，說原始民族也有在節日登高之習，因他們不敢忘記太古時代洪水的災害，因而故意強迫人們練習登山㉟。總是，種種因素使山上每每成為人們心中的聖都樂園。楊玉成先生在〈陶淵明的田園詩〉一文中論及敦丘文化與三代聖都之制，以為古人本多居於山丘之上，但在遷離之後，此山丘適為祖先廬墓甚至是宗廟所在，因而此一山丘故居即被逐漸神化而成為「山上樂園」或「天上城市」。又引陶淵明諸詩以證明其歸隱園林屋舍，也是回歸天上聖都的表現㊱。

㉞ 同㉝，頁四六七。

㉟ 參許俊雅〈佩了茱萸飲菊酒——重陽節的習俗雅事〉，刊《中央副刊‧長河版》，民國七十八年十月七日。

又從考古研究來看，徐嘉瑞先生認為，受夏民族文化影響甚多的大理古文化，在古蹟考查中發現，時代愈早的人，居住在地勢愈高之地，以免潮濕和水患，也易於防敵。而且其居住地必有階梯式之平臺，平臺從更高處遙望時極清楚，至近處反而不易辨明㊲。這種空間特色所保有的隱密性，很容易令人想起園林入口處的布局，這還是表示山林隱蔽之處早是初民認為最安全自在，且可自給自足的生活天地。而凌純聲先生論及崖葬習俗時，引述古籍記載中國崖葬習俗之相關遺跡，例如江西一帶，根據《寰宇記・卷一〇七饒州餘干縣》載：「仙人城在縣東南二百里，其城皆峭壁危石，亭亭千仞，自古呼為仙人城。每天空無雲，秋日清皦，其上宮殿倉廩，歷歷可見。」又卷一〇八〈虔州贛縣〉引《輿地志》云：「山右行六里，有石室口方八尺，如數十間屋。上通天窗，下有方榻，二石人巾櫛而坐。傍有小石室七所相通，悉有石人。室前有車馬跡。春夏草木不生，無諸毒蟲，林木繁茂，水石幽絕，蓋靈仙窟宅也。」其他如湖南等江南地區也多有類此遺跡。證諸宋玉《楚辭・招魂》的「魂兮歸來反故居些，天地四方多賊姦些。像設君室靜閒安些，高紀邃宇檻層軒些。層臺累榭臨高山些，網戶朱綴刻方連些。冬有突廈夏有寒些，川谷徑復流潺湲些。」凌純聲先生認為這些洞中屋宅、石人林木所構成的仙人城，即古代崖葬木主所留遺跡㊳。後來仙靈窟宅之說，可能因古代開始將屍體葬於山崖間，久積所成的崖洞纍纍如崖城，加以祖先祭拜儀式及靈魂轉升為仙等傳說揣想，遂使崖城成為仙人城窟。這些被仙化的崖城，於是成為人們心目中崇敬傾慕的世界。由宋玉的描述中，那些在川谷高山之上的木主所居的石室，還是經過一番造設綴飾的層臺累榭，猶如一座有山有溪、有林木有建築的園林，他們還認為天地四方多姦賊，故招喚靈魂回這舒適靜閒、安然佳景的地方來，回這有似樂園的高山上來。這些辭句與心理也是頗近於園林居息者的逃避塵世污穢，入得逍遙淨地

㊱ 參楊玉成〈陶淵明的田園詩〉，頁七陰面—頁十陽面。

㊲ 參徐嘉瑞《大理古代文化史稿》，頁五—一三。

㊳ 參凌純聲〈中國與東南亞之崖葬文化〉，刊《中央研究院歷史語言研究所集刊》第二十三本下冊，頁六三九—六四九。

的心態。

無論如何，從諸多歷史的、地理的、考古的記載及發掘中，我們看到古代確實以山林為崇高、神聖、幽祕、安全、樂足的，幻想其為神仙聖靈居住之地。每在遇逢災難禍患、躲避攻擊之時，便以山林為護身安全之所。從神話傳說、信仰或習俗角度來看，山林壑谷也都是人們心目中仙人居住的美好圓足的快樂天地。因而，建造在山林間的自然山水園與仿造自然山水的城市園林，被比擬為樂園，是有其悠長的社會生活傳統為基礎的。

唐代文人對於神話仍有其熱衷之情，喜以神話傳說中最早的園林玄圃作為模範，以玄圃來比喻某園便是一種稱譽。如：

懸圃珠為樹，天池玉作砂。（韓偓〈漫作二首之一〉卷六八一）

玄圃千春閉玉叢（陳陶〈竹十一首之十一〉卷七四六）

雲幄臨懸圃（李乂〈幸白鹿觀應制〉卷九二）

玄圃靈芝秀（武平一〈奉和幸白鹿觀應制〉卷一〇二）

聞有三珠樹，惟應祕閬風。（李德裕〈春暮思平泉雜詠二十首．柏〉卷四七五）

這是西方崑崙系統的神話，以崑崙虛為重要神靈的故鄉。尤其是黃帝的行宮玄圃，更為人所樂於談擬。三珠樹是玄圃裡的珍木，李德裕以三珠樹來間接暗喻他的平泉莊即是玄圃之呈現。玉池或瑤池也是西方神山系統，傳為西王母所在之地，在唐詩中也是常見的仙境。但在歷史上，園林的比擬或模仿似乎以玄圃的出現較早較多。如屈原在〈離騷〉中想像其登到天上樂土，就曾「夕余至乎縣圃」；漢賦以玄圃來比喻帝王苑囿（如揚雄〈甘泉賦〉、張衡〈東京賦〉等）；文惠太子以玄圃名其園；陶淵明〈讀山海經之三〉說「迢遞槐江嶺，是謂玄圃丘。西南望崑墟，光氣難以儔」。可以說玄圃一直是文人們注意的、傾慕的樂園。而從戰國到唐代，玄圃也一直被視為園林樂園的追仿對象。至於蓬萊、瀛洲等仙山也是唐詩中常被用來比喻園林的樂土。可見，視園林為樂園實現的思想根源，既有神仙信仰、桃花源嚮往、淨土信仰，也有亙古的神話內容，以及歷史發展中人類生活實況及習俗作為基礎。而園林中常被文人描寫歌頌的魚鳥之樂，也是園林樂園化的一個具體呈現。總之，唐代文人將園林當作樂園理想的實現，是中國長久以來，悠悠漫漫歲月中不斷湧現的各種樂園慰藉中，最真實、最具體、也最優美、最圓足（人文與自然的融合，而非毫無人文精神的縹緲虛境）的一個成就。

綜觀本節所論，唐代文人視園林為樂園的具體實現，約可歸納要點如下：

其一，樂園嚮往的心理，從初民時代開始，一直是人們的希望所在，安慰著人的心靈，支持著艱苦的生活。其中黃帝的玄圃是神話中一座大型園林，一直成為中國園林發展中，文人嚮往、學習、自況的一座樂園。

其二，唐代文人將園林視為樂園的具體呈現，大抵有三種類型：一是仙境樂園，一為桃花源樂園，一則是淨土樂園。其中桃源及淨土均有被仙化的現象，三種類型似乎都統攝在仙境樂園之下。

其三，視園林為仙境者，除道觀園林之外，皇家貴族也是常有的。大抵仙山仿造最早出於帝王園林，而園林又是由皇家向普通士人發展開來的緣故；及待六朝仙鄉小說興盛，唐人崇信道教，私家園林遂也常以仙境自視。在比擬中以東方蓬瀛及西方崑崙最頻繁，有時兩者亦被混一等同了。

其四，視園林為仙境並非僅止是文人們的想像，園林空間的壺中天地及曲折隱密、幽邃清寂等布局和境質，亦有類於世外仙境。而《抱朴子》及諸多道經的「地仙」之說，更使棲息園林者的當下即仙的自得有所依據。

其五，唐人心目中，桃花源就是一座自然山水園林，因而也將他們遊息的園林比譬為桃花源。他們甚至認為所謂桃花源不必一定是陶淵明筆下那個不可復得的武陵的洞中天地，只要有怡人的景色、幽邃僻靜、豐饒自足、純樸自然、與世無爭、和諧快樂等桃源精神，即是桃花源。而這些條件正都是唐代文人所追求的園林品質和生活態度，可以說，唐代文人致力經營的，是要構造出一個桃花源式的樂園。

其六，另一部分桃花源的比擬，則是以仙境視之。陶淵明描寫的桃源本具神祕、非人間性、超時間限制性，並在詩中稱其為神界，故很自然使人聯想及神仙世界；而桃花林意象又因仙桃傳說而具有仙化色彩；加以唐皇朝在武陵桃源設壇祭祀，故而桃花源仙化當是唐代的普遍現象。

其七，寺院園林是唐代文人常寄宿遊覽之地，文人每將其喻為佛國淨土。佛典中描繪的佛國淨土都是廣大華茂的園林，也是無惱患、得最上清淨快樂的樂園。淨土的比喻，顯示唐代文人將寺院園林當作是淨土樂園的實現。

其八，寺院園林也常被喻為佛典中佛陀悟道、說法的重要園林，如祇園、給園或野苑等。那些美景妙音、眾味具足、隨意遊戲的園林，是修行十善業有所果報者才能前往。故以佛教聖地的園林來比況某寺園或某私園，除了讚其為樂園之外，也稱譽主人之道行。

其九，從神話、歷史及考古資料來看，無論是祭祀山嶽、避難的塢堡、登高習俗、敦丘文化或崖葬仙窟，都顯示自古以來，人們即視山林澗壑為神聖、崇高、安全、隱密之地，故而幻想其為神仙靈聖所居止，遇逢人世的災難禍患時遂每每以山林為避害全身之地；山林一直是快樂的天堂。因而建造在山林裡的自然山水園或仿造自然山水的城市園林，被視為樂園也是有漫長的社會生活實況及傳統做為基礎的。

其十，樂園的觀念雖然遠自初民時代即開始具有，但一直都是可嚮往、可企盼卻又不可及的慰藉，也一直都是不費人文力量的自然天成。唐代以其強大富足的姿態，使文人也滿懷信心地將樂園實現在園林生活中，做為生活中快樂的資源。因此遂使長久以來被高懸的可想望而不可得的圓滿，經由一心的超越及造園意匠等人文精神與力量，具體地呈現在現實生活中。這是唐代文人園林興盛的一個特別的影響。

第三節 後代園林藝術的啟示

唐代園林及文人的園林生活對後代園林藝術的啟示，可分由文人園林特色及園林理論之建立兩方面論之。另外，日本獨樹一格的庭園發展，也頗受唐代園林之影響。故本節將由此三方面分論之。

一、唐代文人園林的特色與啟示

園林在中國有一段漫長的發展歷程；其成就是漸次累積而成的，每一階段都是踏在前一個階段的基礎之上開展的，也都為下一階段的進步提供不少的經驗和基礎。唐代園林雖不是中國園林最精華最典型的時代，但做為宋代這個園林全盛且高峰時期的前一個階段，唐代園林的影響實不可忽視。在宋《洛陽名園記・富鄭公園》裡，李格非說得很明白：「洛陽園池，多因隋唐之舊」，那麼，宋人一部分園林是唐代遺留的作品，唐代園林的成就必為宋人所見，亦當有所承襲。吳梓先生曾說：「宋代以後，庭園的精神面開始獨立發展，成為一門專業……但是，追本溯源，我們不能忽視唐朝這個啟蒙時代。」[39] 而唐代不僅在造園成就上給予後代啟發；更重要的是，在詩歌鼎盛及流行園林夜吟苦吟的唐代，文人藉著詩歌吟詠所表達出來的，不僅是造園理念及成就，也表明他們的園林美感、品味與生活境界，這就超越了當時已有的造園成就，對後代園林意境與寫意手法的具體成就發生了深刻的指導作用。

唐代園林及文人生活於其中的種種，所展現的特色，關係到其在中國園林史上的地位及其對後代園林的啟示，故今分點論述其特色，以見其啟示之各端：

39 見吳梓《從輞川園論唐代之造園》，頁二八。

一、私人園林自漢代的袁廣漢開設以來，六朝漸漸增加，然而擁有者多是達官貴富[40]。到了唐代，私人園林在數量上大幅驟增，而且分布的層面普及於普通百姓，窮困如盧照鄰、杜甫、賈島，甚至釋僧如寒山、皎然、貫休者也都擁有私人園林。唐代是中國私人園林開始大增且普及的時代。

二、一般以六朝為中國文人園林的發源[41]。唐代在私人園林普及的基礎上，文人廣泛加入造園行列，為自己的園林盡心經營，並以其美感和情思去品賞諸多園林，發為詩文，便顯現出其對園林意境的獨特要求：注意到高度概括、小中見大的寫意性、藝術性。使得文人園林在這一時期因被詩文吟詠的構思所引導，而加速興盛，加速走上寫意園林的典型。

三、唐代文人一致表現出對自然樸素的愛好，所以儘管其強調人文與自然的調和兼融，但一切最終的、最高的要求是「化成」而無人為痕跡。尤其是「山居」的風氣在文人之間普遍流行，這些丘園的自然之美也成為城市園宅的模範。所以唐代園林在文人大量關切之下，由六朝及其前的雕琢轉而趨向自然之美與樸拙之趣。

四、由於園林已不必是達官豪富的專利，也由於城市園林的大量興建，在錢財及空間的限制下，範圍和規模大幅縮小，甚至有盆池產生。文人以其超越的心靈及獨特的美感，使小園能在方寸中立意滄溟，三里地猶如千重山，於是小園便在文人的自得之下漸漸開展流行。這對宋代寫意園林的典型及藝術，是一個重要的啟示。

五、由於肯定園林的文學起興及提昇功能，唐代文人盛行在園林中夜吟、月吟、苦吟，所詠詩作常題於桐蕉等葉上或牆石，故而園中隨處可以見到題詩。這些題詩可點出眼前景色的悠遠意境，使園林所具的詩的意境更明顯，這就有似於後代園林中匾額、對聯的形式，使詩、書和園的藝術結合在一起。杜荀鶴「七

[40] 參[39]，頁一七六。

[41] 參李莉玲《中國文人庭之研究》，頁五。黃文王《從假山論中國庭園藝術》，頁二一。

字君題萬象清」（〈和友人見題山居〉卷六九二），鄭谷「竹莊花院徧題名」（〈郊墅〉卷六七六），可以說明唐代文人已注意題詩對園林意境的凸顯作用。程兆熊先生說「大唐已發展到了一個『詩』的時代，因之，大唐的庭園，亦發展到了一個『詩』的庭園」[42]；若再加上園林隨處題詠這個現象的考量，唐代文人園林的詩情，以及園與詩兩種藝術結合、轉換互通的特色，很是中國園林典型的一個重要開端。

六、唐代開始大量使用石頭布置園景，或堆疊假山（假山之名初見於中唐詩文），或單獨立為奇峰，或砌聚水中以製造險灘。收集、品玩奇石成為當時許多文人的嗜好，也是園林珍貴景觀。尤其宋代最注重的太湖石，首見於白居易詩文[43]，被大事稱美，遂也漸漸成為園林中的重要角色。

七、水景的造設特別受到文人的注意和用心。他們講求在小池小水中表現悠遠的景趣，使一勺水能生萬里氣象，盆池造景是一個集中，使園林在趨向精小的歷程中自然地發展出寫意的藝術化、典型化的園林特色。

八、唐園廣植的竹、松、桃、柳、荷等植物，在詩文的加強下，成為中國園林的傳統。而且也為這些植物闢出特殊景區，如斤竹嶺、松島、柳浪、荷池、菊洲、蘭汀等，使花木成為園林中可以獨立欣賞的景觀。而鹿、鶴、魚、鳥的大量歌詠也被後代園林的經營所學習，成為一種傳統。值得注意的是苔的培養和讚賞使唐代出現了苔園，這在中國沒有再發展，卻傳到日本。

九、園林建築在唐代有重要進展，文人注重具有虛透特性而能與園景高度結合的臺榭亭廊等建築[44]，要求自然與建築相呼應相結合的統一關係。亭子由有牆發展為無牆，使萬景坌來，並發展出瀑泉亭、自雨亭等，使「涼」式建築成為日後對亭子的一般認識，也使亭子成為日後中國園林幾乎不可少的點景及景

---

[42] 見程兆熊《論中國之庭園》，頁七八。

[43] [41]黃書頁二〇：「太湖石之名稱首見於白居易的詩文。」

[44] 李允鉌編著《華夏意匠——中國古典建築設計原理分析》，頁三一一：「在園林中加入亭臺樓閣等元素則盛於唐時。」

點㊺。此外，幽徑、迴廊和虹橋等園林血脈的曲折婉轉特色也在此時確立。

十、唐代文人已敏銳地掌握了許多造園原則，且表諸文字。如「相地」一詞、「因隨」二字以及「借景」都被文人屢加強調。加上文人的詩情畫意地描繪，使這些造園手法留給後人深刻的印象和啟示。

十一、文人在園林中藉由聽覺、嗅覺所感受到的種種美感，再經由詩文吟詠構思，遂呈現出優美深遠的意境，如鐘聲、松濤、鶴唳、鳥啼、梵音、漁歌、樵唱、荷香、桂香等，所烘托出來的幽寂意境美，也是後代造園家所努力追求的。在《園冶》一書屢提及「梵音到耳」、「鶴聲送來枕上」（卷一園說），因此彭一剛先生說：「這種借助於聽覺、味覺以及利用時令、氣候的變化而賦予詩的意境美的見解在《園冶》一書中也屢見不鮮。」㊻

十二、以「草堂」稱名園林者始於唐代文人，如盧鴻一的嵩山草堂、杜甫浣花草堂、白居易廬山草堂……到了北宋尚有徽宗結造艮嶽時所稱的蕚綠草堂，日後便不易再見。所以「草堂」可算是唐代自然山水園興盛的一個代表，在中國園林發展上留下一個短而特殊的歷史。

十三、我們從後代園林的取名，可以看到一些源自唐代文人對園林的感受和追求的傳統。如吳融〈太湖石歌〉有「小山叢桂且為伴」（卷六八七）一句，而蘇州網師園即有「小山叢桂軒」一景；唐人偏愛古木，至蘇州留園則有「古木交柯」一景；又如蘇州著名的拙政園視園林為政治俗塵的相對；承德避暑山莊，以園林為納涼避暑之佳地……凡此皆於唐代文人的園林觀之中即已建立，成為中國園林的傳統。

十四、唐代文人已觀念性地提出園林品質的要求，皆是日後造園家所遵循的大旨。文人在園林中生活，進行的種種活動，都變為中國園林人文與情意的內涵，如《園冶》裡「客集徵詩」、「常餘半榻琴書」（卷一

㊺ 程兆熊《中國庭園建築》，頁六三：「在中國山水名勝之處，幾乎都有亭……從而亭的本身又即作成了山水間之一名勝與夫歷史上之一古蹟。」

㊻ 見彭一剛《中國古典園林分析》，頁一六。

相地．傍宅地）、「觀魚濠上」、「寓目一行白鷺」（卷三借景）等。文人的園林生活雖非具體的造園成就，卻能使後代造園者因傾慕此種生活，而創造所需的園林意境。

二、對後代造園理論的啟示

在中國園林的發展史上，造園理論於明清兩代才被視為專門學科，開始有理論性著作問世。在明清以前，散見於詩文、史書、畫論、名園記或地方誌[47]的園林文獻，多是記述性及描繪性的文字。雖然如此，這些記載仍可讓稍後的人了解其前的園林經驗，在其基礎上加以躬造目睹的實踐體驗，而遂積累出明清的造園理論。

在明清的造園理論專著之中，最具代表性的是明代計成的《園冶》一書。《園冶》不但對造園做了全面的論述：有指導設計的思想總論，還有十個專題；而且許多精闢獨到的見解，都是對我國園林藝術的高度概括。而明代是中國文人園的一個高峰期，計成又是當時傑出的造園家，因此，以下擬以《園冶》一書的理論為主綱，在按語中以唐詩為目，對照出明代造園理論得自唐代的承傳線索，以見唐代文人園林對後代園林藝術的啟示。

> 一、故凡造作，必先相地立基……因者：隨基勢高下，體形之端正，礙木刪椏，泉流石注，互相借資；宜亭斯亭，宜榭斯榭，不妨偏徑，頓置婉轉，斯謂「精而合宜」者也。（卷一興造論）

按：第三章第五節曾論及唐人造園之初，最重相地工夫，因隨地勢之高低起伏而建造與之相和諧的景物，使之自然渾成。如杜甫「臺亭隨高下」[48]，王建「斜豎小橋看島勢」，白居易「因下疏為沼，隨高築作臺」，

---

[47] 馮鍾平《中國園林建築研究》，頁二一六：「我國有關古代園林的文獻，在明清以前多散見於各種文史、畫論、名園記、地方誌中。」

朱仲晦「柳行隨堤勢，茅齋看地形」。「看」字點出相地的工夫，而「因」「隨」則是相地的基本原則；計成承用「因」字說明相地要則，又以「隨」字解釋「因」意。而劉禹錫「相便地而居要」與武少儀「周相地形」更直接使用「相地」之詞，而後為計成所承納。其實相地的工作該是造園之初很自然採取的了解步驟；可能在唐前已是普遍的造園工作。只是，在唐代文人大量以詩文記述其造園過程和樂趣時，才更自覺地、更概念化地被當作造園要則。由此可知，詩文創作與園林生活結合，對園林藝術的理論化有著催化作用。

又「礙木刪椏」一事，在杜甫、白居易的園林生活中已論及，第三章第五節論及空間之通透亦引詩呈現過。這一點相地因隨的手法，唐代文人在輕重去取之間已表現得有眼光有魄力。至於「不妨偏徑，頓置婉轉」，也是唐代文人強調重視的動線處理，本論文在提及空間布局的曲折幽深特性時，已引證詩文於第三章第五節，此不復贅。

> 二、借者：園雖別內外，得景則無拘遠近，晴巒聳秀，紺宇凌空；極目所至，俗則屏之，嘉則收之。（同上）
>
> 夫借景，林園之最要者也。如遠借，鄰借，仰借，俯借，應時而借。（卷三借景）

按：借景更是唐代文人廣泛體會的園景應用。如張九齡「披軒肆流覽」、孟郊「開窗納遙青」是遠借的實例；李君何「山煙近借繁」、陸暢「四面青山是四鄰」是鄰借，值得注意的是李君何已使用了「近借」一詞，其意與鄰借相同，可知「借」景的理念唐文人已把握到了；又殷遙「鑿牖對山月」、王昌齡「空林網夕陽」是仰借；錢起「添池山影深」、高駢「樓臺倒影入池塘」則是俯借；而盧照鄰「窗橫暮捲葉」、張說「簷牖飛花入」是應時而借。是則計成所歸納出來的幾種借景方式，在唐代園林中均已可見，其美感價值也受到文人一再的肯定和詠歎，故而在日後成為造園藝術所依循的理念。此外尚有姚合「入戶風泉聲瀝瀝」，白

㊽ 本節所引詩文，若已見前引，皆不復注明題目與卷數，可參前文，尤其是第三章。

居易「窗借北家風」所借為聲音為風息，則較諸計成所分更細膩，更能透顯出園林意境的營造效果。

三、凡結林園，無分村郭，地偏為勝。（卷一園說）

按：第五章第一節論及唐代文人所追求的園林品質，首在於僻靜幽邃，僻靜幽邃則多遠離煩塵或與之隔絕，是則形似仙境樂園。大抵建造園林本即出於接近自然山水以沉潛定靜為上的心態，不過唐人有意地強調確乎較諸其前明顯，這應也是計成提出客觀地理位置的理論基礎。引詩已見於第五章第一節，此不復贅。

四、圍牆隱約於蘿間，架屋蜿蜒於木末。（卷一園說）

按：圍牆及架屋是為人工建築，蘿蔓及樹木則屬自然花木，計成之意是要人工建築隱約掩映於自然生命之間，避免空間之封閉或截然分劃的死硬。前者如殷堯藩「碧樹濃陰護短垣」、白居易「手種榆柳成，陰陰覆牆屋」都是使作為分界分區的牆垣在掩映中變得虛透。這種模糊邊界線以擴大空間感的手法一直是日後造園的重點，而唐人已注意。後者如第三章第三節論及的竹閣、松齋、蘿屋等都是以花木的覆庇增益清涼之氣並因其含蓄隱約而引逗人的情思和想像。我們看到建築園林化的原則和特色在唐代已是普被文人重視、共識。

五、軒楹高爽，窗戶虛鄰；納千頃之汪洋，收四時之爛縵。（卷一園說）

按：此段強調建築物的虛通特性。藉高爽的架構及開透的窗洞以收納廣大浩渺的景色，意即指借景，借景已論於第二點。此處計成也點到了建築與自然界之間互通互應的交流融合關係。唐代文人在詩文中，如姚合「清虛宜月入」、李建勳「亭虛野興迴」即指出亭的虛透特性；白居易「五亭間開，萬象迭入，嚮背俯仰，勝無遁形」、符載「當軒萬井，直視千里，西山邐迤，橫擁遼夐」則更直接說明建築物收納自然景色而致室內室外無所隔閡、融通為一體的特色。可以見到人文與自然的「和」與「合」的關係在唐代園林中已發展得頗成熟；這也是建築園林化的另一個表現方式㊾。

另外計成未言及的，建築物具有點景的化功，這在唐文人也十分明瞭，如歐陽詹「作一亭而眾美具」、張籍「起得幽亭景復新」都以建築物的完成，是畫龍點睛的一筆，使整個園林頓然精神起來。建築物本身既是觀景點，也是重要的景觀。這一點，近代的園林研究者言之亦多，計成雖未言及，但唐代文人卻已明確拈出了。

六、雖由人作，宛自天開。（卷一園說）

按：計成要求園林中一切人為營造的景物，皆須宛若自然生成，毫無人工斧鑿縫合之跡。唐代文人亦每每讚頌園林造景之出神入化，宛如天工，如劉禹錫「化成池沼無痕跡」、呂溫「山泉若化成」等以「化」字來稱美園林造景之自然，且與整個園林渾然圓融為一體。第五章第五節可看到唐代文人在園林造景、生活等各方面，都已意識地強調人文與自然的調和兼融。所以計成「雖由人作，宛自天開」這句廣為現代研究者引述的造園原則，是有其長遠的歷史傳統作為先導的，唐代文人將此理念與原則反覆申之已甚明白。

七、養鹿堪遊，種魚可捕。（卷一園說）

按：養鹿飼魚屬園林的動物景觀，前者溫馴巧靜，又富有成仙及佛生的典故；後者悠遊快樂，又具有濠上魚樂的典故。兩者遂在形態之美以外還兼有人文想像之美，使園林意境得以深化和提昇，此於唐代詩文中頗為常見，可參第三章第三節。

㊾ 杜甫〈水檻遣心二首之一〉有「去郭軒楹敞」一語，未知計成「軒盈高爽」是否脫胎自此。

八、雜樹參天，樓閣礙雲霞而出沒；繁花覆地，亭臺突池沼而參差。（卷一相地・山林地）

按：山林建築在因隨的前提下，本容易顯得險峻聳峭，被雲霞搓摩縈環的情景，在唐人詩文中也述及，如孟郊「樓根插迴雲，殿翼翔危空」（〈登華巖寺樓望終南山贈林校書兄弟〉卷三七五）、司空曙「春山古寺遶滄波」（〈題凌雲寺〉卷二九二）寫出在滔滔雲海的波湧繞譎之下，特立懸拔的、出沒無常的建築特色。至於「亭臺突池沼而參差」則是沿洄於水邊或水上的建築，第三章第四節曾論證唐代文人特別重視建築與水景的結合。今再以二例，如李乂「曲樹迴廊繞澗幽」，溫庭筠「月榭風亭繞曲池，粉垣迴互瓦參差」，指出建築物曲曲折折迴繞著池澗而造設，有著參差迴互的轉環效果。這是內向式的空間類型。

九、竹里通幽，松寮隱僻，送濤聲而鬱鬱，起鶴舞而翩翩。（卷一相地・山林地）

按：竹與松的園林傳統在唐代之前已逐漸形成，尤其竹子更因魏晉名士的偏好而獨步於唐代。竹中幽徑及松下齋寮皆是唐詩中常見的意象，竹聲松濤亦是文人們喜愛的涼劑，藉以清煩襟。而鶴的仙之象徵，也是當時重要的園林動物。凡此皆可於第三章第三節見知，此不複沓。

十、片山多致，寸石生情；窗虛蕉影玲瓏，巖曲松根盤礴。足徵市隱，猶勝巢居，能為鬧處尋幽，胡舍近方圖遠；得閒即詣，隨興攜遊。（卷一相地・城市地）

按：文人品石愛石之風自唐代漸興，駢石疊山者有之，拳石激湍者有之，單石立為片山者亦有之。文人每以其神思妙想遊梭於寸石片山之間，生發無限情意，如白居易視太湖石是「三峰具體小」，覺得「三山五岳，百洞千壑，覼縷簇縮，盡在其中。百仞一拳，千里一瞬，坐而得之」，寸石也就變成百仞千里的峰嶽，引逗出精郁的情思：此情既是空間的延盪，如楊巨源「一片池上色，孤峰雲外情」，也是時間的亙綿，如羅鄴「怪石盡含千古秀」(〈費拾遺書堂〉卷六五四)。因此，計成「片山多致，寸石生情」的美感領受及造園理念是其來有自的。

足徵市隱，猶勝巢居，鬧處尋幽，得閒即詣，隨興攜遊，最是唐代文人自鳴得意的園林功能，隱於朝市可兼得城與野、仕與隱的兩全，故而使他們以巢許之隱遁為不屑，以長途跋涉大山名水為勞頓。只要近在自家的園林山水，都可以隨興之所之，而當機順遂之，圓成之。由此段文字可知，唐代文人間特別盛行的調和兼融兩端的風氣，到明代仍具有相當的影響[50]。

十一、風生寒峭，溪灣柳間栽桃；月隱清微，屋繞梅餘種竹。似多幽趣，更入深情。兩三間曲盡春藏，一二處堪為避暑。(卷一相地‧郊野地)

按：柳、桃、梅和竹都是唐代園林中重要的花木栽植，溪畔垂柳、迎風搖生的柳浪是王維輞川二十景之一。風吹水面以生波浪的美感，白居易「風借水精神」言之甚明，他斫竹以生風，藉風製造池波，這些細緻的巧思初出於這位詩人造園家。計成說柳灣風生而未及水浪精神，是得其造園原則而不論其原理。至於避暑一事，正是唐代文人園林生活的要點之一。

十二、固作千年事，寧知百歲人。(卷一相地‧傍宅地)

按：計成認為造園作景乃千年之事，至於一己生命長短則不執著列入考慮。這使我們想起李德裕訓誡子孫，視園林為傳之久遠的家聲家勢；而方干「應把清風遺子孫」(〈李侍御上虞別業〉卷六五三)也是一樣的態度。白居易則不僅視「林泉風月是家資」，還另有一種見識與風度——千年的氣度：「園西有池位，留予後人開」，確實是把造園當作千年之事，不在一己身上把所有林泉風月等資源使用窮盡。

---

[50] 明代文人的大隱，可參陳萬益〈晚明小品與明季文人生活〉，刊同名書，頁三七—八二。

十三、境仿瀛壺，天然圖畫，意盡林泉之癖，樂餘園圃之間。（卷一屋宇）

尋閒是福，知享即仙。（卷一相地・江湖地）

按：視園林為仙境樂園的實現乃唐代文人一個重要且特別的園林觀。故在園中模仿蓬瀛、製造壺中天地，並以遊山之地仙自擬。從計成之「境仿瀛壺」及「知享即仙」可知唐文人的園林觀一直延續至明代。至於「尋閒」之事，則唐人強調之獨坐、閒行、高臥等養閒生活，亦為文人們注重的生活態度。

十四、疏水若為無盡，斷處通橋；開林須酌有因，按時架屋。房廊蜒蜿，樓閣崔巍，動「江流天地外」之情，合「山色有無中」之句。（卷一立基）

按：疏水使其看似無盡，意欲觀者隨水波而情思亦流向天地之外，會心八荒。唐人如方干「猶將方寸像滄溟」，李洞「只隔門前水，如同萬里餘」的意趣即此。其處理方式如白居易「浦派縈迴誤遠近，橋島向背迷窺臨」，劉威「巧分孤島思何遠」，不僅是斷處通橋，還以洲島與水路的縈迂迴互來迷誤視覺，以生流之不盡的感覺。可知唐人使用的方法較諸計成更豐富（起碼在理念的提出方面）。而計成引王維詩句，又一次證明唐代文人藉詩歌吟詠而呈現的詩情畫意與禪趣，對後代造園意境確有所啟示。

十五、躡山腰，落水面，任高低曲折，自然斷續蜿蜒，園林中不可少斯一斷境界（卷一立基・廊房基）

古之曲廊，俱曲尺曲；今予所構曲廊，之字曲者，隨形而彎，依勢而曲。（卷一屋宇・廊）

按：廊與路同為重要動線，唐人對廊多稱迴廊，可見其曲折蜿蜒之形態。劉禹錫「回廊架險高且曲」、韓愈「開廊架崖广」（〈陪杜侍御遊湘西寺……〉卷三三七）乃是「躡山腰」或更險絕的山廊；李乂「曲榭迴廊繞澗幽」、白居易「結構池西廊」乃是「落水面」。又計成以為他自己發明了「之」字廊，不過，由方干「路尋之字見禪關」一句可知，「之」字的動線原則在唐時確已發現。總是由詩文中知道，迴廊的處理於唐代已非常精到於「隨形而彎，依勢而曲」。

十六、蹊徑盤且長，峰巒秀而古，多方景勝，咫尺山林，妙在得乎一人，雅從兼於半土。（卷三掇山）

按：曲徑及古峰前已言之，而「咫尺山林」一詞則屢為近來研究者所引述，並大讚其典型意義。唐人如張螾「不離三畝地，似入萬重山」，方干「池亭纔有二三畝，風景勝於千萬家」，都強調在咫尺空間裡營造出山林幽邃廣闊的氣象。這對於喜歡模擬名山勝水的唐人而言，很自然會走上縮移提煉的方式，白居易「忽疑縮地到滄洲」的「縮」字很能提拈出咫尺山林的空間原理。

十七、峭壁山者，靠壁理也。藉以粉壁為紙，以石為繪也……收之圓窗，宛然鏡遊也。（卷三掇山‧峭壁山）

按：由第三章第一節與第五節知，唐人牆垣已普遍使用粉白色，猶如畫紙，可以圖繪上園中的立景，宛如一幅山水畫；又唐人以石掇山，擺放位置有牆邊、窗前者，皆與計成所論相符。是唐代文人已逐漸走出掇山如畫的路。園林如畫、勝畫之說也已被文人們在唐詩中頻提及，可參第四章第四節及第六章第四節。

十八、幽林即韻於松寮；逸士彈琴於篁裏……看竹溪灣，觀魚濠上。（卷三借景）

按：彈琴篁裡是王維〈竹里館〉的模仿，再次見到唐詩對造園原則及意境皆有啟發。而「看竹溪灣」，在唐代文人喜歡沿水岸栽竹以模糊水陸的界線，另方面竹需大量水分的特性必也為當時文人所了解，所以「竹懶偏宜水」乃唐時已有之共識，它是建立在竹性嗜水、竹姿曲勁拂水及空間通透的要求之上的，此計成之前已確立的理念，可參第三章第三節。

十九、池上理山，園中第一勝也……莫言世上無仙，斯住世之瀛壺也。（卷三掇山・池山）

按：理山的地點計成認為池上最好。唐文人並未明言水上之山最佳，但由詩文中出現最頻繁的「山池」，或如楊巨源詠石云「一片池上色，孤峰雲外情」，而白居易〈池上篇〉敘述他自杭州、蘇州帶回的天竺石與太湖石「率為池中物」，可知池中理山乃唐人造園之習見。又由計成將池山比為仙島，可知其源可推至秦漢帝苑的池中造三仙島，是有悠久的傳統了。

二十、寓目一行白鷺；醉顏幾陣丹楓。（卷三借景）

按：借景處用「一行白鷺」，意趣來自杜甫草堂詩作〈絕句四首之三〉的「兩個黃鸝鳴翠柳，一行白鷺上青天。窗含西嶺千秋雪，門泊東吳萬里船。」整首詩都是借景，有應時而借、仰借、遠借和鄰借。計成引用的是第二句，但三四兩句更是近來研究園林者常引用的借景佳句。僅此一詩已可看到，借景於唐代造園已運用得十分純熟，而且借景神遊的意境也藉詩歌傳化後人。

二一、少有林下風趣，逃名丘壑中，久資林園，似與世故覺遠，惟聞時事紛紛，隱心皆然，愧無買山力，甘為桃源溪口人也。（自識）

按：計成在最後的自識裡，說自己逃名丘壑，雖長期設計營造園林，卻都是為他人做。而這些園林，他都比為桃源；無力買山購園的他，甘心只靠近那些遠離世故的園林居住。直接用桃源來代稱園林，可看出是承繼了唐代文人的樂園實現的園林觀。

以上僅選擇《園冶》書中較具顯可見的承自唐代的造園理念。雖然《園冶》所論之同於唐代的理念，未必即直接受到唐人影響；然而園林的成就與造園理論之形成，必有其一段漸進、累積的發展歷程，其前的醞釀不可忽視。更何況計成在字裡行間時時引用唐詩，表示他確是受到詩歌意境的啟發。唐代種種造園經驗與園林作品，造就了園林在宋代的全盛，因而也促成明代造園理論之臻於成熟，其間影響的形跡雖不是歷歷可拈，卻潛藏在相貫而不可切截的一脈流動裡。

三、對日本庭園的啟示

唐代是中國歷史上一個強盛輝煌的朝代，文治武功均極興昌，鄰近國家日本就在此時受到唐代很深的影響。日本因景仰當時的大唐文化，屢遣遣唐使及留學生到中國，還有不少僧侶到佛教聖地求經朝拜，他們攜回唐的文物制度；建築風格及技術遂也隨之傳入日本。日本庭園有其自身的獨到特色，如枯山水式庭園；但在其庭園發展——由自然庭園（約當中國六朝以前）到枯山水式庭園（約明代）的過程中，舟遊式庭園（約隋唐）及池泉迴遊式庭園（約宋代）[51]這兩個過渡期的基礎和影響是不可忽略的。而日本與唐代同時間的白鳳、奈良庭園，恐怕不若與五代宋代同時間的平安朝庭園受唐園影響來得深入；因為初從中國傳入的文化，需要經過一些時間的傳布、吸收和消化，才能普遍於生活之中，何況其後平安朝對外採閉關政策，降減中國文化的傳入和接受。因而，討論唐代園林對日本庭園的影響，應以日本的奈良末及平安朝初中期的庭園情況為主要的著眼和比對，其上其下的發展則為參考對象。

日本平安朝初期產生了一本造園指導專書《作庭記》，可以說是總結日本平安朝初期及其前的造園成果和經驗，這平安朝初期也正是日本在奈良時傳入唐代文化之後加以吸收消化而展現成果的時期，故而對照《作庭記》的內容及奈良、平安時代的日本庭園，應可看出其受唐園影響的痕跡。

---

[51] 日本庭園史的分期參見王絲幸《日本江戶迴遊式庭園特質之研究》，頁三九。及馬千英《中國造園藝術泛論》，頁三五四。

首先，《作庭記》在一開始論及立石之事時，說到以各國名勝為模仿對象，將之縮移到庭園之中[52]。據日人森蘊的研究，當時住在京都的文士也都仿照其所知的各國風景名勝而造園[53]。這種縮移大自然風景的造園手法是中國唐代盛行的風氣之一，如天台、瀟湘、三峽、江南等地最常被模造。我們或許可以說，在園林自身的發展中，由模仿、再現而走向寫意創造，是十分自然的過程；然而就唐風盛行的日本中古時代而言，受到唐代建築影響既是不爭的事實，那麼園林的以再現名勝為高的看法和風氣，應也有得自唐代流風的啟示。

其次，《作庭記》幾番強調自然之美的重要，認為造景須展現自然風姿，因為自然景物總是遠遠地高於人工造作。因此，在任何情況、任何地方，處理石頭或流水都以自然之姿為佳[54]。這樣的原則正是整個唐代文人所追求的天工化成、毫無鑿痕的渾然樸素的本質。對於獨立發展、不受外來影響的庭園而言，在起步不久未經雕琢宏偉的求大求精的過程（如中國之先秦、漢、六朝），即已進入崇尚自然、要求點化如天工的品質追求，是少年期不太自然的大飛躍。因而可信這點造園原則也是唐風吹拂下的產物。

其三，《中國園林建築研究》認為日本「很少採取中國堆疊很高假山的做法，而多用整塊的不同形式的石頭，組合成富有想像力的比較抽象的構圖形式。」[55]這種「立」石而非「疊」石的方法，在平安時代已十分普遍，且多立於池中以像海上仙島。這一方面因其上古時代即以「神池」祭祀為庭園的主要重心[56]，

---

[52] 《作庭記》的原文是「国々の名所をおもひあくらしておもしるき所々をわかものになしておほすかたをそのところになすらへてやはらけたつへき也。」見《「作庭記」の世界——平安朝の庭園美》，頁四三。

[53] 森蘊《「作庭記」の世界——平安朝の庭園美》，頁一〇〇：「當時京都に在住した文化人の知っていた諸國の風景的名所地を模倣した庭園がいくつがある。」

[54] 參[53]，頁九八。

[55] 見[47]，頁二七。

一方面也因蓬萊思想的從中國傳入，但這兩個來源皆非立石形式。在中國，進入唐代才開始大量運用石頭於園林，其間雖有堆疊成巨形假山者，但以獨石立於池中（如前理論影響部分所論）的象徵手法更是常見。因此日本這種在池中立單石以像仙島的造園手法，應是受唐代園林的影響。

其四，森蘊在《「作庭記」の世界》一書中舉列了與《作庭記》相關的古庭園，其中在平安朝晚期及鎌倉時代出現了許多以描繪淨土曼荼羅的極樂世界為理想形態的建築和庭園[57]。這種淨土式庭園[58]，正是唐代開始的以園林比擬淨土樂園、園林樂園化的特殊園林觀。何況其淨土式庭園中的寢殿造型，正融和了唐樣與和樣[59]，可見這類日式庭園確是受到唐代園林的思想及技術面的影響。

其五，《作庭記》中還提及「泉屋」，以特殊設備藉冷泉的流湧造成屋殿的清涼，作為納涼之地[60]。這正是唐代才開發流行起來的涼殿、自雨亭、瀑泉亭，應也是由唐朝傳入的納涼之所及特殊景觀。

其六，日本在室町時代發展出來的茶庭，推溯其源，在中國喝茶風氣始盛於唐代，且在唐園中已闢設了專為喝茶的茶亭、茶舍、茶房，可以說是園林中以品茗為主要活動的一個開端。

其七，苔庭是日本庭園的特色，而唐代開始在詩歌中大量吟詠園林中苔蘚所呈現的意境，或也是日本苔庭的一個啟示。

[56] 參[51]王書，頁八。
[57] 參[53]，頁一五四平等院—一八五白水阿彌陀堂。
[58] 語見[51]王書，頁一八。
[59] 參[51]王書，頁一八；[51]，頁一三四—一八九。
[60] 參[52]，頁一〇八。

第四節 山水畫的啟示

中國藝術的各門類之間，往往具有相通之處；尤其是藝術精神與美的認肯及表達原則方面。而中國人對於大自然的深厚感情，又使中國藝術在以山水為題材方面的作品造就了優秀的成績。山水藝術在中國藝界不僅具有重要地位，而且其各門類之間相互影響彼此啟發滲注的關連性，又使其更趨向圓熟鼎盛的境地；如山水詩、山水畫和園林便是中國山水藝術中相通互進的三個門類。詩與畫的關係，近來研究者日多，而早在宋代已有「味摩詰之詩，詩中有畫；觀摩詰之畫，畫中有詩」（《中國畫論類編第五編・蘇軾・書摩詰藍田煙雨圖》），以及「詩是無形畫，畫是有形詩」（郭熙《林泉高致集・畫意》）等議論，扼要地點明詩與畫的同與異。詩與園林的關係，園林追求詩情是眾所熟知的中國特色，第三節也具體地舉例論述詩境對造園的啟發，第一節則亦論證園林對詩歌創作的正面助益及風格的影響。清錢泳說過「造園如作詩文，必使曲折有法，前後呼應」（《履園叢話・卷二十園林・造園》），便直接認肯造園與作詩文具相通性[61]。而園與畫的關係，在藝術形式上它們同屬於「形」的藝術，其關係較諸詩與畫、詩與園更貼近。中國歷史上許多著名造園家同時也是畫家，如唐代的閻立德兄弟、盧鴻一、王維、白居易乃至明代計成的「少以繪名」（《園冶・自序》），印證的是園與畫相互資源、轉換的關係。黃長美先生更直接以繪畫六法可應用為造園原則[62]。凡此，皆可見出中國山水藝術中，詩、畫與園具有互貫相通的原理。從園林的立場來看，唐代文人園林生

[61] 程兆熊〈論中國庭園設計〉又云：「在我國，畫為文極，造園通於繪畫，自通於文。就一般文章作法上說，文有起承轉合……在中國庭園的設計上，此等原理，固皆可一一應用。」刊《華岡農科學報》第三期，頁六七。

[62] 參黃長美《中國庭園與文人思想》，頁九九－一〇〇。

活對詩文及園林藝術的啟示已論於一、三節，本節遂擬由園林繪畫風氣、畫家山居與山水美感、雲的園林特性及啟示等三方面來討論園林對山水畫的啟示。

一、園林繪畫性的提出與圖繪園林的風氣

在園林中生活，總會對其美感有所體會。第四章第四節已引詩論證唐代文人喜以「如畫」、「似圖畫」、「身在畫屏中」等比喻來點出園林的集中、提煉、典型性的高度美感，進而發出「景物皆宜入圖畫」的論點，這對於山水畫剛起步不久的唐代而言，無異是十分重要的發現。園林，這個在唐代文人眼中擁有豐富的山水畫題材的世界，對於山水畫的創作及進展，該是非常重要且直接的推動力量。至於更誇張的「林亭畫不如」、「溪山畫不如」的盛譽之詞，也是使園林美的典型性倍加受到凸顯，使園林成為繪畫的最佳題材與挑戰之想法更具說服力。

園林既具有高度的圖畫性，當然值得收拾入畫。唐代文人遂提出了這樣的呼籲：

> 習家秋色堪圖畫（吳融〈高侍御話及皮博士池中白蓮因成一章寄博士兼奉呈〉卷六八七）
>
> 憑君命奇筆，為我寫成圖。（李中〈題徐五教池亭〉卷七五〇）
>
> 憑欄堪入畫（王周〈清漣閣〉卷七六五）
>
> 如何將此景，收拾向圖中。（王周〈早春西園〉卷七六五）
>
> 薇蕨縱多師莫踏，我心猶欲畫圖看。（薛能〈送同儒大德歸柏梯寺〉卷五五九）

文人不但在詩文中提醒園林如畫、值得入畫，還具體地進一步去思索如何將立體的、真實的、已定型的景色，重新做一番整理布排，將之鋪展為平面的、可想像神遊的畫面等構思、技巧等問題。並進而發為具體行動，請人來畫取，為園林寫生。詩文的吟詠唱作，總是超越質實的現實生活，以其飛躍的想像力和靈感，

發出新奇的構想，也為現實生活帶出許多可能性，成為創新進展的啟示。園林由如畫的比喻到收拾入畫的呼籲及技巧問題的思索，是真的發為具體的事實了：

終身不曾到，唯展宅圖看。（白居易〈題洛中第宅〉卷四四八）

三年未到九華山，終日披圖一室間。（封敖〈題西隱寺〉卷四七九）

天台畫得千迴看，湖月芳來百度遊。（皮日休〈夏景沖澹偶然作二首之二〉卷六一四）

覓人來畫取，到處得吟看。（杜荀鶴〈題嶽麓寺〉卷六九一）

宅成天下借圖看，始笑平生眼力慳。（貫休〈題某公宅〉卷八三七）

原來，在唐代中期以後，已盛行畫取園林以為案上閱覽之資，藉而在紙上神遊一番。三年未到、終身不到等現實困難，使得文人們退而求其次，以圖畫園林取代親遊。所以園林入畫的事實是因應空間阻隔的遺憾，是慰藉思念園林的心情。所謂「圖畫越王樓，開緘慰別愁」（盧栯〈和于中丞登越王樓作〉卷五六四），「此地唯堪畫圖障，華堂張與貴人看」（白居易〈題岳陽樓〉卷四四〇），即是以畫圖方式把園林搬到另一個地方遊賞，以慰別愁。有時甚至帶著「到處得吟看」；或者在吟詠的目的之下，具有起興及提昇作用的園林是文學創作的好觸源，文人在無法隨時居息園林的情況下，便以隨時攜帶的圖畫去神遊園林，從而得到神思、吟詠出詩作。《全唐詩》在卷五六四裡有一群人唱和于中丞登越王樓的詩作，便有許多是只看到圖畫而吟作的。因而，很可能園林中盛行吟詩的生活內容，在空間限制及酬唱要求之下，遂也促進了山水畫的漸行。

又「宅成天下借圖看」一句，似乎透露著宅之成便有畫，這種畫有可能是界畫，即造園造屋之初的設計圖。但大家爭相借看，應該是具有美感或能呈現園宅美感的圖畫，界圖之類的設計樣畫，恐怕不會有太多人想看吧。尤其像許多因要離開或懷念某園而圖繪園景，如「明年秩滿難將去，何似先教畫取歸」（方干

〈鹽官王長官新創瑞隱亭〉卷六五一），「他日為霖不將去，也須圖畫取風流」（曹松〈南海陪鄭司空遊荔園〉卷七一七），或者離開後憑回憶印象而繪下的園景，如「他時憶著堪圖畫，一朵雲山二水中」（曹松〈題昭州山寺常寂上人水閣〉卷七一七）等情形，乃是為了回味遊園之樂而畫，自然不至於為已完成、已住息、已會心的園林做界畫。然而既然每座園林在建造之初都有設計圖，那麼這精確質實的設計圖是否也提供了山水畫創作的模本，是很值得注意之事，這或也是園林興盛對山水畫的漸興所發生的另一個路徑的催化，因為後代的山水畫中之建築也仍有界畫方式畫成的[63]。

園林圖畫由「天下借圖看」一句也可看出其在唐代是廣被流布傳看的。白居易曾為兩處園林寫記，而他並未親臨其園，是看園畫而寫的。〈白蘋洲五亭記〉說：「時予守官在洛陽，楊君緘書賚圖，請予為記。予按圖握筆，心存目想，覼縷梗槩，十不得其二三……」（文卷六七六）；又〈沃洲山禪院記〉說：「六年夏，寂然遣門徒僧常贇自剡抵洛，持書與圖詣從叔，樂天乞為禪院記云……」（文卷六七六）樂天說來那麼自然，大約這種依圖寫記或吟詠的事在當時已是習見之常事。今日我們只知王維的輞川有他親繪的輞川圖，盧鴻一的嵩山草堂也有其親繪的草堂圖，然而這是他們因詩人兼畫家、造園家的著名身分所以留下了文字紀錄及仿本，其他園林繪圖的情形的歷史性記載或遺下的仿品雖不復可見，但由詩文便已可見出園林繪圖在中晚唐已是漸興的事實。而白居易看圖寫記，握筆按圖、心存目想更顯現出園林對詩文吟詠的正面促進功能，有時還經過繪畫的管道為媒介；那麼，於此，園、畫、詩這三類山水藝術便被文人們的情思、生命貫注連串起來，得到不同形式的轉換（藝術換位）。

至於園林畫是否即為山水畫呢？從前引詩文，園林如畫、入畫的描述中，山水風光的成分是非常重的，即或是以建築為稱的繪畫作品也是和山水融為一體，如前引盧栯「圖畫越王樓」，同一組的楊牢〈奉酬于中丞登越王樓見寄之什〉則稱其所見到的圖畫說「丹青得山水」（卷五六四），可知園林畫仍是山水景物為重

63 如宋趙伯駒的「阿閣圖」，參《園林名畫特展圖錄》，頁七一。

的；至少當時文人是視其為山水畫了。又唐代的園林建築如前所論，既已是普遍園林化了，建築物也是隱約掩映在花木山水之間，是山水自然裡的一個點景。可信，園林（尤其山居）畫已近同於山水畫。證諸今日可見的描繪園林的畫作，也多列為山水畫類，如故宮出版的《園林名畫特展圖錄》說明宋李公麟的「山莊圖」乃是「墨畫山水」64，又說明孫克弘的「銷閒清課圖」乃選自《畫山水人物冊》65，而在其圖錄之前的〈說明〉部分又說：「故園林之興築與山水畫之創作，有諸多共通性，因此文人畫家亦常參與園林設計之工作……」言下之意已肯定園林畫即山水畫了。因而，唐代圖繪園林的風氣，在傳看及吟看等推助下，逐漸開展了山水畫的興盛。

二、丘園養素與畫家的創作靈感

中國的山水畫源於六朝，興於隋唐，而成熟於宋元。在整個發展歷程中，山水畫的創作與隱逸生活的實踐有著密切不可分的關係，重要的畫家大多隱逸丘園，與山水林石朝夕相處。宋郭熙的《林泉高致集》是重要的山水畫論著作，他在〈山水訓〉開宗明義即說：「君子之所以愛夫山水者，其旨安在？丘園養素所常處也；泉石嘯傲所常樂也；漁樵隱逸所常適也……然則林泉之志，煙霞之侶，夢寐在焉，耳目斷絕；今得妙手鬱然出之，不下堂筵，坐窮泉壑……此世之所以貴夫畫山水之本意也。」說明山水畫作的目的是為了滿足人愛山水、處丘園、適漁樵的想望，藉畫以生坐窮泉壑之感；而那些妙手自然就是躬處林泉丘園的隱者了。因此宋韓拙《山水純・後序》便說：「是以山水之妙，多專於才逸隱遯之流，名卿高蹈之士，悟空識性，明了燭物，得其趣者之所作也。況山水樂林泉之奧，豈庸魯賤隸、貪懦鄙夫、至於粗俗者之所為也。」因畫山水不僅須傳其形，還須得其清靈之神，唯悟識明燭之隱士方能專此。徐復觀先生遂說：「有

64 見63書，頁七〇。
65 見63書，頁七七。

實踐上的隱逸生活，而又有繪畫的才能，乃能產生真正地山水畫及山水畫論。」[66]高居翰先生也說：「能夠畫出這種山水的人，本身一定要和山水建立親和的關係。」[67]可知隱逸生活對山水畫之臻於妙境是十分重要的人文修養。

綜觀歷代重要山水畫家也多隱於山林丘園，如晉戴逵、戴顒、劉宋宗炳、王微等人皆擬跡巢由，放情林壑（參唐張彥遠《歷代名畫記》卷五之後及《宋書》）。劉翔飛先生更為唐代山水畫家隱逸者做了統計：「唐朝山水畫家具有隱逸性格的，照《歷代名畫記》所收錄的來看，有以下若干人：盧鴻一、鄭虔、王維、張諲、劉方平、顧況、劉商、蕭祐、張志和、鄭町、梁洽、項容、吳恬、王默等。遨遊山林、放逸江湖的生活，和幫助詩人的詩興一樣，也提供給畫家靈感和拾綴不盡的題材。」[68]隱逸的生活經驗，使得園林生活對山水畫的創作發生的推助作用可分兩個方面來論之：

其一，典型的山水畫中，一般總少不了茅亭草舍等屋宇成分；雖然基本上其主題仍以山水為重，但少掉山居的屋舍和人物，總會覺得失去一點牽觸觀者某種情感的因素。也就是說山居丘園的題材較諸原始荒曠的山林更使山水畫具有另一番令人騁思的情味。

其二，長期山居園息的生活，文人（前計唐代隱逸畫家也多為文人）對山水自然美已有相當程度的體認和掌握，這些美感經驗不論是否發為詩句，皆有助於山水畫的創作。我們從有關園林的詩文中可以看到文人已有類似畫論的體會，如：

窗中三楚盡（王維〈登辨覺寺〉卷一二六）

[66] 見徐復觀〈魏晉玄學與山水畫的興起〉，刊《中國藝術精神》，頁二三七。
[67] 見高居翰著，李渝譯《中國繪畫史》，頁三五。
[68] 見劉翔飛《唐人隱逸風氣及其影響》，頁一三七。

窗中雲嶺寬（岑參〈左僕射相國冀公東齋幽居〉卷一九八）

遠岫見如近，千里一窗裏。（錢起〈藍田溪雜詠二十二首・窗裏山〉卷二三九）

窗西太白雪，萬仞在遙空。（李頻〈夏日題盩厔友人書齋〉卷五八七）

千峰數可盡，不出小窗間。（皎然〈題沈少府書齋〉卷八一七）

一框小窗之中能容納入千里遠岫、萬仞雪峰，這樣的窗景將大山大水縮聚於小幅畫面裡，有似於山水畫論中的基本布局。據傳為王維的《畫學祕訣》即說：「肇自然之性，成造化之功。或咫尺之圖，寫百千里之景；東西南北，宛爾目前。」而張彥遠評畫也以「畫山水，咫尺內萬里可知」（《名畫記》卷七）來讚譽梁蕭賁，以「咫尺千里」（卷八）來稱美隋展子虔。可知園林山居的生活確能從中領略、歸納出山水畫的原理。其他畫論如王維《畫學祕訣》的「平地樓臺，偏宜高柳映人家」，五代李成《山水訣》的「道路時隱時顯」，五代荊浩的《畫說》「水曲折」……諸多山水畫論都是唐代文人在造園上已有的理念。不論是畫論或園論，園林生活的長期觀察和體驗都是非常重要的啟示歷程。

在造園理論及繪畫理論尚未被重視或自覺地系統撰著之前，詩文的吟詠就變成重要的理念顯示。皇甫修文先生認為山水田園詩文對中國山水畫的散點透視理論有所貢獻，且山水畫的成熟又晚於山水詩文整整一個時代[69]。尤其唐代是自然詩的黃金期，其自然詩又多與園林生活密切相關，這些詩文遂對山水畫家的構思立意起著啟導的作用。郭熙《林泉高致集・畫意》說「余因暇日閱晉唐古今詩什，其中佳句，有道盡人腹中之事，有裝出目前之景……古人清篇秀句，有發於佳思而可畫者，並思亦嘗旁搜廣引，先子謂為可用者，咸錄之於下……」其所錄者大多為唐人之作，著名者有王維輞川別業及杜甫浣花草堂的詩篇，也有無名的山家衡門。又如宋代畫院考試，也每以唐人詩句為題以令繪作成畫。凡此皆說明園林中有詩情可吟

69 參皇甫修文〈古代田園詩文的美學價值〉，刊《山水與美學》，頁三七二—三七五。

詠，詩文中有畫意可圖繪，此亦說明園林生活對山水畫的啟示之路徑之一為：園林↓詩文↓山水畫。當然其關係還可以逆推、循環。總是，詩情與畫意，在園、詩、畫等山水藝術的意境中是重要的內涵和精神。

三、雲的象徵與啟示

雲，一直是文人特別關注的自然景物之一。這個傳統開始得很早，在孔子感歎富貴如浮雲之前，《易經》及神話中已頗多提及，這大抵與以農為生的觀察天候習慣及天上的神祕崇拜有關。久之，雲的輕飄與多變就留給人深刻的印象：無常與閒澹，前者每被喻為富貴名利，所謂「閒看富貴白雲飛」（劉商〈題劉偃莊〉卷三〇四），「雲領浮名去」（章孝標〈遊雲際寺〉卷五〇六）即是；後者則成為讚賞的對象，如「片片飛來靜又閒」（鄭準〈雲〉卷六九四），「閒雲朝夕來」（皇甫冉〈山中五詠・山館〉卷二四九）。作為被吟詠的物色，以一種具有美感的意象出現，後者的角色更常為文人所塑造。

由於飄居於天空，縈迴於山嶺峰崖，所以雲的所在成為縹緲不可及的世界。唐代在園林興盛、山居流行的情況下，遂每每以雲作為離世淨地的象徵：

> 悠然遠山暮，獨向白雲歸。（王維〈歸輞川作〉卷一二六）
>
> 何人到白雲（戴叔倫〈山居〉卷二七四）
>
> 羨與閒雲作四鄰（司空曙〈閒園即事寄暕公〉卷二九二）
>
> 子有白雲意，構此想巖扉。（韋應物〈題鄭拾遺草堂〉卷一九二）
>
> 牆北走紅塵，牆東接白雲。（姚合〈會將作崔監東園〉卷五〇〇）

他們一致以白雲作為遠離塵俗、與世隔絕的象徵，或直接代稱園林，王維尤其熟用此意，這與煙霞的象徵相近。被遮縈在雲煙背後的世界，是神祕、緲遠，具有無限可能性的樂土；由此，雲煙遂也成為仙境所在的意象，帶有些許仙意。園林詩文中所描述的雲，便常出現這樣的氣氛，這對山水畫有著指導的作用，雲煙便成為山水畫中最具想像空間、最富情思的部分，山水畫論也很注意這一點。

以下先簡論園林詩中文人對雲的描寫（參第三章第二節），了解文人眼中經驗中雲的所在及特質。首先，雲是遮斷山巒面貌的：

雲影斷來峰影出（盧綸〈春日題杜叟山下別業〉卷二七八）

雲開山漸多（許渾〈題崇聖寺〉卷五三一）

終南雲漸合，咫尺失崔嵬。（劉得仁〈夏日樊川別業即事〉卷五四四）

風惹閒雲半谷陰（段成式〈題谷隱蘭若三首之一〉卷五八四）

飛聚的雲團可以阻斷山峰的存在，使景觀發生極大變化，山形因而也表現出莫測的豐富神情。「咫尺失崔嵬」很能顯現山水畫的特色。就自然景色而言，山巒是很重要的主景，其本身的形貌原就多樣，然而全然呈露其形，總失之質實，缺乏靈秀飄逸之氣，假以雲嵐的依繞摩搓，就能增加很多想像的空間。而實際上，深山峻谷中總也是富於雲氣的，這就是我們熟悉的山水圖景。其次，築造在山林谷壑間的草舍亭宇，也常浮載於雲端：

山雲浮棟起（宋之問〈使過襄陽登鳳林寺閣〉卷五三）

齋鐘不散檻前雲（李商隱〈子初郊墅〉卷五四〇）

半壁危樓隱白雲（劉滄〈遊上方石窟寺〉卷五八六）

雲邊上古臺（張喬〈遊歙州興唐寺〉卷六三八）

水曲雲重掩石門（吳融〈山居即事四首之四〉卷六八四）

由於雲嵐的緣故，使山中建築一方面隱藏在樹影之間，一方面也掩映在飄渺的雲煙裡，忽隱忽現，看似浮在空中。這就十分符合「雲居」仙人的樣態，既滿袖雲氣，飄逸閒澹，腳下踩的也儘是雲霧：

滿地白雲關不住，石泉流出落花香。（戴叔倫〈題淨居寺〉卷二七四）

雲連平地起（方干〈鏡中別業二首之一〉卷六四八）

閒伴白雲收桂子（翁洮〈和方干題李頻莊〉卷六六七）

開戶曉雲連地白（杜荀鶴〈和友人見題山居〉卷六九二）

將知谷口耕煙者，低視齊梁楚趙君。（曹松〈拜訪陸處士〉卷七一七）

滿地白雲踏踩在腳下，看來似乎是騰雲駕霧的仙翁，一副不沾塵瑣的超然澹然模樣，難怪杜荀鶴〈懷紫閣隱者〉時會說「紫閣白雲端，雲中有地仙」（卷六九一）。這些仙人所在的仙境，並非凡俗鄙濁之人所能輕易涉入，因而通向那園居的路徑，也就深掩阻斷在迷濛的煙雲之間了，如「香徑白雲深」（戴叔倫〈遊少林寺〉卷二七三），「亂雲迷遠寺，入路認青松」（周賀〈入靜隱寺途中作〉卷五〇三）；或者也如「雲裏引來泉脈細」（吳融〈即事〉卷六八七），「枕上溪雲至」（權德輿〈郊居歲暮因書所懷〉卷三二〇），則白雲也常常浮湧在溪水之上，呈現氤氳蒼茫之美。

總括唐人的詩文，可以看到文人在長期園居經驗和吟詩構思的美化需要之下，其最欣賞的雲景，通常是盤繞在山崖水畔，或遮掩建築及路徑以浮載亭閣及人物，進而呈現潔淨、神秘、遙不可及深不可測的仙般境界。而在山水畫中，畫家和文人也都發出相近的立論，如：

遠岫與雲容相接（王維《畫學祕訣》）

山腰雲塞，石壁泉塞……（荊浩《畫山水賦》）

高山煙鎖其腰，長嶺雲翳其腳。遠水縈紆而來還，用雲煙以斷其派。（李成《山水訣》）

雪迸飛泉濺釣磯，雲分落葉擁樵徑。（徐光溥〈題黃居寀秋山圖〉卷七六一）

似出棟梁裏，如和風雨飛。（岑參〈題李士曹廳壁畫度雨雲歌〉卷一九九）

飛鳥看共渡，閒雲相與遲。（李頎〈李兵曹壁畫山水各賦得桂水帆〉卷一三二）

（山）以煙雲為神彩……得煙雲而秀媚。（宋郭熙《林泉高致集．山水訓》）

畫家之妙，全在煙雲變滅中……然山水中，當著意煙雲。（明董其昌《畫禪室隨筆．卷二畫訣》）

此類論及煙雲的畫論甚多，玆不細舉。可以確定者，雲氣在山水畫中影響著整幅畫作的神采情韻，具有相當高的重要性。其次，山水畫論者也表現出極明顯的神仙思想，其中雲煙的處理，正是表現仙境的手法。李白的諸多畫論中神仙思想最是普遍，如〈當塗趙炎少府粉圖山水歌〉說「滿堂空翠如可掃，赤城霞氣蒼梧煙……南昌仙人趙夫子，妙年歷落青雲士」（卷一六七），把煙霞靄靄的山水圖畫的主人比為仙人，畫中山水正是赤城、蒼梧等渺渺仙境。又如杜甫〈戲題王宰畫山水圖歌〉視圖裡山水為「壯哉崑崙方壺圖」，畫面上「中有雲氣隨飛龍」（卷二一九）也是給予仙感重要一筆。杜甫另一首〈觀李固請司馬山水圖三首之二〉說「方丈渾連水，天台總映雲」（卷二二六），傳說中的仙鄉天台山，是不能質質實實地全畫出來的，總須以雲煙繚繞掩映，以顯其神祕的仙意。王伯敏先生論及李白、杜甫的論畫時曾說「唐、宋的山海圖，通常畫神仙所居的東瀛」[70]，而表現這些仙境的要點之一便是雲的處理。後代畫論及畫家也每每視山水畫為仙鄉，如郭熙《林泉高致集．山水訓》云「煙霞仙聖，此人情所常願而不得見也」；董其昌《畫旨卷下》云「米元暉自題瀟湘圖有詩云：山中宰相有仙骨，坐愛嶺頭生白雲。」畫仙鄉、畫瀟湘崑崙似乎是山水畫中一個常見的題材。可知，從唐代開始，山居的盛行加上園林樂士仙境的比擬風氣，遂建立了中國山水畫

70 見王伯敏《李白杜甫論畫詩散記》，頁七。

的煙雲與神仙的傳統[71]。

綜觀本節所論，唐代文人園林生活對山水畫的啟示，約可歸納要點如下：

其一，唐代文人時時於詩文中強調園林具有如畫、似畫的美感，並提出將園林景色收拾入畫的呼籲，肯定園林是畫作的豐富至美的題材。這個眾多文人生活的山水世界對山水畫的創作起著直接的推動力。

其二，許多達官貴人或遷調遠地者，為了安慰他們思念園林舊業的情懷，每每請人畫下自家園林，攜至遠方，隨時取出觀賞冥遊。此風也促成了山水畫的漸興。

其三，由於園林乃吟詠的好物色好觸源，在詩盛的唐代，為了豐富創作，遂圖畫下園林以便四處傳看，藉以吟詩或題記，這也是促成山水畫的原因。又吟詠園林景物生活的詩作，因已融入文人構思及情意，富於深雋的意境美，遂也成為畫家作畫的題材，因而造成：

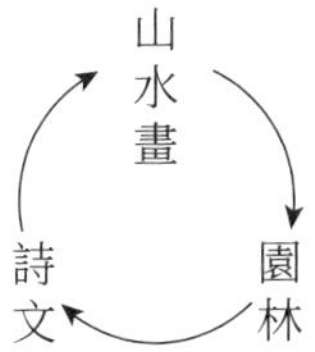

的山水藝術之間的轉換；這也是山水畫漸興的原因。

其四，中國山水畫家多為高人隱士，他們以沖虛恬淡的明心，長期山水觀察的經驗，才能創作靈傑佳作。唐代興盛的山居丘園生活，對涵泳薰陶這類山水畫家，也起著不可磨滅的作用。

其五，在諸多唐人的園林詩文中顯現出，長期的園林生活已使文人體會到甚多重要的山水畫美感原則，並一再藉詩文來傳達、強化，這也為後來漸形成熟的山水畫及畫論提供了厚實的基礎。

其六，唐代文人在出世及樂園仙境的園林觀的主導下，特別注重白雲的所在及變化，遂也建立了中國山水畫重視以煙雲來顯山水神采情韻與仙意的傳統。

71 本節蒙羅師宗濤惠借其親理引錄《全唐詩》中題畫、論畫詩的資料，故得免卻檢尋之苦，特此說明並致謝。

結論

綜觀本論文，在第一章探討了唐代園林興盛的背景。其中第一節替唐代以前中國園林的發展做了一次整理，這個整理更著重於呈現出中國園林歷史中人文精神的發展和進步，譬如點出自上古時期開始即視園林為樂土，這種樂土嚮往的園林觀遂成為中國園林的特殊傳統。二、三、四節拈出唐代崇尚隱逸、科舉考試的熱中、土地政策破壞與自然觀演變、盛行遊春等現象對園林興盛所造成的正面催促作用。使得唐代文人的園林生活的大環境、大氛圍得以重點式地呈現。

第二章，第一節對王維輞川別墅的二十景區做了系統的介紹，並分析了二十景區之間次序關係所呈現的淨土模擬的設計用意。第二節說明了杜甫浣花草堂的樸素自然、飛禽遍布的特色，以及杜甫以不斷造園為日常的生活內容。第三節探究了白居易獨到的山水美感與造園理論，呈現他以造園為樂、為日常的自覺，確立他為造園祖師的實質內涵。

第三章，研究唐代文人的山水美感及造園理念，揭櫫了諸多中國園林典型的造園觀念及原理早在唐代文人心中便已建立。其中如第一節論及石頭的運用與品石藝術的進步，是中國園林和文人生活的一個重要的興盛的開端。又如第二節疏水無限、一勺萬里的水景設計原則，也已確立。第三節裡唐代文人強調花與木有不同的園林功能，主張木為質、花為文的造園序位，而表現出木重於花的觀念。且此時也重視植物的園林象徵意義。尤其對「苔」的關注、美感的認肯與用心培植，都已達到一定的程度。第四節說明了唐人已有明顯的「建築園林化」的造園理念，並拈出「亭」的特殊形制。第五節說明了唐代文人已具藝術化、典型化的空間布局理念，其中無論是以小觀大，似無還有的相地因隨、曲折迴環的布局原則，或是虛透空靈的空間特色，都一直是中國園林的重要典型，傳衍至宋明清，依然被依循不已。

第四章，討論唐代文人的園林生活內容和形態。從內容上來看，似乎園林生活與文人一般生活並無太大差別，但從文人生活典型的確立和普及的歷史發展來看，卻深具意義。由形態及心境來看，唐代文人的園林生活較諸一般文人生活所具的特殊是：一、具有山水特性，譬如彈琴的內容幾乎是山水自然，談議的內容也涉及山水的品鑒，展現山水美感。二、具有出世特性，幾乎每一項生活都強調且珍惜其隱逸的、仙化的傾向，故展現出閒散、疏懶、高介、清明的態度，視園林為養生、修道的道場。三、更具情調與美感，譬如讀書一事，藉著園林山水消解了面壁苦讀的枯索和思辨的冷硬，而以隨興的方式增加雍疏自然之美。四、具有季節特性，以春夏為園林生活的高潮，秋天活動漸少，冬天幾乎沒有園林活動，因此，時間的痕跡在園林生活裡特別明顯。

第五章，說明園林生活的境界，文人追求客觀的園林品質的幽邃、寂靜、清淨、樸素、古意，追求主觀的生活態度的閒逸、疏散、隨興、清明，並且注重神遊因素的加入以體味園林生活的美感與情趣，同時以悟道、行道的自期來提升園林生活的天人合一的境界。第五節從園林的角度，為唐代的「吏隱」——亦即仕與隱調和、人文與自然調和的平衡點做了一些解釋。

第六章，第一節由唐代文人賦予園林的功能與責任，說明了園林生活對唐代詩歌興盛及風格轉變的影響，並由園林夜間活動的興盛，說明了夜吟、苦吟的創作特色與「月」意象特多的現象。第二節討論唐代文人特殊的園林樂園觀，由仙境比擬、桃花源比擬、淨土比擬三方面來呈現其園林即樂園的觀念。第三節則說明文人的園林生活裡由於頻繁的詩文創作與藝術化構思，對後代中國園林典型化、寫意化產生了重要啟示。第四節從唐代繪畫園林的風氣與山水生活經驗的豐富，說明園林生活對山水畫的開展提供了事實需要上及意境上的影響。

參考書目

一、古籍，大抵依《四庫全書》次序，今之校注本亦列入。
二、現代研究書籍大抵依中央圖書館目錄次。
三、論文先分類，再依時間先後。
四、日文資料先書籍後論文。

1 《全唐詩》 清聖祖御定，文史哲出版社，民國七六年出版。
2 《欽定全唐文》 清仁宗敕撰，嘉慶十九年揚州局刊本，文海出版社，民國六一年三版。

一、

1 《十三經注疏》 重刊宋本，藝文印書館，民國七〇年八版。
2 《周易王弼注校釋》 樓宇烈，華正書局，民國七二年初版。
3 《詩毛氏傳疏》 清・陳奐，文瑞樓藏版，學生書局，民六七年五版。
4 《四書集注》 宋・朱熹，世界書局，民國七二年二七版。
5 《說文解字注》 清・段玉裁，經韻樓藏版，漢京文化，民國六九年初版。
6 《史記》 漢・司馬遷，鼎文書局新校本，民國七〇年四版。
7 《漢書》 漢・班固，鼎文書局新校本，民國七〇年四版。
8 《後漢書》 宋・范曄，鼎文書局新校本，民國七〇年四版。
9 《三國志》 晉・陳壽，鼎文書局新校本，民國六九年四版。
10 《晉書》 唐・房玄齡等奉敕撰，鼎文書局新校本，民國六五年初版。
11 《宋書》 梁・沈約，鼎文書局新校本，民國六九年三版。
12 《南齊書》 梁・蕭子顯，鼎文書局新校本，民國六九年三版。
13 《梁書》 唐・姚思廉，鼎文書局新校本，民國六九年三版。

14 《陳書》　唐・姚思廉，鼎文書局新校本，民國六九年三版。
15 《舊唐書》　後晉・劉昫等，鼎文書局新校本，民國六五年初版。
16 《新唐書》　宋・歐陽修等，鼎文書局新校本，民國六五年初版。
17 《唐大詔令集》　宋・宋敏求，鼎文書局，民國六七年再版。
18 《文士傳輯本》　日・古田敬一，中文出版社（日本京都），民國七〇年初版。
19 《唐才子傳》　元・辛文房，世界書局，民國四九年初版。
20 《三輔黃圖》　撰人不詳，清・畢沅校正，新文豐叢書集成新編，第九六冊。
21 《三秦記》　清・張澍，新文豐叢書集成新編，第九六冊。
22 《洛陽伽藍記校注》　北魏・楊衒之、范祥雍校注，華正書局，民國六九年。
23 《長安志》　宋・宋敏求，新文豐叢書集成新編，第九六冊。
24 《唐兩京城坊考》　清・徐松，新文豐叢書集成新編，第九六冊。
25 《讀史方輿紀要》　清・顧祖禹，新興書局，民國六一年初版。
26 《洛陽名園記》　宋・李薦，新文豐叢書集成新編，第四八冊。
27 《遊城南記》　宋・張禮，新文豐叢書集成新編，第九六冊。
28 《大唐六典》　唐・李林甫等奉敕撰，文海出版社，民國六三年四版。
29 《通典》　唐・杜佑，清高宗敕纂景印摛藻堂欽定四庫全書薈要，第二二四－二二六冊。
30 《唐會要》　宋・王溥，新文豐叢書集成新編，第二八冊。
31 《直齋書錄解題》　宋・陳振孫，景印摛藻堂欽定四庫全書薈要，第二三七冊。
32 《齊民要術校釋》　繆啟愉，明文書局，民國七五年初版。
33 《本草綱目》　明・李時珍，商務書局，國學基本叢書，第一四三－一四六冊。
34 《古畫品錄》　南齊・謝赫，新文豐叢書集成新編，第五三冊。
35 《歷代名畫記》　唐・張彥遠，畫史叢書第一冊，文史哲出版社，民國六三年初版。
36 《畫山水賦》　唐・荊浩，畫論叢刊，華正書局，民國七三年初版。
37 《林泉高致集》　宋・郭熙，畫論叢刊，華正書局，民國七三年初版。

38 《山水純全集》 宋・韓拙，畫論叢刊，華正書局，民國七三年初版。
39 《竹譜詳錄》 元・李衎，百部叢書集成之二九，知不足齋叢書第二四函。
40 《雲林石譜》 宋・杜綰，新文豐叢書集成新編，第四八冊。
41 《茶經》 唐・陸羽，新文豐叢書集成新編，第四七冊。
42 《煎茶水記》 唐・張又新，新文豐叢書集成新編，第四七冊。
43 《洛陽牡丹記》 宋・歐陽修，新文豐叢書集成新編，第四四冊。
44 《園冶注釋》 陳植，明文書局，民國七一年初版。
45 《竹譜》 晉・戴凱之，新文豐叢書集成新編，第四四冊。
46 《古今注》 晉・崔豹，百部叢書集成之九四，畿輔叢書第四函。
47 《封氏聞見記》 唐・封演，新文豐叢書集成新編，第十一冊。
48 《畫禪室隨筆》 明・董其昌，景印文淵閣四庫全書，第八六七冊。
49 《長物志》 明・文震亨，美術叢書第三集第九輯，藝文印書館。
50 《西京雜記》 漢・劉歆，新文豐叢書集成新編，第一一二冊。
51 《世說新語箋疏》 余嘉錫，華正書局，民國七三年，未載版次。
52 《唐國史補》 唐・韋絢，中國筆記小說名著，世界書局，未載出版年及版次。
53 《因話錄》 唐・趙璘，中國筆記小說名著，世界書局，未載出版年及版次。
54 《唐摭言》 唐・王定保，筆記小說大觀第二十編第一冊，未載出版年及版次。
55 《開元天寶遺事》 唐・王仁裕，筆記小說大觀第二十編第一冊，未載出版年及版次。
56 《南部新書》 宋・錢易，筆記小說大觀第六編第二冊，未載出版年及版次。
57 《賈氏譚錄》 宋・張洎，景印文淵閣四庫全書，第一〇三六冊。
58 《畫墁錄》 宋・張舜民，景印文淵閣四庫全書，第一〇三七冊。
59 《唐語林》 宋・王讜，廣文書局，民國五七年初版。
60 《聞見後錄》 宋・邵博，景印文淵閣四庫全書，第一〇三九冊。
61 《山海經校注》 袁珂，里仁書局，民國七一年初版。

62 《劇談錄》 唐・康駢，景印文淵閣四庫全書，第一〇四二冊。

63 《太平廣記》 宋・李昉等，景印文淵閣四庫全書，第一〇四三—一〇四六冊。

64 《酉陽雜俎》 唐・段成式，源流出版社，民國七一年初版。

65 《獨異志》 唐・李冗，筆記小說大觀第五編第三冊，未載出版年及版次。

66 《大藏經》 大正原版，新文豐出版公司，未載出版年及版次。

67 《廣弘明集》 唐・釋道宣，中文出版社（日本），一九七八年出版。

68 《開元釋教錄》 唐・釋智昇，景印文淵閣四庫全書，第一〇五一冊。

69 《續高僧傳》 唐・釋道宣，正藏經第五七冊，新文豐出版公司，未載出版年及版次。

70 《老子王弼注校釋》 樓宇烈，華正書局，民國七二年初版。

71 《南華真經正義》 清・陳壽昌，新天地書局，民國六六年再版。

72 《莊子集釋》 清・郭慶藩，漢京文化，民國七二年初版。

73 《抱朴子》 晉・葛洪，新文豐叢書集成新編，第二〇冊。

74 《老學庵筆記》 宋・陸游，木鐸出版社，民國七一年初版。

75 《楚辭補注》 宋・洪興祖，漢京文化，民國七二年初版。

76 《靖節先生集》 清・陶澍，河洛出版社，民國六三年再版。

77 《文選》 梁・昭明太子，藝文印書館，民國六八年九版。

78 《全上古三代秦漢三國六朝文》 嚴可均，世界書局，未載出版年及版次。

79 《文心雕龍注釋》 周振甫等，里仁書局，民國七三年初版。

80 《歷代詩話》 清・何文煥，漢京文化，民國七二年初版。

81 《唐詩紀事》 宋・計有功，景印文淵閣四庫全書，第一四七九冊。

82 《閒情偶寄》 清・李漁，長安出版社，民國六八年臺三版。

83 《茗香詩論》 清・宋大樽，新文豐叢書集成新編，第七九冊。

84 《履園叢話》 清・錢泳，筆記續編，廣文書局，民國五八年初版。

85 《北堂書鈔》 唐・虞世南，文淵閣景印四庫全書，第八八九冊。

86 《古今圖書集成》 清・陳夢雷，鼎文書局，未載出版年及版次。

二、

1 《才性與玄理》 牟宗三，學生書局，民國七四年修訂七版。
2 《隋唐佛教》 郭朋，齊魯書社，一九八〇年第一版。
3 《禪與老莊》 吳怡，三民書局，民國七四年五版。
4 《道教研究資料》第一、二輯 嚴一萍，民國六三年初版。
5 《中國道教思想史綱・第一卷漢魏兩晉南北朝時期》 卿希泰，木鐸出版社，民國七五年初版。
6 《靜坐修道與常生不老》 南懷瑾，老古文化，民國七〇年臺八版。
7 《伏煉試探》 Nathan Sivin 著，李煥燊譯，國立編譯館，民國六二年未載版次。
8 《理想與現實・中國文化新論思想篇一》 黃俊傑，聯經出版公司，民國七一年初版。
9 《天道與人道・中國文化新論思想篇二》 黃俊傑，聯經出版公司，民國七一年初版。
10 《敬天與親人・中國文化新論宗教禮俗篇》 藍吉富、劉增貴，聯經出版公司，民國七一年初版。
11 《抒情的境界・中國文化新論文學篇一》 蔡英俊，聯經出版公司，民國七一年初版。
12 《美感與造型・中國文化新論藝術篇》 郭繼生，聯經出版公司，民國七一年初版。
13 《中國藝術精神》 徐復觀，學生書局，民國七七年初版第一〇次印刷。
14 《藝術哲學》 劉綱紀，湖北人民出版社，一九八六年第一版。
15 《根源之美》 莊申，東大圖書，民國七七年初版。
16 《美的歷程》 李澤厚，蒲公英出版社，民國七三年初版。
17 《山水與美學》 伍蠡甫，丹青圖書，民國七六年臺一版。
18 《中國建築史》 樂嘉藻，華世出版社，民國六六年臺一版。
19 《中國建築史論文選輯》第二冊 明文書局編輯部，民國七二年初版。
20 《華夏意匠——中國古典建築設計原理分析》 李允鉌，廣角鏡出版社（香港），一九八五年再版重印。
21 《中國的建築藝術》 張紹載，東大圖書，民國六八年初版。
22 《中國的傳統建築・宮殿、廟宇、庭園》 不著撰者及出版日期，三豪書局。

23 《中國古典園林分析》 彭一剛，博遠出版公司，民國七八年初版。
24 《中國園林建築研究》 馮鍾平，丹青圖書，民國七四年臺一版。
25 《中國美術全集・建築藝術編3・園林建築》 潘谷西，中國建築工業出版社，一九八八年初版。
26 《中國庭園與文人思想》 黃長美，明文書局，民國七七年三版。
27 《中國庭園建築》 程兆熊，明文書局，民國七三年初版。
28 《中國造園史》 張家驥，黑龍江人民出版社，一九八六年未著版次。
29 《中國造園藝術泛論》 馬千英，詹氏書局，民國七四年未著版次。
30 《論中國之庭園》 程兆熊，明文書局，民國七三年初版。
31 《論中國觀賞樹木——中國樹木與性情之教》 程兆熊，明文書局，民國七三年初版。
32 《論中國之花卉——中國花卉與性情之教》 程兆熊，明文書局，民國七三年初版。
33 《中國亭閣木造模型簡介》 吳福蓮，臺灣省立博物館，民國七七年初版。
34 《宮殿之海紫禁城》 謝敏聰，世界地理出版社，民國七二年再版。
35 《中國繪畫史（上）》 鈴木敬著，魏美月譯，國立故宮博物院，民國七六年初版。
36 《中國繪畫史》 高居翰著，李渝譯，雄獅圖書，民國七八年四版。
37 《論山水畫》 伯精等，學生書局，民國六〇年初版。
38 《畫論叢刊》 于安瀾，華正書局，民國七三年初版。
39 《園林名畫特展圖錄》 國立故宮博物院編委會，民國七六年初版。
40 《中國音樂哲學》 張玉柱，樂韻出版社，民國七四年初版。
41 《中國古代音樂史稿》 楊蔭瀏，丹青圖書，民國七四年臺一版。
42 《唐代音樂史的研究》 岸邊成雄著，梁在平、黃志炯譯，中華書局，民國六二年初版。
43 《白居易與音樂》 劉蘭，上海文藝出版社，一九八三年第一版。
44 《視覺經驗》 Bates Lowry 著，杜若洲譯，雄獅圖書，民國七〇年三版。
45 《藝術與視覺心理學》 安海姆著，李長俊譯，雄獅圖書，一九八二年再版。
46 《中古文學史論》 王瑤，長安出版社，民國七一年再版。

47 《中國詩學》 劉若愚撰，杜國清譯，幼獅文化，民國六六年初版。

48 《中國文學概論》 袁行霈，五南圖書，民國七七年初版。

49 《古典文學散論》 王熙元，學生書局，民國七六年初版。

50 《中國詩歌藝術研究》 袁行霈，五南圖書，民國七八年臺灣初版。

51 《興亡千古事──中國古典詩歌中的歷史》 蔡英俊，故鄉出版社，民國六九年初版。

52 《中國三大詩人新論》 黃國彬，明倫出版社，民國七二年初版。

53 《中國山水詩研究》 王國瓔，聯經出版公司，民國七五年出版。

54 《山水與古典》 林文月，純文學出版社，民國六五年初版。

55 《飲之太和──葉維廉論文集》 葉維廉，時報文化，民國六九年初版。

56 《唐詩論文選集》 呂正惠，長安出版社，民國七四年初版。

57 《唐詩論叢》 陳貽焮，湖南人民出版社，一九七〇年第一版。

58 《唐詩的世界（一）──唐代長安和政局》 栗斯，木鐸出版社，民國七四年初版。

59 《唐詩的世界（二）──唐世風光和詩人》 栗斯，木鐸出版社，民國七四年初版。

60 《杜甫詩研究》 簡明勇，學海書局，民國七三年初版。

61 《杜甫草堂詩注》 李誼，四川人民出版社，一九八二年第一版。

62 《杜甫在四川》 曾棗莊，四川人民出版社，一九八三年第二版。

63 《李白杜甫論畫詩散記》 王伯敏，西泠印社，一九八三年第一版。

64 《白居易研究》 楊宗瑩，文津出版社，民國七四年出版。

65 《中國古代神話》 玄珠等，里仁書局，民國七四年初版。

66 《山海經神話系統》 杜而未，學生書局，民國六九年三版。

67 《崑崙文化與不死觀念》 杜而未，學生書局，民國六六年出版。

68 《中國傳統短篇小說選集》 馬幼垣等，聯經出版公司，民國六八年初版。

69 《魏晉南北朝志怪小說研究》 王國良，文史哲出版社，民國七三年初版。

70 《晚明小品與明季文人生活》 陳萬益，大安出版社，民國七七年初版。

71《陳寅恪先生論文集》 陳寅恪，三人行出版社，民國六三年出版。
72《漢唐史論集》 傅樂成，聯經出版公司，民國七〇年第三次印行。
73《唐史研究叢稿》 嚴耕望，新亞研究所，民國五八年初版。
74《唐史新論》 李樹桐，中華書局，民國七四年二版。
75《唐代進士與政治》 卓遵宏，國立編譯館，民國七六年初版。
76《唐代長安之研究》 宋肅懿，大立出版社，民國七二年出版。
77《唐代長安與西域文明》 向達，明文書局，民國七七年三版。
78《唐代文化史》 羅香林，商務書局，民國五七年臺三版。
79《中國經濟史》 周金聲，著者自刊，民國四八年。
80《中國經濟史考證》 加藤繁，華世出版社，民國六五年譯本初版。
81《南北朝經濟史》 陶希聖等，食貨出版社，民國六八年臺灣發行。
82《唐代經濟史》 陶希聖等，商務書局，民國六一年二版。
83《唐代農民問題研究》 吳章銓，中國學術著作獎助委員會，民國五二年初版。
84《唐代寺院經濟》 陶希聖，食貨出版社，民國六三年，臺灣重印發行。
85《藍田縣志》 成文出版社，民國五八年臺一版。
86《考古學專題六講》 張光直，稻鄉出版社，民國七七年初版。
87《大理古代文化史稿》 徐嘉瑞，明文書局，民國七一初版。
88《西洋哲學辭典》 布魯格編著，項退結編譯，國立編譯館，民國六五年臺初版。
89《唐詩典故辭典》 范之麟等，湖北辭書出版社，一九八九年第一版。
90《中國美術辭典》 雄獅編委會，雄獅圖書，一九八九年初版。
91《中國歷史大事年表》 華世編輯部，華世出版社，一九八六年初版。

三、

1《魏晉南北朝文士與道教之關係》 李豐楙，政大中文所博士論文，民國六七年。
2《魏晉知識分子道家意識之研究》 張釩星，政大中文所博士論文，民國七七年。

3 《唐代山水小品文研究》 陳啟佑，文大中文所博士論文，民國七四年。
4 《中國文化之東漸與唐代政教對日本王朝時代的影響》 陳水逢，政大政治所博士論文，民國五三年。
5 《從輞川園論唐代之造園》 吳梓，文大實業計畫所博士論文，民國六九年。
6 《唐人隱逸風氣及其影響》 劉翔飛，臺大中文所碩士論文，民國六七年。
7 《中國士人仕與隱的研究》 陳英姬，師大國文所碩士論文，民國七二年。
8 《魏晉飲酒詩探析》 金南喜，臺大中文所碩士論文，民國七四年。
9 《唐人詠花詩研究——以全唐詩為範圍》 陳聖萌，政大中文所碩士論文，民國七一年。
10 《敦煌曲研究》 林玫儀，臺大中文所碩士論文，民國六三年。
11 《中國庭園之研討》 唐祥麟，成大建築所碩士論文，民國六一年。
12 《中國造園與中國山水畫相關之研究》 陳瑞源，臺大園藝所碩士論文，民國六一年。
13 《從假山論中國庭園藝術》 黃文王，臺大園藝所碩士論文，民國六五年。
14 《中國文人庭之研究》 李莉玲，文大實業計畫所碩士論文，民國六七年。
15 《竹在中國造園上運用之研究》 林俊寬，文大實業計畫所碩士論文，民國六九年。
16 《中國庭園中相地與借景之研究》 曾錦煌，文大實業計畫所碩士論文，民國七一年。
17 《日本江戶初期江戶迴遊式庭園特質之研究》 王絲幸，臺大園藝所碩士論文，民國七三年。
18 《王維詩畫之關係》 張光復，文大藝術所碩士論文，民國六二年。
19 〈中國哲學中自然宇宙觀之特質〉 唐君毅，《中西哲學思想之比較研究集》，宗青圖書，民國六七年初版。
20 〈唐代儒家與佛學〉 高觀如，《佛教與中國文化》，大乘文化出版社，民國六六年初版。
21 〈茶與唐宋思想界的關係〉 程光裕，《大陸雜誌》第二十卷第十、十一期，民國四九年。
22 〈唐詩中的禪趣〉 邱燮友，《古典文學》第二集，學生書局，民國六九年。
23 〈陶淵明的田園詩〉 楊玉成，上課報告，民國六八年。
24 〈談杜甫草堂詩中的「竹」〉 賈蘭，《草堂》一九八七年第一期。
25 〈自笑狂夫老更狂——杜甫草堂風情的一點思考〉 陳昌渠，《草堂》一九八七年第一期。
26 〈浣花溪畔草堂閒——論杜甫草堂時期的詩〉 方瑜，《古典文學》第二集，學生書局，民國六九年。

27 〈論中國庭園設計〉 程兆熊，《華岡農科學報》第三期，民國七一年。
28 〈魏晉南北朝園林概述〉 周維權，《傳統建築論文集》，丹青圖書，民國七五年。
29 〈中國建築中文人生活的趣觀〉 陳澤修，《逢甲建築》二一期，民國七三年。
30 〈詩畫的空間與園林〉 漢寶德，聯合報副刊，民國七八年七月二九、三〇日。
31 〈古琴藝術的再認識〉 梁銘越，中央日報副刊，民國六九年三月一八－二一日。
32 〈奇石——集寵愛、罪過、詩情、靈性於一身〉 楊宗瀅，中央日報長河版，民國七八年九月二八、二九日。
33 〈從山海經的神狀蠡測鳥和蛇的象徵及其轉化的關係〉 侯迺慧，《中外文學》第十五卷第九期，民國七六年。
34 〈唐代莊園制問題〉 林天蔚，《書目季刊》第十一卷第三期，民國六六年。
35 〈唐代均田制研究〉 胡如雷，《歷史研究》，一九五五年第五期。
36 〈唐均田制為閑手耕棄地說〉 陳登原，《歷史研究》，一九五八年第三期。
37 〈唐代物價的變動〉 全漢昇，《中央研究院歷史語言研究所集刊》第十一本，民國三六年。
38 〈從開元天寶社會的積富看長安生活的奢華〉 黃敏枝，《成大歷史學報》第二號，民國六四年。
39 〈中國與東南亞之崖葬文化〉 凌純聲，《中央研究院歷史語言研究所集刊》第三三本下冊，民國四一年。
40 〈佩了茱萸飲菊酒——重陽節的習俗雅事〉 許俊雅，中央日報長河版，民國七八年十月七日。

四、

1 《中国中世の探求——歷史と人間》 谷川道雄，日本エディタースクール出版社，一九八七年初版。
2 《六朝思想史研究》 村上嘉實，平樂寺書店，一九七六年第二刷。
3 《魏晉南朝の人と社會》 越智重明，研文出版社，一九八五年初版。
4 《遊び——世界の象徵として》 オイゲン・フィンク著，千田義光譯，株式会社せりか書房，一九八五年發行。
5 《王維研究》 入谷仙介，株式会社創文社，昭和五一年發行。
6 《王維》 小林太市郎等，株式会社集英社，昭和三九年初版。
7 《中国の庭》 杉村勇造，株式会社求龍堂，昭和四一年出版。
8 《「作庭記」の世界——平安朝の庭園美》 森蘊，日本放送出版協會，昭和六三年第二刷。
9 《日本の庭園》 伊藤ていじ，講談社インターナショナル，一九八九年初版第七刷。

10 《京都名庭1.洛西、洛北、洛南》　水野克比古，京都書院，昭和六二年發行。
11 《京都名庭2.洛中、洛東》　水野克比古，京都書院，昭和六二年發行。
12 〈唐代後半における社會變質の一考察〉　愛宕元，《東方學報》第四二冊，昭和四六年。
13 〈唐代長安樂遊原詩考〉　植木久行，《中國詩文論叢》第六集，一九八七年。
14 〈李賀と竹のイメージ——「昌谷北園新筍四首」考〉　山崎みどり，《中國詩文論叢》第六集，一九八七年。
15 〈中國古典詩における春秋と夏冬——詩歌の時間意識に關する覺元書〉　松蒲友久，《中國詩文論叢》第一集，一九八二年。
16 〈王維における維摩詰的生活——半官半隱の思想を中心に〉　內田誠一，《中國詩文論叢》第七集，一九八八年。
17 〈唐代貴族の庭園〉　村上嘉實，《東方學》第十一輯，昭和三〇年。

跋

這篇論文的完成，首先要感謝指導教授羅宗濤先生自始給予各方面的提點與啟發，至終則給予諸多指正和鼓勵。

其次，在寫作過程中，我敬愛的師長如程兆熊先生、胡萬川先生、王鎮華先生、黃景進先生、顏天佑先生、黃盛雄先生、林俊寬先生、林敏哲先生，各以其所專之學，提供了寶貴的見解，於此致上深摯的謝意。

再者要感謝論文口試的委員吳宏一先生、金榮華先生、林文月先生、陳萬益先生給予很多重要的指教，這是非常珍貴的學習。本論文緒論、第二章、第四章及結論有所增補，都是獲益於這些先生。尚有一些意見不及一一納入，一則因時間限制，另則因個人才學不足，三則因研究範圍「唐代」：唐人園林觀念不同於今，若以現今之觀念去看待，則不能貼切於唐。

如爺爺般關照我的——師長閔孝吉先生，是我精神上的一大支柱，教我懂得人世，是和煦暖陽，是仁智山水，洒慧銘記於心。

感謝月惠、子峰、小平、艷秋、文惠等好友，在寫作期間不斷地鼓勵扶持並提供意見。

感謝父母、兄弟姊妹在背後默默地成全與照護。

感謝承志的用心、努力和一切……

感謝東大圖書公司的鼎力協助。

文苑叢書

■宋代園林及其生活文化

侯迺慧／著

園林自唐代開始，已成為中華文化中一個非常重要的內容。到了宋代，園林與宋人生活已有著密不可分的關係。富豪權貴固然可經營廣大宏偉的山水環境；普通的市井小民乃至貧賤之家，也可以在房屋周圍種植花木，以盆山盆池布置成簡易小園。書以宋人詩文為主要依據，透過詩文整理、解讀和分析，證以其他史籍地志、筆記叢談的記述，並加入作者親身的山居園遊體驗，探討宋代園林——中國園林史上進入高峰的藝術成就，以及園林生活內容和文化意涵。

■文學欣賞的新途徑

李辰冬／著

「意識決定一切」，是作者研究文學的終身指標。惟有體會作者寫作的時代、環境、意識形態，才能真正去欣賞一部作品，享受作品中的情趣。如何定義作者的「意識」？寫作的時代背景怎麼影響到作品？作者以畢生研究心得為基礎，融會古今中外各類文學研究方法，找出了嶄新的解讀途徑。本書收錄十八篇論述，包含詩歌、詞、賦、平話小說等作品的欣賞，或是他對於文學批評、寫作的看法，從不同角度深入鑽研，全面的細品文學況味。

■仕途之外——先秦至西漢不仕之士研究

白品鍵／著

許多人嚮往「久在樊籠裡，復得返自然」的風骨，然而，隱士們真的這麼瀟灑嗎？許多「隱士」卓然出塵的形象，是魏晉南北朝之後慢慢成形的，在魏晉南北朝之前，知識分子在仕與不仕之間的選擇，時常因為文學的歌頌而逐漸扁平化，細節與脈絡便被埋沒。全書通過統計、分析，以更全面的視野關注自封建社會走向大一統帝國時，政治權力與知識分子試探互動的過程；並且進一步探究，懷抱理想的知識分子，如何在政治場域中，實踐自己的抱負。